Verlag von Julius Springer, Berlin.

Lehrbuch der drahtlosen Telegraphie

von

Dr.-Ing. Hans Rein

Nach dem Tode des Verfassers
herausgegeben von

Dr. K. Wirtz

o. Professor der Elektrotechnik an der Technischen Hochschule
zu Darmstadt

Mit einem Bildnis des Verfassers, 355 Textfiguren
und 4 lithographierten Tafeln

Berlin
Verlag von Julius Springer
1917

ISBN-13:978-3-642-89484-8   e-ISBN-13:978-3-642-91340-2
DOI: 10.1007/978-3-642-91340-2

Vorwort.

Lange habe ich geschwankt, ob ich dem Wunsche der Verlagsbuchhandlung, ein Lehrbuch der drahtlosen Telegraphie zu verfassen,
nachkommen sollte. Gibt es doch schon eine große Zahl vortrefflicher
Bücher, die den gleichen Gegenstand behandeln. Wenn ich mich trotzdem dieser Aufgabe unterzogen habe, so geschah es mit Rücksicht darauf,
daß es mir infolge einer vielseitigen praktischen Tätigkeit leichter ist,
ein Bild von der radiotelegraphischen Praxis zu geben, d. h. diejenigen
Gesichtspunkte und Verfahren hervorzuheben, die beim Bau und Betrieb
der Stationen in Frage kommen, als anderen Verfassern, die die Hochfrequenztechnik vorzugsweise aus Laboratoriumsversuchen und der
Literatur kennen. Aus diesem Grunde darf das Buch den Anspruch
erheben, auch als Lehrbuch der praktischen drahtlosen Telegraphie
zu gelten. Jedoch soll damit nicht gesagt sein, daß von jeder theoretischen Behandlung des Stoffes abgesehen ist, sondern daß die
Theorie nur insofern herangezogen wird, als es zur Entwicklung jener
Gleichungen notwendig ist, die die rechnerische Verfolgung der einzelnen Aufgaben zur Voraussetzung haben. Freilich bin ich mir be-
wußt, daß hier noch mancherlei Lücken auszufüllen sind.

Vielfach begegnet man nun der Ansicht, daß die Darstellung der
radiotelegraphischen Praxis sich beschränken kann auf die Beschreibung des neueren Marconisystems und das der tönenden Löschfunken,
wie es von der Gesellschaft für drahtlose Telegraphie entwickelt
worden ist. Sind doch die große Mehrzahl sämtlicher auf der Erde
vorhandenen Anlagen mit einem dieser beiden Systeme ausgerüstet.
Ein Buch, für den Kaufmann geschrieben, könnte sich in der Tat damit
begnügen. Will man jedoch die umfassende technische Arbeit, die
außerhalb jener beiden Gesellschaften auf diesem Gebiete geleistet
wurde, und die zum mindesten auf die Gesamtentwicklung dieses
Zweiges der Technik außerordentlich befruchtend gewirkt hat, zum Ausdruck bringen, so muß man die Grenzen weiter stecken und auch alle
die Verfahren und Ausführungsformen in den Kreis der Betrachtungen
hineinziehen, denen vielleicht nur die wirtschaftliche Unterlage fehlt,
um einer größeren Verbreitung sicher zu sein. Aus diesem Grunde wurden

unter die Abbildungen auch solche aufgenommen, denen man in den Veröffentlichungen der Fachzeitschriften nicht begegnet, die aber in irgendeiner Beziehung den Stempel der Eigenartigkeit aufweisen. Weiterhin geschah die Auswahl der Abbildungen mit Rücksicht darauf, daß eine Wiederholung mit denen, die in dem vom Verfasser herausgegebenen Radiotelegraphischen Praktikum (2. Aufl., Julius Springer, Berlin) aufgenommen sind, vermieden wurde. Sollte daher in dem vorliegenden Buche die eine oder andere wichtige Ausführungsform vermißt werden, so wird sie in dem angegebenen Werke zu finden sein. Aus dem gleichen Grunde wurde von der Behandlung aller rein meßtechnischen Fragen abgesehen, da diese in dem Praktikum eine zusammenfassende Darstellung erfahren haben. Bei aller Selbständigkeit ist somit das vorliegende Buch als Einleitung und Ergänzung zu dem schon erschienenen anzusehen.

Es ist mir eine angenehme Pflicht, folgenden Firmen, die mich durch Überlassung von Photographien und technischen Angaben wirksam unterstützten, auch an dieser Stelle bestens zu danken: — —

— — — — — — — — — — — — — — — — — —

Dem Verfasser war es nicht beschieden, dieses Vorwort zu vollenden. Im Namen meines jungen Freundes will ich daher zunächst allen denen herzlichsten Dank sagen, die ihn bei der Abfassung des Buches unterstützt haben.

Auch Hans Rein war am 4. August des Kaisers Ruf gefolgt. Gleich der Beginn des Krieges brachte ihm eine Fülle großer, erhabener Eindrücke: dem begeisterten Soldaten durch die glänzenden Waffenerfolge unserer Heere, dem Ingenieur durch die gewaltige Wucht, mit der deutsche Wissenschaft und Technik sofort und überall in die Kriegshandlungen eingriffen.

„In sieben Tagen", schreibt er mir nach dem kühnen Siegeszug der Kluckschen Armee, an dem er als Oberleutnant im Reserve-Infanterieregiment 32 teilgenommen hatte, „sind wir durch Belgien gefegt, vor acht Tagen haben wir schon einmal zwanzig Kilometer nördlich von Paris gestanden."

Geschmückt mit dem Eisernen Kreuz führt er am 20. September seine Kompagnie zum Sturm auf Chevillecourt. Dann folgt die lange, für den Kompagnieführer so arbeitsreiche, verantwortungsvolle Zeit des Stellungskrieges in den Schützengräben um Morsain, nördlich von Soissons. Nach vielfachen, schweren Kämpfen wurde sein Regiment Ende März 1915 aus den vordersten Linien in Ruhestellung nach Sedan verlegt. Von dort hat er mir am 6. April den letzten Gruß geschickt.

Der Frühling war wieder ins Land gezogen und die Liebe zur Natur, die ihn so oft in der Heimat durch Feld und Wald geführt, sie trieb ihn auch in Feindesland wieder hinaus. Und so erzählt er von den Schönheiten der Umgebung bei Sedan, den zahlreichen Stätten geschichtlicher Erinnerungen und den vielen Gräbern aus großer Zeit.

Wenige Tage später hat auch Hans Rein sein junges Leben dem Vaterlande geopfert. Alle die reichen Hoffnungen, die wir auf ihn setzen durften, hat am 11. April 1915 bei Maizeray eine Granate vernichtet. Auf dem Friedhofe in Dompierre, östlich von Verdun, ruht er nun in fremder Erde.

Hans Rein, der älteste Sohn des Universitätsprofessors D. litt. Dr. W. Rein in Jena, war am 8. Mai 1879 in Eisenach geboren. Es muß eine überaus glückliche Jugend gewesen sein, die er zuerst dort und später in Jena im Elternhause verlebte. Hier wurde der Grund gelegt zu dem Frohsinn und auch dem Ernste, die in einer so schönen und seltenen Art in Rein vereint waren und den Herangereiften zu dem sympathischen Manne machten, der uns unvergeßlich bleibt. Ostern 1899 verließ Rein das Gymnasium und studierte darauf in Jena, Charlottenburg und Darmstadt Elektrotechnik. Nach Abschluß seiner Studien war er mir dreieinhalb Jahre ein treuer Helfer im Elektrotechnischen Institut. Seinem hervorragenden experimentellen Geschick und seinem unermüdlichen Fleiß verdanken die radiotelegraphischen Einrichtungen der Hochschule ihre Weiterentwicklung und seiner Anregung unsere radiotelegraphischen Übungen ihre Entstehung. Aus ihnen ist auch die Erstlingsschrift Reins hervorgegangen: Das radiotelegraphische Praktikum an der technischen Hochschule in Darmstadt, das im Januar 1910 erschien und nach einem Jahre schon vergriffen war. Auch später, als Vorstand des Laboratoriums für drahtlose Telegraphie der C. Lorenz-Aktiengesellschaft, Berlin, in die Rein im Mai 1909 übertrat, ist er mir ein stets hilfsbereiter Freund geblieben, und reich beschenkt aus dem Schatze seiner praktischen Erfahrungen bin ich immer von den Besuchen seiner Arbeitsstätten am Elisabeth-Ufer in Berlin und in Eberswalde zurückgekehrt.

Schon in Darmstadt hatten die Lichtbogenschwingungen Reins physikalisches Denken gefesselt. Ein Generator mit umlaufenden Bogen, der ihm patentiert wurde, war das Ergebnis seiner experimentellen Arbeiten auf diesem Gebiet. Sie leiteten ihn hinüber zur Beschäftigung mit dem Vieltonsender, den er in Berlin in Gemeinschaft mit seinem Freunde Scheller zu einer lebensfähigen Form gestaltet hat. Der Bau einer elektrostatischen Hochfrequenzmaschine stand kurz vor dem Abschluß. Auch das Gebiet der Hochfrequenzmessungen verdankt Rein zahlreiche, wertvolle Verbesserungen und neue Einrichtungen.

Trotz der starken Inanspruchnahme durch seine Berufstätigkeit fand er noch Zeit zu umfangreichen Veröffentlichungen: Im Mai 1910 promovierte er in Darmstadt mit der Dissertation: Der radiotelegraphische Gleichstromtonsender. Schon im Herbst 1912 erscheint sein radiotelegraphisches Praktikum in zweiter, völlig umgeänderter und stark vermehrter Auflage. Daran reiht sich die hübsche Arbeit: Ein Beitrag zur Frage der elektrischen Abstimmfähigkeit der verschiedenen radiotelegraphischen Systeme im vierten Juliheft der Physikalischen Zeitschrift 1913. Kurz vor Ausbruch des Krieges behandelte er noch die Frage: Soll man die radiotelegraphischen Großstationen mit gedämpften oder ungedämpften Schwingungen betreiben? Alle diese Arbeiten, ausgezeichnet durch Klarheit in den physikalischen Überlegungen und das Bestreben, mit einfachsten Mitteln zum Ziele zu kommen, legen Zeugnis ab von der Liebe und Begeisterung Reins für sein schönes Arbeitsgebiet, durch die er sich schon in Darmstadt die Herzen unserer Studierenden gewonnen hatte.

Was Hans Rein allen denen war, die ihm näher gekommen sind, findet seinen schönsten Ausdruck in den zahlreichen Zuschriften an die Eltern bei seinem frühen Tod.

Die Firma Lorenz in Berlin widmete ihrem Mitarbeiter in der „Vossischen Zeitung" einen warmen Nachruf. Der Regimentskommandeur v. H. schrieb aus dem Felde am 13. April: „Wir sind durch den Verlust dieses allezeit frohen und liebenswürdigen Kameraden in tiefer Trauer. Seine ritterliche, vornehme Gesinnung macht ihn in unserem Kreise, dem er von Beginn des Feldzuges angehörte, unvergeßlich."

Stabsarzt Dr. S. schreibt: „Es drängt mich, Ihnen zu sagen, welche Lücke der Tod dieses seltenen Menschen in unseren Kreis gerissen hat. Während der langen Kriegsmonate hatte ich reichlich Gelegenheit, Ihren Sohn kennen zu lernen. Seine überragende Tüchtigkeit auf allen Gebieten und seine Tapferkeit, dabei seine Bescheidenheit und seine treue Kameradschaft, der er mit seinem köstlichen Humor immer wieder Ausdruck zu verleihen wußte, zwangen mich wie alle anderen, die ihm näher treten konnten, immer wieder in seinen Bann. Darum ist sein Tod für uns alle ein erschütterndes Ereignis. Die Worte, mit denen unser Adjutant Leutnant A. uns die Trauerbotschaft überbrachte, drückten das aus, was wir in dem Augenblick empfanden: „Das Schlimmste, was uns geschehen konnte, ist eingetreten: Oberleutnant Rein ist gefallen". Er wird bei uns fortleben als ein Vorbild in allen Tugenden eines deutschen Mannes."

„Die erste Kompagnie hat," schreibt Adjutant A., „am 12. April den Tod ihres geliebten Führers bitter gerächt. Die Gefangenen, die der Generalstabsbericht vom 15. April erwähnt, sind von ihr gemacht worden. Das Bataillon weiß, daß sie auch weiter ihre Pflicht und mehr als das tun wird, denn Hans Reins Geist lebt in ihr fort. Dazu die Wut über das, was man ihr genommen hat."

Noch ein anderes Zeugnis eines Kameraden sei aufbewahrt: „Ihres Sohnes feine Art im Verkehr mit den Kameraden, seine Gerechtigkeit gegenüber den Mannschaften, die auf Erfahrung gegründete ruhige Sachlichkeit, mit der er seine Kriegsarbeit durchdrang, seine Unerschrockenheit in Gefahr, all das vereinte sich im Rahmen klaren Denkens und frohgemuten Sinnes zu einer Persönlichkeit, die auch mir viel gegeben. Dankbar gedenke ich mancher trauten Stunde der Zwiesprache im gemeinsamen Unterstand oder draußen am Waldesrand. Ich kann ihn nie vergessen."

Ein Mitarbeiter auf dem Gebiete der drahtlosen Telegraphie gab folgende Charakteristik: „Verbanden mich, den Ingenieur der drahtlosen Telegraphie, schon stets gleiche berufliche Interessen mit ihm, so hatte ich noch mehr als derzeitiger Ingenieur der C. Lorenz A.-G. Gelegenheit, im Laboratorium unter Ihres Sohnes Leitung zu arbeiten und diesen dabei näher kennen, schätzen und hochachten zu lernen. Ja, ich habe ihn hochachten lernen müssen als leuchtendes Vorbild und als einen Charakter, der bezwingend und gebietend auf seine Umgebung wirkte, und zwar dadurch, daß er sich einfach stets so gab, wie er eben war: ohne Zweideutigkeit, wahr, gerade und stets in unbedingtem Gleichgewichte; dabei von so einfacher deutscher Liebenswürdigkeit, die es zusammen mit seiner ganzen Integrität selbst jenen schwer machte, ihn zu ihrem Gegner zu machen, die in ihrer relativen Kleinheit Absicht dazu gehabt haben mögen. Er war einer derjenigen, von denen der Römer sagte, er sei ein homo gravis. So steht er in meiner Erinnerung neben ganz wenigen Anderen, die ich auf meinem Lebensweg getroffen habe. Als unbedingter Diener seiner Pflicht ist er durchs Leben gegangen. Wer so vom Leben vorbereitet an die Erfüllung der höchsten Pflicht herantritt, der Pflicht für das deutsche Land, der verdient es, ein Held im Sinne germanischen Wortes zu heißen." —

Aber nicht nur die schwergeprüften Eltern, die wenige Tage nach dem Tode ihres Ältesten auch den zweiten Sohn dem Vaterlande geopfert haben, die Freunde Reins und die Technik, auch unsere Hochschulen haben seinen Verlust zu beklagen. Denn ein Mann mit der vornehmen Lebensauffassung, dem wissenschaftlichen Sinn und der Lehrbegabung Reins war zum Hochschullehrer geschaffen.

In dem neuen, hier vorliegenden Buch will Rein seine Betrachtungen aufbauen auf die Gesetze der einfachen Wechselstromkreise, wie er in der Einleitung genauer ausführt. Ein sehr glücklicher Gedanke! Denn heute gehören diese Gesetze mit zu den Grundlagen unseres physikalischen Wissens und sie werden wohl auch in jeder Vorlesung über Experimentalphysik behandelt, die nicht ganz rückständig geblieben ist. Andererseits aber unterscheiden sich die Erscheinungen im Gebiete der Wechselströme mit geringer Periodenzahl von den Hochfrequenzerscheinungen in der Hauptsache nur dadurch, daß bei letzteren die Einflüsse von Induktivität und Kapazität infolge der hohen Wechselzahlen viel stärker ausgesprochen sind.

Tatsächlich vollzieht sich daher auf dem von Rein eingeschlagenen Weg der Übergang von dem einen in das andere Gebiet an der Hand dieser Sätze leicht und zwanglos.

Der erste Teil des Buches behandelt eingehend die Bestandteile, aus denen sich Sender- und Empfangsanlagen zusammensetzen, unter Ausschluß der Wellenanzeiger. Im zweiten Teil werden für jedes der zurzeit bekannten Sendeverfahren zunächst die bei ihm auftretenden physikalischen Erscheinungen besprochen und im Anschluß hieran die Bedingungen für die günstigsten Betriebsverhältnisse und den zweckmäßigsten Aufbau der Senderanordnungen hergeleitet.

Die jetzt folgenden Darlegungen über die Empfangsseite gehen davon aus, daß für den Bau einer Empfangsanordnung zwei Hauptgesichtspunkte maßgebend sind. Einmal soll von der vom Sender kommenden Hochfrequenzenergie dem Wellenanzeiger, d. h. dem letzten Gliede der Empfangsanordnung, das von der Hochfrequenzenergie getroffen wird, ein möglichst großer Betrag zugeführt werden. Andererseits aber muß die Empfangseinrichtung durch ihren elektrischen Aufbau schon einen Schutz in sich selbst tragen gegen beabsichtigte oder nicht beabsichtigte Störungen bei der Zeichenaufnahme.

Sehr geschickt zerlegt nun Rein die Untersuchung des ersten Gesichtspunktes. Zunächst betrachtet er den Empfänger für sich allein, losgelöst von dem Sender. Unter der Annahme, daß die Empfangsantenne eine bestimmte Hochfrequenzenergiemenge aufgenommen hat, werden die Bedingungen abgeleitet, unter denen dem Wellenanzeiger der größte Teilbetrag dieser Energie zugeführt wird. Einfache Rechnungen führen zu den bekannten Beziehungen zwischen dem gesamten Widerstand der Antenne und demjenigen des Detektors, die, wie weiter gezeigt wird, beim gekoppeltem Empfänger durch passende Einstellung der Kopplung sich verwirklichen lassen.

Nun erst wird auch der Einfluß des Senders in den Bereich der Betrachtungen gezogen und untersucht inwieweit die Empfangsenergie und der Wirkungsgrad der Übertragung von ihm abhängen. Mit einem Vergleich der Nutzleistungen beim Betrieb mit gedämpften und ungedämpften Schwingungen schließen diese Überlegungen.

Der zweite Gesichtspunkt verlangt, wie vorhin erwähnt, Störungsfreiheit. Sie wird, abgesehen von besonderen Schaltungen, die später besprochen sind, durch scharfe Abstimmung, wenigstens bis zu einem gewissen Grade, erreicht. Als Maß für die Güte der Abstimmungsfähigkeit dienen Abstimmschärfe und Selektivität, zwei Begriffe, deren Klarlegung die folgenden Betrachtungen gewidmet sind.

In dem letzten, vielleicht etwas kurz gehaltenen Abschnitt, finden schließlich auch die Einflüsse im Raume zwischen Sender und Empfänger ihre Würdigung. In erster Linie drücken sie den Wirkungsgrad der Übertragung herunter. Sie bedingen, da man ihnen rechnerisch nicht ganz beikommen kann, die Einführung eines Sicherheitsfaktors beim Entwurf von Anlagen.

Bis zu dieser Stelle lag das Buch in Fahnen gedruckt vor, die Rein einer endgültigen Durchsicht nicht mehr unterziehen konnte. Ich habe daher einige Umstellungen und Änderungen vornehmen müssen. In dem Nachlasse Reins fand sich weiterhin auch die vollständige Niederschrift der Abschnitte über Wellenanzeiger, Maßnahmen zur Störbefreiung, Schaltungen für Mehrfachempfang und Schutz gegen das Abfangen von Nachrichten. Einzelne geringfügige Ergänzungen habe ich nachgetragen. Auch in diesem Teil gibt das Buch wohl ein vollständiges Bild von dem augenblicklichen Stand der drahtlosen Telegraphie. Die wenigen Neuerungen, die nicht berücksichtigt worden sind, wird der Leser mühelos einreihen können.

Überall hat Rein wichtige Hinweise und Zahlenbeispiele eingeflochten, die die Hand des erfahrenen Ingenieurs erkennen lassen. Sie dürften eine besonders wertvolle Bereicherung des Inhaltes darstellen.

Aus einigen kurzen Aufzeichnungen ist zu entnehmen, daß auch die drahtlose Telephonie und die Richtungstelegraphie Aufnahme finden sollten. Ich habe versucht, diesem Wunsche zu entsprechen. Der Abschnitt über drahtlose Telephonie konnte ziemlich kurz gehalten werden. Sie besitzt auch heute noch entfernt nicht die Bedeutung, die sich die drahtlose Telegraphie in ungemein rascher Entwicklung errungen hat.

Etwas ausführlicher mußte dagegen auf die Richtungstelegraphie eingegangen werden, der man eine große Zukunft voraussagen darf. In dem Buche selbst werden vielleicht Literaturnachweise vermißt. Rein hat sie bei seinen größeren Veröffentlichungen immer an das Ende verlegt. Er hat wohl, wie mancher Andere auch, die überreichen Nachweise, auf die man vielfach stößt, als störend beim Lesen empfunden. Aus diesem Grunde habe ich die von mir beigefügten Literaturangaben ebenfalls an den Schluß verwiesen. Einen Anspruch auf Vollständigkeit erheben sie nicht.

Möchte das Buch sich viele Freunde erwerben und dauernd ein Denkmal bleiben für Hans Rein, der so früh sein blühendes Leben hingegeben hat für uns und unserer deutschen Lande Ehre und Zukunft!

Noch habe ich der Verlagsbuchhandlung von Julius Springer herzlichsten Dank auszusprechen: im Namen des Freundes für die schöne Ausstattung des Buches und meinen Dank für die Geduld und Nachsicht, die meine Wünsche immer wieder gefunden haben.

Auch Herrn Diplomingenieur W. Hahn und Herrn Diplomingenieur P. Hammerschmidt, der, mit einer schweren Verwundung aus dem Felde zurückgekehrt, in seinem Berufe wieder tätig sein konnte, sei für ihre wertvolle, treue Hilfe bei der Anfertigung von Abbildungen und beim Durchsehen der Druckbogen herzlicher Dank gesagt.

Darmstadt, im Dezember 1916.

K. Wirtz.

Inhaltsverzeichnis.

Bezeichnungen und Abkürzungen.

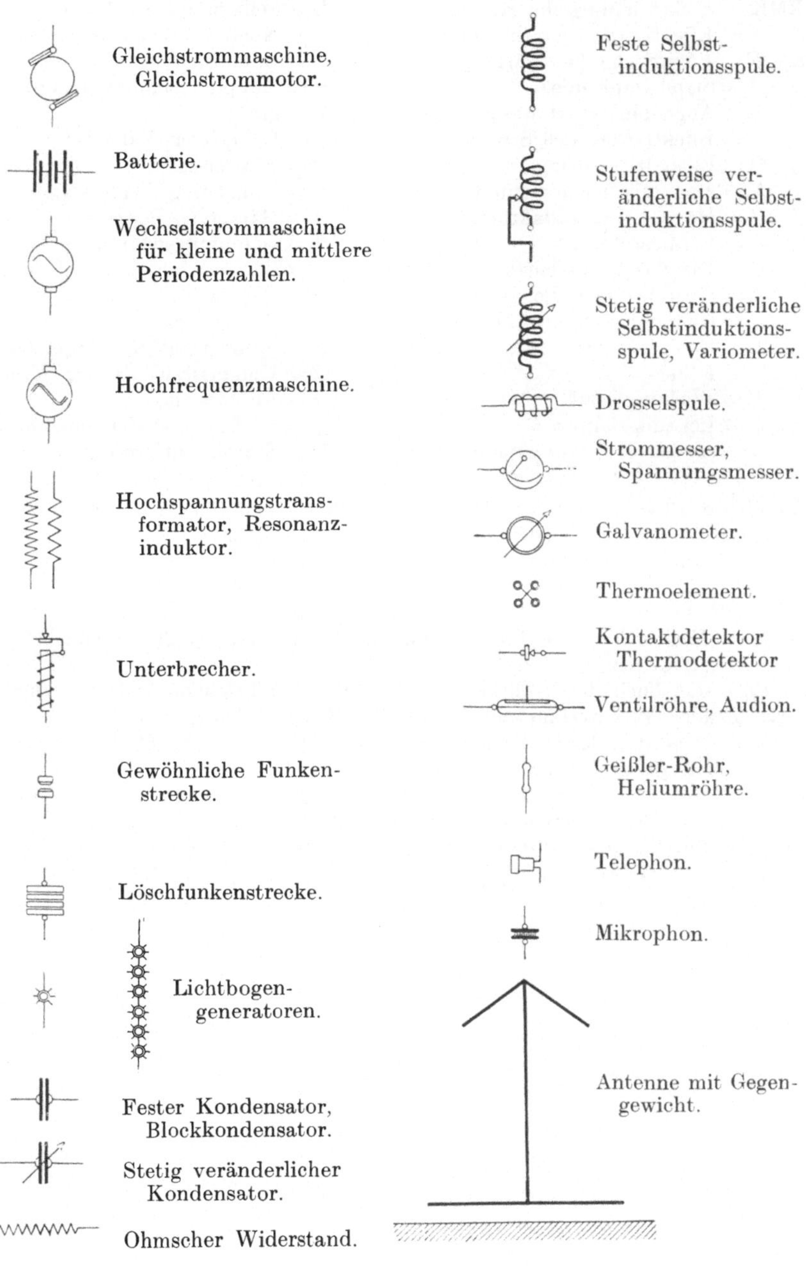

Sofern nicht ausdrücklich anders angegeben ist, gelten folgende Bezeichnungen:

$E=$ Spannungsamplitude.

EMK $=$ Elektromotorische Kraft.

$e=$ Effektivwert der Spannung.

E_F, $F=$ Elektrische Feldstärke.

$J=$ Stromamplitude.

$i_t=$ Augenblickswert des Stromes.

$i=$ Effektivwert des Stromes.

$Q=$ Elektrizitätsmenge.

$N=$ Magnetischer Kraftfluß.

$B=$ Magnetische Induktion.

$\mu=$ Permeabilität.

$\varepsilon=$ Dielektrizitätskonstante.

$A=$ Energie (auch Leistung).

$A_e=$ Energie des elektrischen Feldes.

$A_m=$ Energie des magnetischen Feldes.

$\eta=$ Wirkungsgrad.

$\cos\varphi=$ Leistungsfaktor.

$\sigma=$ spezifischer Widerstand.

$w=$ Ohmscher Widerstand.

$L=$ Selbstinduktionskoeffizient.

$M=$ Koeffizient der gegenseitigen Induktion.

$\varkappa=$ Kopplungsfaktor, Kopplungsgrad.

$w_L=$ Induktiver Widerstand.

$C=$ Kapazität.

$w_c=$ Kapazitiver Widerstand.

$\delta=$ Dämpfungsfaktor.

$\vartheta=$ Dämpfungsdekrement.

$v=$ Periodenzahl in der Sekunde.

$\lambda=$ Wellenlänge.

$T=$ Periodendauer.

$a=$ Funkenzahl in der Sekunde.

$n=$ Umlaufszahl in der Minute.

$l=$ Antennenhöhe.

$h_{eff}=$ Wirksame Antennenhöhe.

$R=$ Stationsentfernung.

Annalen d. Phys. u. Chem. $=$ Annalen der Physik und Chemie (Barth, Leipzig).

Annalen d. Phys. $=$ Annalen der Physik (Barth, Leipzig).

Archiv f. Elektr. $=$ Archiv für Elektrotechnik (Springer, Berlin).

Elektr. u. Masch. $=$ Elektrotechnik und Maschinenbau (Wien).

ETZ $=$ Elektrotechnische Zeitschrift (Springer, Berlin).

Helios $=$ Helios. Fach- u. Exportzeitschrift für Elektrotechnik (Hachmeister u. Thal, Leipzig).

Jahrb. $=$ Jahrbuch der drahtlosen Telegraphie und Telephonie (Barth, Leipzig).

Phys. Zeitschr. $=$ Physikalische Zeitschrift (Hirzel, Leipzig).

Verh. d. D. Phys. Ges. $=$ Verhandlungen der Deutschen Physikalischen Gesellschaft (Vieweg & Sohn, Braunschweig).

Elektr. World $=$ The Electrical World (Mc Graw Publishing Co., New-York).

Electrician $=$ The Electrician (Georg Tucker, London).

Lumière électr. $=$ La Lumière électrique. (Paris).

Einleitung.

Resonanz und Resonanzkurven. — Schwingungen mit gleichbleibender und Schwingungen mit abnehmender Amplitude. — Die Dämpfung. — Die Kopplung. — Die elektrische Welle.

Die Gesetze und Erscheinungen, auf denen die Telegraphie mittels elektromagnetischer Wellen (Radiotelegraphie) beruht, unterscheiden sich im Grunde genommen nicht von denen der anderen Gebiete der Elektrotechnik. Geht man von dieser Erkenntnis aus, so bereitet das Eindringen in das Wesen der Vorgänge selbst dann keine Schwierigkeiten, wenn durch das Hervortreten gewisser Erscheinungen, denen man sonst, ihrer untergeordneten Bedeutung wegen, keine Beachtung zu schenken pflegt, der Zusammenhang mit schon längst Bekanntem außerordentlich lose erscheint. Wenn deshalb im folgenden stets von den Grundgesetzen der Elektrotechnik, im besonderen der Wechselstromtechnik ausgegangen wird, so soll dies nicht nur die Einführung erleichtern, sondern vor allem den Beweis für die soeben ausgesprochene Behauptung bringen.

1. Resonanz und Resonanzkurven.

Zur Klärung derjenigen Begriffe, die in der Radiotelegraphie ständig wiederkehren, soll von folgendem Versuche ausgegangen werden: Eine Wechselstrommaschine M von großer Leistungsfähigkeit arbeite auf einen Stromkreis, der einen Ohmschen Widerstand w, eine Spule vom Selbstinduktionskoeffizienten L und einen Kondensator von der Kapazität C enthalten möge (Fig. 1). Bei gleichbleibender Maschinenspannung e mit sinusförmigem Verlauf ihrer Augenblickswerte und bei gegebener Periodenzahl ν_1 berechnet sich dann der Strom i im Kreise zu:

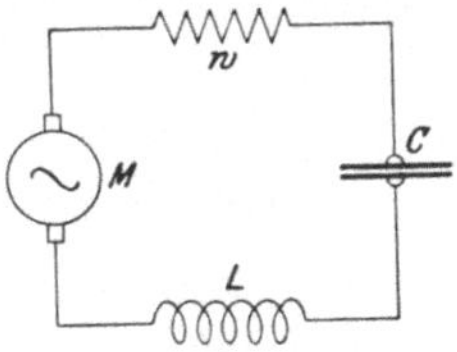

Fig. 1.

$$i = \frac{\text{Spannung}}{\Sigma \,(\text{Widerstände})} = \frac{e}{\sqrt{w^2 + \left(2\,\pi\,\nu_1 \cdot L - \dfrac{1}{2\,\pi\,\nu_1 \cdot C}\right)^2}} \qquad (1)$$

während der Winkel φ der Phasenverschiebung zwischen Strom und Spannung sich aus der Gleichung ergibt:

$$\operatorname{tg}\varphi = \frac{2\pi\nu_1 \cdot L - \dfrac{1}{2\pi\nu_1 C}}{w}.$$

Der Strom erreicht offenbar dann seinen Höchstwert, wenn die Widerstände möglichst klein sind, d. h. wenn

$$2\pi\nu_1 \cdot L - \frac{1}{2\pi\nu_1 \cdot C} = 0$$

oder in anderer Schreibweise

$$(2\pi\nu_1)^2 \cdot L \cdot C = 1 \quad \ldots \quad \ldots \quad \ldots \quad (2)$$

ist. Heben sich also der induktive Widerstand $2\pi\nu_1 \cdot L$ und der kapazitive $\dfrac{1}{2\pi\nu_1 \cdot C}$ gerade auf, so ist der Stromfluß in dem Kreise am stärksten. In diesem Falle vereinfacht sich die Ausgangsgleichung zu:

$$i_{max} = \frac{e}{w} = i_r \quad \ldots \quad \ldots \quad \ldots \quad \ldots \quad (1\,\text{a})$$

ferner wird

$$\varphi = 0,$$

d. h. der Stromkreis verhält sich so, als ob er nur den Widerstand w enthielte. Diesen besonderen Betriebszustand bezeichnet man allgemein als **Resonanzerscheinung**. Der Grund für diese Bezeichnung liegt in folgendem: Ein Kreis, der eine Selbstinduktion L und eine Kapazität C enthält, ist in den meisten Fällen in der Lage, falls ihm ein bestimmter Energiebetrag mitgeteilt wird, selbständig elektrische Schwingungen, d. h. Wechselströme von einer ganz bestimmten Periodenzahl ν_2 hervorzubringen. Diese **Eigenperiodenzahl** des Kreises berechnet sich, sofern man den Ohmschen Widerstand vernachlässigt, aus der **Kirchhoff-Thomsonschen Gleichung**:

$$\nu_2 = \frac{1}{2\pi\sqrt{LC}} \quad \ldots \quad \ldots \quad \ldots \quad \ldots \quad (3)$$

Nach Gl. 2 ergibt sich andererseits für den Resonanzfall

$$\nu_1 = \frac{1}{2\pi\sqrt{LC}}.$$

Die beiden Periodenzahlen ν_1 und ν_2 fallen sonach zusammen. Wie bei ähnlichen Erscheinungen in vielen anderen Gebieten der Physik spricht man daher auch hier von einer Resonanzerscheinung.

Wir gewinnen demnach den wichtigen Satz: **Stimmt die Eigenperiodenzahl eines Kreises überein mit der aufgedrückten**

Periodenzahl, so tritt die Resonanzerscheinung auf. Man spricht in diesem Falle auch von Abstimmung auf gleiche Schwingungszahlen. Die ganze Radiotelegraphie ist nichts anders als eine ständige Anwendung dieses Gesetzes.

Und weiterhin läßt sich aus Gl. 3 ableiten, daß die Abstimmung bei gleichbleibender Periodenzahl ν_1 durch Veränderung der Kapazität C oder des Selbstinduktionskoeffizienten L erreicht werden kann. Trägt man hierbei den Strom i in Abhängigkeit von der Kapazität C oder dem Selbstinduktionskoeffizienten L auf, so erhält man eine Kurve, die den Namen Resonanzkurve führt.

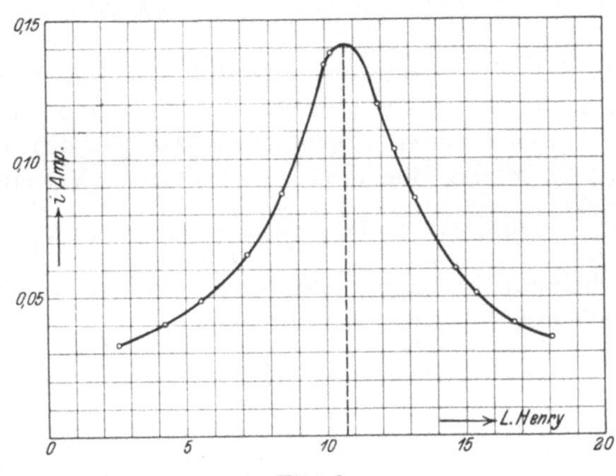

Fig. 2.

Fig. 2 zeigt eine solche Resonanzkurve, die mittels der in Fig. 1 dargestellten Schaltung gewonnen wurde. Der Strom i ist in Abhängigkeit von dem Selbstinduktionskoeffizienten L aufgetragen, wobei dem Versuch folgende Werte zugrunde lagen:

$$\text{Spannung der Wechselstrommaschine} \ldots e = 97{,}3$$
$$\text{Periodenzahl der Wechselstrommaschine} \ldots \nu_1 = 60$$
$$\text{Kapazität des Kreises} \ldots C = 0{,}66 \text{ MF.}$$

Der Höchststrom $i_{max} = i_r$ tritt bei einem Selbstinduktionswert $L_r = 10{,}7$ Henry ein. Da die Klemmenspannung e der Maschine nicht geändert wurde, berechnet sich der Widerstand w des Kreises zu

$$w = \frac{e}{i_{max}} = \frac{97{,}3}{0{,}141} \simeq 690 \text{ Ohm.}$$

Damit ist auch die Höchstleistung $A_{n_{max}}$ gegeben.

$$A_{n_{max}} = e \cdot i_{max} = i^2_{max} \cdot w \simeq 13{,}7 \text{ Watt.}$$

Die Resonanzlage ist demgemäß durch folgende besonderen Merkmale gekennzeichnet:

a) der Strom besitzt hier seinen Höchstwert,

b) die vom Kreise aufgenommene Energie wird gleichfalls an dieser Stelle am größten,

1*

c) die Phasenverschiebung zwischen Strom und Spannung ist im Resonanzfalle gleich Null.

Von diesen Regeln wird im folgenden ein vielfacher Gebrauch gemacht werden. Endlich sei noch darauf hingewiesen, in welcher Weise die einzelnen elektrischen Größen w, L, C den Verlauf der Resonanzkurve beeinflussen. Bildet man unter Benutzung der Gl. 1 und 1a den Quotienten:

$$\left(\frac{i}{i_r}\right)^2 = \frac{1}{1 + \dfrac{1}{w^2}\left(2\,\pi\nu_1 L - \dfrac{1}{2\,\pi\nu_1 C}\right)^2} \quad \ldots \ldots \quad (4)$$

so zeigt sich, daß bei gegebener aufgedrückter Periodenzahl ν_1 die Resonanzkurve um so flacher ausfällt, je mehr i dem Werte von i_r bei beliebig angenommener Eigenperiodenzahl ν_2 des Kreises sich nähert. Alle Umstände, die unter sonst gleichen Verhältnissen den Quotienten $\left(\dfrac{i}{i_r}\right)^2$ vergrößern helfen, müssen daher zur Verflachung der Resonanzerscheinung beitragen. Berücksichtigt man, daß die Auswertung der Gleichung für eine bestimmte Eigenschwingungszahl ν_2 des betreffenden Kreises durchzuführen, daß also $LC = \dfrac{1}{(2\,\pi\nu_2)^2} = \text{konst.}$ ist, so lassen sich folgende, ohne weiteres verständliche, Regeln aufstellen:

Die Resonanzkurve eines schwingungsfähigen Gebildes von gleichbleibender Eigenschwingungszahl ν_2 wird um so flacher

    a) je größer der wirksame Widerstand ist,
    b) je kleiner die Selbstinduktion gewählt wird,
    c) je größer demgemäß die Kapazität ausfällt.

Bei der Ausbildung von Kreisen mit geringer Dämpfung, also hoher Resonanzfähigkeit, sind diese grundlegenden Angaben stets zu beachten. In dieser Zusammenstellung ist statt des in den Gleichungen vorkommenden Ohmschen Widerstandes w der allgemeinere Begriff „wirksamer Widerstand" aufgeführt.

Da in dem Ohmschen Widerstande ein Energieverbrauch infolge von Wärmeentwicklung (Joulesche Wärme) entsteht, der w proportional ist, kann man auch sagen: Die Resonanzkurve wird um so flacher, je größer der Energieverbrauch in dem Wechselstromkreis ist. Auch sämtliche andere Teilbeträge, aus denen sich der gesamte Energieverbrauch in einem solchen Kreise zusammensetzt, müssen daher mitwirken bei der Verflachung der Resonanzkurve. Sie seien deshalb hier mit dem schon genannten zusammengestellt:

α) die Nutzleistung,

β) Wärmeentwicklung in den stromführenden Leitungsbahnen (Joulesche Wärme),

γ) Wirbelstromverluste,

δ) Hysteresisverluste,

ε) Verluste im Dielektrikum der Kondensatoren,

ζ) Ableitungs- und Sprühverluste der Kondensatoren.

Man kann nun immer einen Kreis, in dem die oben aufgeführten Energiebeträge sämtlich oder zum Teil in Erscheinung treten, ersetzen durch die Reihenschaltung eines Widerstandes w', einer verlustfreien Spule mit dem Selbstinduktionskoeffizienten L' und eines verlustlosen Kondensators von der Kapazität C'. w' ist so zu bemessen, daß in ihm ein Energieverbrauch durch Joulesche Wärme entsteht, der gleich ist dem gesamten Energieverbrauch in dem ursprünglichen Kreis, während L' und C' derart gewählt werden müssen, daß die Werte von i, e und φ keine Änderung erfahren. Man bezeichnet eine solche Anordnung bekanntlich als Ersatzschaltung. Sie erleichtert in vielen Fällen ungemein Rechnung und physikalische Überlegung. Der Widerstand w' führt die Namen wirksamer Widerstand, Dämpfungswiderstand, Strahlungswiderstand und Verlustwiderstand, je nach den Erscheinungen, die zu betrachten sind.

2. Schwingungen mit gleichbleibender Amplitude.

Ein vollständiges Bild von der Resonanzerscheinung erhält man erst, wenn man sich die Vorgänge klar macht, die kurz nach dem Stromschluß in dem Wechselstromkreise Fig. 1 sich abspielen. Sie sind im allgemeinen sehr verwickelter Natur. Am übersichtlichsten noch werden sie, wie die mathematische Untersuchung zeigt, wenn man die Maschine auf gleichbleibende Periodenzahl und Leerlaufspannung einregelt, wenn ferner die Resonanzbedingung erfüllt, d. h. $\nu_1 = \nu_2$ ist und nun das Einschalten in einem Zeitpunkt erfolgt, in dem der Augenblickswert der Maschinenspannung durch Null läuft. Alsdann werden sowohl der Strom, wie die Spannungen an den verschiedenen Einzelteilen L und C des Kreises mit der aufgedrückten Periodenzahl ν_1 höher und höher hinaufpendeln, ihre Amplitudenwerte nehmen fortwährend zu und erreichen Beträge, die weit über die Leerlaufspannung hinausgehen. Aber ihrem dauernden Anwachsen ist eine Grenze gesetzt durch den Energieverbrauch in der Strombahn. Wenn letzterer gleich geworden ist der zugeführten Energie und wenn er von da an nun dauernd durch die Stromquelle gedeckt wird, so ist der vorher vorhandene nicht stationäre Stromzustand in den quasi stationären übergegangen. In dem Kreise fließt ein Wechselstrom mit gleichbleibenden Amplituden, der vielfach auch als ungedämpfter Wechselstrom bezeichnet wird. Da $i = i_r$, so läßt sich der Augenblickswert i_{r_t} dieses Stromes darstellen durch

$$i_{r_t} = J_r \cdot \sin 2\pi\nu_1 t,$$

wobei J_r den Amplitudenwert bezeichnet. Zwischen ihm und dem Effektivwert i besteht die bekannte Beziehung:

$$i = \frac{J_r}{\sqrt{2}}.$$

Neben einem dauernden Energieverbrauch, der sich aus den oben aufgeführten Einzelbeträgen zusammensetzt, findet gleichzeitig eine periodische Wanderung und Umformung von elektrischer und magnetischer Energie statt. Birgt hierbei in einem bestimmten Augenblick die Spule L den magnetischen Arbeitsvorrat

$$A_m = \frac{i_{r_t}^2 \cdot L}{2} \quad \ldots \ldots \ldots \ldots \quad (5\,\mathrm{a})$$

so ist gleichzeitig auf dem Kondensator die elektrische Ladungsenergie

$$A_e = \frac{e_{C_t}^2 \cdot C}{2} \quad \ldots \ldots \ldots \ldots \quad (5\,\mathrm{b})$$

aufgespeichert. Der gesamte in dem Kreise hin und her flutende Arbeitsvorrat, dessen Augenblickswert durch $\dfrac{i_{r_t}^2 \cdot L}{2} + \dfrac{e_{C_t}^2 \cdot C}{2}$ dargestellt ist, schwingt ständig zwischen den Grenzwerten $\dfrac{J_r^2 \cdot L}{2}$ und $\dfrac{E_C^2 \cdot C}{2}$ und zwar derart, daß, wenn in einem bestimmten Zeitpunkt die gesamte Energie als Ladungsenergie $\dfrac{E_C^2 \cdot C}{2}$ sich auf dem Kondensator vorfindet, sie nach einer Viertelperiode als magnetische Energie $\dfrac{J_r^2 \cdot L}{2}$ in die Erscheinung tritt. Hierbei bezeichnen e_{C_t} den Augenblickswert und E_C den Höchstwert der Spannung an dem Kondensator.

3. Schwingungen mit abnehmender Amplitude.

Schaltet man in dem Kreise Fig. 1 die Stromquelle plötzlich ab, ohne ihn zu unterbrechen, so wird der vorher vorhandene Stromfluß auch noch weiter so lange bestehen bleiben, bis die im Augenblick des Abschaltens in der Spule vorhandene und auf dem Kondensator aufgespeicherte Energie sich völlig in dem wirksamen Widerstande in Wärme umgesetzt hat. Bequemer läßt sich dies noch mittels der Schaltung Fig. 3 erreichen. Öffnet man den Schalter U, so wird die auf dem Kondensator aufgespeicherte Energie in einem abklingenden Wellenzug ausschwingen; es entsteht eine gedämpfte Schwingung.

Von dem Vorgang selbst gibt das Oszillogramm Fig. 4, in dem die Abszissen der Zeit, die Ordinaten dem Strome proportional sind, eine deutliche Vorstellung. In einem späteren Abschnitt wird im Anschluß an die Beschreibung der Stoßerregungsmethoden auf die hierbei auftretenden elektrischen Erscheinungen noch näher eingegangen werden. An dieser Stelle sei nur erwähnt, daß, wenn man ein

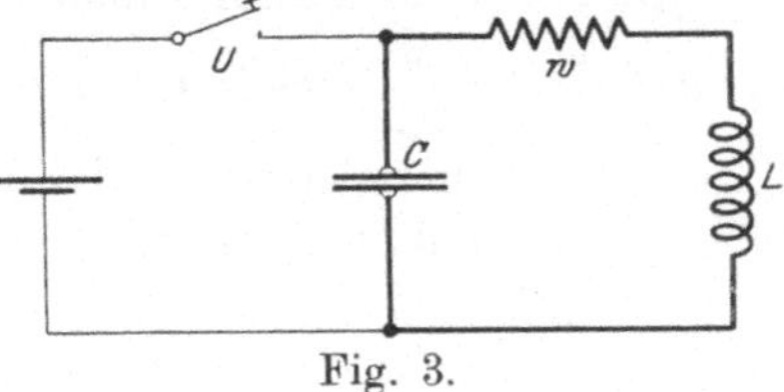

Fig. 3.

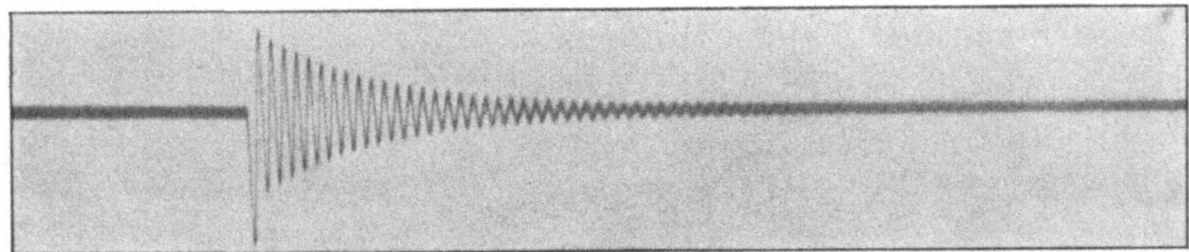

Fig. 4.

rhythmisches Schließen und Öffnen der Unterbrechungsvorrichtung veranlaßt, dann der geschlossene Kreis in gleichmäßigen Zeitabständen von abklingenden Wechselströmen durchflossen wird, eine Erscheinung, die im Oszillogramm Fig. 5 wiedergegeben ist.

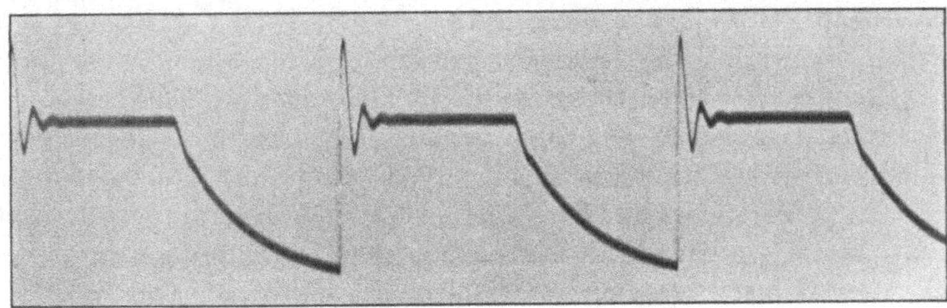

Fig. 5.

Die rechnerische Behandlung dieses Vorganges führt zu einer Differentialgleichung zweiter Ordnung, deren Lösung folgenden Ausdruck für den Augenblickswert des Stromes ergibt:

$$i_t = J_0 \cdot e^{-\frac{w}{2L}t} \cdot \sin \sqrt{\frac{1}{LC} - \frac{w^2}{4L^2}} \cdot t \quad \ldots \ldots \quad (6)$$

Hierbei bedeutet J_0 die Anfangsamplitude des Wechselstromes. Sein Verlauf ist sinusförmig. Aber der erste Faktor $J_0 \cdot e^{-\frac{w}{2L} \cdot t}$, der die Ordinaten der sogenannten Amplitudenkurve darstellt, besagt, daß die Amplituden dauernd nach einem Exponentialgesetz abnehmen und die Form der Amplitudenkurve durch den sogenannten Dämpfungsfaktor $\dfrac{w}{2L}$ bestimmt wird.

Die Frequenz dieses gedämpften Wechselstromes $2\pi\nu$ berechnet sich aus dem Wurzelausdruck zu:

$$2\pi\nu = \sqrt{\frac{1}{LC} - \frac{w^2}{4L^2}} \quad\ldots\ldots\ldots \quad (7)$$

Sie führt, da sie ausschließlich von den elektrischen Bestimmungsstücken w, L und C abhängt, den Namen **Eigenfrequenz des Kreises.**

In den meisten Fällen kann man $\dfrac{w^2}{4L^2}$ gegen $\dfrac{1}{LC}$ vernachlässigen, also $\dfrac{w^2}{4L^2} \cong 0$ setzen. Dadurch berechnet sich die **Eigenperiodenzahl** des Kreises zu $\nu \cong \dfrac{1}{2\pi\sqrt{LC}}$, ein Ausdruck, der schon früher als **Kirchhoff-Thomson**sche Gleichung bezeichnet wurde.

Stellt man die Entstehungsarten von gedämpften und ungedämpften Wechselströmen einander gegenüber, so läßt sich schon jetzt der folgende kennzeichnende Unterschied feststellen: Bei den abklingenden Schwingungen wird dem Kreise in längeren oder kürzeren aufeinanderfolgenden Zeitabständen ein bestimmter Energiebetrag mitgeteilt, der dann, sich selbst überlassen, zwischen seiner elektrischen (Kondensatorladung) und magnetischen Form (Spulenfeld) in der Eigenperiode des Kreises hin und her pendelt, bis sich der ursprünglich vorhandene elektrische Arbeitsvorrat in eine andere Energieform umgesetzt hat (Ladefrequenz sehr verschieden von Entladefrequenz). Bei den ungedämpften Schwingungen dagegen muß aus der Stromquelle in jeder Periode dem Kreise soviel Energie nachgeliefert werden, wie er in dieser Zeit verbraucht hat (Ladefrequenz annähernd gleich der Entladefrequenz). So verschieden auch die Verfahren sind, um die eine oder andere Schwingungsart hervorzubringen, stets wird man dieses kennzeichnende Merkmal feststellen können.

4. Die Dämpfung.

In den seitherigen Darlegungen über die Entstehung von Schwingungsvorgängen wurde wiederholt auf den Einfluß des wirksamen Widerstandes hingewiesen. In einem Kreise, an den eine Wechselstromspannung angelegt wird, verhindert er das dauernde Anwachsen der Amplitudenwerte von Strom und Spannung und bewirkt, daß sich bald nach Stromschluß ein Gleichgewichtszustand einstellt, der dadurch gekennzeichnet ist, daß die in dem wirksamen Widerstand verbrauchte Energie in jedem Zeitpunkt gleich ist der von der Stromquelle gelieferten. Je größer der wirksame Widerstand ist, um so kleiner werden die Amplitudenwerte bei gegebener Leerlaufsspannung, um so rascher aber wird auch der Grenzzustand erreicht. Hat man dagegen die Versuchsbedingungen so gewählt, daß die auf dem Kondensator aufgespeicherte Energie in einer freien, der Eigenschwingung des Kreises ausklingt, so ist es jetzt die Abnahme der Amplitudenwerte, die der wirksame Widerstand verursacht. Er wirkt dämpfend auf den Schwingungsvorgang ein. Als Maß für die Dämpfung dienen das Dämpfungsverhältnis, der Dämpfungsfaktor und das logarithmische Dekrement der Dämpfung. Das Dämpfungsverhältnis ist der Quotient aus zwei um eine Periode auseinanderliegenden Amplitudenwerten A_1 und A_2, der sich nach Gl. 6 berechnet zu:

$$\frac{A_1}{A_2} = \frac{J_0 \cdot e^{-\frac{w}{2L}t}}{J_0 \cdot e^{-\frac{w}{2L}(t+T)}} = e^{+\frac{w}{2L}T}.$$

Der natürliche Logarithmus dieser Größe, d. h.

$$\log \operatorname{nat} \frac{A_1}{A_2} = \frac{w}{2L}T = \vartheta \quad \ldots \ldots \ldots \quad (8)$$

führt den Namen logarithmisches Dekrement der Dämpfung,[*)] während

$$\frac{w}{2L} = \delta \quad \ldots \ldots \ldots \ldots \quad (9)$$

als Dämpfungsfaktor bezeichnet wird, wobei unter w allgemein der wirksame Widerstand zu verstehen ist.

Zur Berechnung von Zahlenwerten ist es vielfach zweckmäßig, unter Benutzung der Resonanzgleichung

$$(2\pi\nu_2)^2 \cdot L \cdot C = 1$$

folgende Umformungen der abgeleiteten Beziehung vorzunehmen:

$$\vartheta = \frac{w}{2 \cdot L} \cdot T = \delta \cdot \frac{1}{\nu_2} = \pi \cdot w \cdot \sqrt{\frac{C}{L}} \quad \ldots \ldots \quad (10)$$

Auch bei den sogenannten ungedämpften Schwingungen tritt der Einfluß der Dämpfung zutage. Sie ist es, die bewirkt, daß der Wechselstrom, dessen Amplituden kurz nach dem Einschalten zunächst zunehmen, mehr oder weniger rasch in einen solchen mit gleichbleibenden Amplituden übergeht. Physikalisch ist es daher auch nicht ganz einwandfrei, von ungedämpften Wechselströmen zu sprechen. Richtiger wäre es zu unterscheiden zwischen solchen mit abnehmender oder zunehmender und solchen mit gleichbleibenden

*) Ja. Gö 1914. S. 43. No 751.
Man verwendet meist das logarithmische Dekrement, da dasselbe auch bei unbekannter Schwingungszahl die Art des Abklingens übersehen läßt. Das Verhältnis einer Amplitude zur folgenden ist einfach $e^{-\vartheta}$

Amplituden. Bildet man für letztern den Quotienten aus dem in einer Halbperiode verbrauchten und dem vorhandenen gesamten Arbeitsvorrat, so ergibt sich:

$$\frac{\dfrac{J_0{}^2}{2}\cdot w\cdot \dfrac{T}{2}}{\dfrac{J_0{}^2}{2}\cdot L}=\frac{w}{2L}\cdot T \quad\ldots\ldots\ldots\ldots (11)$$

Der Quotient stellt somit das Dämpfungsdekrement ϑ des Schwingungskreises dar. Ist man in der Lage, Zähler und Nenner dieses Quotienten für irgendein Leitergebilde zu berechnen, das Wechselströme gleichbleibender Amplituden in seinen einzelnen Teilen führt, so ist damit auch sein Dämpfungsdekrement bestimmt.

Im Anschluß an Gl. 6 und die Fig. 4 u. 5 seien noch die beiden folgenden Fragen beantwortet:

a) Nach welcher Zeit t_m oder nach wieviel Perioden m ist bei einem abklingenden Schwingungszug der Amplitudenwert J_1 auf den $n$ten Teil gesunken, d. h. $\dfrac{J_1}{J_m}=n$?

Da

$$\frac{J_1}{J_m}=\frac{J_0\cdot e^{-\delta t_1}}{J_0\cdot e^{-\delta(t_1+t_m)}}=e^{+\delta\cdot t_m}=n,$$

wird

$$t_m=\frac{\log\mathrm{nat}\,n}{\delta}$$

und

$$m=\frac{t_m}{T}=\frac{\log\mathrm{nat}\,n}{\vartheta}\quad\ldots\ldots\ldots\ldots (12)$$

b) Wie groß ist der Energieverbrauch in einem Kreise mit dem wirksamen Widerstande w (Fig. 3) bei a Entladungen des Kondensators in der Sekunde?

Er ist dargestellt durch das Integral:

$$a\cdot w\int_0^\infty J_0{}^2\cdot e^{-2\delta t}\cdot\sin^2 2\pi\nu t\cdot dt.$$

Die Integration ergibt:

$$\frac{a\cdot J_0{}^2}{4\delta}\cdot\frac{1}{1+\left(\dfrac{\delta}{2\pi\nu}\right)^2}\cdot w\sim\frac{a\cdot J_0{}^2}{4\delta}\,w=\frac{a\cdot J_0{}^2}{4\vartheta\cdot\nu}\,w\quad\ldots (13)$$

5. Bestimmung des Dämpfungsdekrementes mittels der Resonanzkurven.

Da offenbar, wie die vorausgehenden Gleichungen zeigen, das Dämpfungsdekrement eines Kreises, der neben einem wirksamen Widerstand auch Selbstinduktionen und Kapazitäten enthält, von diesen drei

Größen abhängig ist, da weiter der Verlauf der Resonanzkurven, wie wir gesehen haben, durch die nämlichen drei Werte bestimmt wird, ist es einleuchtend, daß aus derartigen Aufnahmen ϑ selbst und damit auch der wirksame Widerstand ermittelt werden kann. Diese in der Radiotelegraphie außerordentlich häufig vorkommende Aufgabe verlangt deshalb schon an dieser Stelle ein näheres Eingehen auf die Wechselbeziehung zwischen Resonanzkurven und Dämpfungsdekrementen.

a) Verwendung von Schwingungen mit gleichbleibender Amplitude.

1. Die Aufnahme der Resonanzkurve erfolgt bei gleichbleibendem ν_1 und C; L und damit ν_2 werden verändert.

Berücksichtigt man, daß für veränderliches ν_2 die Beziehung gilt $(2\pi\nu_2)^2 \cdot LC = 1$, so läßt Gl. 4 sich schreiben:

$$\left(\frac{i}{i_r}\right)^2 = \frac{1}{1 + \dfrac{1}{w^2 \cdot (2\pi\nu_1)^2 C^2}\left(\dfrac{\nu_1^2}{\nu_2^2} - 1\right)^2}.$$

Da weiterhin im Resonanzfalle auch $(2\pi\nu_1^2)LC = 1$, mithin

$$\vartheta = \frac{w}{2L} \cdot \frac{1}{\nu_1} = \pi \cdot w \cdot (2\pi\nu_1^2)C$$

gesetzt werden kann, so ergibt sich aus der Gleichung für $\left(\dfrac{i}{i_r}\right)^2$:

$$\vartheta^2 = \pi^2 \cdot \left(\frac{\nu_1^2}{\nu_2^2} - 1\right)^2 \cdot \frac{i^2}{i_r^2 - i^2}.$$

Da ferner im Resonanzfalle $(2\pi\nu_1)^2 \cdot L_r C = 1$, so erhält man schließlich:

$$\vartheta = \pi \cdot \frac{L - L_r}{L_r} \cdot \sqrt{\frac{i^2}{i_r^2 - i^2}}.$$

Das logarithmische Dekrement der Dämpfung wird somit aus der ermittelten Resonanzkurve $i = f(L)$ in der Weise berechnet, daß man für den größten Strom und einen andern beliebigen Wert desselben die zugehörigen Selbstinduktionswerte abliest und sämtliche Größen in die vorstehende Schlußgleichung einsetzt. Da sich aus der Natur der Kurve ergibt, daß im allgemeinen jedem Werte von i zwei verschiedene L (L_1 und L_2) zugeordnet sind, wird man zweckmäßig die folgende erweiterte Beziehung für das Dekrement der Berechnung zugrunde legen:

$$\vartheta = \frac{\pi}{2} \cdot \frac{L_1 - L_2}{L_r} \cdot \sqrt{\frac{i^2}{i_r^2 - i^2}}. \quad \ldots \ldots (14a)$$

Dem folgenden Zahlenbeispiel dient die Aufnahme, die in Fig. 2 Seite 3 graphisch dargestellt ist, als Grundlage:

$$i_r = 0,141 \qquad i_r^2 = 0,0199 \qquad L_r = 10,7 \text{ Henry}$$
$$i = 0,1 \qquad i^2 = 0,01 \qquad L_1 = 12,6 \text{ Henry} \qquad L_2 = 8,95 \text{ Henry}$$

$$\vartheta = \frac{\pi}{2} \cdot \frac{12,6 - 8,95}{10,7} \cdot \sqrt{\frac{0,01}{0,0199 - 0,01}} \cong 0,54.$$

Zu dem gleichen Ergebnis gelangt man, wenn man von der Gleichung:

$$\vartheta = \pi \cdot w \cdot \sqrt{\frac{C}{L}} = \pi \cdot 690 \cdot \sqrt{\frac{0,66}{10^6 \cdot 10,7}} \cong 0,54$$

ausgeht oder wenn man das Dämpfungsdekrement als das Verhältnis zweier Energiebeträge auffaßt:

$$\vartheta = \frac{\dfrac{J_r^2}{2} \cdot w \cdot \dfrac{T}{2}}{\dfrac{1}{2} \cdot L_r \cdot J_r^2} = \frac{690 \cdot 0,0167}{10,7 \cdot 2} \cong 0,54.$$

2. Bei Aufnahme der Resonanzkurve wird C verändert, was im allgemeinen das zweckmäßigere ist.

ν_1 und L bleiben ungeändert.

Die Berechnung von ϑ muß dann erfolgen mit Hilfe der Gleichung:

$$\vartheta \cong \frac{\pi}{2} \cdot \frac{C_1 - C_2}{C_r} \cdot \sqrt{\frac{i^2}{i_r^2 - i^2}} \quad \cdots \quad \cdots \quad (14\text{b})$$

b) Verwendung von Schwingungen mit abnehmenden Amplituden.

Um auch für den gedämpften Schwingungsvorgang das Dämpfungsdekrement aus der Resonanzkurve zu bestimmen, sei angenommen, daß der Kreis II vom Kreise I in beistehender

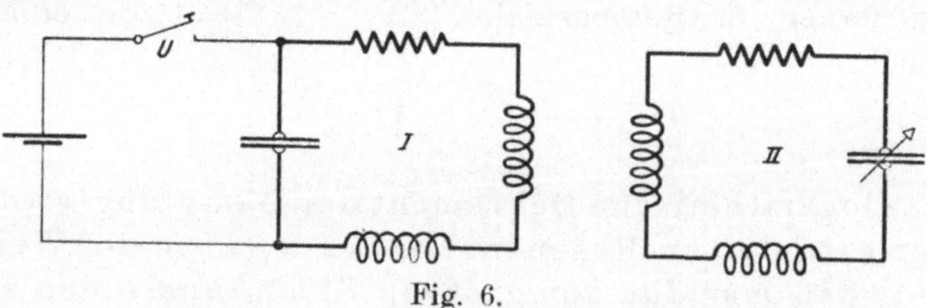

Fig. 6.

Transformatorschaltung erregt werde (Fig. 6). Dabei möge weiter vorausgesetzt sein, daß die Energieentziehung des Sekundärsystems äußerst gering ist, eine merkliche Rückwirkung auf den primären Kreis somit nicht stattfindet. Nach der von V. Bjerknes zuerst aufgestellten Theorie berechnet sich der Stromeffekt i_2^2 im Kreise II auf Grund folgender Gleichung:

$$i_2^2 = a \cdot \frac{E_{0\,2}^2}{64\,\pi^2 \cdot \nu_1^3 \cdot L_2^2} \cdot \frac{\vartheta_1 + \vartheta_2}{\vartheta_1 \cdot \vartheta_2} \cdot \frac{1}{\left(1 - \dfrac{\nu_2}{\nu_1}\right)^2 + \left(\dfrac{\vartheta_1 + \vartheta_2}{2\,\pi}\right)^2} \quad (15)$$

Hierbei bedeuten in Ergänzung zu früheren Erklärungen:

$a =$ Anzahl der Unterbrechungen des Schalters U in jeder Sekunde $=$ Entladungszahl.

$E_{02} =$ Höchstwert der auf den Sekundärkreis wirkenden EMK,
$L_2 =$ gesamte Selbstinduktion im Kreise II,
$\vartheta_2 =$ logarithmisches Dämpfungsdekrement des Sekundärkreises.

$$\vartheta_2 = \delta_2 \cdot \frac{1}{\nu_1} = \frac{w_2}{2\,L_2} \cdot \frac{1}{\nu_1}\,.$$

Bestimmt man nun für verschiedene Werte der Sekundärkapazität den Stromeffekt $i_2{}^2$, so wird dieser offenbar am größten, sobald die aufgedrückte Periodenzahl ν_1 mit der Eigenschwingungszahl ν_2 des Kreises II übereinstimmt. Man erhält somit im Resonanzfalle die vereinfachte Gleichung:

$$i_{2r}^2 = a \cdot \frac{E_{02}^2}{64\,\pi^2 \cdot \nu_1{}^3 \cdot L_2{}^2} \cdot \frac{\vartheta_1 + \vartheta_2}{\vartheta_1 \cdot \vartheta_2} \cdot \frac{4\,\pi^2}{(\vartheta_1 + \vartheta_2)^2}$$

$$= a \cdot \frac{E_{02}^2}{16 \cdot \nu_1{}^3\,L_2{}^2} \cdot \frac{1}{\vartheta_1 \cdot \vartheta_2 \cdot (\vartheta_1 + \vartheta_2)} \quad \ldots \ldots \quad (15\mathrm{a})$$

Bilden wir auch hier den Ausdruck für $\left(\dfrac{i_2}{i_{2r}}\right)^2$, so folgt:

$$\left(\frac{i_2}{i_{2r}}\right)^2 = \frac{1}{4\,\pi^2} \cdot \frac{(\vartheta_1 + \vartheta_2)^2}{\left(\dfrac{\vartheta_1 + \vartheta_2}{2\,\pi}\right)^2 + \left(1 - \dfrac{\nu_2}{\nu_1}\right)^2} = \frac{1}{1 + \dfrac{4\,\pi^2}{(\vartheta_1 + \vartheta_2)^2} \cdot \left(1 - \dfrac{\nu_2}{\nu_1}\right)^2}$$

Wird diese Gleichung nach $\vartheta_1 + \vartheta_2$ aufgelöst, so erhält man:

$$(\vartheta_1 + \vartheta_2)^2 = 4\,\pi^2 \cdot \left(1 - \frac{\nu_2}{\nu_1}\right)^2 \cdot \frac{i_2{}^2}{i_{2r}^2 - i_2^2}\,.$$

Stellt man auch hier die beiden Kapazitätswerte C_1 und C_2 fest, die zu dem gleichen $i_2{}^2$ gehören und berücksichtigt man die Tatsache, daß im Resonanzfalle

$$(2\,\pi\nu_1)^2 \cdot L \cdot C_r = 1$$

ist, so ergibt sich:

$$\vartheta_1 + \vartheta_2 = \frac{\pi}{2} \cdot \frac{C_1 - C_2}{C_r} \cdot \sqrt{\frac{i_2{}^2}{i_{2r}^2 - i_2^2}} \quad \ldots \ldots \quad (16)$$

Die rechte Seite der Gleichung stimmt völlig mit dem früher gewonnenen Ausdrucke überein, während die linke die Summe der Dekremente beider Kreise aufweist. Würde man im Kreise I Schwingungen von gleichbleibender Amplitude erzeugen, so wäre $\vartheta_1 = 0$ zu setzen; man erhält dann das oben auf andere Weise abgeleitete Ergebnis.

6. Die Kopplung.

Die vorstehenden Betrachtungen setzten einen gewissen Energieaustausch zwischen zwei miteinander verbundenen Kreisen voraus. Ganz allgemein bezeichnet man eine derartige Anordnung als „gekoppelt", wobei es gleichgültig ist, auf welche Weise die gegenseitige Beeinflussung der Leitergebilde stattfindet. Wenn, wie in der Fig. 6, als vermittelndes Organ ein Transformator gewählt wird, spricht man von einer **magnetischen oder induktiven Kopplung**. Ist dagegen ein Kondensator beiden Kreisen gemeinsam, so hat man es mit einer **elektrischen oder kapazitiven Kopplung** zu tun. Wird endlich die Energieübertragung unter Vermittlung eines Widerstandes bewirkt, so hat man eine **galvanische Kopplung** vor sich.

Je nachdem die im Sekundärkreis entstehenden Schwingungen eine starke oder nur geringfügige Rückwirkung auf den Primärkreis ausüben, spricht man von **fester oder loser Kopplung**. Als Maß für die Größe der vorhandenen gegenseitigen Beeinflussung der beiden Kreise kann man den **Kopplungsfaktor** ansehen, der bei magnetischer Energieübertragung und gleichförmiger Stromverteilung durch folgende Gleichung bestimmt ist:

$$k = \frac{M}{\sqrt{L_I \cdot L_{II}}} \quad \ldots \ldots \ldots \ldots \quad (17)$$

Hierbei bezeichnet M den Koeffizienten der gegenseitigen Induktion, während L_I den gesamten Selbstinduktionskoeffizienten des primären, L_{II} den gesamten Selbstinduktionskoeffizienten des sekundären Kreises darstellt.

Fassen wir die bisherigen Ergebnisse zusammen, so sind in vorstehendem die beiden wichtigsten Begriffe, die die Radiotelegraphie kennt, die Resonanz und die Dämpfung ihrem Wesen nach geklärt worden. Gleichzeitig haben wir erkannt, in wie einfacher Weise die zahlenmäßige Festlegung jener zwei Größen mit Hilfe der Kreiskonstanten erfolgen kann. Alle später zu behandelnden verwickelteren Anordnungen greifen stets auf diese für die einfachen Fälle abgeleiteten Grundgleichungen zurück. Weiterhin haben wir die beiden charakteristischen Schwingungsarten, die in der Wellentelegraphie stetig wiederkehren, den Wechselstrom mit gleichbleibender und mit abnehmender Amplitude, kennen gelernt, zwischen denen sich alle übrigen Schwingungsformen einreihen. Dabei haben wir uns mit allen diesen Ausführungen bisher nicht aus dem Rahmen der bekannten Elektrizitätserscheinungen entfernt. Wollen wir uns nun in folgendem mehr den besonderen Aufgaben zuwenden, die die Übermittlung von

Nachrichten auf drahtlosem Wege zum Ziele haben, so haben wir nur nötig, die Größenordnung der bisher verwendeten Periodenzahlen entsprechend zu steigern.

7. Die elektrischen Wellen.

Man kann die in der Elektrotechnik vorkommenden Periodenzahlen in drei Gruppen sondern, von denen die erste bis etwa 100 in der Sekunde reicht. Sie umfaßt die hauptsächlich in der Starkstromtechnik verwendeten Periodenzahlen (Niederfrequenz). An diese schließen sich die mittleren Schwingungszahlen, deren obere Grenze mit etwa 10000 in der Sekunde anzusetzen ist und die auch, da in ihren Bereich besonders die Telephoniefrequenzen fallen, musikalische Periodenzahlen genannt werden können (Mittelfrequenz). Oberhalb der Zahl 10000 beginnt der Schwingungsbereich, der vorzugsweise der Radiotelegraphie vorbehalten ist und etwa bis 3000000 Perioden in der Sekunde sich erstreckt (Hochfrequenz). So einfach auch der Übergang von den Wechselzahlen der Starkstromtechnik bis zu den Millionenfrequenzen erscheint und so verständlich es ist, daß die früher beschriebenen Vorgänge in gleicher Weise für die hohen Periodenzahlen Gültigkeit besitzen müssen, so wird doch durch das Hervortreten einer ganzen Reihe von Nebenerscheinungen, deren Einfluß bei niedrigen Frequenzen völlig zu vernachlässigen ist, das Endergebnis vielfach derart beeinflußt, daß der Zusammenhang mit den früheren Erfahrungen oft nicht mehr erkennbar ist. Diese Tatsache hat viel dazu beigetragen, die Wellentelegraphie als ein von der Elektrotechnik völlig abgesondertes Gebiet erscheinen zu lassen. In Wirklichkeit ist sie das aber nicht. Denn hat man nur die auftretenden zusätzlichen Erscheinungen einmal richtig physikalisch gedeutet, so sind sie ohne weiteres mittels der in der Wechselstromtechnik üblichen Rechenverfahren auch zahlenmäßig festzulegen.

Auch der Begriff der elektrischen Welle, die ja der Radiotelegraphie den Namen gegeben hat, kann aus den bisher entwickelten Gleichungen abgeleitet werden. An einer früheren Stelle (Gl. 7) war für die Eigenfrequenz eines Schwingungskreises der Ausdruck

$$2\,\pi\nu = \sqrt{\frac{1}{L \cdot C} - \frac{w^2}{4\,L^2}}$$

gefunden worden. Führt man statt der Periodenzahl ν die Periodendauer T ein, so ergibt sich

$$T = \frac{1}{\nu} = \frac{2\,\pi}{\sqrt{\dfrac{1}{L \cdot C} - \dfrac{w^2}{4\,L^2}}} \qquad \ldots \ldots (18)$$

Ist ferner T_0 die Periodendauer des ungedämpften Kreises

$$T_0 = \frac{1}{\nu_0} = 2\pi \cdot \sqrt{L \cdot C},$$

so erhält man:
$$T = T_0 \cdot \sqrt{1 + \left(\frac{w}{2L} \cdot \frac{T}{2\pi}\right)^2},$$

oder unter Berücksichtigung der Gleichung 8:

$$T = T_0 \cdot \sqrt{1 + \left(\frac{\vartheta}{2\pi}\right)^2} \quad \ldots \ldots \quad (19)$$

Nun ist bekannt, daß die Fortpflanzungsgeschwindigkeit eines elektrischen Anstoßes der Lichtgeschwindigkeit entspricht, also etwa gleich 300 000 Kilometer in der Sekunde beträgt. Bezeichnet man daher in Anlehnung an analoge akustische und optische Erscheinungen die Strecke, die ein solcher Anstoß während der Dauer einer Periode durchläuft, mit Wellenlänge λ, so besteht zwischen dieser, der Periodenzahl ν und der Periodendauer T die Beziehung:

$$\lambda^{\mathrm{cm}} = 3 \cdot 10^{10} \cdot T = \frac{3 \cdot 10^{10}}{\nu} \quad \ldots \ldots \quad (20)$$

Obgleich der Begriff der Wellenlänge nur für eine im Raume fortschreitende elektrische Erscheinung eine physikalische Bedeutung besitzt, wendet man in der Radiotelegraphie diese Bezeichnung auch für geschlossene Kreise an.

Aus den Gleichungen 19 und 20 ergibt sich somit für die Eigenwellenlänge eines geschlossenen Schwingungskreises der Ausdruck:

$$\lambda = \lambda_0 \cdot \sqrt{1 + \left(\frac{\vartheta}{2\pi}\right)^2}, \quad \ldots \ldots \ldots \quad (21)$$

$$\lambda_0 = 3 \cdot 10^{10} \cdot T_0 = 3 \cdot 10^{10} \cdot 2\pi \cdot \sqrt{L \cdot C}, \quad \ldots \quad (22)$$

wobei L und C in Einheiten des elektromagnetischen CGS-Systems ausgedrückt sind. Verwendet man für C der bequemeren Rechnung zuliebe das elektrostatische Maßsystem, so ergibt sich, da 1 elektromagnetische Einheit $= 9 \cdot 10^{20}$ elektrostatischen Einheiten ist:

$$\lambda_0^{\mathrm{cm}} = 2\pi \cdot \sqrt{L^{\mathrm{cm}} \cdot C^{\mathrm{cm}}} \quad \ldots \ldots \ldots \quad (23)$$

Mittels der Tafel I, die auf Logarithmenpapier entworfen ist, kann aus je zwei von den Größen, die durch Gl. 23 miteinander verknüpft sind, die dritte gefunden werden.

Drückt man weiterhin in Gl. 10 L und T durch λ_0 aus und berücksichtigt, daß 10^9 Widerstandseinheiten des elektromagnetischen CGS-Systems einem Ohm entsprechen, so erhält man die beiden folgenden wichtigen Beziehungen:

$$\vartheta = \frac{1}{152} \cdot \frac{w^{\Omega} \cdot C^{\mathrm{cm}}}{\lambda^{\mathrm{m}}} \quad \ldots (24) \qquad\qquad w = 152 \cdot \vartheta \cdot \frac{\lambda^{\mathrm{m}}}{C^{\mathrm{cm}}} \quad \ldots (25)$$

A. Die Stationsbestandteile.

In dem vorausgehenden Abschnitt wurde ausgeführt, daß der Stromverlauf in einem Schwingungskreis bei gegebenen Anfangsbedingungen durch die Eigenfrequenz und das Dämpfungsdekrement der Strombahn bestimmt wird. Da diese zwei Begriffe in einfacher Weise aus den drei Größen: Kapazität, Selbstinduktion und Widerstand abgeleitet werden können, sollen zunächst diejenigen Apparate beschrieben werden, die zum Aufbau eines schwingungsfähigen Gebildes notwendig sind.

I. Kondensatoren.

Die zahlreichen Ausführungsformen von Kondensatoren, denen man in der Hochfrequenztechnik begegnet, lassen sich in zwei Gruppen sondern, von denen die eine alle diejenigen umfaßt, die vorzugsweise auf der Empfangsseite Verwendung finden, während die andere alle Formen vereinigt, die den großen Belastungen der Senderenergie Stand zu halten vermögen. Beiden Gruppen gemeinsam ist die weitere Unterscheidung von Apparaten, die eine feste, eine sprungweise oder eine stetig veränderliche Kapazität besitzen.

1. Die Kondensatoren der Empfangsseite.

Bei ihrer Durchbildung sind die beiden Forderungen zu erfüllen, daß ihre Eigendämpfung möglichst klein ist, und daß ihr mechanischer Aufbau die Vorzüge geringen Gewichtes und handlicher Abmessungen miteinander vereinigt. Zur Vermeidung von Verlusten ist in erster Linie darauf zu achten, daß zur Trennung der Kondensatorbelegungen ein solcher Stoff verwendet wird, der sich durch verschwindend kleine Oberflächenleitfähigkeit auszeichnet, die mit der Zeit sich auch nicht vergrößern darf. Besonderer Wert ist auf die Vermeidung breiter Kriechwege zu legen. Als geeignet haben sich Hartgummi, Stabilit, Bakelit und ähnliche Stoffe erwiesen. Da neben den reinen Leitungsverlusten auch der dielektrische

Energieverbrauch zu berücksichtigen ist, wird man als Dielektrikum zwischen den beiden Belegungen solche Isolatoren wählen, deren dielektrischer Hysteresisverlust gering ist. Hier kommen in erster Linie Luft und getrocknetes Öl, aber auch Hartgummi und reiner Glimmer in Frage. Unter Berücksichtigung dieser Gesichtspunkte ist es nicht schwierig, bei Verwendung von gut ausgerichteten ebenen Metallplatten (Messing, Aluminium) einen Kondensator von unveränderlicher Kapazität aufzubauen, dessen Größe durch gruppenweises An- und Abschalten einzelner Teile leicht auch sprungweise verändert werden kann. Für den Bau von Kondensatoren mit stetig veränderlicher Kapazität hat sich allgemein eine Form eingebürgert, die von D. Korda zuerst angegeben und später von A. Köpsel in die Radiotelegraphie eingeführt wurde. Die einfachste Ausführung besteht aus je einer Anzahl von festen und beweglichen halbkreisförmig geschnittenen ebenen Platten, wobei nach Art des Quadrantenelektrometers die beweglichen Scheiben sich zwischen die festen hineindrehen lassen.

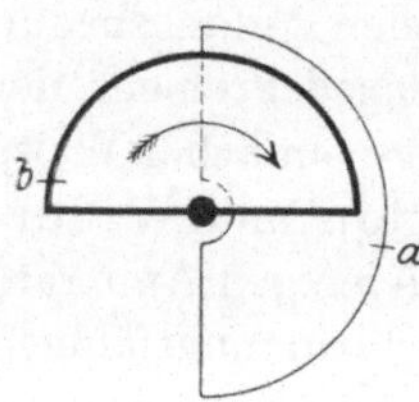

Fig. 7.

Fig. 7 gibt hiervon eine Vorstellung. In welcher Weise die mechanische Ausführung im einzelnen erfolgt, sei an zwei Beispielen näher erläutert. Die Abbildung Fig. 8 zeigt einen von G. Seibt entwickelten Präzisionsdrehkondensator, der sich dadurch auszeichnet, daß die Belegungen sich nicht aus einer Reihe von Einzelteilen aufbauen, sondern aus einem Magnaliumhalbzylinder aus dem Vollen herausgefräst sind. Hierdurch wird es ermöglicht, dem Ganzen nicht nur eine große Festigkeit zu geben, sondern auch infolge des geringen Luftabstandes zwischen den Platten eine große Kapazität in verhältnismäßig kleinem Raume unterzubringen. In anderer Weise wird dies Bestreben in der von der Marconi-Gesellschaft herausgebrachten Form verwirklicht

Fig. 8. Gefräster Drehkondensator nach Seibt.

(Fig. 9). Die festen (a_1, a_2 Fig. 10) und beweglichen (b_1, b_2) halbkreisförmigen Platten bestehen aus zwei voneinander isolierten

Gruppen, von denen je eine feste und eine bewegliche parallel geschaltet ist. In der 0-Stellung des Kondensators decken sich die Platten gleicher Polarität, während nach einer Drehung um annähernd 180^0 die entgegengesetzt aufge-

Fig. 9. Drehkondensator d. Marconi-Gesellsch.

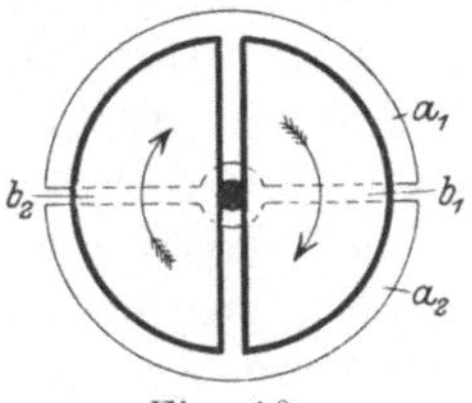

Fig. 10.

ladenen Belegungen abwechselnd übereinander zu liegen kommen. Für die 90^0-Stellung ist ihre gegenseitige Lage in Fig. 10 wiedergegeben. Der vorhandene zylinderförmige Raum ist somit vollkommen ausgenutzt. Da außerdem als Dielektrikum nicht Luft, sondern Ebonit- oder Glimmerplatten Verwendung finden, ist die Kapazität entsprechend den Dielektrizitätskonstanten jener Stoffe größer.

Fig. 11 zeigt einen Luftkondensator dieser Art für grobe (rechts) und für feine Einstellung (links) der C. Lorenz A.-G.

Fig. 11. Ausgewogener Drehkondensator; rechts grobe, links feine Einstellung (C. Lorenz A.-G. Berlin).

2. Die Senderkondensatoren.

Die Anforderungen, die in elektrischer Beziehung an die Kondensatoren der Sendeseite gestellt werden, sind größer und vielseitiger als die, die bei dem Bau der Empfangsformen zu berücksichtigen waren. Handelt es sich doch hier nicht allein darum, jede Oberflächenleitung an den eigentlichen Befestigungsteilen zu verhindern und die dielektrischen Verluste möglichst zu vermeiden, sondern auch den Kondensator in allen seinen Teilen für die entsprechende hohe Belastung durchzubilden. Besonderer Wert ist dabei auf die Verhütung des Auftretens jeglicher Glimmerscheinung zu legen, die in den meisten Fällen den Durchschlag des Dielektrikums einleitet. Als Baustoff für die Träger der Platten sind deshalb Glas, Porzellan und Steckolit besonders geeignet, während man als Dielektrikum Preßgas (N. Tesla, R. A. Fessenden), trockenes Öl, Glas und Glimmer verwenden wird. Der Vorteil der gasförmigen und flüssigen Isolatoren besteht in ihren geringfügigen dielektrischen Verlusten, der der festen Stoffe in ihrer meist höheren Durchschlagsfestigkeit. Überall da, wo ein genügender Raum zur Verfügung steht, wird man deshalb Kondensatoren der ersteren Art verwenden, während in den Fällen, wo es auf kleines Gewicht und geringe äußere Abmessungen ankommt, die Ausführungsformen der zweiten Art den Vorzug verdienen. Bei den ersten radiotelegraphischen Sendeversuchen bediente man sich als Hochspannungskondensatoren der Leidener Flaschen, wie sie jedes physikalische Kabinett besitzt. An diese Form anknüpfend, entwickelte dann die Hochfrequenztechnik Abarten, von denen einige in den folgenden Figuren wiedergegeben sind. Um den am oberen Rande der Belegungen der Leidener Flaschen auftretenden Sprühverlust möglichst klein zu halten, ging man zunächst auf jene lang gestreckte Flaschenform über, die Fig. 12 zeigt. Da bei zu großer Spannungssteigerung erfahrungsgemäß am Boden oder am oberen Rande der Durchschlag erfolgt, wird das Glas an diesen Stellen verdickt. Wenn auch derartige Hochspannungskondensatoren noch vielfach im Gebrauch sind, so weisen sie doch eine Reihe von grundsätzlichen Nachteilen auf. Zunächst tritt an den scharfen Rändern der inneren und äußeren Stanniolbelegung schon bei geringeren Spannungen eine Sprüh- und Glimmlichterscheinung ein, die besonders bei Verwendung von hochfrequenten Strömen zur schnellen Zerstörung der Flasche führt. Da dieser Vorgang auch bei anderen Apparaten der Hochfrequenztechnik vorkommt, die, hohen Spannungen ausgesetzt, an ihren Kanten, Ecken und Spitzen Lichterscheinungen zeigen, ist es nötig, etwas näher darauf einzugehen. An allen den Stellen, an denen die Dichte des elektrischen Feldes über ein gewisses Maß gesteigert wird, beginnt die Luft infolge zunehmender Ionisation ihre Isolationsfähigkeit einzubüßen und damit für den Strom leitend zu werden. Schon Tesla stellte hierbei fest, daß die Kapazität des Kondensators entsprechend dem Glimmstrombereich sich vergrößert. Dabei wird der Strom, der in diesem zusätzlichen Leiter fließt, mit wachsender Periodenzahl zunehmen. Dieser Strom nun erzeugt in dem immerhin hohen Widerstande der ionisierten Luft Wärme, die einmal das be-

nachbarte feste Isolationsmaterial angreift und zweitens die elektrische
Bruchfestigkeit der sich anschließenden Luftteilchen herabmindert.
Das Sprüh- und Glimmlicht wird somit das Bestreben haben, sich
immer weiter auszudehnen, was bei ausreichendem Energienachschub
den Durchschlag des Kondensators zur Folge hat. Dieser Erschei-

Fig. 12. Leidener Flaschen.

nung tragen die Moscicki-Kondensatoren insofern Rechnung,
als bei ihnen zunächst der verdickte Hals der Glasflasche einen
geringeren Durchmesser besitzt, als der übrige zylindrische Teil.
Um ein enges Anschmiegen der Metallbelegungen an die Innen-
und Außenwand des Dielektrikums zu erzielen, bestehen sie aus

Fig. 13. Ölkondensator für Sendezwecke (Marconi-Gesellschaft).

Fig. 14. Glimmerkondensator (C. Lorenz A.-G. Berlin).

einem chemischen Silberniederschlag, der auf galvanischem Wege
verkupfert wird. Hierdurch wird vermieden, daß zwischen den Belegungen und dem Glase irgendwelche Luftteilchen eingeschlossen
bleiben, die bei höherer Belastung zum Glimmen gebracht, die Flasche

ungleichmäßig erhitzen würden. Der Anschluß der inneren Belegung erfolgt durch einen auf den Hals der Flasche aufgesetzten Rillenisolator hindurch. Zum Schutze gegen äußere mechanische Beschädigungen ist weiter der Kondensator von einer metallischen Hülle umgeben. Der Raum zwischen dieser und der Röhre wird mit einer schwer frierbaren Mischung von Glycerin und Wasser angefüllt. Durch diese Maßnahme ist die ungleichförmige Erwärmung der Flasche vermieden.

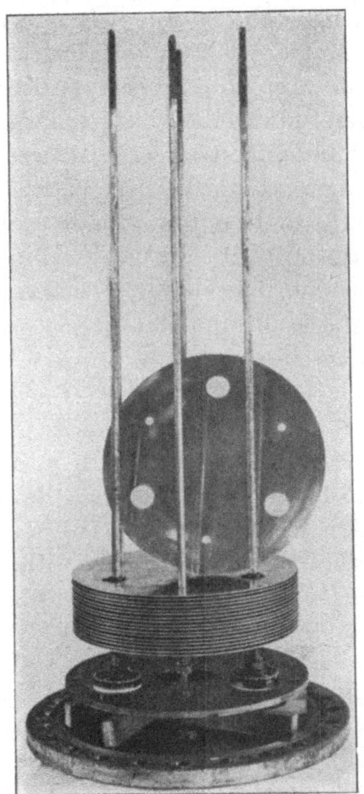

Fig. 15 und 16. Preßgaskondensator von R. A. Fessenden.

Zur Herstellung der für sein System nötigen großen Kapazitäten verwendet G. Marconi eine Kondensatorausführung, die in Fig. 13 abgebildet ist. Eine Reihe von Zink- und Glasplatten sind in einem Gestell vereinigt, das in einem Eisenkasten eingebaut ist, der mit gut isolierendem Öl gefüllt wird. Um die Kapazität sprungweise schnell und bequem ändern zu können, führt man einige Abzweigungen durch den Deckel nach außen.

In allen den Fällen, wo bei nicht zu hohen Spannungen große Kapazitäten verlangt werden, wie beispielsweise zum Abstimmen der

Kreise von Hochfrequenzmaschinen, hat sich eine Kondensatorform bewährt, die aus abwechselnd aufeinander geschichteten Kupfer- und Glimmerblättern sich aufbaut (Fig. 14).

Endlich sei die bemerkenswerte Ausführungsform des Preßgaskondensators erwähnt, der nach Angaben von R. A. Fessenden von der N. E. Signaling Co. hergestellt wird (Fig. 15 bis 17). Eine Reihe kreisförmiger Metallplatten sind auf 6 Stäbe derart aufgefädelt, daß alle geradzahligen und ungeradzahligen Elemente für sich in elektrischer Verbindung stehen, während beide Gruppen voneinander isoliert sind. Das Ganze hängt an einem Metalldeckel, der den Abschluß eines zylinderförmigen Stahlgefäßes bildet, das solche Wandstärken besitzt, daß es hohen inneren Überdrucken standhält. Die eine Plattengruppe steht unmittelbar mit der Außenwand in elektrischer Verbindung, während der Anschluß der zweiten an dem Ende des Isolators erfolgt, der in der Mitte des oberen Deckels befestigt ist. Ein Manometer gestattet die Ablesung des in dem Zylinder vorhandenen Druckes. Bei einem Druck von z. B. 15 Atmosphären erhöht sich bei diesem Kondensator die Durchschlagsfestigkeit auf 45 000 Volt.

Fig. 17. Preßgaskondensator von R. A. Fessenden.

Neben den beschriebenen Senderkondensatoren mit unveränderlicher Kapazität hat man auch erfolgreich solche entwickelt, die eine stetig veränderliche Kapazität aufweisen. Die Grundsätze für den Aufbau sind im allgemeinen die gleichen, die wir auch bei Beschreibung der entsprechenden Empfangskondensatoren kennen lernten. Die Fig. 18 ist daher ohne weiteres verständlich. Um den vorhandenen Raum besser auszunutzen, wird von H. Boas und der C. Lorenz A.-G. bei den vollkommeneren Formen die Schaltungsanordnung verwendet, die dem oben beschriebenen Marconischen Drehkondensator für Empfangszwecke zugrunde liegt. Ihr Bau weicht jedoch, dem Verwendungszwecke entsprechend, insofern von der Ausgangsform ab, als zunächst bei beiden Ausführungsformen (Fig. 19 und 20) die Platten senkrecht stehen. Bei der ersteren Ausführung werden sie aus Halbzylindern gebildet, während der Lorenz-Kondensator die ebenen Belegungen beibehalten hat, damit man die Vorgänge im Inneren des Apparates beobachten kann. Ein weiterer Unterschied besteht in der Befestigung der einzelnen Teile und der Art der Bewegungsübertragung auf das drehbare Gruppenpaar.

Fig. 18. Senderdrehkondensator mit wagrechten Platten in Öl
(Hans Boas, Elektr. Fabrik, Berlin).

3. Sperrkondensatoren (Blockkondensatoren).

Eine wichtige Anwendung finden die verschiedenen Formen von Kondensatoren zum Absperren von Gleichstrom von den von Hochfrequenzströmen durchflossenen Teilen sowohl bei Sende- als auch bei Empfangsschaltungen. Bei Empfangseinrichtungen fällt weiterhin solchen Sperr- oder Blockkondensatoren die Aufgabe zu, die durch die Wellenindikatoren aus den Hochfrequenzströmen erzeugten Gleichströme durch ein Galvanometer oder einen Fernhörer zu leiten.

Überblickt man im Zusammenhange die im vorstehenden beschriebenen Kondensatoren, so läßt sich ganz allgemein feststellen, daß die Ausführungsformen immer mehr den Charakter von physikalischen Apparaten verlieren und die Grundsätze des allgemeinen Maschinenbaues auch hier auf den Bau befruchtend eingewirkt haben.

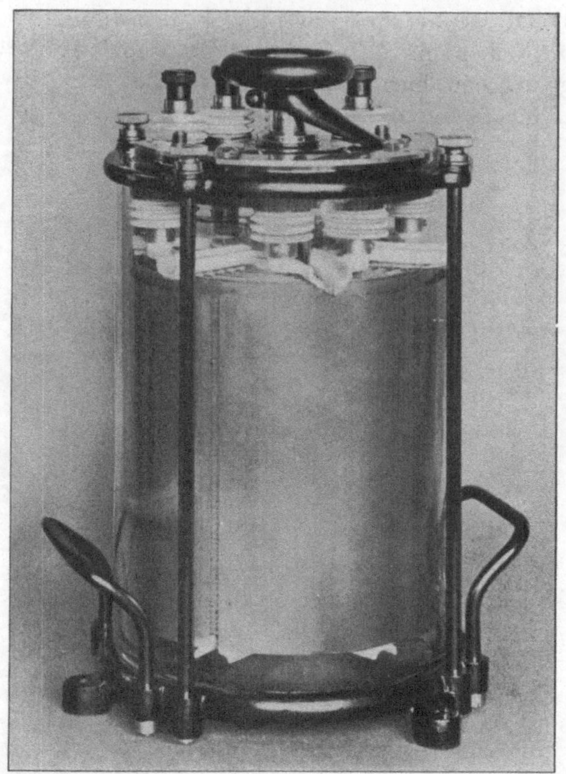

Fig. 19. Senderdrehkondensator mit senkrechten Platten in Öl (H. Boas, Berlin).

Fig. 20. Senderdrehkondensator mit senkrechten Platten (C. Lorenz A.-G., Berlin).

4. Berechnung der wirksamen Kapazität.

Um die Kapazität C eines Zweiplatten-Luftkondensators im voraus zu berechnen, kann man mit großer Annäherung die Gleichung

$$C^{\mathrm{cm}} \simeq \frac{F}{4\,\pi\cdot\delta} \quad\ldots\ldots\ldots \quad (26)$$

verwenden. Hierbei bedeutet F die Gesamtfläche eines Belages in Quadratzentimetern und δ die Dicke des gasförmigen Dielektrikums in Zentimetern. Angenommen wird hierbei, daß die Zahl der elektrostatischen Randstreukraftlinien gegenüber denen von der Länge δ zu vernachlässigen ist. Setzt sich der Kondensator aus einer Anzahl von übereinandergeschichteten Platten gleicher Größe (Drehkondensator) zusammen, so ist, wenn F die Fläche einer Belegung bezeichnet und n die Gesamtzahl der verwendeten Platten angibt, die obige Gleichung mit $n-1$ zu multiplizieren. Besteht außerdem das Dielektrikum nicht aus einem gasförmigen Körper, sondern besitzt es die Dielektrizitätskonstante ε, so erweitert sich die angegebene Beziehung zu folgendem Ausdruck:

$$C^{\mathrm{cm}} \simeq \varepsilon\cdot(n-1)\cdot\frac{F}{4\,\pi\cdot\delta}\cdot \quad\ldots\ldots \quad (27)$$

Beispiel: Ein Drehkondensator mit 25 festen und 26 beweglichen halbkreisförmigen Platten, deren Halbmesser 60 mm beträgt, befinde sich in seiner 180°-Stellung (größte Kapazität). Der Plattenabstand sei 1 mm. Wird der Kondensator in ein mit Paraffinöl (Dielektrizitätskonstante $\varepsilon = 2{,}3$) gefülltes Glasgefäß gestellt, so berechnet sich seine Kapazität zu

$$C \simeq 2{,}3\cdot(51-1)\cdot\frac{\dfrac{36}{2}\cdot\pi}{4\cdot\pi\cdot0{,}1} \simeq 5180$$

(gemessen wurde $C = 5220$ cm).

In vielen Fällen vereinfachen sich die physikalischen Überlegungen, wenn man statt der Kapazität C den **kapazitiven oder scheinbaren Widerstand des Kondensators** (S. 2) einführt, der mittels folgender Gleichungen sich berechnen läßt:

$$w_C^{\Omega} = \frac{1}{2\,\pi\,\nu\cdot C^F} = 477{,}5\cdot\frac{\lambda^{\mathrm{m}}}{C^{\mathrm{cm}}} \quad\ldots\ldots \quad (28)$$

(S. auch Tafel II.)

Wie aus der Fig. 12 hervorgeht, werden die Kondensatorbatterien starker Senderanlagen gewöhnlich aus einer Reihe von Einzelelementen zusammengesetzt, die man dann in Gruppen nebeneinander und in Reihe schaltet. Bedeuten C_1, C_2, $C_3 \ldots C_n$ die Größen der einzelnen Kapazitäten, so bestimmt sich die Gesamtkapazität C bei Nebeneinanderschaltung aus der Beziehung:

$$C = C_1 + C_2 + C_3 + \ldots + C_n, \quad\ldots\ldots \quad (29)$$

während bei Reihenschaltung die Gleichung:

$$\frac{1}{C} = \frac{1}{C_1} + \frac{1}{C_2} + \frac{1}{C_3} + \cdots + \frac{1}{C_n} \quad \ldots \ldots \quad (30)$$

der Rechnung zugrunde zu legen ist. Letzterer Fall liegt auch dann
scheinbar vor, wenn das Dielektrikum eines Kondensators aus zwei
verschiedenen Stoffen, z. B. Glas und Öl (Marconi-Kondensator) besteht. Dann ist die Gesamtkapazität aus folgender Formel zu bestimmen:

$$C \simeq \frac{F}{4\pi} \cdot \frac{\varepsilon_1 \cdot \varepsilon_2}{\delta_1 \cdot \varepsilon_2 + \delta_2 \varepsilon_1} \quad \ldots \ldots \ldots \quad (31)$$

Aus diesen Gleichungen geht hervor, daß bei Nebeneinanderschaltung der Einfluß des Kondensators mit der größten Kapazität

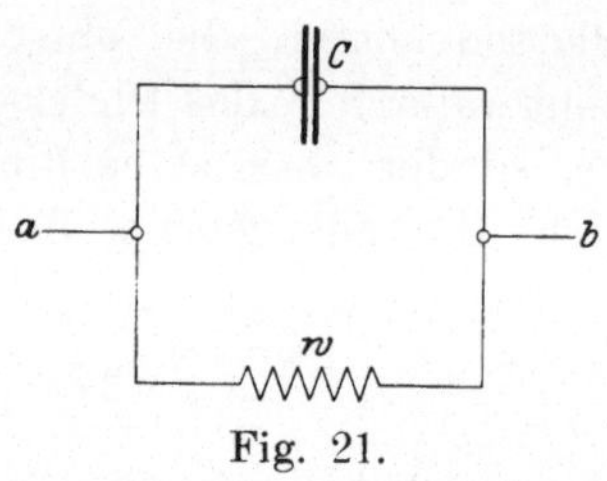
Fig. 21.

in erster Linie den Wert der Gesamtkapazität bestimmt, während bei Reihenschaltung die Dinge gerade umgekehrt
liegen.

Endlich verdient noch der Fall eine
besondere Würdigung, in dem zu einem
verlustlosen Kondensator C ein
Ohmscher Widerstand w parallel
liegt (Fig. 21). Physikalische Überlegungen
und Rechnungen werden auch hier oft wesentlich vereinfacht, wenn
man an Stelle der in Fig. 21 wiedergegebenen Anordnung eine Ersatzschaltung treten läßt. Dabei sind zwei Fälle zu unterscheiden.

a) Gehört die Vereinigung von C und w (Fig. 21) einem Wechsel-

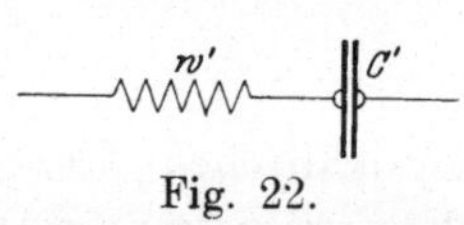
Fig. 22.

stromkreis an, dem die Periodenzahl ν aufgezwungen wird, so ersetzt man sie zweckmäßig
durch die Reihenschaltung eines Kondensators C'
und eines Widerstandes w' (Fig. 22), wobei C'
oder w_C' und w' so zu wählen sind, daß zwi-
schen den Punkten a und b (Fig. 21) der Strom, die Spannung und
der Effektverbrauch keine Änderung erfahren und dementsprechend
mittels der Gleichungen

$$w' = w \cdot \frac{1}{1 + (2\pi\nu)^2 \cdot C^2 \cdot w^2} = w \cdot \frac{w_C^2}{w_C^2 + w^2} \quad \ldots \quad (32)$$

$$C' = C + \frac{C}{(2\pi\nu)^2 \cdot C^2 \cdot w^2}, \qquad w_{C'} = w_C \cdot \frac{w^2}{w_C^2 + w^2} \quad \ldots \quad (33)$$

berechnet werden müssen. (Vgl. Tafel III in der $w_1 = w_C'$, $w_2 = w_C$,
$w_3 = w$).

Durch die Parallelschaltung eines Widerstandes wird sonach die
Kapazität scheinbar vergrößert.

b) Bildet jedoch die Anordnung Fig. 21 den Bestandteil eines Schwingungskreises, sind also z. B. die Anschlüsse a und b durch eine Spule mit dem Selbstinduktionskoeffizienten L miteinander verbunden und soll die Eigenschwingung des Kreises untersucht werden, so läßt man an seine Stelle die Reihenschaltung der ursprünglichen Kapazität C und der Selbstinduktionsspule L mit einem Widerstande w' treten, dessen Größe aus der Beziehung

$$w' = \frac{L}{w \cdot C} \quad \ldots \ldots \ldots \quad (34)$$

errechnet wird. Während, wenn kein Widerstand dem Kondensator parallel liegt, die Eigenperiodenzahl sich aus der Gleichung:

$$\nu = \frac{1}{2\pi \cdot \sqrt{L \cdot C}}$$

ergibt, ist sie nunmehr mit Hilfe des erweiterten Ausdruckes:

$$\nu' = \frac{1}{2\pi} \cdot \sqrt{\frac{1}{LC} - \frac{w'^2}{4 \cdot L^2}} = \frac{1}{2\pi} \cdot \sqrt{\frac{1}{LC} - \frac{1}{4 \cdot C^2 \cdot w^2}}$$

zu bestimmen. An späterer Stelle wird von diesen Gleichungen mannigfacher Gebrauch gemacht werden.

II. Selbstinduktionsspulen, Variometer, Kopplungseinrichtungen.

1. Die Effektverluste in den Spulen.

Die Gesichtspunkte, die in der Starkstromtechnik für den Bau von Selbstinduktionsspulen maßgebend sind, unterscheiden sich wesentlich von denen, die in der Hochfrequenztechnik beachtet werden müssen. Während im ersteren Falle die Wahl der Spulenabmessungen allein mit Rücksicht auf die zulässige Erwärmungsgrenze erfolgt, muß man in der Radiotelegraphie bestrebt sein, die Verluste in den Selbstinduktionsspulen nach Möglichkeit zu verringern. Diese Forderung gilt in gleicher Weise für die Apparate der Sende- wie der Empfangsseite. Als zweiter für den Zusammenbau der Station zu beachtender Gesichtspunkt ist der zu nennen, daß die erforderliche Selbstinduktion in einem möglichst kleinen Raum untergebracht wird, um die Bedienung des Ganzen zu erleichtern. Da nun die Vielheit der Ausführungsmöglichkeiten es verhindert, ganz allgemein gültige Regeln für die besten Spulenabmessungen aufzustellen, ist man gezwungen, an Hand von einigen Beispielen die Richtung anzugeben, die bei der Ausbildung der Apparate einzuschlagen ist. Drei Ursachen sind es, die in erster Linie die Spulenverluste bedingen:

a) die Stromverdrängung (Hautwirkung),
b) die dielektrischen Erscheinungen und
c) die Wirbelstromverluste.

Unter Stromverdrängung versteht man den Vorgang, daß die Stromlinien nicht mehr gleichmäßig den Leiterquerschnitt durchsetzen, sondern unter der Wirkung ihres eigenen Feldes von innen nach außen eine Zunahme auf die Querschnittseinheit erfahren. Da hierdurch der Querschnitt des Drahtes nur unvollkommen ausgenutzt wird und gewissermaßen nur die Haut des Leiters Strom führt,

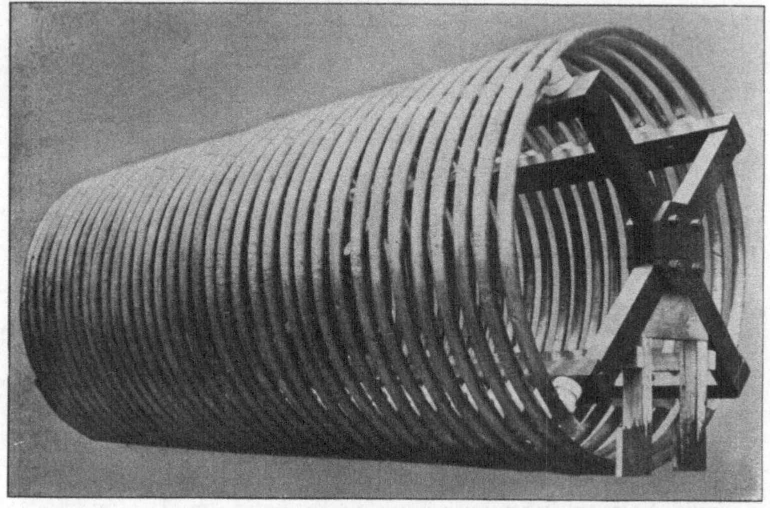

Fig. 23. Zylinderspule für Sendezwecke mit unveränderlicher Selbstinduktion.

muß eine scheinbare Widerstandszunahme der Spule eintreten. Die Theorie und der Versuch ergeben übereinstimmend, daß die Stromverdrängung wächst mit steigender Periodenzahl des Wechselstromes und zunehmender Leitfähigkeit und Permeabilität des verwendeten Leitungsmaterials. Während daher bei technischen Wechselströmen der wirksame Ohmsche Widerstand des Drahtes mit dem bei Gleichstrom vorhandenen Werte praktisch übereinstimmt, kann in der Hochfrequenztechnik der vorhandene Gleichstromwiderstand der Spule gegenüber der Widerstandszunahme infolge der Stromverdrängung in den meisten Fällen vernachlässigt werden. Das wirksamste Mittel nun, um die infolge dieser Erscheinung bedingten zusätzlichen Verluste möglichst klein zu halten, besteht nach N. Tesla in einer möglichst

weitgehenden Unterteilung des Drahtquerschnittes und in einer guten
Verdrillung und Isolation der einzelnen Leiter. Da weiter die Feld-
verteilung von der Spulenform maßgebend beeinflußt wird, müssen
der Windungsdurchmesser, die Lagenzahl und die Ganghöhe ebenfalls auf die Größe des wirksamen Widerstandes bestimmend einwirken. Dies gilt besonders für die zweite Art der Verlustquelle,
die dielektrischen Erscheinungen. Jede Spule besitzt eine
gewisse Eigenkapazität, die nicht nur zwischen den benachbarten
Windungen auftritt, sondern auch zwischen den einzelnen Leitern

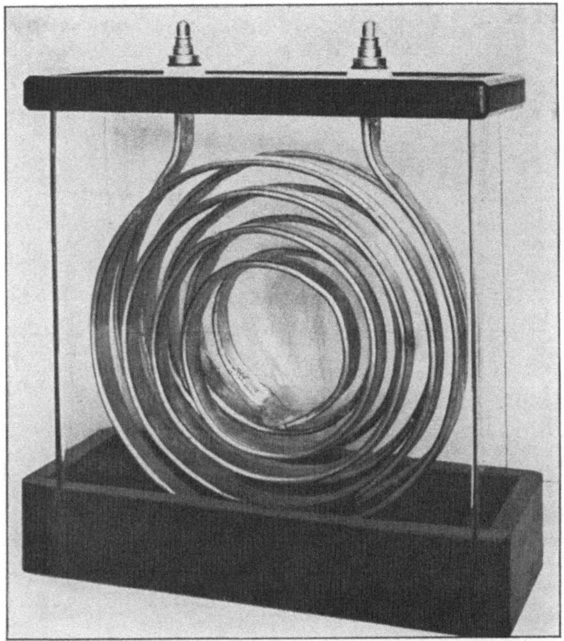

Fig. 24. Spiralspule in Öl für Sendezwecke.

ein und derselben Litze vorhanden ist. Entsteht nun zwischen zwei
solchen Stellen der Leitungsbahn infolge der gewählten Wicklungs-
anordnung oder ungenügender Verdrillung der Einzelleiter eine
Spannungsdifferenz, so hat diese einen Kapazitätsstrom zur Folge,
der sowohl dielektrische Verluste hervorrufen, als auch dem Haupt-
strom entgegenwirken kann. Diese Erscheinung kann unter Umständen den sonst günstigen Einfluß der Drahtunterteilung wieder
aufheben. Von den weiteren Störungen, die eine ausgeprägte Spulenkapazität in die Kreisabstimmung hineinbringen kann, wird weiter
unten die Rede sein.

2. Ausführungsformen.

In welcher Weise nun die angeführten Gesichtspunkte bei der Durchbildung der Selbstinduktionsspulen verwirklicht worden sind, zeigen die folgenden Beispiele. Die verschiedenen Ausführungsformen lassen sich einteilen in Spulen

1. mit unveränderlicher,
2. mit sprungweiser oder stetig veränderlicher Selbstinduktion. An diese reihen sich
3. die elektromagnetischen Kopplungseinrichtungen

ungezwungen an.

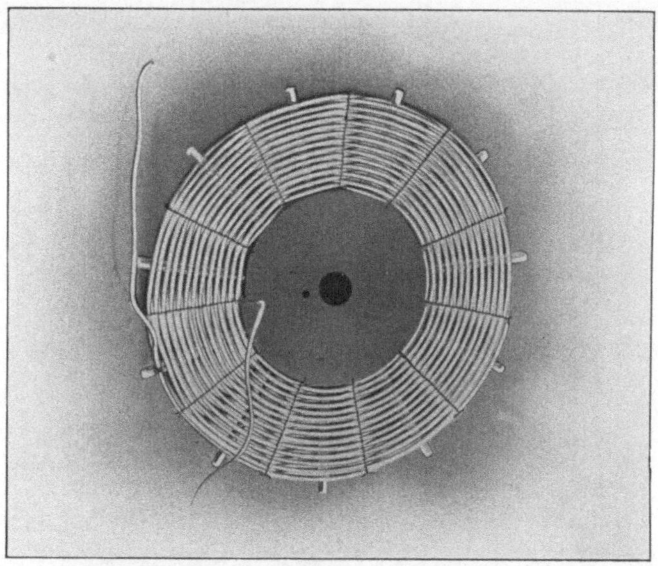

Fig. 25. Senderspule nach Rein und Scheller (C. Lorenz A.-G., Berlin).

Bei sämtlichen Spulenarten finden die beiden Grundformen, die Zylinder- und die Flachspulen, Verwendung. Fig. 23 und 24 geben zwei Spulen mit unveränderlicher Selbstinduktion für starke Ströme wieder. Die Spiralspule ist dadurch bemerkenswert, daß sie ohne besondere Haltestücke sich selbst tragend, an einem Glasdeckel aufgehängt ist, der ein mit Öl gefülltes Gefäß abschließt. Dieser Aufbau vereinigt die Vorteile einer vorzüglichen Isolation mit einer guten Kühlung. Wird die Aufgabe jedoch so gestellt, in einem gegebenen Raum eine bestimmte Selbstinduktion unterzubringen, wobei die Verluste innerhalb eines gewissen Wellenbereiches einen Kleinstwert haben sollen, so bewährt sich die in der Fig. 25 wiedergegebene Sternspulenform. Dabei hat sich gezeigt, daß bei Verwendung von fein unterteilter Litze, deren Einzeldrähte verdrillt und voneinander isoliert sind, der Drahtquerschnitt einen günstigsten Wert besitzt. Da dieser unter Umständen für die beabsichtigte Strombelastung nicht ausreicht, werden die Spulen auf eine gemeinsame Achse (Fig. 26) aufgereiht und in ein mit Öl gefülltes Gefäß getaucht. Die Kühlflüssigkeit ist infolge der besonderen Wicklungsart in der Lage, den Leiter von allen Seiten zu umspülen und dadurch nicht nur jede unzulässige Erwärmung zu verhindern, sondern auch die Spulen für die Verwen-

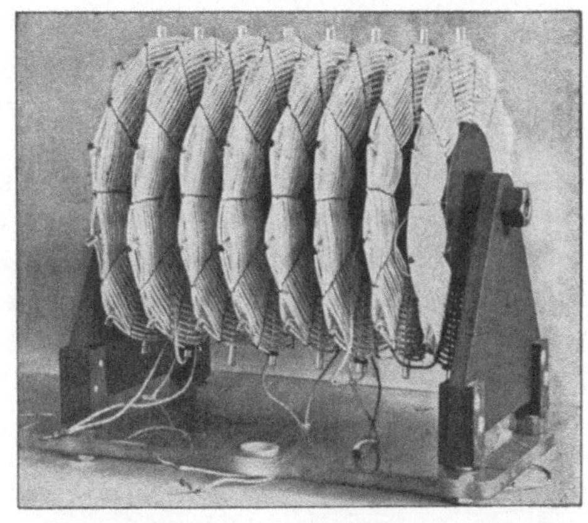

Fig. 26. Abstöpselbare Senderspulen nach Rein und Scheller (C. Lorenz A.-G., Berlin).

dung hoher Spannungen geeignet zu machen. Führt man die einzelnen Spulenenden an eine Stöpselleiste, so ist damit die Möglichkeit

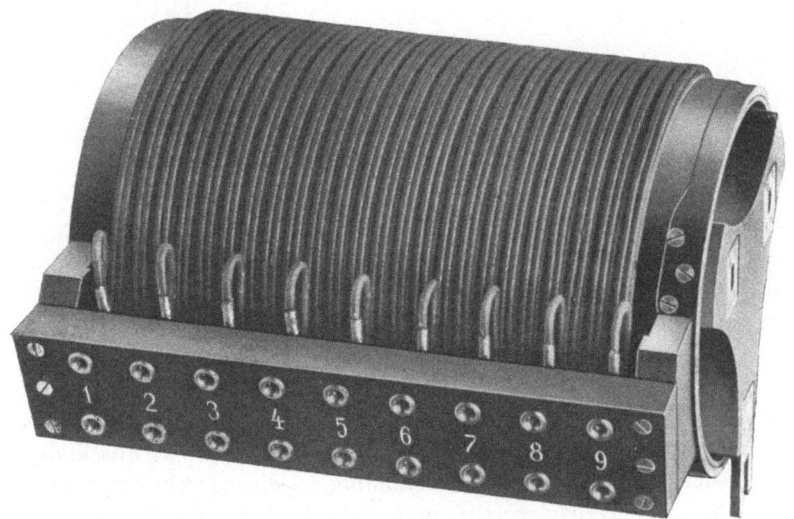

Fig. 27. Stöpselbare Senderspule.

gegeben, mehr oder weniger große Selbstinduktionsbeträge in den betreffenden Stromkreis einschalten zu können (vgl. auch Fig. 27).

Um einen Apparat zur stetigen Veränderung der Selbstinduktion (Variometer) zu entwickeln, bietet sich folgender Weg dar. Denkt man sich zwei Spulen, Fig. 28 (z. B. Flachspulen) räumlich so nahe aneinandergebracht und so gestaltet, daß die entsprechenden Drähte als bifilar gewickelt angesehen werden können, so daß der Stromfluß in jedem Augenblick in der einen Spule die entgegengesetzte Richtung besitzt, wie in der anderen, so müssen sich die entstehenden magnetischen Felder vollständig aufheben und die Selbstinduktion der Anordnung wird den Wert Null besitzen. Je mehr man nun die eine Spule in der Richtung der gemeinsamen Achse von der anderen entfernt, desto besser können sich die Einzelfelder entwickeln. Bei sehr großem Abstande muß sich daher die Gesamtselbstinduktion aus der Summe der Selbstinduktionen jedes einzelnen Teiles zusammensetzen. Kehrt man nunmehr in der einen Spule

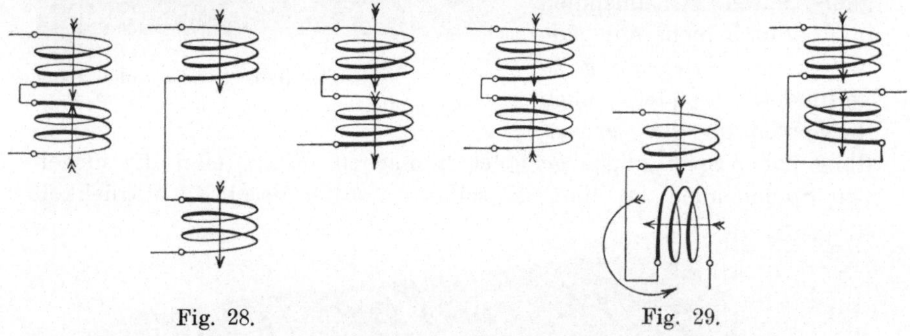

Fig. 28.   Fig. 29.

die Stromrichtung um und nähert man wieder die beiden Teile einander, so findet ein dauerndes Anwachsen des Selbstinduktionskoeffizienten statt, da der Einfluß der gegenseitigen Induktion immer mehr zur Geltung kommt. Bei unendlich kleinem Abstande hat sich gewissermaßen die Windungszahl der feststehenden Spule verdoppelt und somit ihr Selbstinduktionskoeffizient, der bekanntlich proportional dem Quadrate der Windungszahl ist, vervierfacht. Wir erhalten mit einer solchen Anordnung demnach ein Variometer, dessen Selbstinduktion von Null bis $4L$ veränderlich ist, wenn man mit L den Selbstinduktionskoeffizienten einer Spule bezeichnet. Statt nun die beiden Systeme in ihrer Achsenrichtung zu verschieben, ist es aus konstruktiven Rücksichten vielfach zweckmäßiger, eine Drehung der einen Spule in der Weise vorzunehmen, daß ihre Feldrichtung einen Winkel von 180^0 beschreibt (Fig. 29). Endlich ist noch die Möglichkeit vorhanden, die geradlinige mit der drehenden Bewegung zu vereinigen. Die Figuren 30 bis 32 geben zwei Ausführungsformen von Variometern für Empfangs- und Sendezwecke wieder. Die festen und beweglichen Spulen bestehen aus je zwei Abteilungen, die nach Bedarf in Reihe oder parallel geschaltet werden können

Fig. 30. Starkstromvariometer nach Rein (C. Lorenz A.-G., Berlin).

und die Form von halbzylinderähnlichen Flächen besitzen. Bei Empfangsspulen dienen als Wicklungsträger zwei besonders getränkte Holzzylinder (Fig. 32), während beim Sendevariometer (Fig. 30 und 31) die Drähte in ähnlicher Weise geflochten sind, wie die vorstehend beschriebenen Sternspulen zeigen. Bezüglich der Wahl der Drahtstärke, ihrer Unterteilung und Isolation sind die gleichen Gesichtspunkte maßgebend, die bei dem Bau der festen Spulen

Fig. 31. Spule des Starkstromvariometers nach Rein.

3*

als wichtig bezeichnet wurden. Wird das Variometer aus Flachspulen zusammengesetzt, so erhält man nach R. Rendahl einen einfachen Aufbau, wenn man der Wicklung eine nierenförmige Gestalt gibt (Fig. 33). In zahlreichen Anlagen ist diese Form auf der Sende- und Empfangsseite eingebaut. Bei den bisherigen Formen bestand der Apparat aus zwei gleichen Teilen, von denen der feststehende

Fig. 32. Holzkörper eines Variometers für Empfangszwecke (C. Lorenz A.-G., Berlin).

mit dem beweglichen in Reihe geschaltet war. Das folgende Beispiel baut sich aus drei gleichen Spiralspulen auf (Fig. 34). Die beiden äußeren (a_1, a_2) stehen fest, während die mittelste (b) in ihrer Achsenrichtung verschiebbar angeordnet ist. Dabei erfolgt die Reihenschaltung der drei Elemente in der Weise, daß die Felder der feststehenden Spulen sich entgegenwirken. Den Änderungsbereich,

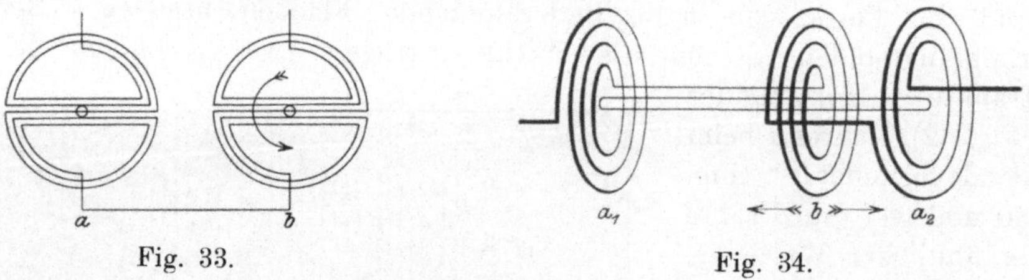

Fig. 33.   Fig. 34.

der sich mit einer derartigen Anordnung erzielen läßt, verdeutlicht die in Fig. 35 wiedergegebene Eichkurve.

Die bei dem Bau von Variometern zugrunde gelegten Gesichtspunkte können nun auch zwanglos auf die elektromagnetischen Kopplungseinrichtungen (Hochfrequenztransformatoren) ausgedehnt werden. So zeigt Fig. 36 einen Transformator, dessen feststehende Spule im Primärkreis liegend zu denken ist, während die obere bewegliche mit der Erde und dem Luftleiter in Verbindung steht. Gleichzeitig ist bei jeder der Spulen vorgesehen, daß man mehr oder weniger Windungen in die betreffenden Schwingungskreise einstöpseln kann. In der Abbildung (Fig. 37) wird die Größe der Energieübertragung dadurch verändert, daß man die beiden beweglichen Flachspulen mehr oder weniger einander nähert oder voneinander entfernt.

3. Die Eigenkapazität der Spulen.

Bisher wurde eine Eigenschaft der Spulen, Variometer und Kopplungseinrichtungen nicht berücksichtigt, die aber im Rahmen des Stationsbetriebes eine ganz besondere Bedeutung erlangen kann: die Eigenkapazität der Spulen selbst. Betrachtet man das elektrische Verhalten irgend einer Wicklung, die von hochperiodigen Strömen durchflossen wird, so wird man feststellen, daß der Spule scheinbar ein Kondensator parallel liegt, dessen Einfluß um so mehr hervortritt, je größer die verwendete Periodenzahl des Wechselstromes ist. Dreierlei Art sind die Wirkungen, die eine mit Kapazität behaftete Spule in Hochfrequenzkreisen hervorruft.

a) Zunächst muß sich die Abstimmung des Kreises ändern. Infolgedessen kann seine Eigenschwingungszahl ν unter Umständen nicht mehr aus der Selbstinduktion L der Spule und der Kapazität C des angeschlossenen Kondensators berechnet werden, sondern es muß die Zusatzkapazität C' der Wicklung selbst Berücksichtigung finden. Es wird dann:

$$\nu = \frac{1}{2\pi} \cdot \sqrt{\frac{1}{L \cdot (C + C')}}$$

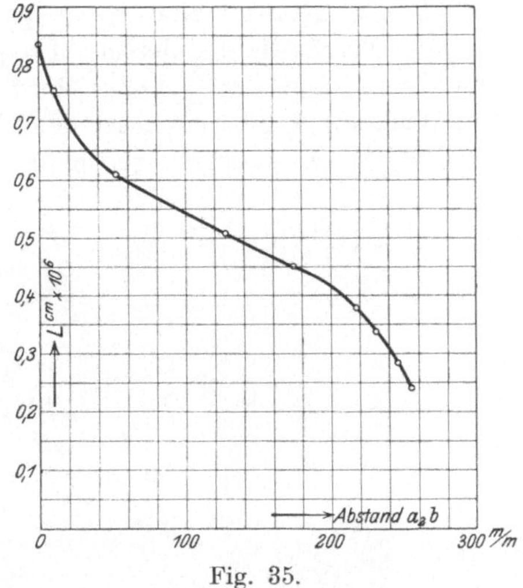

Fig. 35.

Fig. 36. Kopplungsvariometer für Sendezwecke.

b) Erregt man eine derartige Spule durch ein elektromagnetisches Wechselfeld, dessen Frequenz annähernd übereinstimmt mit dem Werte, der sich aus der Selbstinduktion und Eigenkapazität der Wicklung ergibt, so wird dem Erregersystem ein um so höherer Energiebetrag entzogen, je mehr Kraftlinien die Spule durchsetzen

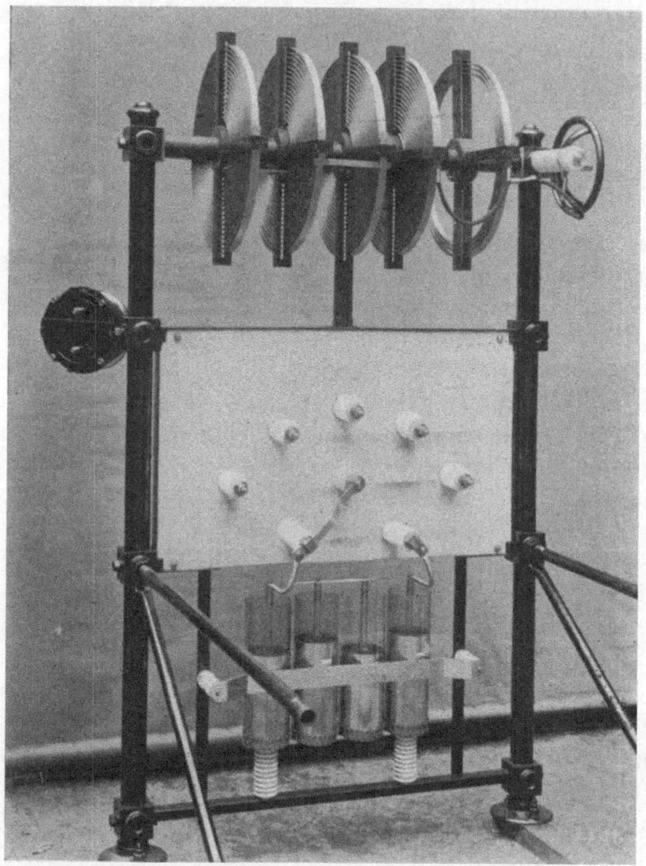

Fig. 37. Sendervariometer mit beweglichen Flachspulen.

und je mehr die beiden Schwingungszahlen von Oszillator und Resonator übereinstimmen. Auf diese Erscheinung ist besonders beim Zusammenbau von Empfangsschaltungen zu achten, bei denen, wie später dargelegt werden wird, jeder zusätzliche Energieverlust vermieden werden muß.

c) Eine dritte Wirkung der Spulenkapazität, die ebenfalls die Güte einer Empfangseinrichtung stark beeinträchtigen kann, ist darin zu erblicken, daß neben der magnetischen noch eine kapazitive Kopplung eintreten kann, die unter Umständen von größerem Einfluß als die erstere ist. Da hierbei weiter die Möglichkeit vorliegt, daß beide Kopplungsarten sich ganz oder teilweise entgegenwirken, ist dieser Umstand auf die Güte der Abstimmschärfe und der Störungsfreiheit der Empfangsanordnung von wesentlicher Bedeutung.

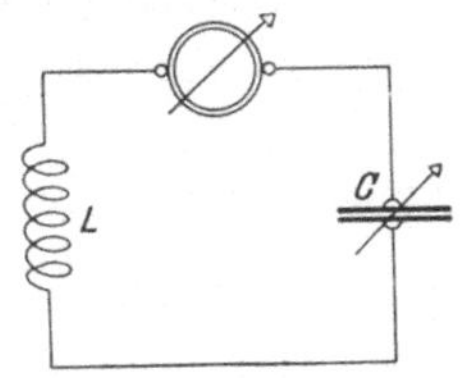

Die soeben beschriebenen Erscheinungen sollen im folgenden durch einige Beispiele noch näher erläutert werden.

Fig. 38.

a) Vereinigt man eine Spule vom Selbstinduktionskoeffizienten L mit einem Drehkondensator zu einem Schwingungskreis (Fig. 38), und bestimmt

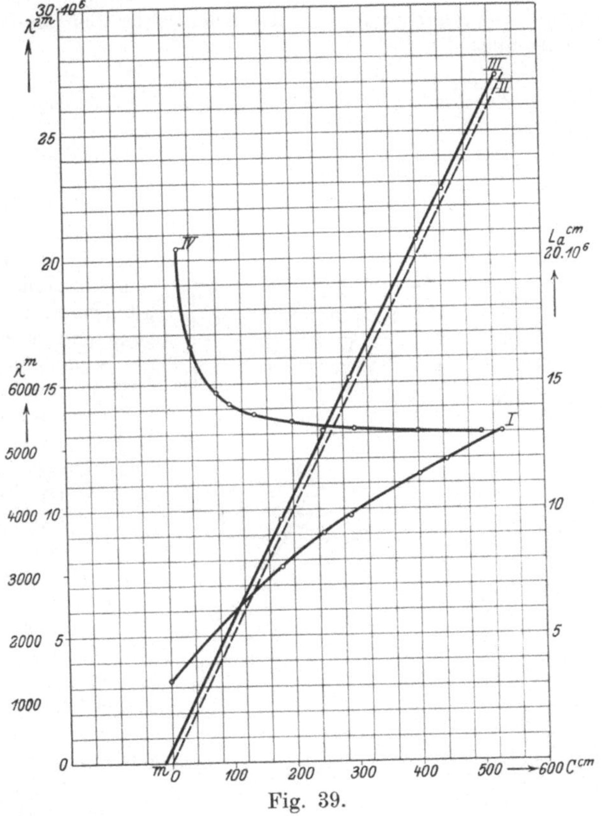

Fig. 39.

man seine Eigenschwingung in Abhängigkeit von der Kapazität C des veränderlichen Kondensators, so erhält man die Kurve I (Fig. 39). Wenn die Spule keine Eigenkapazität C' besitzt, so muß die graphische Darstellung von $\lambda^2 = f(C)$

eine Gerade ergeben, die durch den Koordinatenanfang geht (Kurve II). In Wirklichkeit schneidet sie die Abszissenachse im Punkte m, so daß die Strecke mo die Spulenkapazität C' darstellt (Kurve III).

Berechnet man aus den abgelesenen Werten von λ und C die Selbstinduktion, so erhält man eine scheinbare Größe L_a, die in der Kurve IV wiedergegeben ist, wobei L den wirklichen Selbstinduktionswert darstellt und:

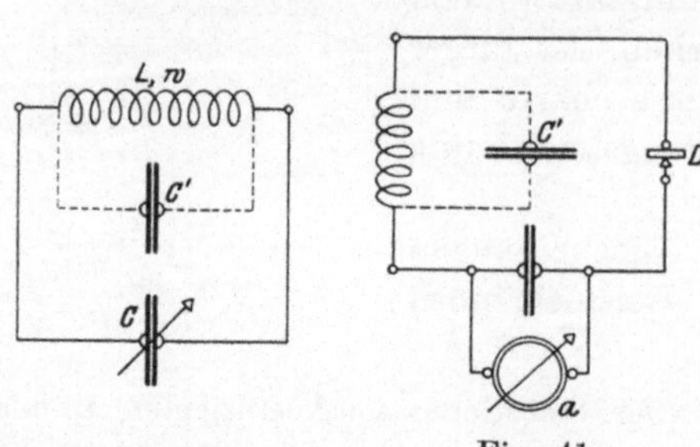

$$L_a = \frac{L\left[1-(2\pi\nu)^2 L \cdot C\right] - w^2 C}{\left[1-(2\pi\nu)^2 L C\right]^2 + (2\pi\nu \cdot w)^2 C}$$

$$\simeq \frac{L}{1-(2\pi\nu)^2 \cdot L \cdot C} \quad\cdot\quad (35)$$

Fig. 41.

Bedeutet w für die betreffende Periodenzahl ν den wirklichen Spulenwiderstand, so ermittelt man in ähnlicher Weise den scheinbaren Wert w_a aus der Gleichung:

$$w_a = \frac{w}{w^2 \cdot (2\pi\nu)^2 \cdot C^2 + \left[(2\pi\nu)^2 \cdot L \cdot C - 1\right]^2} \simeq \frac{w}{\left[(2\pi\nu)^2 \cdot L C - 1\right]^2} \quad\cdot\quad (36)$$

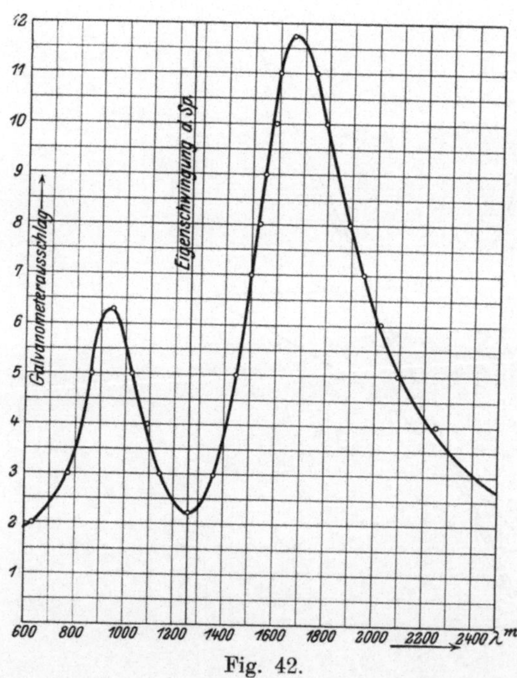

Fig. 42.

b) Vielfach ordnet man den Detektor D der Empfangsschaltung in einem „aperiodischen" Kreise an (Fig. 41), der dann mit den abgestimmten Schwingungsbahnen magnetisch gekoppelt wird. Da nun die Spule eine Eigenkapazität C' besitzt, läßt sich in den meisten Fällen eine ausgesprochene Eigenschwingung des Systems nachweisen (Fig. 42).

c) An späterer Stelle wird gezeigt werden, daß zwei miteinander gekoppelte Schwingungskreise, denen einmalig ein gewisser elektromagnetischer Arbeitsvorrat mitgeteilt wird, diesen in einer zweiwelligen Schwingung in Wärme umsetzen. Auch dieser Fall kann bei der in Fig. 41 dargestellten Schaltung sich verwirklichen, wobei der zweite Kreis durch die kapazitive Eigenschaft der Spule gebildet wird. In der Tat lassen sich, wie die Kurve (Fig. 42) zeigt, zwei scharfe Resonanzpunkte nachweisen.

Um nun die Kapazitätswirkung von Selbstinduktionsspulen herabzudrücken, sind folgende Wege gangbar: Da offenbar diese Erscheinung um so mehr hervortreten muß, je größer die Lagenzahl der Spule ist, sind möglichst einlagige Zylinderspulen überall da zu verwenden, wo auf eindeutige Schwingungsvorgänge Wert zu legen ist (Empfängerbau). Ist man aber gezwungen, um die notwendigen Selbstinduktionsgrößen

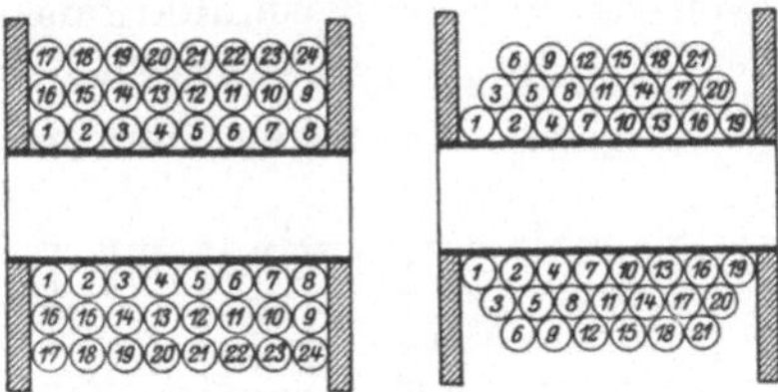

Fig. 43. Gewöhnliche (links) und kapazitätsfreie (rechts) Wicklung.

herzustellen, zu mehrlagigen Anordnungen überzugehen, so ist die Stufenwicklung anzuwenden. Der Unterschied dieser Spulenanordnung im Vergleich mit derjenigen, die in der Starkstromtechnik gebräuchlich ist, geht aus Fig. 43 hervor, in der die aufeinander folgenden Windungen fortlaufend beziffert sind. Als dritte Maßnahme zur Kapazitätsverminderung ist die vielfache Unterteilung der Spule zu nennen. Um endlich zu verhindern, daß bei einer bestimmten Welle die Wicklung in Eigenschwingung gerät, kann man durch Parallelschalten von Kapazitäten die Resonanzerscheinung in einen anderen Bereich verschieben.

In vielen Fällen besteht die Notwendigkeit (z. B. bei Empfangseinrichtungen), jede induktive oder kapazitive Einwirkung auf die Spule zu verhindern oder deren Wirkung auf benachbarte Apparate nach Möglichkeit auszuschließen. Diese Forderung läßt sich dadurch verwirklichen, daß

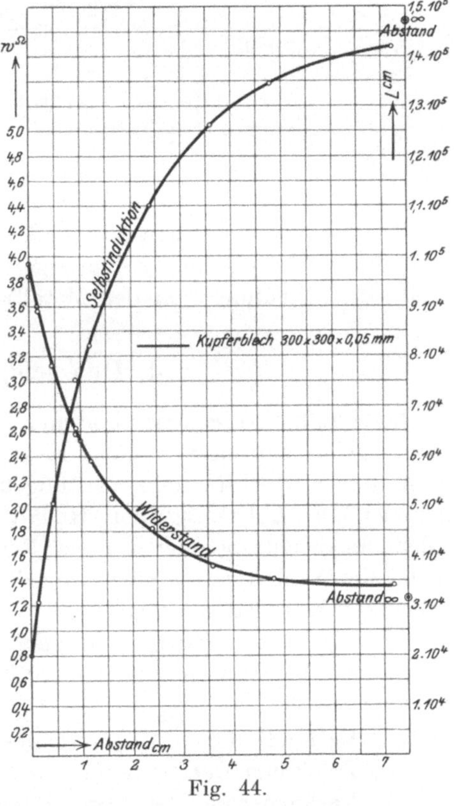

Fig. 44.

man die Wicklung in einen gut geerdeten Metallkasten einschließt, dessen Deckel man zweckmäßig an den Seiten wieder elektrisch isoliert. Freilich treten hierbei die beiden Übelstände auf, daß einmal der wirksame Widerstand der Spule sich vermehrt und zweitens ihr Selbstinduktionskoeffizient kleiner wird. Je näher sich Wicklung und Metallwand liegen, um so mehr treten diese schädlichen Wirkungen hervor (Fig. 44). Die beiden Kurven der

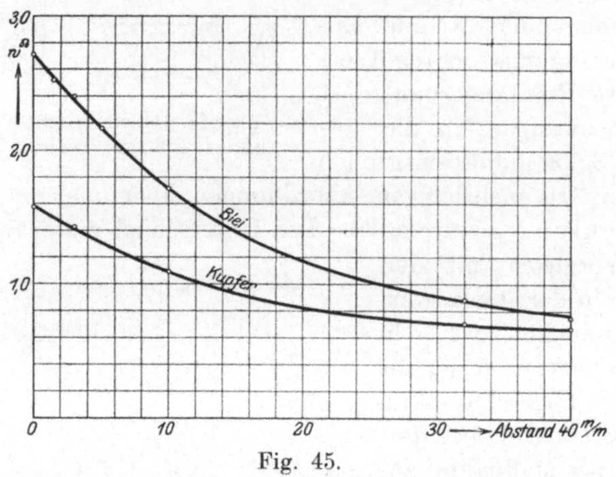

Fig. 45.

Fig. 45 bringen den Nachweis, daß, je größer die Leitfähigkeit des Kastenmaterials ist, um so geringer die Verluste bei gleichem Abstande der Wicklung von der Metallwand ausfallen.

4. Drosselspulen.

Selbstinduktionsspulen kommen aber nicht nur als Abstimmmittel zur Verwendung, sondern sie werden auch als Drosselspulen in zahlreiche Hochfrequenzschaltungen eingebaut. Sie dienen dann entweder zur Abhaltung der Hochfrequenzströme von bestimmten Teilen der Schaltung oder aber zu Regulierzwecken. Im ersten Falle dürfen die Spulen nur kleine Kapazität und kleinen Widerstand besitzen und kein Eisen enthalten.

Von den mannigfaltigen Aufgaben, die solche Drosselspulen bei der zweiten Verwendungsart zu erfüllen haben, seien nur folgende erwähnt:

a) Verhinderung von Stromänderungen in Gleichstromkreisen.
b) Erhöhung der Spannung bei Stromunterbrechung.
c) Verkleinerung des Vorschaltewiderstandes der Speiseleitung.
d) Herbeiführung der Regelmäßigkeit von Entladungen.

Derartige Spulen müssen meist einen großen Selbstinduktionskoeffizienten aufweisen und enthalten deshalb fast immer Eisen.

5. Berechnung von Selbstinduktionskoeffizienten.

Zur Vorausberechnung des Selbstinduktionskoeffizienten einer Hochfrequenzspule sind eine große Zahl von Formeln aufgestellt worden, die aber alle nur für verhältnismäßig einfache Spulenformen Gültigkeit besitzen. In den meisten Fällen ist man darauf angewiesen, von vorhandenen Ausführungen ausgehend, die gewünschten Größen auf Grund von Analogieschlüssen festzulegen.

Zur Berechnung des dem Selbstinduktionskoeffizienten L entsprechenden induktiven oder scheinbaren Widerstandes (siehe S. 2) w_L dienen die Formeln:

(Tafel II).
$$w_L^{\Omega} = 2\,\pi\,\nu \cdot L^H = 1{,}885 \cdot \frac{L^{\mathrm{cm}}}{\lambda^{\mathrm{m}}} \quad \ldots \ldots \quad (37)$$

Endlich sei noch darauf hingewiesen, daß die Reihenschaltung mehrerer Spulen eine Addition ihrer Selbstinduktionskoeffizienten bedeutet, während für die Nebeneinanderschaltung das gleiche Gesetz Gültigkeit besitzt, das auch bei reinen Ohmschen Widerständen zur Anwendung gelangt. Sonach gilt für:

Reihenschaltung:
$$L = L_1 + L_2 + L_3 + \ldots \ldots + L_n \quad \ldots \quad (38)$$

Nebeneinanderschaltung:
$$L = \frac{L' \cdot L''}{L' + L''}$$

oder allgemein
$$\frac{1}{L} = \Sigma \frac{1}{L'} \quad \ldots \ldots \ldots \quad (39)$$

III. Wellenmesser.

Das wichtigste Meßinstrument der Radiotelegraphie ist der Wellenmesser. Mit seiner Hilfe werden nicht nur die einzelnen Schwingungskreise der Sende- und Empfangsseite auf eine beliebige Periodenzahl abgestimmt, sondern er dient auch in den mannigfaltigsten Schaltungen zur Ermittlung von Selbstinduktionskoeffizienten, Kapazitäten, Dämpfungsdekrementen und Kopplungsfaktoren. Kurz, alle wichtigen, in der Hochfrequenztechnik vorkommenden elektrischen Größen können mittel- oder unmittelbar aus den Ablesungen am Wellenmesser berechnet werden. In erster Linie wird er benutzt zur Lösung der folgenden drei Aufgaben:

1. Bestimmung der Wellenlängen eines Oszillators oder Resonators.
2. Messung des Dämpfungsdekrementes von Schwingungskreisen.
3. Ermittlung des Kopplungskoeffizienten sich einander beeinflussender Schwingungsgebilde.

Von diesen ist die Bestimmung der Wellenlänge die am häufigsten vorkommende Aufgabe, wobei zu unterscheiden ist, ob

a) der Wellenmesser die Periode fremder Hochfrequenzströme anzeigt, oder

b) ob er selber als Oszillator andere Schwingungsbahnen erregt.

Für den ersten Fall sind eine Reihe von Apparaten entwickelt worden, von denen die ältesten und auch jetzt noch am häufigsten gebrauchten, auf dem Resonanzprinzip beruhen (Resonanzwellenmesser), wobei die Einstellung entweder von Hand erfolgt oder eine selbsttätige Anzeigevorrichtung vorgesehen ist. Einer zweiten Gruppe von Wellenmessern liegt das Prinzip der Strom- und Spannungsmessung zugrunde, während bei einer dritten die Ausschläge eines in besonderen Schaltungen verwendeten Dynamometers die Wellenlänge des erregenden Oszillators anzeigen.

1. Der Resonanzwellenmesser.

An früherer Stelle war für die Eigenwelle eines geschlossenen Schwingungskreises die Gleichung entwickelt worden:

$$\lambda = \lambda_o \cdot \sqrt{1 + \left(\frac{\vartheta}{2\,\pi}\right)^2} \simeq \lambda_o$$

$$\lambda_o = 2\,\pi \cdot \sqrt{L \cdot C}.$$

Durch Veränderung der Kapazität oder Selbstinduktion oder beider Größen läßt sich demnach die Eigenschwingung eines Systems in beliebigen Grenzen ändern. Schaltet man in einen solchen Kreis einen Strommesser ein (Fig. 38) und erregt man das System auf induktivem, kapazitivem oder galvanischem Wege durch einen Oszillator, so wird das Instrument dann seinen größten Ausschlag anzeigen, wenn die kapazitiven und induktiven Widerstände sich gerade aufheben, d. h. wenn der Gesamtwiderstand des Kreises seinen kleinsten Wert besitzt. In diesem Falle stimmt die Periode der aufgedrückten Schwingung mit der Eigenschwingung des Kreises überein. Ist für die gewonnene Einstellung die Periode des Resonators bekannt, so ist damit die des Oszillators ermittelt. Einen solchen geschlossenen Schwingungskreis, dessen durch Rechnung oder Messung vorher bestimmte Eigenschwingung stetig verändert werden kann, bezeichnet man als Wellenmesser. Hierbei ist es gleichgültig, ob die veränderliche Größe durch die Kapazität oder die Selbstinduktion gebildet wird, oder ob beide Werte gleichzeitig verändert werden. Die beweglichen Teile sind mit einem Zeiger versehen, der an einer Teilung die Wellenlänge unmittelbar abzulesen gestattet. Derartige Instrumente sind schon frühzeitig, als man an eine eigentliche drahtlose Telegraphie noch gar nicht dachte, von verschiedenen Seiten vorgeschlagen und angewandt worden. Franke-Dönitz (Gesellschaft für drahtlose Telegraphie) kommt das Verdienst zu, den ersten handlichen Apparat, wie ihn die Praxis bedarf, entwickelt zu haben, bei dem als Indikator ein Rießsches Hitzdrahtluftthermometer dient (Fig. 46). Diesem Wellenmesser sind bis zu der heutigen Zeit eine große Zahl weitere Ausführungsformen des an sich bekannten Grundgedankens gefolgt, von deren Mannigfaltigkeit die Abbildungen 48 bis 54 eine deutliche Vorstellung geben. Der Wichtigkeit des Gegenstandes entsprechend scheint es deshalb nicht wertlos zu sein, in Kürze auf die Grundsätze einzugehen, die bei dem Bau derartiger Apparate zu beachten sind.

Den Ausgangspunkt bildet der Wellenbereich, den das Meßinstrument besitzen soll. Da die Praxis zurzeit mit Antennenwellenlängen von etwa 100 m (Flugzeugstationen) bis 15 000 m (Großstationen) arbeitet, muß das Instrument diesen Grenzwerten angepaßt werden. Zunächst ist zu entscheiden, ob man die Kapazität, die Selbstinduktion oder beide stetig veränderlich machen soll. Mit Rücksicht darauf, daß man gewöhnlich

Fig. 46. Wellenmesser nach Dönitz mit Hitzdrahtluftthermometer.

eine induktive Kopplung benutzt und bei Verwendung von Variometern leicht die Gefahr vorliegt, daß die in dem Wellenmesser induzierte EMK sich ändert, außerdem auch die Kopplung geändert würde, da die bewegten Spulenwicklungen von dem Oszillatorfelde je nach ihrer augenblicklichen Lage mehr oder weniger mit erregt werden, ist die Vereinigung fester Spulensätze mit stetig veränderlichen Kondensatoren jedenfalls vorzuziehen (Fig. 46). Wenn die Kapazität C des Kondensators sich von Null bis zu ihrem Höchstwerte verändern ließe und sofern die Selbstinduktionsspule L keine Eigenkapazität besitzen würde, müßte man den oben angegebenen Meßbereich mit einer passend gewählten Spule und einem Kondensator umfassen können. Da aber die beiden Voraussetzungen nicht zutreffen und die üblichen Drehkondensatoren einen für die Messung brauchbaren Änderungsbereich von etwa nur 1 zu 5 haben, ist man gezwungen, durch Auswechslung der Spulen den gesamten Wellenbereich in einzelne Abschnitte zu unterteilen. Die Spulenzahl ergibt sich ohne weiteres aus der Überlegung, daß das Verhältnis der größten und kleinsten Welle eines jeden Bereiches:

$$\frac{\lambda_1}{\lambda_2} = \frac{2\,\pi \cdot \sqrt{L \cdot C_{max}}}{2\,\pi \cdot \sqrt{L \cdot C_{min}}} = \sqrt{\frac{C_{max}}{C_{min}}} = \text{konst.}$$

ist. Legt man den angegebenen Zahlenwert von $1:5$ der Rechnung zugrunde, so ist bei einer größten Welle von 12000 m und einer kleinsten von 100 m

$$\frac{12000}{100} = (\sqrt{5})^x \quad \text{und}$$

$$x \eqsim 6 = \text{Anzahl der Spulen.}$$

Es ergeben sich somit in abgerundeten Zahlenwerten folgende 6 Wellenbereiche:

12000 bis 5400 Meter
5400   ,,   2400   ,,
2400   ,,   1070   ,,
1070   ,,   480   ,,
480   ,,   210   ,,
210   ,,   100   ,,

Hat man auf diese Weise die einzelnen Stufen des Wellenmessers bestimmt, so ist nunmehr das Verhältnis der Kapazität zur Selbstinduktion zu wählen. Wenn das Instrument ausschließlich der Periodenbestimmung dient, wenn es sich daher nur um das Aufsuchen der Resonanzlage handelt, ist die Festlegung der Kapazitäts- und Selbstinduktionsgröße nicht an enge Grenzen gebunden. Da nun der Wellenmesser um so schärfer die Welle anzeigt, je weniger gedämpft sein Schwingungskreis ist, da ferner in vielen Fällen mit Hilfe des Wellenmessers Resonanzkurven aufgenommen werden sollen und Dämpfungen zu bestimmen sind, kommt für den Bau derartiger Apparate noch die Bedingung hinzu, daß das logarithmische Dekrement des gesamten Kreises klein und über den ganzen Meßbereich möglichst gleichbleibend sein soll, d. h.:

$$\vartheta \eqsim \frac{1}{150} \cdot \frac{C \cdot w}{\lambda} \eqsim \text{konst.}$$

Es sollen deshalb schon an dieser Stelle die Maßnahmen besprochen werden, die bei der Festlegung der elektrischen Größen zu beachten sind.

Die Dämpfung ϑ setzt sich zusammen aus der schädlichen Dämpfung ϑ_w und der Nutzdämpfung ϑ_n:

$$\vartheta = \vartheta_w + \vartheta_n.$$

ϑ_w wird bedingt durch die Verluste, die in dem wirksamen Widerstande der Leitungsbahn und in dem Dielektrikum des Kondensators auftreten, während für die Bestimmung des Wertes von ϑ_n der Effektverbrauch des Stromzeigers maßgebend ist. Auf Grund von Analogieschlüssen aus der allgemeinen Elektrotechnik gelangt man zu praktisch brauchbaren Abmessungen, wenn ϑ_n ungefähr gleich ϑ_w gewählt wird. Das logarithmische Gesamtdekrement wird bei einem guten Wellenmesser etwa in dem Bereiche von 0,01 bis 0,015 liegen. Geht man von der bekannten Dämpfungsgleichung

$$\vartheta = \pi \cdot w \cdot \sqrt{\frac{C}{L}}$$

aus, so erkennt man, daß bei konstantem w das Verhältnis von Kapazität und Selbstinduktion über den ganzen Wellenbereich den gleichen Wert besitzen muß, wenn die Größe von ϑ sich nicht ändern soll. Da es aber auf Grund der vorausgehenden Überlegungen zweckmäßig ist, die Selbstinduktion sprungweise, die Kapazität dagegen stetig veränderlich einzurichten, läßt sich dieser Fall nur annähernd erreichen. Die Verhältnisse sind jedoch aus dem Grunde nicht so kritisch, weil der gesamte Widerstand des Apparates ebenfalls nicht unveränderlich ist, sondern, soweit es wenigstens die Spulenverluste angeht, mit abnehmender Wellenlänge ansteigt. Durch richtige Anschaltung des Strommessers ist die weitere Möglichkeit gegeben, einen gewissen Ausgleich zu schaffen. In der Fig. 38 war der Indikator unmittelbar in den Stromkreis geschaltet. Diese Anordnung ist nur in den Fällen brauchbar, in denen der Stromzeiger einen

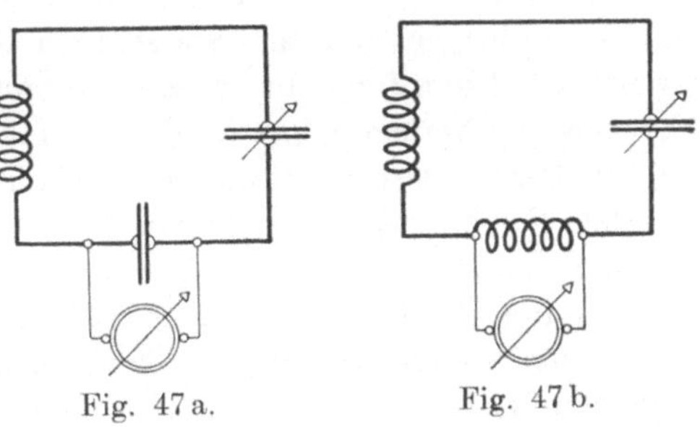

Fig. 47 a.   Fig. 47 b.

sehr geringen Widerstand besitzt. Meist wird es nötig sein, ihn in einen Nebenschluß zu einer Kapazität (Fig. 47 a) oder Selbstinduktion (Fig. 47 b) zu legen. Im letzteren Falle wird oft statt der unmittelbaren auch die induktive Kopplung gewählt. Da mit abnehmender Wellenlänge die an den Klemmen des Stromzeigers sich einstellende Spannung bei der ersten Anordnung kleiner werden muß, während sie bei der zweiten zunimmt, muß der dämpfende Einfluß des Indikators sich in gleichem Sinne ändern. Der wirksame Widerstand des Kreises kann für die verschiedenen Ohmschen Widerstände w des Strommessers und die betreffenden kapazitiven oder induktiven Widerstände (w_C und w_L) des Nebenschlusses entweder an Hand der Tafel III oder mittels der Gleichungen (siehe auch S. 28):

$$w' = w \cdot \frac{w_C{}^2}{w^2 + w_C{}^2}$$

$$w' = w \cdot \frac{w_L{}^2}{w^2 + w_L{}^2}.$$

bestimmt werden.

Wenn es nach den bisherigen Ausführungen möglich war, die Abmessungen des Wellenmessers auf Grund von einfachen Rechnungen festzulegen, so versagt dieses Verfahren in einem wesentlichen Punkte, nämlich in der Vorausbestimmung des wirksamen Widerstandes, den die verwendeten Selbstinduktionsspulen in den Kreis hineinbringen. Hier ist man ausschließlich, wie schon im vorhergehenden Abschnitte dargelegt wurde, auf die Messung angewiesen. Man wird deshalb nachträglich an Hand der aufgenommenen Widerstandskurven nachprüfen müssen, inwieweit eine Abweichung des Gesamtdämpfungsdekrementes von dem angenommenen Ausgangswerte stattfindet. Sind die Unterschiede zu groß, so bleibt nur die Verbesserung der Spulenkonstruktion übrig. Da jedoch bei dem angenommenen Beispiele die Kapazität des Kreises allein veränderlich sein soll, demnach mit abnehmender Welle und gleichbleibendem Widerstande das Dämpfungsdekrement kleiner werden würde, wirkt der Umstand, daß mit zunehmender Periodenzahl bei einer bestimmten Spule auch die Spulenverluste ansteigen, soweit die Dämpfung in Frage kommt, im ausgleichenden Sinne. Alle diese Überlegungen sind nun nicht nur allein auf den Bau von Wellenmessern anzuwenden, sondern gelten auch sinngemäß für die Festlegung der elektrischen Größen von Empfangskreisen jeglicher Art.

Bei den bisher besprochenen Apparaten wird die Resonanzlage durch den Höchstausschlag eines Strommessers oder durch das Aufleuchten einer kleinen Glühlampe festgestellt. In der Praxis finden nun daneben eine große Zahl von Indikatoren Verwendung, die auf Spannungen ansprechen und deshalb parallel zur veränderlichen Kapazität des Schwingungskreises zu schalten sind. Wenn auch der Höchstwert des Stromes streng genommen nicht mit dem der Kapazitätsspannung zusammenfällt, so sind doch die Unterschiede nicht so bedeutend, um große Meßfehler zu ergeben. Eine besondere Eichung jedoch muß in jedem Falle schon aus dem Grunde vorgenommen werden, weil die elektrischen Konstanten des Indikators im allgemeinen nicht ohne Einfluß auf die Eigenschwingung des Kreises sind.

Zur Aufnahme von Resonanzkurven könnte man hochempfindliche Hitzdrahtinstrumente, Thermoelemente oder Bolometer in Schaltungen verwenden, die Fig. 47 a und b beispielsweise wieder-

geben. Handelt es sich jedoch nur darum, die Reso-
nanzlage festzustellen, also
um eine einfache Wellenmessung, so findet als Indikator meist eine Leuchtröhre
Verwendung, die am besten
Helium enthält. Bei der
Beschreibung des Stationsbetriebes wird auf diese Art
von Meßinstrumenten noch
näher eingegangen werden.

Inwieweit die bisher
entwickelten Grundsätze bei
dem Bau der Wellenmesser
Berücksichtigung gefunden
haben, läßt sich aus den folgenden Abbildungen (Fig. 48
bis 54) erkennen. Fig. 48 gibt den für den Stationsgebrauch ge-
bauten Frequenzmesser der Marconi-Gesellschaft wieder. Eine

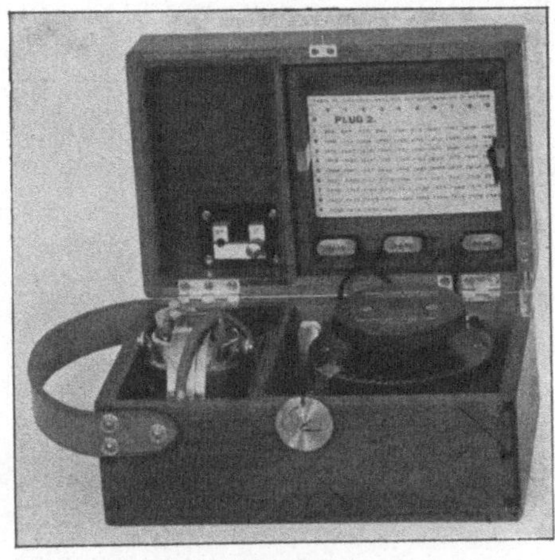

Fig. 48. Wellenmesser der Marconi-Gesellschaft.

in den Deckel eingebaute
Spule ist mit einem Dreh-
kondensator zu einem
Kreise vereinigt, zu dem
parallel ein Karborunddde-
tektor in Verbindung mit
einem Telephon liegt. Stellt
man den Apparat in der
Nähe des Funkensenders
auf, dessen Welle gemessen
werden soll, so kann man
durch Drehen des Kasten-
deckels die Kopplung mit
dem Oszillator so verän-
dern. daß eine Verstellung
von wenigen Graden an
dem veränderlichen Kon-
densator ausreicht, um den
Ton im Telephon von seiner
größten Lautstärke zum
Verschwinden zu bringen.

Fig. 49. Wellenmesser der National El. Signaling Co., Pittsburg, P. A. Meßbereich
150 bis 4500 m.

Die Resonanzlage läßt sich daher mit außerordentlicher Schärfe feststellen. Die gleiche Handhabung erfordert der von der National El. Signaling Co. ausgeführte Apparat Fig. 49. Zur Aufnahme von Resonanzkurven und Bestimmung der Wellenlänge ungedämpfter Sender verwendet die Comp. Générale de Radiotélégraphie einen Wellenmesser (Fig. 50), bei dem als Indikator ein empfindliches Hitzdrahtinstrument benutzt wird, das wegen seines geringen Widerstandes unmittelbar in den Stromkreis zu legen oder entsprechend den Figuren 47a und b zu schalten ist.

Fig. 50. Wellenmesser der Comp. Générale de Radiotélégraphie, Paris. Meßbereich bis 8000 m.

Die in der Fig. 51 wiedergegebene Schaltung würde für einen Apparat anzuwenden sein, von dem eine größere Vielseitigkeit verlangt wird. Zur Feststellung des Resonanzpunktes der Oszillatorschwingung dient hier die Heliumröhre. Für die Aufnahme vollständiger Abstimmungskurven ist die Einschaltung eines Hitzdrahtstrommessers vorgesehen, sofern die Erregerenergie vom Sender selbst geliefert wird. Hat man es dagegen mit sehr schwachen Strömen zu tun, wie sie z. B. in der Empfangsantenne hervorgerufen werden, so dient der Kontaktdetektor in Verbindung mit einem empfindlichen Galvanometer dazu, die gewünschten Messungen auszuführen. Endlich ist noch eine Lodge-Eichhornsche Summerschaltung eingebaut, eine Einrichtung, die ermöglicht, den Wellenmesser auch als geeichten Oszillator zu verwenden. Ihre Wirkungsweise wird später (S. 115) beschrieben.

Die neueste Entwicklung auf dem Gebiete des Wellenmesserbaues geht dahin, einen Apparat herzustellen, der nicht mehr der mechanischen Einstellung von Hand bedarf, sondern, wie ähnliche Schalttafelinstrumente der Niederfrequenztechnik, die vorhandene Periodenzahl oder Wellenlänge unmittelbar abzulesen gestattet. Daß die Angaben des Frequenzmessers dabei unabhängig sein müssen von der Stromstärke in der Schwingungsbahn, mit der sie in elektrischer Verbindung stehen, daß sie eine schnelle und scharfe Einstellung, die von der Dämpfung des den Apparat durchfließenden Hochfrequenzstromes nicht beeinflußt wird, bei geringem Eigenverbrauch gewährleisten müssen, sind eine Reihe weiterer Forderungen, die die Schwierigkeit der hier zu lösenden Aufgabe beleuchten.

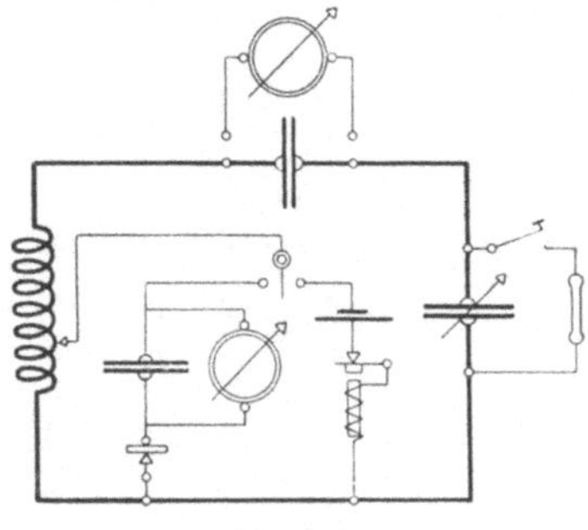

Fig. 51.

Der nach den Angaben von R. Hirsch gebaute, selbsttätig wirkende Wellenmesser (Fig. 52) schließt sich eng an die vorstehend beschriebenen von Hand einstellbaren Instrumente an. Er besteht in seinen wesentlichsten Teilen aus einer festen Selbstinduktionsspule und einem Drehkondensator, dessen beweglicher Teil mit Hilfe eines Motors in schnelle Umdrehungen versetzt werden kann (Fig. 53). Parallel zur Spule geschaltet und mit dem umlaufenden Plattensystem des Kondensators in starrer Verbindung stehend, ist eine Leuchtröhre, die über einer festen Wellenteilung sich bewegt (Fig. 54). In dem Augenblick, in dem die Kapazität des Kondensators die Resonanzlage durchläuft, spricht die Röhre an. Bei genügend schnellem Umlauf erhält

Fig. 52. Selbsttätig anzeigender Wellenmesser nach Hirsch (Dr. E. Huth, G. m. b. H., Berlin).

man daher bei einer bestimmten Stelle der Wellenteilung einen hellen Strich, der gewissermaßen als Zeiger der Oszillatorperiode anzusehen ist. Wird das Instrument gleichzeitig von zwei Schwingungen erregt, so muß die Röhre an zwei verschiedenen Stellen

aufleuchten. Seine Angaben sind um so genauer, je gleichbleibender
die Periode des Erregerstromes ist und je weniger die zu messenden

Fig. 53. Selbsttätig anzeigender Wellenmesser nach Hirsch.

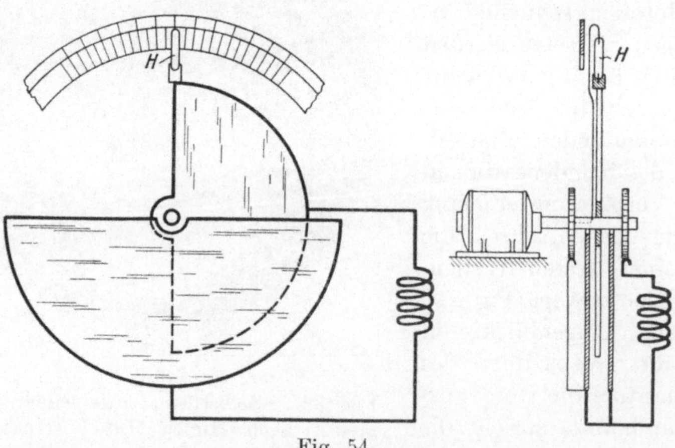

Fig. 54.

Schwingungen gedämpft sind. Treffen diese beiden Voraussetzungen
nicht zu, so wird der leuchtende Streifen zu breit, um eine genaue
Ablesung zu gestatten.

2. Der Wellenmesser mit sich kreuzenden Zeigern.

Schaltet man nach Fig. 55 zwei Hitzdrahtinstrumente in eine Stromverzweigung ein, von denen der eine Zweig vorwiegend Ohmschen, der andere dagegen induktiven Widerstand enthält, so muß sich das Verhältnis der Ströme unabhängig von ihren Stärken mit der Periodenzahl des Wechselstromes ändern. Denn es ist:

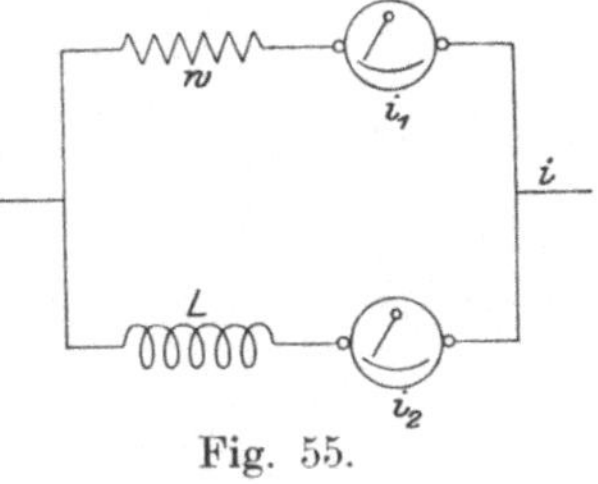

Fig. 55.

$$e = i_1 \cdot w = i_2 \cdot 2\,\pi\,\nu \cdot L$$

$$\frac{i_1}{i_2} = \frac{2\,\pi\,\nu \cdot L}{w} = f(\nu).$$

Führt man nun die Angaben der beiden Strommesser dadurch zusammen, daß man die Zeiger in der Nullstellung zur Deckung bringt, so müssen diese sich, wenn Strom durch die Hitzdrähte geht, unter einem bestimmten Winkel schneiden. Auf empirischem Wege gelingt es ohne Schwierigkeiten, für die verschiedenen Wellenlängen und verschiedenen Stromstärken eine Schar von Kurven zu ermitteln, die an der Stelle, an der die beiden Zeiger sich gerade kreuzen, die unmittelbare Ablesung der vorhandenen Schwingungsperiode gestatten (Fig. 56). So sinnreich die Einrichtung auch ist, folgende grundsätzliche Nachteile lassen sich nicht vermeiden: einmal gibt die schwankende Nullpunkts-

Fig. 56. Hitzdrahtwellenmesser mit sich kreuzenden Zeigern nach G. Ferrié.

einstellung der beiden Hitzdrahtstrommesser leicht zu Fehlern Anlaß und zweitens macht die Feststellung des Kreuzungspunktes der beiden übereinander spielenden Zeiger die Ablesung schwieriger als bei anderen Instrumenten. Endlich verhindert der Energieverbrauch dieses

Wellenmessers seine Anwendung in allen den Fällen, in denen nur eine schwache Hochfrequenzquelle zur Verfügung steht. Gegenüber den vorher beschriebenen Instrumenten ist der Vorteil vorhanden, daß dieser Wellenmesser, wie jedes gewöhnliche Schalttafelinstrument keiner besonderen Wartung bedarf.

3. Die dynamometrischen Wellenmesser.

Ersetzt man in der Schaltung Fig. 55 die beiden Stromzeiger durch zwei rechtwinklig zueinander angeordnete feste Spulen, die

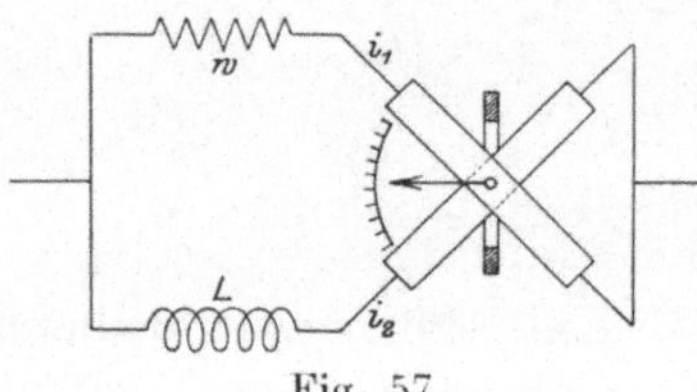

Fig. 57.

gemeinsam auf einen beweglichen Kurzschlußring einwirken (L. Mandelstamm und N. Papalexi), Fig. 57, so erhält man eine Vorrichtung, die sich ebenfalls zur Wellenmessung eignet (vgl. auch Weston-Frequenzmesser). Die beiden von den Stromstärken i_1 und i_2 abhängigen magnetischen Spulenfelder setzen sich stets nach dem Parallelogramm der Kräfte zu einem elliptischen Drehfelde zusammen, in dessen Hauptachsenrichtung die Ebene des Kurzschlußringes einzuspielen sucht. Da die beiden Grenzeinstellungen durch die Bedingung gegeben sind, daß der Strom in der einen oder anderen Feldspule annähernd verschwindet — die Ellipse schrumpft hier zu einer Geraden zusammen —, so kann der Ausschlagswinkel des Zeigers höchstens 90^0 betragen.

Zur Vergrößerung dieses Ausschlagwinkels, d. h. zur Erhöhung der Ablesungsgenauigkeit, werden nach dem Vorschlage von G. Seibt die beiden festen Spulen derart angeordnet, daß ihre Feldrichtungen in eine Linie fallen oder auch parallel laufen (Fig. 58). Der bewegliche Teil, der zweckmäßig eine Form erhält, die in Fig. 58 wiedergegeben ist, wird dann unter dem Einfluß der sich entgegenwirkenden Spulenfelder eine solche Stellung aufsuchen, in der die Gesamtkraft den Wert Null besitzt. Sind die Stromstärken beider Spulen gleich, so wird die Einstellung eine symmetrische sein, sind sie ungleich, so muß sich der Anker nach der Spule mit dem schwächeren Felde hin drehen. Der Ausschlagsbereich umfaßt hierbei einen Winkel von etwa 180^0. Es ist klar, daß die Genauigkeit des Instrumentes und die Schnelligkeit der Einstellung zunehmen muß,

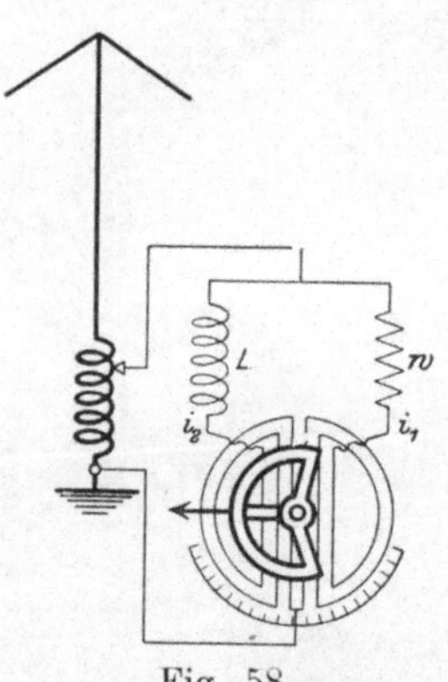

Fig. 58.

je vollkommener der Anker ausgewogen ist und je geringer die Reibungskräfte sind, die in den Lagern überwunden werden müssen. Da diese Gegenwirkungen um so mehr hervortreten, je kleiner die Feldstärken der Spulen sind, ist die Verwendung dieses Wellenmessers, von dem Fig. 59 eine Außenansicht zeigt, an das Vorhandensein einer bestimmten Stromstärke gebunden.

Einen anderen Weg hat O. Scheller bei dem Bau eines unmittelbar anzeigenden Wellenmessers eingeschlagen. Auch bei ihm wird ein Kurzschlußdynamometer verwendet, jedoch sind die Nachteile der in Fig. 57 wiedergegebenen Anordnung vermieden. Denn einmal ist der Ausschlagswinkel um etwa

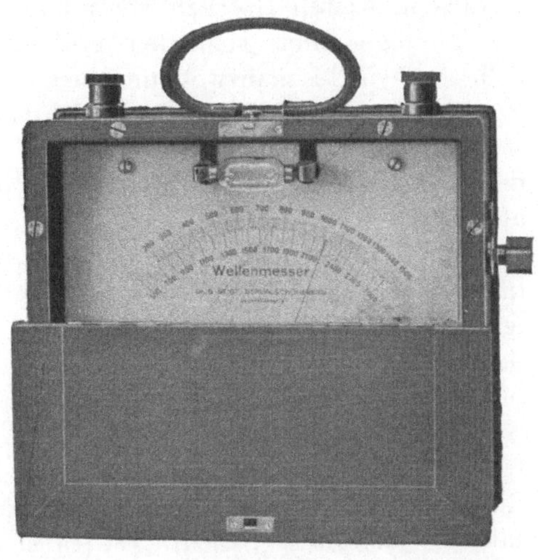

Fig. 59. Dynamometrischer Wellenmesser von G. Seibt.

das Doppelte vergrößert und weiter ist die, durch das vorhandene Drehfeld bedingte, unscharfe Einstellung durch die Erzeugung eines reinen Wechselfeldes beseitigt. Dies wird erreicht mittels beistehender Schaltung (Fig. 60). In den Luftleiter, dessen Eigenschwingung bestimmt werden soll, werden zwei Paare von Wechselstromwiderständen eingeschaltet, die so abgeglichen sind, daß das eine bei einer Wellenlänge λ_1, das andere bei der Wellenlänge λ_2 in Resonanz gerät ($\lambda_1 > \lambda_2$). Tritt der erste Fall ein, so herrscht zwischen den Punkten a und b die Spannung Null, nur die Spule II wird von einem Strom durchflossen, und die Ebene des beweglichen Kurzschlußkreises stellt sich demgemäß in die Achsenrichtung dieser Feldspule ein. Fließt in der Antenne ein Strom von der Welle λ_2, so vertauschen

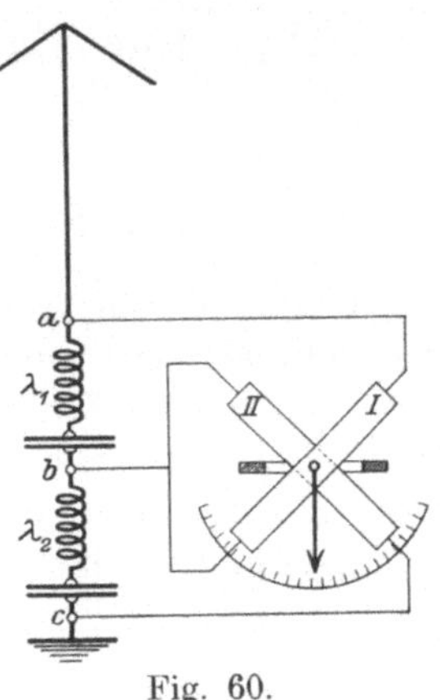

Fig. 60.

die beiden Spulen ihre Rollen. Liegt die zu messende Schwingung zwischen den beiden Werten λ_1 und λ_2, so wird der Zeiger in irgendeine Zwischenstellung einspielen. Ist die Welle kleiner als λ_2 oder größer als λ_1, so kehrt in einer der Spulen die Stromrichtung sich um, was eine weitere Vergrößerung des Ausschlagwinkels zur Folge hat. Durch Veränderung der im Luftleiter liegenden festen Kapazitäten oder Selbstinduktionen läßt sich der Meßbereich des Instrumentes in weiten Grenzen verändern. Dieser Wellenmesser vereinigt die Vorzüge einer schnellen mit einer sehr genauen Einstellung. Selbst guten Resonanzwellenmessern steht er hinsichtlich des zweiten Punktes in keiner Weise nach, da das Fehlen eines Vorschaltwiderstandes einen sehr geringen Eigenverbrauch gewährleistet. Auf der anderen Seite freilich — und diese Eigenschaft teilt er mit allen den Instrumenten, die nicht auf der Resonanzerscheinung beruhen — ist seine Verwendung nur in solchen Schwingungskreisen möglich, die eine einzige Welle führen. Da aber die Luftleiterströme aller neueren Stationen diese Bedingung erfüllen, bedeutet diese Eigenschaft keine Verkleinerung seines Anwendungsbereiches.

Der in der Einleitung zu diesem Abschnitte angegebenen Einteilung entsprechend, wären jetzt die Meßverfahren zu erläutern, die die Bestimmung des Dämpfungsdekrementes und des Kopplungsfaktors zum Ziele haben. Da es sich hier um rein meßtechnische Fragen handelt, muß von einer ausführlichen Behandlung dieser Aufgaben, als über den Rahmen des Buches hinausgehend, abgesehen werden. Soweit es das Verständnis erfordert, findet man jedoch an späteren Stellen die nötigen Hinweise.

IV. Der Luftleiter, die Erdung und das Gegengewicht.

1. Der offene Schwingungskreis.

Wenn in der Einleitung gezeigt wurde, wie man elektrische Schwingungen erzeugen kann, so ist nunmehr darzulegen, auf welche Weise sie in die Ferne weitergeleitet werden müssen, wenn man an einer Empfangsstelle die Wirkungen der Geberseite nachweisen will. Wir kommen damit zu dem wichtigsten und charakteristischsten Bestandteil einer radiotelegraphischen Anlage, dem Luftleiter oder der Antenne. Um die besonderen Eigenschaften und die eigentümliche Wirkungsweise der verschiedenen Luftleitergebilde richtig zu erfassen, möge zur Einführung der folgende Entwicklungsgang gewählt werden.

Geht man von einem geschlossenen Schwingungskreis aus, wie ihn Fig. 61 zeigt, und nimmt man an, daß in ihm Wechselströme von gleicher Amplitude und der dem Kreise eigentümlichen Eigen-

periode hin und her fluten, so werden diese ein magnetisches Wechselfeld hervorrufen, dessen Kraftlinien geschlossene Kreise um den
Leitungsdraht bilden. Gleichzeitig wird neben dem magnetischen,
hauptsächlich zwischen den Belegungen des Kondensators, ein elektrisches Wechselfeld entstehen, das proportional der Kapazitätsspannung zu setzen ist. Die elektrische und magne-
tische Energie, die Arbeitsfähigkeit also, die
bald im Kondensator aufgespeichert ist, bald
in der Selbstinduktion des Schließungsdrahtes
wirkt, sind hierbei derartig miteinander verknüpft, daß ihr Summenwert in jedem Augenblick der gleiche bleibt, natürlich unter der Voraussetzung, daß weder Leitungs- noch dielek-

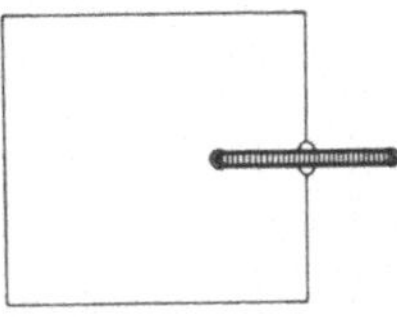

Fig. 61.

trische Verluste in dem betreffenden Oszillator auftreten. Ein solcher Kreis, einmal erregt, muß demnach, da jede Energieabgabe nach
außen sowohl als auch im Inneren vermieden ist, unendlich lange
Zeit hin und her schwingen, mag dabei die Periodenzahl des Wechselstromes 50 oder 1 000 000 in der Sekunde betragen.

Diese Überlegung trifft jedoch nicht mehr zu, wenn man die
Belege des Kondensators immer weiter voneinander entfernt, bis das
Leitergebilde das Aussehen der
Fig. 62 annimmt. Wohl haben
wir es auch hier mit einem
schwingungsfähigen Gebilde zu
tun, denn die Selbstinduktion
des geraden Drahtes wird annähernd den gleichen Wert behalten haben, während die Kapazität mit zunehmender Platten-
entfernung abgenommen hat. Fig.
62 stellt den Verlauf der elektri-

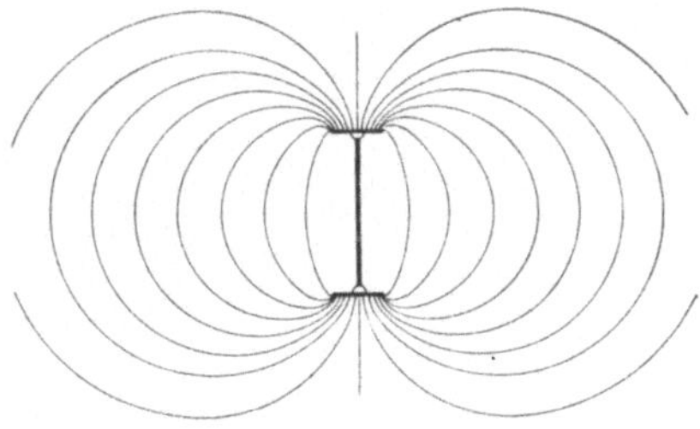

Fig. 62.

schen Induktionslinien dar. Die Kraftlinien des entsprechenden elektromagnetischen Feldes schließen sich, wenigstens in unmittelbarer Umgebung der Strombahn, zu Kreisen um den ausgespannten Draht.
Beim geschlossenen Stromkreis konnte man das elektrische Feld
zwischen den Kondensatorplatten als fast vollkommen homogen ansehen, beim offenen Schwingungskreis (offener Sender oder Oszillator) dagegen, wie wir das neue Leitergebilde künftig bezeichnen
wollen, hat das elektrische Feld sowohl seine Gleichförmigkeit verloren, als auch an Ausdehnung gewonnen. Die Möglichkeit der Ausbreitung der elektrischen Kraftlinien ist es nun, die diesem Schwingungsgebilde gewisse Eigenschaften verleiht, die dem geschlossenen
Kreise fehlen.

Nimmt man an, daß die Eigenperiode dieses offenen Oszillators 1 000 000 in der Sekunde beträgt, und geht man von einem Zeitpunkt $t = 0$ (Fig. 63) aus, in dem der Wechselstrom in dem ausgestreckten Leiter grade seinen Höchstwert J_0 erreicht hat, so werden sich in der nächsten Periode im elektrischen Felde folgende Vorgänge abspielen: Der auf die Kapazitätsfläche

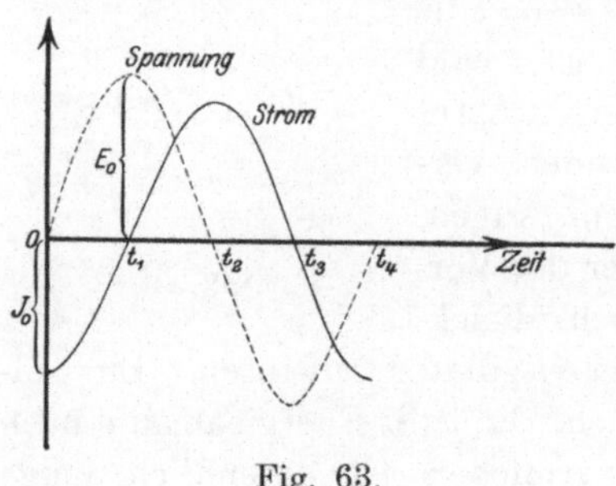

Fig. 63.

fließende Strom erhöht deren Ladung und damit ihre Spannung bis zu dem Augenblick $t = t_1$, in dem die gegenseitige Potentialdifferenz ihren größten Wert E_0 erreicht hat. Gleichzeitig muß auch das elektrische Feld, das bei gegebener Schwingungsbahn proportional der Ladungsenergie zu setzen ist, stetig an Stärke zunehmen. Da aber die Ausbreitungsgeschwindigkeit der elektrischen Kraftlinien etwa 300 000 Kilometer in einer Sekunde beträgt, also eine endliche ist, kann von einer gewissen Entfernung vom Sender ab eine Gleichzeitigkeit (Isochronität) der Vorgänge hier und an der Erzeugungsstelle nicht mehr bestehen. Nehmen wir beispielsweise die Länge des gestreckten Leiterstückes zu 50 m an und fassen wir einen Punkt ins Auge, der senkrecht zu dem Sendedraht 300 m ent-

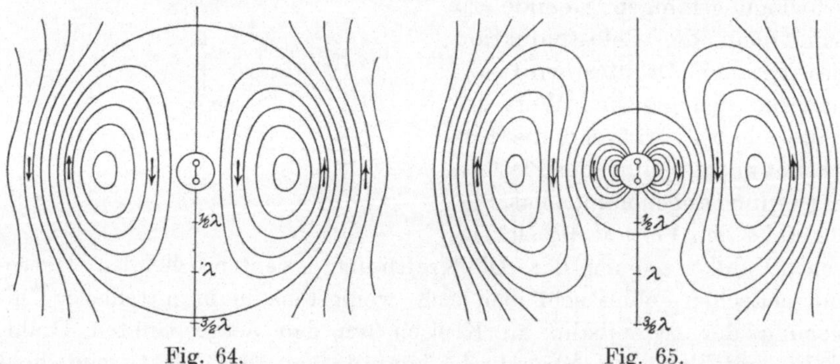

Fig. 64.   Fig. 65.

fernt liegt, so wird die elektrische Störung die Zeit von 1 Millionstel Sekunde brauchen, um bis zu diesem Punkte zu gelangen. In dieser Zeit jedoch hat die Senderschwingung schon zwei volle Wechsel ausgeführt und je nach der Polarität und Stärke der Ladung der Endflächen elektrische Felder in der unmittelbaren Umgebung des Oszillators erzeugt. Diese, in ihrem Streben die in früheren Perioden entstandenen Felder immer mehr vom Sender fortzudrücken, bewirken, daß sich dauernd der Wechselzahl entsprechende elektromagnetische Wellenerscheinungen vom Sender abschnüren und mit der Geschwindigkeit des Lichtes senkrecht zum Strahldraht nach allen Seiten hin sich ausbreiten. Im Zeitpunkt $t = t_1$ (Fig. 63) wird demnach, obwohl die Höchstspannung E_0 an den Kapazitätsflächen erreicht ist, das elektrische Feld noch nicht wegen seiner endlichen Geschwindigkeit die Ausbreitung erlangt haben, die einem stationären Felde entsprechen würde. Die Folge davon ist, daß in der Viertelperiode von $t = t_1$ bis $t = t_2$, in der sich wieder die Rückbildung von elektrischer in magnetische Energie vollzieht, ein Teil der elektrischen Energie, die diesem Vorgang nicht gleichzeitig zu folgen vermag, sich vom Oszillator losschnürt und als selbständiges Energiezentrum von jetzt ab bestehen bleibt. Dieser Vorgang wiederholt sich bei jedem Wechsel ($t = t_2$ bis $t = t_4$), nur daß

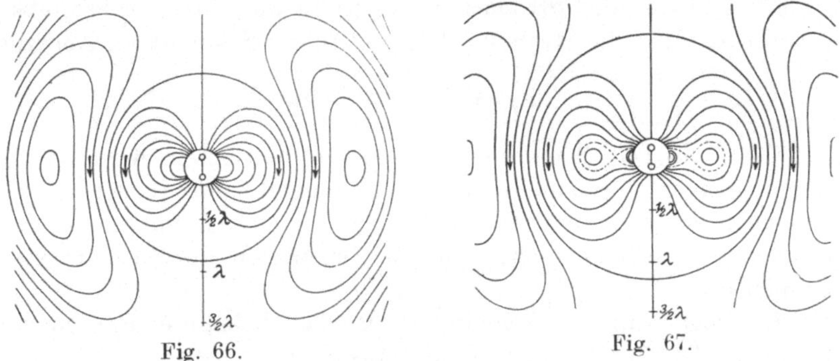

Fig. 66.   Fig. 67.

die elektrischen Kraftlinien jedesmal in entgegengesetzter Richtung verlaufen, die einzelnen Gruppen sich also gegenseitig abstoßen müssen. H. Hertz, der diese Erscheinungen als erster experimentell untersuchte, hat von ihnen unter der Annahme ungedämpfter elektrischer Schwingungen eine Reihe klassischer Zeichnungen entworfen, nach denen die Abbildungen 64 bis 67 hergestellt wurden. Es sei hier gleich bemerkt, daß das elektrostatische Feld, sofern man von dessen Verlauf in unmittelbarer Nähe des Oszillators absieht, auch für alle anderen Formen von offenen Leitergebilden sich in gleicher Weise ausbreiten muß.

Somit läßt sich zwischen dem geschlossenen und offenen Schwingungskreis der folgende wichtige Unterschied feststellen: Der offene Sender, d. h. ein Leiter mit verteilter Selbstinduktion und Kapazität, hat die Fähigkeit, elektromagnetische Energie in den ihn umgebenden Außenraum auf große Entfernungen hin abzugeben, während dem geschlossenen Oszillator, dessen elektrostatisches Feld in einem kleinen Raume zusammengedrängt ist, diese Eigenschaft abgeht. Ein solches offenes Leitergebilde, dem die Aufgabe zufällt, die elektrischen Schwingungen in den umgebenden Raum zu übertragen oder auch aus ihm aufzunehmen, führt den Namen Luftleiter oder Antenne. Wenn nun, wie vorher angenommen wurde, das betrachtete offene Schwingungsgebilde weder Ohmsche noch dielektrische Verluste aufweist, so muß es dennoch in kurzer Zeit die ihm einmal mitgeteilte Energie verlieren, da die besondere Eigenschaft der Strahlung eine stetige Verminderung der inneren Arbeitsfähigkeit bedingt. Wir erhalten demnach den Satz: Jeder offene Schwingungskreis besitzt einen Energieverlust durch elektromagnetische Strahlung. H. Hertz hat diesen Wert unter der Voraussetzung berechnet, daß das Leitergebilde mit Schwingungen von gleichbleibender Amplitude gespeist wird und die Entfernung $2\,l$ der Kapazitätsflächen klein ist gegenüber der verwendeten Wellenlänge λ. Bezeichnet man mit i den Effektivwert des Stromes, gemessen in der Mitte der Strombahn, so ergibt sich für die Strahlungsleistung in der Sekunde der Ausdruck:

$$A_s = \left(80 \cdot \pi^2 \cdot \frac{4\,l^2}{\lambda^2}\right) \cdot i^2 \quad \ldots \ldots \quad (40)$$

Um demnach den Energiebetrag zu berechnen, der von einer offenen Schwingungsbahn in den umgebenden Raum abgegeben wird, hat man den Quadratwert des Stromes mit einem Faktor zu multiplizieren, der sich ausschließlich aus Konstanten des Stromleiters zusammensetzt.

Es liegt nun in Anlehnung an das bekannte Energiegesetz $A = i^2 \cdot w$ der Gedanke nahe, den Ausdruck:

$$80 \cdot \pi^2 \cdot \left(\frac{2\,l}{\lambda}\right)^2 = w_s \quad \ldots \ldots \quad (41)$$

als Strahlungswiderstand zu bezeichnen und damit anzunehmen, daß der Schwingungsvorgang eines offenen Kreises eine Dämpfung erfährt, die von einem scheinbar in der Strombahn liegenden Widerstande w_s herrührt. Man überträgt somit durch diesen Kunstgriff die Wirkung aller jener eigentlich außerhalb des Leiters stattfindenden Energieverluste auf diesen selbst und ist daher in der Lage, die für geschlossene Strombahnen bekannten allgemeinen Beziehungen auch auf diesen besonderen Fall anwenden zu können.

Da der Widerstand w_s eine gedachte Größe darstellt, kann man ihn an irgendeiner Stelle der Strombahn eingeschaltet denken. Aus Zweckmäßigkeitsgründen ist man übereingekommen, w_s stets an der Stelle in den Schwingungskreis eingefügt anzunehmen, an der die Stromstärke am größten ist. Diese Voraussetzung wäre für unser Ausgangsbeispiel, bei dem der Strom in jedem Leiterquerschnitt die gleiche Stärke besitzt, unnötig gewesen. In allen den Fällen jedoch, bei denen diese Annahme nicht zutrifft, würde sich stets ein anderer Strahlungswiderstand ergeben, wenn man aus der an beliebiger Stelle gemessenen Stromstärke und der bekannten Strahlungsleistung den entsprechenden Widerstand berechnet. Unter Verwendung dieser Größen ermittelt sich dann nach früheren Gleichungen das Strahlungsdekrement zu $\vartheta_s = \pi \cdot w \sqrt{\dfrac{C}{L}}$, wo C und L die wirksame Kapazität und Selbstinduktion des Leitergebildes bedeuten.

Damit sind die Gesichtspunkte für den Entwurf des Stationsbestandteils gegeben, dessen man immer in der Radiotelegraphie bedarf und der daher eine eingehende Würdigung verdient. Die für die oben angenommene Form eines offenen Schwingungskreises beschriebene Strahlungserscheinung trägt jedoch noch nicht dem Umstande Rechnung, mit dem man bei allen ortsfesten, fahr- und tragbaren Anlagen zu rechnen hat, daß nämlich der Einfluß der Erde auf die Form und die Weiterleitung der elektromagnetischen Wellen von weittragender Bedeutung sein muß. Nur bei den Stationen, die in Luftfahrzeugen eingebaut sind, darf man, soweit nicht besondere

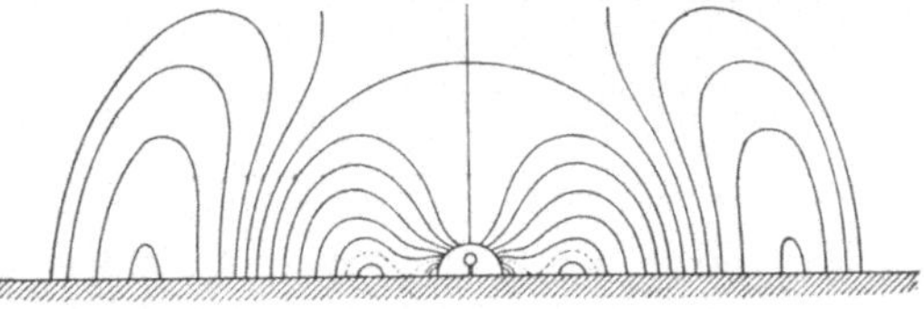

Fig. 68.

Luftleitergebilde Verwendung finden, angenähert die obige Darstellung der Feldausbreitung zugrunde legen. Bringt man jedoch den Leiter in die Nähe der Erde, die ja das Potential Null besitzt, so müssen sich im allgemeinen seine Kapazitäts- und damit seine Schwingungsverhältnisse grundlegend ändern. Nur in dem Falle, daß man denjenigen Punkt des Oszillators erdet, der in jedem Zeitpunkte das Potential Null besitzt, kann man die oben gewonnenen Ergebnisse unmittelbar verwenden. Wie wir später sehen werden, befindet sich dieser Punkt in der Mitte der Kapazitätsflächen.

An Hand der Hertzschen Diagramme (Fig. 64 bis 67) ergibt sich nun, daß die Ausbreitung des Feldes eines in seinem Symmetriepunkt geerdeten Oszillators entsprechend Fig. 68 erfolgen muß, sofern die Leitfähigkeit des Bodens unendlich groß angenommen wird.

An dieser Stelle möge zunächst die Darstellung der allgemeinen Eigenschaften der in der Radiotelegraphie verwendeten Luftleitergebilde und ihre besonderen Unterscheidungsmerkmale folgen. Wie wir sahen, bildete der geschlossene Schwingungskreis den Ausgangspunkt vorstehender Betrachtungen. Die Eigenschaften, die jenen auszeichnen, müssen wir daher auch hier wiederfinden. Drei Größen waren es, die die in ihm auftretenden elektrischen Vorgänge eindeutig festlegten, nämlich:

1. die Kapazität des Kondensators,
2. die Selbstinduktion der Leitungsbahn,
3. der wirksame Widerstand (Eigenwiderstand).

Auch der offene Schwingungskreis besitzt einen kapazitiven, induktiven und Ohmschen Widerstand, die zusammen die Art des Verlaufes aller elektrischen Erscheinungen bestimmen. Während jedoch beim geschlossenen Oszillator die Kapazität und die Selbstinduktion in vorwiegend konzentrierter Form auftreten, haben wir es bei jeder Antennenanlage mit konzentrierten und verteilten Kapazitäten und Selbstinduktionen zu tun, wodurch die elektrischen Erscheinungen vielseitiger und verwickelter werden. An einer Reihe von in der Praxis verwendeten Antennenformen soll im folgenden der Einfluß dieser drei Größen studiert werden.

2. Der lineare Luftleiter (Marconi-Antenne).

Dieses von Marconi bei seinen ersten Versuchen benutzte Strahlgebilde möge aus historischen Gründen eine eingehendere Behandlung erfahren, als es seine heutige Verbreitung verdient. Denn nur als Aushilfsantenne in Verbindung mit einem den Draht in der Luft haltenden Ballon oder Drachen und als Luftschiff- und Flugzeugluftleiter begegnet man dieser Anordnung auch bei neueren Anlagen. In elektrischer Beziehung jedoch stellt diese Senderform eine der wenigen dar, deren Vorausberechnung zurzeit mit einiger Genauigkeit möglich ist.

Der Selbstinduktionskoeffizient eines geraden Drahtes von der Länge l und dem Durchmesser $2r$ berechnet sich nach der Gleichung:

$$L_A^{\mathrm{cm}} \simeq 2\,l \cdot \log \mathrm{nat}\ \frac{2\,l}{r}, \quad \ldots \ldots \ldots \ (42)$$

sofern die gut geerdete Antenne in ihrer Eigenperiode schwingt. Für die Luftleiterkapazität C_A gegen Erde, die ja streng genommen von Drahtteilchen zu Drahtteilchen verschieden groß ist, erhält man angenähert den Wert:

$$C_A^{\mathrm{cm}} \simeq \frac{l}{2 \cdot \log \mathrm{nat}\ \dfrac{2\,l}{r}} \quad \ldots \ldots \ldots \ (43)$$

Zur Berechnung der Eigenschwingung geschlossener Schwingungskreise wurde an früherer Stelle die Gleichung:

$$\lambda \cong 2\,\pi \cdot \sqrt{L \cdot C}$$

benutzt. Die Anwendung dieser Beziehung ist an die Voraussetzung gebunden, daß der Stromverlauf quasistationär und gleichphasig ist und daß das logarithmische Dekrement der Dämpfung gegen 2π verschwindet. Wenn man auch annehmen darf, daß die beiden letzten Bedingungen praktisch stets erfüllt sind, so ist doch die räumliche Stromverteilung längs eines solchen Luftleiters keine gleichförmige mehr. Während im Erdungspunkt die Amplitude der Strömung ihren Höchstwert besitzt (Strombauch), nimmt sie nach oben stetig ab, um, wie leicht einzusehen ist, in der Drahtspitze den Nullwert (Stromknoten) zu erreichen (vgl. die Kurve der räumlichen Stromverteilung längs der Antenne Fig. 69). Der Augenblickswert der Stromstärke ist demnach nicht nur eine Funktion der Zeit, sondern auch eine Funktion des Ortes. Diese Erscheinung erklärt sich ungezwungen, wenn man sich den Draht unter Fortlassung der Erde um die gleiche Länge l nach unten verlängert denkt. Nimmt man nun weiter an, daß in einem bestimmten Zeitpunkt die gesamte schwingende Energie als Ladungsenergie vorhanden ist, die sich von da ab in strömende umzusetzen sucht, so erkennt man, daß die nach den Drahtenden zu aufgespeicherten Ladungseinheiten bei der Stromentwick

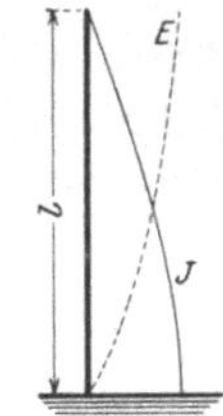

Fig. 69.

lung ihre Wirkungen in der Mitte des Oszillators alle vereinigen müssen, daß demnach in der Mitte ein Strombauch und an den Enden Stromknoten auftreten müssen. Dieser Vorgang ändert sich nicht, wenn man die untere Hälfte der Strombahn durch eine vorzügliche Erdung im Indifferenzpunkt ersetzt, der naturgemäß mit der Mitte des Leiters von der Länge $2\,l$ zusammenfällt. Denn was von der Stromverteilung gilt, läßt sich in gleicher Weise für die Spannungsverteilung entwickeln, nur mit dem Unterschiede, daß der Bauch an der Leiterspitze liegt, während der Spannungsknoten an der Stelle auftritt, an der eine Viertelperiodendauer früher der Strombauch festgestellt wurde (vgl. die Kurve der räumlichen Spannungsverteilung längs der Antenne Fig. 69). Die geschilderten Strom- und Spannungsverhältnisse faßt man zusammen indem man sagt: der Leiter führt seine Grundschwingung aus.

Will man deshalb — und damit kehren wir zu dem Ausgangspunkt dieser Zwischenbetrachtung zurück — die Wellenlänge eines linearen Senders nach der Kirchhoff-Thomsonschen Gleichung berechnen, so muß dieser Schwingungskreis durch einen solchen ersetzt werden, der im Gegensatz zu den wirklichen Verhältnissen eine quasistationäre, d. h. eine an allen Stellen gleichförmige Stromverteilung aufweist. Damit läuft die Aufgabe auf die Ermittelung der mittleren Stromstärke J_m dieses Oszillators hinaus. Diese bestimmt sich aus der Beziehung:

$$J_m = \frac{1}{l} \cdot \int_0^l J \cdot dl \,.$$

Auf dem Wege der Rechnung und aus Analogieschlüssen aus der Akustik, wobei man die Ausbiegungen einer zweiseitig eingespannten schwingenden Saite von der Länge $2\,l$ mit den Stromamplituden vergleicht, ergibt sich das Gesetz für die Stromverteilung längs einer Marconiantenne zu:

$$J = J_0 \cdot \cos \frac{\pi}{2\,l} \cdot z \,,$$

wobei J_0 den Amplitudenwert im Strombauch darstellt und z den Abstand vom Erdungspunkt bedeutet. Somit berechnet sich der Mittelwert der Stromamplituden wie folgt:

$$J_m = \frac{1}{l} \cdot \int_0^l J_0 \cdot \cos \left(\frac{\pi}{2\,l} \cdot z \right) \cdot dz$$

$$= \frac{2}{\pi} \cdot J_0 \,.$$

In gleicher Weise erhält man für die mittlere Spannungsamplitude:

$$E_m = \frac{1}{l} \cdot \int_0^l E_0 \cdot \sin \left(\frac{\pi}{2\,l} \cdot z \right) \cdot dz$$

$$= \frac{2}{\pi} \cdot E_0 \,.$$

Wäre beim linearen Sender an jeder Stelle der Höchstwert des Stromes J_0, der der Spannung E_0, so ergäbe sich die Wellenlänge der Schwingungsbahn zu:

$$\lambda = 2\,\pi \cdot \sqrt{L_A \cdot C_A} \,.$$

Da jedoch der magnetische und elektrische Kraftfluß infolge der ungleichen Strom- und Spannungsverteilung statt der Werte:

$$N_{J_0} = L_A \cdot J_0$$
$$Q_{E_0} = C_A \cdot E_0$$

die Größe:

$$N_{J_m} = \frac{2}{\pi} \cdot L_A \cdot J_0$$

und

$$Q_{E_m} = \frac{2}{\pi} \cdot C_A \cdot E_0$$

aufweist, ist in der Ausgangsgleichung zur Berechnung der Wellenlänge die Selbstinduktion und Kapazität des Luftleiters mit dem Faktor $\frac{2}{\pi}$ zu multiplizieren. Wir erhalten demnach:

$$\lambda = 2\pi \cdot \sqrt{\frac{2}{\pi} \cdot L_A \cdot \frac{2}{\pi} \, C_A} = 4 \cdot \sqrt{L_A \cdot C_A} \cdot$$

$$\lambda = 4 \cdot \sqrt{2\,l \cdot \log \text{nat} \frac{2\,l}{r} \cdot \frac{l}{2 \cdot \log \text{nat} \frac{2\,l}{r}}} = 4\,l \, .$$

Wird der lineare Luftleiter in seiner Eigenschwingung erregt, so beträgt die entstehende Wellenlänge das Vierfache seiner Länge.

Als dritte eine Antenne kennzeichnende Größe war in der Einleitung zu diesem Abschnitt der **Eigenwiderstand des Strahlgebildes** genannt. Dieser setzt sich aus einer großen Zahl von Summanden zusammen, die man alle aus Zweckmäßigkeitsgründen auf eine gemeinsame Grundlage bezieht, indem man die entstehenden Verluste sich hervorgebracht denkt durch einen Ersatzwiderstand, der in dem Strombauch des im übrigen verlustlos gedachten Luftleiters eingeschaltet ist. Der gesamte Energieverbrauch der Marconi-Antenne würde demnach den Wert

$$A = \frac{J_0^{\,2}}{2} \cdot w_A$$

besitzen. Hierbei umfaßt A folgende Einzelgrößen:
1. Joulesche Verluste in den Antennendrähten, den eingeschalteten Spulen und Kondensatoren,
2. Verluste durch Induktion in benachbarten Leitern (z. B. Maste, Abspannseile),
3. Verluste durch die Erdströme,
4. Verluste durch Drahtsprühen und Isolationsfehler,
5. Verluste infolge der Ausstrahlung der elektrischen Energie.

Während die vier ersten die schädlichen Verlustgrößen einer Antennenanlage enthalten, stellt die Strahlungsleistung die eigentliche Nutzenergie A_s dar. Der Wirkungsgrad η_A des Gebildes berechnet sich demnach aus der Beziehung

$$\eta_A = \frac{A_s}{A} = \frac{\dfrac{J_0^2}{2} \cdot w_s}{\dfrac{J_0^2}{2} \cdot w_A} = \frac{w_s}{w_A} = \frac{\vartheta_s}{\vartheta_A},$$

wobei w_s den Strahlungswiderstand, ϑ_s die Nutzstrahlungsdämpfung, bedeuten. Schon hier sei an den für alle Antennenformen gültigen Satz gemahnt, daß η_A groß sein muß, während es auf den Gesamtwiderstand w_A weniger ankommt.

Für den an früherer Stelle beschriebenen Hertzschen Oszillator von der Länge $2\,l$, bei dem die Stromverteilung quasistationär anzunehmen ist, war w_s zu

$$w_s = 80 \cdot \pi^2 \cdot \left(\frac{2\,l}{\lambda}\right)^2 = 320 \cdot \pi^2 \cdot \left(\frac{l}{\lambda}\right)^2$$

bestimmt worden. Die einseitig gut geerdete lineare Antenne von der Länge l würde den halben Strahlungswiderstand des Hertzschen Oszillators d. h. $w_s = 160 \cdot \pi^2 \left(\frac{l}{\lambda}\right)^2$ aufweisen, wenn die Bedingung gleichförmiger Stromverteilung auch bei ihm erfüllt wäre. Da dies nicht der Fall ist, muß statt der linearen Länge l die kleinere **wirksame Höhe** h_{eff} eingesetzt werden, die sich aus folgender Gleichung ergibt:

$$h_{eff} \cdot J_0 = \int_0^l J \cdot dl. \quad \ldots \ldots \ldots \ldots \quad (44)$$

Da nun

$$J_m \cdot l = \int_0^l J \cdot dl = \frac{2}{\pi} \cdot J_0 \cdot l.$$

folgt

$$h_{eff} \cdot J_0 = \frac{2}{\pi} \cdot J_0 \cdot l$$

$$h_{eff} = \frac{2}{\pi} \cdot l = \alpha \cdot l. \quad \ldots \ldots \ldots \quad (45)$$

Die Größe α, in unserem Falle gleich $\frac{2}{\pi}$, wird allgemein als **Antennenformfaktor** bezeichnet und stellt eine Zahl dar, die mit der wirklichen Antennenhöhe l multipliziert, **die wirksame Höhe des Luftleiters ergibt.** Somit berechnet sich der Strahlungswiderstand einer beliebigen Antenne zu:

$$w_s \cong 160 \cdot \pi^2 \cdot \left(\frac{\alpha \cdot l}{\lambda}\right)^2. \quad \text{Tafel IV.} \quad \ldots \quad (46)$$

Für den linearen, mit seiner Eigenwelle schwingenden Luftleiter erhält man:

$$w_s \cong 160 \cdot \pi^2 \cdot \left(\frac{2 \cdot l}{\pi \cdot 4\,l}\right)^2 \cong 40 \; \Omega. \quad \ldots \ldots \quad (47)$$

Der auf andere Weise gefundene genauere Wert für w_s ist 36,6 Ω. Wenn wir uns jedoch mit der Berechnung des Näherungswertes begnügen, so geschieht dies im Hinblick auf die übrigen Antennenwiderstände, die, wie an späterer Stelle im Zusammenhang ausgeführt werden wird, noch weniger als die Größe w_s, auf dem Wege der Rechnung zahlenmäßig ermittelt werden können.

Damit sind alle Größen gefunden, die zur Bestimmung des logarithmischen Dekrementes ϑ_s der Strahlungsdämpfung eines linearen Luftleiters nötig sind.

Aus den Ausführungen S. 10 und Gleichung 11 ergibt sich:

$$\vartheta_s = \frac{1}{2} \cdot \frac{\text{Strahlungsverlust während einer Periode}}{\text{Gesamte Antennenenergie}} = \frac{1}{2} \cdot \frac{A_s \cdot T}{A} .$$

Faßt man den Zeitpunkt ins Auge, in dem die gesamte Schwingungsenergie des Drahtes in Form von magnetischer Energie vorhanden ist, so erhält man mit großer Annäherung für A den Ausdruck:

$$A = \frac{L_A}{2} \cdot \frac{1}{l} \cdot \int_0^l J_0{}^2 \cdot \cos^2\left(\frac{\pi}{2l} \cdot z\right) \cdot dz$$

$$= \frac{L_A}{4} \cdot J_0{}^2 .$$

Folglich ist:

$$\vartheta_s = \frac{1}{2} \cdot \frac{\dfrac{J_0{}^2}{2} \cdot w_s \cdot \dfrac{1}{\nu}}{\dfrac{L_A}{4} \cdot J_0{}^2}$$

Setzt man in diesen Ausdruck die oben gefundenen Werte für w_s und und L_A ein, so vereinfacht sich die vorstehende Gleichung zu:

$$\vartheta_s = \frac{2{,}44}{\log \operatorname{nat} \dfrac{2l}{r}} \qquad \cdots \cdots \cdots \quad (48)$$

Da für alle im Betriebe vorkommenden Fälle der Wert von $\log \operatorname{nat} 2l$ den von $\log \operatorname{nat} r$ bei weitem überwiegt, ist die Strahlungsdämpfung einer Marconi-Antenne von beliebigem Durchmesser $2r$ annähernd als eine nahezu gleichbleibende Größe ($\vartheta_s \backsimeq 0{,}22$) zu betrachten.

Die im vorstehenden entwickelten Gleichungen mögen im folgenden durch ein Zahlenbeispiel näher erläutert werden. Für eine Luftleiterhöhe von $l = 50$ m und einen Drahtdurchmesser von $2r = 0{,}4$ cm berechnet sich die wirksame Selbstinduktion L_A zu:

$$L_A = 10\,000 \cdot \log \operatorname{nat} 50\,000 \backsimeq 108\,200 \text{ cm}.$$

Die Kapazität C_A ergibt sich zu:

$$C_A = \frac{5000}{2 \cdot \log \mathrm{nat}\ 50\,000} \simeq 231\ \mathrm{cm}.$$

Die Wellenlänge bei der Eigenschwingung wird aus der Gleichung:

$$\lambda_0 = 4 \cdot \sqrt{L_A \cdot C_A}$$

zu

$$\lambda_0 = 4 \cdot \sqrt{108\,200 \cdot 231} = 200\ \mathrm{m}$$

gefunden, ist also gleich der vierfachen Luftleiterlänge. Der Strahlungswiderstand ist annähernd für alle linearen, in ihrer Eigenperiode schwingenden Antennen der gleiche, von welcher Höhe sie auch sein mögen, und beträgt, wie oben berechnet, stets

$$w_s = 36{,}6\ \Omega\ (\sim 40\ \Omega).$$

Diese Erscheinung erkärt sich aus dem Umstand, daß, da bei der Marconi-Antenne das Verhältnis

$$\frac{l}{\lambda_0} = \frac{1}{4} = \mathrm{const}$$

ist, mit zunehmender Luftleiterhöhe naturgemäß auch die Wellenlänge der Grundschwingung anwachsen muß. Sonach wird

$$\vartheta_s = \frac{2{,}44}{\log \mathrm{nat}\ 50\,000} = 0{,}225.$$

Während bisher die einen Luftleiter kennzeichnenden Größen nur für die Grundschwingung berechnet wurden, entsteht nunmehr die Frage:

a) Auf welche Weise kann man die Wellenlänge der ausgestrahlten elektromagnetischen Schwingung ändern, und

b) welche Veränderungen erleiden hierbei L_A, C_A und w_s?

Zur Lösung der ersten Aufgabe können wir ohne weiteres die Verfahren übernehmen, die wir beim geschlossenen Schwingungskreis abgeleitet hatten. Will man die Welle verkürzen, so muß man entweder die wirksame Selbstinduktion oder die wirksame Kapazität des Luftleiters verkleinern. Da L_A und C_A für ein vorliegendes Sendergebilde gegebene Größen sind, läßt sich die Wellenlänge nur verkleinern, wenn man in den linearen Leiter einen Kondensator einschaltet. Da dieser mit der eigentlichen Antennenkapazität in Reihe liegt, ist die wirksame Kapazität, die allein in die Wellenlängenformel eingeht, kleiner als vorher. Wir gewinnen somit den Satz:

Die Einschaltung einer Kapazität in den Luftleiter verringert die Wellenlänge der ausgestrahlten Schwingungen. Vielfach drückt man dies auch so aus: Durch die Einschaltung eines Kondensators (Verkürzungskondensator) wird die Antenne verkürzt.

Es liegt nun die Frage nahe: Welche kleinste Wellenlänge läßt sich nach diesem Verfahren erzielen?

Wird die im Erdungspunkt der linearen Antenne eingeschaltet gedachte Kapazität immer mehr verkleinert, bis sie den Wert Null erreicht hat, so ist gewissermaßen der Luftleiter von der Erde abgeschaltet und muß demnach als offener Oszillator nach den früheren Ausführungen in einer Wellenlänge schwingen, die gleich seiner doppelten Länge l ist. Während wir oben für die Grundschwingung

$$\lambda_0 = 4\,l$$

erhalten hatten, ist nunmehr als äußerster Verkürzungswert

$$\lambda = 2\,l = \tfrac{1}{2} \cdot \lambda_0$$

zu setzen. Wir werden jedoch sehen, daß in allen praktischen Fällen diese Grenzzahl $\beta = \tfrac{1}{2}$ auch nicht annähernd erreicht wird. Will man für den Verkürzungskoeffizienten β einen bestimmten Grenzwert angeben, so kann man etwa $\beta \simeq 0,7$ setzen. Je nach der verwendeten Antennenform lassen sich größere oder kleinere Zahlenwerte für den Verkürzungskoeffizienten feststellen.

Weniger eingeengt als bei der Verkleinerung ist man bei der Verlängerung der Welle. Durch die nämlichen Maßnahmen, die zu diesem Zwecke beim geschlossenen Oszillator getroffen wurden, wird auch bei den Luftleitern durch Einschaltung von Selbstinduktionsspulen (Verlängerungsspulen) eine Vergrößerung der Wellenlänge bewirkt, so daß:

$$\lambda = \gamma \cdot \lambda_0,$$

$$\gamma > 1.$$

Hierbei kann der Verlängerungskoeffizient γ theoretisch jeden beliebigen Wert annehmen. Für ausgeführte Anlagen jedoch ist auch hier bald eine Grenze erreicht, wenn diese auch bei weitem flüssiger nach oben ist als die des Verkürzungskoeffizienten nach unten. Es hängt dies mit der Änderung des Strahlungswiderstandes mit der Wellenlänge zusammen. Wenn auch eine vollständige Erklärung dieser Tatsache erst an späterer Stelle gegeben werden kann, so sind doch die nachfolgenden Betrachtungen über die Änderung des Strahlungswiderstandes mit der Wellenlänge von grundlegender Bedeutung.

Die allgemeine Gleichung für w_s lautete:

$$w_s \simeq 160 \cdot \pi^2 \cdot \left(\frac{\alpha \cdot l}{\lambda}\right)^2.$$

Für alle linearen Antennen war für die Grundwelle λ_0 der Wert des Strahlungswiderstandes zu 36,6 Ω ermittelt worden. Nimmt man nun an, daß der Formfaktor des Luftleiters α bei Verlängerung oder

Verkürzung der Wellenlänge der gleiche bleibt, eine Voraussetzung, die, wie wir später sehen werden, nicht streng zutrifft, so stellt

$$w_s = f(\lambda)$$

eine gleichseitige Hyperbel dar, d. h. der Strahlungswiderstand eines gegebenen Strahlgebildes nimmt ab mit dem Quadrate der zunehmenden Wellenlänge. Für eine Wellenlänge von 1000 m und eine Luftleiterhöhe von 50 m beträgt demnach w_s nur noch etwa 1,5 Ω (Fig. 70). Jede Verlängerung der Welle hat somit eine starke Verkleinerung des Strahlungswiderstandes und deshalb, gleichbleibende Antennenstromstärken vorausgesetzt, einen proportionalen Rückgang der Strahlungsleistung zur Folge. Bei der Bemessung des Wellenbereiches der Senderseite sind diese Überlegungen von ausschlaggebender Bedeutung. In diesem Zusammenhang sei deshalb auf jenen immer wiederkehrenden Vorschlag eingegangen, eine drahtlose Telegraphie mit kleinen und mittleren Periodenzahlen, wie sie die Starkstromtechnik kennt, dadurch vorzunehmen, daß man besondere Luftleiter mit hoher Selbstinduktion (Verwendung von Eisen), also niedriger Eigenperiode, baut.

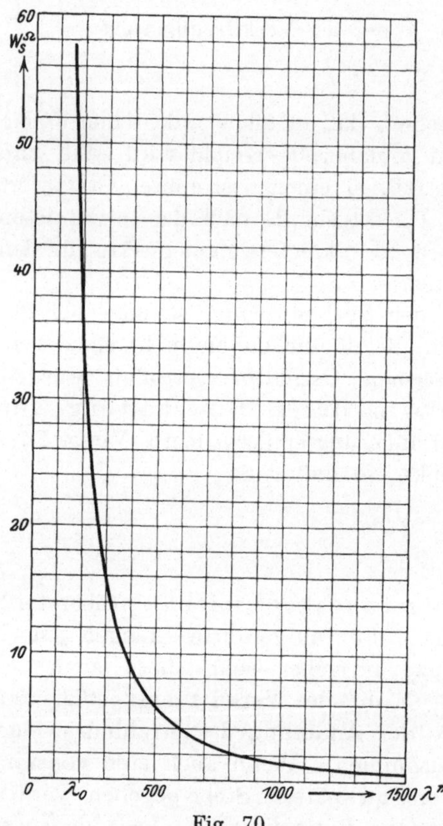

Fig. 70.

Je mehr sich die wirksamen Antennenhöhen in ihrer Größenordnung von der verwendeten Wellenlänge unterscheiden, desto geringer ist, auch bei größeren Strömen, die Fernwirkung der Sendeseite. So beträgt beispielsweise für eine Periodenzahl von 50 in der Sekunde, entsprechend einer Wellenlänge von 6000000 m, bei einer Antenne, wie sie den vorausgehenden Rechnungen zugrunde gelegt wurde, der Strahlungswiderstand etwa $4 \cdot 10^{-8}$ Ohm.

Die bisherigen Ausführungen beruhen auf der Annahme, daß

der bei der Grundschwingung ermittelte Formfaktor α des Luftleiters bei der Vergrößerung oder Verkleinerung der Wellenlänge seinen ursprünglichen Wert beibehält. Diese Voraussetzung kann jedoch nur dann erfüllt sein, wenn die Strom- und Spannungsverteilung längs des Strahldrahtes stets die gleiche bleibt. Wie aus den Fig. 71 und 73 hervorgeht, trifft diese Annahme in keiner Weise zu. Bei Einschaltung eines Kondensators in die Antenne entsteht ein weiterer Spannungsknoten, dessen Lage mit verkleinerter Kapazität immer mehr nach der Mitte des linearen Leiters rückt. Die gleiche Erscheinung läßt sich für den zweiten Strombauch feststellen, der, wie früher dargelegt wurde, stets an der gleichen Stelle wie der Indifferenzpunkt zu liegen kommt. Wird nach Fig. 72 die Kapazität unmittelbar in den Erdungspunkt gelegt, also die Bodenfläche gewissermaßen als zweite Kondensatorfläche benutzt, so erhält man eine Luftleiteranordnung, die von Marconi, Lodge und Braun als Ersatz für eine unmittelbare Erdung vorgeschlagen wurde. Wenn auch statt einer vom Erdboden isolierten Platte meist Drahtnetze oder eine Anzahl von der Mitte

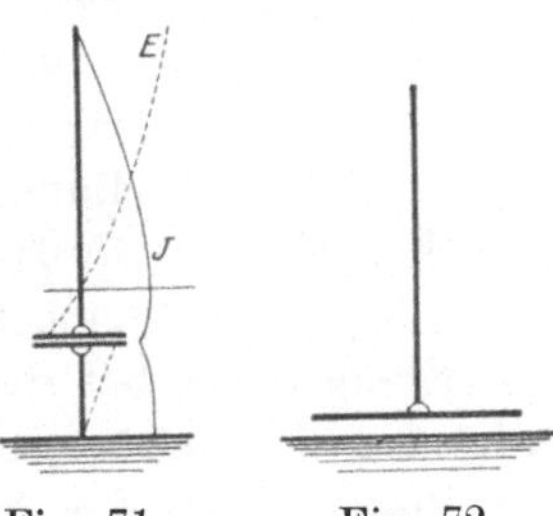

Fig. 71.   Fig. 72.

ausgehender, strahlenförmig ausgespannter Drähte benutzt werden, die man allgemein mit dem Namen Gegengewicht bezeichnet, so tritt doch in elektrischer Hinsicht keine wesentliche Änderung der Wirkungsweise ein. Die elektrischen Kraftlinien, die aus dem Luftleiter selbst austreten, verlaufen zum Teil unmittelbar nach den Metallmassen des Gegengewichtes, zum Teil gehen sie über den Erdboden nach der angeschlossenen Kapazitätsfläche hin. Demnach berechnet sich die wirksame Kapazität C_A der Antenne nicht mehr aus der einfachen Reihenschaltungsformel zweier Kapazitäten:

$$C_A = \frac{C_{ae} \cdot C}{C_{ae} + C}.$$

die für die Schaltung Fig. 71 etwa zutreffen würde, sondern nach der Gleichung:

$$C_A = C_{ag} + \frac{C_{ae} \cdot C_{ge}}{C_{ae} + C_{ge}}.$$

Hierbei bedeuten:

$C =$ Kapazität des eingeschalteten Kondensators, die im zweiten Falle etwa der Größe C_{ge} entsprechen würde,

$C_{ge} =$ Kapazität des Gegengewichtes gegen Erde,

$C_{ag} =$ Kapazität der Antenne gegen das Gegengewicht,

$C_{ae} =$ Kapazität des Luftleiters gegen die Erdoberfläche.

Während bei einem in das Strahlgebilde eingeschalteten Kondensator die wirksame Kapazität mit kleiner werdenden Beträgen von C stetig abnimmt, tritt bei der Gegengewichtsanordnung, wie aus der zweiten Gleichung hervorgeht, ein Kleinstwert von C_A bei einem bestimmten Abstand der angeschlossenen Gegengewichtsdrähte von der Erdoberfläche ein. Da weiterhin das Gegengewicht infolge der Art seiner Herstellung und der Größe seiner Ausbreitung in den meisten Fällen einen gewissen Selbstinduktionsbetrag aufweist, kann es vorkommen, daß der Indifferenzpunkt, der sonst stets in den linearen Teil des Luftleiters zu liegen kommt, in die Gegengewichtsanordnung hineinrückt. Inwiefern durch diesen Umstand die Wirkungsweisen der Sende- und Empfangsseite beeinflußt werden, wird an einer späteren Stelle dargelegt.

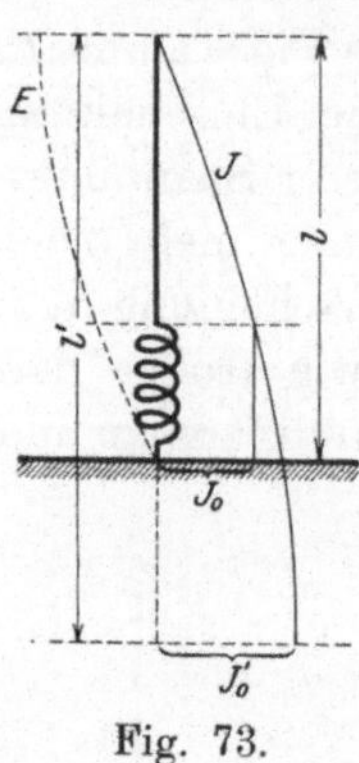

Fig. 73.

Ebenso wie bei der Verkürzung, treten auch bei der Verlängerung des Luftleiters Unterschiede in der Strom- und Spannungsverteilung längs des Strahldrahtes auf (Fig. 73). Am deutlichsten wird dies klar, wenn man den Antennenformfaktor α auch für diese Schaltungsanordnung bestimmt. Es war:

$$\alpha = \frac{h_{eff}}{l} = \frac{J_m}{J_0}.$$

Zur Berechnung dieses Wertes denkt man sich zweckmäßig den Luftleiter von der Länge l, der jetzt keine Selbstinduktionsspule enthält, so weit verlängert, bis der Wert

$$l' = \frac{\lambda}{4}$$

wird, d. h. derjenigen Wellenlänge entspricht, die bei Einschaltung der Spule entsteht. Auf dem eigentlichen Strahldraht bildet sich bis zum Anschlußpunkt der Selbstinduktion eine Amplitudenkurve des Stromes aus, die einen Teil einer Sinuslinie darstellt. In der Spule selbst ist der Stromfluß quasistationär. Dann gilt, wenn man den Ausgangspunkt in die Antennenspitze legt:

$$J = J_0' \cdot \sin \frac{2\pi}{\lambda} \cdot z$$

$$J_m = \frac{1}{l} \cdot \int_0^l J_0' \cdot \sin\left(\frac{2\pi}{\lambda} \cdot z\right) \cdot dz = \frac{J_0' \cdot \lambda}{2\pi \cdot l}\left[1 - \cos\left(\frac{2\pi}{\lambda} \cdot l\right)\right].$$

Der Höchstwert des Spulenstromes beträgt:

$$J_0 = J_0' \cdot \sin\left(\frac{2\pi}{\lambda} \cdot l\right).$$

Bildet man nun den Ausdruck $\dfrac{J_m}{J_0}$, so erhält man:

$$\frac{J_m}{J_0} = \frac{\lambda}{2\pi \cdot l} \cdot \frac{1 - \cos\left(\dfrac{2\pi}{\lambda} \cdot l\right)}{\sin\left(\dfrac{2\pi}{\lambda} \cdot l\right)}.$$

Unter Benutzung der Hilfssätze, daß

$$1 - \cos\left(\frac{2\pi}{\lambda} \cdot l\right) \simeq \frac{4\pi^2 \cdot l^2}{2 \cdot \lambda^2}$$

und

$$\sin\left(\frac{2\pi}{\lambda} \cdot l\right) \simeq \frac{2\pi \cdot l}{\lambda}$$

ist, ergibt sich:

$$\frac{J_m}{J_0} = \alpha \simeq \frac{1}{2}.$$

Während also bei der Grundschwingung des linearen Luftleiters für die wirksame Antennenhöhe

$$h_{eff} = \alpha \cdot l = \frac{2}{\pi} \cdot l$$

einzusetzen war, nähert sich bei größerer Verlängerung der Welle der Formfaktor α immer mehr dem Werte $\frac{1}{2}$. Die wirksame Kapazität und Selbstinduktion hängt demnach nicht nur ab von den Abmessungen des Luftleiters, sondern auch von der Stromverteilung, die wieder ihrerseits sich mit der Wellenlänge ändert. Die oben ermittelte Kurve $w_s = f(\lambda)$ darf deshalb nur als Annäherungswert angesehen werden.

Endlich findet eine Schaltung vielfach Verwendung, bei der Spulen und Kondensatoren im Luftleiter liegen und zwar entweder in Reihen- oder in Nebeneinanderschaltung. Fragt man sich nun zunächst bei der ersteren Anordnung, inwiefern durch diese Maßnahme die elektrischen Vorgänge eine Änderung erfahren, da die Selbstinduktion die Welle vergrößert, während die Kapazität in umgekehrtem Sinne wirkt, so werden die besonderen Eigenschaften der Schaltungsanordnung dann besonders hervortreten, wenn man annimmt, daß die eingefügten Elemente so abgeglichen

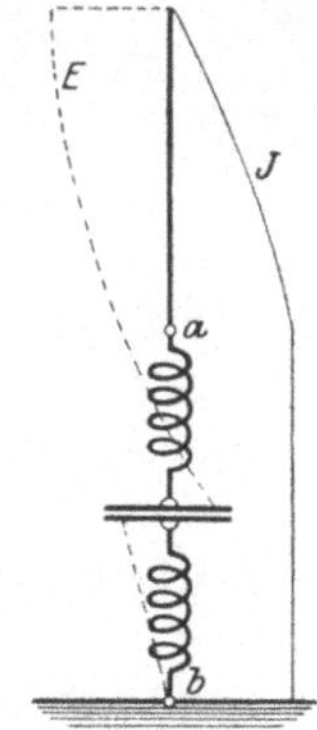

Fig. 74.

sind, daß der einfache Draht durch sie keine Veränderung seiner Grundschwingung erfährt (Fig. 74). Diese Voraussetzung hat zur Folge, daß die Strom- und Spannungsverteilung auf dem eigentlichen Strahldrahte die gleiche wie in Fig. 69 ist, daß also, wenn man die Punkte a und b durch einen Kurzschlußbügel verbindet, die elektrischen Verhältnisse keine Änderung erleiden. Daraus kann man weiter folgern — und dieser Gedanke wird, wie wir sehen werden, bei Sende- und Empfangsanlagen mit Vorteil verwendet —, daß der Schwingungsvorgang in der Antenne keinerlei Störung erfährt, was man auch zwischen die Punkte a und b im Nebenschluß anschalten mag. Das zweite besondere Merkmal dieser Anordnung ist in der verminderten Antennendämpfung zu sehen. Nach Gleichung 25 ist:

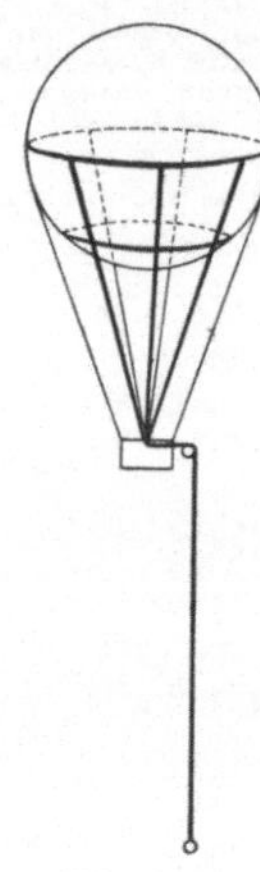

Fig. 75.

$$\vartheta_A \simeq \frac{1}{150} \cdot \frac{C_A \cdot w_A}{\lambda}.$$

Da alle Größen dieser Gleichung außer dem Werte von C_A annähernd unveränderlich sind, mag man den einfachen Leiter oder die vorliegende Schaltung im Auge haben, so erkennt man, daß mit abnehmender Kapazität des eingeschalteten Kondensators die Luftleiterdämpfung kleiner wird. Freilich ist hierbei Voraussetzung,

Fig. 76. Flugzeug mit Gegengewicht für Antenne (Marconi-Gesellschaft).

daß die eingeschalteten Spulen durch ihren wirksamen Widerstand diesen Vorteil nicht wieder aufheben.

Als Beispiel einer praktisch verwendeten linearen Antenne sei der Luftleiter der Luftfahrzeuge erwähnt, der besonders bei Freiballons zum Empfang der Zeichen und bei Flugmaschinen zur Ausstrahlung der Sendeenergie benutzt wird. Im ersteren Falle bildet das Gegengewicht ein an die Ballonhülle befestigtes Drahtgebilde (Fig. 75), während bei den Drachenfliegern als Gegengewicht zu dem herabhängenden Antennendraht ein zwischen den Steuer- und den

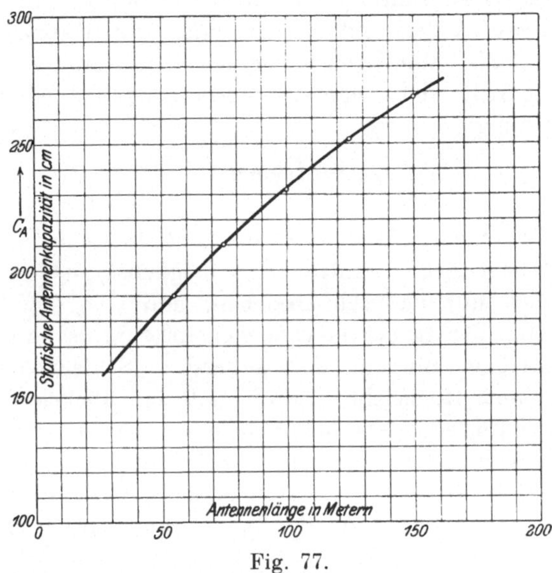

Fig. 77.

Tragflächen isoliert angebrachtes Drahtnetz dient (Fig. 76). Die beistehende Kurve (Fig. 77), die von K. Heffner aufgenommen wurde, gibt die Abhängigkeit der Kapazität von der Länge des herabhängenden Antennendrahtes wieder, wobei die in Fig. 75 dargestellte Luftleiteranordnung der Messung zugrunde lag.

3. Die T-Antenne (Reußen- oder Kastenantenne).

Bei der Entwicklung des offenen Oszillators aus einem geschlossenen Schwingungskreise entstand ein Luftleiter, dessen linearer Teil in einer großen Fläche endigte (vgl. Fig. 62). Wir haben es hier mit derjenigen Antennenform zu tun, deren Eigenschaften denen des geschlossenen Kreises am ähnlichsten sind. Die Strom- und Spannungsverteilung muß bei ihr um so gleichförmiger ausfallen, je mehr die Endkapazität die der Zuleitung überwiegt. Der Wert des Antennenformfaktors

$$\frac{J_m}{J_0} = \alpha$$

ist deshalb angenähert gleich 1 zu setzen, d. h. die wirksame Antennenhöhe h_{eff} fällt mit der wirklichen l zusammen. Daraus folgt, daß, wie beim geschlossenen Schwingungskreis, auch hier eine vorzugsweise konzentrierte Kapazität und Selbstinduktion in Reihe geschaltet sind, wobei der Kondensator durch die Erde und die Endfläche gebildet wird, während die lineare Strombahn in erster Linie einen induktiven Widerstand besitzt und ihre Kapazität vernachlässigt werden darf. Man kann daher den Selbstinduktionswert dieses Luftleiters mit Hilfe der schon im vorhergehenden Abschnitt angegebenen Gleichung:

$$L_A \simeq 2\,l \cdot \log \mathrm{nat}\, \frac{2\,l}{r}$$

angenähert berechnen. Will man die Antennenselbstinduktion bei gegebener Höhe l des Strahlgebildes möglichst niedrig halten, so kann man dies nur dadurch erreichen, daß man den Wert von r vergrößert. Aus der früher gewonnenen Erkenntnis heraus, daß die Hochfrequenzströme nur in der äußersten Schicht eines Leiters strömen und mit Rücksicht darauf, daß ein dickes Kupfer- oder Bronzeseil sich für eine Antennenanlage aus Gewichtsrücksichten in vielen Fällen von selbst verbietet, läßt sich die gewünschte Verminderung der Selbstinduktion durch eine reußenförmige Ausbildung der senkrechten Zuleitung zu der Kapazitätsfläche leicht erreichen (Fig. 78).

Für eine Antennenhöhe l von 50 m und einen Drahtdurchmesser von 0,4 cm war oben für L_A der Wert

$$L_A = 108\,200 \text{ cm}$$

gefunden worden. Vereinigt man eine große Zahl von derartigen Einzeldrähten zu einer Reuße vom Durchmesser $2\,r = 40$ cm, so ergibt sich:

$$L_A \simeq 62\,150 \text{ cm}.$$

Größere Schwierigkeiten bereitet die Berechnung der Kapazität dieses Luftleiters. Eine Methode hierfür wäre die, daß man das vorhandene elektrostatische Feld sich aus einer großen Zahl Kraftlinienröhren zusammengesetzt denkt, für jede deren Kapazität berechnet und dann die Summe der Einzelwerte bildet. Da jedoch der Antenne benachbarte Metalldächer, Maste oder Abspannseile die Kapazität des Luftleiters erheblich beeinflussen können, schlägt man auch hier, wie bei der Bestimmung des Selbstinduktionskoeffizienten von Spulen, zweckmäßiger den Weg ein, von ausgeführten Anlagen ausgehend, die voraussichtliche Kapazitätsgröße mit Hilfe von Erfahrungszahlen festzulegen.

Für den Hertzschen Oszillator war der Wert des Strahlungswiderstandes zu

$$w_s = 80 \cdot \pi^2 \cdot \left(\frac{2\,l}{\lambda}\right)^2$$

gefunden worden. Berücksichtigt man nun, daß eine geerdete T-Antenne die gleichen Schwingungsverhältnisse wie jener aufweist,

Fig. 78. Reußenförmige Antenne.

daß aber, da die Länge des linearen Teiles den Wert l besitzt, der Luftleiter nur das halbe Strahlungsfeld erzeugt, so bestimmt sich der Strahlungswiderstand der T-Antenne aus der Gleichung:

$$w_{s_T} = \frac{w_s}{2} = \frac{80}{2} \cdot \pi^2 \cdot 4 \cdot \left(\frac{l}{\lambda}\right)^2$$

$$= 160 \cdot \pi^2 \cdot \left(\frac{l}{\lambda}\right)^2. \quad \ldots \ldots \quad (49)$$

Beim Einsetzen von Zahlenwerten ist freilich auch hier mit dem

Umstand zu rechnen, daß alle in unmittelbarer Nähe der Sendeanlage liegenden Leiter, wie eiserne Schornsteine und Abspannseile,
unter dem Einfluß des elektromagnetischen Feldes in Schwingungen
geraten, deren Energie zum Teil in dem betreffenden Leiter sich in
Wärme umsetzt, zum Teil jedoch wieder zur Ausstrahlung gelangt.
Dieser letztere Betrag wird auf das ursprüngliche Feld in dem Sinne
zurückwirken, daß er dessen Strahlungsfähigkeit vermindert. Und
zwar muß sich diese Erscheinung um so mehr geltend machen, je
mehr die Eigenwelle der mitschwingenden Metallmassen mit der
Senderwelle übereinstimmt und je weniger gedämpft die in ihnen
induzierten Ströme sind. Damit sind zugleich die Mittel gegeben,
um diesen schädlichen Einfluß nach Möglichkeit herabzudrücken.

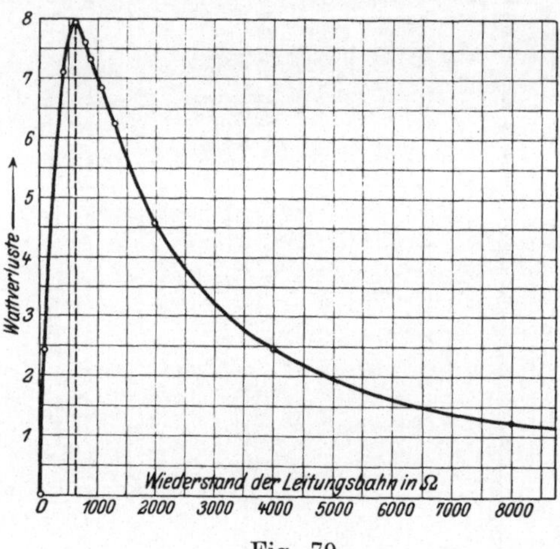

Fig. 79.

Diese bestehen zunächst in einer weitgehenden Unterteilung und Isolation der in unmittelbarer Nähe der Antenne vorhandenen Leiter. Ist in ihr der rein Ohmsche Widerstand gegenüber dem induktiven sehr groß, so wird der Strahlungswiderstand der Geberantenne nicht wesentlich herabgesetzt, und die Verluste sind ebenfalls unerheblich. Überwiegen jedoch die induktiven Widerstände die Ohmschen, so hält sich zwar die Wärmeentwicklung auch in mäßigen Grenzen, die Strahlungsenergie jedoch nimmt zu. Am ungünstigsten liegen die Verhältnisse,
wenn sich beide das Gleichgewicht halten, da dann der Energieverbrauch große Werte annehmen kann.

Beispiel: In unmittelbarer Nähe einer mit ungedämpften Schwingungen
arbeitenden Sendeanlage sei ein geerdeter Draht von 50 m Höhe ausgespannt.
Beträgt die Betriebswelle 500 m, so gibt die Kurve Fig. 79 angenähert den
Energieverbrauch des Leiters in Abhängigkeit von seinem Ohmschen Widerstand wieder. Je nach der Güte der Erdung kann man diesen als veränderlich annehmen.

Man erkennt, daß es wichtig ist, entweder eine vorzügliche Erd-
verbindung zu schaffen oder den Draht vom Grundwasser zu isolieren.
Welche Maßnahme die richtigere ist, kann nicht allgemein entschieden
werden. Überall da jedoch, wo eine gute Isolierung sich dauernd

aufrecht erhalten läßt, wird es zweckmäßig sein, dieses Mittel anzuwenden. Ist jedoch die Gewähr hierfür nicht vorhanden (z. B.
auf Schiffen: Kohlenstaub und Salzablagerungen), so wird man mit
guter Erdung bessere Dauerergebnisse erzielen. Näher darauf einzugehen, daß man natürlich jede Resonanzerscheinung, auch die von
Oberschwingungen, nach Möglichkeit ausschalten muß, dürfte sich
nach den vorstehenden Ausführungen erübrigen.

Da der Bau eines T-förmigen Luftleiters offenbar schwieriger
ist, als der einer linearen Antenne, ist die Frage nicht unberechtigt:
Welche Vorteile in elektrischer Beziehung stehen diesen mechanischen
Nachteilen gegenüber? Berücksichtigt man den Umstand, daß bei
der Mehrzahl der Anlagen das gleiche Strahlgebilde für Sende- und
Empfangszwecke Verwendung findet, so muß die Betrachtung auf
beide Betriebsfälle ausgedehnt werden.

α) Das Senden: Einen allgemeinen Maßstab für die Brauchbarkeit eines Luftleiters bildet die Größe der Strahlungsleistung, die er
abzugeben imstande ist. Diese wird nun nach oben hin durch den
Höchstwert der Spannung bestimmt, für den die Antennenisolation
auch bei ungünstigen Witterungsverhältnissen noch ausreichend erscheint. Ein Vergleich zweier Luftleiter als Sender muß deshalb von
gleichen Spannungswerten ausgehen. Hierbei ist die Betrachtung
getrennt für die beiden Schwingungsformen: gleichbleibende oder abklingende Amplituden durchzuführen.

Werden nun eine lineare und eine T-Antenne von gleicher
Höhe l in ihren Eigenschwingungen λ_l und λ_T derart erregt, daß die
entstehende Höchstspannung E_0 in beiden Fällen die gleiche ist, so
ergeben sich folgende Beziehungen:

$$\frac{w_{s_l}}{w_{s_T}} = \frac{160 \cdot \pi^2 \left(\frac{2}{\pi} l\right)^2}{\lambda_l^2} \cdot \frac{\lambda_T^2}{160 \cdot \pi^2 \cdot l^2}$$

$$= \frac{4}{\pi^2} \cdot \left(\frac{\lambda_T}{\lambda_l}\right)^2.$$

$$\frac{i_l^2}{i_T^2} = \frac{\dfrac{J_{0_l}^2}{2}}{\dfrac{J_{0_T}^2}{2}} = \frac{E_0^2 \cdot C_{A_l}}{L_{A_l}} \cdot \frac{L_{A_T}}{E_0^2 \cdot C_{A_T}}.$$

Da man offenbar $L_{A_l} \simeq L_{A_T}$ setzen kann, erhält man:

$$\frac{i_l^2}{i_T^2} = \frac{C_{A_l}}{C_{A_T}}.$$

Folglich gilt:

$$\frac{A_{s_l}}{A_{s_T}} = \frac{i_l^2 \cdot w_{s_l}}{i_T^2 \cdot w_{s_T}} = \frac{C_{A_l}}{C_{A_T}} \cdot \frac{4}{\pi^2} \cdot \left(\frac{\lambda_T}{\lambda_l}\right)^2.$$

Setzt man für λ_l und λ_T die früher abgeleiteten Ausdrücke:

$$\lambda_l = 4 \cdot \sqrt{C_{A_l} \cdot L_{A_l}}$$

und

$$\lambda_T = 2\,\pi \cdot \sqrt{C_{A_T} \cdot L_{A_T}}$$

ein, so ergibt sich:

$$\frac{A_{s_l}}{A_{s_T}} = 1.$$

Ein von ungedämpften Schwingungen in seiner Eigenperiode erregter linearer und ein T-förmiger Luftleiter ergeben bei gleicher wirksamer Antennenhöhe und gleicher Höchstspannung die gleiche Strahlungsleistung.

Anders liegen die Verhältnisse, wenn die Energiezufuhr nicht dauernd geschieht, sondern die Aufladung des Strahlgebildes und das Abklingen der Schwingungen abwechselnd aufeinander folgen. Bildet man für die beiden Antennenformen das Verhältnis der Ladungsenergien, bezogen auf eine Sekunde, so erhält man:

$$\frac{A_l}{A_T} = \frac{a \cdot E_0^2 C_{A_l}}{4} \cdot \frac{2}{a \cdot E_0^2 C_{A_T}} = \frac{1}{2} \cdot \frac{C_{A_l}}{C_{A_T}}.$$

Unter der Annahme, daß in beiden Fällen der gleiche prozentuale Betrag in Strahlungsleistung umgesetzt wird, kann man schreiben:

$$\frac{A_{s_l}}{A_{s_T}} = \frac{1}{2} \cdot \frac{C_{A_l}}{C_{A_T}} = \frac{\pi^2}{8} \cdot \left(\frac{\lambda_l}{\lambda_T}\right)^2.$$

Diese Gleichung gilt natürlich nur für den Fall, daß bei der T-Antenne die Kapazität des linearen Teiles gegenüber der der Endfläche nicht in Frage kommt. Ist dies der Fall, so ergibt sich der Satz:

Die Strahlungsleistungen der beiden Luftleiterformen sind beim Betrieb mit gedämpften Senderschwingungen proportional ihrem Kapazitätsverhältnis. Da nun in Wirklichkeit C_{A_T} sehr viel mal größer als C_{A_l} ist, dürfte damit die Überlegenheit der T-Antenne bewiesen sein.

Es mag im ersten Augenblick sonderbar erscheinen, daß das Ergebnis je nach der Art des verwendeten Sendeverfahrens ein verschiedenes ist. Berücksichtigt man jedoch den Umstand, daß im zweiten Falle Ladung und Entladung zeitlich getrennt aufeinander folgen

und daß der T-förmige Luftleiter dank seiner bei weitem größeren
Eigenkapazität bei gleicher Höchstspannung viel mehr Energie aufzunehmen imstande ist, die dann auch, abgesehen von den unver-
meidlichen Verlusten, zum größten Teil in Strahlungsleistung umgesetzt wird, so ist das vorstehende Ergebnis auch physikalich erklärlich. Bei Verwendung von ungedämpften Senderschwingungen
dagegen kommt die Antennenergie, obgleich sie natürlich im Falle
der Benutzung einer T-Antenne ebenfalls viel größer als bei einem

Fig. 80. T-Antenne auf einem Kanonenboot.

linearen Luftleiter ist, nicht im proportionalen Verhältnis als Strahlungsleistung zur Geltung, da die Vorteile des größeren Stromes durch
den verringerten Strahlungswiderstand wieder aufgehoben werden.
Wenn trotzdem, wie wir sehen werden, auch bei den Sendeverfahren,
die Schwingungen mit gleichbleibenden Amplituden erzeugen, die
Antennenformen mit großer Endkapazität bevorzugt werden, so zeigt
dies, daß die vorstehende Betrachtung nicht alle Gesichtspunkte berücksichtigt, die bei der Wahl der Luftleitergestalt zu beachten sind.
Die noch ausstehenden Ergänzungen sollen an einer späteren Stelle
in Zusammenhang gebracht werden.

β) Der Empfang: Wenn schon für die Sendeseite ein offenbarer

Fig. 81.　46 m hohe T-Antenne der Landstation Brooklyn, N. Y.

Vorzug der T-Antenne vor dem linearen Luftleiter abgeleitet werden konnte, so tritt er in erhöhtem Maße bei der Betrachtung der
Empfangsverhältnisse hervor. Da jedoch ohne eingehende Kenntnis
der Empfangsbedingungen eine vergleichende Beurteilung nicht mög-

Fig. 82. ⌐-Antenne (Hanoi, Französ. Indochina).

Fig. 83. ⌐-Antenne (Hanoi, Französ. Indochina).

lich ist, muß die Beantwortung der aufgeworfenen Frage einem späteren Abschnitt vorbehalten bleiben.

Die praktische Ausführung der T-Antenne geht aus den beistehenden Abbildungen Fig. 80 u. 81 deutlich hervor. In dem Bilde Fig. 80 ist ein Kriegsschiff wiedergegeben, zwischen dessen Masten der Luftleiter ausgespannt ist. Ein ähnliches Strahlgebilde besitzt eine Landstation in Brooklyn (Fig. 81), bei der die frei-

Fig. 84. ⌐-Antenne (Hanoi, Französ. Indochina).

stehenden Eisengittermasten mit T-förmiger Spitze besonders bemerkenswert sind. Endlich zeigen die Fig. 82 bis 84 eine Radiostation von größerer Bedeutung, bei der die Antenne zwischen fünf Eisenmasten gespannt ist, von denen vier freistehen, während der fünfte durch acht Pardunen gehalten wird. Durch die einseitige Zuleitung wird bewirkt, daß dem Luftleitergebilde eine gewisse Richtfähigkeit zukommt, eine Eigenschaft, die an späterer Stelle eingehender behandelt wird.

4. Die Schirmantenne.

Die Schirmantenne besteht aus einem senkrechten linearen Teil (Zuleitung), von dessen oberem Ende gleichmäßig nach allen Seiten Drähte in Schirmform ausgespannt sind (Fig. 85). Der Anfangspunkt der Zuleitung ist, wie bei den anderen Luftleitern auch, entweder mit der Erde oder einem Gegengewicht verbunden. Da die Ströme

in den Schirmdrähten und dem senkrechten Teile entgegengesetzte Strömungsrichtungen besitzen, ist das Strahlungsfeld, das
der gestrichelten Fläche in Fig. 85 proportional ist, geringer als
bei der T-Antenne. Es würde praktisch voll-
kommen verschwinden, wenn die schräg nach
unten laufenden Drähte bis zum Erdboden
verlängert würden. Der Grund, weshalb trotz
ihrer offenbar geringen elektrischen Güte diese
Luftleiterform sich einer außerordentlichen Verbreitung erfreut, liegt in den Vorzügen ihres
mechanischen Aufbaus, die die elektrischen
Nachteile mehr wie aufwiegen. Zur Vorausbestimmung der elektrischen Konstanten dieser
Antenne können ohne weiteres die Angaben

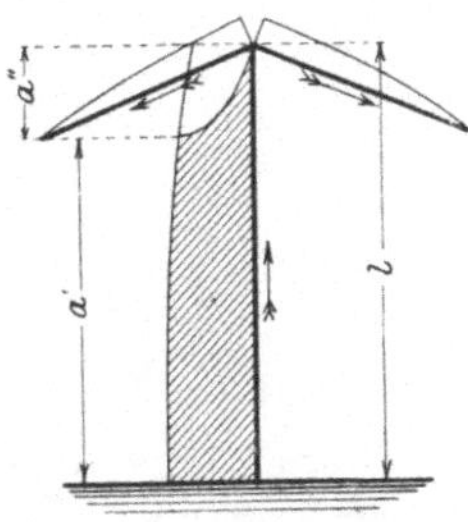

Fig. 85.

verwendet werden, die bei dem T-förmigen Luftleiter als brauchbar
erkannt wurden, sofern man als wirksame Höhe nicht die Mastlänge
einführt, sondern die Summe $a' + \dfrac{a''}{3}$ bildet. Es wird sonach:

$$\alpha \cdot l = h_{eff} \simeq a' + \frac{a''}{3} \quad\ldots\ldots\ldots \quad (50)$$

Die Bedeutung der Längen a' und a'' ist aus Fig. 85 zu ersehen. Aus den bekannten Größen der Luftleiterkapazität C_A und
der Selbstinduktion L_A kann man dann mit Hilfe der Gleichungen,
die beim geschlossenen Schwingungskreis angewendet werden, für
jede im Erdungspunkt eingeschaltete Kapazität C oder Selbstinduktion L die entsprechenden Wellenlängen λ_1 und λ_2 im voraus
berechnen, indem man setzt:

$$\lambda_0 = 2\,\pi \cdot \sqrt{L_A \cdot C_A}.$$

$$\lambda_1 = 2\,\pi \cdot \sqrt{L_A \cdot \frac{C_A \cdot C}{C_A + C}} < \lambda_0,$$

$$\lambda_2 = 2\,\pi \cdot \sqrt{C_A \cdot (L_A + L)} > \lambda_0,$$

Der folgenden Rechnung liegen die für die Antenne der Transatlantischen
Station Eilvese bei Hannover gültigen Zahlenwerte zugrunde.

$$\lambda_0 \simeq 2800 \text{ m}$$

$$C_A \simeq 15\,000 \text{ cm}$$

$$L_A = \left(\frac{\lambda_0}{2\,\pi}\right)^2 \cdot \frac{1}{C_A} \simeq 132\,500 \text{ cm}.$$

Betriebswellenlänge $\lambda = 7200$ m, d. h. es ist in die Antenne eine Selbstinduktionsspule von der Größe:

$$L = \left(\frac{\lambda}{2\,\pi}\right)^2 \cdot \frac{1}{C_A} - L_A = 745\,000 \text{ cm}$$

einzuschalten. Zur Berechnung des Strahlungswiderstandes w_s ist die Bestimmung des Formfaktors α des Luftleiters notwendig.

$$\text{Masthöhe } l = 250 \text{ m}$$

$$a' \cong 150 \text{ m}$$

$$h_{eff} \cong a' + \frac{a''}{3} = 150 + \frac{90}{3} = 180 \text{ m}.$$

$$\alpha = \frac{h_{eff}}{l} = \frac{180}{250} = 0{,}72.$$

$$w_s = 160 \cdot \pi^2 \cdot \left(\frac{180}{7200}\right)^2 \cong 1 \; \Omega.$$

Beträgt der Antennenstrom, im Erdungspunkt gemessen, $i = 150$ Amp, so berechnet sich die Strahlungsleistung bei einer Betriebswellenlänge von 7200 m zu:

$$A_s = i^2 \cdot w_s = 150^2 \cdot 1 = 22\,500 \text{ Watt}.$$

Neben den großen Senderanlagen sind es besonders fahrbare Stationen, die sich der Schirmantennen bedienen.

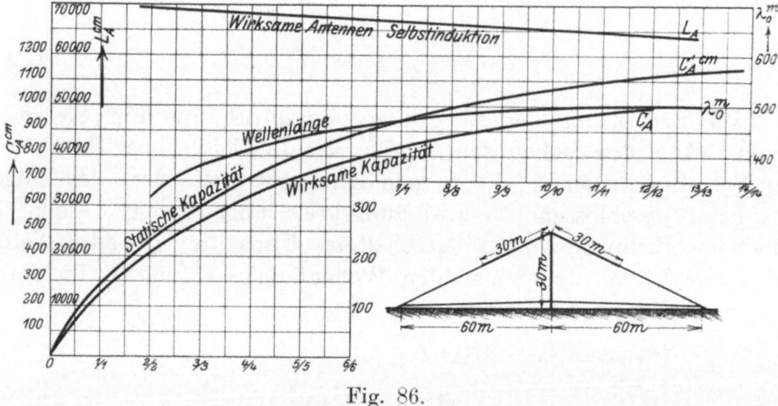

Fig. 86.

Da sich bei allen beweglichen Anlagen eine gute Erdung nur in den seltensten Fällen wird herstellen lassen, ist hier zur Erzielung gleichförmiger elektrischer Verhältnisse und zur Verminderung der schädlichen Dämpfung im Erdboden die Anwendung eines Gegengewichtes eine selbstverständliche Maßnahme. Die in Fig. 86 dargestellten Kurven zeigen die Abhängigkeit der Eigenschwingung λ_0, der wirksamen Antennenkapazität C_A und der Antennenselbstinduktion L_A von der verwendeten Drahtzahl des Schirmes und Gegengewichtes. Dabei bedeutet z. B. die Abszisse $^5/_5$: Schirm und Gegengewicht bestehen aus je 5 Drähten. Die vierte Kurve C_A' gibt die statische Kapazität wieder, die unter Verwendung von Gleich- oder langsamem Wechselstrom in der Brückenschaltung gemessen werden kann. Aus den Aufnahmen ist zu folgern, daß bei veränderlicher Zahl der Luftleiter- und Gegengewichtsdrähte die Kapazität anfangs stark, später weniger schnell zunimmt, während die Eigenschwingung und die Selbstinduktion sich in viel geringerem Grade ändern.

5. Die Doppelkonus-, Konus- und Fächerantennen.

Wenn auch die Anwendung dieser Luftleitergebilde in der heutigen Zeit nicht mehr so häufig ist wie früher, so sind doch noch eine ganze Reihe bedeutsamer Anlagen mit ihnen ausgerüstet. Die Doppelkonus- antenne kann man aus dem schirm- förmigen Luftleiter entwickeln, indem man dessen senkrechte Zuleitung entfernt und unmittelbar vom Erdungspunkt eine Anzahl Drähte zu den Enden der Schirm- drähte spannt (Fig. 87). Auf den ersten Blick ist man geneigt, dieser Antennenform eine besonders große Strahlungsfähigkeit

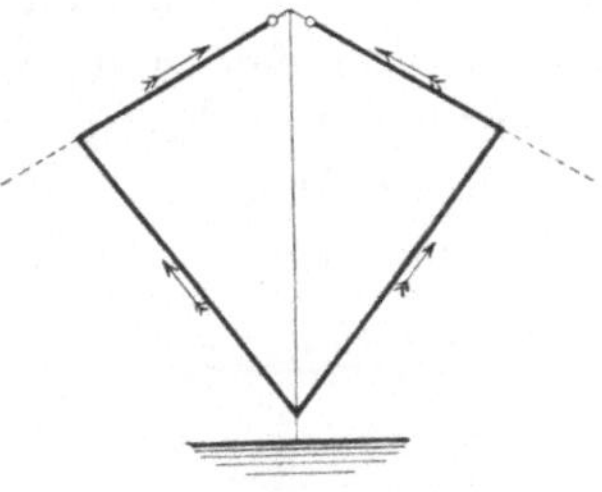

Fig. 87.

zuzuschreiben, da die Ströme sich an keiner Stelle entgegenwirken. Ist doch hier gewissermaßen der lineare Sendedraht in mehrfacher Parallel- schaltung verwirklicht. In Wahrheit besitzt jedoch diese Antenne mehr

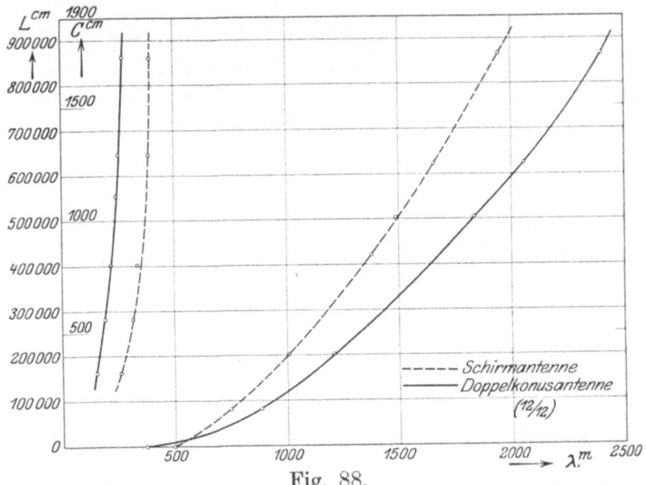

Fig. 88.

die Eigenschaften eines ziemlich geschlossenen Gebildes, da die elektro- statischen Kraftlinien der unteren Drähte unmittelbar zur Erde laufen und sich deshalb nur in geringem Maße von ihnen abschnüren können. Da demnach die Doppelkonusantenne eine kleine Strahlung mit

einer hohen Kapazität verbindet, da weiter wegen der verhältnismäßig
großen Drahtentfernung die Selbstinduktion des Luftleiters sehr gering ist, eignet sich das Gebilde mehr für Empfangs- als für Sendezwecke. Besonders dort werden seine Vorzüge hervortreten, wo es
sich darum handelt, die Eigenschwingung der Antenne durch eingeschaltete Kondensatoren möglichst weit verkleinern zu können.

Nach diesen Ausführungen ist es verständlich, daß die Konus-
antenne, deren Spitze unmittelbar am Erdungspunkte liegt, ähnliche elektrische Eigenschaften wie die Doppelkonusantenne besitzen
muß. Da jedoch ihr mechanischer Aufbau die Errichtung von mindestens drei Masten notwendig macht, wird sie nur noch in seltenen
Fällen zur Ausführung gebracht.

Während diese beiden Luftleiterformen durch hohe Eigenkapazität, aber geringe Strahlungsfähigkeit bemerkenswert sind, besitzt

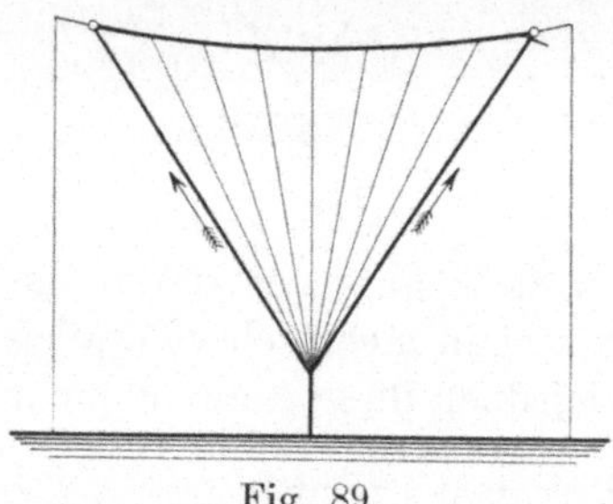

Fig. 89.

die Fächerantenne (Fig. 89) gerade umgekehrte Eigenschaften. Dem
Vorzug ihres verhältnismäßig hohen
Strahlungswiderstandes steht ihre
kleine Eigenkapazität gegenüber, was
ihre Anwendung für manche Sendeverfahren verbietet.

Wenn auch in den vorstehenden
Ausführungen die gebräuchlichsten
Antennenformen, die nach allen Seiten gleichmäßig ihre Schwingungs-
energie zur Ausstrahlung bringen, beschrieben sind, so ist doch ihre
Zahl damit noch nicht erschöpft. Vielmehr wird man sich leicht vorstellen können, daß durch die Vereinigung zweier oder mehrerer dieser
Grundformen neue Luftleitergebilde entstehen müssen, denen vielleicht besondere elektrische oder mechanische Vorzüge zuzusprechen
sind. So zeigt z. B. Fig. 90 die Antenne der Station St. Katharina
(Südamerika), die ein dachförmiges Äußere aufweist.

Zum Schluß dieses Abschnittes sei noch die Frage gestreift,
welche Antennen soll man wählen, wie sind die Maste zu verteilen, und
aus welchem Stoff hat ihr Zusammenbau zweckmäßig stattzufinden?

6. Wahl der Antennenform. Antennenträger.

Für bestimmte Stationen ist die Art der Luftleiteranlage durch
eine Reihe vorhandener Bedingungen ohne weiteres gegeben. Hierzu
gehören die Luftschiff-, Flugmaschinen- und Ballonstationen, bei
denen man meist die Antenne durch einen oder mehrere herab-
hängende Drähte bilden wird. Als Gegengewicht dienen entweder
die Metallteile des Luftfahrzeuges selbst, oder man bringt ein be-

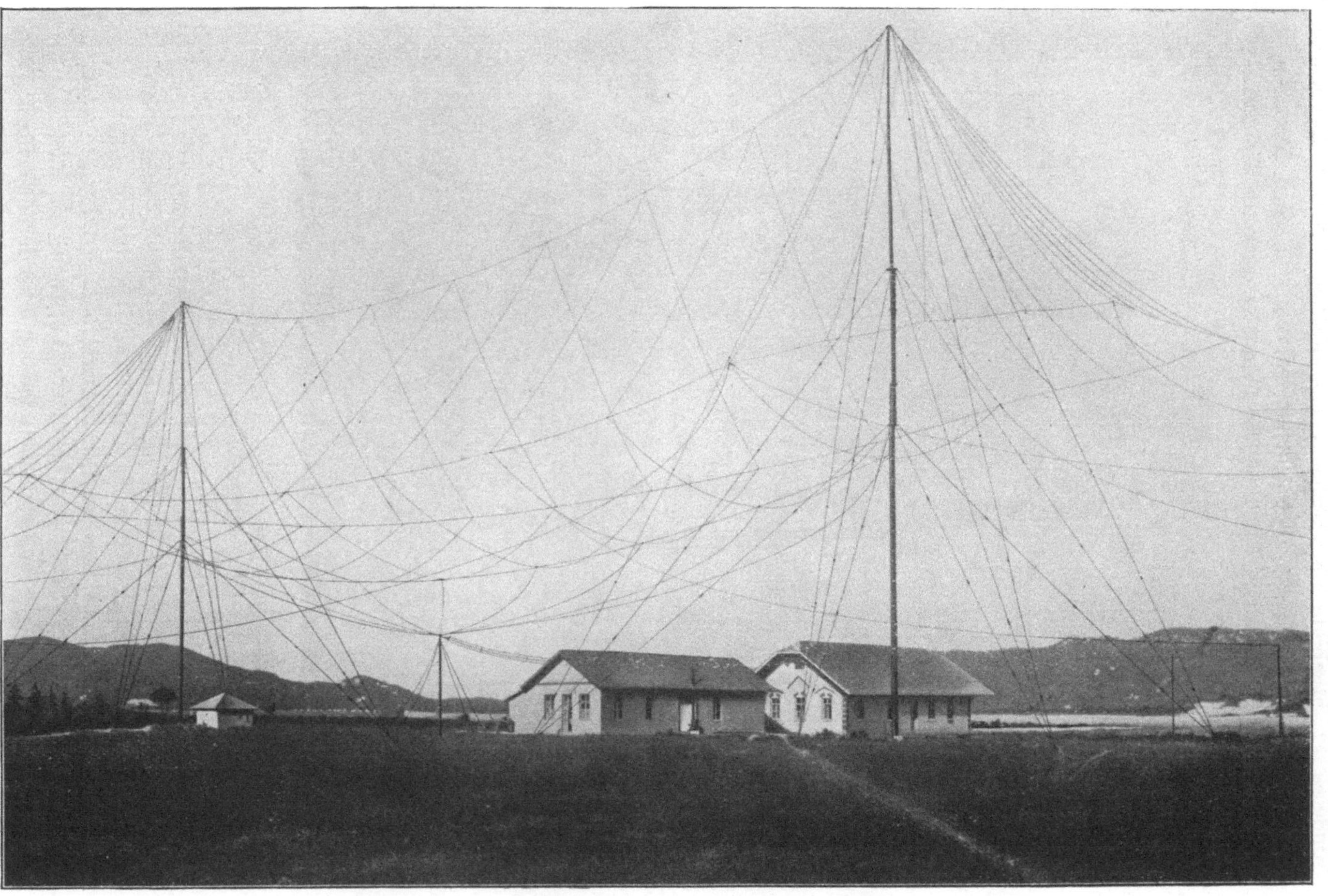

Fig. 90. Dachantenne der Landstation St. Katharina (Südamerika).

sonderes Drahtgebilde an dessen Außenseite an. Ebenso ist bei
allen Schiffen, mögen sie gewerblichen oder militärischen Zwecken
dienen, die zwischen den Masten ausgespannte T-Antenne die natürlichste Form.

Fig. 91.   Freistehende Holzmaste, Höhe 51 m (Holzbausystem P. Meltzer,
Darmstadt).

Anders liegen die Verhältnisse bei den Landstationen. Die freie
Wahl des Stationsplatzes erlaubt hier die Aufbringung eines Luftleiters, der für das verwendete Sender- und Empfangssystem die
günstigsten Abmessungen besitzt. Eine Ausnahme von dieser Regel
bilden allein die Militärstationen, bei denen entweder die Rücksicht
auf ihre Sichtbarkeit (Festungsstationen) oder die Forderung schnellen

Aufbaues (fahrbare und tragbare Stationen) die Antennenform beeinflussen müssen.

Liegen aber derartige Beschränkungen nicht vor, so ist für die Form der Senderantenne die Forderung ausschlaggebend, einen mög-

Fig. 92. Mit 8 Seilen abgespannte Holzmaste, Höhe 70 m (Holzbausystem P. Meltzer, Darmstadt).

lichst großen Energiebetrag zur Ausstrahlung zu bringen. Bei gegebener Luftleiterhöhe und größter Isolationsspannung hängt dieser, früheren Ausführungen zufolge, von der verwendeten Wellenlänge und der Kapazität des Strahlgebildes ab, sofern der Sender gedämpfte Wellenzüge hervorbringt. Aber auch bei den ungedämpften Sendern (z. B. Hochfrequenzmaschinen) hat es sich als zweckmäßig

erwiesen, Antennen von großer Eigenkapazität zu verwenden, da
hiermit vielfach eine vorteilhaftere Energieumsetzung in dem
Geber selbst verbunden ist. Demnach kommen in erster Linie
T-Antennen, ⌐-Luftleiter (vgl. Fig. 84), Schirm- und Doppelkonus-
antennen in Frage. Die beiden ersten brauchen zu ihrem Aufbau

Fig. 93. Antenne der Station Arlington (Virginia) bei Washington.
Mittelturm 182 m, Außentürme 137 m.

mehrere Maste, während die beiden letzten offenen Oszillatoren
mit einem auskommen. Im allgemeinen sprechen für die Anwendung
nur eines Mastes folgende Gründe: die nach allen Seiten hin völlig
gleichmäßig vorhandene mechanische Beanspruchung bietet einen
nicht zu unterschätzenden Vorteil besonders dann, wenn die Maste
eine beträchtliche Höhe besitzen. In der Mitte des Luftleitergebildes

ist die Haltevorrichtung weniger der induzierenden Wirkung der
Strahlung ausgesetzt, als wenn am Antennenrande eine große Anzahl
von Masten vorhanden sind. Hierbei liegen die Verhältnisse günstiger bei Holzmasten als bei solchen aus Eisen. Damit ent-

Fig. 94.   Der erste 250 m hohe Eisengittermast.

steht die Frage, ob es nicht zur Erzielung einer möglichst großen
wirksamen Luftleiterhöhe zweckmäßiger ist, die vorhandene Bau-
summe in einem hohen Mast anzulegen, statt eine Reihe kleinerer
zu errichten. So wird es wahrscheinlich günstiger sein, statt beispielsweise 4 Maste von 150 m zu bauen, zwischen denen dann eine
Drahtfläche gespannt wird, deren Mitte mit dem Stationshaus in

Verbindung steht, einen etwa 250 m hohen Turm aufzustellen, von dessen Spitze ein Schirm von gleicher Kapazität sich ausbreitet, wie ihn die vorher beschriebene Luftleiteranordnung besitzt. Für kleinere Anlagen, besonders wenn sie in unbewohnten Gegenden errichtet werden müssen, gelten natürlich diese Überlegungen nicht.

Fig. 95. Fuß eines Eisengittermastes.

Anders liegen die Verhältnisse bei den Empfangsstationen. Hier kommt es, wie an späterer Stelle eingehender dargelegt ist, darauf an, nach Mitteln zu suchen, ein Luftleitergebilde von möglichst kleinem Widerstande zu schaffen, zu denen auch die Verringerung der Strahlungsfähigkeit gehört. In Ländern, die von starken atmosphärischen Störungen heimgesucht werden, wird man außerdem vermeiden, die Luftleiterhöhe zu groß zu wählen, um nicht die Empfangsschwierigkeiten unnötig zu vergrößern. Hier dürfte eine

⌐-Antenne von großer Kapazität und geringer Erhebung über den Boden besonders vorteilhaft sein.

Die Entscheidung der Frage, welcher Baustoff für die Maste in elektrischer Beziehung am besten geeignet erscheint, ist nach

Fig. 96. Fuß eines 250 m hohen Eisengittermastes.

dem Vorausgegangenen nicht schwierig. Die Notwendigkeit, alle schädlichen vom Luftleiter ausgehenden Induktionswirkungen in der Nähe der Sendestation möglichst herabzudrücken, spricht zugunsten der Holzverwendung. Und in der Tat sind hier eine Reihe bemer-

kenswerter Formen geschaffen worden. Fig. 91 zeigt drei von
P. Meltzer erbaute freistehende Holztürme von 51 m Höhe, während die Fig. 92 eine von 8 Seilen gehaltene Mastausführung von
70 m Höhe wiedergibt. Für nicht ortsfeste Stationen werden auch
ausziehbare Maste dieser Art hergestellt. Obwohl solche Holzmaste
von weit größerer Höhe gebaut werden können, als in den Abbildungen 91 und 92 angegeben ist, wurde seither der Eisengittermast
verwendet, wenn Höhen von über 150 m in Frage kommen und
zwar ebenfalls freistehend (Fig. 93) oder von Seilen gehalten. Fig. 94

Fig. 97.   Verankerung eines Eisengittermastes.

gibt den ersten Turm von 250 m Höhe wieder, der nach diesem
Gesichtspunkt errichtet wurde. Auf einer Stahlkugel ruhend (R. A.
Fessenden), die vom Erdboden durch eine Anzahl Glasfüße isoliert
ist (Fig. 95 und 96), erstreckt sich ein Eisengittergerüst mit dreiecki-
gem Querschnitt in die Luft, das in etwa 150 m Höhe ein weiteres
Gelenk besitzt, an dem gleichzeitig eine Isolierung des oberen Mast-
endes vom unteren Teile eingebaut ist. Die Turmspitze besteht aus
einem leichten Holzaufsatz, der bei einer übermäßigen mechanischen
Belastung, wie sie Stürme, Schnee und Raureif mit sich bringen
können, durch sein Abknicken als Sicherung dienen soll. Weiter gestattet eine besondere Vorrichtung bei auftretenden Gewittern die

Mastisolation zu überbrücken und Luftleiter und Gitterträger unmittelbar mit der Erde zu verbinden. Fig. 97 zeigt die Art, wie die dreifach unterteilten Halteseile des Mastes im Boden verankert sind. Fig. 98 gibt den Turm unmittelbar von unten gesehen wieder.

Bei der Aufrichtung der Maste ortsfester Anlagen kann man drei Verfahren unterscheiden. Das nächstliegendste kommt darauf hinaus, daß man nach Fertigstellung der einzelnen Mastteile den untersten zunächst im Boden fest verankert, an diesem den folgenden emporzieht und somit durch stückweisen Aufbau den

gesamten Antennenträger fertigstellt (Verfahren des Schornsteinbaues). Besonders die Marconigesellschaft hat dieses Verfahren aufgenommen und durchgebildet. Der Mast wird hierbei aus einer Anzahl gleicher, mit entsprechenden Flanschen versehenen, halbzylinderförmigen Stahlrohrteilen in folgender Weise zusammengesetzt: Nachdem auf einem geeigneten Unterbau das erste Rohrstück errichtet ist, bringt man in dieses einen Holzmast hinein, an dessen

Fig. 98. Eisengittermast von unten gesehen.

Spitze ein Kreuzstück befestigt wird, das an Flaschenzügen ein Hängegerüst trägt (Fig. 99). Um diesen Holzmast herum werden nun die folgenden Rohrteile an ihren Flanschen zusammengefügt. Nachdem auf diese Weise eine gewisse Höhe erreicht ist, wird der Holzmast vermittels eines weiteren Flaschenzuges an dem ihn umgebenden Stahlrohrmast hochgezogen und von neuem befestigt. Hierauf schreitet der Aufbau der Rohrteile wieder in gleicher Weise vorwärts. Dieses Verfahren wird solange fortgesetzt, bis die gewünschte Höhe des Antennenträgers erreicht ist. Der Holzmast bildet dann dessen Spitze. Natürlich ist es notwendig, den gesamten Aufbau von Abschnitt zu Abschnitt mittels Spannseilen gegen Umfallen zu sichern.

Bei nicht zu großen Masthöhen findet das zweite Bauverfahren Verwendung, bei dem zunächst der oberste Teil des Antennenträgers aufgerichtet wird. Mit Hilfe eines im Boden verankerten Hilfsgerüstes zieht man dann die Spitze so hoch, bis sich der nächste Teil bequem darunterschieben läßt, ein Vorgang, der mehrmals wiederholt werden kann. Als Nachteil dieser Bauweise ist der zu nennen, daß die Halteseile beim Hochziehen ständig nachgelassen werden müssen, was bei großen Höhen des Antennenträgers besondere Vorsichtsmaßregeln voraussetzt.

Als drittes und wichtigstes Verfahren zum Aufstellen von Masten, das sich sowohl für ortsfeste, wie für bewegliche Anlagen eignet und bei Türmen bis zu 150 m Höhe Verwendung findet, hat sich das folgende bewährt. An dem auf dem Erdboden fertig hergerichteten Antennenträger M (Fig. 100, 101 u. 103) werden eine Reihe Stahlseile befestigt, die über die Rolle eines Hilfsmastes H geführt, von einer Bauwinde aufgespult werden können. Der Hilfsmast selbst wird entweder starr mit dem Hauptmaste an dessen Drehpunkte verbunden oder er wird, an seinem unteren Ende mit einem Gelenk ausgerüstet, im Erdboden verankert (Fig. 102). In diesen Falle sind meist zwei Hilfsmaste vorhanden, die am Drehpunkt des Hauptmastes aufgestellt, über ihre Spitzen die Aufzugsseile führen. Nach Errich-

Fig. 99. Errichtung eines Mastes nach dem Verfahren des Schornsteinbaues. Manoas, Brasilien. (Marconigesellschaft.)

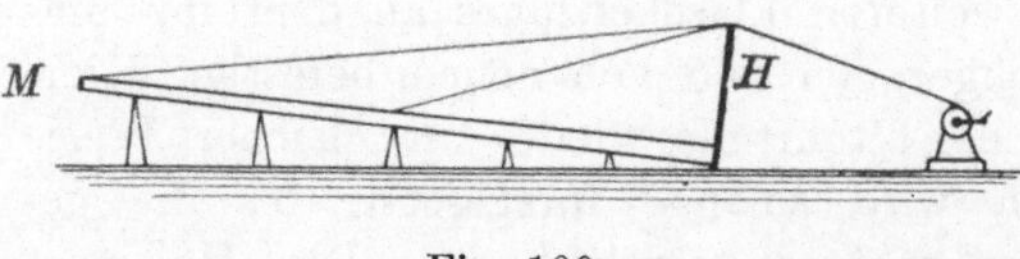

Fig. 100.

tung des Turmes wird vielfach der untere Teil desselben durch einen Schutzbau verkleidet (Fig. 104).

Fig. 101. Zum Aufrichten fertiger, 80 m hoher Holzmast.

Die Maste der beweglichen Stationen müssen zwei Bedingungen erfüllen: ihre Aufrichtungszeit ist möglichst abzukürzen, und sie

Fig. 102. Antennenträger mit Hilfsmast durch ein Gelenk verbunden.

müssen ein bequemes Fortbewegen mittels Fahrzeugen oder Packtieren gestatten. Die Rücksicht auf möglichste Betriebssicherheit bei geringem Gewichte ist allen anderen Forderungen voranzustellen. Demgemäß haben sich zwei Mastausführungen entwickelt, von denen die eine sich wieder aus einer Reihe von Einzelteilen aufbaut, die

Fig. 103. Aufrichten eines 120 m hohen Rendahlmastes mit 45 m hohem Hilfsmast.

im zusammengesetzten Zustande mittels Hilfsmast oder einer Unterstützungsgabel in ähnlicher Weise hochgerichtet wird, wie dies bei den Antennenträgern der ortsfesten Stationen geschieht. Die Art des Transportes eines derartigen aus sechskantigen Hölzern zusammensetzbaren Mastes der Marconi-Gesellschaft gibt Fig. 105 wieder. Die zweite Gruppe der beweglichen Antennenträger verwendet das Teleskop-Prinzip. Eine Anzahl Stahlrohre, die während des Transportes ineinander stecken, werden zum Betriebe ausgezogen und miteinander starr verbunden.

Die verschiedenen Formen unterscheiden sich nur in der Art, wie das Ausziehen der

Fig. 104. Verkleidung des Mastfußes.

Fig. 105. Mast aus 6 kantigen Hölzern zum Fortschaffen auf ein Pferd verpackt.

Fig. 106. Teleskopmast m. Spindel i. Innern zum Hochkurbeln (Siewert).

Rohre bewerkstelligt wird. Der in Fig. 106 wiedergegebene Teleskopmast besitzt im Inneren eine Spindel, durch deren Vermittlung beim Drehen an der Kurbel die einzelnen Rohre oben heraustreten. Im

ausgezogenen Zustande wird jeder Teil durch eine selbsttätige Klink-
vorrichtung (Verfahren A. Siewert) mit dem anschließenden Rohr-
stücke fest verbunden.

Abgesehen von den Flugzeugantennen muß jeder Luftleiter mit
der Erde in Verbindung stehen oder an ein isoliertes Gegengewicht
angeschlossen sein. Welche Anordnung man zu wählen hat, hängt
von dem Zwecke ab, dem die betreffende radiotelegraphische Anlage dienen soll. Ist man nicht an einen ganz bestimmten Ort
gebunden, so wird man nach Möglichkeit einen solchen Platz
wählen, dessen Erdboden eine hohe elektrische Leitfähigkeit aufweist, d. h. wo das Grundwasser dicht unter der Erdoberfläche steht
(feuchte Wiesen, Moor- und Sumpfgelände). Zur weiteren Herabsetzung des Ohmschen Widerstandes der oberen Erdschicht wird in
das Grundwasser ein aus verzinkten Eisendrähten zusammengesetztes
Netz verlegt (Fig. 107), das sich zweckmäßig in einzelne Abschnitte

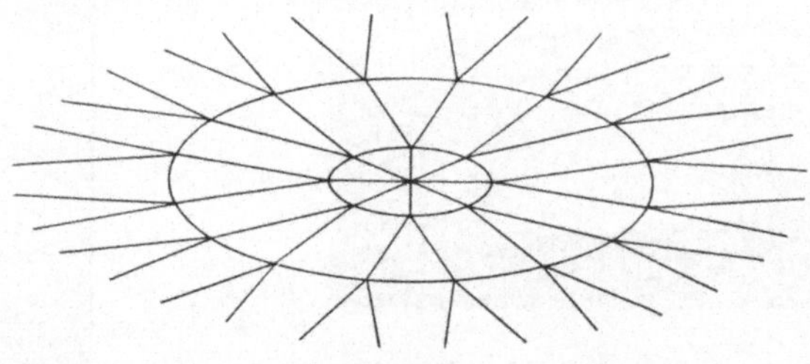

Fig. 107.

unterteilen läßt, so daß man leicht deren gegenseitigen Widerstand
dauernd nachprüfen kann. Die radiale Ausdehnung dieser Leitungsbahnen muß um so größer sein, je umfangreicher das Antennen-
gebilde und je größer die Betriebswellenlänge ist.

Verbietet jedoch der Verwendungszweck der Anlage oder der
vorhandene schlecht leitende Untergrund die Anwendung der unmittelbaren Erdung, so ist diese durch ein gut isoliertes Drahtnetz
zu ersetzen, das ebenfalls zweckmäßig strahlenförmig nach allen Seiten
verspannt wird. Von besonderer Bedeutung ist hierbei die ständige
Überwachung der Isolation, da jede Ableitung die Dämpfung des
Luftleiters vermehrt und damit die Strahlungsleistung herabsetzt.

Zum Schluß dieses Abschnittes über die Luftleitergebilde seien
noch folgende Regeln erwähnt, die ohne weiteres aus den vorausgehenden Ausführungen abgeleitet werden und zur Vorausbestimmung der elektrischen Konstanten offener Oszillatoren mit Vorteil
Verwendung finden können.

a) Bei geometrisch ähnlichen Antennen verhalten sich die Eigenschwingungszahlen wie die homologen Abmessungen:

$$\lambda_1 : \lambda_2 = h_{1\,eff} : h_{2\,eff}. \quad\ldots\ldots\ldots \quad (51)$$

b) Sieht man von den reinen Leitungswiderständen ab, so ist die Dämpfung und der Widerstand geometrisch ähnlicher Luftleiter konstant.

c) Daraus folgt, daß die Kapazitäten dieser Strahlgebilde sich verhalten wie die zugehörigen Wellenlängen:

$$C_{A_1} : C_{A_2} = \lambda_1 : \lambda_2. \quad\ldots\ldots\ldots \quad (52)$$

V. Die Vorrichtungen zur Aufladung von Kondensatoren.

1. Die unmittelbare Kapazitätsladung aus der Stromquelle.

Wird eine Gleichstromquelle M (Fig. 108) durch Schließen des Schalters S mit den Belegungen eines Kondensators C verbunden, zu dem eine Entladestrecke E parallel liegt, so arbeitet die Anordnung unter bestimmten Voraussetzungen wie ein Gleichstromtransformator, der die schwachen Ladeströme von hoher Spannung in starke Entladeströme von niedriger Spannung umformt. Diese Erscheinung tritt jedoch nur dann ein, wenn das Aufladen des Kondensators länger dauert, als der Entladevorgang, der bei geringer Eigenselbstinduktion des Kreises II ebenfalls aperiodisch verläuft. Man erhält somit bei dieser Anordnung im Kreise II eine Reihe von Stromstößen, indem der Kondensator zunächst solange als Energiespeicher wirkt, bis seine Spannung den

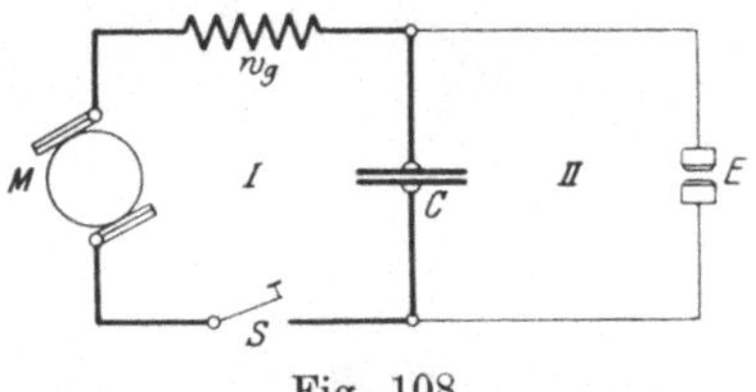

Fig. 108.

Wert der Zündspannung der Entladestrecke E erreicht hat. Nach erfolgtem Durchschlag gibt er seinen Arbeitsvorrat an den zweiten Kreis ab. Ganz allgemein muß die Zahl der Ladungen und Entladungen in der Sekunde um so mehr zunehmen, je mehr die Zeiten für Ladung und Entladung einander gleich werden. (N. Tesla; R. A. Fessenden). Untersucht man für diesen Vorgang die Energieverhältnisse, indem man den im Kreise II zur Wirkung kommenden Effekt als Nutzleistung ansieht, so erhält man das überraschende Ergebnis, daß die Aufladung der Kapazität unabhängig von der Größe des vorgeschalteten Widerstandes w_g stets mit einem Wirkungsgrade von $50\,^0/_0$ erfolgt.

Schaltet man dagegen eine nicht zu kleine Selbstinduktionsspule L_g in den Gleichstromkreis (Fig. 109), so ergeben sich die folgenden Betriebsverhältnisse: Fließt Strom durch die Spule L_g so wird

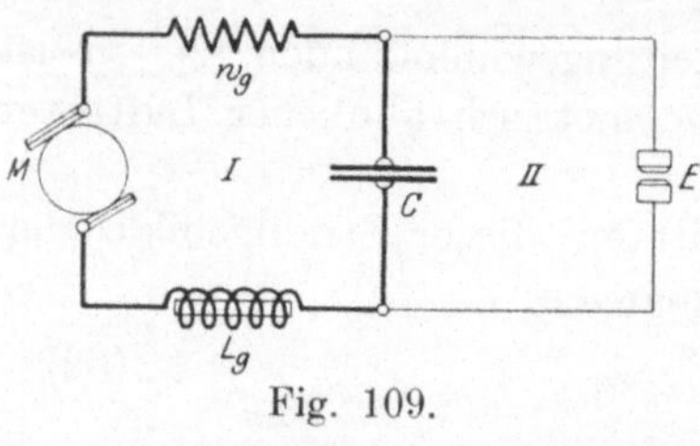
Fig. 109.

ein magnetisches Feld erzeugt, dessen Energie, sobald der Ladestrom den Nullwert erreicht hat, sich ebenfalls als elektrischer Arbeitsvorrat auf dem Kondensator vorfindet. Da dieser somit eine Spannung erreicht haben muß, die größer ist als die EMK der Maschine, so wird nunmehr bei abgeschaltetem zweiten Kreis der geladene Kondensator seinen elektrischen Arbeitsvorrat wieder an die Stromquelle abgeben. Damit ist natürlich der Vorgang nicht beendigt, sondern die Wechselwirkung zwischen den

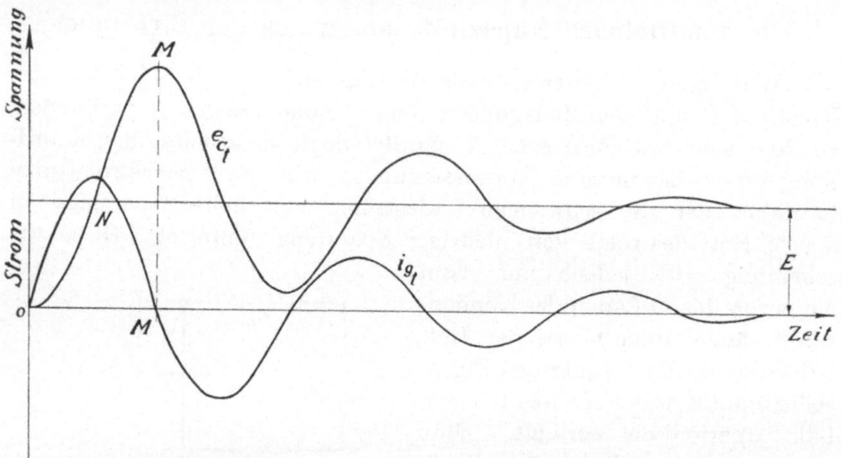
Fig. 110. Oszillatorisches Aufladen eines Kondensators mittels einer Gleichstromquelle.

beiden Energiequellen hält solange an, bis die Kondensatorspannung den Wert der Maschinenspannung erreicht hat. Diese oszillatorisch verlaufende Ladung ist in Fig. 110 wiedergegeben. Verfolgt man den Vorgang rechnerisch, so erhält man die folgenden Endgleichungen:

a) Die Periodenzahl des Ladestromes wird:

$$v = \frac{1}{2\pi} \cdot \sqrt{\frac{1}{L_g \cdot C} - \frac{w_g^2}{4 \cdot L_g^2}} \quad \cdots \cdots \quad (53)$$

Sofern der Wert von $\frac{w_g^2}{4 \cdot L_g^2}$ gegenüber $\frac{1}{L_g \cdot C}$ vernachlässigt werden darf, ergibt sich:

$$\nu = \frac{1}{2\pi} \cdot \sqrt{\frac{1}{L_g \cdot C}},$$

d. h. die Periodenzahl des Ladestromes hängt nur von der Selbstinduktion und der Kapazität des Gleichstromkreises ab.

b) Für den größten Wert, den die Kondensatorspannung erreichen kann, gilt die Gleichung:

$$e_{C_{max}} = 2 \times \text{EMK der Maschine.}$$

Der in diesem Zeitpunkt auf dem Kondensator aufgespeicherte Arbeitvorrat

$$\frac{e_{C_{max}}^2 \cdot C}{2} = 4 \cdot \frac{\text{EMK}^2 \cdot C}{2}$$

besitzt demnach den vierfachen Wert jenem gegenüber, den man bei aperiodischer Aufladung im besten Falle erreichen kann. Wird nun der Entladungskreis angeschlossen und die Zündspannung der Funkenstrecke so eingestellt, daß sie gerade den Wert der doppelten Maschinenspannung besitzt, so läßt sich nicht nur ein erheblich größerer Energieumsatz erzielen, sondern auch der Wirkungsgrad im Vergleich mit der zuerst beschriebenen Anordnung wesentlich verbessern. Bei dem Marconisystem wird von dieser Art des Aufladens, wie wir später sehen werden, Gebrauch gemacht.

Beispiel: Die EMK der Maschine betrage 1200 Volt. Der Kondensator soll eine Größe von $60\,000$ cm $= \frac{2}{3} \cdot 10^{-7}$ Farad besitzen:

α) aperiodische Aufladung:

$$\text{verfügbare Schwingungsenergie} = \frac{1200^2 \cdot \frac{2}{3} \cdot 10^{-7}}{2} = 0{,}048 \text{ Watt-Sekunden,}$$

bei 1000 Entladungen in jeder Sekunde: $= 0{,}048 \cdot 1000 = 48$ Watt.

β) oszillatorische Aufladung:

$$\text{größte verfügbare Schwingungsenergie} = 4 \cdot \frac{1200^2 \cdot \frac{2}{3} \cdot 10^{-7}}{2}$$
$$= 0{,}192 \text{ Watt-Sekunden,}$$

bei 1000 Entladungen in der Sekunde: $= 0{,}192 \cdot 1000 = 192$ Watt.

Größe der im Gleichstromkreis liegenden Selbstinduktion:

$$L_g = \frac{1}{(2\pi\nu)^2 \cdot C} = \frac{1}{(2\pi \cdot 500)^2 \cdot \frac{2}{3} \cdot 10^{-7}}$$
$$\simeq 1{,}52 \text{ Henry.}$$

2. Kapazitätsladung mit Hilfe von Transformatoren.

Die Steigerung der Größe der Schwingungsenergie kann bei gleicher Kapazität und Entladungszahl nur durch Erhöhung der Durchschlagspannung der Entladestrecke erreicht werden. Erfolgt hierbei die Energielieferung aus einer Gleichstromquelle, so wird man in vielen Fällen von einer unmittelbaren Ladung des Kondensators absehen und lieber die nötige Spannungssteigerung mit Hilfe eines zwischengeschalteten Transformators hervorrufen, in dessen Primärkreis eine Unterbrechervorrichtung liegt. Da das gleiche Verfahren die verhältnismäßig niedrige Spannung des Stromerzeugers in einem besonderen Apparat auf den gewünschten Wert zu erhöhen, bei allen mit Wechselstrom betriebenen Sendeanlagen zur Anwendung gelangt, sollen zunächst die hierbei sich einstellenden Erscheinungen beschrieben werden.

Die in Fig. 111 dargestellte Schaltung zeigt, daß während der Entladungszeit des Kondensators die Sekundärwicklung des Transformators durch den Funken kurz geschlossen ist, was eine starke Rückwirkung auf die Stromquelle zur Folge haben muß. Soll nun die Aufladung der Kapazität in günstigster Weise erfolgen und gleichzeitig verhindert werden,

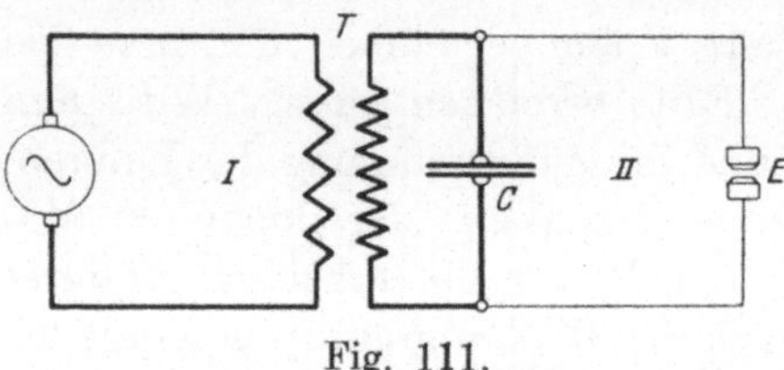

Fig. 111.

daß während des Funkenübergangs störende Nebenerscheinungen auftreten, so muß man bei der Ladung die Erzeugung einer Resonanzerscheinung erzwingen. Da die Vorgänge bei dem eisengeschlossenen Transformator besonders einfach sind, mögen diese zunächst beschrieben werden.

a) Der eisengeschlossene Transformator.

Betrachtet man die in Fig. 111 dargestellte Schaltung, so erkennt man, daß die vorher erwähnten Betriebsschwierigkeiten offenbar dann beseitigt werden können, wenn die an den Klemmen des Transformators zur Verfügung stehende Spannung nur während der Ladezeit des Kondensators C vorhanden ist, beim Einsetzen des Funkens dagegen sofort auf einen geringfügigen

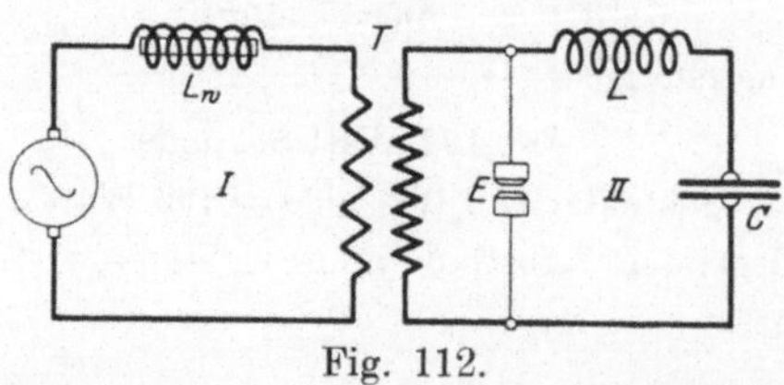

Fig. 112.

Wert sinkt. Daß dies durch Herbeiführung der Resonanzerscheinung erreicht wird, läßt sich am besten übersehen, wenn man vorerst die entsprechenden Verhältnisse sich klar macht bei einem einfachen Stromkreis, der eine Wechselstromquelle, eine Selbstinduktionsspule und einen Kondensator in Reihenschaltung enthält (vgl. Fig. 1). Wählt man die Größen ν_1, L und C so, daß die Eigenschwingungszahl ν_2 der

Strombahn zusammenfällt mit der aufgedrückten Periodenzahl ν_1, so bilden sich sowohl an der Spule L, als auch an dem Kondensator C Spannungen aus, die weit höher sind, als die Leerlaufspannung der Maschine. Wird jetzt die Resonanzbedingung gestört, z. B. durch Kurzschließen des Kondensators, so verschwindet plötzlich die an der Spule L vorhandene hohe Spannung, die im Resonanzfalle ein vielfaches der EMK der Maschine sein kann und in dem Kreise können überhaupt keine Spannungen mehr auftreten, die größer sind als die der Stromquelle.

Geht man nun zu der Schaltung Fig. 112 über, so erkennt man zunächst, daß die Größe $2\pi \cdot \nu_1 \cdot L$ des Schwingungskreises II für die Periodenzahl des Maschinenstromes keinen merkbaren Widerstand darstellt, daß also gewissermaßen die Sekundärspule des Transformators unmittelbar mit den Kondensatorbelegungen verbunden ist. Die Annahme eines eisengeschlossenen Transformators, dessen Übersetzungsverhältnis n sich aus dem Verhältnis der primären und sekundären Windungszahlen ergibt, gestattet weiterhin an Stelle der in Fig. 112 dargestellten Anordnung die aus der Wechselstromtechnik bekannte Ersatzschaltung treten zu lassen, die unter Fortfall des Transforma-

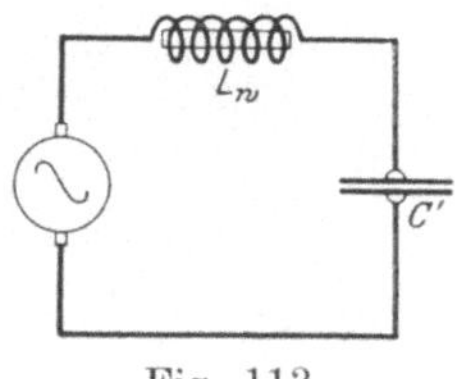

Fig. 113.

tors aus der reinen Reihenschaltung einer Spule und eines Kondensators C' besteht (Fig. 113). Hierbei ist die Kapazität

$$C' = n^2 \cdot C \quad \ldots \ldots \ldots \ldots \quad (54)$$

zu setzen, so daß sich die gesamte Selbstinduktion ΣL_w des Kreises im Falle der Resonanzabgleichung aus:

$$(2\pi\nu_1)^2 \cdot n^2 \cdot C \cdot \Sigma L_w = 1 \quad \ldots \ldots \quad (55)$$

berechnet. Dadurch aber lassen sich nun alle physikalischen Überlegungen und Rechnungen, die bei dem eisengeschlossenen Transformator in Frage kommen, zurückführen auf den Fall des vorhin erwähnten und in der Einleitung behandelten Wechselstromkreises Fig. 1. Umgekehrt können alle dort abgeleiteten Erfahrungen unmittelbar auf die vorliegende Anordnung übertragen werden: Nach Einschaltung der Maschine steigt die Spannung an der Kapazität und an der Selbstinduktion so lange, bis die in dem Kreise auftretenden Verluste gleich der Maschinenleistung sind. Im vorliegenden Falle nun wird jener Endzustand aus dem Grunde nicht erreicht, weil die Zündspannung der Funkenstrecke die Ladespannung des Kondensators nach oben begrenzt. Sowie aber der Funken einsetzt, ist die Resonanzbedingung gestört und die Spannung an den Klemmen des Transformators fällt stark ab. Aus diesem Grunde kann sich auch nicht in der Funkenstrecke ein erheblicher Kurzschlußstrom entwickeln, der einen Energieverlust bedeuten und durch seine Heizwirkung die Löschfähigkeit des Entladers herabsetzen würde.

a

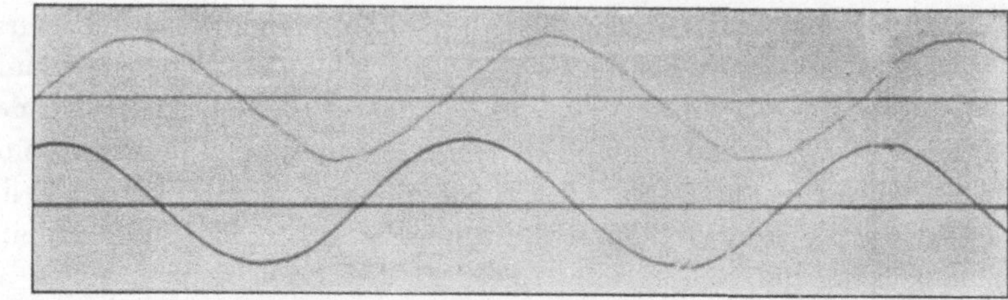

Maschinenspannung und Primärstrom. Sekundärkreis offen.

b

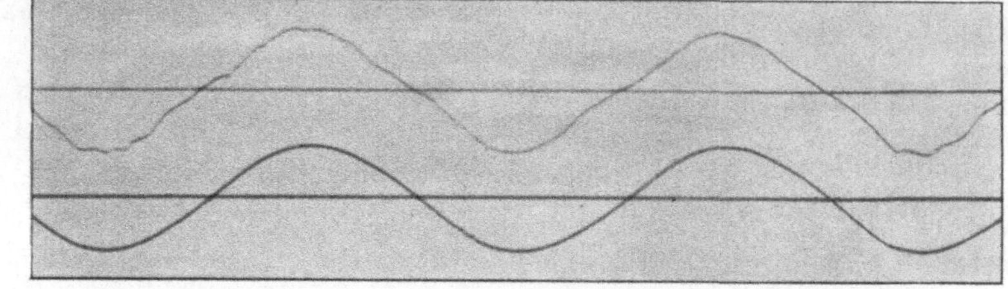

Maschinenspannung und Primärstrom. Sekundärkreis geschlossen.

c

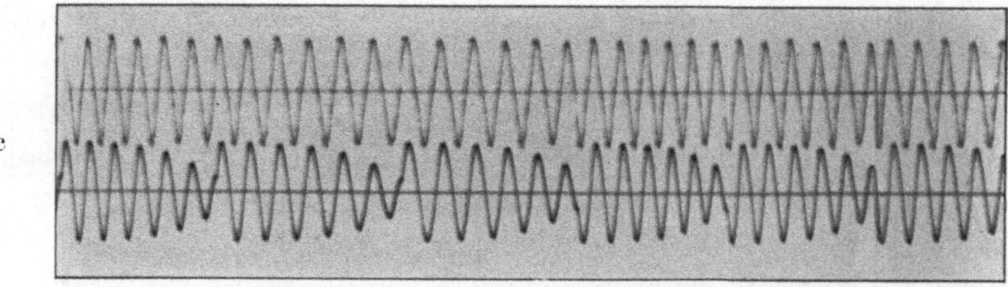

Maschinenspannung und Primärstrom. Sekundärkreis geschlossen.

d

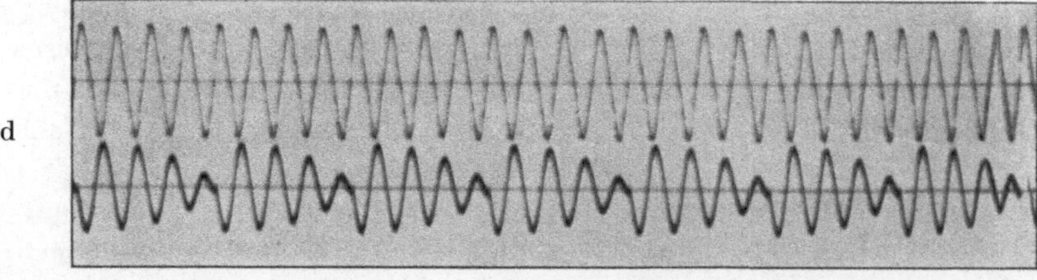

Maschinenspannung und Sekundärstrom.
Fig. 114.

Diese Darlegungen werden durch die beistehenden oszillographischen Aufnahmen Fig. 114 a bis f in vollem Umfange bestätigt. Die Abbildung a zeigt den Transformatorstrom und die Maschinenspannung bei offener Sekundärwicklung. Da hier der Transformator als reine Drosselspule wirkt, haben Strom und Spannung eine Phasen-

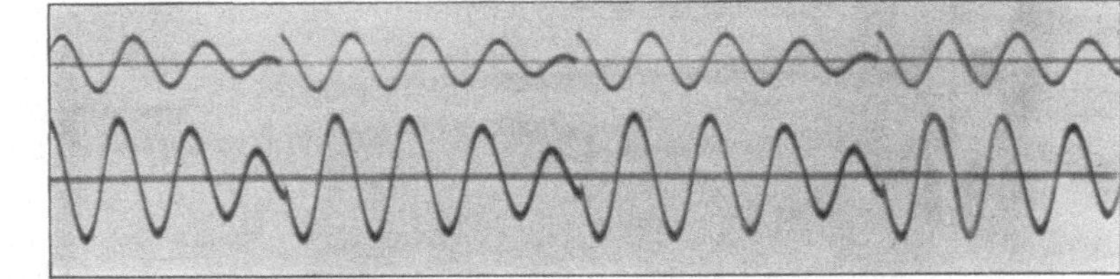

Sekundärspannung und Sekundärstrom.

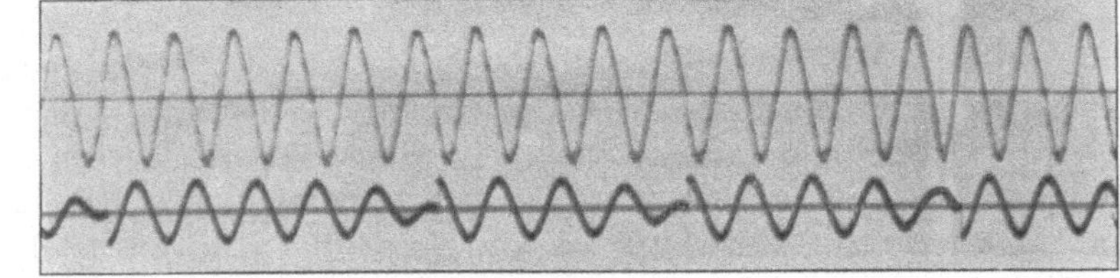

Maschinenspannung und Sekundärspannung.
Fig. 114.

verschiebung von annähernd 90 Grad. Wird nun der Kondensator an die Sekundärwicklung angeschlossen und der Stromkreis auf Resonanz abgeglichen, so ist zwischen den Strom- und Spannungskurven keine merkliche Phasenverschiebung mehr vorhanden (Fig. 114 b). Aus Abbildung 114 c und d erkennt man, wie bei gleichbleibender Maschinenspannung der Primär- und Sekundärstrom so lange in die Höhe pendeln, bis der einsetzende Funken diesem Vorgange ein Ende macht. In Übereinstimmung hiermit befinden sich die Aufnahmen Fig. 114 e und f, die den Zusammenhang zwischen Sekundärspannung, Sekundärstrom und Maschinenspannung nach Amplitude und Phase wiedergeben.

Bisher war angenommen, daß die Resonanzabgleichung dadurch erfolgt, daß in den Primärkreis eine passend abgeglichene Drosselspule eingeschaltet wird. Wenn dies auch die gebräuchlichste Anordnung ist, so geht doch aus der Resonanzbedingung hervor, daß das gleiche Ziel durch entsprechende Wahl der Periodenzahl der Maschine oder der Kapazität des Schwingungskreises erreicht werden kann. Gewöhnlich liegen indessen die Verhältnisse so, daß Periodenzahl und Spannung der Maschine gegeben sind und ein bestimmter Energiebetrag in der Sekunde im Hochfrequenzkreise erzeugt werden soll. Da die Funkenzahl durch die Eigenschaften der Entladestrecke nach oben hin begrenzt ist, besitzt man nur in der Wahl der Zündspannung und der Kapazität eine gewisse Bewegungsfreiheit. Ist man hier mit Rücksicht auf die geforderte Betriebswellenlänge und die günstigsten Verhältnisse des Schwingungskreises ebenfalls an bestimmte Werte gebunden, so ist damit das Übersetzungsverhältnis des Transformators gegeben, aus dem sich nach den obenstehenden Gleichungen die im Primärkreise wirksame Kapazität berechnen läßt. Um nun die Resonanzbedingung zu erfüllen, ist die Selbstinduktion zu ermitteln, die mit dem Transformator in Reihe zu schalten ist. Vielfach wird es vorkommen, daß die Eigenselbstinduktion der Maschine schon von solcher Größenordnung

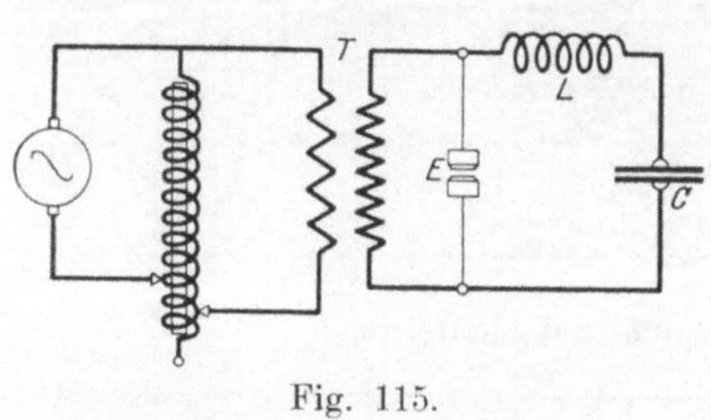

Fig. 115.

ist, daß sie den günstigsten Wert überschreitet. Will man diesen Umstand nicht durch Verkleinerung der Kapazität ausgleichen, so kann man die richtigen Verhältnisse durch Parallelschaltung einer Selbstinduktion zur Primärspule des Transformators wieder herstellen (Fig. 115).

Ein eisengeschlossener Transformator mit dem Übersetzungsverhältnis $n = 29,5$ sei mit einem Kondensator von der Größe 80 400 cm $= 0,0893 \cdot 10^{-6}$ Farad belastet. Wie groß muß die im Primärkreis eingeschaltete Selbstinduktionsspule sein, damit die Resonanzbedingung erfüllt ist?

Periodenzahl der Maschine $\nu_1 = 540$,

Selbstinduktion der Maschine aus dem Leerlauf und Kurzschlußversuch ermittelt $= 293\,000$ cm $= 0,000293$ Henry.

$$\Sigma L_\nu = \frac{1}{3420^2 \cdot 0,893 \cdot 10^{-7} \cdot 29,5^2} \backsimeq 0,0011 \text{ Henry.}$$

Die Drosselspule müßte demnach einen Selbstinduktionswert von $0,0011 - 0,000293 = 0,000807$ Henry besitzen. Der Versuch ergab einen Wert von $0,000796$ Henry. Der kleine Unterschied erklärt sich aus der Streuselbstinduktion des Transformators.

Faßt man die bisherigen Ergebnisse zusammen, so erkennt man, daß, wenn der Funken genau beim Höchstwert der Ladespannung auftritt, sich folgende Vorteile ergeben:

α) Der Kondensator erhält die größte Energie.

β) Da der Ladestrom in diesem Zeitpunkt durch den Nullwert hindurchgeht, ist der Verlust infolge Kurzschlusses der Energiequelle verschwindend klein. Und zwar werden die betriebstechnischen Vorzüge dieser Ladungsart um so mehr hervortreten, je geringer die Funkenzahl im Verhältnis zur Wechselzahl der Energiequelle ist. In neuerer Zeit freilich ist das Sendeverfahren der „seltenen“ Funken, das z. B. die Eiffelturmstation noch für das Geben der Zeitsignale benutzt, fast völlig verschwunden, verdrängt durch die tönenden Sender, die meist bei jedem Wechsel eine Funkenentladung auslösen. Setzt man die vorstehend beschriebene Resonanzabgleichung voraus, so kann man in diesem Falle eine erhöhte Ladespannung nicht erzielen, da hierzu mindestens die Zeit von zwei Wechseln notwendig ist. Auf Grund besonderer Überlegungen hat nun Rouzet gezeigt, daß, sobald man die Selbstinduktion des Primärkreises so wählt, daß die Bedingung:

$$\left(\tfrac{3}{2}\right)^2 \cdot (2\,\pi\,\nu_1)^2 \cdot C \cdot n^2 \cdot \Sigma L_w = 1$$

erfüllt ist, auch dann eine Spannungserhöhung an der Kapazität eintritt, wenn die Funkenzahl mit der Wechselzahl übereinstimmt. Von dem gleichen Erfinder wurde der Nachweis erbracht, daß man bei diesen Abstimmungsverhältnissen und Verwendung einer besonderen Entladestrecke auch drei in gleichen Abständen aufeinanderfolgende Funken erzeugen kann, die jedoch verschieden große Schwingungsenergien auslösen. Auf der Empfangsseite vernimmt man dann neben dem Tone, der der Funkenzahl entspricht, noch einen tieferen Grundton. Bei der Beschreibung der verschiedenen Sendeverfahren wird auf diese Ausführungen zurückgegriffen werden.

b) Der Resonanztransformator.

Bei der Aufladung eines Kondensators mittels eines eisengeschlossenen, annähernd streuungslosen Transformators ist das Verhältnis der Primär- zur Sekundärspannung gleich dem Verhältnis der Windungszahlen. Unter Resonanzinduktoren versteht man nun solche Transformatoren, bei denen infolge ihrer großen primären und sekundären Streuung dieses Gesetz nicht mehr zutrifft. Hier kann es vorkommen, daß die Kondensatorspannung ein Vielfaches desjenigen Wertes ausmacht, der sich aus dem Produkte der Primärspannung und dem Verhältnis der Windungszahlen ergibt. Diese Erscheinung, die zuerst von N. Tesla beobachtet wurde, kann nun durch alle Maßnahmen herbeigeführt werden, die bewirken, daß der magnetische Kraftfluß der Primärwicklung nur teilweise die sekundären Windungen durchsetzt und umgekehrt. Diese Forderung ist stets dann verwirklicht, wenn der Eisenkern des Transformators offen ausgeführt wird unter gleichzeitiger räumlicher Trennung seiner primären und sekundären Spulen. In diesem Falle kann man nicht mehr von einem beiden Systemen gemeinsamen magnetischen Kraftflusse sprechen, der mit der Periode des Wechselstromes nach dem Sinusgesetze zu- und abnimmt, sondern die in einem bestimmten Zeitpunkte vorhandene räumliche Kraftlinien-

verteilung hängt von der magnetisierenden Wirkung des Primär-
und Sekundärstromes ab. Die Figuren 116 und 117 geben für den

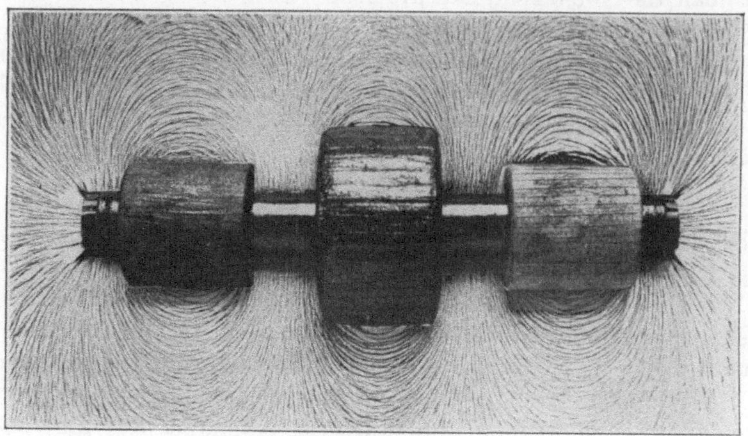

Fig. 116. Kraftlinienverlauf in einem Resonanzinduktor. Primär- und
Sekundärstrom im entgegengesetzten Sinne magnetisierend.

von H. Boas entwickelten Resonanzinduktor (Fig. 118) die Kraftlinien-
bilder für die beiden Grenzzustände wieder. Im ersten Fall wirken
Primär- und Sekundärstrom im entgegengesetzten (Fig. 116), im zweiten

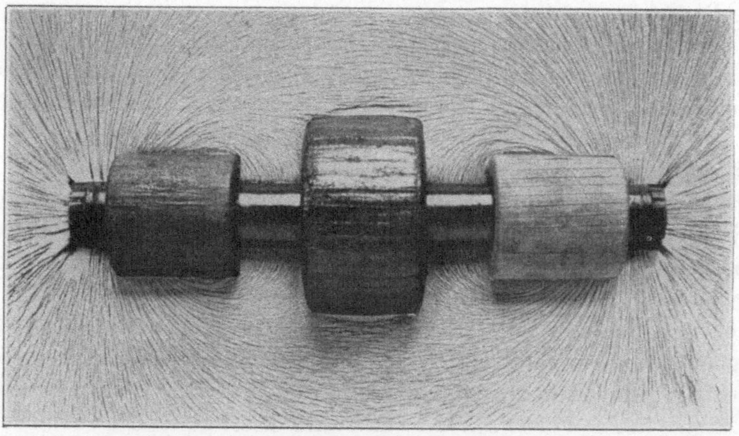

Fig. 117. Kraftlinienverlauf in einem Resonanzinduktor. Primär- und
Sekundärstrom im gleichen Sinne magnetisierend.

im gleichen Sinne magnetisierend (Fig. 117). Man kann deshalb streng
genommen von einem gleichbleibenden Kopplungsfaktor $\varkappa$ der beiden Systeme nicht mehr sprechen. Wenn man trotzdem diesen Be-

griff auch hier anwendet, so ist stets darunter ein Mittelwert verstanden.

Entfernt man die beiden äußeren, primären Spulen des Boas-Induktors sehr weit von den mittleren, sekundären, so hat man es mit einer sehr losen Kopplung der beiden Kreise zu tun und die Resonanzbedingung für die gesamte Schaltung lautet:

$$\nu = \frac{1}{2\,\pi\,\sqrt{L_2 \cdot C}}.$$

Hierbei stellt C die aufzuladende Kapazität dar, während mit L_2 die Selbstinduktion der Sekundärspule des Transformators bezeichnet ist.

Fig. 118.   Resonanzinduktor von H. Boas, Elektrotechn. Fabrik, Berlin.

Stimmt nun die aufgedrückte Periodenzahl ν mit der Eigenschwingungszahl des Sekundärkreises überein, so muß sich am Kondensator ein Spannungshöchstwert einstellen.   Nähert man jedoch die Induktorspulen einander, so wird die Kopplung fester und fester, es findet eine immer größere Rückwirkung des Sekundärkreises auf den primären statt, bis im zweiten Grenzfall der Kopplungsfaktor $\varkappa = 1$ wird und überhaupt keine Spannungssteigerung an der Kapazität mehr eintreten kann.   Denn in diesem Falle ist die Wechselstrommaschine nur mit einer Kapazität belastet, die sich, wie schon beim eisengeschlossenen Transformator gezeigt wurde, aus der Formel:

$$C' = n^2 \cdot C$$

berechnen läßt.   Der Einfluß der sekundären Selbstinduktion L_2 ist vollständig verschwunden.   Wird jedoch die Kopplung weder ganz

fest, noch sehr lose eingestellt, so läßt sich zeigen, daß die Resonanzbedingung dann erfüllt ist, wenn:

$$\nu = \frac{1}{2\,\pi \cdot \sqrt{C \cdot L_2 \cdot (1 - \varkappa^2)}} \quad \ldots \ldots \quad (56)$$

Und weiter geht aus dieser Überlegung hervor, daß es einen
Wert von $\varkappa$ geben muß, mit dem man den größten Höchstwert der Spannung am Kondensator erreicht. Denn wenn auch
mit wachsender Kopplung zunächst die Energieübertragung auf den
Sekundärkreis und damit die Kapazitätsspannung zunehmen muß, so
ist doch mit diesem Vorgange gleichzeitig ein Anwachsen der Dämpfung verbunden, die von einem gewissen Zeitpunkt ab die erzielte
Steigerung wieder herabdrückt. Der vorteilhafteste Wert für $\varkappa$ liegt
zwischen 30 und 40 %.

Für einen Resonanzinduktor mit feststehenden Spulen und gegebener Periodenzahl lassen sich die günstigsten Betriebsverhältnisse
durch folgende Maßnahmen erzielen:

α) Einschaltung einer geeigneten Selbstinduktion in den Primär-
oder Sekundärkreis (Verkleinerung von $\varkappa$),

β) Veränderung der Kapazitätsbelastung,

γ) Einschaltung von Widerstand in den Primärkreis.

Das letztere Hilfsmittel, das beim eisengeschlossenen Transformator ohne jeden Erfolg sein würde, dient hier dazu, die Kopplung zwischen den beiden Kreisen dadurch loser zu machen, daß man
den Einfluß des Sekundärstromes auf die primären Stromverhältnisse
vermindert.

Welche Maßnahmen zu treffen sind, um nach einer Änderung der
Betriebsbedingungen die Resonanzeinstellung wieder zu erzielen, läßt
sich aus Gl. 56 erkennen. Einfacher aber ist es bei derartigen Überlegungen auf die Ersatzschaltung (Fig. 113) zurückzugreifen, wobei nur
zu beachten ist, daß einer Vergrößerung der Kopplung in Fig. 112 eine
Verkleinerung des Selbstinduktionskoeffizienten in der Ersatzschaltung
entspricht und umgekehrt. Wird z. B. bei gleichbleibender Periodenzahl
der Maschine die aufzuladende Kapazität vergrößert, so lehrt die Ersatzschaltung, daß man, um die Resonanzbedingung wieder zu erfüllen,
die Selbstinduktion verkleinern muß, während Gl. 56 eine Vergrößerung
der Kopplung verlangt. Beide Ergebnisse fallen somit zusammen.

Der Wert der Resonanzinduktoren tritt dann besonders hervor,
wenn die Zahl der Entladungen in der Sekunde klein gegen die aufgedrückte Wechselzahl gewählt wird. Da dies jedoch nur bei den
älteren Funkensystemen (Braunscher Sender) der Fall war, mußte
in der heutigen Zeit sein Anwendungsbereich die Bedeutung verlieren. Dies gilt in gleicher Weise von allen den Anordnungen, die

mit Gleichstrom unter Zuhilfenahme einer Unterbrechervorrichtung ebenfalls auf der Hervorbringung einer Induktorresonanz beruhen. Trägt man dafür Sorge, daß die Unterbrechungszahl des Primärstromes gleich der Eigenschwingungszahl des Sekundärkreises ist, so pendelt ebenfalls die Kondensatorspannung so lange in die Höhe, bis die Zündspannung der Entladestrecke erreicht ist. Für geringe Leistungen kann man hierbei den Hammerunterbrecher verwenden, während bei stärkeren Strömen der Quecksilberstrahlunterbrecher (N. Tesla und H. Boas) sich bewährt hat. Die sonst noch gebräuchlichen elektrolytischen Unterbrecher lassen sich nicht ohne weiteres den vorher genannten Apparaten in dieser Beziehung gleichstellen.

Faßt man noch einmal die Vorzüge der Kapazitätsaufladung unter Benutzung der Resonanzerscheinung zusammen, so ergibt sich:

α) Die Spannungssteigerung am Kondensator erhöht dessen Energie, ohne die Verwendung leistungsfähigerer Stromquellen nötig zu machen.

β) Beim Einsetzen des Entladungsvorganges wird die Energiequelle infolge des Kurzschlusses der Kapazität nicht in unzulässiger Weise beansprucht, besonders dann nicht, wenn die Funkenstrecke noch einen gewissen Widerstand besitzt und die Kondensatorentladung nur kurze Zeit andauert.

Erfolgt der Durchschlag in dem Zeitpunkte, in dem die Ladespannung ihren Höchstwert erreicht hat, so ergeben sich bezüglich der Größe der Kondensatorenergie und der zusätzlichen Verluste infolge des Kurzschlußstromes die günstigsten Betriebsverhältnisse. Da dieser in jenem Augenblick den Nullwert erreicht, kann eine schädliche Rückwirkung auf die Stromquelle überhaupt nicht stattfinden, weil weder ein Kurzschlußstrom auftreten, noch ein plötzliches Abreißen des Funkens eine die Energiequelle gefährdende Überspannung hervorrufen kann.

VI. Funkenstrecken (Entladestrecken).

Die früher erwähnte Lodge-Eichhornsche Summerschaltung (Fig. 51) liefert den Beweis, daß die Erzeugung von Hochfrequenzströmen in außerordentlich einfacher Weise erfolgen kann. Hierzu ist nur nötig, in einer Selbstinduktionsspule einen gewissen elektromagnetischen Arbeitsvorrat aufzuspeichern und dann durch plötzliches Abschalten der Stromquelle dafür Sorge zu tragen, daß diese Energie in einem schwingungsfähigen Kreise zwischen ihrer magnetischen und elektrischen Form so lange hin und her pendelt, bis die auftretenden Verluste den gesamten Arbeitsvorrat verzehrt haben. Schaltet man dann die Stromquelle von neuem an, so kann man diesen Vorgang sich beliebig oft in jeder Sekunde wiederholen lassen. Bei der Anordnung Fig. 51 wird dies dadurch erreicht, daß man den mittleren Hebel nach rechts legt. Der elektromagnetische Unterbrecher besorgt alsdann selbsttätig die erforderlichen Schaltungen. Da die Periodenzahl des entstehenden Hochfrequenzstromes durch die Kirchhoff-Thomsonsche Gleichung, also durch die vorhandenen Kapazitäts- und Selbstinduktionsgrößen des Schwingungskreises bestimmt ist, ist es ein leichtes, sie in weiten Grenzen veränderlich einzustellen.

Ein diesem gleichwertiges Verfahren würde offenbar darauf hinauskommen, mit Hilfe einer Energiequelle einen Kondensator aufzuladen, und dessen elektrischen Arbeitsvorrat dann in gleicher Weise in einem Schwingungskreise zur Entfaltung zu bringen. Während man im ersten Falle die Stromquelle abschalten muß, ist hier eine Steuerungsvorrichtung, die Funken- oder Entladestrecke, nötig, die im geeigneten Zeitpunkte die Verbindung der übrigen Teile der Schwingungsbahn mit den Kondensatorbelegungen bewirkt. Welches Verfahren man wählen wird, hängt allein von der Betriebssicherheit der Schaltvorrichtung ab. Im allgemeinen kann man sagen, daß für kleine Energiemengen, also in erster Linie für Meß- und Prüfzwecke, die Lodge-Eichhornsche Anordnung die zweckmäßigere ist, während das bei weitem ältere Verfahren der Kondensatoraufladung beim Stationsbetrieb mittels der Funkensender Verwendung findet. Aus diesem Grunde ist es auch nötig, sich eingehend mit den elektrischen Eigenschaften der Steuervorrichtung zu befassen, die man allgemein mit Entladestrecke bezeichnet.

Die Schaltung wird in ihrer einfachsten Form durch Fig. 119 wiedergegeben. Schließt man den Schalter S, so lädt zunächst die Gleichstrommaschine M den Kondensator C über den Widerstand w und die Drosselspule D auf. Da die Spannung an dessen Belegungen die gleiche ist, wie die an den Elektroden der Funkenstrecke F, so wird in dem Zeitpunkt ein Durchschlag erfolgen, in dem hier ein bestimmter Spannungswert erreicht ist, den man mit Zünd- oder Durchschlagsspannung bezeichnet. Nunmehr entlädt sich die Kondensatorenenergie in Form eines oszillatorischen Schwingungszuges in dem stark ausgezogenen Kreise. Findet in dieser sehr kurzen Zeit kein wesentlicher

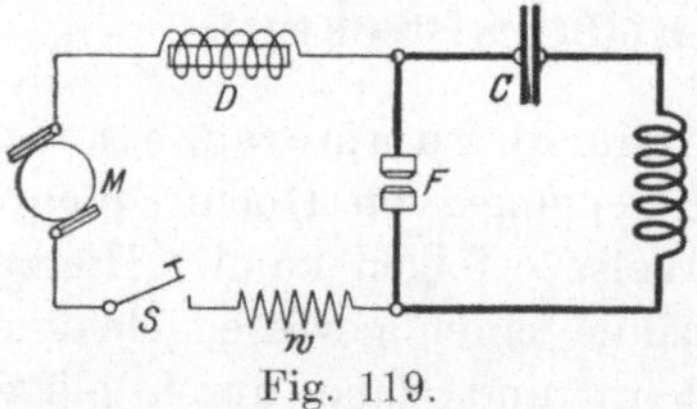

Fig. 119.

Nachschub von Gleichstromenergie durch die Funkenstrecke statt, so verschwindet die Lichterscheinung zwischen ihren Elektroden, sobald die ursprünglich vorhandene Energie des Schwingungskreises sich in den Widerständen der Strombahn in Wärme umgesetzt hat. Nunmehr wird sich der Vorgang, beginnend mit der erneuten Aufladung des Kondensators, wiederholen.

Aus dieser Darstellung erkennt man, daß an eine brauchbare Funkenstrecke folgende Anforderungen zu stellen sind: Sie muß zunächst, solange die Kondensatorspannnung den Wert der Zündspannung noch nicht erreicht hat, einen sehr hohen Widerstand besitzen. Nach erfolgtem Durchschlag soll dieser auf einen äußerst geringen Wert sinken, um den Energieverbrauch des Funkens selbst möglichst zu verringern. Ist der Schwingungsvorgang abgeklungen, so muß der Widerstand der Entladestrecke selbsttätig wieder seinen ursprünglichen Ausgangswert annehmen. Die verschiedenen Ausführungsformen der Funkenstrecken unterscheiden sich nun dadurch, daß diese Forderungen mehr oder weniger vollkommen erfüllt sind.

1. Die Zündspannung.

Diese Größe hängt in erster Linie ab vom Abstande der Elektroden und nimmt mit wachsender Entfernung derselben zu. Von weiterem Einfluß ist die Art und der Zustand des Dielektrikums, das den Funkenraum ausfüllt, ferner ob Gase (unter Druck), oder Flüssigkeiten Verwendung finden und welche Temperaturen diese Stoffe besitzen. Außerdem wird die Größe der Zündspannung beeinflußt von dem Umstande, ob von der letzten Entladung noch ein gewisser Ionengehalt im Elektrodenraum zurückgeblieben ist, oder ob die Funkenfolge in der Sekunde so niedrig gewählt wurde, daß in den Ladezeiten des Kondensators alle metallischen Dämpfe verschwinden können. Dieser Vorgang läßt sich beschleunigen durch Anwendung von Luft- und Magnetgebläsen. Endlich ist für die Größe der Zündspannung noch das Material, die Form und die Oberflächenbeschaffenheit der Elektroden bestimmend. Durch die Reihenschaltung mehrerer Funkenstrecken kann man die Entladespannung sprungweise verändern. Man erkennt jedoch aus dieser Zusammenstellung, daß jede Funkenstrecke eine Steuerungsvorrichtung darstellt, von der ein vollkommen genaues Arbeiten nicht erwartet werden kann, und daß der Betrieb um so größere Schwierigkeiten bereitet, je größere Energiemengen im Schwingungskreise vorhanden sind. Wie wir später sehen werden, ist dies der Grund, der für Großstationen die Anwendung anderer Schwingungserzeuger vorteilhaft erscheinen läßt.

2. Der Widerstand der Funkenstrecke.

Nach erfolgtem Durchschlag bildet sich zwischen den Elektroden ein Funkenlichtbogen aus, der einen gewissen Widerstand besitzt. Dies bedeutet, daß ein Teil der Schwingungsenergie sich im Funken in Wärme umsetzen muß. Dieser Verlust wird um so kleiner werden, je geringer die Funkenlänge ist, je höher die Temperatur im Elektrodenraum sich einstellt und je größer das Leitvermögen der Metalldämpfe ist. Man erkennt somit, daß die Größen, die für den Wert der Zündspannung bestimmend sind, auch den Widerstand des Funkens beeinflussen. Hierbei zeigt es sich, daß im allgemeinen die Maßnahmen, die zur Aufrechterhaltung einer gleichbleibenden Zündspannung wichtig sind, auf der anderen Seite eine Vergrößerung der Energieverluste bedingen. Es ist deshalb, wie oft in der Technik, auch hier notwendig, je nach der Wichtigkeit, die man dem einen oder anderen Gesichtspunkte beilegt, ein Ausgleich zwischen den sich widersprechenden Forderungen herbeizuführen.

Da weiter der Funkenlichtbogen eine glühelektrische Erscheinung ist, muß sein Widerstand noch von der Stromstärke abhängen, die bei jeder Kondensatorentladung im Schwingungskreise herrscht. Alle Maßnahmen, die den Stromfluß verstärken, dienen gleichzeitig dazu, die Energieverluste in der Entladestrecke herabzudrücken. In diesem Sinne wirkt eine Vergrößerung der Kapazität und der Zündspannung, sowie eine Verkleinerung des Widerstandes der Schwingungsbahn in gleicher Weise günstig. Zu beachten ist jedoch hierbei stets, daß, da die Stromstärke eine abklingende Amplitudenkurve besitzt, von einem gleichbleibenden Funkenwiderstande streng genommen nicht die Rede sein kann. Wenn man trotzdem von einem bestimmten Widerstand der Entladestrecke spricht, so ist damit ein mittlerer Wert gemeint, der mit dem Quadrat der mittleren effektiven Stromstärke multipliziert, den Energieverbrauch in der Funkenbahn darstellt.

3. Die Löschfähigkeit.

Die dritte Forderung, die an ein vollkommenes Steuerorgan zu stellen ist, betrifft die Eigenschaft, unmittelbar nach jeder Entladung die soeben vorhandene Leitfähigkeit völlig zum Verschwinden zu bringen, damit die Zündspannung den gleichen Wert wieder erreicht, den sie bei Inbetriebsetzung der Entladestrecke besaß. Mit zunehmender Funkenzahl in der Sekunde müssen daher die Schwierigkeiten wachsen, die bei der Durchbildung einer betriebsicher arbeitenden Funkenstrecke auftreten, vor allem, weil die gewünschte gesteigerte Löschfähigkeit meist einen erhöhten Widerstand während der Entladezeit des Kondensators zur Folge hat.

4. Ausführungsformen der Funkenstrecken.

Inwieweit nun alle die hier erkannten Eigenschaften bei den praktisch verwendeten Funkenstrecken vorhanden sind, möge an Hand der Abbildungen Fig. 121 bis 134 im einzelnen erläutert werden. Wenn es sich um kleine Spannungen handelt, hat man sich die Entladestrecke F wie in der in Fig. 109 dargestellten Schaltung eingebaut zu denken, während bei großem Energieumsatz der Kondensator C des Schwingungskreises durch eine Wechselstrommaschine unter Zwischenschaltung eines Hochspannungstransformators aufgeladen wird (Fig. 120).

Je nach dem verwendeten Sendesystem kann man drei Hauptarten von Funkenstrecken unterscheiden:

α) die Knallfunkenstrecken,

β) die Zisch- oder Löschfunkenstrecken,

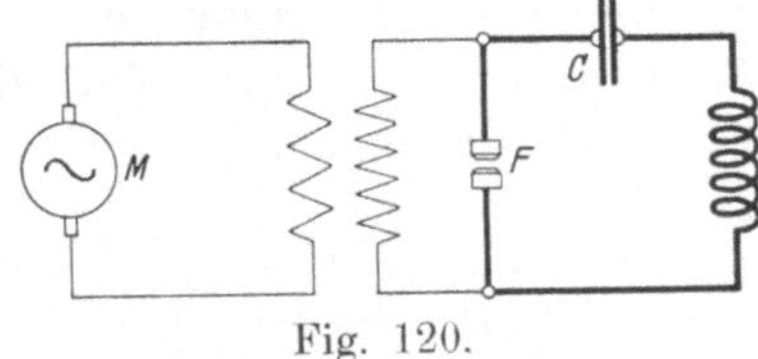

Fig. 120.

γ) die umlaufenden Funkenstrecken.

Die erste Gruppe umfaßt alle jene Entladungsvorrichtungen, die beim alten Marconisystem und beim Braunschen Sender den Ladungs- und Entladungsvorgang des angeschlossenen Schwingungskreises steuern. Hervorgegangen aus den Funkenstrecken, wie sie in jedem physikalischen Kabinett vorhanden sind, wurden sie für die größeren Energien der Radiotelegraphie in eine technische Form gegossen. Eine viel benutzte Ausführung, die von der Gesellschaft für drahtlose Telegraphie zuerst verwendet wurde, gibt die Abbildung Fig. 121 wieder, bei der die beiden Zinkelektroden ringförmig ausgebildet sind. Bei kleineren Anlagen hat sich eine pilzartige Ausgestaltung der Entladungspole bewährt. Bei allen diesen Funkenstrecken ist natürlich die Möglichkeit vorgesehen, durch Vergrößerung des Elektrodenabstandes die Zündspannung, und damit die Größe der Schwingungsenergie, in weiten Grenzen einstellen zu können. Die Zahl der Entladungen in der Sekunde, mit denen die erwähnten Sender betrieben werden,

Fig. 121. Knallfunkenstrecke der Gesellsch. f. drahtl. Telegr., Berlin.

ist außerordentlich verschieden, dürfte aber die Zahl 30 nicht wesentlich überschreiten. Unter dieser Annahme ist die Entionisierungsfähigkeit der Funkenstrecken durchaus ausreichend, um nach jeder Entladung den alten Wert der Zündspannung wieder herbeizuführen. Erhöht man jedoch zur Steigerung der Schwingungsenergie die Funkenzahl noch weiter, so bleibt die gewünschte Wirkung aus dem Grunde aus, weil der ursprünglich reine Funken allmählich immer mehr in eine Lichtbogenerscheinung übergeht, wodurch die Aufladung des Kondensators auf den ursprünglichen Spannungswert verhindert wird.

Mit zunehmender Erkenntnis der Vorteile, die eine rasche Funkenfolge besonders in Verbindung mit der Wienschen Stoßerregung bringen müssen, entstand das Bedürfnis nach Entladestrecken, deren Eigenschaften es gestatten, bis 2000 Funken in der Sekunde zur Anwendung zu bringen, ohne daß damit eine Abnahme der Zündspannung verbunden ist. Sie führen den Namen Zisch- oder Lösch-

Fig. 122.   Löschfunkenstrecke von v. Lepel.

funkenstrecken.   Zahlreiche, in den letzten Jahren erfolgte Veröffentlichungen geben davon Kenntnis, auf wie verschiedene Weise man versuchte, zu einer praktisch brauchbaren Funkenstrecke der gewünschten Art zu gelangen. So wurde von R. Rendahl (Gesellschaft für drahtlose Telegraphie) und B. Glatzel für diesen Zweck die Quecksilberdampflampe untersucht und weiter entwickelt, so wurde die Glimmlicht-Wasserstofffunkenstrecke (B. Glatzel) und von M. Wien eine Löschröhre gebaut.   Alle diese Mittel lassen es jedoch entweder an der nötigen Betriebssicherheit fehlen oder sind nur bei Energiemengen verwendbar, die zwar für Meßzwecke völlig ausreichen, für eine radiotelegraphische Senderanlage dagegen zu gering sind.   Das einzige Verfahren, das von einem allgemeinen Erfolg begleitet ist, greift auf die Angabe von M. Wien zurück, die Entladung zwischen zwei Elektroden vor sich gehen zu lassen, die in einem sehr geringen Abstande einander gegenüberstehen. Da nun ein Elektrodenabstand von ungefähr 0,1 mm bei einer plattenförmigen Funkenstrecke ungefähr einer Einsatzspannung von 1000 Volt entspricht, muß zur Erzielung großer Schwingungsenergien eine größere Anzahl derartiger Elemente in Reihe ge-

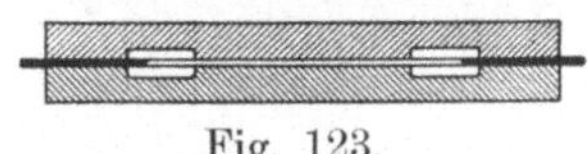

Fig. 123.

schaltet werden. Der erste, der mancherlei Anregungen für den zweckmäßigen Aufbau dieser neuen Funkenstrecken gab, war E. v. Lepel. Zwischen plattenförmigen, von durchfließendem Wasser gekühlten Elektroden (Fig. 122) befindet sich eine isolierende Zwischenlage von ungeleimtem Papier, die die Aufgabe hat, einmal

Fig. 124. Vielteilige Löschfunkenstrecke (Dr. E. Huth, G. m. b. H., Berlin).

einen bestimmten Elektrodenabstand dauernd zu gewährleisten und zweitens eine gleichmäßige Ausbreitung des Entladungsvorganges über die ganze Fläche zu bewirken. Dabei findet ein gleichzeitiges Verkohlen der Papierscheibe statt. Besondere Verdienste um die Durchbildung dieser Plattenfunkenstrecken hat sich die Gesellschaft für drahtlose Telegraphie erworben. Zur Einstellung des gewünschten Abstandes und zur Isolierung der Kupfer- oder Silberelektroden voneinander werden eine Anzahl Glimmerringe verwendet, die zugleich den Entladungsraum gegen die Außenluft abschließen. Um die Zerstörung der Isolation durch den Funken zu verhindern, sind, wie Fig. 123 zeigt, Rillen eingedreht, die das Wandern der Entladungserscheinung nach außen verhindern. Fig. 124 zeigt eine Funkenstrecke, bei der die Isolation nach innen gelegt ist, während der Funkenübergang zwischen den ringförmigen äußeren Teilen der Elektrodenplatten erfolgt (Fig. 125). Eine Entladestrecke für größere Leistungen, die mit durchfließendem Wasser gekühlt werden kann,

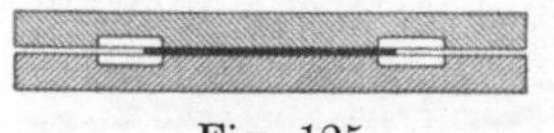

Fig. 125.

gibt Fig. 126 wieder. Die Elektrodenfläche ist hier nicht, wie bei den bisher erwähnten Formen eben, sondern nach einem Vorschlage von O. Scheller gewölbt. Da der Entladungsvorgang in einer Wasserstoffatmosphäre erfolgt, die sich aus verdampfendem Alkohol entwickelt, ist durch entsprechende

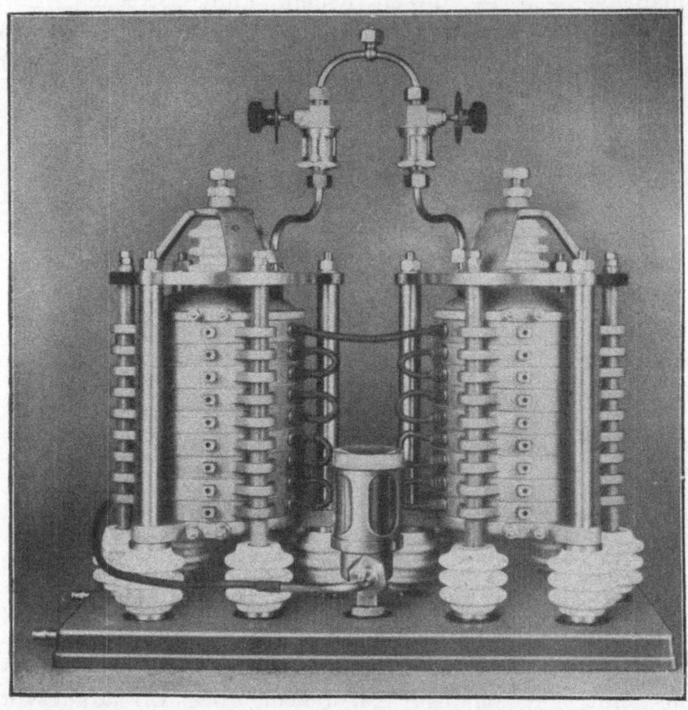

Fig. 126. Reihenfunkenstrecke mit Wasserkühlung für Vieltonsender
nach Scheller (C. Lorenz, A.-G., Berlin).

Bohrungen Vorsorge getroffen, daß die einzelnen Räume miteinander in Verbindung stehen.

Einen anderen Weg, um zu einer wirksamen Löschfunkenstrecke zu gelangen, schlägt H. Boas ein. Ausgehend von dem Gedanken, daß die entwickelten Metalldämpfe in erster Linie eine Verschlechterung der Löschfähigkeit bewirken, verwendet er bei seiner Funkenstrecke Platiniridium oder Wolfram als Elektrodenmetall, das, in besonderem Verfahren hergestellt, nur geringe Zerstäubungseigenschaften aufweist. Da weiter, wie aus zahlreichen Beobachtungen hervorgeht, das Verschwinden der Funkenerscheinung um so wirksamer erfolgt, je kleiner der Elektrodenabstand ist, wird dieser so weit verringert, als es die Ausdehnungsverhältnisse der Metallteile bei zunehmender Er-

Fig. 127. 10 teilige Reihenfunkenstrecke, Elektrodendurchmesser 10 mm, von H. Boas, Elektrot. Fabrik, Berlin.

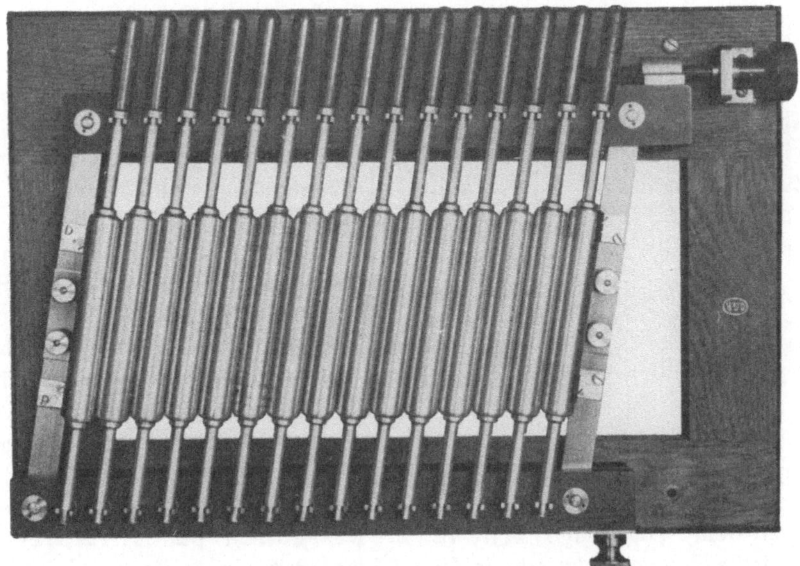

Fig. 128. 14 teilige Walzenfunkenstrecke der Compagnie Générale de Radiotélégr., Paris.

wärmung gestatten. Diese Maßnahme setzt jedoch voraus, daß der Elektrodendurchmesser nur wenige Millimeter beträgt, da bei größeren Platten die Einhaltung des gewünschten kleinen Plattenabstandes

Schwierigkeiten bereitet. Den Zusammenbau der einzelnen Teile zu einer Reihenfunkenstrecke dieser Art zeigt Fig. 127.

Wenn auch zur Herstellung einer wirksamen Funkenstrecke die plattenförmige Ausgestaltung der Elektroden besonders geeignet erscheint, so hat man, außer der schon erwähnten Funkenstrecke

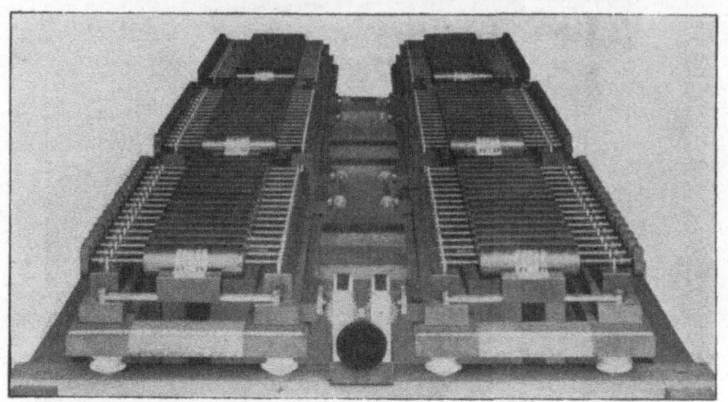

Fig. 129.   Batterie von Walzenfunkenstrecken für 60000 Volt
(Compagnie Générale de Radiotélégr., Paris).

mit gewölbten Elektrodenflächen, erfolgreich auch andere Formen versucht, von denen die Walzenfunkenstrecken der Compagnie Générale de Radiotélégraphie eine größere Verbreitung gefunden hat. Die Abbildung Fig. 128 gibt die Einzelheiten ihres Zusammenbaues deutlich wieder.   Es ist nicht nur die Möglichkeit vorhanden, jeden einzelnen Zylinder um seine eigene Achse zu drehen und damit eine gleich-

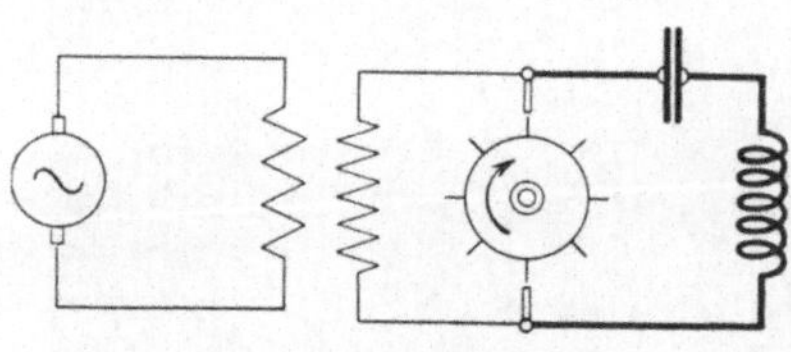

Fig. 130.

mäßige Abnutzung der Elektroden zu erzielen, sondern man kann auch vermittels einer Parallelführung den Abstand sämtlicher Rollen gleichzeitig in gewünschter Weise einstellen. Dies Verfahren ist selbst dann noch anwendbar, wenn aus mehreren Reihen größere Batterien von Funkenstrecken zusammengestellt werden sollen (Fig. 129).

Eine dritte große Gruppe bilden die Entladestrecken, bei denen nach dem Vorschlage von R. A. Fessenden und G. Marconi wenigstens eine Elektrode in Umlauf versetzt wird.   Mancherlei sind die Vorzüge, die mit dieser Anordnung verknüpft sind.   Wird die Metallscheibe in Fig. 130 in schnelle Umdrehungen versetzt, so kann zunächst ein Entladungsvorgang nur dann einsetzen, wenn die Radspeichen den festen Elektroden gerade gegenüberstehen.   Trägt man weiter durch entsprechende Einstellung der festen Elektroden dafür Sorge, daß die Auslösung des Funkens in dem Zeitpunkte erfolgt, in dem die Kapazität des Kondensators die größte Ladungsenergie aufweist, so muß die zur Entladung kommende Schwingungsenergie ihren Höchstwert besitzen. Wenn es nun auch im praktischen Betriebe keine Schwierigkeiten macht, den Synchronismus zwischen der Kondensatorhöchstspannung und dem kürzesten Elektrodenabstand herzustellen, so können doch folgende Nebenumstände den Entladungsvorgang ungünstig beeinflussen: Zunächst liegt die Gefahr nahe, daß bei größerem Energieumsatz ein Durchschlag der beiden Funkenstrecken schon erfolgt, bevor der kürzeste Elektrodenabstand erreicht ist. Statt eines Funkens treten dann leicht Partialentladungen auf, die die Gleichförmigkeit der Entladungsfolge stören. Durch passende Form der Elektroden und hohe Umfangsgeschwindigkeiten der Scheibe läßt sich dieser Übelstand herabdrücken. Man kann hierbei nämlich mit dem Einsetzen eines gewissen Entladeverzuges rechnen, d. h. mit der Erscheinung, daß die Überschlagsspannung bei weitem größer sein muß, als dem Elektrodenabstand eigentlich entspricht. In gleicher Weise unterstützt die hohe

Fig. 131. Funkenstrecke mit umlaufenden Elektroden nach R. A. Fessenden.

Elektrodengeschwindigkeit das rechtzeitige Abreißen der Entladung, ein Vorgang, der, wie später dargelegt wird, für die Hervorbringung bestimmter Schwingungserscheinungen gefordert werden muß. Fig. 131 gibt eine derartige umlaufende Funkenstrecke während des Betriebes wieder. Um den Synchronismus des Funkeneinsetzens mit der Kondensatorhöchstspannung zu erreichen, bringt man entweder die Scheibe auf der Welle des Wechselstromgenerators an oder läßt sie durch einen Synchronmotor antreiben. Einen außerordentlich gedrungenen Aufbau zeigt die von der National Electric Sign. Comp. entwickelte Anordnung (Fig. 132), bei der der Antriebsmotor in Gestalt einer Dampfturbine, ferner die Wechselstrommaschine nebst ihrer Erregermaschine und endlich die Funkenstrecke auf einer gemeinsamen Welle sitzen. Für kleinere Leistungen gibt Fig. 133 den

Fig. 132. Funkenstrecke mit umlaufenden Elektroden der National Electr. Sign. Co. (links Funkenstrecke, rechts Dampfturbine, in der Mitte Wechselstrommaschine).

Zusammenbau wieder. Der Antrieb erfolgt durch einen Elektromotor. Endlich kann es für manche Stationsarten zweckmäßig sein, eine

Fig. 133. Umlaufende Funkenstrecke für kleinere Leistungen mit Motorantrieb.

Löschfunkenstrecke mit einer umlaufenden in Reihe zu schalten, ein Verfahren, das bei der Co. Générale de Radiotélégraphie Verwendung findet. Die Form der hierbei benutzten Abreißfunkenstrecke ist in der Abbildung Fig. 134 dargestellt.

Bei der Beschreibung der Sendeverfahren wird auf diese Verhältnisse noch näher einzugehen sein.

Damit dürfte die Reihe der wichtigsten Stationsbestandteile, soweit sie die Sendeseite allein und Sende- und Empfangsstation gemeinsam betreffen, erschöpft sein. Einzelne Nachträge werden sich un-

Fig. 134. Lösch- und umlaufende Funkenstrecke in Reihenschaltung
(Comp. Générale de Radiotélégr., Paris).

gezwungen bei der Beschreibung der verschiedenen Systeme einfügen lassen. Die Stationsbestandteile der Empfangsseite, zu denen in erster Linie die Wellenanzeiger gehören, sollen im Zusammenhang mit den dazugehörigen Schaltungen an späterer Stelle besprochen werden.

B. Die Sendeseite.

Bevor wir an die Beschreibung der verschiedenen radiotelegraphischen Sendeverfahren herangehen und ihre Vorzüge und Nachteile gegeneinander abwägen, ist es wichtig, die Grundsätze zu besprechen, nach denen die vergleichende Betrachtung zu erfolgen hat. Man kann hierbei vier Hauptgesichtspunkte unterscheiden, die durch die Stichworte: Energie, Wellenlänge, Dämpfung und Ton sich kennzeichnen lassen. An das Wort Energie knüpft sich die Frage: ist das betreffende System geeignet, für kleine und große Anlagen Verwendung zu finden, oder ist sein Anwendungsgebiet begrenzt? Bei der Besprechung der Wellenlänge ist zu entscheiden, ob der Sender beim Betriebe eine oder mehrere Wellen gleichzeitig ausstrahlt und ob die Möglichkeit vorliegt, die Schwingungszahl der elektromagnetischen Strömung schnell und einfach verändern zu können. Von größter Bedeutung für die Abstimmfähigkeit als auch Störungsfreiheit des Empfangssystems ist weiter die Dämpfung der elektromagnetischen Wellen der Gebeseite, was bei dem Entwurf mancher Anlagen zu beachten ist. Endlich ist mit Rücksicht auf die Unschädlichmachung der atmosphärischen Ladungserscheinungen des Empfangsluftleiters, die in vielen Gegenden eine Hauptursache der Betriebsstörungen bilden, das betreffende System daraufhin zu untersuchen, ob neben dem elektrischen Rhythmus auch noch ein akustischer zur Anwendung kommen kann, mag dieser schon auf der Sende- oder erst auf der Empfangseite hervorgerufen werden. In Hinsicht auf die soeben erörterten Vergleichspunkte sollen nun im folgenden die einzelnen Systeme beschrieben werden.

I. Das alte Marconisystem.

In dem Abschnitte über die verschiedenen Luftleiterformen wurde als erste der lineare Draht oder die Marconi-Antenne angeführt. Dieses einfachste aller Strahlgebilde ist aus dem Grunde mit dem Namen Marconis verknüpft worden, weil der Erfinder der drahtlosen Telegraphie sich seiner bei seinen ersten Versuchen bediente, ohne freilich damals über die elektrischen Vorgänge eine klare Anschauung besessen zu haben. Schaltet man nämlich (Fig. 135) in den Luftleiter eine Funkenstrecke F, die an den Sekundärklemmen eines Induktors liegt, dessen Primärseite beispielsweise mit unterbrochenem Gleichstrom gespeist wird, so haben wir damit nur die Erregerschaltung des geschlossenen Oszillators auf den offenen übertragen. Entsprechend den dort geschilderten Vorgängen spielen sich hier die elektrischen Erscheinungen wie folgt ab: Im Augenblick der Unterbrechung des Primärkreises I entsteht jedesmal an den Sekundärklemmen des Induktors eine Spannung, unter deren Wirkung die Kapazität des Luftleiters so lange aufgeladen wird, bis die Spannung an der Funkenstrecke den Wert der Zündspannung erreicht hat. Der Luftraum zwischen den Elektroden wird durchbrochen und die auf der Antenne II aufgespeicherte Energie pendelt so lange zwischen ihren potentiellen und kinetischen Werten hin und her, bis die Widerstände

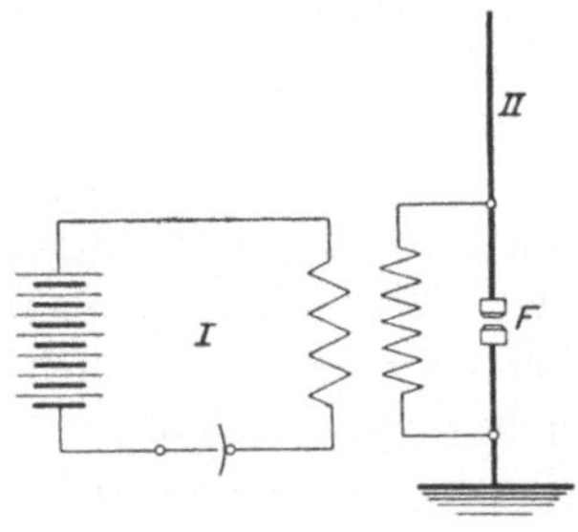

Fig. 135.

der Strombahn und der Strahlung den gesamten Arbeitsvorrat verzehrt haben. Dieses Abklingen der Schwingungen erfolgt in so kurzer Zeit, daß eine gleichzeitige Energienachlieferung aus dem Primärkreis nicht stattfinden kann. Ein Rückströmen der Hochfrequenzenergie in den Kreis I ist ebenfalls ausgeschlossen, da einmal die Sekundärwicklung durch den geringen Funkenwiderstand praktisch kurz geschlossen ist und zweitens die große Selbstinduktion des Induktors den schnellen Schwingungen einen hohen Widerstand entgegensetzt. Diese Ladungs- und Entladungsvorgänge folgen sich nun im Rhythmus der Unterbrechungszahl des Gleichstromkreises aufeinander. Die verfügbare Schwingungsenergie A_1 berechnet sich daher, wenn man mit a die Funkenzahl in der Sekunde und mit E_0 den Höchstwert der Spannung an der Antennenspitze bezeichnet, zu:

$$A_1 = a \cdot \frac{C_A \cdot E_0^2}{4} = a \cdot \frac{C_A \cdot E_m^2}{2} \quad \ldots \ldots \quad (57)$$

Eine Steigerung der Energie ließe sich demnach von folgenden drei Maßnahmen erwarten:

1. Vermehrung der Funkenzahl a in der Sekunde,
2. Vergrößerung der Antennenkapazität C_A,
3. Erhöhung der Zündspannung $E_m = \dfrac{E_0}{\sqrt{2}}$.

Bei eingehender Betrachtung erkennt man jedoch, daß durch sie ein wesentlicher Fortschritt nicht erzielt werden kann. Die Steigerung der Funkenzahl in der Sekunde findet bald eine obere Grenze in dem Inaktivwerden des Entladevorganges, d. h. in der Erscheinung, daß die zwischen den Elektroden vorhandene Gasschicht noch nicht ihre elektrische Leitfähigkeit in genügendem Maße verloren hat, wenn der nächste Ladungsvorgang einsetzt. Die Funkenstrecke wirkt aber von diesem Zeitpunkt ab nicht etwa als elektrisches Ventil, es gleicht sich vielmehr der Induktorstrom zum größten Teile unmittelbar über sie aus, erhitzt sie und verhindert dadurch eine Neuaufladung der Luftleiterkapazität. Wie zahlreiche Messungen ergeben haben, findet das zweite der angegebenen Mittel zur Vergrößerung der Hochfrequenzenergie, die Erhöhung der Antennenkapazität, seine Grenze in den großen Abmessungen, die dann die Luftleiteranlage erhalten muß. Selbst wenn man, statt eine große Zahl einzelner Drähte nebeneinander zu schalten (Fächerantenne), zu T- oder Schirmantennen übergeht, steht der Aufwand an Mitteln in keinem Verhältnis zum endgültigen Erfolge. Endlich wurde an dritter Stelle die Steigerung der Zündspannung vorgeschlagen, was in letzter Linie auf eine Vergrößerung des Elektrodenabstandes der Funkenstrecke hinausläuft. Wenn auch diese Maßnahme insofern äußerst wirkungsvoll ist, als die Schwingungsenergie mit dem Quadrate von E_m zunimmt, so ist doch auch hier bald eine obere Grenze dadurch gegeben, daß die Isolation der Strahldrähte von ihren Befestigungspunkten und die Bruchfestigkeit der Luft mit Rücksicht auf den bei hoher Spannung einsetzenden Glimmstrom nicht überbeansprucht werden darf. Um die Größenordnung der hier in Frage kommenden Energie und der Spannungen zu beleuchten, möge folgendes Beispiel dienen:

Ein linearer, einseitig geerdeter Luftleiter von 50 m Höhe und einem Drahtdurchmesser von 0,4 cm, d. h. einer Antennenkapazität von $C_A = 231$ cm, wird mit einer Spannung von $E_m = 50\,000$ Volt aufgeladen, was einer Funkenlänge von etwa 2 cm entspricht. Bei einer Funkenzahl von 20 in der Sekunde berechnet sich dann die in der Sekunde verfügbare Schwingungsenergie zu:

$$A_1 = a \cdot \frac{C_A \cdot E_m{}^2}{2} = 20 \cdot \frac{231 \cdot 50\,000^2}{2 \cdot 9 \cdot 10^{11}} = 6{,}4 \text{ Watt.}$$

Zu ganz anderen Zahlengrößen gelangt man, wenn man den Effekt ermittelt, der erforderlich ist, sofern die Energiemenge, die einem Funkenübergang entspricht, nicht nur $a$mal in der Sekunde, sondern dauernd geliefert werden soll. Wie in einem früheren Abschnitt gezeigt wurde, schwingt ein linearer, einseitig geerdeter Luftleiter von 50 m Höhe mit einer Periodenzahl von $\nu = 1\,500\,000$ Perioden in der Sekunde ($\lambda_0 = 200$ m). Nimmt man in Anlehnung an das Oszillogramm Fig. 136 an, daß nach fünf Perioden der Schwingungsvorgang zu Ende ist, so ergibt sich:

$$A_F = \frac{C_A \cdot E_m{}^2}{2} \cdot \frac{\nu}{5} = \frac{231 \cdot 50\,000^2 \cdot 1\,500\,000}{2 \cdot 9 \cdot 10^{11} \cdot 5} = 96\,250 \text{ Watt.}$$

Vergleicht man die berechneten Zahlenwerte miteinander, so erkennt man, daß die Dämpfung des Marconi-Senders eine außerordentlich große ist.

Die in der Antenne aufgespeicherte Energie wird, soweit sie sich nicht in den Eigenwiderständen des Sendergebildes in Wärme umsetzt, explosionsartig in den Außenraum abgegeben. Wenn auch hierbei der entstehende Schwingungsvorgang elektrisch eintönig ist, so bewirken doch die schnell abklingenden Wellenzüge, daß der Empfangsluftleiter außerstande ist, in der Kürze der Zeit genügende Energiemengen aus dem ankommenden elektromagnetischen Felde in sich aufzunehmen. Der Wirkungsgrad dieser Hochfrequenzkraftübertragung. muß daher ein besonders schlechter sein. Aus allen diesen Gründen gelingt es daher nicht, mit dieser Anordnung größere Entfernungen betriebsicher zu überbrücken.

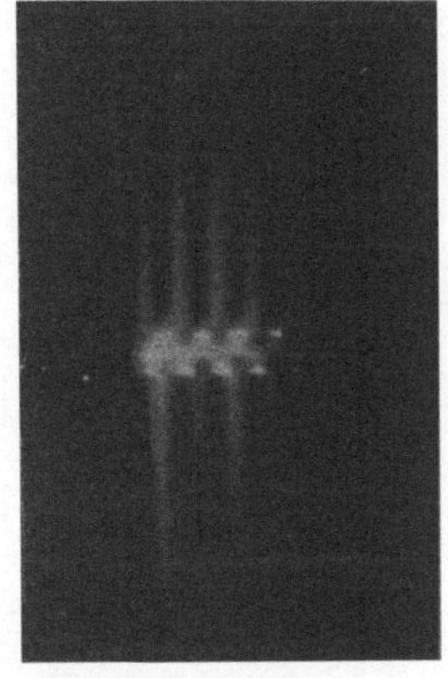

Fig. 136.

II. Das System Braun-Slaby-Arco.

Die technische Weiterentwicklung des ursprünglichen Marconisystems mußte sich demnach nach zwei Richtungen hin bewegen, nämlich:

1. die verfügbare Schwingungsenergie zu steigern, um große Entfernungen überwinden zu können, und

2. zur Erhöhung der Abstimmfähigkeit auf der Empfangseite die Dämpfung der Senderwellen herabzusetzen.

Die zweite Forderung läuft in letzter Linie darauf hinaus, den dämpfenden Einfluß der Funkenstrecke in dem Luftleiter zu beseitigen. Denn selbst wenn man statt des linearen Strahldrahtes ein Sendergebilde mit geringer Eigendämpfung (z. B. Schirmantenne) verwendet, so wird doch wegen des hohen Funkenwiderstandes ein schnelles Abklingen der entstehenden Schwingungen erfolgen. Dazu kommt, daß der Wirkungsgrad des Strahlungsvorganges, d. h. das Verhältnis zwischen der nach außen abgegebenen Energie zur vorhandenen Gesamtenergie

$$\eta = \frac{A_{s_1}}{A_1} = \frac{w_s}{w_s + w},$$

wobei w den gesamten schädlichen Widerstand des Luftleiters darstellt, offenbar bei allen den Antennenformen, die nur einen kleinen

Strahlungswiderstand w_s besitzen, besonders gering ausfällt. Von solchen Erwägungen ausgehend, erzielte F. Braun eine wesentliche Verbesserung dadurch, daß er die Hochfrequenzenergie zunächst in einem geschlossenen, nicht strahlenden Schwingungskreis I erzeugt, der dann seine Energie auf die in Resonanz schwingende Antenne II überträgt, die ihrerseits in bekannter Weise die Ausstrahlung übernimmt (Fig. 137). Durch dieses Mittel wird aber nicht nur eine Verminderung der Luftleiterdämpfung bewirkt, sondern auch die Möglichkeit eröffnet, bei weitem größere Energiemengen umzusetzen, als der ursprüngliche Marconi-Sender erlaubt.

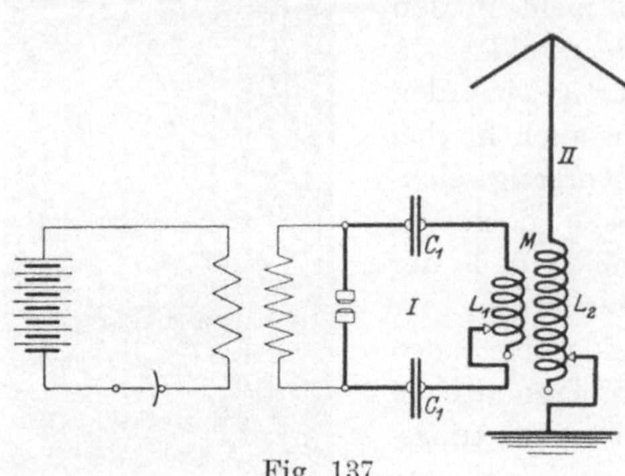

Fig. 137.

Denn die Verlegung der Funkenstrecke in den geschlossenen Schwingungskreis gestattet jetzt bei gegebener Welle die Kapazitäten C_1 solange zu vergrößern, als noch eine genügende Selbstinduktion L_1 übrig bleibt, um eine ausreichende Energieübertragung auf die Antenne zu bewirken.

Zur Erläuterung der hierbei auftretenden Energieverhältnisse sei das folgende Zahlenbeispiel angeführt: Die Kapazität des Primärkreises von $C_1 = 10\,000$ cm wurde mit einer Höchstspannung von $E_m = 50\,000$ Volt in der Sekunde 20 mal aufgeladen. Dann ist

$$A = a \cdot \frac{C_1 \cdot E_m{}^2}{2} = 20 \cdot \frac{10^4 \cdot 50\,000^2}{9 \cdot 10^{11} \cdot 2} = 278 \text{ Watt.}$$

Wenn man auch annimmt, daß 50 bis 75 % dieser Energie im Funken und den übrigen Widerständen der beiden Kreise in Wärme umgesetzt werden, so bleiben doch für die Strahlung noch etwa 70 bis 140 Watt übrig, d. h. man gelangt zu ganz anderen Werten als beim alten Marconi-Sender.

Durch die Braunsche Erfindung wird demnach die Erzeugerquelle der Hochfrequenzströme von dem Teile der Anlage getrennt, der die Ausstrahlung der elektrischen Wellen bewirkt. Dem Primärkreise kommt die Aufgabe zu, als Energiespeicher zu dienen, während der Luftleiter, von diesem gespeist, schwach gedämpfte Schwingungen ausstrahlt.

So wertvoll auch der Braunsche Gedanke zur Erzielung großer Reichweiten und guter Abstimmung ist, so bedeutet er doch einen Rückschritt dem alten Marconisystem gegenüber insofern, als für die in der Praxis verwendeten Schaltungen die Einwelligkeit der Wellenstrahlung nicht mehr vorhanden ist. Koppelt man nämlich die auf gleiche

Eigenperiode abgestimmten Kreise (Antenne und Primärkreis) genügend fest und nimmt man mit Hilfe eines Wellenmessers die Resonanzkurve auf, so erhält man nicht, wie man erwarten könnte, nur einen Höchstausschlag am Stromzeiger des Wellenmessers, sondern stets deren zwei. Fig. 138 zeigt das Ergebnis einer derartigen Mes-

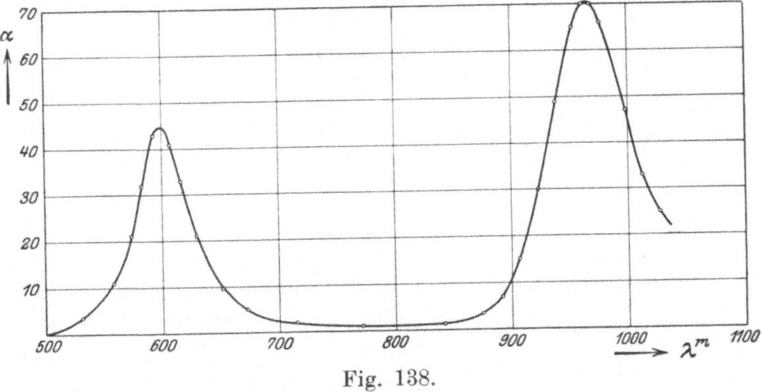

Fig. 138.

sung, wobei besonders bemerkenswert ist, daß die beiden Kopplungswellen λ_1 und λ_2, wie sie künftig heißen mögen, ober- und unterhalb der Eigenwelle λ_0 der beiden Kreise liegen.

Um von der Entstehung dieser Erscheinung eine klare Vorstellung zu gewinnen, sei auf das mit dem Schleifenoszillographen unter

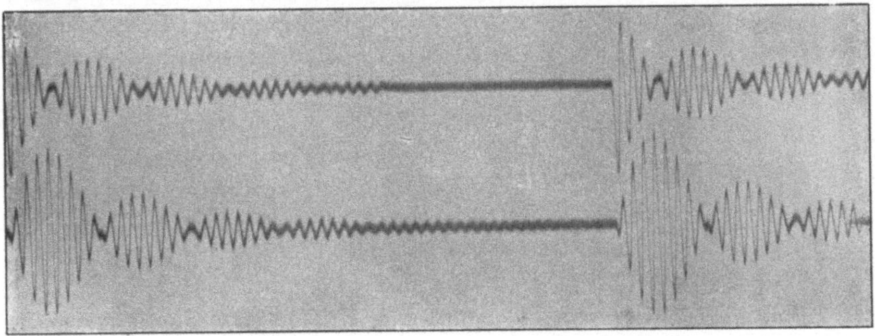

Fig. 139. Schwebungserscheinung bei fester Kopplung von Primär- und Sekundärkreis des Braunschen Senders.

Verwendung niedriger Periodenzahlen aufgenommene Oszillogramm Fig. 139 hingewiesen, das den Schwingungsverlauf im Energiekreis I (obere Kurve) und im Sekundärkreis II (untere Kurve) wiedergibt. Sobald der Funke einsetzt, entwickelt sich ein Schwingungszug, der aus zwei Gründen eine abnehmende Amplitude aufweist.

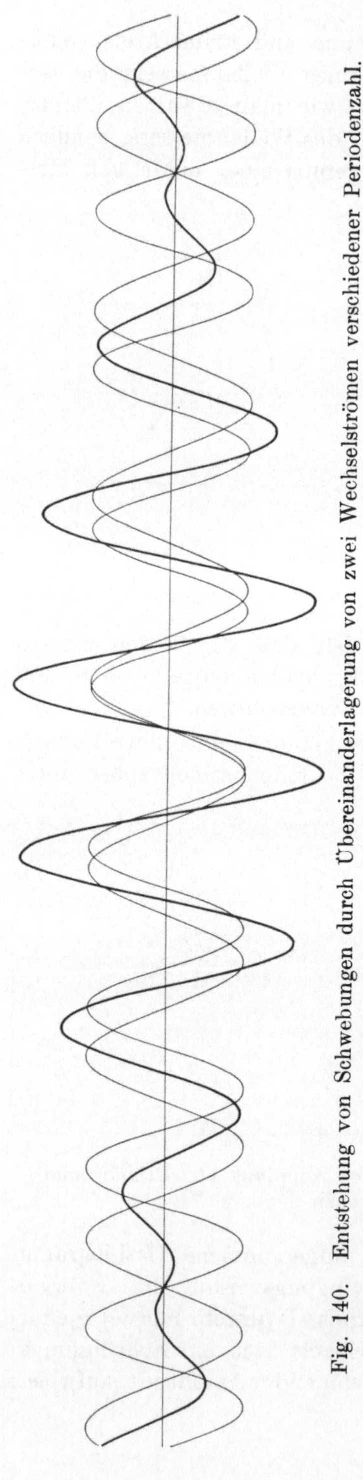

Fig. 140. Entstehung von Schwebungen durch Übereinanderlagerung von zwei Wechselströmen verschiedener Periodenzahl.

Einmal wird ein Teil der Schwingungsenergie im Funken in Wärme verwandelt und dann wandert ein weiterer Betrag auf den Sekundärkreis (Luftleiter) hinüber, dessen Stromamplituden infolgedessen ständig zunehmen. Nach einer gewissen Zeit, in dem Diagramm nach $3^1/_2$ Perioden, ist die Schwingung im Energiekreis abgeklungen, während sie in der Antenne ihren größten Wert erreicht hat. Da nun die Funkenstrecke nicht in der Lage ist, ihre Leitfähigkeit sofort nach dem Aufhören des Stromflusses zu verlieren, kehrt sich jetzt die Erscheinung um, der Sekundärkreis wird zur Energiequelle und gibt einen Teil seiner Arbeitsfähigkeit wieder an das Primärsystem ab. Ist dies geschehen, so wiederholt sich der Vorgang, der eingangs beschrieben wurde. In regelmäßigen Schwebungsperioden wandert die Energie zwischen den beiden Kreisen so lange hin und her, bis sie in Funken- und Leitungswärme und Strahlungsleistung vollständig umgesetzt ist. Nun ist bekannt, daß man sich eine Schwebung stets entstanden denken kann durch die Übereinanderlagerung zweier in ihrer Frequenz voneinander abweichender Wellenzüge (Fig. 140). Bezeichnet man mit ν_1 und ν_2 die Periodenzahlen der Grundschwingungen, so erhält man die Schwebungszahl in der Sekunde ν_s, d. h. die Zahl, die angibt, wie oft in jeder Sekunde die Amplitude durch Null hindurchgeht, aus der Beziehung:

$$\nu_s = \nu_1 - \nu_2, \quad . \ . \ (58)$$

während sich die Periodenzahl ν der Gesamtschwingung zu

$$\nu = \frac{\nu_1 + \nu_2}{2}$$

ergibt. Auf diese jedoch den Wellenmesser abzustimmen ist nicht möglich, da ihre Phase nach jeder Schwebung um 180^0 umspringt.

Wir erhalten somit den Satz, daß überall da, wo eine elektrische Schwebungserscheinung sich einstellt, zwei Grundperioden vorhanden sein müssen, die man durch entsprechend abgestimmte Resonanzkreise einzeln zur Wirkung bringen kann. Um nun für eine gegebene Senderanordnung, deren Grundwelle bekannt ist, die Größe der Kopplungswellen zu ermitteln, kann man ein Annäherungsverfahren anwenden, das durch das folgende Beispiel erläutert werden soll:

Die beiden Schwingungskreise I und II (II stärker ausgezogen) von gleicher Eigenschwingung $\lambda_0 = 3430$ m seien miteinander, wie Fig. 141 zeigt, gekoppelt. Es sei ferner:

$$L_1 = 0,98 \cdot 10^6 \text{ cm}$$
$$L_2 = 2,00 \cdot 10^6 \text{ cm (gemeinsame Selbstinduktion)}$$
$$C_1 = 1000 \text{ cm}$$
$$C_2 = 1490 \text{ cm}.$$

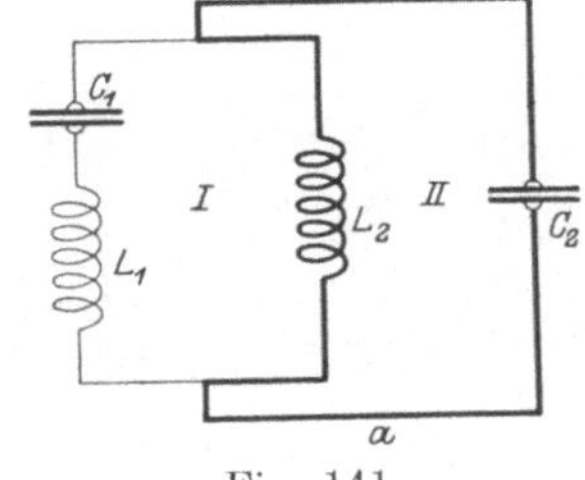

Fig. 141.

Eine beispielsweise bei a wirkende EMK von beliebiger Periodenzahl ν ruft einen Strom hervor, der sich den vorhandenen Gesamtwiderständen entsprechend einstellt. Und zwar läßt sich der Verzweigungswiderstand w_I wie folgt berechnen:

$$w_I = \frac{2\pi\nu \cdot L_2 \cdot \left(2\pi\nu \cdot L_1 - \dfrac{1}{2\pi\nu \cdot C_1}\right)}{2\pi\nu \cdot L_2 + 2\pi\nu \cdot L_1 - \dfrac{1}{2\pi\nu \cdot C_1}},$$

während w_{II} sich aus der Gleichung:

$$w_{II} = \frac{1}{2\pi\nu \cdot C_2}$$

ergibt. Der Gesamtwiderstand w der Strombahn bestimmt sich aus der Summe dieser beiden Teilwiderstände. Führt man diese Rechnung für verschiedene Periodenzahlen ν oder Wellenlängen λ durch, so erhält man eine aus zwei Ästen bestehende Kurve $w = f(\lambda)$ (Fig. 142), die die Widerstandsnullinie in zwei Punkten schneidet. Dies bedeutet, daß für zwei verschiedene Wellenlängen λ_1 und λ_2 die induktiven und kapazitiven Widerstände der gesamten Anordnung sich gerade aufheben und demnach den beiden gekoppelten Kreisen eine zweifache Resonanzlage zukommt. Diese erhält man aus dem Diagramm bei $\lambda_1 = 1450$ m und $\lambda_2 = 4650$ m. Die Messung ergab $\lambda_1' = 1470$ m und $\lambda_2' = 4600$ m. Der Einfluß der ebenfalls vorhandenen Ohmschen Widerstände wird bei diesem Verfahren nicht berücksichtigt.

Es ist einleuchtend, daß ν_s und damit der Unterschied zwischen den Kopplungswellen um so größer sein muß, je inniger der Energieaustausch zwischen den beiden Kreisen sich gestaltet. Wird dieser durch einen Transformator vermittelt, so ist offenbar der Kopplungsfaktor $\varkappa = \dfrac{M}{\sqrt{L_I \cdot L_{II}}}$ (s. S. 14) ein Maß für die Größe der gegenseitigen

Beeinflussung. Die Theorie zeigt, daß die beiden Kopplungswellenlängen λ_1 und λ_2 sich darstellen lassen durch die Gleichungen:

$$\lambda_1 = \lambda_0 \sqrt{1 - \varkappa'}, \qquad \lambda_2 = \lambda_0 \sqrt{1 + \varkappa'} \quad \ldots \quad (59)$$

wo λ_0 die Wellenlänge bedeutet, auf die die beiden Kreise I und II abgestimmt sind. Aus den Gleichungen 59 folgt weiter:

$$\varkappa' = \frac{\lambda_2{}^2 - \lambda_1{}^2}{2\,\lambda_0} \simeq \frac{\lambda_2 - \lambda_1}{\lambda_0} \quad \ldots \ldots \ldots \ (60)$$

$$\nu_s \simeq \nu_0 \, \varkappa' \quad \ldots \ldots \ldots \ldots \ (61)$$

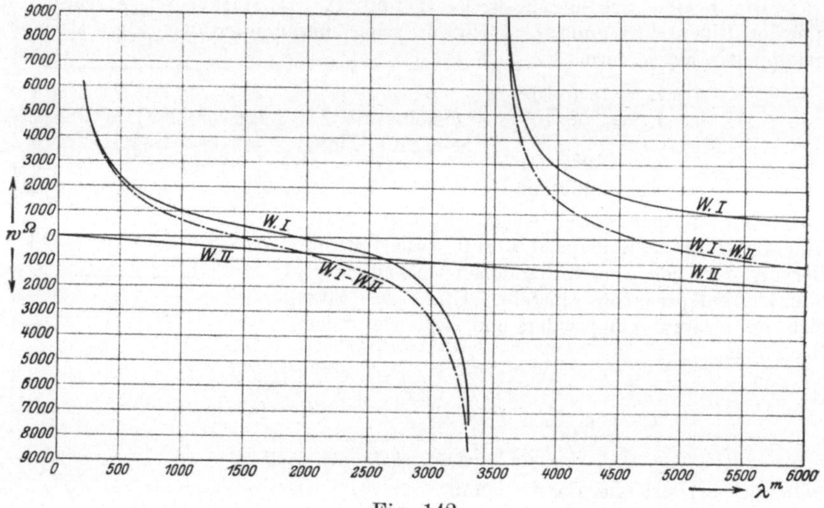

Fig. 142.

Die Größe $\varkappa'$ führt den Namen **Kopplungsgrad**. Sie weicht, wenn die Kopplungswellen zwei von den Dämpfungen der Kreise I und II verschiedene Dekremente besitzen, von dem Kopplungsfaktor etwas ab. In den meisten Fällen kann man jedoch den Unterschied vernachlässigen und $\varkappa' \simeq \varkappa$ setzen.

Für das vorige Beispiel ergibt sich, da $M = L_2$, $L_{II} = L_1$, $L_I = L_1 + L_2$:

$$\varkappa = \sqrt{\frac{(2\cdot 10^6)^2}{2\cdot 10^6 \cdot 2{,}98 \cdot 10^6}} \simeq 0{,}82,$$

$$\varkappa' = \frac{4650^2 - 1450^2}{2 \cdot 3430^2} \simeq 0{,}83.$$

Im folgenden seien noch die verschiedenen magnetischen Kopplungsarten des Energiekreises mit der Antenne beschrieben, die auch bei den übrigen Mehrkreissystemen sinngemäß Verwendung finden können. Von den zwei Möglichkeiten, die Energieübertragung auf den Luftleiter auf induktiven oder kapazitiven Wegen zu bewirken, besitzt nur die erstere eine allgemeine Bedeutung. Und zwar lassen sich hierbei nach dem Vorbilde des Transformators und Spartransformators zwei Ausführungsformen unterscheiden, die in den Figuren 143 und 144 wiedergegeben sind. Zur Beurteilung des praktischen Wertes der einzelnen Vorrichtungen ist zu berücksichtigen, ob erstens die Abgleichung der beiden Kreise auf die gleiche Periode in einfacher Weise erfolgen kann, und zweitens, ob eine Veränderung der Kopplung zur Einstellung günstigster Betriebsverhältnisse ohne weiteres möglich ist. Besonders bei Anlagen, die mit den verschiedensten Wellenlängen arbeiten, sind diese Gesichtspunkte nicht zu vernachlässigen. Die in Fig. 137 dargestellte rein induktive Schaltung genügt am vollkommensten diesen Anforderungen. Hat man durch Veränderung der Selbstinduktionen die Abgleichung der beiden Kreise auf die gleiche Welle vorgenommen, so braucht man nur die beiden Spulen einander mehr oder weniger zu nähern. Dadurch ändert sich M und man kann in einfachster Weise jede beliebige Kopplung einstellen.

Vor allem bei Antennenformen mit großer Eigenselbstinduktion (linearer Draht) bietet diese Schaltung die einzige Möglichkeit, um ausreichende Kopplungsgrade zu erzielen. Dagegen ist bei der Mehrzahl der Anlagen, die vorzugsweise mit nur einer Welle arbeiten, die dem Spartransformator nachgebildete Übertragungsvorrichtung (Fig. 143) üblich, bei der als besonderer Vorzug der Umstand anzuführen ist, daß die beiden Kreise I und II nicht voneinander isoliert zu werden brauchen und damit eine Quelle mancher Betriebsschwierigkeiten in Fortfall kommt. Die Einstellung auf gleiche Eigenwelle erfolgt bei dem Primärkreis durch den Kontakt a, beim Luftleiter durch b. Eine Kopplungsänderung ist dann

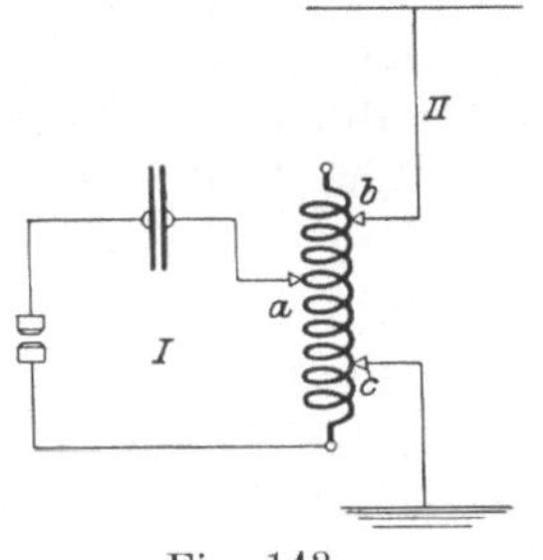

Fig. 143.

durch gleichmäßiges Verschieben der beiden Anschlußstellen b und c nach oben oder unten möglich. Bei Benutzung einer ringförmigen Induktionsspule hat man es mit einer Vereinigung beider Schaltungen zu tun (Fig. 144). Über die bei den Braunschen Sendern verwendeten Kopplungsgrößen lassen sich allgemein gültige Zahlenwerte nicht angeben. Sie schwanken etwa in den Grenzen von 3 bis $10\,^0/_0$, wobei die Zweiwelligkeit der Sendeseite mit größer werdendem Kopplungsfaktor immer stärker hervortritt. Da sich nun der Empfänger im allgemeinen nur auf eine Wellenlänge abstimmen läßt, wobei man die kürzere oder längere wählen kann, kann die Braunsche Sendermethode nicht diejenige Energieaus-

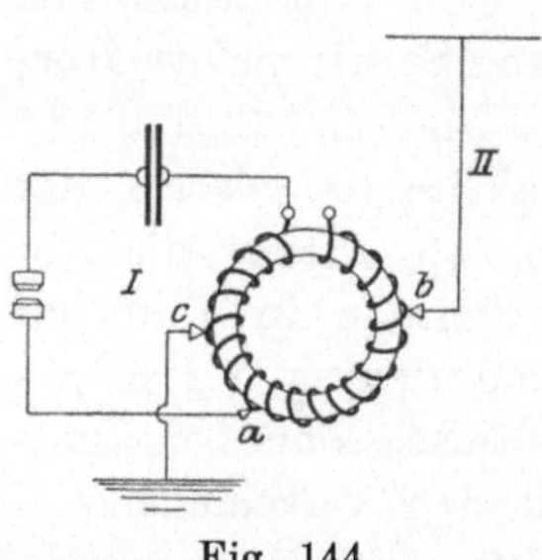

Fig. 144.

nutzung ergeben, die man auf Grund der ausgestrahlten Leistungen erwarten sollte. Bei der Beantwortung der Frage, welche Schwingung für den Betrieb die geeignetste ist, lassen sich ebenfalls allgemein gültige Regeln nicht aufstellen, da hierbei eine zu große Zahl von Umständen berücksichtigt werden muß. Die endgültige Entscheidung kann nur der Versuch bringen. Betrachtet man jedoch in einseitiger Weise allein die Verhältnisse der Sendeseite, so gelangt man zu folgenden Ergebnissen: Ist die Antenne stark gedämpft, so wird man nach früheren Überlegungen, um einen allmählich abklingenden Schwingungsvorgang im Strahlgebilde zu erzielen, die Kopplung der beiden Kreise im allgemeinen ziemlich lose wählen. Bei Luftleitern dagegen, deren Eigendämpfung gering ist, dürfte eine festere Kopplung größere Vorteile bringen. Mit Rücksicht auf eine möglichst starke Energiestrahlung ist als Betriebswelle die kürzere Kopplungswelle zu verwenden, die neben größeren Stromamplituden im Strombauch auch eine günstigere Stromverteilung längs der Antenne besitzt. Da aber alle diese Erwägungen sowohl den Einfluß des Zwischengeländes, als auch die besonderen Betriebsbedingungen, die der betreffende Empfangsindikator verlangt, außer acht lassen, können sie, wie bemerkt, als erschöpfend nicht angesehen werden.

Vergleicht man die Vorzüge und Nachteile der Braunschen Anordnung mit dem ursprünglichen Marconisystem, so gelangt man zu folgenden Ergebnissen:

a) Die Trennung der Erzeugerstelle der Hochfrequenzenergie von jenem Teil der Anlage, der die elektromagnetischen Wellen ausstrahlt, gestattet eine bedeutende Steigerung der Strahlungsleistung und damit die Überbrückung größerer Entfernungen. Während die unmittelbare Aufladung der Antenne bei mangelhafter Luftleiterisolation großen praktischen Schwierigkeiten begegnet, ja zum völligen Versagen des Senders führen kann, tritt diese Störung bei der Zweikreisschaltung nicht ein, da bei kleinerer Dämpfung die Anfangsamplitude der Spannung kleiner ist, wenn gleiche Leistung zugrunde gelegt wird. Die weitere Möglichkeit, durch richtige Wahl der Kopplung je nach den elektrischen Abmessungen des Strahlgebildes eine Hinauf- oder Hinuntertransformation der Spannung vornehmen zu können, macht die Braunsche Anordnung bezüglich der Art der Zuführung der Niederfrequenzenergie unabhängig von

dem Antennenkreise. Der Bau der zumeist verwendeten Resonanztransformatoren begegnet geringeren Schwierigkeiten, wenn man die
Ladespannung niedrig, die Kapazitäten aber groß wählen kann, als
umgekehrt.

b) Die Tatsache, daß der dämpfende Einfluß der Funkenstrecke
bei der Energiekreisschaltung nur im Primärkreise vorhanden ist,
hier aber leichter niedriger gehalten werden kann, als bei Anwendung
der unmittelbaren Antennenerregung, bringt weiter eine außerordentliche Steigerung der Abstimmfähigkeit der den Empfänger erregenden
Schwingungen mit sich.

Fig. 145. Morsetaste mit Umschalter.

c) Dagegen bedeutet die Zweiwelligkeit des Braunschen Senders
der ursprünglichen Marconischen Anordnung gegenüber einen Rückschritt, besonders aus dem Grunde, weil die Mehrzahl der Empfangseinrichtungen nur die Energie einer Welle aufzunehmen in der
Lage ist.

Die praktische Ausführung einer derartigen Gebestation gestaltet
sich außerordentlich einfach. Die Kapazität des Energiekreises
(zumeist Leidener Flaschen) wird derartig gewählt, daß der Resonanzinduktor eine möglichst große Spannungssteigerung an seinen
Sekundärklemmen erfährt. Die beim Durchschlag der Knallfunkenstrecke einsetzende Kondensatorentladung erregt die auf die Eigenschwingung des Energiekreises abgestimmte Antenne, ein Vorgang,
der sich je nach der verwendeten Funkenzahl ein bis etwa dreißigmal in jeder Sekunde wiederholt. Je nachdem man die im Primärkreis des Transformators liegende Morsetaste (Fig. 145) längere oder
kürzere Zeit schließt, wandern größere oder kleinere Gruppen von
elektromagnetischen Wellenzügen von der Antenne fort, um auf der
Empfangsseite in einem gleichgestimmten Luftleiter elektrische
Schwingungen in Zeitabständen hervorzurufen, die dem Schließen
und Öffnen des Stromtasters auf der Sendestation entsprechen. In

dem Abschnitte über die Empfänger wird dann zu behandeln sein, in welcher Weise die hier induzierten Ströme in kürzer oder länger andauernde Zeichen verwandelt werden, aus denen sich bekanntlich das Morsealphabet zusammensetzt.

III. Das System der tönenden Löschfunken.
(M. Wien.)

1. Die physikalischen Vorgänge.

So wertvoll sich auch die Braunsche Erfindung für die Fortentwicklung der drahtlosen Telegraphie erwies, die drei grundsätzlichen Nachteile: beschränkte Energie, Zweiwelligkeit und die Unmöglichkeit, bei stärkeren atmosphärischen Störungen auf der Empfangsseite die Zeichen der Sendestation aus diesen herauszuholen, bleiben bestehen. Alle weiteren Versuche und Erfindungen mußten naturgemäß darauf abzielen, die angeführten Mängel zu beheben. So ließe sich die auftretende verlustbringende periodische Energiewanderung zwischen Erregerkreis und Antenne dadurch beseitigen, daß man einen Luftleiter mit großer Strahlungsdämpfung verwendet, wobei die Kopplung beider Schwingungsgebilde möglichst fest gewählt wird. Wenn auch diese Maßnahme den Wirkungsgrad des Senders vermehren muß, so geht doch hierbei, ganz abgesehen davon, daß die Wahl der Antennenform vielfach durch äußere Umstände bedingt wird, der zweite Vorzug der Energiekreisschaltung, die geringe Dämpfung der Antennenströme, wieder verloren. Durch Anwendung einer Dreikreisschaltung (Stone, Fig.

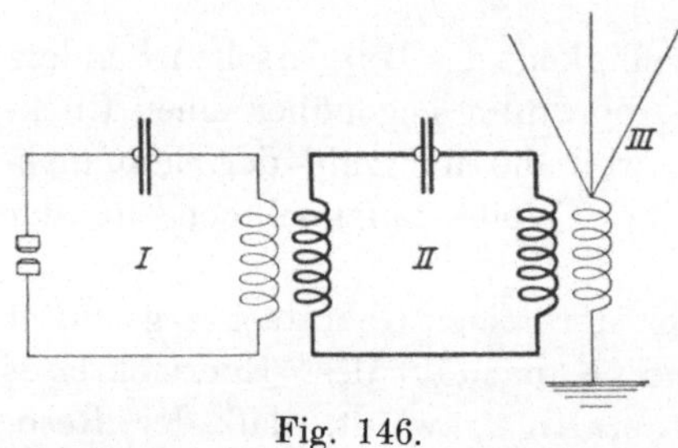

Fig. 146.

146), wobei das die Funkenstrecke enthaltende Primärsystem I zunächst mit einem schwach gedämpften Zwischenkreis II gekoppelt wird, der seine Energie dann dem Luftleiter III weitergibt, kann man die gewünschte Dämpfungsverminderung wieder erzielen.

Wirksamer und allgemeiner jedoch löste M. Wien in seiner Stoßerregungsmethode der schwebenden Schwingungen die Aufgabe, einen großen Energieumsatz mit einer einwelligen Antennenstrahlung zu verbinden. Die Schwingungsvorgänge bei der Braunschen Schaltung (vgl. Fig. 139), zeigen, daß das schädliche Zurückströmen der Luftleiterenergie nach dem Primärkreise offenbar dann verhindert werden kann, wenn es gelingt, den Primärkreis nach der ersten Halbschwebung durch geeignete Vorrichtungen zu unterbrechen, so daß die auf der Antenne aufgespeicherte Energie nunmehr gezwungen ist, solange zwischen ihrer magnetischen und elektrischen Form hin- und herzupendeln, bis sie sich vollständig in Wärme und in Strahlungsarbeit umgesetzt hat. Fig. 147 zeigt eine oszillographische Aufnahme dieses Vorganges bei kleineren Periodenzahlen, als sie in der Radiotelegraphie vorkommen. Man erkennt, daß, nachdem der Schwingungsvorgang im Primärkreise gewaltsam unterbrochen ist, der Luftleiter in der ihm eigentümlichen Eigenperiode und Dämpfung langsam abklingt. Durch diesen Vorgang wird nicht nur der Energie-

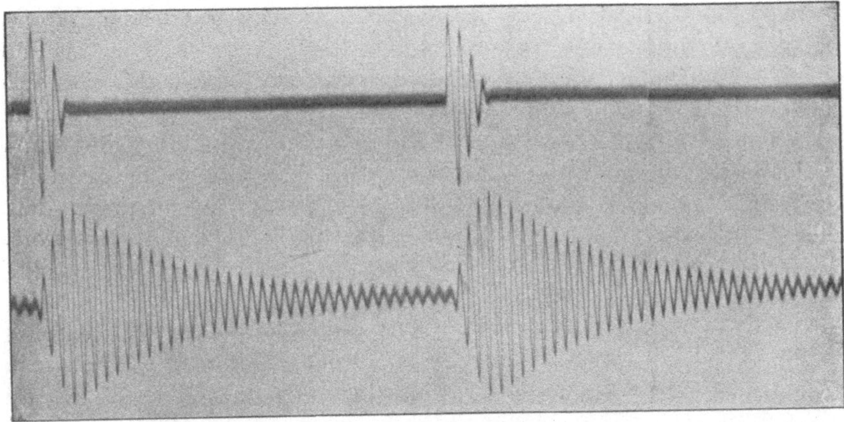

Fig. 147. Schwingungen im Primär- und Sekundärkreis eines Löschfunkensenders.

verlust in der Funkenstrecke außerordentlich verringert und damit eine vollkommenere Energieausbeute erzielt, sondern auch die störende Zweiwelligkeit des Braunschen Senders völlig beseitigt. Neben diesem Gedanken hat auch Wien das Mittel angegeben, um im geeigneten Zeitpunkte die Öffnung des Primärkreises zu bewirken. Es besteht in der Verwendung einer Funkenstrecke, deren Elektrodenabstand Bruchteile von Millimetern beträgt. Solche Funkenstrecken besitzen, wie an früherer Stelle im Zusammenhange ausgeführt wurde, die bemerkenswerte Eigenschaft, in kürzester Zeit ihre Leitfähigkeit zu verlieren, wenn die Stromamplitude unterhalb bestimmter Werte gesunken ist. Ihre ausgeprägte Löschwirkung gestattet nun weiter, einen Gedanken zur Ausführung zu bringen, der mit Hilfe der alten Knallfunkenstrecken nicht verwirklicht werden konnte. Da die gesamte Schwingungsenergie einer Sendestation sich nicht nur aus der Größe des Primärkreiskondensators und dem Höchstwert der Ladespannung, sondern auch aus der Anzahl der Aufladungen in der Sekunde bestimmt, ist in dieser Löschfunkenstrecke das Mittel gegeben, die Funkenfolge und damit die Leistungsfähigkeit gegenüber den älteren radiotelegraphischen Systemen erheblich zu steigern. Während die Knallfunkenstrecke, selbst unter Anwendung besonderer entionisierender Mittel mit der Entladungszahl in der Sekunde nicht wesentlich über die Zahl 20—30 zu gehen erlaubte, ist es mit Hilfe der kurzen Funkenstrecken ohne weiteres möglich, 2000 und mehr Entladungen in jeder Sekunde zu erzeugen, ohne daß eine schädliche Lichtbogenbildung eintritt. Statt des lauten Knalles, der das Einsetzen eines jeden Funkens bei den älteren Systemen begleitete, hört man jetzt ein gleichförmiges Zischen, das den Entladungsvorgang kennzeichnet. Man spricht in diesem Falle auch von einem Zischfunkensystem. Von da war es nun nicht mehr weit bis zu der letzten Maßnahme, die Funkenfolgen derart zu wählen, daß sie ganz gleichmäßig werden und in dem Bereiche der Schwingungszahlen der musikalischen Töne liegen. In dem Abschnitt über die Empfangseinrichtungen wird näher dargelegt werden, welche Vorteile hiermit verbunden sind. Erreicht wird dieses Ziel dadurch, daß man den Hochspannungsinduktor mit mittelperiodischem Wechselstrom ($\nu = 250—4000$) speist und die Kondensatorspannung so einstellt, daß ihr Höchstwert gerade der Zündspannung der Funkenstrecke gleichkommt. Der Wechselzahl der Maschine entsprechend folgt dann in gleichförmigen Abständen eine Funkenentladung der anderen, von denen jede zunächst die Energieübertragung auf den Luftleiter vermittelt, um darauf plötzlich abzureißen und die Rückwanderung der Energie in den Primärkreis zu verhindern.

2. Einstellung des tönenden Löschfunkensenders.

Die großen Vorzüge in elektrischer Beziehung, welche die Schwebungsstoßerregung im Tonrhythmus mit sich bringt, können jedoch nur dann voll zur Geltung kommen, wenn die Einstellung der Senderkreise in richtiger Weise erfolgt. Und zwar muß sie um so sorgfältiger vorgenommen werden, je geringer die Löschfähigkeit der verwendeten Funkenstrecke ist. Wie aus den später beschriebenen Ausführungsbeispielen hervorgeht, weisen diejenigen Entladestrecken die größte Verbreitung auf, bei denen der Funke zwischen plattenförmigen Elektroden im Abstande von 0,1 bis 0,5 mm übergeht. Versuche haben gezeigt, daß bei diesen der günstigste Kopplungskoeffizient etwa 15 bis $25^0/_0$ beträgt. Wie wir sehen werden, hängt dieser Wert nicht nur von den verwendeten Wellenlängen ab, sondern wird auch von der Größe der Strombelastung beeinflußt.

Soll ein tönender Löschfunkensender einwandfrei arbeiten, so sind vier Einstellungen erforderlich, die zweckmäßig in nachstehender

Reihenfolge vorgenommen werden: 1. Herbeiführung der Resonanz zwischen Primär- und Sekundärkreis des Induktors. 2. Abstimmung des Erregerkreises I auf den Antennenkreis II. 3. Wahl der richtigen Kopplung. 4. Einstellung eines reinen Tones.

Die einzelnen Maßnahmen seien im folgenden an der Hand der Fig. 148 erläutert. Die mittelperiodische Wechselstrommaschine M arbeitet auf einen eisengeschlossenen Transformator oder Resonanzinduktor T, dessen Sekundärseite durch den Kondensator C_1 belastet ist. Zunächst wird der Maschinenkreis so abgeglichen, daß durch Herbeiführung der Resonanzerscheinung eine Spannungserhöhung an der Kapazität eintritt.

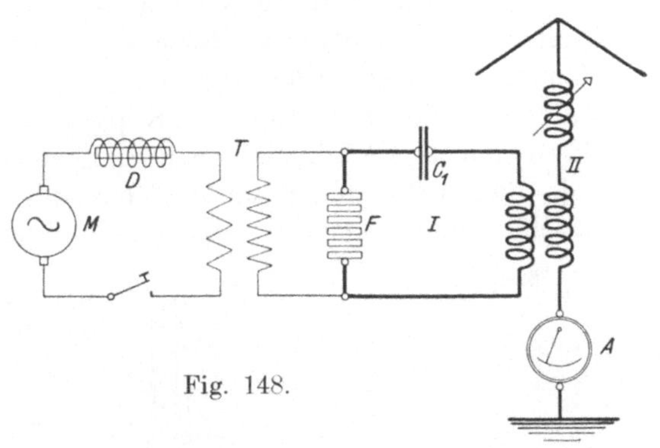

Fig. 148.

Dazu dienen die auf S. 114 angegebenen Hilfsmittel und bei der Schaltung Fig. 148 insbesondere die Drosselspule D. Darauf stimmt man den Stoßkreis I auf die Antenne II ab. Alsdann schreitet man zur Einstellung der richtigen Kopplung. Zu dem Zwecke nähert man die zwei Schwingungsgebilde einander mehr und mehr.

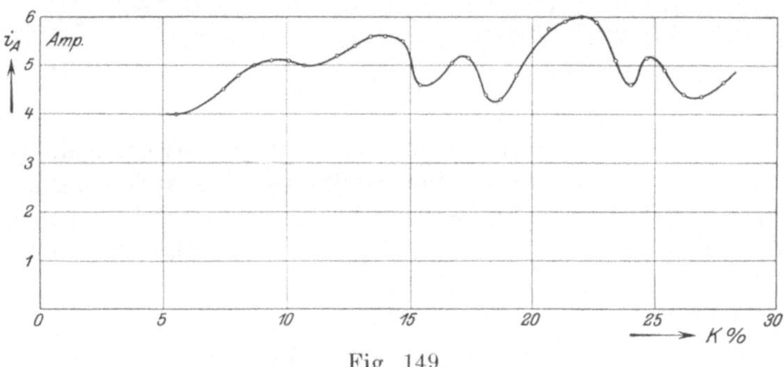

Fig. 149.

Man beobachtet hierbei eine große Zahl von Höchst- und Kleinstwerten des Stromes im Erdungspunkt (Fig. 149). Gleichzeitig verändert sich die Funkenerscheinung in auffälliger Weise. Während der Funke im Falle der größten Ausschläge des Stromzeigers dünn und unscheinbar erscheint, nimmt er an Stärke und Helligkeit um so mehr zu, je größer der Stromrückgang im Luftleiter ist. Werden mit Hilfe eines von der Antenne in loser Kopplung erregten Wellenmessers die Kurven $i = f(\lambda)$ aufgenommen, so ergibt sich im Falle des Höchstausschlages des Strommessers A im Luftleiter (richtige Kopplungseinstellung) eine scharfe Resonanzkurve, die der Eigenschwingung und Dämpfung des Strahlgebildes entspricht. Fließt dagegen in der Antenne ein geringerer Strom, so erhält man die zweite Kurve der Fig. 150, welche außer der Grundwelle noch zwei Kopplungswellen aufweist. Daraus folgt, daß ein rechtzeitiges Abreißen der Funkenstrecke, wie es eine wirkliche Stoßerregung fordert, an die Einstellung bestimmter Kopplungswerte gebunden ist. Daß mehrere günstigste Einstellungen möglich sind, beruht auf dem Umstand, daß der Funke unter Umständen nicht nach der ersten Halbschwebung, sondern erst nach einer späteren abreißt. Je

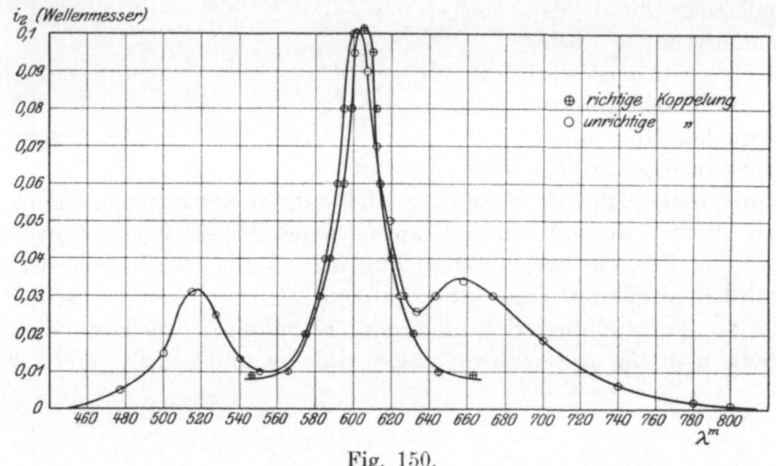

Fig. 150.

fester die Kopplung gewählt wird, desto mehr Schwebungen werden bei gegebener Funkenstrecke im Stoßkreise vorhanden sein. Die richtige Einstellung der Kopplung ist dann erreicht, wenn der Antennenstrom seinen größten Wert (kritische Kopplung) besitzt ($\varkappa = 22\,^0/_0$ in Fig. 149).

Ebenso wichtig aber wie die Kopplung ist die genaue Abstimmung der beiden Schwingungskreise auf die gleiche Grundwelle. Ist diese Bedingung nicht erfüllt, so kommt die Schwebungserscheinung nur unvollkommen zustande, d. h. der Strom in der Löschfunkenstrecke nimmt nicht genügend ab, um ein Abreißen des Funkens im richtigen Augenblick zu bewirken. Die von Gerth aufgenommenen Oszillogramme (Fig. 151) geben hiervon ein deutliches Bild. Dabei sei bemerkt, daß die Wirkung einer gewissen Verstimmung zwischen den beiden Schwingungskreisen durch eine Nachstellung der Kopplung wieder ausgeglichen werden kann.

Der innige Zusammenhang, der zwischen der Löschfähigkeit der Funkenstrecke und dem zur Erzielung einer reinen Stoßerregung erforderlichen Kopplungskoeffizienten besteht, macht es erklärlich, daß alle jene Ursachen, die das Abreißen der Entladung nach der ersten Halbschwebung begünstigen oder erschweren, auch auf die Einstellung der Kopplung von bestimmendem Einfluß sein müssen. Dazu gehört in erster Linie die Größe der gewählten Betriebswellenlängen. Nimmt man an, daß nach fünf ganzen Schwingungen das Abreißen des Funkens erfolgt, was nach Gl. 61 einer Kopplung von etwa $9\,^0/_0$ entspricht, so werden bei gleicher Anfangsamplitude des Stromes an die Löschfähigkeit der Entladestrecke bei kleiner Welle bei weitem höhere Anforderungen gestellt als bei längerer Welle. Die Ursache dieser

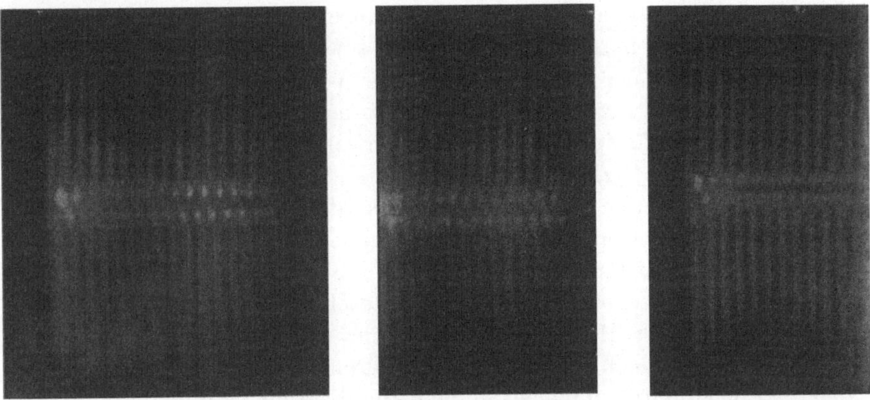

Fig. 151. Schwebungserscheinung bei unscharfer Resonanzeinstellung.

Erscheinung ist darin begründet, daß unter sonst gleichen Verhältnissen die Zeiten, in denen die Schwebungswelle durch Null hindurchgeht, im ersteren Falle kürzer sind, als im zweiten. Es ist deshalb unter Umständen notwendig, die Kopplung beider Kreise bei veränderter Welle entsprechend nachzustellen. In gleicher Weise muß eine Steigerung der Stromamplitude, mag diese durch eine Erhöhung der Energie des Stoßkreises hervorgerufen werden oder durch eine Verminderung der Dämpfung des Luftleitergebildes entstehen, an die Löschfähigkeit der Funkenstrecke größere Anforderungen stellen. Auch hier kann bis zu einem gewissen Grade die Kopplungsveränderung ausgleichend wirken. Jedenfalls läßt die Fülle der hier angedeuteten Störungsursachen erkennen, daß bei der Wienschen Stoßerregung die elektrische Verbindung von Energiekreis und Luftleiter weit sorgfältiger zu erfolgen hat, als dies bei der älteren Braunschen Anordnung der Fall war. Die Gesellschaft für drahtlose

Telegraphie verwendet daher eine von Rendahl angegebene Schaltung, bei der die Kopplung für die längeren Wellen dieselbe bleibt, bei den kürzeren aber sich selbsttätig auf den richtigen Betrag einstellt (s. S. 152).

Die vierte Bedingung, die beim tönenden Löschfunkensender erfüllt sein muß, betrifft, wie eingangs erwähnt wurde, die Einstellung eines reinen Tones. Selbst wenn reine Stoßerregung vorhanden ist, was an dem Eintreten des Höchstwertes des Antennenstromes und der Einwelligkeit der Luftleiterschwingung erkannt wird, kann die Funkenfolge so unregelmäßig sein, daß man auf der Empfangsseite nur ein tonähnliches Geräusch im Fernhörer aufnimmt. Mit Rücksicht auf den Umstand jedoch, daß die Zeichen der Sendeseite auf der Empfangsstation trotz atmosphärischer Nebengeräusche um so leichter hindurchgehört werden können, je reiner der Ton ist, muß auf die Erzielung einer möglichst gleichmäßigen Aufeinanderfolge der Funken der größte Wert gelegt werden. Weiter hat die Erfahrung gezeigt, daß die Erhaltung der Tonreinheit aus mancherlei Gründen für die Größe der Reichweite einer Station viel wichtiger ist, als die Erzielung einer größeren Antennenstromstärke. Die Hervorbringung einer gleichmäßigen Funkenfolge, die die Voraussetzung eines reinen Tones bildet, hängt nun eng mit der an den Sekundärklemmen des Transformators herrschenden Spannung zusammen. Wird durch eine entsprechende Regelung der Maschinenspannung dafür Sorge getragen, daß der Höchstwert der an der Funkenstrecke bei jedem Wechsel vorhandenen Spannung gleich deren Zündspannung ist, so werden die Entladungen in gleichförmigen Zeitabständen aufeinanderfolgen. Dabei hat man es in der Hand, bei jedem oder nach einer Reihe von Wechseln den Durchschlag der Funkenstrecke hervorzurufen. Je nachdem man in jeder Periode ein oder zwei Stöße im Primärkreise erzeugt, werden die Töne um eine Oktave verschieden sein. Neben der Maschinenerregung ist auch die Einstellung der im Primärkreise des Transformators liegenden Selbstinduktion auf die Reinheit des erzeugten Tones von Einfluß. Diese Erscheinung findet darin ihre Erklärung, daß beim Durchschlag der Funkenstrecke die primäre Drosselspule eine übergroße Nachlieferung von Maschinenenergie verhindert, wodurch die Löschwirkung beeinflußt werden kann. Die Reinheit des Tones stellt man am besten im Freien mittels eines aperiodischen Empfangskreises, des sogenannten Tonprüfers, fest (s. S. 276).

3. Die Hilfszündung. Änderung der Senderleistung.

Für die zahlreichen besonderen Bedürfnisse, die der praktische Betrieb zeitigte, sind eine Reihe weiterer Anordnungen gefunden worden, die nach mancher Richtung hin den Anwendungsbereich des tönenden Löschfunkensystems erweiterten. Diese Vorschläge und Versuche beschäftigen sich einmal damit, die Einstellung eines reinen Tones zu erleichtern, und zweitens zielen sie darauf ab, eine schnelle und einfache Regelung der Stärke der Senderleistung in weiten Grenzen vornehmen zu können, ohne die Vorzüge des Systems hinsichtlich der Einwelligkeit und Toneinstellung zu beeinträchtigen.

Dabei tritt wieder in den Vordergrund als wichtigste Anforderung, die an den tönenden Löschfunkensender gestellt wird, die Einstellung und Erhaltung eines völlig reinen Tones. Da dieser die Wirkung einer gleichförmigen Funkenfolge darstellt, wobei die Energie, die bei jeder Entladung des Stoßkreiskondensators in Schwingungen umgesetzt wird, ebenfalls möglichst dieselbe bleiben muß, läuft die Aufgabe darauf hinaus, das Einsetzen des Funkens bei gleicher Zündspannung möglichst in dem Zeitpunkte zu bewirken, in dem die Kondensatorspannung gerade ihren Höchstwert erreicht hat. Falls dann die Löschfähigkeit der

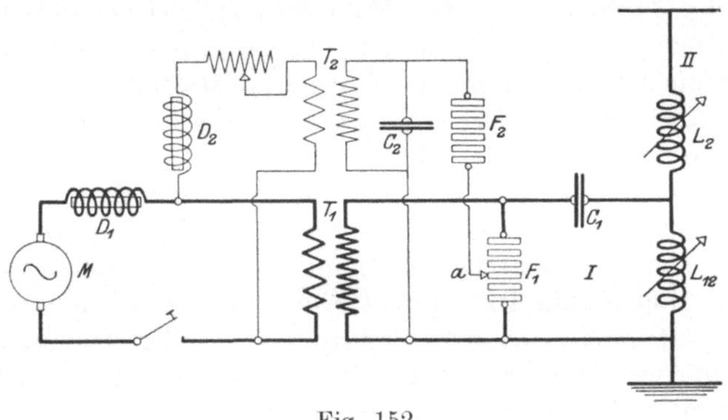

Fig. 152.

Funkenstrecke ihren hohen Wert dauernd beibehält, muß bei richtiger Abgleichung der elektrischen Größen der einzelnen Kreise die Reinheit des Tons sich erhalten. Wenn auch die Erfüllung dieser Bedingungen bei kleinen Energien keine Schwierigkeiten verursacht, so können doch bei starken Stoßkreisströmen erhebliche Schwierigkeiten dadurch auftreten, daß infolge des Nachhinkens der Widerstandsabnahme der Funkenstrecke die Güte ihrer Löschwirkung sich vermindert, was unter Umständen bei der nächsten Entladung eine Herabsetzung der Zündspannung zur Folge hat. Damit verschwinden die Voraussetzungen für ein gleichmäßiges Aufeinanderfolgen der einzelnen Entladungen, und der auf der Empfangsseite aufgenommene Ton besitzt ein kratzendes Nebengeräusch.

Zur Beseitigung dieses Übelstandes hat A. Meißner (Gesellschaft für drahtlose Telegraphie) eine Hilfszündung verwendet, ein Verfahren, dem die beistehende Schaltung Fig. 152 zugrunde liegt. Die stärker ausgezogenen Linien geben die Anordnung einer Löschfunkenanlage wieder, bei der die Rendahlsche Schaltung benutzt ist. Stellt man nun die Selbstinduktion der dem Haupttransformator T_1 vorgeschalteten Drosselspule D_1 und die Klemmenspannung der Maschine M so ein, daß trotz vorhandener Resonanz die sich ausbildende Kondensatorspannung nicht ausreicht, um die Funkenstrecke F_1 zu durchschlagen, und wählt man in den in der Fig. 152 schwach ausgezogenen Hilfskreisen die Sekundärspannung des Induktors T_2 so, daß die Zündung der Funkenstrecke F_2 und eines Teils von F_1 in dem Zeitpunkte erfolgt, in dem auch die Spannung an der Kapazität C_1 ihren Höchstwert besitzt, so muß der Schwingungsvorgang im Stoßkreise I im richtigen Zeitpunkte einsetzen. Da die Energie des Kondensators C_2 nur gering ist, d. h. nur eben ausreicht, um den unteren Teil der Entladestrecke F_1 für eine kleine Zeit kurz zu schließen, ist die Gewähr dafür vorhanden, daß die Schwingungen im Erregerkreise I nach der ersten Halbschwebung sicher abreißen. Das einwandfreie Zusammenarbeiten der beiden Systeme wird durch eine entsprechende Einstellung des Primärkreises des Hilfstransformators T_2, sowie durch die richtige Lage des Anschlußpunktes a erreicht, die man durch einen Versuch ermittelt.

Eine andere, wenn auch nicht so grundlegende Methode zur Erzielung einer gleichmäßigen Funkenfolge beruht auf folgendem Gedanken: Um im richtigen Zeitpunkt eine energische Spannungssteigerung am Stoßkreiskondensator zu erzielen, veränderte man die im Maschinenkreise liegende Selbstinduktion der Drosselspule synchron mit der Periodenzahl des Wechselstroms derart, daß, sobald die sekundäre Transformatorspannung ihren Höchstwert erreicht, die Drosselspule ihren geringsten Selbstinduktionswert besitzt. Wenn man auch hierdurch eine nützliche Spannungssteigerung wird hervorrufen können, so muß man sich doch hierbei auf die Löschwirkung der Funkenstrecke nach wie vor verlassen können.

Eine weitere Gruppe von Vervollkommnungen des tönenden Löschfunkensystems betrifft jene Maßnahmen, die mit ein und derselben Sendeeinrichtung es gestatten, größere oder kleinere Energien zur Ausstrahlung zu bringen. Wichtig ist dies besonders für die beweglichen Stationen (fahr- und tragbare Stationen, Schiffsanlagen), bei denen mit dem Umstand zu rechnen ist, daß die gegenseitige Entfernung sehr gering sein kann. Als wirksamstes Mittel hat sich hier die Veränderung der Anzahl der Funkenstrecken ergeben, denn durch sie ist die Größe der Kapazitätsladespannung bestimmt. Einer Verdopplung der Zahl der in Reihe liegenden Entladestrecken entspricht eine Vervierfachung der Schwingungsenergie. Ist es auf diese Weise noch nicht möglich, zu den gewünschten kleinen Senderleistungen herabzugehen, so wird man zweckmäßig einen Widerstand in den Stoßkreis einschalten.

Wie wir sehen, läuft die Steigerung der Senderleistungen auf eine Reihenschaltung mehrerer Funkenstrecken hinaus. Jedoch auch dieses Verfahren erreicht bald seine Grenze in der Leistungsfähigkeit der Entladestrecke. Dem quadratischen Anwachsen der Kondensatorspannung entspricht bei gleichen elektrischen Abmessungen des Stoßkreises eine proportionale Zunahme der Stromamplituden, denen bald die Abmessungen der betreffenden Funkenstrecke nicht mehr gewachsen sind. Es ist nun bis zu einem gewissen Grade möglich, durch Veränderung des Verhältnisses der Kapazität zur Selbstinduktion den Energieumsatz zu vergrößern, ohne die Strombelastung der Funkenstrecke zu steigern. Dies geht aus folgenden Gleichungen hervor, bei denen die mit dem Index 1 versehenen Buchstaben zu einer Anordnung gehören sollen, bei der noch ein einwandfreies Arbeiten der Entladestrecke stattfindet. Bei gleicher Betriebswellenlänge werde nun die Zündspannung auf den x-fachen Betrag gesteigert:

$$E_{z2} = x \cdot E_{z1}.$$

Die verfügbare Schwingungsenergie A erhöht sich dann auf:

$$A_2 = \frac{E_{z2}{}^2 \cdot C_2}{2} = \frac{J_2{}^2 \cdot L_2}{2},$$

während der frühere Wert durch die Gleichung

$$A_1 = \frac{E_{z1}{}^2 \cdot C_1}{2} = \frac{J_1{}^2 \cdot L_1}{2}$$

gegeben ist. Geht man nun von der Annahme aus, daß $J_1 = J_2$ sein soll, so ergibt sich:

$$\frac{A_2}{A_1} = \frac{L_2}{L_1} = x^2 \cdot \frac{C_2}{C_1} = x^2 \cdot \frac{\left(\frac{\lambda}{2\,\pi}\right)^2 \cdot L_1}{\left(\frac{\lambda}{2\,\pi}\right)^2 \cdot L_2}.$$

Folglich wird:

$$L_2 = x \cdot L_1, \qquad C_2 = \frac{1}{x} \cdot C_1$$

und

$$\frac{A_2}{A_1} = x.$$

Will man sonach die Zündspannung und gleichzeitig auch die Senderleistung auf den x-fachen Betrag steigern, so muß bei gleicher Strombelastung der Funkenstrecke und gleicher Wellenlänge die Stoßkreiskapazität auf den x-ten Teil vermindert werden. Natürlich ist das nur in bestimmten

Grenzen möglich. In erster Linie kommt dieses Verfahren für Großstationen in Betracht, die ihren größeren Antennen entsprechend auch mit längeren Wellen arbeiten. Hier hat es den großen Vorzug, daß man die gleiche Ausführung der Funkenstrecke sowohl bei kleinen, wie bei großen Senderleistungen zur Anwendung bringen kann, was für den Bau der Entladestrecken und die Betriebssicherheit außerordentlich wertvoll ist.

4. Das Überlappen der Wellenzüge.

Im Anschluß hieran seien noch die Erscheinungen besprochen, die bei großen Senderenergien und langen Wellen auftreten können. Wenn bei derartigen Betriebsverhältnissen der Tonempfang nicht mit der erwarteten Deutlichkeit erfolgt, so kann dies besonders bei kleiner Luftleiterdämpfung seine Ursache darin haben, daß die in der Antenne abklingenden Schwingungen vor ihrem vollständigen

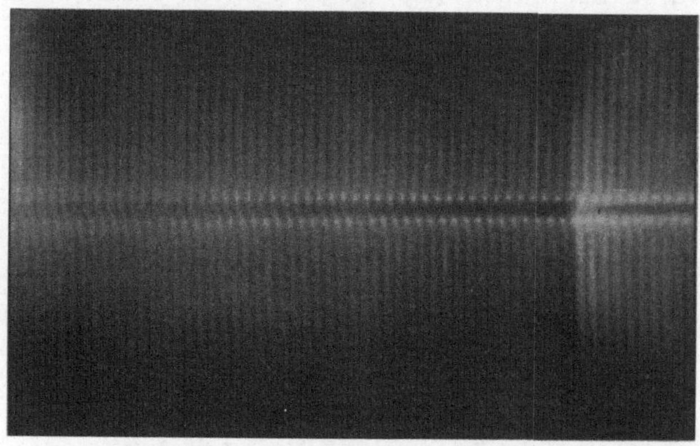

Fig. 153. Überlappen der Wellenzüge.

Verschwinden durch den nächsten Wellenzug überlappt werden (Fig. 153). Setzen dabei die entstehenden Wechselströme nicht mit der Phase der schon vorhandenen ein, so muß diese Erscheinung, ganz abgesehen von den sonstigen Störungen, mit einer teilweisen Energieschwächung verbunden sein. Vor allem aber ist die Überlappung der Wellenzüge aus dem Grunde zu vermeiden, weil durch das Fehlen der Funkenpausen der ausgesprochene Tonrhythmus verwischt wird und damit die Lautstärke im Empfangstelephon zurückgeht. Um zu beurteilen, ob dies zu befürchten ist, kann man folgende Rechnung anstellen:

Erregt man den Luftleiter der Station Eilvese, dessen elektrische Größen auf Seite 85 angegeben wurden, durch einen tönenden Löschfunkensender unter

Beibehaltung einer Betriebswellenlänge von 7200 m mit einer Funkenzahl von 500 in der Sekunde, so erhält man die folgenden Zahlenwerte:

Für $\lambda = 7200$ m ($\nu = 41\,700$ Perioden) wird die Dauer einer Schwingung:

$$T = \frac{1}{\nu} = 0{,}24^{-4} \text{ Sekunden.}$$

Nimmt man an, daß der Luftleiter ein logarithmisches Gesamtdekrement von $\vartheta = 0{,}0625$ besitzt, so berechnet sich die Anzahl der Schwingungen, die nötig sind, um die Stromamplitude auf $\frac{1}{100}$ oder $1\,^0/_0$ ihres Anfangswertes herabzudrücken, nach Gl. 12 zu:

$$\frac{\ln 100}{\vartheta} = \frac{4{,}605}{0{,}0625} \backsimeq 74.$$

Die hierzu erforderliche Zeit wird sonach

$$74 \cdot 0{,}24 \cdot 10^{-4} = 17{,}8 \cdot 10^{-4} \text{ Sekunden.}$$

Da für eine Funkenzahl von 500 in der Sekunde die einzelnen Entladungen in Zwischenräumen von

$$\frac{1}{500} = 20 \cdot 10^{-4} \text{ Sekunden}$$

aufeinanderfolgen, so wird die Pause zwischen dem Abklingen eines Wellenzuges und dem Einsetzen der nächstfolgenden Entladung:

$$20 \cdot 10^{-4} - 17{,}8 \cdot 10^{-4} = 2{,}2 \cdot 10^{-4} \text{ Sekunden,}$$

eine Überlappung der Wellenzüge kann daher nicht eintreten.

Wählt man eine kleinere Welle, was für den Funkensender nur von Vorteil sein kann, so läßt sich die Entladungszahl steigern, ohne daß eine Überlappung der einzelnen Schwingungszüge eintritt.

Man hat somit die folgenden Mittel, um ein Ineinanderlaufen der Wellenzüge zu verhindern:

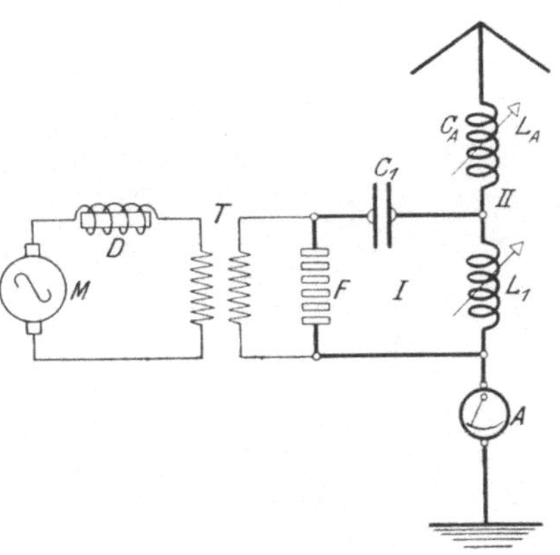

Fig. 154.

a) Steigerung der Periodenzahl des Hochfrequenzstromes,

b) Herabsetzung der Funkenzahl in der Sekunde, d. h. der Tonhöhe.

Zu diesen kommt noch als drittes

c) der Einbau einer kurzen Entladestrecke in den Erdungspunkt des Luftleiters,

die infolge ihrer Löschfähigkeit die Antenne vom Erdboden in dem Augenblicke abschaltet, in welchem der Strom einen sehr kleinen Wert erreicht hat. Durch diese Hilfsfunkenstrecke werden die Pausen zwischen den einzelnen Wellenzügen künstlich verlängert.

5. Ausführungsformen der Löschfunkensender.

Um den Ausbau der Wienschen Stoßerregungsmethoden zu einem praktisch brauchbaren Telegraphiesystem hat sich besonders die Gesellschaft für drahtlose Telegraphie große Verdienste erworben. Die weite Verbreitung, die die tönenden Löschfunkenanlagen überall gefunden haben, sind hierfür ein sprechendes Zeugnis. Die Kopplung von Stoßkreis und Luftleiter erfolgt zumeist mittels der früher (S. 146) erwähnten und in Fig. 154 dargestellten Schaltung.

Für den Kopplungsfaktor $\varkappa = \sqrt{\dfrac{M^2}{L_I \cdot L_{II}}}$ ergibt sich hierbei, da für diese Schaltung einerseits $M = L_1 = L_I$, $L_A + L_1 = L_{II}$ ist, und anderseits die Resonanzgleichung $\lambda = 2\pi\sqrt{C_1 \cdot L_1} = 2\pi\sqrt{C_A(L_A + L_1)}$ übergeht in $C_1 \cdot L_I = C_A \cdot L_{II}$:

$$\varkappa = \sqrt{\frac{L_I}{L_{II}}} = \sqrt{\frac{C_A}{C_1}}.$$

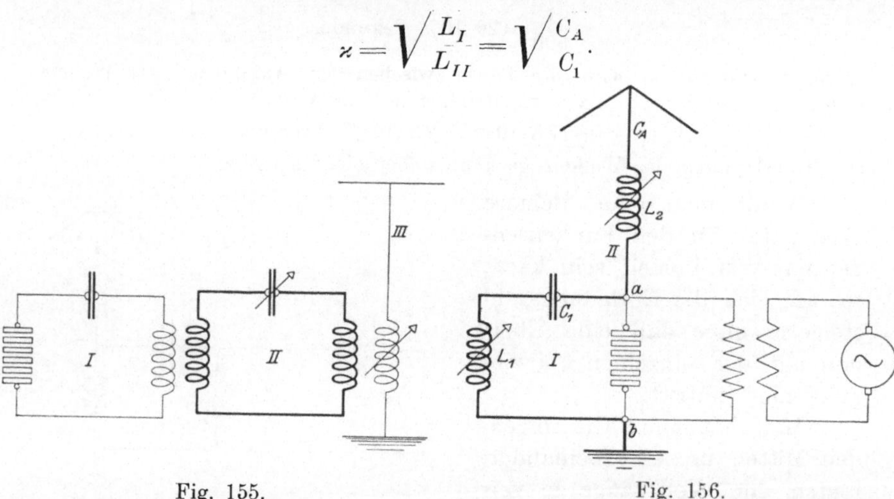

Fig. 155.   Fig. 156.

Der Kopplungsfaktor bleibt sonach, auf welche Wellenlängen auch die Sendestation abgestimmt ist, stets der gleiche, wenn man C_A und C_1 nicht ändert. Bei Verwendung einer Funkenstrecke, deren Löschfähigkeit nicht von der Stoßkreisenergie und den Wellenlängen abhängt, muß diese Schaltung deshalb eine besonders einfache Handhabung ergeben. Will man nämlich die Schwingungsperiode ändern, so hat man nur zunächst das in Wellenlängen geeichte Variometer L_1 auf den gewünschten Wert einzustellen und dann die Selbstinduktion L_A im Luftleiter so lange zu ändern, bis der in der Erdleitung liegende Strommesser den größten Ausschlag zeigt. Bei kleineren Energien und einem beschränkten Wellenbereich bietet diese Anordnung ohne Zweifel vielfache Vorteile. Hat man jedoch mit

Unregelmäßigkeiten bei der Löschwirkung der Entladestrecke zu rechnen, die außer durch die schon angegebenen Ursachen beispielsweise durch die wechselnden Erwärmungsverhältnisse der Elektroden beim Beginn und am Ende der Betriebsperiode bedingt sein können, so ist es richtiger, auch die Kopplungsverhältnisse veränderlich einzurichten, etwa dadurch, daß man in den Primärkreis noch eine Selbstinduktion einfügt, die nicht vom Antennenstrom durchflossen wird. Ist der Löschfunkensender an eine Luftleiteranlage angeschlossen, die infolge ihrer hohen Dämpfung oder großen Eigenselbstinduktion eine deutliche Ausbildung der Schwebungserscheinung verhindert, so kann

Fig. 157. 0,5 TK-Löschfunkensender der Gesellsch. f. drahtl. Telegr., Berlin.

man sich nach M. Wien dadurch helfen, daß man zwischen Stoßkreis und Antenne noch einen schwach gedämpften Zwischenkreis einfügt (Fig. 155). Sobald die Energie des Erregerkreises auf diesen übertragen ist, verschwindet die Leitfähigkeit der Löschfunkenstrecke und das Zusammenwirken der in loser Kopplung verbundenen Systeme II und III erfolgt dann in der gleichen Weise, wie beim Stoneschen Sender (Fig. 146). Der Fortfall des dämpfenden Einflusses der Funkenstrecke jedoch gewährleistet im vorliegenden Falle eine bessere Energieausnutzung. Bei Anlagen, die vorzugsweise nur mit einer Welle arbeiten, kann unter Umständen diese Schaltung Vorteile bringen.

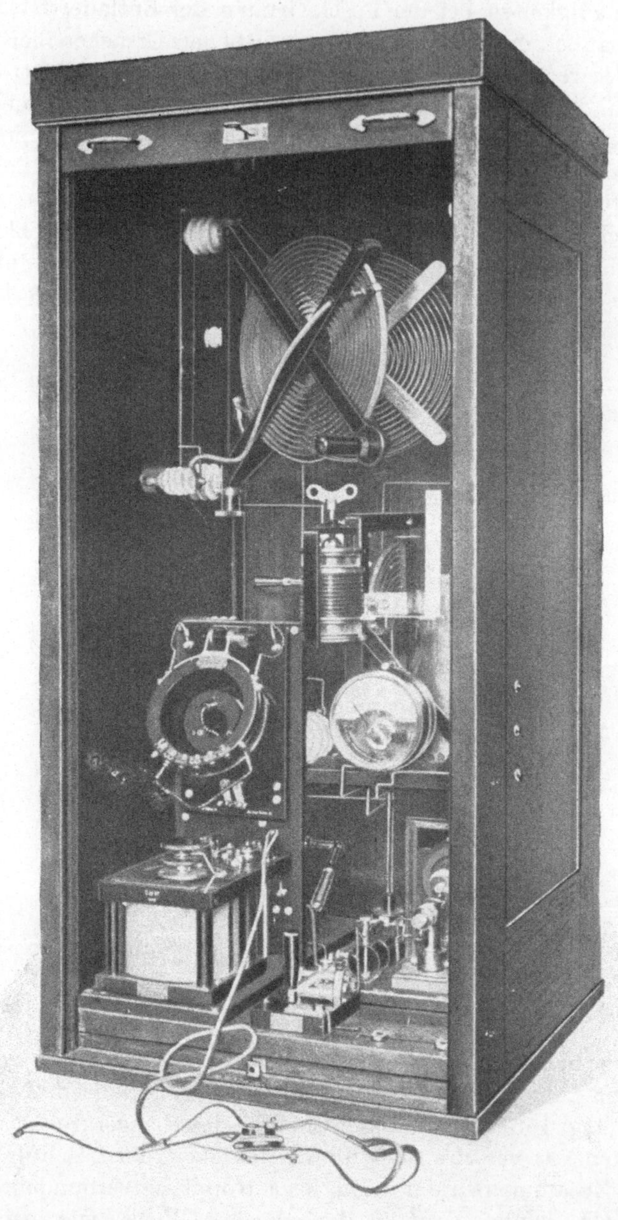

Fig. 158. Vollständige Flugzeugstation für 0,2 KW-Leistung
(Gesellsch. f. drahtl. Telegr., Berlin).

Im Anschluß hieran sei noch eine Anordnung erwähnt, bei der ebenfalls eine schnell löschende Funkenstrecke besondere Wirkungen hervorruft. Die Kapazitäten C_1 und C_A (Fig. 156) der Schwingungskreise I und II, deren Eigenschwingung verschieden ist, werden gleichzeitig durch den Induktorstrom aufgeladen. Ist die Zündspannung der Entladestrecke erreicht, so schwingt jeder Kreis in

Fig. 159. Löschfunkenstation mit Walzenfunkenstrecken der
Comp. Générale de Radiotél., Paris.

der ihm eigentümlichen Grundwelle aus. In dem gemeinsamen Teile ab beider Strombahnen muß sich demnach eine Schwebungserscheinung ausbilden, die, sobald der Gesamtstrom durch Null hindurchgeht, infolge der Löschfähigkeit der Funkenstrecke hier die Leitung öffnet. Der Rest der Schwingungsenergie ist daher gezwungen, mit einer neuen Welle allmählich abzuklingen, deren Größe die Gleichung:

$$\lambda = 2\,\pi \cdot \sqrt{(L_1 + L_2) \cdot \frac{C_1 \cdot C_A}{C_1 + C_A}}$$

bestimmt.

Der Zusammenbau der tö-
nenden Löschfunkensender
soll durch die Abbildungen 157 bis
161 erläutert werden. Die Figuren 157 und 158 stellen Löschfunkensender der Gesellschaft für
drahtlose Telegraphie dar.

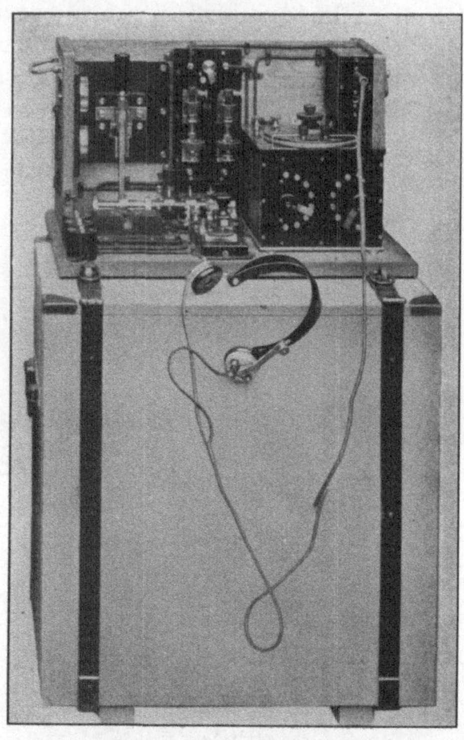

Fig. 161.
Empfangstisch der Comp. Générale d
Radiotél., Paris.

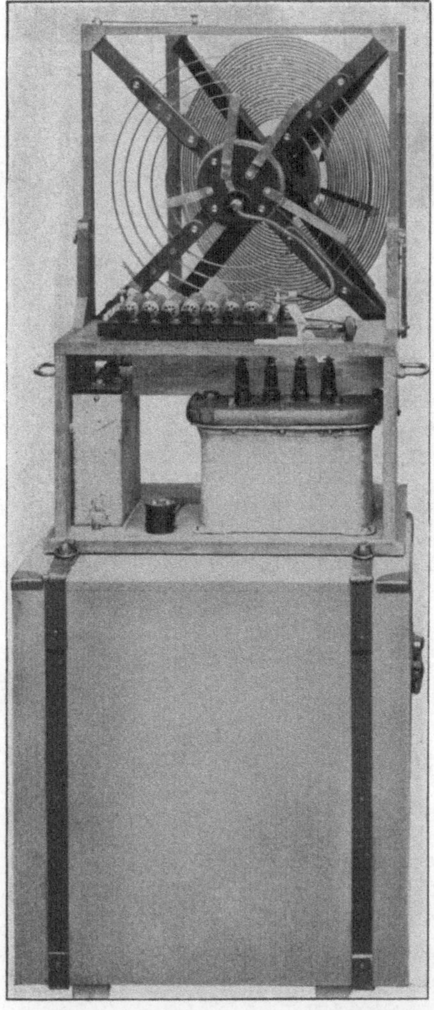

Fig. 160.
Löschfunkensender der Comp. Générale
de Radiotél., Paris.

Fig. 162.
Zungenfrequenzmesser von
Hartmann & Braun, Frankfurt a. M.

Die Anordnung der Apparate der Comp. Générale de Radiotélégraphie zeigen die Figuren 159 bis 161. In Fig. 159 befindet sich links der Sender, rechts der Empfänger, beide durch den Sende-Empfangs-Umschalter voneinander getrennt. Bei der beweglichen Station sind eine Reihe fester Wellen vorgesehen, die durch Stöpseln der Stoßkreis- und Antennenspule beliebig gewählt werden können. Die Kopplung der beiden Schwingungskreise erfolgt auf induktivem Wege, wobei die Einstellung des günstigsten Wertes durch Nähern oder Entfernen der betreffenden Spulen vorgenommen wird. Die Übersichtlichkeit der gesamten Anordnung erleichtert deren Handhabung nach jeder Richtung hin.

In diesem Zusammenhang sei noch der Resonanzfrequenzmesser von Hartmann & Braun (Fig. 162) erwähnt, der eine dauernde Überwachung der Periodenzahl der Wechselstrommaschine ermöglicht und ja in der Starkstromtechnik schon längere Zeit in Gebrauch ist. Er wird in vielen Fällen durch eine kleine etwa 50-periodige Wechselstrommaschine gespeist, die auf der Welle der 500-Periodenmaschine sitzt, ist aber für 500 Perioden geeicht. Neuerdings wird er auch für die mittleren Wechselstromfrequenzen gebaut, die bei den tönenden Funkensendern Verwendung finden. Die dauernde Überwachung der Wechselstromperiode ist aus folgenden Gründen wichtig: Einmal stört ein periodisches Schwanken der Maschinenfrequenz die vorher eingestellte Resonanzabgleichung des Transformators mit dem Stoßkreiskondensator besonders dann, wenn die Funkenzahl geringer als die Wechselzahl ist. Und zweitens muß mit veränderlicher Maschinenperiode die Tonhöhe sich verändern, ein Umstand, der das Abhören der Zeichen auf der Empfangsseite erschwert. Mittels des Frequenzmessers ist es daher leicht möglich, durch Nachstellen der Umlaufszahl der Kraftmaschine die Gleichmäßigkeit des Senderbetriebes zu gewährleisten.

IV. Die Funkensysteme mit umlaufenden Entladestrecken.

1. Das Marconisystem.

Das Marconisystem weist drei Entwicklungsstufen auf. Die älteste Senderanordnung bestand bekanntlich aus einem geerdeten Luftleiter, in den eine Knallfunkenstrecke eingeschaltet war (Fig. 135), die die unmittelbare Aufladung der Antennenkapazität aus der Sekundärwicklung des Hochspannungsinduktors so lange gestattete, bis ihre Elektrodenspannung den Wert der Zündspannung erreicht hatte. Die an früherer Stelle geschilderten großen Nachteile dieser Senderanordnung veranlaßten G. Marconi um die Jahrhundertwende zur Zweikreisschaltung nach dem Braunschen Vorschlage überzugehen, so daß man eine Zeit lang von einer völligen Gleichartigkeit der auf der Welt verwendeten Sendersysteme reden konnte. Als dann die Aufgabe gestellt wurde, einen betriebssicheren transatlantischen radiotelegraphischen Verkehr einzurichten, mußten neue Mittel gefunden werden, um die hierzu nötigen großen Senderenergien in wirtschaftlicher Weise zu erzeugen. In dieser Richtung ist als wichtigster Fortschritt die Ausbildung einer umlaufenden Funkenstrecke anzusehen, mit der nicht nur große Schwingungsenergien zur Ausstrahlung gebracht werden können, sondern auch die Erzeugung reiner Töne auf der Empfangsseite ermöglicht wird durch Entladungen, die in gleichmäßigen Zeitabständen aufeinanderfolgen.

Als Energiequelle kann eine Gleich- oder Wechselstrommaschine Verwendung finden. Da nur wenige Anlagen sich der ersteren bedienen, sobald es sich um große Leistungen handelt, soll im folgenden eine Senderanordnung dieser Art beschrieben werden.

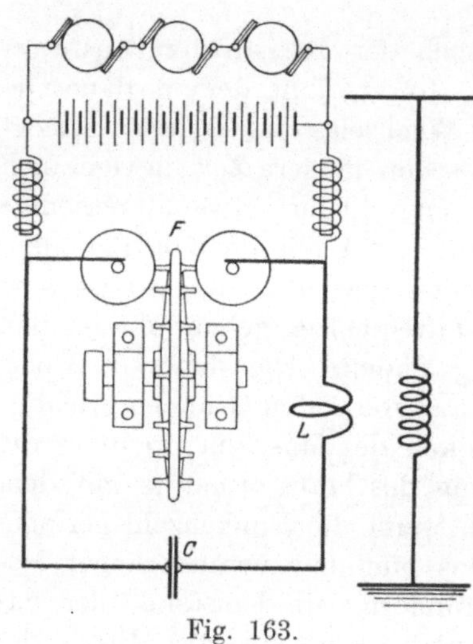

Fig. 163.

Die Schaltung ist in Fig. 163 wiedergegeben. Eine Reihe von Gleichstromhochspannungsmaschinen, denen eine Akkumulatorenbatterie parallel geschaltet ist, sind über Widerstände und Drosselspulen an die Belegungen eines Kondensators C geführt, der mit der Selbstinduktion L und der umlaufenden Funkenstrecke F einen geschlossenen Schwingungskreis bildet. Erfolgt nun die Aufladung der Kapazität, wie in einem früheren Abschnitt ausgeführt wurde, oszillatorisch und tritt die Spannungserhöhung stets in dem Zeitpunkte ein, in dem die Vorsprünge der großen, schnell umlaufenden Scheibe den beiden kleineren Rädern gerade gegenüberstehen, so wird in dem geschlossenen Kreise ein Höchstbetrag von Schwingungsenergie erzeugt. Die Erhaltung der Gleichzeitigkeit zwischen dem elektrischen und mechanischen Vorgange, der bei Verwendung einer Wechselstrommaschine, auf deren Welle die Funkenstrecke befestigt ist, keine besonderen Schwierigkeiten verursacht, wird im vorliegenden Falle im allgemeinen nicht vorhanden sein. Die Möglichkeit ist jedoch auch hier nicht ausgeschlossen, bei richtiger Abgleichung der Aufladungszeiten und der Umfangsgeschwindigkeit des Rades eine Spannungserhöhung am Kondensator im gewünschten Zeitpunkt hervorzurufen. Die im Primärkreis vorhandene Schwingungsenergie wird nunmehr auf die Antenne überströmen, wobei sich bei einigermaßen fester Kopplung beider Systeme eine Schwebungserscheinung ausbilden wird. Die Umfangsgeschwindigkeit und Polbreite der großen Scheibe, sowie die Kopplung müssen nun so gewählt werden, daß beim ersten Kleinstwert des Stromes im geschlossenen Kreise der Abstand der Elektroden der Funkenstrecke so groß geworden ist, daß ein Abreißen der Entladungserscheinung sicher erfolgt. Die bis zu diesem Zeitpunkt auf den Luftleiter übertragene Energie wird von jetzt an mit der dem Strahlgebilde eigenen Wellenlänge und Dämpfung ausschwingen.

Im Anschluß an die in Fig. 163 angegebene, in den Großstationen von Clifden (Irland) und Glace Bay (Kanada) benutzte Schaltung sollen im folgenden die Verhältnisse zahlenmäßig näher beleuchtet werden.

Die Klemmenspannung der Gleichstromquelle beträgt 12 000 Volt.

Wellenlänge $\lambda = 6000$ m (50 000 Perioden),
Funkenzahl $a = 500$ in der Sekunde,
Kapazität des Stoßkreises $C = 900\,000$ cm $= 1$ MF.

Infolge der oszillatorischen Aufladung des Kondensators C wächst dessen Spannung auf 18 000 Volt an.

Die im Primärkreis vorhandene Schwingungsenergie berechnet sich somit zu:

$$a \cdot \frac{e_z^2 \cdot C}{2} = 500 \cdot \frac{18\,000^2 \cdot 900\,000}{2 \cdot 9 \cdot 10^{11}} = 81\,000 \text{ Watt.}$$

Die Dämpfung des Primärkreises infolge von Eigenverlusten und der Energieabgabe an den Luftleiter soll nun von solcher Größe sein, daß nach etwa 20 Perioden die Stromamplitude auf $1\,^0/_0$ des Anfangswertes gesunken ist. Folglich ergibt sich die Zeit eines solchen Schwingungszuges zu:

$$20 \cdot \frac{1}{50\,000} = 4 \cdot 10^{-4} \text{ Sekunden.}$$

Bei einer Umfangsgeschwindigkeit der großen Scheibe von 180 m in der Sekunde und einer Elektrodenbreite von 20 mm, ist der kleinste Polabstand während eines Zeitraumes von

$$3 \cdot 20 \cdot \frac{1}{180\,000} = 3{,}34 \cdot 10^{-4} \text{ Sekunden}$$

vorhanden. Berücksichtigt man, daß trotz eines gewissen Entladeverzuges der Funken der hohen Spannung wegen schon einsetzen muß, bevor die Elektroden ihren kleinsten Abstand erreicht haben, und daß das Abreißen des Schwingungsvorganges jedenfalls erst dann erfolgen wird, wenn die Funkenlänge wieder bis zu einem bestimmten Werte angewachsen ist, so dürften die Zeiten von $4 \cdot 10^{-4}$ und $3{,}34 \cdot 10^{-4}$ Sekunden annähernd zueinander passen.

Jedenfalls hat man beim Betriebe stets die Möglichkeit, durch Nachstellen der Kopplung die günstigsten Verhältnisse herbeizuführen. Bei einer Änderung der Welle wird diese Maßnahme stets notwendig werden. Die mannigfachen Vorteile, die besonders bei großen Energien die Verwendung eines Wechselstromgenerators mit sich bringt, haben in neuerer Zeit die Marconi-Gesellschaft bestimmt, bei ihren Großstationen vorzugsweise diese Maschinengattung einzubauen. Damit nähern sich die Marconischen Sendereinrichtungen, wenigstens soweit es die Schaltung angeht, der von R. A. Fessenden (National El. Signaling Co.) entwickelten Stationsform, die besonders in den Vereinigten Staaten von Nordamerika vielfach im Betriebe ist.

2. Das System von R. A. Fessenden.

Der Zusammenbau der Einzelteile einer solchen Anlage geht aus der Fig. 164 deutlich hervor. Die Sekundärwicklung des unter dem Fußboden aufgestellten Hochspannungstransformators ist an die umlaufende Funkenstrecke angeschlossen, die die Ladungsenergie der Preßgaskondensatoren jedesmal dann in Schwingungen umsetzt, wenn die beweglichen Pole den beiden festen Elektroden gegenüberstehen. Durch entsprechende Einstellung ist dafür Sorge getragen, daß das synchron umlaufende Polrad jedesmal in dem Augenblicke die Entladung bewirkt, in dem die Kapazitätsspannung ihren größten Wert besitzt. Die entstehenden Schwingungen des Stoßkreises werden durch den oberhalb der Kondensatoren sichtbaren Hochfrequenztransformator der Antenne mitgeteilt, wobei die Kopplung beider Systeme derart gewählt ist, daß die Funkenerscheinung in dem Augenblicke abreißt, in dem die Luftleiterenergie wieder zum Primärkreis zurückwandern will. Da ihr dieses durch die plötzliche Öffnung der geschlossenen Schwingungsbahn unmöglich gemacht wird, muß sie nunmehr in der Antenne so lange hin und herpendeln, bis der gesamte elektrische Arbeitsvorrat in Wärme und Strahlungsleistung umgesetzt ist.

Die folgenden Zahlenwerte geben ein Bild von den Betriebsverhältnissen:

Leistung des Wechselstromgenerators ~ 100 KW.
Periodenzahl des Wechselstromes $\nu = 500$.
Übersetzungsverhältnis des Hochspannungstransformators
    $n = 220 : 25000$.
Betriebswellenlänge $\lambda = 3800$ m.
Kapazität des Primärkreises $C_1 = 0{,}126$ MF $= 113\,400$ cm.
Selbstinduktion des Primärkreises $L_1 \sim 32\,300$ cm.

Bei 1000 Funken in der Sekunde berechnet sich die Schwingungsenergie, die im günstigsten Falle zur Verfügung steht, zu

$$A = a \cdot \frac{E_z^2 \cdot C}{2} = 1000 \cdot \frac{25\,000^2 \cdot 2 \cdot 0{,}126 \cdot 10^{-6}}{2} = 78\,750 \text{ Watt.}$$

Der Wirkungsgrad der Frequenztransformation ist demnach

$$\eta_1 = \frac{78\,750}{100\,000} = 0{,}79.$$

Fig. 164. Senderanlage mit umlaufender Funkenstrecke von Fessenden.

Der Luftleiter besitzt die folgenden elektrischen Abmessungen:

$$C_A = 0{,}01 \text{ MF} = 9000 \text{ cm}$$
$$L_A = 123\,000 \text{ cm}$$
$$\lambda_0 \backsimeq 2090 \text{ m}.$$

Bei einer Wellenlänge von 3800 m soll der gesamte wirksame Antennenwiderstand $5\,\Omega$ betragen. Wird im Erdungspunkt ein Strom $i_A = 120$ Amp. gemessen, so ist

$$120^2 \cdot 5 = 72\,000 \text{ Watt}$$

der gesamte Energieverbrauch des Luftleiters.　Aus den Abmessungen der

Antenne ergibt sich ihre wirksame Höhe zu $h_{eff} \cong 135$ m. Damit erhält man den Strahlungswiderstand w_s aus der Beziehung

$$w_s = 160 \cdot \pi^2 \cdot \left(\frac{h_{eff}}{\lambda}\right)^2 = 160 \cdot \pi^2 \cdot \left(\frac{135}{3800}\right)^2 \cong 2 \; \Omega$$

ferner: $\qquad i^2 \cdot w_s = 120^2 \cdot 2 = 28\,000$ Watt.

Fig. 165. Tischstation von Rouzet (Société Industr. de Télégr. s. Fil, Paris).

Für die verschiedenen Wirkungsgrade erhält man somit folgende Werte: Wirkungsgrad der Hochfrequenzseite:

$$\eta_2 = \frac{28\,800}{78\,750} = 0,37 \,,$$

Wirkungsgrad der Antenne:

$$\eta_A = \frac{28\,800}{72\,000} = 0,40 \,,$$

Wirkungsgrad der gesamten Station:

$$\eta = \eta_1 \cdot \eta_2 = 0,29 \,.$$

Nachdem sich in zahlreichen Anlagen die umlaufenden Funkenstrecken gut bewährt hatten, haben eine ganze Reihe von Gesellschaften diese Form des Entladers aufgegriffen und und für besondere Betriebszwecke weiterentwickelt. Als Beispiel hierfür sei der Sender von Rouzet (Société Industr. de Télégraphie sans Fil) erwähnt, dessen allgemeine Anordnung die Abbildung Fig. 165 wiedergibt. Im besonderen als Luftschiff- und Flugzeugsender ausgebildet, zeichnet er sich durch sein geringes Gewicht bei sehr gedrungenem Zusammenbau aus (Fig. 166, 167 u. 168). Die vielfach unterteilte Reihenfunkenstrecke ist unmittelbar auf der Welle des Wechselstromgenerators angebracht, der seinerseits von dem Benzinmotor des Flugzeuges angetrieben wird. Diese Anordnung vereinigt die folgenden Vorteile:

Fig. 166.

Fig. 167.

Flugzeugsender von Rouzet.

a) Wird die Funkenzahl gleich der Wechselzahl gewählt, so kann man durch Verdrehung des feststehenden Teiles der Entladestrecke die Funken stets beim Spannungshöchstwert zum Einsetzen bringen.

b) Bei der von Fessenden bevorzugten Form des Scheibenentladers herrscht zwischen den beiden feststehenden Elektroden die ganze Zündspannung, die sich ihrerseits auf zwei Funkenstrecken verteilt. Die Spannung an einer solchen Funkenstrecke hat nun dann ihren kleinsten Wert, wenn der Polansatz der Scheiben sich um eine halbe Teilung von der festen Elektrode entfernt hat, während sie um so mehr zunimmt, je mehr sich die festen und beweglichen Pole nähern. Hierbei liegt aber die Gefahr vor, daß die Entladung, besonders bei kleinem Elektrodenabstande, einmal früher und einmal später einsetzt, wodurch die Gleichförmigkeit der Funkenfolge und damit die Tonreinheit nicht mehr erhalten bleibt. Löst man jedoch bei gegebener Zündspannung die Doppel-

11*

funkenstrecke in eine große Zahl einzelner in Reihe geschalteter Funkenstrecken auf, deren Einsatzspannung sich dann in entsprechen-

Fig. 168. Flugzeugstation von Rouzet.

dem Maße vermindert, so kann der Durchschlag selbst bei kleinem Elektrodenabstande nur dann erfolgen, wenn die betreffenden Pole sich gerade gegenüberstehen. Dadurch wird nicht nur die Reinheit des Tones gewährleistet, sondern auch als weiterer Vorteil ein sicheres Abreißen des Schwingungsvorganges im Stoßkreise erreicht. Eine Verstärkung der Kopplung im Vergleich mit dem Zweifunkensender muß demnach möglich sein, ohne daß die Einwelligkeit der Antennenstrahlung beeinträchtigt wird. Je mehr Funkenstrecken man verwendet, um so besser wird die Löschwirkung.

Der unterhalb der Maschine angebaute Kasten (Fig. 166 und 167) enthält den eisengeschlossenen Transformator und den Primärkondensator, während die oberhalb der Maschine sichtbare Spiralspule dem Stoßkreise und der Antenne gemeinsam ist. Das Geben der Zeichen erfolgt durch Öffnen und Schließen des Maschinenstromes.

In der folgenden Zusammenstellung sind die wichtigsten Größen für einen derartigen Flugzeugsender aufgeführt:

$$\text{Maschinenleistung} = 250\ \text{Watt.}$$
$$\text{Äußere Raummaße} = 55 \times 44 \times 31\ \text{cm.}$$
$$\text{Gewicht einschließlich Antenne und sämtlicher Neben-}$$
$$\text{teile} = 37{,}2\ \text{kg.}$$
$$\text{Reichweite} = 100\ \text{km.}$$
$$\text{Wellenlänge} = 175\ \text{m.}$$

V. Das Poulsensche Lichtbogensystem zur Erzeugung von ungedämpften Schwingungen.

1. Die physikalischen Vorgänge im Lichtbogengenerator.

Allen bisher beschriebenen Sendemethoden war die Erscheinung gemeinsam, daß die Amplituden der in dem Luftleiter erzeugten Ströme stetig abnehmen. Wie wir später bei der Betrachtung der Schwingungsverhältnisse auf der Empfangsseite sehen werden, ist diese Eigenschaft der Senderantennenströme für die Stärke der Zeichenübertragung um so ungünstiger, je schneller der Amplitudenabfall erfolgt, d. h. je größer das logarithmische Dekrement jedes Schwingungszuges ist. Es liegt daher nahe, den Verlauf der elektromagnetischen Wellen des Senders so zu gestalten, wie er für die Erregung der Empfangsstation am vorteilhaftesten ist. Welcher Weg hierbei eingeschlagen werden muß, läßt sich aus zahlreichen Beispielen aus der Akustik unmittelbar folgern. Eine allmählich ausklingende Klaviersaite wird eine gleichgestimmte wirksamer zum Ansprechen bringen, als eine solche, die gleich nach dem Anschlag durch einen Dämpfer in kurzer Zeit zur Ruhe gebracht wird. In ähnlicher Weise wird ein von der Sendeseite ausgehender stark gedämpfter elektromagnetischer Wellenzug zum großen

Teile unwirksam über die Empfangsantenne hinweggleiten. Strahlt jedoch der Geberluftleiter Schwingungen von gleichbleibender Amplitude (ungedämpfte Schwingungen) aus, so müssen diese infolge ihrer hohen Resonanzfähigkeit bei gleicher Strahlungsenergie durch allmähliches Aufschaukeln größere Ströme in dem Empfänger entwickeln, als im ersten Falle. Eine kräftige Energieübertragung, verbunden mit einer scharfen Abstimmung, ist deshalb nicht allein eine Frage der Leistungsfähigkeit der Sendeseite, sondern auch der Schwingungsform, die die ausgestrahlte Welle besitzt. Auf Grund dieser Überlegungen wurde schon frühzeitig der Wunsch nach Verfahren rege, mit denen ungedämpfte Wechselströme von hoher Periodenzahl und großer Leistungsfähigkeit erzeugt werden konnten.

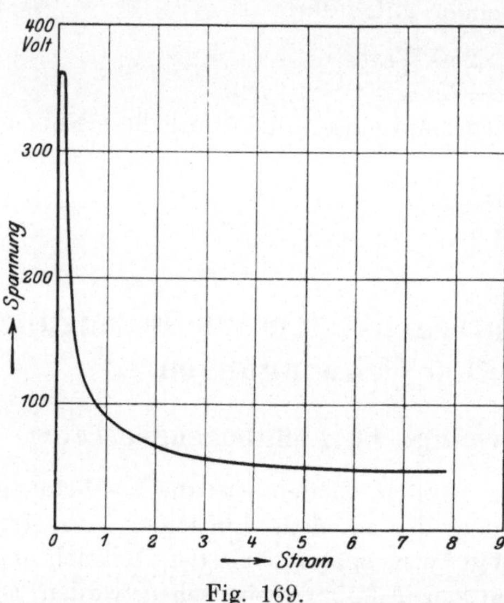

Fig. 169.

Geht man von den älteren Knallfunkensendern aus, so wird man am einfachsten erkennen, welche besonderen Bedingungen zur Erreichung des gesteckten Zieles erfüllt sein müssen. Wie schon an früherer Stelle ausgeführt worden ist, stellt die Funkenstrecke eine sich selbsttätig auslösende Steuervorrichtung dar, die mit mehr oder weniger Regelmäßigkeit den Schwingungskreis schließt und öffnet. Der Widerstand der Funkenstrecke schwankt demnach zwischen einem sehr kleinen Werte, der bei der Entladung, und dem Werte Unendlich, der bei der Aufladung der Kapazität vorliegt. Will man jedoch Schwingungen von gleichbleibender Amplitude erzeugen, so ist es offenbar nötig, nach jeder Periode dem Schwingungskreis durch die Energiequelle soviel Energie wieder zuzuführen, wie er in der vorausgehenden durch Wärmeentwicklung und Ausstrahlung verloren hat. Diese Forderung verlangt eine Steuervorrichtung, die entsprechend den Augenblickswerten des Hochfrequenzstromes ihren Widerstand ändert und sich nicht, wie die Knallfunkenstrecke, nach der Zündung auf einen mittleren Widerstand einstellt. Um ein Beispiel aus dem Gebiete der Mechanik zu gebrauchen, könnte man sagen, als Entladestrecke kann hierbei nur eine solche in Frage kommen, die für die verwendeten Schwingungszahlen keine merkbare Trägheit besitzt.

Die Erfahrung hat nun gezeigt, daß es zahlreiche Wege gibt, um zu dem gewünschten Ziele zu gelangen. Für die praktische Verwertbarkeit freilich kommen nur solche in Frage, die nicht nur die Erzeugung hoher Frequenzen gestatten, sondern auch eine größere Energiemenge umzusetzen erlauben.

Das in dieser Richtung bisher wirksamste Verfahren ist die Anwendung eines Lichtbogens in einer Form, die zuerst von V. Poulsen vorgeschlagen wurde. Da zahlreiche Anlagen nach diesem Verfahren in Betrieb sind, soll auf seine physikalischen Grundlagen etwas näher eingegangen werden.

Erzeugt man zwischen zwei Elektroden einen Gleichstromlichtbogen und bestimmt man für verschiedene Stromstärken die an den Elektroden herrschende Spannung, so erhält man eine hyperbelförmige Kurve, die man als statische Charakteristik des Lichtbogens bezeichnet (Fig. 169). Bemerkenswert hierbei ist, daß die Kurve eine fallende ist, d. h. kleineren Stromstärken größere Spannungen zugeordnet sind, als umgekehrt. Da der wirksame Widerstand des Entladungsvorganges sich aus dem Quotienten von Spannung und Strom ergibt, folgt, daß er mit abnehmender Stromstärke zunehmen muß.

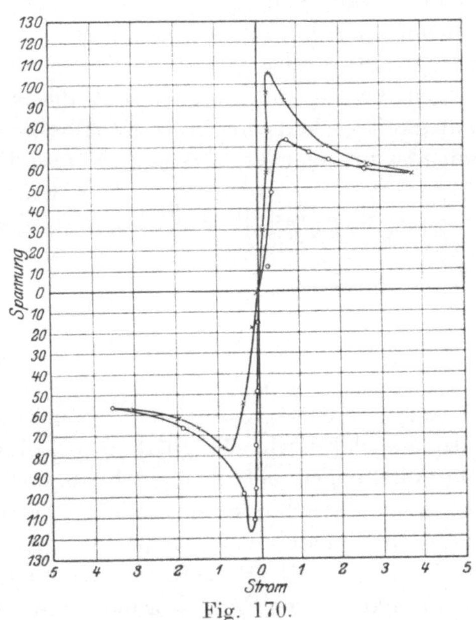

Fig. 170.

Wird zur Speisung des Lichtbogens statt Gleichstrom Wechselstrom verwendet und führt man für jeden Augenblickswert desselben die gleiche Messung durch, so erhält man die dynamische Charakteristik des Lichtbogens. Fig. 170 zeigt eine solche von H. Th. Simon aufgenommene Charakteristik, bei der besonders der Umstand bemerkenswert ist, daß die Spannungswerte für zu- und abnehmenden Strom einen anderen Verlauf zeigen. Der Grund hierfür ist im folgenden zu suchen: Jeder Lichtbogen ist eine glühelektrische Erscheinung, bei der die Zahl der von der weißglühenden Kathode ausgehenden Ionen den Widerstand des Bogens bestimmt. Dies erklärt die beobachtete Tatsache, daß mit zunehmender Wirkung des Heizstromes der Widerstand abnehmen muß. Ändert sich jedoch die Temperatur der Elektroden nicht proportional mit dem Stromeffekt, sondern besitzt die Anordnung eine Art elektrischer Trägheit, so wird bei abnehmendem Strome die einmal vorhanden gewesene Ionisation des Elektrodenraumes nicht sofort verschwinden können und daher die Lichtbogenspannung kleinere Werte annehmen müssen als bei ansteigenden Stromwerten. Beim Durchlaufen einer vollen Wechselstromperiode erhält man somit eine Schleife, die von H. Th. Simon in Anlehnung an ähnliche, bei der Magnetisierung des Eisens beobachtete Erscheinungen, mit Lichtbogenhysteresisschleife bezeichnet wurde. Man erkennt schon jetzt, daß, je ausgeprägter diese hervortritt, desto mehr die im ganzen fallende Charakteristik des Bogens verschwindet und damit dieser, wie wir sehen werden, seine Fähigkeit verliert, in einem geschlossenen Kreise ungedämpfte Schwingungen zu erzeugen. Wenn es deshalb lange Zeit nicht gelang, mit

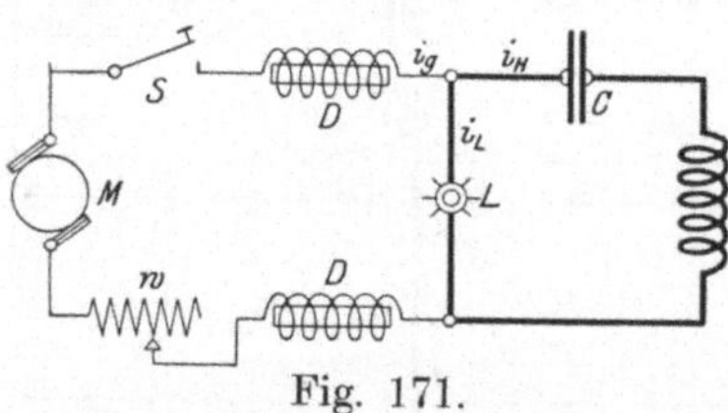

Fig. 171.

Hilfe des Lichtbogens so hohe Frequenzen zu erzielen, wie sie die Radiotelegraphie bedarf, so lag die Ursache in erster Linie an der Unmöglichkeit, der auftretenden Hysteresis wirksam zu begegnen. Alle Mittel, die der Ausbildung jener Schleife entgegenarbeiten, die also die elektrische Trägheit des Vorganges herabmindern, müssen den Lichtbogen befähigen, Schwingungen von höherer Periodenzahl in einem angeschlossenen Kreise zu erregen. Für die Praxis brauchbare Ergebnisse wurden jedoch erst dann erzielt, nachdem von V. Poulsen die Einbettung des Lichtbogens in eine Wasserstoffatmosphäre angegeben worden war. Die große Wärmeleitfähigkeit dieses Gases in Verbindung mit dem Bestreben, neutrale Moleküle zu bilden, ist für die schnelle Verminderung der Leitfähigkeit des Entladeraumes von großer Bedeutung. Durch das Hinzukommen des Wasserstoffes wurde die singende Bogenlampe von Duddell, die den Ausgangspunkt der Poulsenschen Erfindung bildet, zu einem brauchbaren Hochfrequenzgenerator entwickelt.

An Hand der in Fig. 171 wiedergegebenen Schaltung, in der M eine Gleichstrommaschine von etwa 500 Volt Spannung, D Drosselspulen und W einen Regulierwiderstand bedeuten, seien die mit Hilfe der Bogenlampe L in dem anliegenden Schwingungskreis hervorgerufenen Vorgänge näher erläutert. Man hat hierbei drei Ströme zu unterscheiden: den Gleichstrom i_g, den Hochfrequenzstrom des Schwingungskreises i_H und den durch die Lampe fließenden Strom i_L.

Durch den Vorschaltwiderstand und die Drosselspulen wird zunächst erreicht, daß der Gleichstrom i_g, unabhängig von den Vorgängen in der Lampe und dem angeschlossenen Schwingungskreis, annähernd derselbe bleibt. Geht man von dem Zeitpunkte aus, in dem der Kondensator C gerade aufgeladen ist $(t=0)$, so fließt der gesamte Gleichstrom i_g durch die Bogenlampe, es ist sonach:

$$i_L = i_g.$$

Von jetzt an jedoch addiert sich zu i_g der Entladestrom des Kondensators i_H und der Lampenstrom nimmt solange zu, bis im Zeitpunkt $t = t_1$ sein Höchstwert erreicht ist. Diese Erscheinung ist möglich, weil mit wachsendem Strome die Spannung am Lichtbogen gleichzeitig abnimmt. Da der angeschlossene Kreis ein schwingungsfähiges Gebilde ist, hat der Kondensator das Bestreben, sich oszillatorisch zu entladen. Nachdem im Zeitpunkte t_1 der Höchstwert erreicht ist, muß deshalb wieder eine Abnahme des Stromes stattfinden, bis nach t_2 Sekunden eine vollständige Entladung der Kapazität des Schwingungskreises eingetreten ist. Von jetzt ab fließt der Gleichstrom zum

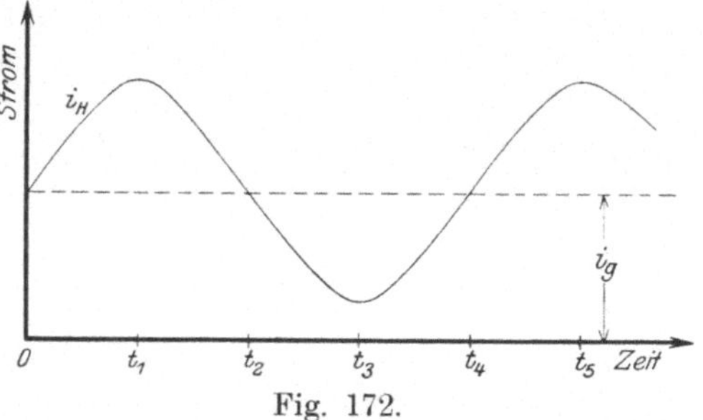

Fig. 172.

Teil nur durch den Lichtbogen, zum Teil dient er zur erneuten Aufladung der Kapazität. Gleichzeitig muß sich mit der Abnahme des Lichtbogenstromes die Spannung an den Elektroden erhöhen. Vom Zeitpunkt t_3 nimmt der Ladestrom wieder ab und erreicht nach t_4 Sekunden wieder den Ausgangszustand $(t=0)$. Während somit die Bogenlampe von einem pulsierenden Gleichstrome durchflossen wird, bildet sich im Schwingungskreis ein nahezu sinusförmiger Wechselstrom aus, dessen Amplituden stets den gleichen Wert besitzen. Die Periodendauer berechnet sich dabei annähernd aus der Kondensatorkapazität und der Selbstinduktion der eingeschalteten Spule nach der Gleichung:

$$T = 2\pi \sqrt{LC}.$$

Der Lichtbogen ändert selbsttätig im Rhythmus dieser Periode seinen Widerstand und bewirkt somit die Ladung und Entladung des Kondensatorkreises. Diese Eigenschaft, die er auch bei hohen Periodenzahlen nicht verliert, wird bei der Poulsenschen Anordnung durch seine Einbettung in eine Wasserstoffatmosphäre hervorgerufen.

Die bisher beschriebenen Schwingungsvorgänge waren durch

die Erscheinung gekennzeichnet, daß die Amplitude des Wechselstromes kleiner als der Gleichstrom ist $(J < i_g)$. Zum Unterschied von anderen Möglichkeiten spricht man hier von Schwingungen erster Art. Es ist jedoch ohne weiteres einleuchtend, daß ein größerer Energieumsatz auf diese Weise nicht erfolgen kann, besonders dann nicht, wenn die Schwingungsperiode eine hohe ist. Denn da die Ladespannung des Kondensators immer weit unter der Maschinenspannung bleiben muß, die verfügbare Schwingungsenergie aber an die Größe der Kapazitätsladung gebunden ist, sind die erzielbaren Hochfrequenzleistungen gering. Wenn es jedoch gelingt, den Lichtbogen in jeder Periode für kurze Zeit zum Aussetzen zu bringen, muß eine wesentliche Energiesteigerung die Folge sein. Diese Bedingung ist gleichbedeutend mit jener, daß die Wechselstromamplitude größer als der Gleichstrom wird $(J > i_g)$, wobei jedoch ein Zünden des Lichtbogens in umgekehrter Richtung nicht stattfinden soll. Diese für die praktische drahtlose Telegraphie mittelst Lichtbogengenerator wichtigste Schwingungsform bezeichnet man als Schwingungsform zweiter Art. Eine ganze Reihe von Maßnahmen sind es, die für die Herstellung dieses Betriebszustandes in Frage kommen. Neben einer wirksamen Kühlung der Elektroden und der Flammenkammer (durch Luft oder Wasser), und der Wahl zweier elektrisch ungleichartigen Elektroden (Kohle—Kupfer) ist es in erster Linie die Anwendung eines zum Lichtbogen senkrecht wirkenden Magnetfeldes, das eine ganz außerordentliche Energiesteigerung bewirkt. Während es also durch Einbettung des Lichtbogens in eine Wasserstoffatmosphäre gelingt, die für die Radiotelegraphie nötige Schwingungszahl zu erreichen, bedeutet der Einbau eines Magnetgebläses die Erreichung des für die Praxis wichtigsten Zieles: die Herstellung eines leistungsfähigen Hochfrequenzgenerators zur Erzeugung ungedämpfter elektrischer Schwingungen. Es ist das Verdienst V. Poulsens, als erster beide Mittel zur Anwendung gebracht zu haben.

Im einzelnen lassen sich die Vorgänge, deren Klarstellung hauptsächlich das Verdienst von Simon und Barkhausen ist, am besten an Hand der Fig. 173 verfolgen. Hier ist der Lichtbogenstrom, die Lichtbogen- und die Kondensatorspannung in Abhängigkeit

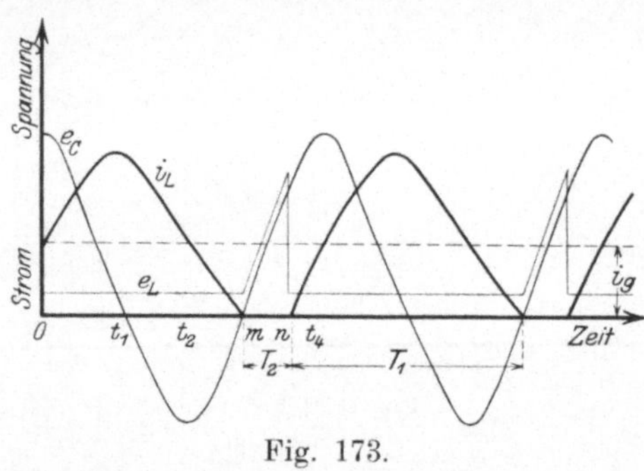

Fig. 173.

von der Zeit unter der Voraussetzung aufgetragen, daß die Bogenspannung während des Brennens dieselbe bleibt und das Zünden plötzlich erfolgt. Beginnt man die Betrachtung wieder im Zeitpunkt $t=0$, so findet zunächst eine oszillatorische Entladung des Kondensators bis zum Zeitpunkt $t=t_2$ statt. Während sich bis jetzt der Lampenstrom aus der Summe des Gleich- und Kreisstromes zusammensetzt, erfolgt nunmehr eine erneute Aufladung der Kapazität aus der Energiequelle, wodurch eine stetige Abnahme des Lampenstromes eintritt. Im Zeitpunkt $t=m$ ist er auf den Wert Null gesunken. Unter der Einwirkung der Wasserstoffatmosphäre, der Kühlung und vor allem des Magnetfeldes werden die im Elektrodenraum noch befindlichen Ionen, die ja die Träger der Lichtbogenerscheinung bilden, so schnell aus der Bahn entfernt, daß der Bogen solange erloschen bleibt, bis die an den Elektroden vorhandene Spannung einen solchen Wert erreicht hat, daß ein erneutes Durchschlagen der Entladestrecke eintritt. Dies möge im Zeitpunkt $t=n$ erfolgen. Von jetzt ab nimmt der Lichtbogenstrom stetig zu, der Ladestrom des Kondensators dagegen ab, bis im Zeitpunkt $t=t_4$ der Anfangszustand wieder erreicht ist. Von da beginnt das Spiel von neuem. Im Gegensatz zu den Schwingungserscheinungen erster Art lassen sich unmittelbar aus dem Diagramm zwei Tatsachen folgern: Die Kapazitätsspannung und damit die Ladungsenergie erreicht bei weitem höhere Werte, als in dem vorher besprochenen Falle, die genaue Schwingungsperiode dagegen läßt sich nicht mehr nach der einfachen Kirchhoff-Thomsonschen Gleichung aus den elektrischen Bestimmungsstücken des Kreises ermitteln. Wie aus der Figur hervorgeht, kann man die Zeit einer Periode T in die beiden Abschnitte T_1 und T_2 zerlegen. Der erste Summand T_1, die Entladungszeit des Kondensators, bestimmt sich mit großer Annäherung aus der Beziehung:

$$T_1 = 2\,\pi \cdot \sqrt{L \cdot C}.$$

Für ihn ist also die Kirchhoff-Thomsonsche Gleichung maßgebend. Der Zeitabschnitt T_2, die Ladezeit des Kondensators jedoch, d. h. die Dauer des Erloschenseins des Lichtbogens, hängt ganz davon ab, in welchem Maße der Höchstwert des Wechselstromes den des Gleichstromes übertrifft. Durch entsprechende Wahl sowohl des Verhältnisses der Kapazität des Kondensators zur Selbstinduktion der eingeschalteten Spule, als auch der Abmessungen des Kreiswiderstandes und der Größe des Gleichstromes ist man in der Lage, den Periodenabschnitt T_2 in weiten Grenzen einstellen zu können. Für die Verhältnisse der Praxis ist $J \simeq 1,1\,i_g$ oder, wenn man zu dem Effektivwerte des Wechselstromes übergeht, $i \simeq 0,78\,i_g$ anzusetzen, wie die Erfahrung lehrt. Jedenfalls ergibt sich aus der Darstellung, daß durch das

rhythmische Aussetzen des Lichtbogens eine gewisse Unsicherheit
in die eindeutige Festlegung der Schwingungszahl hineinkommt,
da man ja nie mit völliger Gewißheit sagen kann, ob die Zeiten T_2
regelmäßig und in gleicher Größe aufeinander folgen. Die Fortschritte im Bau von Lichtbogengeneratoren mußten deshalb in erster
Linie darauf gerichtet sein, alle diejenigen Ursachen zu beseitigen, die Periodenschwankungen hervorrufen konnten. Daß dies
in hohem Maße gelungen, beweisen auf der Empfangsseite aufgenommene Resonanzkurven, von denen später ausführlich die
Rede sein wird. Es ist jedoch schon jetzt einleuchtend, daß der
Schwingungskreis seine Resonanzfähigkeit, d. h. die Fähigkeit, gleichgestimmte Systeme zum Mitschwingen anzuregen, um so mehr ein-
büßen muß, je größer die Pausen werden, in denen der Bogen erloschen ist. Einen solchen Zustand, der jedoch noch immer den

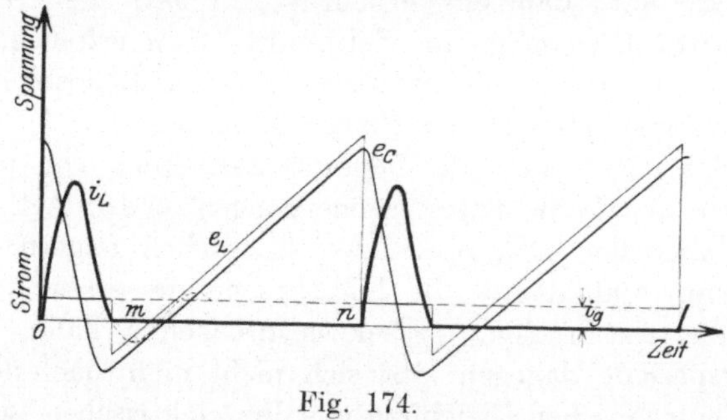

Fig. 174.

Lichtbogenschwingungen zweiter Art zuzurechnen ist, gibt Fig. 174
wieder. Hier ist der Zeitabschnitt T_2 ein Vielfaches von T_1, so daß
man von einer ausgeprägten Wechselstromperiode im Sinne der
Fig. 173 nicht mehr sprechen kann. An ihre Stelle tritt jetzt die
Stoßzahl in der Sekunde. Bei der Erklärung der idealen Stoßerregung in Verbindung mit dem Vieltonsender wird später auf diese
Verhältnisse zurückgegriffen werden.

In diesem Zusammenhange seien noch die von Monasch,
H. Th. Simon und Brown angegebenen Verfahren zur Erzeugung
ungedämpfter Schwingungen erwähnt, deren wichtigstes Merkmal
darin besteht, daß der Elektrodenabstand und damit die Bogenlänge
möglichst klein gewählt wird. Wenn es auch bei entsprechender
Wahl der Schwingungskreiskonstanten und der Strom- und Spannungsverhältnisse des zugeführten Gleich- oder Wechselstromes gelingt,
die oben beschriebene Erscheinung ohne Verwendung der Wasserstoffatmosphäre zu verwirklichen, so dürfte doch die praktische Anwendung dieser Verfahren für Sendezwecke kaum in Frage kommen,

soweit es sich um die Erzeugung von resonanzfähigen, ungedämpften Schwingungen zweiter Art handelt. Wohl aber haben diese Vorschläge und Versuche dazu geführt, mit Hilfe des elektrischen Lichtbogens brauchbare Stoßerregungsmethoden zu entwickeln. Auch hier ist auf die allgemeinere Darstellung in dem Abschnitt über den Vieltonsender hinzuweisen. Endlich sei der Vollständigkeit halber noch die Schwingungsform dritter Art erwähnt, die ein Lichtbogengenerator hervorzubringen imstande ist, und die sich dadurch von den beiden übrigen unterscheidet, daß der Bogenstrom zeitweilig seine Richtung umkehrt. Nimmt man unter Zugrundelegung des Diagramms Fig. 174 an, daß der Elektrodenraum wegen mangelnder Löschfähigkeit oder zu starker Kondensatorströme nicht in der Lage ist, im Zeitpunkt m stromlos zu werden, sondern daß eine Rückzündung stattfindet, so hat man es mit einer Erscheinung zu tun,

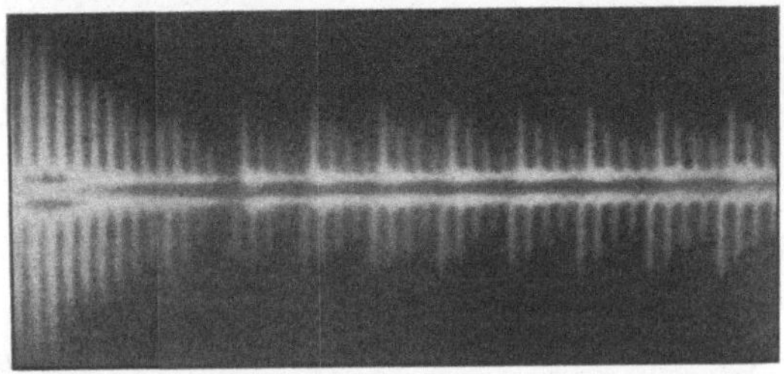

Fig. 175. Rückzündung bei Schwingungen II. Art.

die sich auch bei jeder Funkenentladung in ähnlicher Weise einstellt. Über den durch den Lichtbogen fließenden Gleichstrom lagert sich ein abklingender Kondensatorstrom, dessen Dämpfung die Konstanten des Schwingungskreises bestimmen. Derartige Entladungsvorgänge (Fig. 175) folgen sich in mehr oder weniger regelmäßigen Zeitabschnitten in ähnlicher Weise aufeinander, wie die in Fig. 174 dargestellten Einzelstöße der Schwingungsform zweiter Art. Während man es aber hier noch offenbar mit Lichtbogenvorgängen zu tun hat, könnte man die Schwingungen dritter Art den Funkenerscheinungen zurechnen. Die entsprechende Wellenlänge ergibt sich aus der Gleichung $\lambda = 2\pi\sqrt{LC}$.

Nach dieser allgemeinen Übersicht über die Schwingungsvorgänge, die mit Hilfe eines Lichtbogengenerators sich erzielen lassen, mögen noch einige besondere Hinweise folgen, die sich auf die praktisch wichtigsten Schwingungen zweiter Art beziehen. Schon oben wurde auseinandergesetzt, daß das periodische Löschen und Zünden des Lichtbogens zur Energiesteigerung unbedingt notwendig ist, daß aber diese Erscheinung hinsichtlich des Gleichbleibens der Periode eine gewisse Unsicherheit mit sich bringt. Bei richtig bemessenen Generatoren darf daher auf der einen Seite die Zeit der Stromlosig-

Fig. 176. Abbrand der Kohlen eines Lichtbogengenerators in Wasserstoff, Leuchtgas, Spiritusdampf, Schwefeläther.

keit im Verhältnis zur Gesamtperiode nur kurz sein, andererseits ist die Wirksamkeit der entionisierenden Mittel so zu steigern, daß sie, ohne den Bogen beim Brennen unnötig zu beunruhigen, in den Pausen eine gründliche Entionisation des Elektrodenraumes hervor-

Fig. 177. Tragbarer Poulsengenerator für med. Zwecke. Zugef. Leistung 1,5 Kilow.

rufen. Dies bedeutet zunächst, daß die stetige Erneuerung der Wasserstoffatmosphäre ohne Wirbelbildung und Druckerhöhung vor sich gehen soll, daß die magnetische Feldstärke der Wellenlänge, der Kapazität des Schwingungskreises und der Lichtbogenstromstärke angepaßt werden muß und daß eine ausreichende Gehäuse- und Elektrodenkühlung vorzusehen ist. Wenn auch alle diese Forderungen auf Betriebserfahrungen beruhen, so sind doch auch die physikalischen Ursachen hierfür leicht einzusehen. Das gleichmäßige Brennen des Lichtbogens wird gefördert, wenn man dem Wasserstoff Kohlenstoff zusetzt, in einer Menge, wie er etwa im Leuchtgas vorhanden ist. So haben sich z. B. Wasserstoffatmosphären bewährt, die aus verdampfendem Spiritus, Schwefeläther und ähnlichen Stoffen erzeugt werden. Aus der Abbildung 176 geht die Art des Abbrandes der Generatorkohlen hervor, die unter sonst gleichen Betriebsbedingungen in verschiedenen Gasgemischen gleich lange gearbeitet haben. Daß die Stärke des Magnetfeldes entsprechend der Wellenlänge geändert werden muß, ist leicht einzusehen, wenn man bedenkt, daß bei langen Wellen auch die Zeiten des Erloschenseins des Lichtbogens zunehmen und deshalb mit einem schwächeren Felde eine genügende Entionisation erreicht werden kann. Dagegen bringt bei gleicher Maschinenspannung eine Verkleinerung der Kapazität des Schwingungskreises meist eine Verkürzung der Pausen mit sich. Zur Erzielung ausreichender Hochfrequenzenergien muß deshalb das Magnetfeld verstärkt werden. Auch den Abkühlungsverhältnissen der Elektroden, von denen die positive zweckmäßig aus Kupfer, die negative aus Homogenkohle oder Graphit besteht, und des Gehäuses ist mit Rücksicht auf die Rußbildung eine besondere Sorgfalt zu widmen. Bei großen Leistungen kommt man ohne eine energische Wasserkühlung nicht aus, während kleinere Generatoren unter Benutzung von Gebläsen mit Luft zu kühlen sind. Ein gleichmäßiger Abbrand der Elektroden wird nach Poulsen

Fig. 178. Lichtbogengenerator mit selbsttätiger Zündung. Zugeführte Leistung 25 Kilowatt. (Telephonfabrik vorm. Berliner, Wien.)

durch Drehung der Kohlenelektrode bewirkt, während der Verfasser die Drehung des Lichtbogens als erster eingeführt hat.

Berücksichtigt man alle diese besonderen Umstände, so ist es möglich, bei einigermaßen großen Leistungen und Wellenlängen über 2000 m ein fast völliges Gleichbleiben der Schwingungsperiode zu erreichen. Es beruht deshalb auf Unkenntnis der in den letzten Jahren im Generatorbau erzielten Erfolge, wenn man die Periodenschwankungen als im praktischen Betriebe fühlbar bezeichnet. Nur bei kurzen Wellen, für die jedoch der Poulsengenerator ebensowenig in Frage kommt, wie die später beschriebenen Hochfrequenzmaschinen, macht sich die Frequenzänderung störend bemerkbar.

2. Ausführungsformen der Lichtbogengeneratoren.

Verschiedene Ausführungsformen von Generatoren sind in den Abbildungen Fig. 177 bis 180 wiedergegeben. Bei allen werden in die aus Metall bestehende geschlossene Flammenkammer durch zwei gegenüberliegende Seitenwände isoliert die beiden Elektroden eingeführt, von denen der negative Kohlepol (Graphit oder Homogenkohle) zwecks bequemer Auswechslung der Kohle herausziehbar ist. Die Wasserstoffatmosphäre wird, falls kein Leuchtgasanschluß vorhanden, aus verdampfendem Alkohol entwikkelt, der tropfenweise in die Flammenkammer eingeführt wird. Die im Kraftmaschinenbau verwendeten Tropföler haben hier vielfach als Vorbild gedient. In den beiden übrigbleibenden Seitenwänden sind die Pole des Elektromagneten befestigt, dessen Wicklung entweder durch den Lichtbogenstrom selbst erregt wird (Hauptstromerregung) oder unmittelbar an die Gleichstromquelle angeschlossen

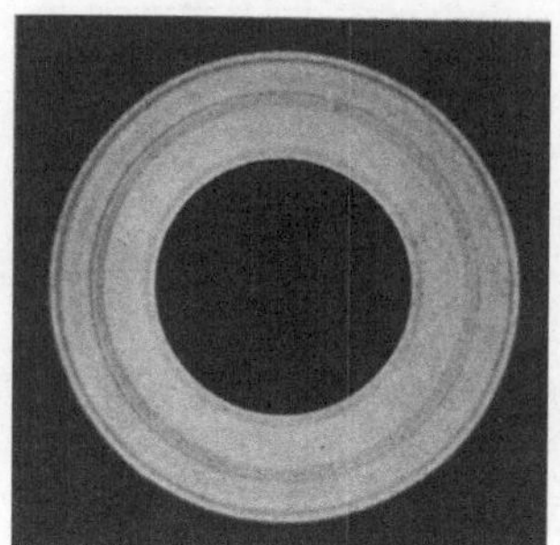

Fig. 179.

Fig. 180. Großer Lichtbogengenerator für transatlantische Telegraphie.
Zugeführte Leistung 200 Kilowatt.

ist (Nebenschlußerregung). Bei kleineren Generatoren wird die erstere Schaltung bevorzugt, während bei großen Schwingungserzeugern die letztere zweckmäßiger erscheint. Je nach der Größe der umzusetzenden Leistung wird man einzelne oder sämtliche Teile des Lichtbogengenerators mit durchfließendem Wasser kühlen (z. B. Elektroden, Flammenkammer, Magnetpole). Bei seiner Inbetriebnahme ist zunächst

Fig. 181. Vollständiger Poulsengeber nach Weege. Zugef. Leistung 5 Kilowatt. (Telephonfabrik vorm. Berliner, Wien.)

die Zündung des Lichtbogens vorzunehmen. Dies geschieht entweder durch Annäherung der Kohlenelektrode an die Kupferelektrode von Hand oder mittels eines Motors. Enthält die Flammenkammer noch eine bestimmte Menge Sauerstoff, so ruft das sich bildende Gasgemisch beim Zünden des Lichtbogens eine Explosion hervor, deren Wirkung man durch Anbringung eines Ventils oder dadurch unschädlich zu

machen sucht, daß man der Auspuffleitung aus der Lichtbogen-
kammer einen entsprechend großen Querschnitt gibt. Hierauf ändert
man die Bogenlänge solange, bis das am Schwingungsprüfer erschei-
nende Lichtbild das Aussehen der Abbildung Fig. 179 annimmt.
Gleichzeitig muß der Strommesser im Schwingungskreise einen aus-
reichenden Ausschlag aufweisen. Bei guter Einstellung arbeitet der
Generator fast völlig geräuschlos, ein Vorzug, den dieses Sendeverfahren
offenbar vor den Funkensendern besitzt. Derartige Generatoren
werden heutzutage in gewaltigen Abmessungen gebaut, wie der in
Fig. 180 dargestellte, für den transatlantischen Verkehr bestimmte

Fig. 182. Vollständiger Apparatetisch einer fahrbaren Poulsenstation nach Weege.
(Telephonfabrik vorm. Berliner, Wien.)

Schwingungserzeuger zeigt. Die Fig. 181 bis 183 geben den Zusammenbau nach den Angaben von R. Weege von der Telephonfabrik
vorm. J. Berliner ausgeführter Stationen wieder.

Der Hauptvorzug des Poulsengenerators, durch den er allen
übrigen Sendern überlegen ist, besteht darin, daß er ohne Nachteile unmittelbar in den Luftleiter geschaltet werden kann. Da
er ja ungedämpfte Schwingungen erzeugt, der Einfluß der Entladestrecke demnach nicht, wie beispielsweise bei dem alten Marconisystem
die Schwingungsform beeinflußt, kann eine Zweikreisschaltung nicht
ohne weiteres Vorteile bringen. Dagegen ist die Möglichkeit gegeben, durch Veränderung der in die Antenne eingeschalteten Selbstinduktionen oder Kondensatoren die Betriebswellenlänge schnell und

auf einfache Weise beliebig einstellen zu können. Bei allen anderen Systemen ist dies nur durch Nachstimmen von mindestens zwei Schwingungskreisen möglich. Eine alleinige Ausnahme bildet jene von R. A. Fessenden zuerst vorgeschlagene Anordnung, eine Hochfrequenzmaschine unmittelbar in den Luftleiter zu schalten, dessen Eigenschwingungszahl v_2 mit der aufgedrückten Periodenzahl v_1 übereinstimmt. Hier ist jedoch im Gegensatz zu dem Poulsengeneratorbetrieb der Nachteil vorhanden, daß jeder Unterschied zwischen den beiden Periodenzahlen v_1 und v_2 infolge der vorhandenen Resonanzschärfe den Strom im Luftleiter sofort verringert, womit die Reichweite der

Fig. 183. Lichtbogenstation für Telegraphie und Telephonie nach Weege. (Telephonfabrik vorm. Berliner, Wien).

Anlage entsprechend zurückgehen muß. Beim Lichtbogensystem dagegen, dessen Welle stets durch die elektrischen Abmessungen des angeschlossenen Kreises bestimmt ist, kann ein Abfallen des Antennenstroms nicht eintreten.

Diesen Vorzügen stehen jedoch auch eine Reihe von Nachteilen entgegen, die je nach dem Verwendungszweck der Anlage mehr oder weniger hervortreten. Da beim Drücken der Morsetaste längere oder kürzere Zeit ein Schwingungszug mit gleichbleibenden Amplituden von der Antenne ausgestrahlt wird, den Zeichen demnach ein bestimmter Tonrhythmus fehlt, wird im Fernhörer auf der Empfangsseite, sofern man als Indikator den meist gebräuchlichen Tikker verwendet, nur ein längere oder kürzere Zeit andauerndes Geräusch vernommen, das sich beim Auftreten stärkerer atmosphärischer Entladungen nur schwer von den durch sie verursachten Nebengeräuschen trennen läßt. Jedoch bietet hier, wie wir sehen werden, der neuerdings entwickelte Schwebungsempfang die Möglichkeit, sich von diesen Störungserscheinungen unter Umständen frei zu machen.

Eine zweite Beschränkung, die der Betrieb mittelst Lichtbogengeneratoren mit sich bringt, liegt in der Begrenzung des Wellenbereichs nach unten. Ganz kurze Wellenlängen, die sich mit den Funkensendern unschwer erzielen lassen, und die bei Luftschiff-, Packsattel- und kleinen Protzfahrzeugsendern der geringen Antennenabmessungen wegen gebräuchlich sind, lassen sich mit dem Lichtbogengenerator mit ausreichender Leistung und genügender Unveränderlichkeit der Wellenlänge ohne besondere Hilfsmittel überhaupt nicht erreichen. Als untere Grenze ist für mittlere Leistungen eine Wellenlänge von etwa 1000 m anzusehen. Die besten Betriebsverhältnisse werden jedoch, je nach der Größe der Anlage, in dem Bereiche von 2000 bis 6000 m erzielt. Bei ausgedehnten Luftleiteranordnungen und großen Schwingungsenergien verschiebt sich der Wert noch weiter nach oben. Dem Nachteil der beschränkten Wellenverkürzung steht jedoch der Vorteil einer großen Verlängerung gegenüber, so daß der gesamte Wellenbereich einer Lichtbogengeneratoranlage in keiner Weise hinter dem der Funkensender zurücksteht. Der Grund hierfür ist im folgenden zu suchen: In dem Abschnitt über die Eigenschaften der Luftleiter war dargelegt worden, daß die Grenze der Belastungsmöglichkeit einer Antenne durch die Größe der Spannung bestimmt wird, die an den Isolierungsstellen auftritt. Je vollkommener die Strahldrähte von der Erde und benachbarten fremden Leitern isoliert werden können und je wirksamer das Glimmen der Drähte unterdrückt wird, um so stärker können sie elektrisch beansprucht werden. Um in dieser Beziehung den Unterschied zu kennzeichnen zwischen den Funkensendern, bei denen bei jeder Entladung ein bestimmter Energiebetrag gleichförmig zum Ausschwingen kommt, und den Lichtbogensendern, bei welchen die verbrauchte Energie in jeder Periode ständig nachgeliefert wird, möge folgendes Zahlenbeispiel dienen:

In einer Antenne von der Kapazität $C_A = 5000$ cm und dem Eigenwiderstand $w_A = 4,5\ \Omega$ werde eine Schwingung von $\lambda = 6000$ m (50 000 Perioden) erzeugt. Aus diesen Angaben berechnet sich zunächst die Luftleiterselbstinduktion nach Gl. 23 zu $L_A = 1\,830\,000$ cm und das logarithmische Dämpfungsdekrement nach Gl. 24 zu $\vartheta_A = 0,0246$. Wie groß ist der Höchstwert der Isolationsspannung, wenn die Antennenleistung 25 KW beträgt?

a) Ungedämpfte Schwingungen (Lichtbogengenerator):

$$i^2 \cdot w_A = 25\,000 \text{ Watt}$$

$$i \approx 74,5 \text{ Amp.}$$

$$J = i \cdot \sqrt{2} = 105 \text{ Amp.}$$

Größte Kapazitätsspannung: $E = J \cdot \sqrt{\dfrac{L_A}{C_A}} = 60\,260$ Volt.

(L_A in Henry, C_A in Farad.)

b) Gedämpfte Schwingungen (Funkensender): die Schwingung soll mit der Höchstamplitude einsetzen. Funkenzahl in der Sekunde $a = 600$. Nach Gl. 13 wird:

$$i^2 = a \cdot \frac{J_0^2}{4 \cdot \vartheta_A \cdot \nu}$$

mithin: $\qquad J_0 \simeq 213$ Amp.

Größte Kapazitätsspannung: $E \simeq J_0 \cdot \sqrt{\dfrac{L_A}{C_A}} = 122\,250$ Volt.

Bei 25 KW Antennenleistung wird demnach der angenommene Luftleiter bei Verwendung eines Lichtbogengenerators im ungünstigsten Falle mit etwa 60 000 Volt beansprucht, während bei Funkenbetrieb die doppelte Spannungsamplitude auftritt. Bilden die 60 000 Volt den Grenzwert für die Belastungsfähigkeit der Antenne, so kann man bei gleichen Stromverhältnissen die Wellenlänge beim Betrieb mit gedämpften Schwingungen nur bis etwa 3000 m steigern. Denn es gilt, wenn E_{01} und E_{02} die Höchstspannungen an den Kapazitäten bei den Wellenlängen λ_1 und λ_2 bedeuten:

$$E_{01} : E_{02} = \lambda_1 : \lambda_2.$$

In Wirklichkeit liegen die Verhältnisse für die neueren Funkensysteme nicht ganz so ungünstig, denn die Belastungsgrenze der Isolation hängt nicht nur von der auftretenden Höchstspannung ab, sondern auch von der Belastungszeit. Während in dem vorstehenden Beispiel bei Verwendung von ungedämpften Schwingungen die Spannungsamplitude von 60 000 Volt 100 000 mal in jeder Sekunde auftritt, ist beim Funkensender der Höchstwert der Isolationsbeanspruchung nur 600 mal in jeder Sekunde vorhanden. Trotzdem bleibt die Tatsache bestehen, daß die Leistungsfähigkeit einer gegebenen Antenne bei Verwendung von ungedämpften Schwingungen stets größer als bei gedämpften ist.

3. Senderschaltungen für Lichtbogengeneratoren.

Bei der Betrachtung des Wirkungsgrades einer Lichtbogengeneratoranlage sind zwei verschiedene Schaltungen zu unterscheiden. Liegt der Schwingungserzeuger unmittelbar in der Antenne (Fig. 184), so kann offenbar sein theoretischer Wirkungsgrad nur $50\,^0/_0$ betragen. Denn betrachtet man den in Fig. 173 dargestellten Schwingungsverlauf, so erkennt man, daß der Gleichstrom in jeder Schwingungsperiode die Hälfte der Zeit in erster Linie die Aufladung des Kondensators bewirkt (Nutzleistung), während er in der zweiten Hälfte nutzlos über den Lichtbogen strömt und hier nur zur Erwärmung der Elektroden und der Flammenkammer beiträgt (Leistungsverlust). Wenn nun nicht einmal der angegebene Wert von $50\,^0/_0$ erreicht wird, sondern nur etwa 10 bis $35\,^0/_0$ je nach der Größe der Anlage und der verwendeten Wellenlänge, so hat dies seinen Grund darin, daß ein Teil der Gleichstromenergie in den vorgeschalteten Widerständen, Drosselspulen und der Wicklung des Magnetfeldes verloren geht. Die Abhängigkeit des Wirkungsgrades von der Wellenlänge ist darin begründet, daß in jeder Periode, Schwingungen zweiter Art vorausgesetzt, der Bogen erlöscht und von neuem zünden muß, was naturgemäß einen um so größeren Energieverbrauch in der Zeiteinheit erfordert, je öfter dieser Vorgang sich abspielt.

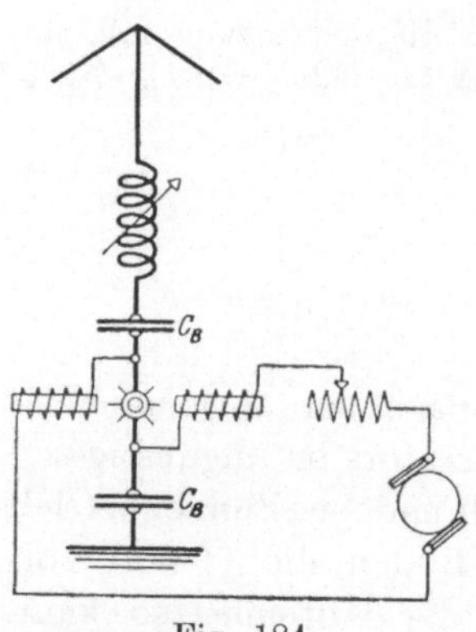

Fig. 184.

Anders liegen die Verhältnisse, wenn man gekoppelte Kreise verwendet. Hier können die gleichen Wirkungsgrade erzielt werden, die auch bei den neuzeitlichen Funkensendern vorhanden sind. Zunächst ist jedoch ein wichtiger Unterschied festzustellen, der beim Betriebe eines Lichtbogengenerators und eines Funkensenders auftritt. An früherer Stelle war ausgeführt worden, daß zwei nicht zu lose gekoppelte Kreise in Schwingungen versetzt, stets zwei Wellen erzeugen (Kopplungswellen), die von den Eigenschwingungszahlen eines jeden der Kreise um so mehr abweichen, je enger deren elektrische Verbindung ist. Aus der Wirkungsweise des Lichtbogengenerators geht nun hervor, daß er stets nur eine Welle, sofern man von Oberschwingungen absieht, hervorbringen kann. Wird er deshalb in einen Kreis geschaltet, der mit einem zweiten gekoppelt ist, so arbeitet er bei mittlerer Kopplung entweder in der einen oder anderen Schwingungsfrequenz. In den meisten Fällen ist die längere Welle bevorzugt. Das ganze Gebilde verhält sich demnach so, als ob es nur eine Eigenperiode besitzen würde. Dieses wichtige Ergebnis gestattet daher, beim Lichtbogen Mehrkreisschaltungen anzuwenden,

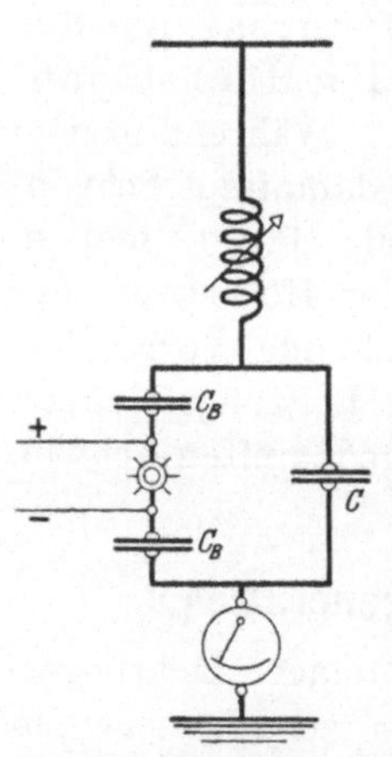

Fig. 185.

ohne daß die Einwelligkeit der Anordnung verloren geht. Diese können insofern von Wert sein, als sie den Wirkungsgrad der ganzen Anlage erheblich zu steigern vermögen. Eine derartige von Hartenstein angegebene Schaltung, die besonders bei kleinen Antennenwiderständen und längeren Wellen vorzügliche Ergebnisse liefert, ist in Fig. 185

wiedergegeben. Parallel zu den Blockkapazitäten, die den Gleichstrom vom Luftleiter trennen, ist ein passend abgeglichener Kondensator C geschaltet, dessen Größe in erster Linie von der Luftleiterkapazität bestimmt wird.

Beispiel: Ein Lichtbogengenerator, der an ein Gleichstromnetz von 420 Volt angeschlossen ist, arbeitet auf eine Antenne, wobei der Kondensator C zunächst ausgeschaltet, dann plötzlich eingeschaltet wird.

a) C ausgeschaltet:

$$\text{Gleichstromspannung} \quad \ldots \quad e_g = 420 \text{ Volt}$$
$$\text{Gleichstrom} \quad \ldots \quad i_g = 50 \text{ Amp.}$$
$$\text{Antennenstrom im Erdungspunkt} \quad i_A = 36 \text{ Amp.}$$
$$\text{Wellenlänge} \quad \ldots \quad \lambda = 5850 \text{ m}$$
$$\text{Antennenwiderstand} \quad \ldots \quad w_A = 4 \,\Omega$$
$$e_g \cdot i_g = 21\,000 \text{ Watt}$$
$$i_A{}^2 \cdot w_A = 5180 \text{ Watt}$$
$$\eta = 25\,{}^0/_0$$

b) C eingeschaltet:

$$\text{Gleichstromspannung} \quad \ldots \quad = 420 \text{ Volt}$$
$$\text{Der Gleichstrom sinkt auf} \quad \ldots \quad i_g = 34{,}5 \text{ Amp.}$$
$$\text{Antennenstrom im Erdungspunkt} \quad i_A = 48 \text{ Amp.}$$
$$\text{Wellenlänge} \quad \ldots \quad \lambda = 6150 \text{ m}$$
$$\text{Antennenwiderstand} \quad \ldots \quad = 4 \,\Omega$$
$$e_g \cdot i_g = 14\,500 \text{ Watt}$$
$$i_A{}^2 \cdot w_A = 9200 \text{ Watt}$$
$$\eta = 63\,{}^0/_0.$$

Zum Schluß sei noch auf die beiden betriebstechnischen Fragen eingegangen, die die Tonerzeugung auf der Sendeseite und die verschiedenen Tastschaltungen betreffen.

Es ist ohne weiteres verständlich, daß man bei allen Sendern, die ungedämpfte Wellen in der Antenne entwickeln, von einer Tonerzeugung auf der Sendeseite in den meisten Fällen absehen wird. Liegt jedoch die Aufgabe vor, für besondere Zwecke die Station als Tonsender auszubilden, so ist es am einfachsten, einen umlaufenden Verstimmungsschalter in den Luftleiter einzubauen (Fig. 186). Sind die Teilselbstinduktionen L_1, L_2, L_3, L_4 durch die betreffenden Räder kurz geschlossen, so vermindert sich die Welle um einen bestimmten Betrag im Vergleich zu dem Betriebszustande, in dem die gesamte Antennenselbstinduktion die Schwingungsperiode bestimmt. Findet dieser Wechsel beispielsweise 500 mal in jeder Sekunde statt, so wird auf der Empfangsseite, die auf die kürzere oder längere Wellenlänge abgestimmt ist, ein Ton von der Periode 500

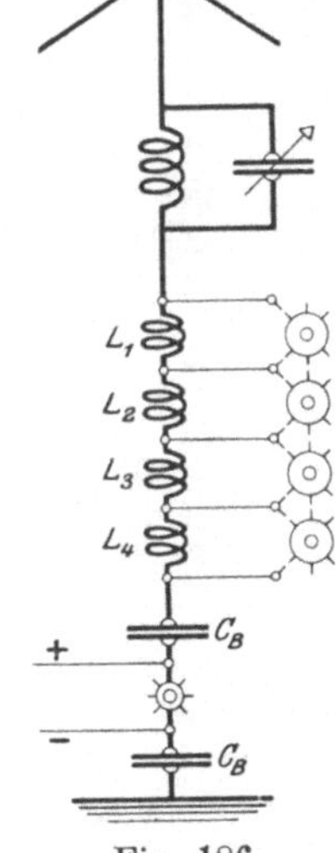

Fig. 186.

aufgenommen. Bei veränderlicher Betriebswelle wird man zweckmäßig die Selbstinduktionen L_1 bis L_4 durch entsprechend abgeglichene Kondensatoren ersetzen, da hierdurch der Verstimmungsgrad unabhängig von der zufällig gewählten Schwingungsperiode wird. Eine derartige Einrichtung zeigt die Abbildung 187.

Fig. 187. Verstimmungsschalter für Tonerzeugung mit ungedämpften Schwingungen.

Besondere Schaltungen verlangt der Lichtbogensender zum Geben der Morsezeichen. Der zugeführte Betriebsstrom läßt sich offenbar nicht wie bei den Funkensendern unmittelbar tasten, da hierbei der Bogen stets erlöschen würde. Wollte man die Zündung immer wieder von neuem vornehmen, so würde, abgesehen von anderen Betriebsschwierigkeiten, die Zeichengebung ungebührlich verlangsamt. Es haben sich deshalb im Betriebe zwei Tastverfahren herausgebildet, von denen das eine auf einer Verstimmung der Antenne beruht, während das zweite den Bogen auf einen künstlichen Belastungskreis im Rhythmus der Morsezeichen umschaltet. Die betreffenden Schaltungen geben die Fig. 188 und 189 wieder, wobei w_A' C_A' die künstliche Antenne

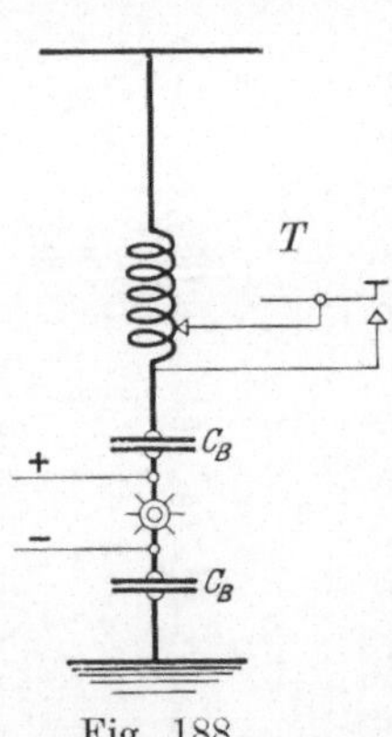

Fig. 188.

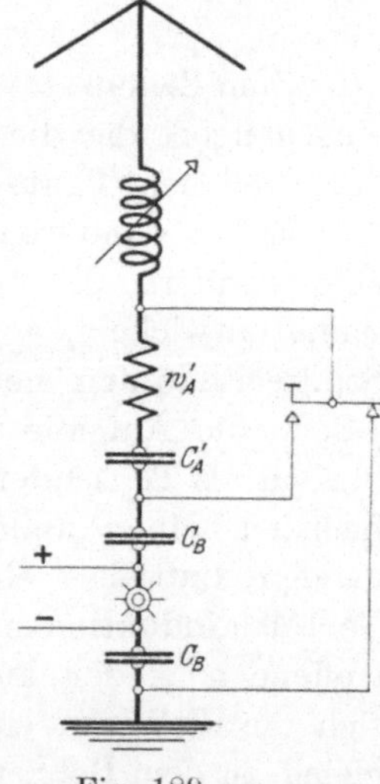

Fig. 189.

darstellen. Das Oszillogramm Fig. 190 läßt deutlich das Umspringen der Welle bei Drücken der Taste T erkennen. Um die oszillographische Aufnahme zu erleichtern, wurde hier eine große Verstimmung $(20,8\,^0/_0)$ gewählt, während im wirklichen Betriebe ein Wert von 0,5 bis $5\,^0/_0$

ausreichend ist. Diese bequeme Wellenveränderung zeigt auch den Weg, der zur Verwirklichung des Doppelsprechens eingeschlagen werden kann. Ordnet man nämlich ein umlaufendes Kontaktrad

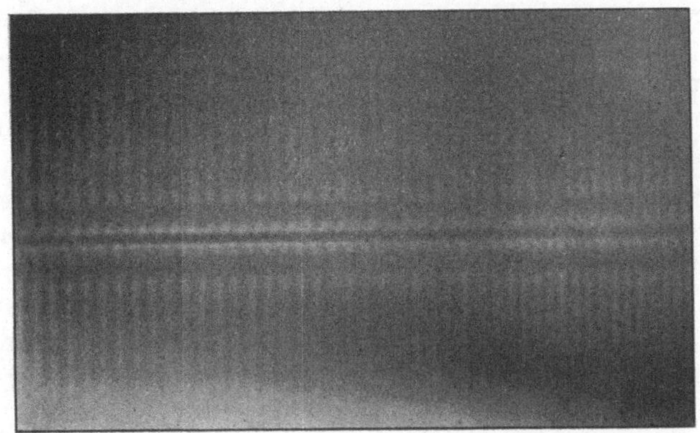

Fig. 190. Umspringen der Wellenlänge beim Senden und einer Verstimmung von $21\,^0/_0$.

in ähnlicher Ausführung, wie Fig. 187 es zeigt, derart an, daß der Kontakt 1 (Fig. 191) gerade unterbrochen ist, wenn 2 mit der Scheibe in elektrischer Verbindung steht, so erhält man folgenden Vorgang: Sind die Tasten I und II geöffnet, so sendet der Luftleiter die Welle λ_0, beispielsweise $\lambda_0 = 5000$ m aus. Läuft die Scheibe um und wird Taste I geschlossen, so strahlt er im Rhythmus der Unterbrechungen bei 1 nacheinander die Wellen $\lambda_0 = 5000$ m und $\lambda_I = 5250$ m aus, während beim Schließen von Taste II nacheinander die Wellen $\lambda_0 = 5000$ m und $\lambda_{II} = 5500$ m ausgesendet werden, entsprechend den Unterbrechungen bei 2. Werden beide Zeichengeber gleichzeitig in Betrieb genommen, so müssen in dem Luftleiter alle drei Wellen nacheinander entstehen, ohne daß jedoch eine gegenseitige Störung eintritt, da das umlaufende Unterbrecherrad immer nur die eine oder andere mechanisch auslöst. Zwei Antennen, die auf die

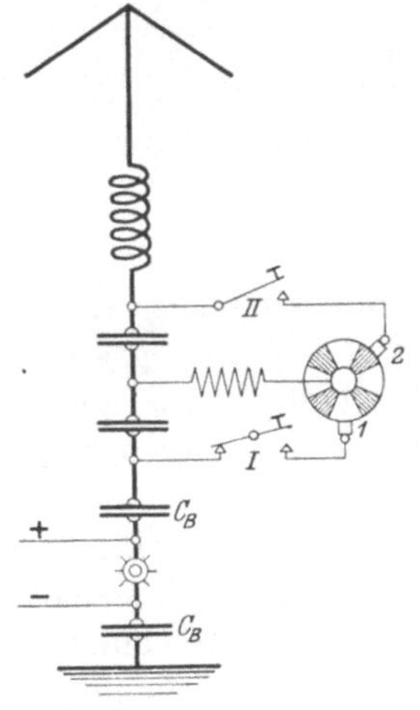

Fig. 191.

Wellen λ_I und λ_{II} abgestimmt sind, müssen daher die beiden gleichzeitig gegebenen Depeschen aufnehmen können. Natürlich kann man auch, wie in dem Abschnitt über die Empfangseinrichtungen gezeigt werden wird, mit einem einzigen in zweifacher Weise abgestimmten Luftleiter beide Zeichenreihen empfangen.

Wenn auch der Poulsensche Lichtbogengenerator von allen Vorrichtungen, die zur Erzeugung von ungedämpften Schwingungen angegeben worden sind, bisher die größte Verbreitung gefunden hat, so verdient doch in diesem Zusammenhang noch die Marconische Anordnung Erwähnung, die ebenfalls mit Hilfe eines Lichtbogengenerators ungedämpfte Schwingungen hervorbringt. Die Schaltung gibt die Fig. 192 wieder. Der Lichtbogen wird hier, wie bei dem früher beschriebenen Funkensender, zwischen einer schnell umlaufenden großen Scheibe und zwei langsam umlaufenden kleinen erzeugt, wobei sich folgender Vorgang abspielt: Zunächst laden sich die

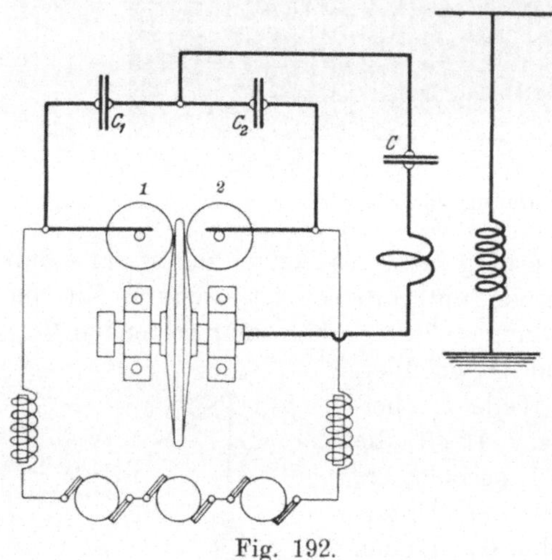

beiden Kondensatoren C_1 und C_2 aus der Stromquelle auf, während der Kondensator C vorerst offenbar keine Elektrizität aufnehmen kann. Setzt nun beispielsweise bei 1 ein Funken ein, so sind C und C_1 parallel geschaltet und der Kapazität C wird eine bestimmte Ladungsenergie solange mitgeteilt, bis die zwischen der Scheibe und der Elektrode 2 anwachsende Spannung hier den Lichtbogen zum Einsetzen bringt. Die Entladung zwischen dem Pole 1 und dem großen Rade reißt ab und die in Reihe geschalteten Kondensatoren C und C_2 vollführen eine halbe Schwingung bis die Kapazität C in umgekehrtem Sinne wieder aufgeladen ist. Damit nimmt zugleich die Spannung an den Elektroden der ersten Entladestrecke wieder zu, der Bogen setzt von neuem, eine halbe Schwingung andauernd, ein. Nunmehr ist der Anfangszustand erreicht und das Spiel beginnt von vorn. In jeder Periode zündet einmal die eine, sodann die andere Entladestrecke, während die schnell umlaufende Scheibe dafür sorgt, daß im richtigen Zeitpunkt eine Unterbrechung des betreffenden Lichtbogens eintritt.

Eine ähnliche Schaltung wurde von R. C. Galetti angegeben, die zunächst dazu dienen kann, schnell aufeinander folgende abklingende Schwingungszüge in dem Luftleiter zu erzeugen. Insbesondere wird durch diese Anordnung erreicht, daß, da in gleichen

Zeitabständen eine Entladestrecke nach der anderen durchschlagen wird, trotz der schnellen Funkenfolge eine gleichmäßige Verteilung der Belastung auf die einzelnen Entlader erfolgt. Die hierdurch bedingte geringere Beanspruchung eines jeden gestattet somit einen weit größeren Energieumsatz der gesamten Anordnung. Um die Wirkungsweise dieses Senders besser überschauen zu können, sei für zwei Funkenstrecken seine Schaltung wiedergegeben (Fig. 193). Nachdem alle drei Kondensatoren C_1, C_2 und C_0 durch die Gleichstromquelle M aufgeladen sind, möge zufällig die Funkenstrecke 1 durchschlagen werden. Die Folge davon wird ein Ausgleich der Elektrizitätsmengen sein, die auf C_0 und C_1 aufgespeichert waren. Ist der Vorgang abgeklungen, so erfolgt eine neuerliche Aufladung dieser Kondensatoren von der Maschine und dem Kondensator C_2 aus. Der Ohmsche Widerstand w_2 bewirkt, daß die Elektrizität zur Kapazität C_2 langsamer strömt als nach C_0 hin. Die hierdurch bedingte Spannungserhöhung an der Funkenstrecke 2 bringt diese zum Durchschlag mit gleichzeitigem Ausgleich der auf den Kondensatoren C_2 und C_0 aufgespeicherten Energien. Bei mehr als zwei

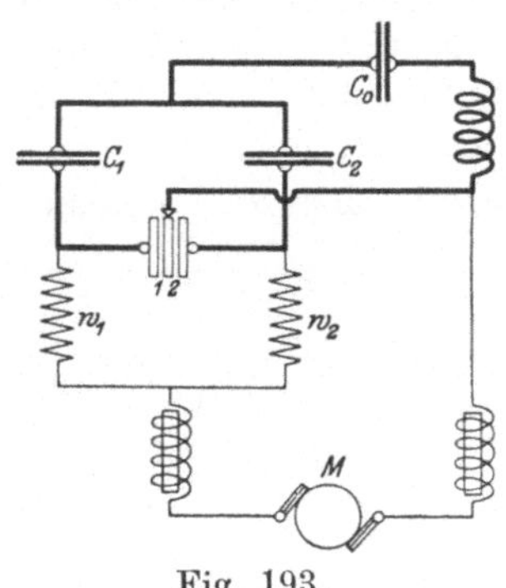

Fig. 193.

Funkenstrecken würde sich das Spiel in gleicher Weise wiederholen, wobei in gleichförmigen Zeitabständen wegen des verschieden weit fortgeschrittenen Aufladungsvorganges das Einsetzen der Entladungen erfolgt. Man kann nun die Funkenfolge soweit steigern, daß eine Überlappung der in der Antenne erzeugten Wellenzüge stattfindet (kontinuierliche Schwingungen). Bei längeren Wellen ist es auch nicht ausgeschlossen, mit dieser Anordnung ungedämpfte Wechselströme hervorzurufen. Die verhältnismäßig hohen Gleichstromspannungen, die dieses Verfahren zur Erzeugung größerer Schwingungsenergien erfordert, sowie die stets verlustbringenden Vorschaltwiderstände, die für das Zustandekommen der Erscheinung unbedingt notwendig sind, beschränken die praktische Anwendung dieses an sich interessanten Gedankens.

VI. Der Vieltonsender.

1. Die physikalischen Vorgänge beim Vieltonsender.

In der Einleitung zur Beschreibung des tönenden Löschfunkensenders war dargelegt worden, wie durch das Entstehen zweier Kopplungsschwingungen eine Schwebungserscheinung zustande kommt, die

dann durch Anwendung geeigneter Funkenstrecken im Primärkreise in
dem Zeitpunkte unterbrochen wird, in welchem die gesamte Energie
auf die Antenne übertragen ist. Dieses Abreißen der Schwingungserscheinung im Stoßkreise wird um so früher erfolgen, je enger die
Kopplung der beiden Schwingungskreise gewählt werden kann, d. h.
je vollkommener die Löschwirkung der verwendeten Entladestrecke
ist. Dies ist insofern von Bedeutung, als die Abkürzung des Schwin-
gungsvorgangs im Primärsystem zugleich die Verluste in ihm
herabdrücken muß. Trägt man die Anzahl der Stromwechsel während jeder Halbschwebung in Abhängigkeit von dem angewende-
ten Kopplungsgrade auf, so erhält man die beistehende Kurve
Fig. 194. Der Idealfall ist dann erreicht, wenn der Kopplungsfaktor $50^0/_0$ beträgt, da dann der Stoßkreis nur während der Zeit
einer Halbperiode vom Strome durchflossen wird. Bei der Besprechung der verschiedenen Formen von Funkenstrecken war erwähnt

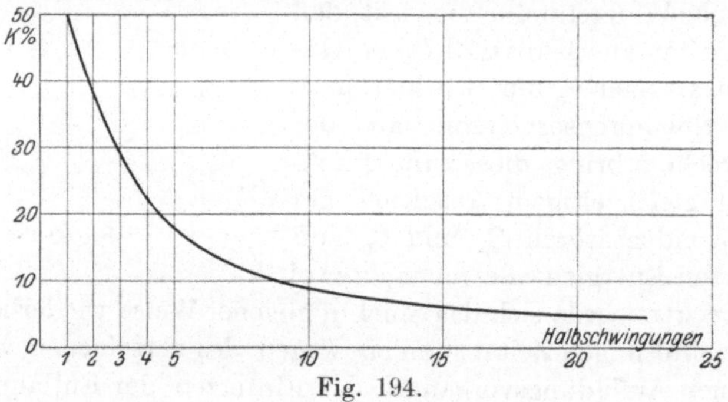

Fig. 194.

worden, daß beispielsweise mit der von H. Boas entwickelten Entladestrecke dieser Fall der idealen Stoßerregung sich annähernd
verwirklichen läßt. Das Verhältnis der Kopplungswellenlängen besitzt hierbei den Wert 1 : 2. Ein anderer Weg zur Herbeiführung dieses
Betriebszustandes würde der sein, daß man einen zusätzlichen Widerstand in den Primärkreis einfügt, der infolge der durch ihn verursachten
Dämpfungserhöhung das rechtzeitige Abreißen der Entladungserscheinung bewirkt. So hat man, besonders für Meßzwecke, elektrolytische
Widerstände verwendet, so wurde von M. Wien die Anwendung von
Vakuumröhren (Löschröhren) vorgeschlagen. Diese zusätzlichen Mittel
jedoch verschlechtern entweder den Wirkungsgrad der Anlage oder
vermindern ihre Betriebsicherheit, ohne eine solche Wirkung zu
ergeben, wie es der Idealfall erfordert. Hingegen hat sich ein
dritter Weg als aussichtsreich erwiesen, der von dem Poulsenschen Lichtbogengenerator seinen Ausgang genommen hat. Vergrößert man nämlich die bei den Schwingungen zweiter Art

(Fig. 173) auftretenden Pausen, in denen der Lichtbogen erloschen ist, durch passende Wahl der Bestimmungsstücke des Schwingungskreises und der Größe des zugeführten Gleichstromes, so erhält man einen Vorgang, der in der Fig. 174 zum Ausdruck gebracht ist. Der Stromkreis wird von einer Reihe von Halbschwingungen durchflossen, die nicht das Ergebnis einer Schwebungserscheinung darstellen, wie bei dem Wienschen Phänomen, sondern auf einer besonderen Art von Lichtbogenschwingungen beruhen, die auch ohne Mitwirkung des Sekundärkreises (Antenne) auftreten können. Wie wir sehen werden, ist beim Vieltonsender von dieser Erscheinung, die man ebenfalls als **idealen Stoß** bezeichnet, Gebrauch gemacht worden.

Von den bisher beschriebenen Sendeverfahren, die in der Antenne abklingende Wellenzüge hervorrufen, unterscheidet sich das **Vieltonsystem** in mancherlei Beziehung. Um die hier auftretenden Vorgänge richtig zu erfassen, ist es von Wert, einen geschichtlichen Rückblick vorauszuschicken. Mit der Erfindung des Poulsenschen

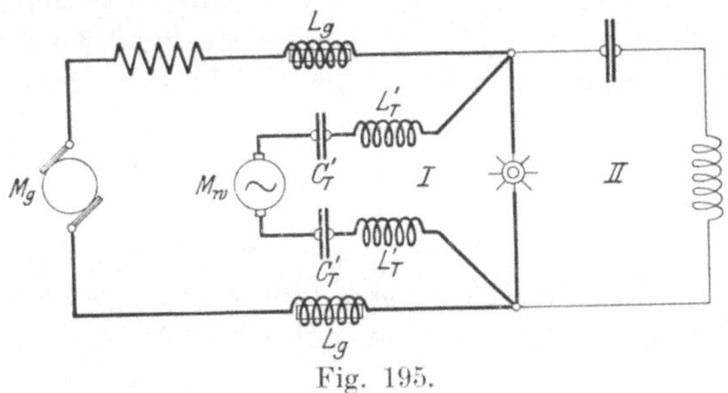

Fig. 195.

Lichtbogengenerators, der im vorhergehenden Abschnitte näher beschrieben worden ist, war eine Anordnung gewonnen, die bezüglich ihrer Abstimmfähigkeit alle bis dahin bekannten Sendeverfahren übertraf. Nur insofern erschien es noch erweiterungsfähig, als die auf der Empfangsseite mit dem Tikker aufgenommenen Zeichen nicht als Ton wahrgenommen werden. Im Hinblick auf die tönenden Löschfunkensender lag es daher nahe, den hochfrequenten Senderschwingungen in der Antenne einen Tonrhythmus aufzudrücken. Von den zahlreichen Vorschlägen und Versuchen wurde vom Verfasser bei der C. Lorenz A.-G. der folgende Gedanke ausgebaut: Speist man einen Poulsenschen Lichtbogengenerator außer mit einer Gleichstrommaschine M_g (Fig. 195) noch von mit Wechselstrommaschine M_w von etwa 500 Perioden, so besitzt bei bestimmter Wahl der Spannungen und Widerstände der dem Schwingungsgenerator zugeführte Speisestrom die Form eines pulsierenden Gleichstromes (Fig. 196, gestrichelte Fläche). Die in dem Hochfrequenzkreise II entstehenden ungedämpften Schwingungszüge müssen daher im Rhythmus der Periode der Wechselstrommaschine ein- und aussetzen. Dabei sorgen die Drosselspulen L_g dafür, daß die mittel- und hochfrequenten Schwingungen der Kreise I und II sich nicht über die Gleichstrommaschine ausgleichen können, während die Blockkapazitäten C'_T den Gleichstrom von der Maschine M_w abhalten. Bei der Ausführung dieses Versuchs zeigt sich nun, daß ein einigermaßen sicheres Arbeiten der Anordnung nur dann möglich ist, wenn die Periodenzahl ν_w der Wechselstrommaschine mit der Eigenschwingungszahl des angeschlossenen Kreises I übereinstimmt, wenn also die Bedingung erfüllt ist:

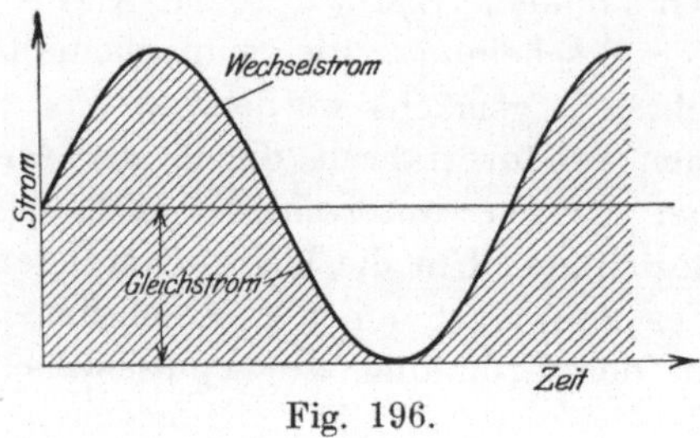

Fig. 196.

$$(2\,\pi\,\nu_w)^2 \cdot L_T \cdot C_T = 1.$$

Diese Erscheinung ist nicht überraschend, wenn man bedenkt, daß der Gleichstrom ja ebenso den Wechselstromkreis I in seiner Eigenschwingung anstoßen muß, wie er bestrebt ist, hochfrequente Ströme im Kreise II zu erzeugen. Drückt aber die Wechselstrommaschine M_w dem Gebilde noch eine weitere selbständige Periode auf, so ist klar, daß die Übereinanderlagerung beider Vorgänge zu verwickelten elektrischen Erscheinungen führen muß. Ist jedoch die obige Bedingung erfüllt, so hat man es mit einer Anordnung zu tun, bei der der von Gleichstrom durchflossene Kreis die Energie liefert, während die Wechselstrommaschine M_w den Tonrhythmus angibt. Es liegt daher die Annahme nahe, daß die Betriebsverhältnisse keine Änderung erleiden, wenn

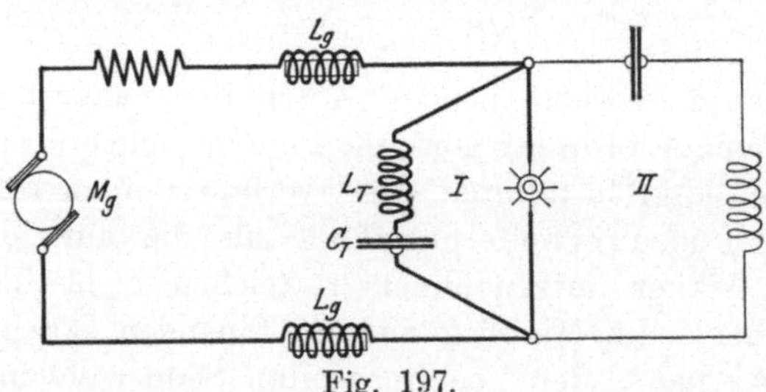

Fig. 197.

man die Wechselstromquelle fortläßt und parallel zum Lichtbogengenerator einen weiteren Schwingungskreis (Tonkreis) schaltet, dessen Eigenschwingung der eines musikalischen Tones entspricht (Fig. 197). Zu der gleichen Schaltung gelangte, allerdings auf anderem Wege, E. v. Lepel unter Mitwirkung von W. Burstyn.

Für den praktischen Betrieb eignet sich nun der Poulsengenerator in dieser Anordnung nicht, da ihm die Fähigkeit abgeht, von selbst wieder zu zünden, falls der Lichtbogen plötzlich erlöschen

sollte. Diese Anforderung wird aber um so häufiger an die Entladestrecke zu stellen sein, je mehr die Wechselstromamplitude des Tonkreisstromes den Gleichstrom überwiegt, d. h. je mehr die Schwingungen im Kreise I den Charakter von solchen zweiter Art annehmen (Fig. 198). Aus diesem Grunde wurde der Poulsensche Lichtbogengenerator durch eine Entladestrecke besonderer Art ersetzt
und der Kreis II als idealer Stoßkreis ausgebildet, der durch magnetische Induktion seine Energie
dem Luftleiter mitteilt. Man
hat es demnach beim Vieltonsender mit drei Kreisen zu tun:

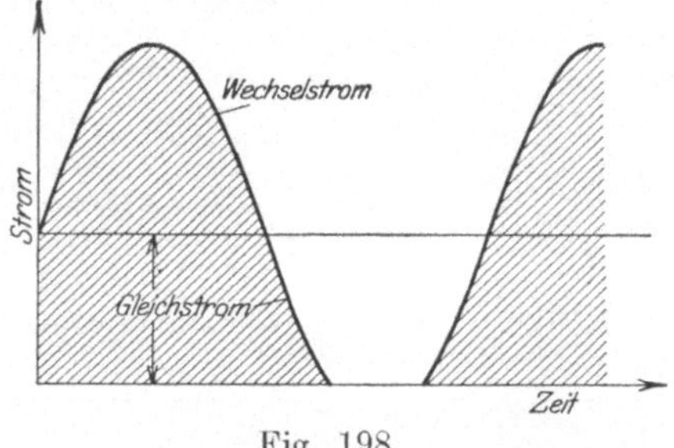

Fig. 198.

   a) dem Tonkreise I, der
den Rhythmus der Anordnung
bestimmt,

   b) dem Stoßkreise II, der
die Hochfrequenzenergie erzeugt und

   c) dem Luftleiter III mit
teilt, der seinerseits die elekromagnetischen Wellen ausstrahlt (Fig. 199).

Um nun die Spannungs- und Stromverhältnisse der einzelnen Kreise
besser übersehen zu können und die Art ihres Zusammenwirkens im
einzelnen festzustellen, sind in den Figuren 200 bis 202 die elektrischen
Vorgänge bei dem mit Gleichstrom gespeisten Vieltonsender mit Hilfe
eines Schleifenoszillographen aufgenommen worden, wobei durch ent-

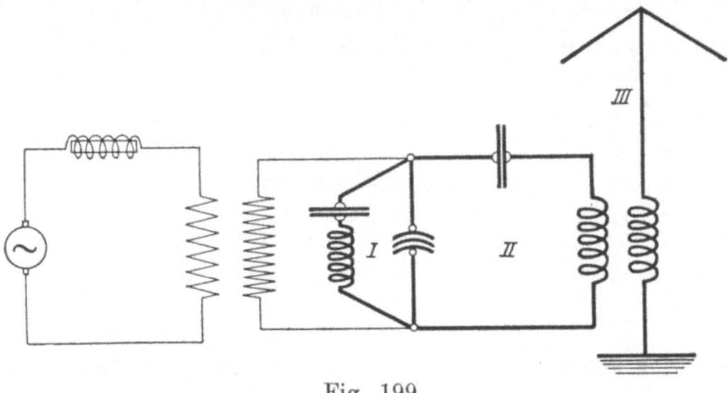

Fig. 199.

sprechende Vergrößerung der verschiedenen Kapazitäten und Selbstinduktionen, jedoch unter Beibehaltung ihres gegenseitigen Verhält-
niswertes, die Eigenschwingungszahlen der drei Kreise soweit verkleinert wurden, daß der Oszillograph noch in der Lage war, den Verlauf der Kurven einwandfrei aufzuzeichnen. Fig. 200a bis e geben
die Vorgänge wieder, wenn der Tonkreis I abgeschaltet ist.

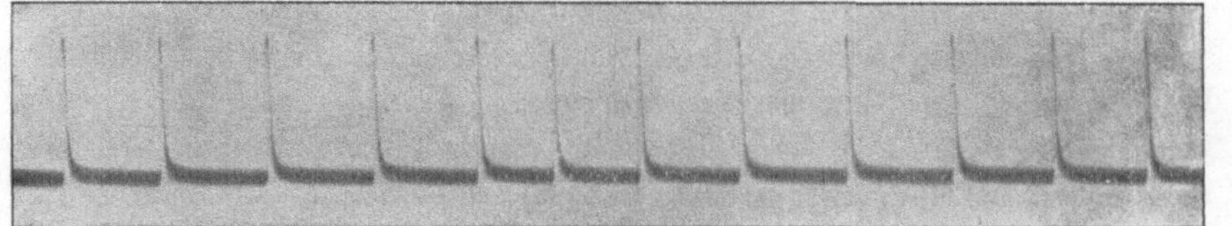

Strom im Stoßkreis.

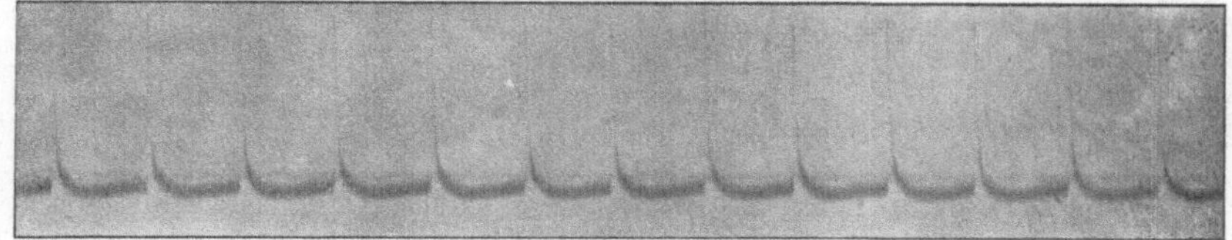

Spannung am Stoßkreis.

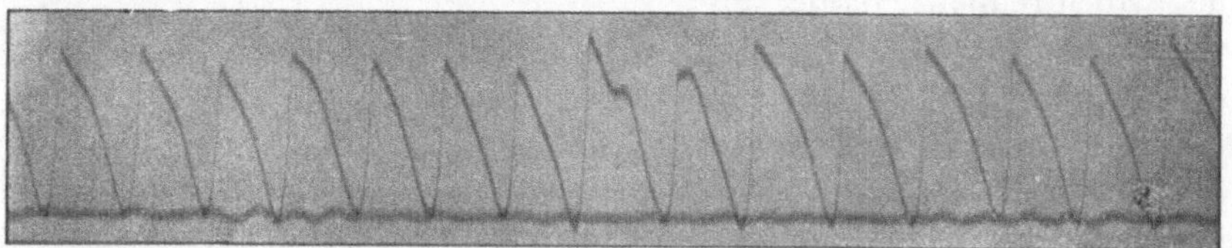

Spannung an der Entladestrecke.

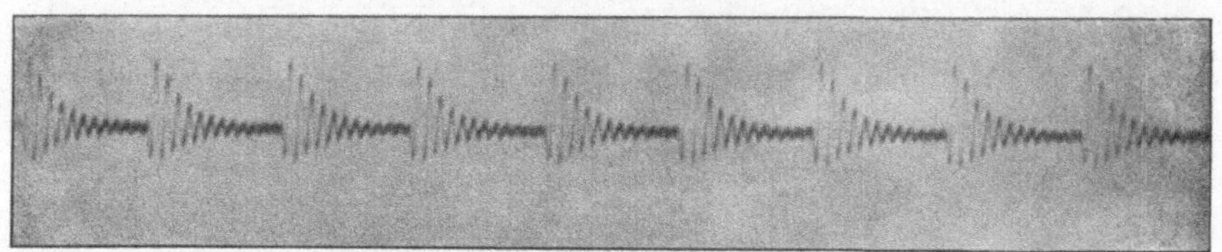

Strom in der Antenne.

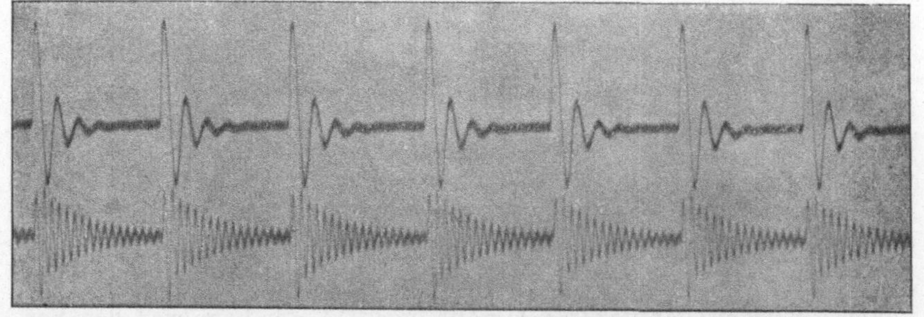

Strom in zwei von demselben Stoßkreis erregten Antennen mit verschiedener Dämpfung

Fig. 200. Schwingungsverlauf beim Vieltonsender (Tonkreis abgeschaltet).

Jeder der einzelnen Stöße (Fig. 200a) des Stoßkreises II ruft in der Antenne III einen abklingenden Wellenzug hervor (Fig. 200d). Besonders bemerkenswert ist hierbei die Tatsache, daß Kreis II und III nicht aufeinander abgestimmt zu sein brauchen, da die Dämpfung und die Wellenlänge der Antennenschwingungen nur von der Dämpfung und der Eigenperiode des angestoßenen Luftleiters abhängen. Den Beweis hierfür liefert die Abbildung Fig. 200e, die den Stromverlauf in zwei verschiedenen Antennen zeigt, die gleichzeitig von demselben Stoßkreis erregt wurden. Mit Rücksicht auf eine ausreichende Energieübertragung ist es jedoch vorteilhaft, sich nicht zu weit von der Abstimmung beider Hochfrequenzkreise zu entfernen. Dies ist aus folgendem Grunde erklärlich: Eine Stromkurve, wie sie Fig. 200a wiedergibt, kann man sich entstanden denken aus einer großen Zahl sinusförmiger Wechselströme von verschiedenen Periodenzahlen. Stimmt man den Luftleiter auf eine von diesen ab, so wird man stets eine größere Energieübertragung erzielen, als wenn dies nicht der Fall ist. Bei der Ausführung dieses Versuchs zeigt sich, daß eine scharfe Resonanz nicht notwendig ist. Auf der Empfangsstation wird man, sofern die Aufnahme der Zeichen mit einem Kontaktdetektor in Verbindung mit einem Telephon bewirkt wird, im allgemeinen nichts hören, da die Zahl der Wellenzüge in der Sekunde von der Größenordnung 10000 bis 20000 ist, auf die der gebräuchliche Fernhörer nicht mehr anspricht. Um nun diesen Vorgängen einen bestimmten Tonrhythmus aufzudrücken, schaltet man den Tonkreis I an die Entladestrecke an. Dies hat zur Folge, daß der Speisestrom des Stoßkreiskondensators, wie oben beschrieben, einen pulsierenden Charakter annimmt. Der Tonkreis saugt gewissermaßen periodisch den Speisegleichstrom auf, um ihm dann in der folgenden Halbperiode seinen Kondensatorentladestrom überzulagern. Dadurch wird bewirkt, daß in gleichmäßigen Zeitabständen dem Stoßkreise die Energiezufuhr gesperrt wird und demzufolge eine Erregung des Luftleiters ebenfalls nur periodisch erfolgen kann. Die Kurven der Abbildung 200a bis d erhalten dadurch, wenn der Tonkreis angeschaltet wird, die in den Abbildungen 201a bis d wiedergegebene Form. Kurve e stellt den Strom im Tonkreis selbst dar.

Endlich mögen die Abbildungen 202a und b das Zusammenwirken des Tonkreisstromes mit dem Stoßkreisstrom einerseits und der Spannung an der Entladestrecke andererseits veranschaulichen. Die Periode der auf diese Weise entstandenen Wellengruppen wird auf der Empfangsseite als Ton gehört.

Die Mannigfaltigkeit der beim Vieltonsender in der Antenne auftretenden Schwingungserscheinungen macht es nötig, noch einmal

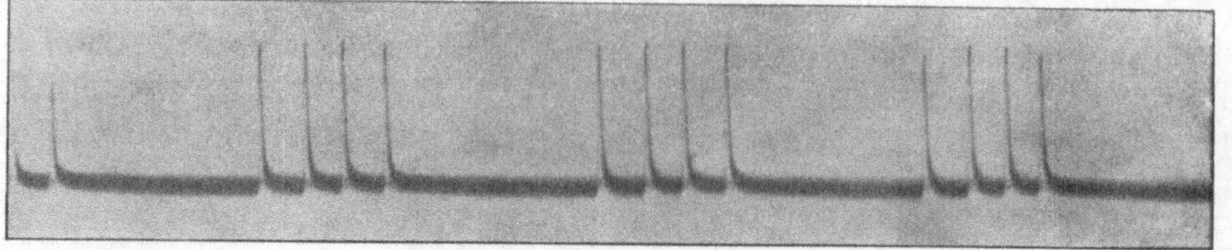

a

Strom im Stoßkreis.

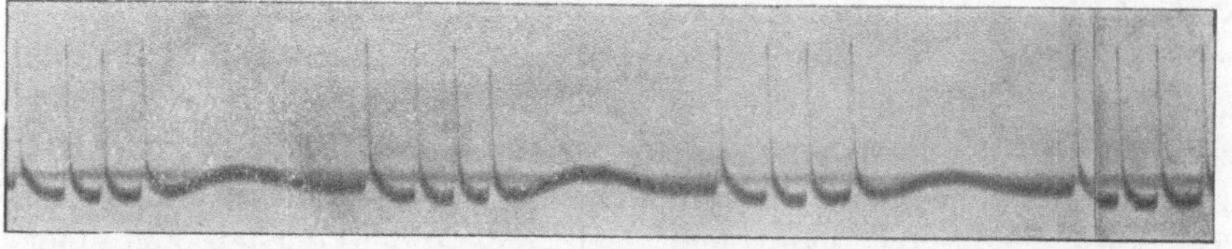

b

Spannung am Stoßkreis.

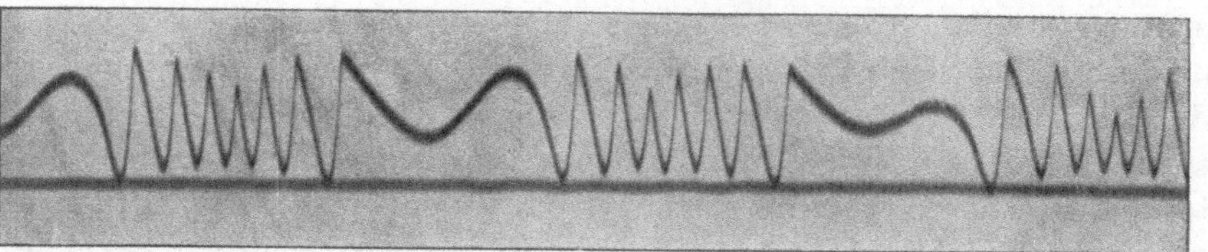

c

Spannung an der Entladestrecke.

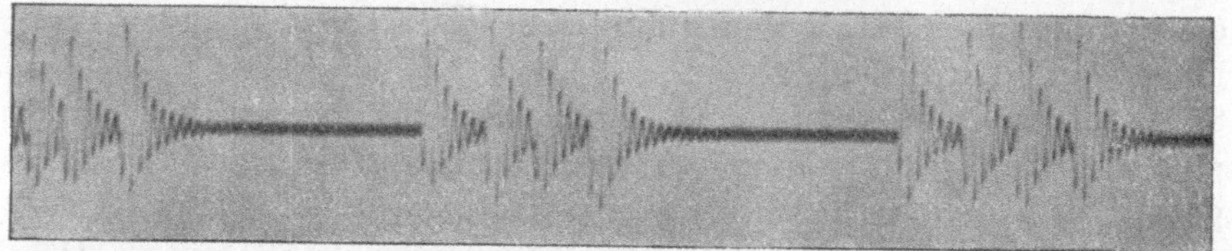

d

Strom in der Antenne.

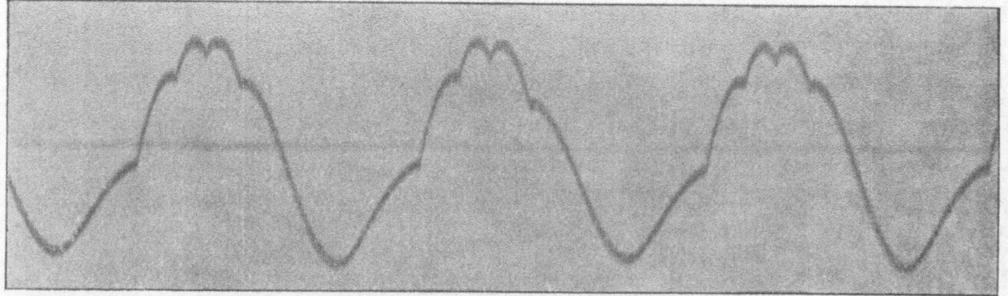

e

Strom im Tonkreis.

Fig. 201. Schwingungsverlauf beim Vieltonsender (Tonkreis angeschaltet).

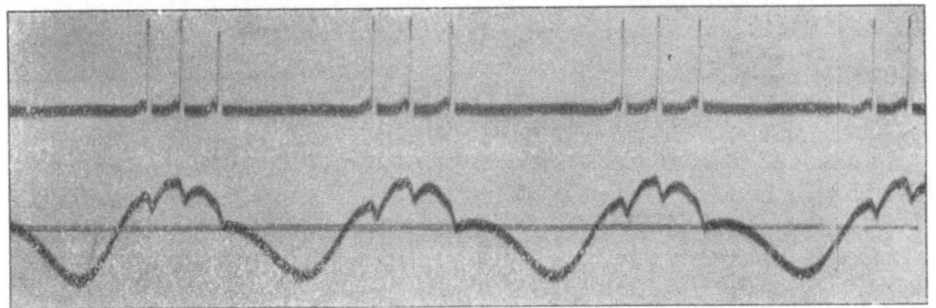

Strom im Stoßkreis (obere Kurve) und Tonkreis (untere Kurve).

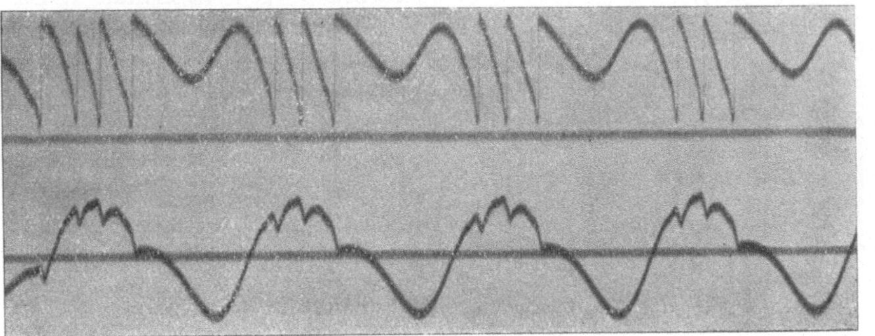

Spannung an der Entladestreke (obere Kurve) und Strom im Tonkreis
(untere Kurve).

Fig. 202.

im Zusammenhang auf sie einzugehen. Ist der Tonkreis abgeschaltet,
so folgen, wie Fig. 200d zeigt, eine große Zahl von Wellenzügen in
gleichmäßigen Abständen aufeinander. Man hat es also hier außer
mit einer Wellenfrequenz ($=$ Schwingungsperiodenzahl $= \nu$) noch
mit einer Wellenzugfrequenz zu tun, die mit der Stoßzahl übereinstimmt. Beim Löschfunkensender ist sie gleich der Funkenzahl in
der Sekunde. Tritt nun der Tonkreis in Tätigkeit, so entstehen einzelne
Wellenzuggruppen (Fig. 201d), so daß man hier von einer Wellenzuggruppenfrequenz sprechen kann. Ihr Zahlenwert ist der
gleiche, wie der der Tonkreisperiode. Somit bestimmen die Wellenlänge, die Frequenz der Wellenzüge und der Wellenzuggruppen den
Verlauf der Schwingungserscheinung in der Antenne.

Für eine Schiffsstation, deren Antenne Fig. 80 zeigt, erhält man etwa die
folgenden Zahlenwerte:

Wellenfrequenz $= 455\,000$ bis $150\,000$ Perioden
                           ($\lambda = 660$ bis 2000 m)

13*

Wellenzugfrequenz $\quad = 6000$ bis 20 000 in der Sekunde
Wellenzuggruppenfrequenz $= 1000$ bis 2000 Perioden
$\qquad = \text{Tonfrequenz.}$

2. Ausführungsformen des Vieltonsenders.

Für den Zusammenbau eines Vieltonsenders kommen zunächst die auf S. 191 erwähnten Gesichtspunkte in Betracht. Die Funkenstrecke erhält zweckmäßig die in Fig. 126 wiedergegebene Form. Die erforderlichen Kapazitäten für den Stoß- und den Tonkreis stellt man am besten aus Glimmerkondensatoren (Fig. 14) zusammen. Da der Ton dieses Senders allein von den elektrischen Abmessungen des Tonkreises abhängt, so müssen die Kapazitäten C_T und Selbstinduktionen L_T so gewählt und geschaltet werden, daß man die Tonhöhe in weiten Grenzen schnell und leicht verändern kann. Der Wert des Verhältnisses $\dfrac{L_T}{C_T}$ ist abhängig von der Spannung, d. h. Zahl der in Reihe geschalteten Funkenstrecken.

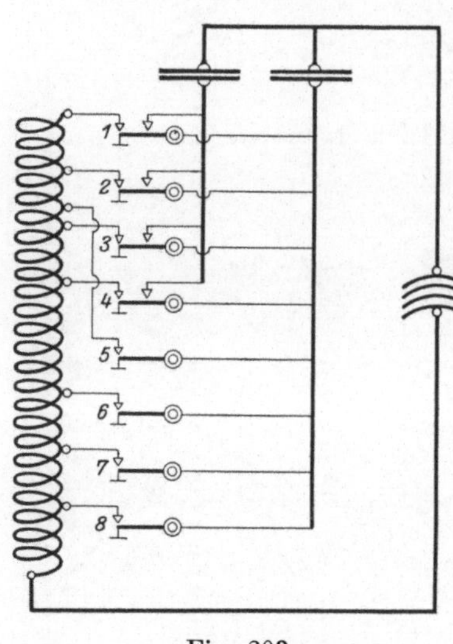

Fig. 203.

Um von der Größenordnung der Kondensatoren und Selbstinduktionsspulen des Tonkreises eine deutliche Vorstellung zu geben, sind für den Bereich einer Oktave die entsprechenden Werte in beifolgender Zahlentafel zusammengestellt. Hierbei ist die Einrichtung derart getroffen, daß für je vier Töne die Kondensatorkapazität die gleiche bleibt und nur die Selbstinduktionen verändert werden. Die hierzu nötige Schaltungsanordnung gibt Fig. 203, die Tastvorrichtung mit den Kondensatoren Fig. 204 wieder.

Taste	ν_T Perioden	C_T cm	L_T Henry
1	1000	90 000	0,254
2	1125	90 000	0,201
3	1250	90 000	0,163
4	1335	90 000	0,1425
5	1500	60 000	0,1695
6	1670	60 000	0,137
7	1875	60 000	0,1085
8	2000	60 000	0,095

Die Verwendung einer Gleichstrommaschine oder einer Akkumulatorenbatterie bedeutet, sofern man von Sendeverfahren absieht, die

z. B. Marconi bei seinem System früher vielfach benutzte, eine Beschränkung der Senderleistung nach oben. Denn da die verfügbare Schwingungsenergie in erster Linie durch die Größe der Spannung

bestimmt ist, mit der der Stoßkreiskondensator aufgeladen wird, müßte man, um von einer Gleichstromquelle die Hochfrequenzkreise zu speisen, bei großen Leistungen Maschinen oder Akkumulatorenbatterien von sehr hoher Spannung anwenden. Aus betriebstechnischen Gründen sieht man daher zweckmäßig hiervon ab, sobald es sich um Stationen von solcher Größe

Fig. 204. Gebevorrichtung eines Vieltonsenders mit Tasten und Kondensatoren.

handelt, die bei einem Primäraufwande von etwa 5 KW eine höhere Ladespannung als etwa 1500 bis 2000 Volt verlangen. In diesem Falle ist es richtiger, als Stromquelle eine niedrig periodische Wechselstrommaschine ($\nu = 15$ bis 50 Perioden) zu verwenden, deren Spannung mit Hilfe eines Transformators auf den erforderlichen Wert gesteigert wird (Fig. 199). Die äußere Form einer derartigen Station ist in der Abbildung 206 wiedergegeben, die links die Sendeseite, rechts den Empfänger zeigt. Deutlich sichtbar ist in der Mitte das Klavier mit der dahinterliegenden durch einen Ventilator gekühlten Entladestrecke. Ebenfalls als Wechselstrom-Vieltonstation ausgebildet ist die in den Abbildungen 207 und 208 dargestellte Karrenstation, von denen die erstere die Sende- und Empfangsseite wiedergibt, die

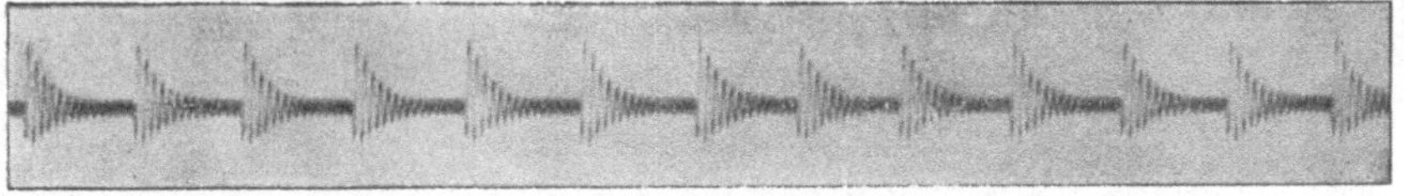

Gleichstrombetrieb.

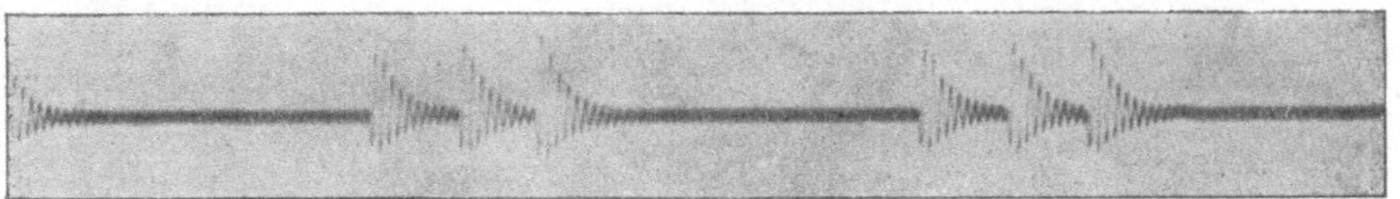

Wechselstrombetrieb.

Fig. 205. Stromverlauf in der Antenne eines Vieltonsenders.

Der Vieltonsender.

Fig. 206. Vieltonanlage (Schiffsstation) der C. Lorenz A. G. Berlin.

zweite die Energieerzeugungsanlage (Benzinmotor mit unmittelbar gekuppelter Wechselstrommaschine) zeigt. Während sich bei Verwendung von Gleichstrom mit dem Vieltonsender reine musikalische Töne erzielen lassen, erhalten die Zeichen bei Benutzung von Wechselströmen eine trillerartige Klangfärbung. Diese Erscheinung erklärt sich aus dem Umstande, daß außer der Periode des Tonkreises noch die langsame Schwingung der Maschinenperiode den Rhythmus der Entladungen des Stoßkreiskondensators beeinflußt. Fig. 205 b zeigt das Bild der Tonkreisschwingungen für eine halbe Maschinenperiode. Bei Gleichstrom wurde das Oszillogramm Fig. 205 a gewonnen.

Wie bei jedem radiotelegraphischen Systeme, so gibt es auch beim Vieltonsender Antennenformen, die als besonders geeignet anzusehen sind. Und zwar müssen dieselben zwei Forderungen erfüllen. Einmal muß ihre Kapazität möglichst groß sein und zweitens soll ihr Strahlungsdekrement ebenfalls nicht zu kleine Werte aufweisen. Denn da die Energieübertragung vom Primärkreise auf den Luftleiter stoßartig erfolgt, muß unter sonst gleichen Verhältnissen die verfügbare Energie des Strahlgebildes um so mehr anwachsen, je größer die Antennenkapazität gewählt wird. Andererseits ist ein hohes Dämpfungsdekrement anzustreben, damit die Pausen zwischen den einzelnen Wellenzuggruppen, und damit der Tonrhythmus, scharf hervortreten. Wie schon an einem Beispiel an früherer Stelle gezeigt wurde, kann bei geringer Dämpfung und langen Wellen der Fall eintreten, daß der nächste Wellenzug schon einsetzt, bevor der vorhergehende abgeklungen ist. Wenn dies auch innerhalb einer Wellenzuggruppe nicht von so schädlicher Wirkung ist, so muß doch in jedem Falle vermieden werden, daß die Pausen zwischen zwei derartigen Entladungsgruppen verwischt werden, damit der Tonrhythmus deutlich erhalten bleibt. Dies bedeutet, daß eine Verlängerung der Welle nicht in dem Maße möglich ist, wie unter gleichen Verhältnissen beim Poulsenschen Lichtbogensender. Im Gegensatz zu den Funkensendern, bei denen die Grenze der Wellenvergrößerung in erster Linie durch die auftretenden Spannungsschwierigkeiten gegeben ist, verhindert beim Vieltonsender die Erhaltung klarer Töne eine außergewöhnliche Erweiterung des Wellenbereiches. Welche Werte sich nach oben hin erreichen lassen, muß von Fall zu Fall aus der Tonfrequenz, der Periode des Antennenstromes und der Luftleiterdämpfung ermittelt werden.

Beispiel: Wird die früher erwähnte **T**-förmige Schiffsantenne an eine Vieltonstation angeschlossen, so berechnet sich (vergl. Gl. 12) die Anzahl m der Hochfrequenzschwingungen, die in dem Senderluftleiter bei jeder Entladung des Stoßkreiskondensators entstehen zu:

$$m \simeq \frac{4{,}605}{\vartheta_A} + 1.$$

Hierbei ist angenommen, daß die Stromamplitude der letzten Periode auf $1\,^0/_0$ des anfangs vorhandenen Höchstbetrages gesunken ist. Bei einer Tonperiode von $\nu_T = 500$ erhält man die folgenden Zahlenwerte:

Wellenlänge $\lambda\,\mathrm{m}$	Dämpfungsdekrement ϑ_A	Anzahl der Perioden m	Zeitdauer eines Wellenzugs T-Sekunde
660	0,0865	54	$1,188 \cdot 10^{-4}$
920	0,05	93	$2,85\ \cdot 10^{-4}$
1150	0,04	116	$4,45\ \cdot 10^{-4}$
1420	0,035	133	$6,3\ \cdot 10^{-4}$
1760	0,032	145	$8,51\ \cdot 10^{-4}$
2000	0,031	150	$10,0\ \cdot 10^{-4}$

Nimmt man an, daß die Zeiten, in denen der Stoßkreis sich in Tätigkeit befindet, ebenso lang sind, wie die durch den Tonkreis bedingten Pausen, so wird der Thonrhythmus in der Antenne noch so lange scharf erhalten bleiben, als die Zeitdauer eines Wellenzuges den Wert von $\dfrac{1}{2} \cdot \dfrac{1}{500} = 10 \cdot 10^{-4}$ Sekunden noch nicht erreicht hat. In dem angeführten Beispiele tritt dies bei einer Wellenlänge von 2000 m ein.

Fragt man sich zum Schluß, worin die Vorzüge des Vieltonsenders liegen, so lautet die Antwort: einmal darin, daß unter Wahrung einer einwelligen Antennenstrahlung weder die Abstimmung zwischen Stoßkreis und Luftleiter scharf eingestellt zu werden braucht, noch die Kopplung einen ganz bestimmten Wert besitzen muß. Hierdurch wird eine schnelle und einfache Umstellung der Betriebswellenlänge ermöglicht. Weiter gestattet das Verfahren eine weitgehende Ausnutzung der akustischen Abstimmung, ein Gesichtspunkt, der immer mehr an Bedeutung gewinnt, je größer mit wachsender Zahl der radiotelegraphischen Stationen die Schwierigkeiten werden, durch reine elektrische Abstimmung jede gegenseitige Störung zu vermeiden. Hier bringt die Tatsache, beliebig viele Töne erzeugen und schnell in beliebiger Reihenfolge einstellen zu können, den Vorteil, daß man nicht nur den Morsezeichen einer jeden Sendestelle einen bestimmten Toncharakter geben, sondern auch durch Spielen auf dem Klavier Musikstücke, Hornsignale und ähnliches radiotelegraphisch übertragen kann. Dabei wird die Reinheit der Töne im Gegensatz zu dem Tonfunkensystem weder durch schwankende Umlaufszahl der Maschine, noch durch wechselnde Spannung der Stromquellen beeinflußt.

Auf der anderen Seite erfordert die Handhabung der Entladestrecke, wenigstens soweit Gleichstrom in Frage kommt, eine größere Geschicklichkeit und Sachkenntnis, als es bei den Tonfunkenstationen der Fall ist. Außerdem kann der Wirkungsgrad der Hochfrequenzseite nicht denjenigen Wert erreichen, der mit dem tönenden Löschfunkensender erzielt wird, da beim Vieltonsender eine Neuzündung der Entladestrecke etwa 10 000 mal in jeder Sekunde erfolgen muß,

Fig. 207. Sende- und Empfangsseite einer Vieltonkarrenstation (C. Lorenz A. G. Berlin).

Fig. 208. Benzinmotor und Wechselstrommaschine einer Vieltonkarrenstation (C. Lorenz A. G. Berlin).

während dies im anderen Falle nur etwa 1000 mal notwendig ist. Diese häufige Entionisierungsarbeit vermindert naturgemäß die Nutzleistung. Im Mittel kann man etwa, je nach der Stationsgröße, mit einem Wirkungsgrade von 35 bis $50^0/_0$ rechnen. Dieser Nachteil fällt jedoch aus dem Grunde nicht so ins Gewicht, als einmal der Nutzeffekt der Stromerzeugungsanlage beim Vieltonsender ein guter ist, wodurch sich die Unterschiede zwischen den beiden Systemen in dieser Beziehung wieder ausgleichen, und zweitens der Wirkungsgrad einer radiotelegraphischen Anlage, wie wir sehen werden, nur einen der vielen Gesichtspunkte darstellt, die beim Bau einer Station zu berücksichtigen sind.

3. Übersicht über die wichtigsten Schwingungsvorgänge.

Allen bisher beschriebenen Sendeverfahren ist die Anordnung gemeinsam, daß die Schwingungserscheinungen ausgelöst werden durch

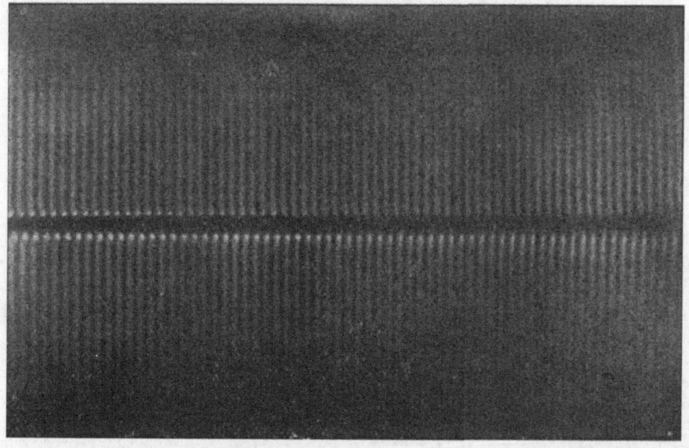

Fig. 209. Lichtbogenschwingungen.

einen Funken oder Lichtbogen. Die entstehenden elektrischen Vorgänge freilich sind, wie wir sehen, sehr mannigfacher Art. Es erscheint deshalb wertvoll, auf diese im Zusammenhang noch einmal einzugehen und an Hand von Schwingungsaufnahmen ihre sie kennzeichnende Unterschiede festzustellen.

Um zunächst beurteilen zu können, welcher Art der Stromverlauf in einem Luftleiter ist, kann man sich des Glimmlichtoszillographen bedienen, dessen Einrichtung als bekannt vorausgesetzt wird. Erhält man im umlaufenden Spiegel ein Bild, wie es Fig. 209 zeigt, so fließen im Luftleiter ungedämpfte elektrische Wechselströme. Nehmen jedoch die Stromamplituden anfangs zu, dann aber stetig ab (Fig. 210), so hat man es mit einem Vorgange zu tun, der auf verschiedene

Weise zustande kommen kann. Der die Antenne erregende Primärkreis enthält entweder eine Knallfunkenstrecke — in diesem Falle muß die Kopplung beider Kreise lose sein — oder er arbeitet nach

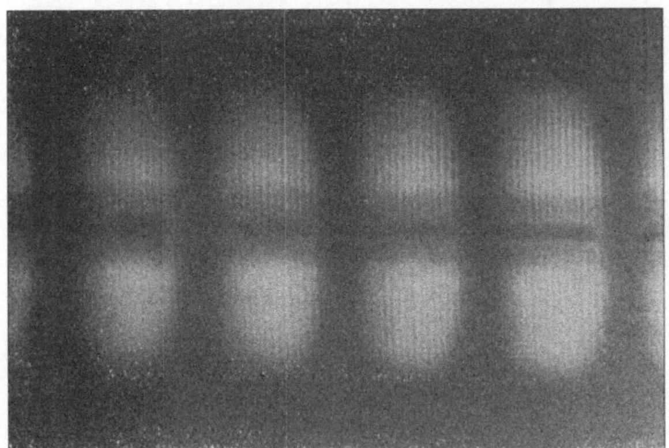

Fig. 210. Schwebungserscheinungen.

dem Stoßerregungsverfahren der schwebenden Schwingungen, was eine enge Verbindung beider Schwingungskreise zur Voraussetzung hat. Setzt der Strom dagegen mit seiner größten Amplitude ein (vgl. Fig. 211), so liegt entweder die einfache Marconischaltung vor, für die ein schnelles Abklingen des Schwingungsvorganges kennzeichnend ist, oder es erfolgt die Energieübertragung auf dem Wege des idealen Stoßes, wobei eine ganz allmähliche Abnahme des Stromes eintritt (vgl. Fig. 212). Mit Hilfe der Aufnahme Fig. 211 berechnet sich aus den Konstanten

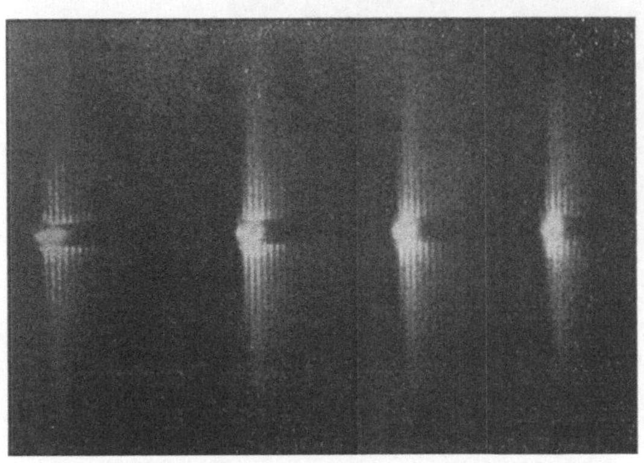

Fig. 211. Stark gedämpfte Antennenschwingungen.

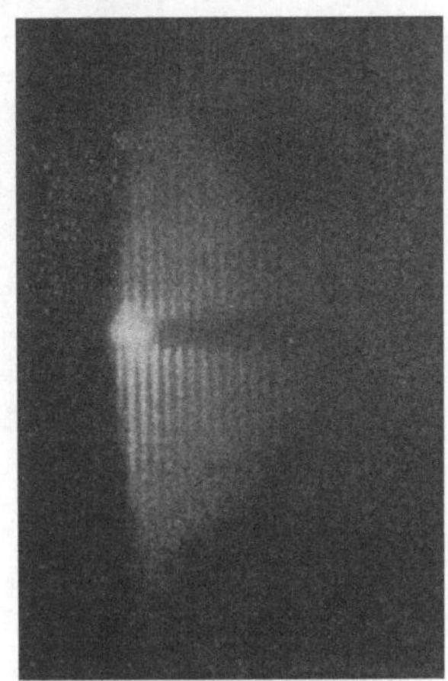

Fig. 212. Schwach gedämpfte Antennenschwingung.

des Glimmlichtoszillographen die Frequenz der Wellenzüge $a = 7200$ in jeder Sekunde. Überlappen sich dieselben, so spricht man von **kontinuierlichen Schwingungen** (Fig. 213). Läßt man den Spiegel des Aufnahmeapparates so langsam laufen, daß die einzelnen

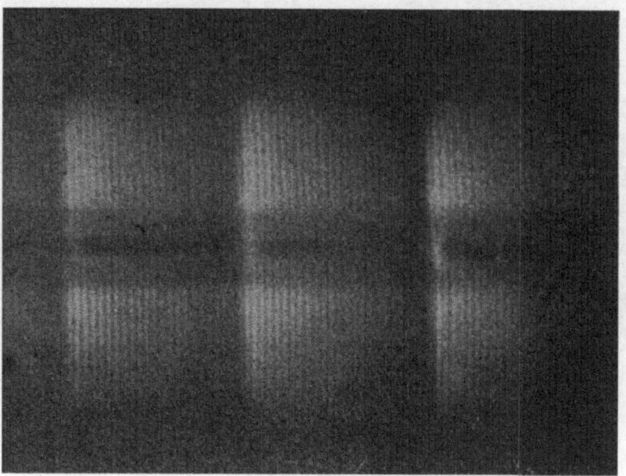

Fig. 213. Kontinuierliche Schwingungen.

Halbwellen sich nicht mehr voneinander unterscheiden lassen, und ergibt die Aufnahme ein Bild nach Fig. 214, so kann man hieraus die Frequenz der Wellenzuggruppen bestimmen. Die Aufnahme zeigt die Schwingungsvorgänge in der Antenne eines Vieltonsenders.

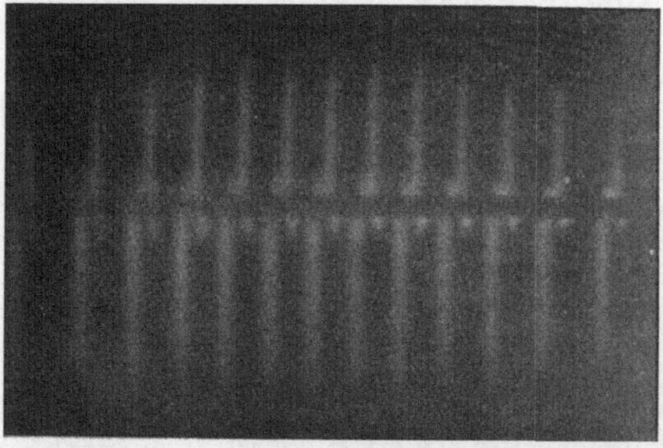

Fig. 214. Wellenzuggruppen.

So wertvoll auch der Glimmlichtoszillograph für die Beurteilung der Vorgänge in Hochfrequenzkreisen ist, so bleibt doch seine Anwendung in erster Linie auf das Laboratorium beschränkt, da seine Bedienung besondere Geschicklichkeit voraussetzt. Dagegen besitzt man in dem **Schwingungsprüfer** (Fig. 215) ein Hilfsmittel,

das, wenn es auch nicht alle Einzelheiten der in den Hochfrequenzkreisen vorhandenen Strömungserscheinungen wiedergibt, doch im

Fig. 215. Schwingungsprüfer mit umlaufendem Heliumrohr.

Rahmen des Stationsbetriebes ein wertvolles Beobachtungsinstrument
darstellt. Als Beispiele hierfür mögen die Aufnahmen Fig. 216 bis 220
dienen. Die gleichförmig leuchtende
Scheibe der Fig. 216 zeigt dem Stations-
beamten an, daß in dem betreffenden
Schwingungskreise Ströme mit gleichbleibender Amplitude fließen (Poulsen-
System, Hochfrequenzmaschinensystem).
Zeigt die umlaufende Leuchtröhre ein
sternförmiges Bild (Fig. 217 u. 218), das
man durch geeignete Einstellung der
Motorumlaufszahl zum Stillstand bringen
kann, so hat man es mit in gleichen
Abständen aufeinanderfolgenden Wellenzügen zu tun (z. B. bei reinem Tone des

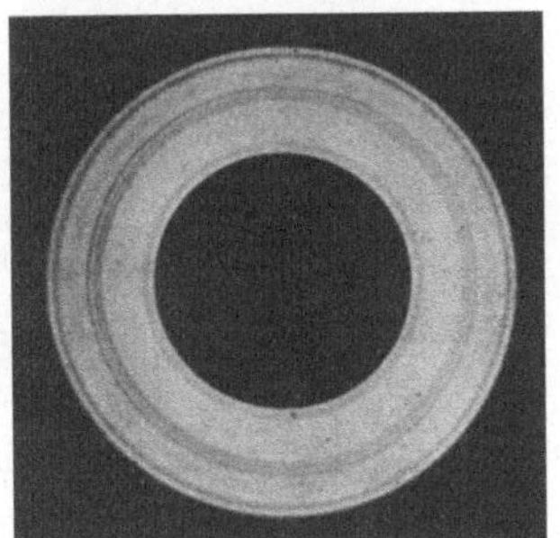

Fig. 216. Lichtbogen-
schwingungen.

tönenden Löschfunkensenders). Bestehen dagegen die einzelnen Strahlen
aus zwei oder mehreren hellen Streifen (Fig. 219), so läßt dies auf das
Vorhandensein von Partialfunken schließen, während die in gleichförmigen Zwischenräumen aufeinanderfolgenden hellen und dunklen

Streifen der Abbildung 220 die Schwingungsvorgänge im Luftleiter eines Vieltonsenders wiedergeben (vgl. auch Oszillogramm Fig. 214). Man erkennt somit aus diesen Beispielen, inwieweit man aus den Bildern des Schwingungsprüfers auf die wirklich auftretenden Hochfrequenzerscheinungen sichere Schlüsse ziehen kann.

Fig. 217. Löschfunkensender.

Fig. 218. Löschfunkensender.

Im Anschluß hieran sei noch die Frage gestreift, welcher Unterschied zwischen den beiden Entladungsformen Funken und Lichtbogen besteht. Am deutlichsten wird dies klar werden, wenn man ein ausgeprägtes Funkensystem (z. B. Braunscher Sender) mit einem ausgeprägten Lichtbogensystem (z. B. Poulsen-Sender, Schwingungen

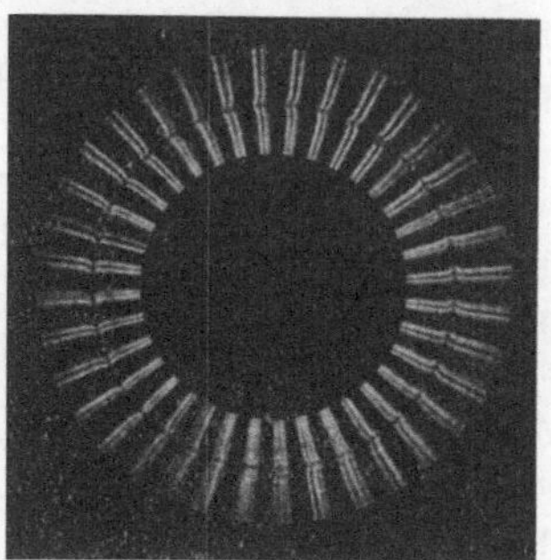

Fig. 219. Löschfunkensender
(Partialentladungen).

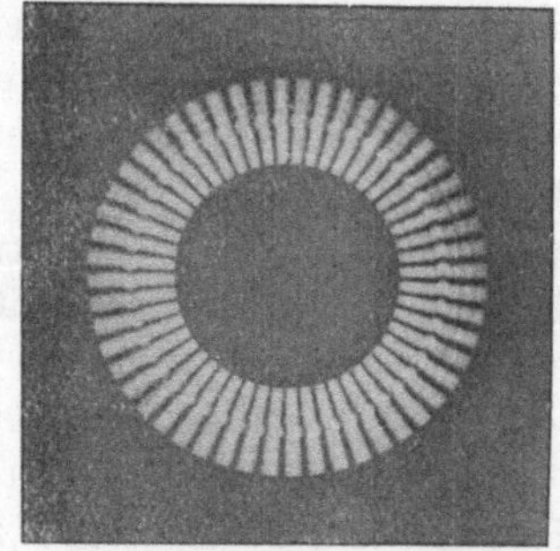

Fig. 220. Vieltonsender.

erster Art hervorbringend) miteinander vergleicht. Im ersten Falle wird dem Kondensator des Energiekreises durch die Stromquelle ein bestimmter Energievorrat mitgeteilt, der sich beim Zünden der Funkenstrecke in hochfrequente Schwingungen umsetzt, während beim Lichtbogensender in jeder Periode soviel Energie nachgeliefert wird, wie in der vorhergehenden verbraucht wurde. Dies hat zur Folge, daß die Stromamplituden des am Generator anliegenden Hochfrequenzkreises keine Abnahme erfahren, sondern eine stets gleichbleibende Größe aufweisen. Zwischen diesen beiden Grenzfällen gibt es nun eine Reihe von Zwischenstufen, die man sowohl aus der einen, als auch aus der anderen Schwingungsform sich hervorgegangen denken kann. Der Übergang ist demnach ein flüssiger, was um so leichter verständlich ist, als ja der Funke, wie der Lichtbogen, letzten Grundes auf der gleichen physikalischen Erscheinung beruhen. Wie gleichartig beispielsweise die Anforderungen sind, die an eine wirksame Löschfunkenstrecke und einen Lichtbogengenerator gestellt werden müssen, geht daraus hervor, daß man in den meisten Fällen mit beiden Apparaten in der Lage ist, sowohl ungedämpfte, als auch gedämpfte Schwingungen erzeugen zu können. Man hat hierbei nur nötig, die elektrischen Abmessungen des Schwingungskreises entsprechend zu wählen, den Strom und die Spannung der Energiequelle passend einzustellen und die Energieentziehung der Hochfrequenzseite innerhalb bestimmter Grenzen zu halten. So gelingt es z. B. mit einer Löschfunkenstrecke der in Fig. 122 dargestellten Form die gleichen Erscheinungen hervorzurufen, die auch mit Hilfe eines Poulsenschen Lichtbogengenerators, abgesehen von den Schwingungen erster Art, hergestellt werden können. Hält man sich diese Tatsachen vor Augen, so wird man einsehen, daß zahlreiche Vorgänge, die man bisher infolge verschiedener Bezeichnungsweise als grundsätzlich verschieden angesehen hat, in Wirklichkeit völlig miteinander übereinstimmen.

VII. Die Erzeugung von Hochfrequenzströmen mittels Maschinen.

Die bisher besprochenen Verfahren zur Hervorbringung von Wechselströmen hoher Periodenzahl beruhen ganz allgemein auf der Erscheinung, daß man zunächst einen bestimmten Energiebetrag auf ein schwingungsfähiges Gebilde überträgt, der dann, von jedem äußeren Zwange befreit, das betreffende System solange zu Eigenschwingungen anregt, bis sich der ursprüngliche Arbeitsvorrat völlig in Wärme oder eine andere Energieform umgesetzt hat. Die Auslösung des Vorganges wird hierbei durch einen Funken-Lichtbogen bewirkt. Bei näherer Betrachtung erscheint eigentlich der andere Weg der natürlichere zu sein, der die Hochfrequenzströme unmittelbar aus einer Energiequelle selbst entnimmt und die angeschlossenen Kreise dann auf die Periode der aufgedrückten Schwingung abstimmt. Dieser Gedanke läuft auf den Bau von Wechselstrommaschinen hinaus, deren Frequenz natürlich noch weit oberhalb der Periodenzahl der Stromquellen liegen muß, die bei den tönenden Funkensendern Verwendung finden. Um die besonderen Schwierigkeiten, die hierbei überwunden werden müssen, zu verdeutlichen, sei an die folgenden Tatsachen erinnert:

Da eine zweipolige Wechselstrommaschine bei jeder Umdrehung eine Periode erzeugt, müssen bei p Polen $\frac{p}{2}$ Perioden entstehen. Bezeichnet man mit n die Umlaufszahl der Maschine in der Minute, so ergibt sich die Periodenzahl ν des Generators in der Sekunde aus der Beziehung:

$$\nu = \frac{n}{60} \cdot \frac{p}{2} = \frac{n \cdot p}{120}.$$

Setzt man in dieser Gleichung für ν Zahlenwerte ein, die in der Radiotelegraphie gebräuchlich sind, so erhält die Maschine Abmessungen, die sich grundsätzlich von denen unterscheiden, die die Generatoren der Starkstromtechnik aufweisen. An zwei Beispielen sei dies näher erläutert.

a) Hochfrequenzmaschine von N. Tesla (erbaut Ende der 80er Jahre):

$$n = 3000 \text{ in der Minute}$$
$$p = 384 \text{ feststehende Feldpole}$$
$$\text{Polbreite} \approx 1{,}6 \text{ mm}$$
$$\text{Nutenbreite} = 4{,}5 \text{ mm}$$
$$\nu = 9600 \text{ Perioden in der Sekunde } (\lambda = 31\,300 \text{ m}).$$

Die Erreger- und Ankerwicklung ist als Zickzackwicklung ausgeführt. Letztere wurde, von seitlichen Messingstiften gehalten, auf einem Ring aus dünnen ausgeglühten Eisendrähten aufgebracht.

$$\text{Durchmesser des mit Seide umsponnenen Drahtes } d = 0{,}75 \text{ mm}$$
$$\text{Ankerlänge} = 32 \text{ mm}.$$

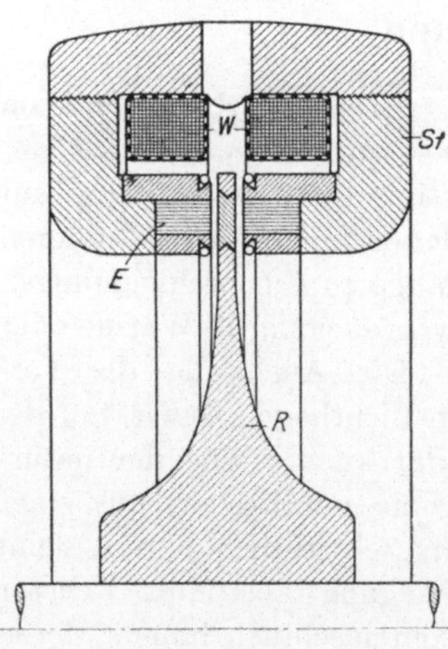

Fig. 221.

In vollendeter Ausführung finden wir diese Maschine in der von R. Goldschmidt angegebenen Form wieder.

b) Hochfrequenzmaschine von E. F. W. Alexanderson (General Elektric Co.).

Fig. 221 gibt einen Schnitt durch die Maschine wieder, die als Induktortype ausgebildet ist. Der umlaufende Teil R besteht aus einer Stahlscheibe, die die Form eines Körpers gleicher Festigkeit besitzt und am Rande 300 eingefräste Zähne aufweist. Die entstehenden Nuten sind mit einem nicht magnetischen Stoff ausgefüllt. Der feststehende Teil St wird durch zwei Gleichstromwicklungen W erregt, während die hochfrequenten Ströme in der zickzackförmig angeordneten Wicklung verlaufen, die in den Nuten der beiden seitlich angebrachten Blechkörper E liegt. Der Antriebsmotor ($n = 2000$) arbeitet auf ein Lavalsches Vorgelege, dessen kleinere Zahnräder mit der Hochfrequenz maschine gekuppelt sind.

Übersetzungsverhältnis $1:10$. $\qquad n = 20\,000$ Umdrehungen.

$$\nu = 2 \cdot \frac{20\,000 \cdot 300}{120} = 100\,000 \text{ Perioden } (\lambda = 3\,000 \text{ m}).$$

Der Luftspalt beträgt 0,3 bis 0,4 mm (im Mittel 0,37 mm), die Drahtstärke 0,3 mm.

Durchmesser der umlaufenden Scheibe $= 305$ mm.

Teilung am Rande $= 3,2$ mm.

Maschinenleistung $\backsimeq 2{,}0$ KW. (110 Volt).

Die Gesamtansicht des Maschinensatzes gibt Fig. 222 wieder.

Man ersieht aus diesen Angaben, welch hervorragende Werkstattarbeit zu leisten war, um bei 20 000 Umdrehungen in der Minute und einem Luftspalt von 0,37 mm einen Betrieb mit dieser Maschine zu ermöglichen.

Fig. 222. Hochfrequenzmaschine von Alexanderson mit Lavalschem Vorgelege.

Vergleicht man die mechanischen und elektrischen Größen der beiden Maschinen, so sieht man, daß die Teslasche Ausführung nicht die hohen Periodenzahlen liefert, die zum Betriebe einer radio- telegraphischen Anlage nötig sind. Der von Alexanderson gebaute Hochfrequenzgenerator besitzt dagegen, trotz bester mechanischer Aus- führung, in seinem kleinen Luftabspalt, seiner hohen Umlaufszahl und der infolge Raummangels geringen Drahtisolation nicht diejenige Sicherheit, die die Voraussetzung eines Dauerbetriebes bildet. Da weiter, wie an späterer Stelle ausgeführt werden wird, der Anwen- dungsbereich der Hochfrequenzmaschinensender in erster Linie auf dem Gebiete der Großstationen liegt und damit die zusätzliche For- derung erhoben werden muß, Einheiten von großer Leistungsfähig- keit zu bauen, ist einer weitgehenden Steigerung der Periodenzahl von vornherein eine Grenze gesetzt. Von diesen Überlegungen ausgehend, werden deshalb nur diejenigen Maschinen einen dauernden Erfolg aufweisen können, deren natürliche Frequenz mit Rücksicht auf die Betriebssicherheit nicht allzuhohe Werte besitzt. Diese Forderung hat freilich die zweite zur Folge, daß dann durch besondere Mittel die Periodenzahl der Maschine so hoch gesteigert werden muß, wie es die Strahlungseigenschaften der verwendeten Antenne notwendig machen. Im Verfolg dieses Gedankenganges haben bisher zwei Verfahren praktisch bedeutsame Erfolge erzielt, von denen das erste von R. Goldschmidt angegeben, während bei dem zweiten eine schon längere Zeit bekannte Anordnung auf das Gebiet der Radiotelegraphie übertragen ist.

1. Die Goldschmidtsche Hochfrequenzmaschinenschaltung.

a) Abstimmung der Schwingungskreise.

Ein Einphasen-Wechselstromgenerator M, dessen Ständer und Läufer hinsichtlich der Ausbildung seiner Magnetpole und der Art

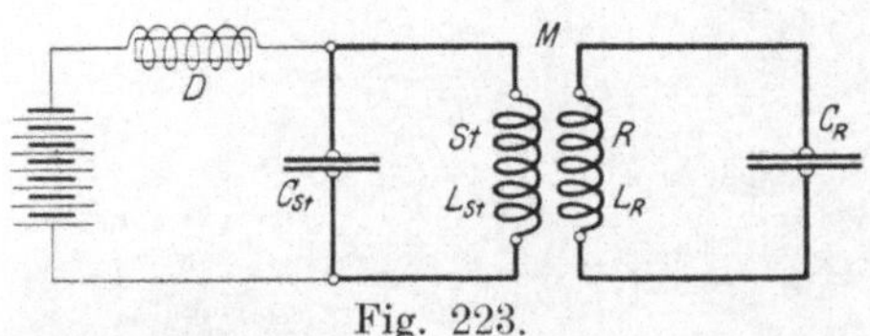

Fig. 223.

der in den Nuten eingelegten Wicklung völlig übereinstimmen mögen (Fig. 224 und 225), soll bei einer bestimmten Umlaufszahl eine EMK von der Periodenzahl ν hervorbringen. Dabei sei angenommen, daß die Ständerwicklung St (Fig. 223) von einem Gleichstrome durchflossen werde. ν berechnet sich aus der Gleichung:

$$\nu = \frac{n \cdot p}{120}.$$

Schließt man nun den Läufer über einen Kondensator C_R kurz, dessen Abmessungen so gewählt werden, daß die Eigenschwingungszahl des Kreises mit der aufgedrückten Periodenzahl ν übereinstimmt, so gilt:

$$(2\pi\nu)^2 \cdot L_R \cdot C_R = 1.$$

Wenn bei stillstehender Maschine im Läufer ein Wechselstrom von der Periodenzahl ν fließt, so entsteht, wie in jedem ruhenden Wechselstromtransformator, in der Ständerwicklung eine EMK von der gleichen Frequenz. Da nun aber außerdem der Läufer synchron mit der Periode des Wechselstromes umläuft, muß die Periodenzahl der im Ständer induzierten EMK den Wert 2ν besitzen, was man am einfachsten beweist, wenn man sich erinnert, daß ein gewöhnliches Wechselfeld in zwei im entgegengesetzten Sinne umlaufende Drehfelder sich zerlegen läßt. Auch die Ströme dieser Periodenzahl lassen sich nun durch richtig bemessene Abstimmmittel wieder verstärken, wobei:

$$(2\pi \cdot 2\nu)^2 \cdot L_{St} \cdot C_{St} = 1.$$

sein muß.

Betrachtet man jetzt den Ständer als primären Teil, so kann man weiter im Läufer eine Spannung von der dreifachen Frequenz erzeugen und dieses Verfahren theoretisch beliebig oft wiederholen. Die Energie wird gewissermaßen zwischen der feststehenden und der umlaufenden Wicklung so lange hin und her gespiegelt, bis sie im letzten Kreise in einem Nutzwiderstande verbraucht wird (Reflexionsgenerator). Je öfter jedoch dieser Vorgang wiederholt wird, je mehr Kreise demnach an die Maschine angeschlossen sind, desto größer müssen auch die Verluste werden, die in dem Generator auftreten. Da hierbei die Frequenzsteigerung nach einer arithmetischen Reihe erfolgt, steht bei einer übertriebenen Wiederholung diese Spiegelung der Erfolg in keinem Verhältnis zur aufgewendeten Arbeitsleistung. In allen praktischen Fällen wird man sich deshalb mit einer drei- bis vierfachen Erhöhung der Grundperiodenzahl begnügen.

Um über die Größenverhältnisse der zur Abstimmung der Kreise nötigen Spulen und Kondensatoren ein Bild zu gewinnen, sollen die weiteren Erläuterungen an Hand eines Zahlenbeispiels gegeben werden. Es sei:

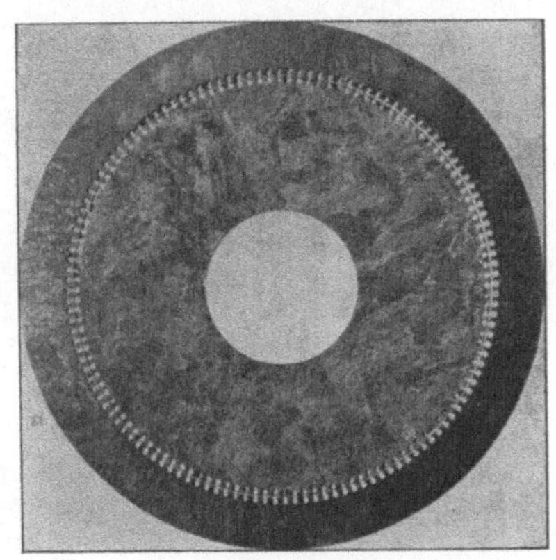

Fig. 224.

Umlaufszahl der Hochfrequenzmaschine in der Minute $= 10\,000$.

Polzahl $= 180$ im Ständer und im Läufer.

$$\text{Grundperiodenzahl} = \frac{10\,000 \cdot 180}{120} = 15\,000 \quad (\lambda = 20\,000 \text{ m}).$$

Die Wicklungen des stillstehenden und umlaufenden Maschinenteiles sind als fortlaufende Zickzackwicklungen ausgeführt und in ihren Abmessungen völlig gleich. Abbildung 224 gibt die Form der Ständer und Läuferbleche wieder. Fig. 225 zeigt den Aufbau des Läufers, wobei zur Sichtbarmachung der Wicklungsköpfe die eine Abschlußplatte abgenommen ist. Um die Spannungen in der Maschine möglichst niedrig zu halten und damit die Isolationsschwierigkeiten zu vermeiden, ist die Läuferwicklung in zwei Hälften unterteilt, die nebeneinander geschaltet werden.

Die Selbstinduktion der Ständerwicklung betrage:

$$L_{St} \simeq 60\,000 \text{ cm,}$$

die der Läuferwicklung wird infolge der Nebeneinanderschaltung daher nur

$$L_R \simeq \frac{60\,000}{4} = 15\,000 \text{ cm.}$$

Die Abstimmung der einzelnen Kreise wird in folgender Weise vorgenommen: Sobald die Maschine ihre erforderliche Umlaufszahl erreicht hat, wird der Läufer über einen Strommesser auf einen Kondensator C_1 (Fig. 226) geschaltet, dessen Kapazität so lange verändert wird, bis der Höchstwert des Stromes erreicht ist, was eintritt, wenn:

$$(2\,\pi\,\nu)^2 \cdot L_R \cdot C_1 = 1,$$

d. h.

$$C_1 = \frac{9 \cdot 10^{20}}{(6{,}28 \cdot 1{,}5 \cdot 10^4)^2\, 1{,}5 \cdot 10^4} \text{ cm}$$
$$= 6\,750\,000 \text{ cm.}$$

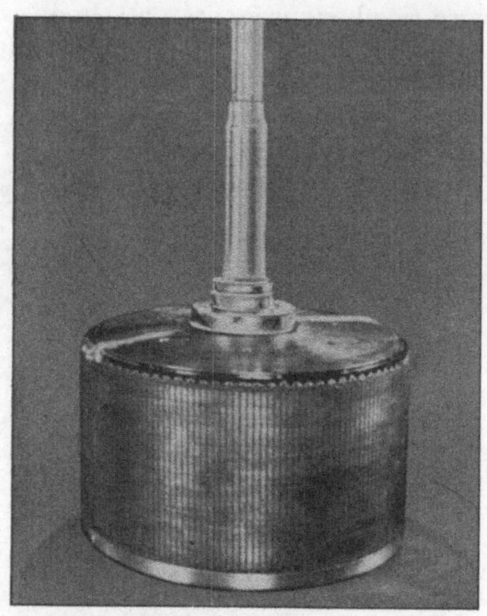

Fig. 225.

Mit Rücksicht auf den Umstand, daß bei mehrfacher Frequenzsteigerung sich die verschiedenen, an den Läufer und Ständer angeschlossenen Kreise in ihrer gegenseitigen Abstimmung stören könnten, ist es zweckmäßig, bei der Abstimmung der beiden ersten Stufen in folgender Weise zu verfahren: In die Strombahn wird außer dem Kondensator C_1 noch ein weiterer Kondensator C_1' und eine Spule L_1' eingeschaltet, deren Abmessungen so gewählt sind, daß sie, zu einem geschlossenen Kreis vereinigt, die Eigenperiodenzahl ν besitzen. Fügt man nun C_1' und L_1' in Reihenschaltung zwischen den Punkten a und b in den Läufer ein, so muß demnach zwischen ihnen, sofern man von allen Verlustwiderständen absieht, für die Periodenzahl ν die Spannung Null herr-

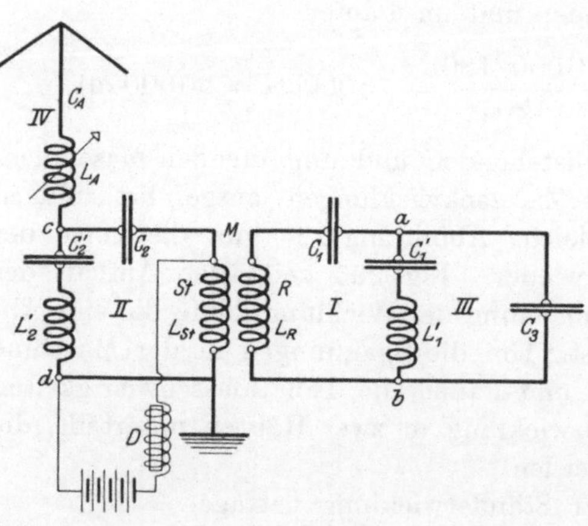

Fig. 226.

schen (Nullpunktsschaltung). Für alle höheren Schwingungszahlen dagegen stellt die Abzweigung $a - b$ einen gewissen induktiven Widerstand dar. Die Abgleichung von C_1' und L_1' erfolgt wieder in der Weise, daß man eine dieser Größen so lange verändert, bis der Stromzeiger den Höchstwert angibt. Dann ist:

$$(2\,\pi\,\nu)^2 \cdot L_1' \cdot C_1' = 1$$

$$(2\,\pi\,\nu)^2 \cdot (L_1' + L_R) \cdot \frac{C_1 \cdot C_1'}{C_1 + C_1'} = 1.$$

Für $L_1' = 145\,000$ cm erhält man

$$C_1' = 700\,000 \text{ cm.}$$

Der im ersten Läuferkreise entstandene Kurzschlußstrom wirkt nun auf den Stator zurück und erzeugt, wie oben angegeben, eine EMK von der doppelten Periodenzahl. Da der Maschine keine Energie dieser Frequenz entzogen werden soll, muß man auch hier, ebenso wie beim Läufer, für einen möglichst ungedämpften Kurzschlußkreis sorgen. Wieder werden zwei Abgleichungen vorgenommen, damit die Bedingungen:

$$(2\,\pi \cdot 2\,\nu)^2 \cdot L_{St} \cdot C_2 = 1,$$
$$(2\,\pi \cdot 2\,\nu)^2 \cdot L_2' \cdot C_2' = 1$$

erfüllt sind. Dann gilt auch:

$$(2\,\pi \cdot 2\,\nu)^2 \cdot (L_2' + L_{St}) \cdot \frac{C_2 \cdot C_2'}{C_2 + C_2'} = 1.$$

Für unser Beispiel erhalten wir bei einem

$$L_{St} = 60\,000 \text{ cm}$$

und einem

$$L_2' = 120\,000 \text{ „}$$

für

$$C_2 = 424\,000 \text{ „}$$

und

$$C_2' = 212\,000 \text{ „}$$

bei

$$2\,\nu = 30\,000 \text{ Perioden } (\lambda = 10\,000 \text{ m).}$$

Die Drosselspule D trägt dafür Sorge, daß die Schwingungen sich nicht über die Gleichstromquelle ausgleichen können.

Der Strom von 30000 Perioden erzeugt nun im Läufer eine EMK, deren Periodenzahl $3\,\nu$ beträgt und für die der Kondensator C_3 so bemessen wird, daß der Kreis, bestehend aus L_R, C_1 und C_3, die Eigenperiodenzahl von $3 \cdot 15\,000 = 45\,000$ $(\lambda = 6666$ m) besitzt. Aus:

$$(2\,\pi \cdot 3\,\nu)^2 \cdot L_R \cdot \frac{C_1 \cdot C_3}{C_1 + C_3} = 1,$$

folgt:

$$C_3 = 830\,000 \text{ cm.}$$

Der Widerstand, den der Strom von 45000 Perioden in dem der Kapazität C_3 parallel liegenden Stromzweige $a - b$ findet, beträgt abgerundet $36{,}5\,\Omega$.

Da

$$\frac{1}{(2\,\pi \cdot 3\,\nu)\cdot C_3} \cong 3{,}8\,\Omega$$

ist, verteilt sich der Strom von der Periode $3\,\nu$ im Verhältnis

$$\frac{36{,}5}{3{,}8} = \frac{9{,}6}{1} \cong \frac{10}{1}$$

in den beiden Zweigen. Die hierdurch bedingte Verstimmung läßt sich durch passende Abgleichung von C_3 leicht aufheben.

Geht man endlich zur Bildung der letzten Frequenzstufe vom Läufer wieder auf den Ständer über und beabsichtigt man, die Energie der vierfachen Periodenzahl ($4 \cdot \nu = 60000$ Perioden, $\lambda = 5000$ m) nutzbar zu verwenden, indem man beispielsweise eine Antenne anschließt, so ist die Schaltung, wie Fig. 227 zeigt, auszuführen. Der eine Ständerpol wird unmittelbar an Erde oder an ein Gegenwicht gelegt, während der Punkt c über eine veränderliche Selbstinduktion L_A mit der Luftleiterzuführung in Verbindung steht. Nach erfolgter Abstimmung, die entsprechend der Gleichung:

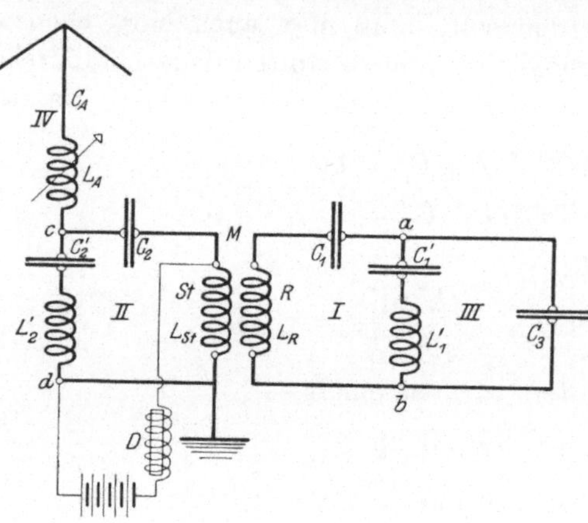

Fig. 227.

$$(2\,\pi \cdot 4\,\nu)^2 \cdot (L_A + L_{St})\cdot \frac{C_A \cdot C_2}{C_A + C_2} = 1$$

auszuführen ist, erhält man bei einer Antennenkapazität von $C_A = 10000$ cm für L_A den Wert 725000 cm. In dieser Größe ist die Eigenselbstinduktion des Strahlgebildes mit enthalten.

Aus den Darlegungen erkennt man, daß in dieser Maschinenschaltung für die Ströme aller derjenigen Perioden, die eine Nutzleistung nicht hervorbringen sollen, möglichst verlustlose Resonanzkreise vorzusehen sind. Dabei ist es zur Erleichterung der Abstimmung zweckmäßig, in allen, mit Ausnahme der beiden letzten Stufen, sogenannte Nullpunktsschaltungen zu verwenden. Da diese jedoch einen Mehraufwand an Kondensatoren bedeuten, kann bei kleineren Maschinen die Abgleichung auch in folgender Weise vorgenommen werden, die zwar weniger Abstimmittel benötigt, jedoch auch eine schwieriger durchzuführende Abgleichung verursacht.

Bei Betrachtung des vorausgehenden Beispiels erkennen wir, daß sowohl der Läufer als auch der Ständer Ströme von zwei verschiedenen Periodenzahlen führen. Und zwar werden die Schwingungen, deren Frequenz, bezogen auf die Grundperiode, ungeradzahlig (ν und 3ν) ist, im umlaufenden Teil der Maschine erzeugt, während die geradzahligen Frequenzen (2ν und 4ν) im Ständer entstehen. Auf jeder Seite sind zwei miteinander gekoppelte Kreise vorhanden, denen zwei bestimmte Periodenzahlen aufgezwungen werden. Da nun nach früheren Ausführungen zwei in nicht zu loser elektrischer Verbindung stehende

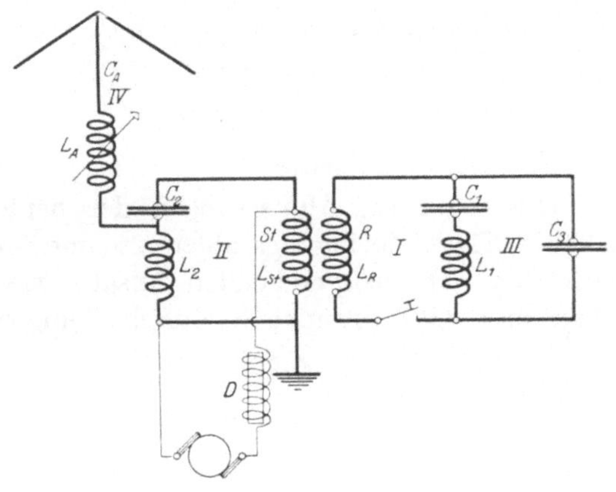

Fig. 228.

Schwingungskreise, denen ein bestimmter Arbeitsvorrat mitgeteilt worden ist, sich selbst überlassen, zwei Eigenschwingungen erzeugen, deren Periodenzahlen in erster Linie durch die Größe des Kopplungsgrades bestimmt sind, liegt es nahe, diese Erscheinung bei der vorliegenden Aufgabe auszunutzen. Zu diesem Zwecke werde die Schaltung, wie Fig. 228 zeigt, vereinfacht. Es ergeben sich dann folgende Beziehungen für:

a) Die Läuferseite:

Die durch die Selbstinduktion L_R miteinander gekoppelten Schwingungskreise I und III sollen die Eigenperioden ν und 3ν besitzen. Es müssen deshalb die Bedingungen:

$$w_{L_R} = \frac{w_{C_3} \cdot (w_{C_1} - w_{L_1})}{w_{C_3} + w_{C_1} - w_{L_1}}$$

und

$$3\,w_{L_R} = \frac{\dfrac{w_{C_3}}{3} \cdot \left(\dfrac{w_{C_1}}{3} - 3\,w_{L_1}\right)}{\dfrac{w_{C_3}}{3} + \dfrac{w_{C_1}}{3} - 3\,w_{L_1}}$$

erfüllt sein. w_L und w_C stellen hierbei die induktiven und kapazitiven Widerstände dar, welche die Selbstinduktionen und Kapazitäten in die Strombahn hineinbringen.

Die Auflösung dieser beiden Gleichungen führt zu folgendem Ergebnis, wenn $w_{C_3} = 5 \cdot w_{L_R}$ gesetzt wird:

$$w_{C_1} = 0{,}563 \cdot w_{C_3}, \qquad w_{L_1} = 1{,}56 \cdot w_{L_R}.$$

Für $2\pi\nu = 6{,}28 \cdot 15\,000 = 94\,200$ und $w_{L_R} = 15\,000$ ergibt sich:

$$w_{L_R} = 94\,200 \cdot 15\,000 \cdot 10^{-9} \eqsim 1{,}4\,\Omega, \quad L_R = 30\,000 \text{ cm};$$

$$w_{C_3} = 5 \cdot 1{,}4 = 7\,\Omega, \qquad\qquad C_3 \eqsim 1\,360\,000 \text{ cm};$$

$$w_{L_1} = 1{,}56 \cdot 1{,}4 = 2{,}21\,\Omega, \qquad L_1 \eqsim 23\,000 \text{ cm};$$

$$w_{C_1} = 0{,}563 \cdot 7 = 3{,}94\,\Omega, \qquad C_1 = 2\,416\,000 \text{ cm}.$$

b) Die Ständerseite:

Hier sind die Abmessungen der beiden Kreise so zu wählen, daß die Eigenschwingungszahlen 2ν und 4ν entstehen. Bildet man auch hier den entsprechenden Ansatz wie auf der Läuferseite, so erhält man die folgenden Schlußgleichungen:

$$w_{L_{St}} + w_{L_2} = 0{,}226\,w_{C_A}, \qquad w_{L_{St}} + w_{L_2} = 2{,}5 \cdot w_{C_2},$$

$$w_{L_A} = \frac{(w_{C_2} - w_{L_{St}} - w_{L_2}) \cdot w_{C_A} - (w_{L_{St}} + w_{L_2}) \cdot w_{C_2}}{w_{C_2} - w_{L_{St}} - w_{L_2}}.$$

Für $2\pi \cdot 2\nu = 6{,}28 \cdot 30\,000 = 188\,400$ ergibt sich:

$$w_{C_A} = \frac{9 \cdot 10^{11}}{188\,400 \cdot 10\,000} = 478\,\Omega, \qquad C_A = 10\,000 \text{ cm};$$

$$w_{L_{St}} = 188\,400 \cdot 60\,000 \cdot 10^9 \eqsim 11{,}3\,\Omega, \quad L_{St} = 60\,000 \text{ cm};$$

$$w_{L_2} = 0{,}226 \cdot w_{C_A} - w_{L_{St}}$$

$$= 0{,}226 \cdot 478 - 11{,}3 \eqsim 96{,}4\,\Omega, \quad L_2 \eqsim 510\,000 \text{ cm};$$

$$w_{C_2} = 2{,}5 \cdot (11{,}3 + 96{,}4) \eqsim 269\,\Omega, \quad C_2 \eqsim 17\,800 \text{ cm};$$

$$w_{L_A} = 297\,\Omega, \qquad\qquad L_A = 1\,575\,000 \text{ cm}.$$

Da die für das angenommene Beispiel errechnete Kapazität C_2 außerordentlich klein ist, wodurch die Arbeitsweise der Maschine ungünstig beeinflußt wird, dürfte es zweckmäßiger sein, für den Ständer die Nullpunktsschaltung beizubehalten. Da aber Fälle eintreten können, in denen die angegebene Anordnung durchaus am Platze ist (z. B. Arbeiten des Generators auf einen geschlossenen Nutzkreis, der mit der Antenne lose gekoppelt ist), wurde die vollständige Durchrechnung für nützlich erachtet.

Die angegebenen Schaltungen erfahren nun, sobald es sich um Großmaschinen handelt, insofern eine Erweiterung, als es sich zur Verminderung der Spannungsdifferenz der Wicklung gegen

das Gehäuse des Generators, d. h. also gegen Erde, und zur
Unschädlichmachung der Kapazitätswirkung der Eisenteile
innerhalb der Maschine als notwendig herausgestellt hat, die Läufer-
und Ständerwicklungen
zu unterteilen und für
jeden Einzelteil beson-
dere Abstimmkreise vor-
zusehen. Als Beispiel
hierfür diene die Schal-
tungsanordnung, die bei
den Hochfrequenzma-
schinen der transatlan-
tischen Stationen Eil-
vese bei Hannover
und Tuckerton (Verei-
nigte Staaten) zur An-
wendung gelangte (Fig.
229). Der vierfachen
Frequenzsteigerung ent-
sprechend sind hier
vier Schwingungskreise
vorhanden, von denen

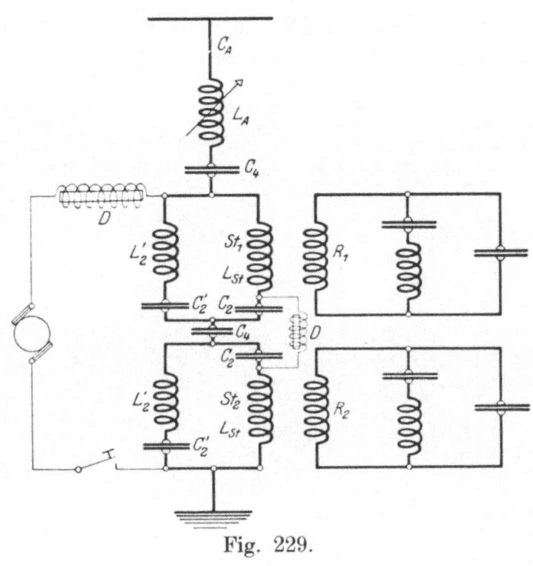

Fig. 229.

die einzelnen jedoch wieder mehrfach unterteilt sind. So besteht die
Läuferwicklung aus zwei Hälften R_1 und R_2, deren Enden mittels
besonderer Schleifringe nach außen geführt sind und die, jede für
sich, auf die Periode ν und 3ν abgestimmt sind. Die Ständerwicklung setzt sich aus vier gleichen Teilen zusammen, von denen zwei, St_1
und St_2, gezeichnet sind, und die mit Hilfe der Nullpunktsschaltung
eine innere und äußere Abstimmung auf die Periode 2ν besitzen.
Es sind somit für jeden Teil die Gleichungen erfüllt:

$$(2\pi \cdot 2\nu)^2 \cdot L_{St} \cdot C_2 = 1, \qquad (2\pi \cdot 2\nu)^2 \cdot L_2{}' \cdot C_2{}' = 1.$$

Das gleiche gilt für den Antennenkreis. Denn auch hier sind
die Abmessungen der Spulen und Kondensatoren so gewählt, daß
die Bedingungen erfüllt sind:

$$(2\pi \cdot 4\nu)^2 \cdot L_{St} \cdot \frac{C_4 \cdot C_2}{C_4 + C_2} = 1, \quad (2\pi \cdot 4\nu)^2 \cdot L_A \cdot C_A = 1.$$

Die Drosselspulen D haben die Aufgabe, einmal das Eindringen
der Hochfrequenzströme in den Maschinenkreis zu verhindern, und
weiter als Verbindungsleitung für den Erregerstrom zwischen den
Wicklungsteilen der Ständerseite zu dienen. Die Maschine mit den
Kondensatoren und Selbstinduktionsspulen der Abstimmkreise ist in
Fig. 230 wiedergegeben.

b) Hilfsmittel zur Wellenveränderung und Erzielung gleichbleibender Umlaufszahl.

Im Anschluß hieran seien noch einige betriebstechnische Fragen gestreift, die zugleich für den Anwendungsbereich der Hochfrequenzgeneratoren bestimmend sind. Da, wie wir sahen, die Maschinenperiodenzahl oder deren Vielfaches den Schwingungkreisen aufgedrückt wird, kann eine schnelle Änderung der ausgestrahlten Welle durch Zu- und Abschaltung einzelner Schwingungskreise sprungweise erfolgen. Will man jedoch eine stetige Wellenveränderung einrichten, so muß man sowohl die Umlaufszahl der Maschine als auch die elektrischen Größen der angeschalteten Kreise veränderlich machen. Die Einstellung ist naturgemäß mit einem ziemlichen Zeitaufwand verbunden, da die Trägheit der umlaufenden Masse des Ankers ein schnelles Einspielen in den gewünschten Betriebszustand verhindert. Beschleunigen kann man diesen Vorgang durch Anwendung von zwei Maschinen, von denen die größere mit gleichbleibender Umlaufszahl in erster Linie der Energieerzeu-

Fig. 230. Hochfrequenzmaschinenanlage von R. Goldschmidt.

gung dient, während die kleinere, deren Umlaufszahl durch entsprechende Vorrichtungen leichter verändert werden kann, zur Einstellung der gewünschten Frequenz benutzt wird. Beträgt die Periodenzahl der Maschine I (Fig. 231) im vierten Kreise ν_I, die der zweiten Stufe ν_{II}, so kann man die Antenne auf die Schwingungsperiode $\nu_I + \nu_{II}$ oder $\nu_I - \nu_{II}$ abstimmen. Da ν_{II}, wie vorausgesetzt, innerhalb gewisser Grenzen veränderlich ist, läßt sich somit eine stetige Wellenänderung für diesen Bereich erzielen. Vereinigt man nun dieses Verfahren mit dem oben für die sprungweise Änderung angegebenen, so kann man einen großen Wellenbereich umfassen. Bestehen bleibt freilich auch hier der Übelstand, daß der angedeutete Weg zeitraubend ist und eine besondere Geschicklichkeit beim Einstellen erfordert.

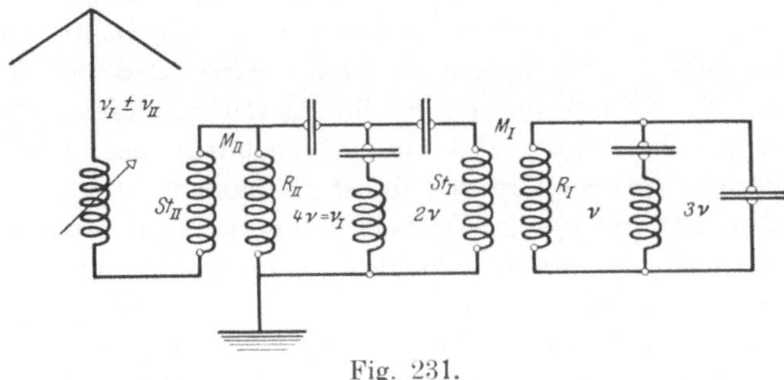

Fig. 231.

Die zweite betriebstechnisch wichtige Frage betrifft die **Herbeiführung einer gleichbleibenden Umlaufszahl** des Hochfrequenzgenerators. Die Bedeutung dieser Forderung tritt um so mehr hervor, je schwächer gedämpft die verwendete Antenne ist. Den Beweis hierfür bringt das folgende Zahlenbeispiel:

Wie groß muß das logarithmische Dekrement sein, damit bei $1\,^0/_0$ Verstimmung, d. h. für $\dfrac{\lambda_r}{\lambda} = 0{,}99$ oder $= 1{,}01$ die Antennenleistung um $10\,^0/_0$ zurückgeht? Nach Gl. 14b erhält man, wenn man in ihr für die Kapazitäten die entsprechenden Wellenlängen einführt:

$$\vartheta = \pi \cdot \frac{\lambda_1 - \lambda_2}{\lambda_r} \cdot \sqrt{\frac{i^2}{i_r^2 - i^2}} = \pi \cdot \frac{2}{100} \cdot \sqrt{\frac{1}{\frac{10}{9} - 1}} = 0{,}188.$$

Dieser Wert ist für einen Luftleiter, wie er bei Hochfrequenzmaschinenanlagen zur Verwendung kommt, schon außergewöhnlich hoch. Die Rechnung zeigt daher, daß die Frequenzschwankung nur sehr gering sein darf, wenn der Antennenstrom keinen wesentlichen Rückgang erfahren soll. Dabei bleibt noch völlig unberücksichtigt, daß die Empfangsbedingungen bei weitem höhere Anforderungen an das Gleichbleiben der Schwingungsperiode stellen.

In diesem Zusammenhang ist auch der **Einfluß der Kopplung zwischen Maschine und Strahlgebilde** zu erwähnen, die hier zwar nicht, wie beispielsweise bei den Funkensendern für die Größe der auf den Luftleiter übertragenen Energie bestimmend ist, wohl aber insofern von großer Bedeutung sein kann, als sie bei höheren Werten, d. h. bei festerer Verbindung von Energiequelle und Belastungskreis, den Energierückfluß erschwert. Dieser kann, besonders bei großen Anlagen, eine Gefahr für die Maschine insofern werden, als durch das starke Anwachsen der Ströme in dem ersten Kreise sowohl die Erwärmung der Wicklung unzulässig hoch wird, als auch die inneren Spannungen Werte annehmen, denen die vorhandene Isolation nicht mehr gewachsen ist.

Die Erhaltung einer gleichbleibenden Umlaufszahl des Hochfrequenzgenerators kann einmal dadurch erreicht werden, daß man als Antriebsmotor einen gut kompoundierten Elektromotor verwendet, dessen Erregerwicklung außerdem durch einen möglichst masselosen astatischen Achsenregler derart beeinflußt wird, daß bei steigender Umlaufszahl der Strom in den Feldmagneten zunimmt. Durch ein dauerndes, gleichmäßiges Hin- und Herpendeln des Reglerankers zwischen seinen beiden Grenzlagen ist es möglich, ein fast völliges Gleichbleiben der erzeugten Wechselstromperiode zu erzielen.

Neben diesen durch schwankende Klemmenspannung des Antriebsmotors oder durch die veränderlichen Erwärmungsverhältnisse (der Lage) des Motorgenerators bedingten Veränderungen der Umlaufszahl sind noch diejenigen zu beseitigen, die durch das Geben der Morsezeichen hervorgerufen werden. Auf zweierlei Weise kann der Telegraphierbetrieb erfolgen. Einmal kann man in Anlehnung an die entsprechende Geberschaltung beim Poulsengenerator die Stromquelle im Takte der Striche und Punkte auf eine künstliche Antenne umschalten, so daß die Belastung der Maschine und damit ihre Umdrehungszahl stets die gleiche bleibt. Vorteilhafter und natürlicher ist es jedoch, den Morsetaster entweder in die Erregung des Hochfrequenzgenerators (Fig. 229) zu legen, oder die Unterbrechung des Stromes im ersten Schwingungskreise vorzunehmen (Fig. 228). Daß man dabei, sofern es sich um die Steuerung großer Energien handelt, mit Hilfe besonderer Relais die Zeichengebung vornehmen muß, dürfte selbstverständlich sein. Ein von L. Pungs (C. Lorenz A.-G.) angegebenes Verfahren ist in der Fig. 232 wiedergegeben. Ein dreischenkeliger Eisenkern trägt, wie die Schaltung zeigt, zwei in der Figur stark ausgezogene Hochfrequenzwicklungen und eine Gleichstromwicklung. Wählt man nun die

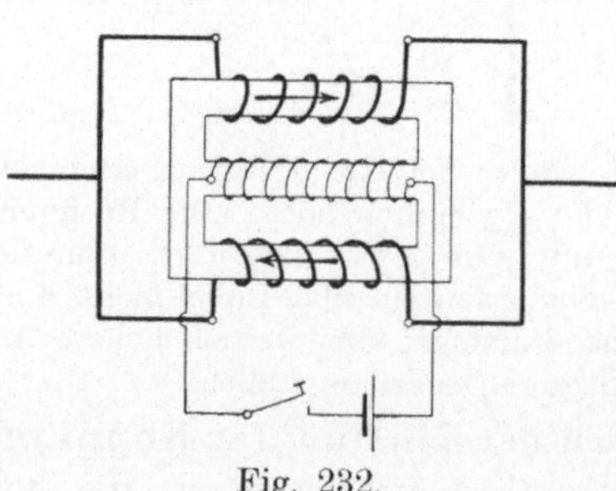

Fig. 232.

Gleichstromamperewindungszahl so hoch, daß das Eisen völlig gesättigt ist, so wird die Selbstinduktion der Hochfrequenzspulen sich nicht viel von dem Werte unterscheiden, der sich ergibt, wenn man den Eisenkern entfernt. Außerdem werden bei richtiger Ausführung die Verluste nur unmerklich sein. Unterbricht man nun den Gleichstrom oder vermindert man ihn um einen entsprechenden Betrag, so muß nicht nur die Selbstinduktion der Hochfrequenzwicklung stark zunehmen, sondern auch der Eisenverlust beträchtlich anschwellen. Beide Umstände wirken auf den Hochfrequenzstrom im ersten Kreise im verkleinernden Sinne ein, so daß auch die Antenne nur noch schwache Ströme führen kann. Man ist somit in der Lage, durch Tasten des verhältnismäßig schwachen Gleichstroms erhebliche Energiemengen im Rhythmus der Morsezeichen beeinflussen zu können.

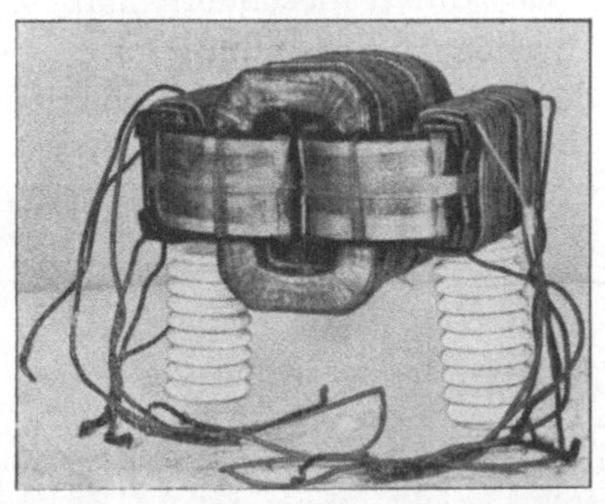

Fig. 233. Dreischenkeltransformator zum Tasten beim Senden mit Hochfrequenzmaschinen nach L. Pungs.

Fig. 233 gibt eine Ausführungsform des Apparates wieder.

Sofern nun dieses Verfahren zur Anwendung gelangt, wird der Generator dauernd im Rhythmus der Morsezeichen belastet und entlastet. Das hat zur Folge, daß die Umlaufszahl der Maschine, den beiden Betriebszuständen entsprechend, bestrebt sein wird, sich fortwährend zu verändern. Diesem Übelstand kann man nun in wirksamer Weise dadurch begegnen, daß man den Taster oder das Relais mit einem dritten Kontakte versieht (Fig. 234), der bei geöffnetem Stromkreise einen bestimmten Widerstand w im Erregerkreise E des Antriebmotors kurzschließt.

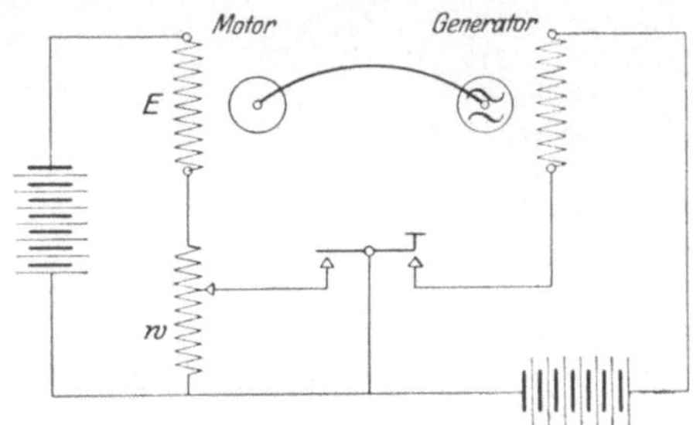

Fig. 234.

Dabei ist w vorher so einzustellen, daß die Umdrehungszahl der Antriebsmaschine bei Vollast (geschlossene Taste) und Leerlauf (geöffnete Taste) den gleichen Wert besitzt. Damit wird erreicht, daß die Größe der Umlaufszahl, unabhängig von der jeweiligen Stellung des Morsetasters, stets die gleiche bleibt.

2. Die Erzeugung hochfrequenter Ströme mit Hilfe ruhender Frequenzwandler.

Die Lösung der Aufgabe, aus niederperiodischem Wechselstrom hochperiodische Schwingungen zu erzeugen, läuft ganz allgemein darauf hinaus, durch besondere Maßnahmen eine stark von der Sinusform abweichende Spannungskurve hervorzubringen. Da man sich nach dem Fourierschen Satze eine jede periodisch wechselnde, sonst aber

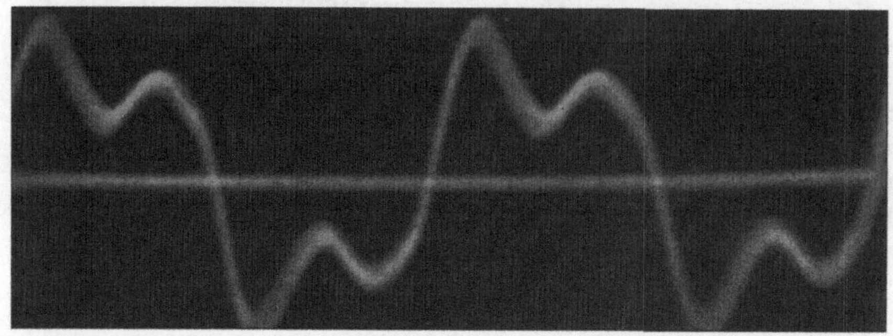

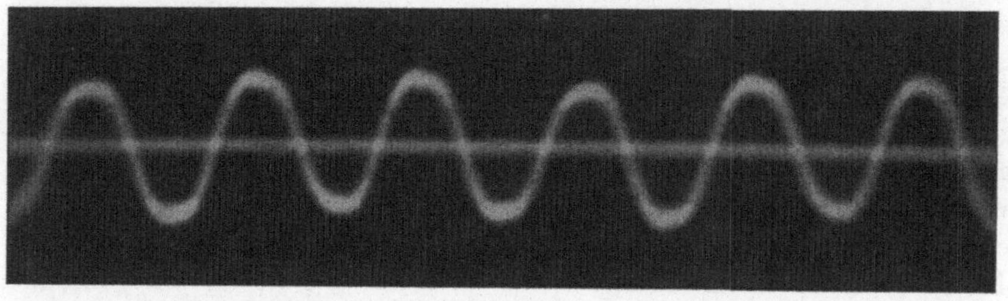

Fig. 235.

beliebig verlaufende Wellenerscheinung aus einer Reihe von Sinusfunktionen von verschiedener Periodenzahl zusammengesetzt denken kann, muß es auch möglich sein, aus einer stark verzerrten Spannungskurve mit Hilfe der Resonanzerscheinung sinusförmige Wechselströme von höherer Frequenz herauszusieben. Entsteht beispielsweise in einer Wicklung eine elektromotorische Kraft von der Form der Kurve Fig. 235 a, so kann man durch Anschluß eines Schwingungskreises, der auf die dreifache Periodenzahl abgestimmt ist, Ströme dieser Periodenzahl hervorbringen (Fig. 235 b). Hierbei ließe sich noch die Wirkung der Grundschwingung dadurch vollständig beseitigen, daß man durch geeignete Schaltungen dem Stromkreis eine Wechselspannung aufdrückt, die zwar gleiche Frequenz und Amplitude, jedoch eine Phasenverschiebung von 180^0 besitzt.

Wenn auch aus diesen ganz allgemein gültigen Ausführungen zu erkennen ist, daß die Erzeugung hochfrequenter Wechselströme mittels Maschinen sich auf alle mögliche Art und Weise verwirklichen läßt, so ist doch bisher neben der Goldschmidtschaltung nur ein Verfahren erfolgreich durchgebildet worden, nämlich das der ruhenden Frequenzwandler. Denn für die praktische Verwertbarkeit eines Gedankens kommt es nicht nur darauf an, eine Frequenzsteigerung an sich hervorzurufen, sondern auch Energiemengen von solcher Größe zu erzeugen, daß ein radiotelegraphischer Verkehr auf große Entfernungen möglich ist.

Das Verfahren, mit Hilfe ruhender Transformatoren eine Steigerung der Periodenzahl einer Wechselstrommaschine zu bewirken, wurde zuerst von Epstein ganz allgemein entwickelt, später von M. Joly und Vallauri für gewisse Aufgaben der Hochfrequenztechnik vorgeschlagen und von der Gesellschaft für drahtlose Telegraphie zum ersten Male in größerem Umfange für Zwecke der drahtlosen Nachrichtenübermittlung ausgebildet und benutzt. Diesem Beispiel sind andere Firmen gefolgt und haben ebenfalls auf Grund von zahlreichen Versuchen zweckentsprechende Ausführungsformen durchgebildet.

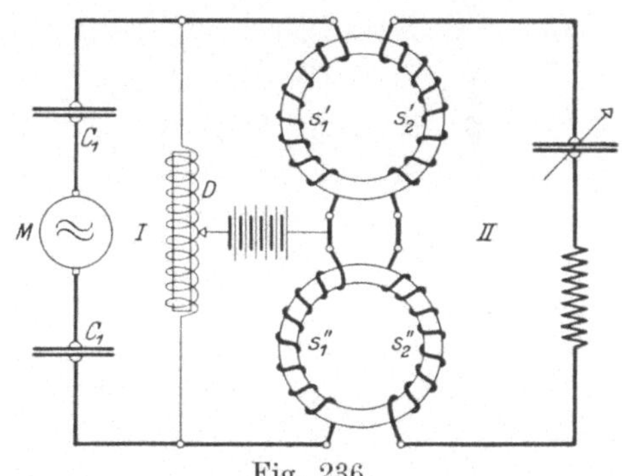

Fig. 236.

Die Schaltung der Anordnung in ihrer einfachsten Form gibt Fig. 236 wieder. Die Hochfrequenzmaschine M arbeitet auf zwei ganz gleiche Transformatoren, von denen jeder zwei Wicklungen besitzt. Die Primärwicklungen s'_1 und s''_1 sind in Reihe geschaltet und bilden mit den Kondensatoren C_1 und der Maschine M einen Schwingungskreis, dessen Eigenperiodenzahl mit der aufgedrückten übereinstimmt. Gleichzeitig ist die Möglichkeit vorhanden, die Transformatoren mit Gleichstrom zu speisen, wobei die Drosselspule D die hochfrequenten Ströme von der Batterie abhält. Die Sekundärwicklungen s_2' und s_2'' sind so geschaltet, daß die in ihnen induzierten elektromotorischen Kräfte sich in jedem Augenblick aufheben, sofern der Gleichstrom nicht in Wirksamkeit ist. Stellt man die Gleichstromerregung nun so ein, daß schon durch sie allein die

Eisenringe bis nahe zur Sättigung magnetisiert werden und legt gleichzeitig die Maschine, deren Klemmenspannung einen sinusförmigen Verlauf haben möge, an das Transformatorenpaar an, so müssen die Kurven der an den Primärwicklungen auftretenden Teilspannungen eine von der Sinuslinie stark abweichende Form annehmen. Diese Erscheinung erklärt sich aus folgenden Überlegungen: So lange der Wechselstrom so gerichtet ist, daß er der magnetisierenden Wirkung des Gleichstromes entgegenarbeitet, wird die Kraftlinienzahl im Eisenring sich stark ändern, die Augenblickswerte der Primärspannungen des Transformators sind groß. Unterstützt jedoch der Wechselstrom die magnetisierende Wirkung des Gleichstroms, so kann, wegen der Sättigung des Eisens, die Kraftlinienänderung und damit auch die Primärspannung nur klein sein. In-

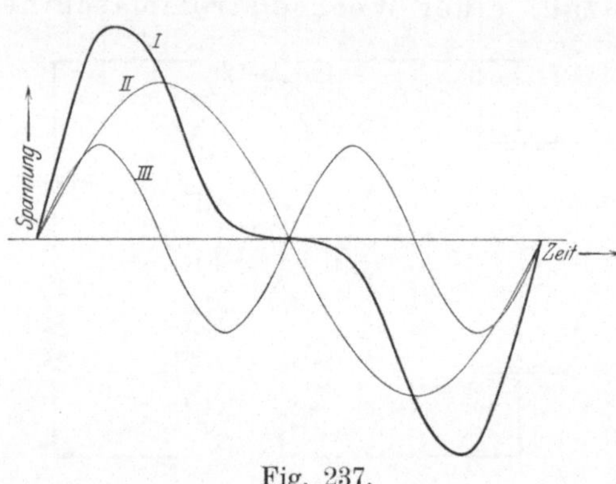

Fig. 237.

folge davon muß die Kurve der Augenblickswerte der Primärspannung an jedem der beiden Transformatoren in eine stark verzerrte Kurve übergehen, die außer der Grundschwingung noch eine Reihe harmonischer Oberschwingungen enthält. Dasselbe gilt auch für die Sekundärspannungen, die den Primärspannungen proportional sind.

Für den vorliegenden Zweck liegen die günstigsten Verhältnisse dann vor, wenn nur die zweite Harmonische besonders ausgeprägt ist, d. h. die Gleichung für die Augenblickswerte der Spannung die Form hat:

$$e_{T_t} = E_\nu \cdot \sin \omega t + E_{2\nu} \cdot \sin 2\,\omega t.$$

Fig. 237 zeigt eine solche verzerrte Kurve (Kurve I) nebst der Grundschwingung (Kurve II) und der zweiten Harmonischen (Kurve III).

So lange die Gleichstromerregung unterbrochen ist, haben die Sekundärspannungen an den beiden Spulen s_2' und s_2'' ebenfalls sinusförmigen Verlauf. Schaltet man letztere, entsprechend Fig. 236, gegeneinander, so heben sich die zwei Spannungen auf. Sind jedoch die Eisenringe durch die Gleichstromerregung bis nahe zur Sättigung magnetisiert, so verschwinden aus den jetzt entstehenden verzerrten Kurven im Kreise II die Spannungen der Grundschwingung und nur die der zweiten Harmonischen bleiben übrig. Denn die Gegeneinanderschaltung der Spulen s_2' und s_2'' bedeutet eine Phasenverschiebung der beiden Sekundärspannungen e_2' und e_2'' um 180^0. Die gesamte, auf den geschlossenen Kreis II wirkende Spannung wird daher:

$$e_2' + e_2'' = E_\nu \sin \omega t + E_{2\nu} \cdot \sin 2\,\omega t + E_\nu \cdot \sin (\omega t + 180^0) +$$
$$+ E_{2\nu} \cdot \sin (2\,\omega t + 2 \cdot 180^0) = 2\,E_{2\nu} \cdot \sin 2\,\omega t.$$

Einfacher noch läßt sich das übersehen, wenn man sich die rechte Hälfte von Fig. 237 um die Strecke, die einer halben Periode der Kurve I oder II entspricht, nach links verschoben denkt und

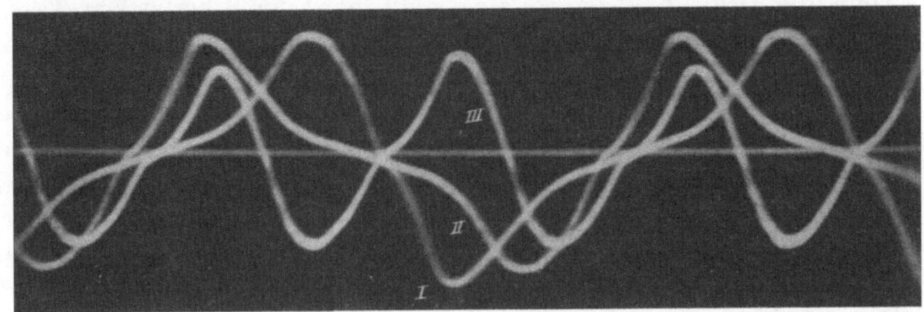

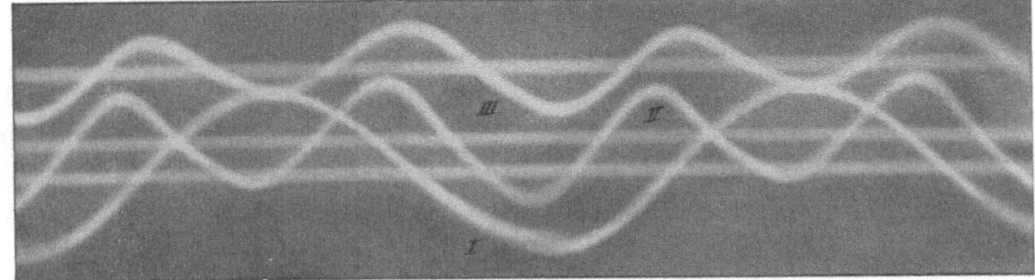

Fig. 238.

die zusammengehörigen Ordinatenwerte addiert. Auch das Oszillogramm Fig. 238a bestätigt dieses Ergebnis. In ihm stellen die Kurven I und II den zeitlichen Verlauf der Spannungen am oberen und unteren Transformator in Fig. 236 dar und Kurve III die auf den Kreis II wirkende zweite Harmonische. Ihre Augenblickswerte ergeben sich unmittelbar, wenn man die zusammengehörigen Ordinatenwerte der Kurven I und II voneinander abzieht. Noch deutlicher läßt Fig. 238b erkennen, wie im Kreise II nur die zweite Harmonische zur Wirkung kommt. Die Abbildung gibt den zeitlichen Verlauf der Maschinenspannung und denjenigen des Sekundärstroms, letzteren bei zwei verschiedenen Gleichstromstärken, wieder. Ein Schluß auf die gegenseitige Phasenverschiebung der beiden Kurven darf jedoch aus diesen

Aufnahmen nicht gezogen werden. Aus dem Gesagten erkennt man, daß das Zusammenarbeiten der beiden Transformatoren in der Weise erfolgt, daß die Energie im Sekundärkreise abwechselnd von dem einen und anderen der Transformatoren geliefert wird, und daß dieser Vorgang im Rhythmus der Halbperiode der Sekundärfrequenz sich abspielt. Des weiteren ist aus den Aufnahmen ersichtlich, in welcher Weise die vorhandene Gleichstrominduktion die Stärke und Kurvenform des Stromes von doppelter Periodenzahl beeinflußt. L. Pungs hat nachgewiesen, daß die Spannungskurve doppelter Frequenz dann ihre größte Amplitude mit einer möglichst reinen Sinusform verbindet, wenn die Hilfsinduktion so eingestellt wird, daß bei jedem Transformator der Höchstwert der Zunahme der magnetischen Induktion zu dem Höchstwert der Abnahme sich annähernd verhält wie 1:1,8. Dieses für ein Transformatorenpaar beschriebene Verfahren der Frequenzerhöhung eines gegebenen Wechselstromes von niedrigerer Periodenzahl kann man nun wiederholt anwenden, indem man den Sekundärkreis immer wieder über ein weiteres Frequenzwandlerpaar schließt. Bezeichnet man mit p die Anzahl der Stufen, so erhält man daher im letzten Kreise einen Wechselstrom von der Periode ν^p. Die Steigerung geht demnach in geometrischer Progression vor sich, während wir bei der Goldschmidtschaltung nur eine Erhöhung nach dem Gesetze $p \cdot \nu$ feststellen konnten. Will man deshalb mit Hilfe von Hochfrequenzmaschinen Schwingungen von hoher Periodenzahl, also kleiner Wellenlänge erzielen, wie sie Antennen von geringer Eigenkapazität benötigen, um noch eine ausreichende Strahlungsleistung zu ergeben, so bilden bisher die ruhenden Frequenzwandler das einzige Mittel hierfür. Freilich wird auch hier die Wellenlänge von etwa 15 000 m die untere Grenze darstellen, da bei noch geringeren Werten die erzielbare Nutzleistung in keinem Verhältnis zur aufgewendeten Energie steht. Während man nämlich die Frequenzsteigerung von 7500/15 000 Perioden (40 000/20 000 m Wellenlänge) noch mit einem Transformatorwirkungsgrad von 85 bis 95 $^0/_0$ herstellen kann, sinkt bei den mittleren Frequenzen der Wellentelegraphie 30 000/60 000 Perioden (10 000/5000 m Wellenlänge) der Nutzeffekt auf etwa 60 bis 70 $^0/_0$, um bei hohen Periodenzahlen 120 000/240 000 (2500/1250 m Wellenlänge) den Wert von 30 bis 40 $^0/_0$ zu erreichen. Diese Zahlen, die natürlich außer von den gewählten Transformatorabmessungen noch von der Größe der umgesetzten Leistung stark abhängig sind, sollen nur allgemein die Größenordnung kennzeichnen. Man sieht jedoch hieraus, daß bei weitgehender Frequenzerhöhung der Gesamtwirkungsgrad der Senderanlage ein recht geringer ist.

Das bisher beschriebene Verfahren der Periodensteigerung ist natürlich nicht das einzige, das mit Erfolg angewendet werden kann. Schon die in der Einleitung zu diesem Abschnitte dargelegten allgemeinen Gesichtspunkte für die Frequenzerhöhung zeigen noch andere Wege zur Lösung dieser Aufgabe. So erzielt man beispielsweise eine dreifache Frequenzerhöhung, wenn man einen Transformator mit annähernd gerader Magnetisierungslinie mit einem solchen vereinigt, der infolge seines geringen Querschnittes stark gesättigt ist. Das mit der Braunschen Röhre aufgenommene Oszillogramm Fig. 239 zeigt die Span-

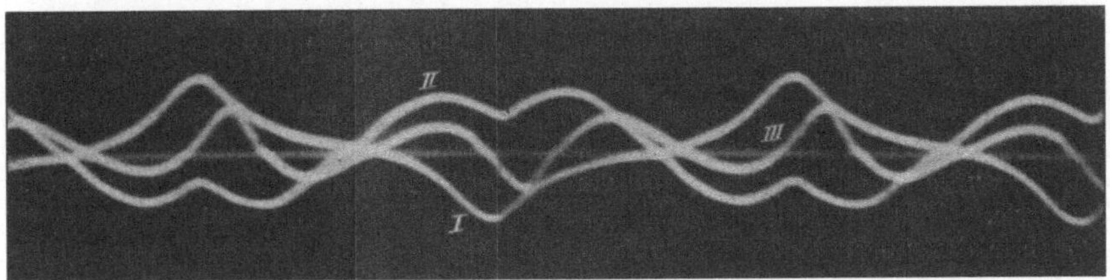

Fig. 239.

nung eines jeden Transformators auf der Sekundärseite (Kurve I u. II), sowie die bei Gegenschaltung entstehende elektromotorische Kraft (Kurve III). Dasselbe Ergebnis ließe sich auch erreichen, wenn man zwei Wechselstrommaschinen von gleichen Spannungskurven, wie sie die der Einzeltransformatoren besitzen, in Gegeneinanderschaltung auf einen Kreis arbeiten läßt, dessen Eigenschwingungszahl gleich dem dreifachen Wert der Periodenzahl der Maschine ist. So vielseitig die Verfahren der Frequenzvervielfachung auch sind, so läßt sich doch im

Fig. 240. Hochfrequenztransformatoren.

allgemeinen der Grundsatz aufstellen, daß es zur Erzielung großer Energien zweckmäßiger ist, sich bei jeder Stufe mit der Verdoppelung zu begnügen und dafür mehrere Kreise in Reihe zu schalten.

Verschiedene solcher Frequenzwandler für kleinere Leistungen zeigt Fig. 240.

Um von den elektrischen und räumlichen Größen eines Frequenzwandlerpaares mit Hilfsmagnetisierung eine klare Vorstellung zu erwecken, möge das folgende Zahlenbeispiel dienen.

Eine Antenne von 5 Ohm Gesamtwiderstand soll mit 10 Kilowatt Schwingungsenergie aus einem Transformatorenpaare erregt werden, dessen Primärwicklungen mit einem Hochfrequenzstrome von 30000 Perioden gespeist werden.

Periodenübersetzungsverhältnis $1:2$, $2\nu = 60000$.

Antennenstrom $i_2 = \sqrt{\dfrac{10000}{5}} = 44{,}75$ Amp.

Sekundäre $EMK_{2\nu} = 44{,}75 \cdot 5 = 224$ Volt, somit in jedem Transformator $= 112$ Volt.

Während sich die EMK von der Periodenzahl 2ν addieren, heben sich die von der Frequenz ν auf.

Die Berechnung der Abmessungen der Frequenzwandler baut sich auf zwei Erfahrungsgrößen auf:

a) auf dem Höchstwert der magnetischen Induktion $B_{2\nu}$ des angenommenen Wechselfeldes für die Periodenzahl 2ν und

b) auf der zulässigen Amperewindungszahl $AW_{2\nu}$ für 1 cm Kraftlinienweglänge.

Für den vorliegenden Fall soll

$$B_{2\nu} = 600 \qquad \text{und} \qquad AW_{2\nu} = 20$$

angesetzt werden.

Es gilt dann für jeden Transformator, wenn q den Querschnitt des Eisens, z_2 die sekundäre Windungszahl bedeutet:

$$EMK_{2\nu} = 4{,}44 \cdot B_{2\nu} \cdot q \cdot 2\nu \cdot z_2 \cdot 10^{-8}$$

$$q \cdot z_2 = \frac{112 \cdot 10^8}{600 \cdot 60000 \cdot 4{,}44} = 70{,}0.$$

Der ringförmige Eisenkörper werde durch Aufwickeln eines fortlaufenden Bandes hergestellt, das einseitig mit dünnem Papier beklebt ist. (Blechdicke $= 0{,}03$ mm.) Ist D_m der mittlere Durchmesser des Ringes, so wird:

$$z_2 \cdot i_2 \cdot \sqrt{2} = AW_{2\nu} \cdot D_m \cdot \pi$$

$$\frac{D_m \cdot \pi}{z_2} = \frac{44{,}75 \cdot \sqrt{2}}{20} = 3{,}16.$$

Rauminhalt des Eisens $v = q \cdot z_2 \cdot \dfrac{D_m \cdot \pi}{z_2} = 70{,}0 \cdot 3{,}16 = 222$ ccm.

Rauminhalt des Blechkörpers $(50\,^0/_0$ Papier$) = 444$ ccm.

Nimmt man für die weiteren Rechnungen ferner an, daß:

so folgt:

$$D_m = 14 \text{ cm},$$

$$q = \frac{222}{14 \cdot \pi} \eqsim 5 \text{ qcm}$$

$$z_2 = \frac{14 \cdot \pi}{3{,}16} \eqsim 14 \text{ Windungen.}$$

$$i_2 \cdot \sqrt{2} \cdot z_2 = 44{,}75 \cdot 1{,}41 \cdot 14 = 88{,}5.$$

Außer dem Felde von der Periodenzahl 2ν tritt in jedem Transformator ein Wechselfeld von der Frequenz ν auf. Wie oben schon erwähnt wurde, werden die günstigsten Verhältnisse dann erreicht, wenn die Gleichstromhilfssättigung so bemessen wird, daß die auftretenden Höchstwerte der magnetischen Wechselinduktion entgegengesetzten Vorzeichens sich ungefähr wie $1:1{,}8$ verhalten. Die Amplituden der Teilfelder, die z. B. in Fig. 237 den Höchstwerten der Ordinaten der beiden Kurven I und II proportional sind, haben in diesem Falle, wie die Versuche zeigen, das Größenverhältnis $B_\nu : B_{2\nu} = 1:0{,}29$. Die Induktion der Grundperiode ist somit etwa um das 3,5 fache größer als die der doppelten Frequenz.

Folglich gilt: $\qquad B_\nu \simeq 3{,}5 \cdot B_{2\nu} = 3{,}5 \cdot 600 = 2100$

$$N_\nu = B_\nu \cdot q = 2100 \cdot 5 = 10\,500.$$

Nimmt man weiter an, daß die Klemmenspannung an den Primärwicklungen des Transformatorenpaares 400 Volt beträgt, so berechnet sich die primäre Windungszahl z_1 aus der Gleichung

$$e_1 = 4{,}44 \cdot N_\nu \cdot \nu \cdot z_1 \cdot 10^{-8}$$

zu:
$$z_1 = \frac{200 \cdot 10^{-8}}{10\,500 \cdot 30\,000 \cdot 4{,}44} \simeq 14 \text{ Windungen.}$$

Nunmehr ist noch der günstigste Wert AW für die Gleichstromerregung zu ermitteln. Zu dem Zwecke sucht man in der Magnetisierungskurve $B = f(AW)$ (Fig. 241) der benutzten Eisensorte diejenige Amperewindungszahl, die, um einen bestimmten, zunächst noch unbekannten Betrag $\varDelta(AW)$ vermindert, einerseits eine Verkleinerung der magnetischen Induktion um 2100 Linien und andererseits bei einer Vergrößerung um den nämlichen Betrag $\varDelta(AW)$ eine Zunahme der Induktion von nur $\dfrac{2100}{1{,}8}$ = 1120 ergibt. Nach einigen Versuchen findet man im vorliegenden Fall, daß dies für den Wert $AW = 40$ zutrifft, zu dem eine magnetische Induktion von $B = 15\,780$ gehört. Denn dem Werte von $15\,780 - 2100 = 13\,680$ entspricht $AW_1 = 17$, also eine Verringerung von AW um $\varDelta(AW) = 40 - 17 = 23$. Erhöht

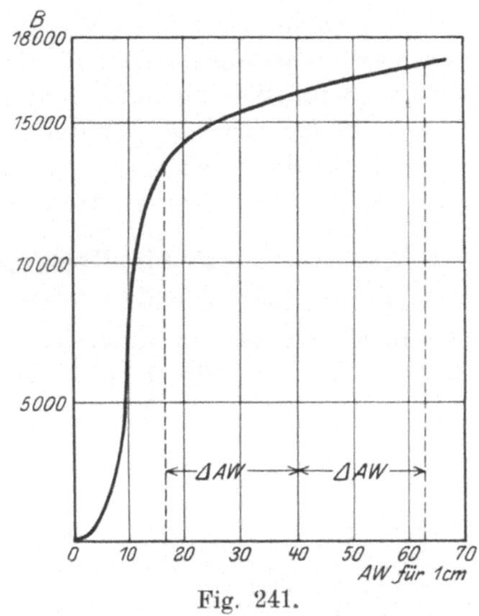

Fig. 241.

man AW um $\varDelta(AW)$, so nimmt die Induktion, wie verlangt, nur zu um 1120. Zu dem Werte AW_1 ergibt sich weiter:

$$i_1 = \frac{AW_1 \cdot D_m \cdot \pi}{z_1 \cdot \sqrt{2}} = 89 \text{ Amp.}, \quad AW_g = 40 \cdot D_m \cdot \pi = 1760, \quad i_g = \frac{1760}{14} \simeq 126 \text{ Amp.},$$

wobei AW_g die gesamte Amperewindungszahl für die Gleichstromerregung und i_g den erforderlichen Gleichstrom bedeutet, sofern zur Erregung des Transformatorenpaares mit Gleichstrom die Primärwindungen benutzt werden.

Um bei der Einschaltung der Transformatoren alle in der Rechnung nicht berücksichtigten Nebenerscheinungen (Entstehung von Oberschwingungen, ungleichmäßige Verteilung des magnetischen Kraftflusses, veränderlicher Antennenwiderstand, wechselnde Belastung und anderes mehr) ausgleichen zu können, wird man bei der endgültigen Ausführung einige Windungen mehr vorsehen. Daß weiter bei den geringen äußeren Abmessungen eine energische Kühlung der Frequenzwandler eine unbedingte Notwendigkeit ist, dürfte selbstverständlich sein.

Das Rechenbeispiel zeigt jedenfalls einerseits, in welcher Weise die einzelnen Größen miteinander zusammenhängen und andererseits, daß die Änderung einer von ihnen von wesentlicher Bedeutung auf die

Arbeitsweise der ganzen Einrichtung sein kann. So muß beispielsweise die Einstellung einer scharfen Abstimmung mit Hilfe des Gleichstromes (Veränderung der Eigenselbstinduktion des Transformatorenpaares) als fehlerhaft angesehen werden, da man sich hierdurch von den günstigsten Betriebsverhältnissen des Frequenzwandlerpaares entfernt.

3. Vergleich zwischen Hochfrequenzmaschine und Frequenzwandler.

Es scheint nicht wertlos, zum Schluß dieses Abschnittes eine vergleichende Gegenüberstellung der beiden praktisch bewährten Verfahren zur Frequenzerhöhung unter Benutzung des Reflexionsprinzipes einerseits und der ruhenden Frequenzwandler andererseits vorzunehmen. Hierbei ist die eigentliche Methode der Periodensteigerung von der dazu nötigen Maschine zu trennen.

a) Die Hochfrequenzmaschine.

Da bei der Schaltung von R. Goldschmidt Wechselströme sämtlicher Frequenzen durch die Maschinen Wicklungen hindurchgehen müssen, sind mit Rücksicht auf die Verluste sowohl Läufer als Ständer

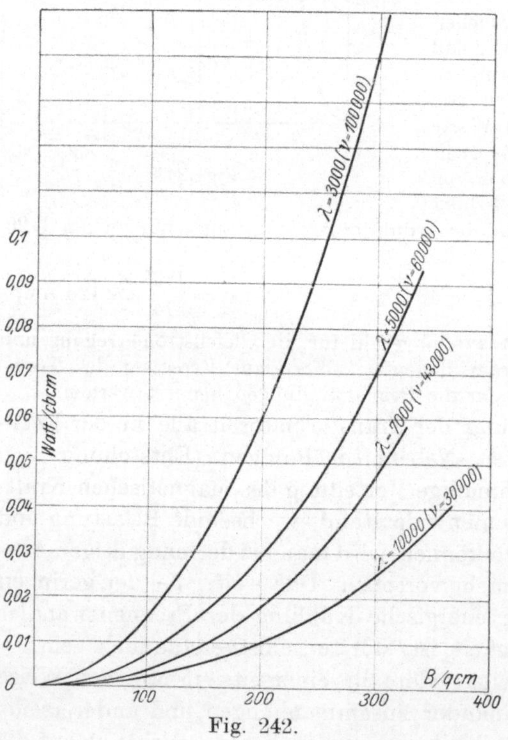

Fig. 242.

aus sehr dünnen, voneinander vorzüglich isolierten Eisenblechen ($\delta = 0{,}03$ bis $0{,}08$ mm) aufzubauen. Fig. 242 gibt die Wattverluste für den Kubikzentimeter in Abhängigkeit von der Induktion für einen Eisenring wieder, der aus solchen (legierten) Blechen von $0{,}05$ mm Stärke zusammengestellt war. Im Gegensatz hierzu wird bei Anwendung von ruhenden Frequenzwandlern von dem Stromerzeuger nur eine Periodenzahl benötigt, die auf der Grenze der mittel- und hochperiodischen Schwingungen liegt ($\nu =$ 6000 bis 10000). Mit Rücksicht auf einen betriebsicheren und billigen

Bau ist es deshalb hier möglich, eine Gleichpolinduktormaschine anzuwenden, d. h. das Polrad R aus massivem Stahlguß herzustellen und den Ständer aus Eisenblechen E von einer Stärke aufzubauen, die auch sonst im Transformatorenbau der Starkstromtechnik benutzt werden. Um die Entwicklung dieser Maschine, von der Fig. 244 die Außenansicht einer kleineren Form zeigt, hat sich K. Schmidt besonders verdient gemacht. Mit diesem Aufbau sind zwei betriebstechnische Vorteile verbunden. Das Fehlen jeglicher Schleifringe ist ebenso für die Sicherheit des Betriebes wichtig, wie der Umstand, daß eine umlaufende Wicklung nicht vorhanden ist. Freilich muß man dabei mit in Kauf nehmen, daß die

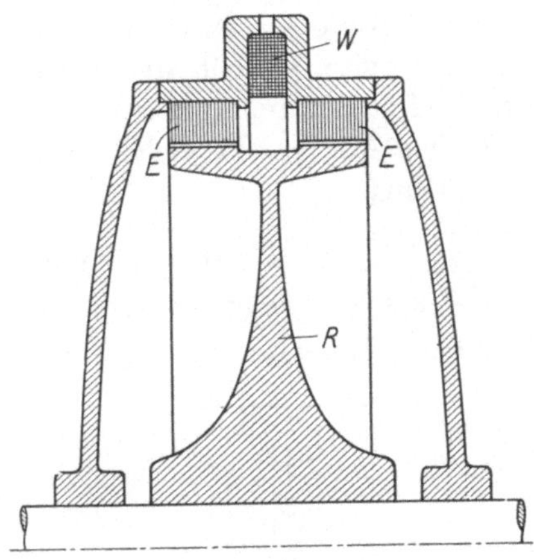

Fig. 243.

Verluste größer sind, als wenn zum Bau des Polrades sehr dünnes Eisenblech verwendet wird. Bezüglich der Zeichengebung dagegen ist man bei der Goldschmidtschen Maschine weniger an eine bestimmte Schaltung gebunden. Die große Selbstinduktion der Erregerspule der Induktormaschinen macht es unmöglich, den Taster oder das durch ihn

Fig. 244.

betätigte Relais in den Gleichstromkreis einzubauen. Hier kann man sich nur durch Umschaltung der Maschine auf einen äquivalenten Belastungskreis oder dadurch helfen, daß man den Primärkreis des unmittelbar an den Generator angeschlossenen Transformatorenpaares oder einer späteren Stufe im Rhythmus der Morsezeichen verstimmt. Auf der anderen Seite spricht der geringe Herstellungspreis, bedingt durch das Fehlen der teueren dünnen Eisenbleche und den verhältnismäßig einfachen Aufbau, in vielen Fällen für die Anwendung dieser Maschinengattung.

b) Das Vervielfachungsverfahren.

Schon die Möglichkeit, auch verhältnismäßig kurze Wellenlängen mit Hilfe ruhender Transformatoren zu erzielen, bedeutet eine Er-

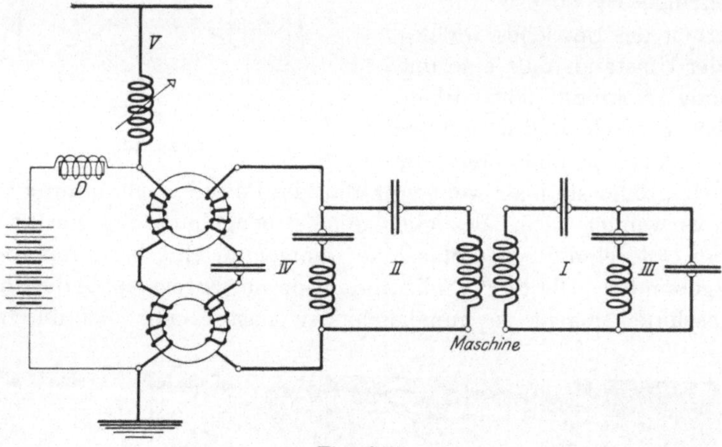

Fig. 245.

weiterung des Anwendungsbereiches dieses Verfahrens gegenüber der Schaltung von Goldschmidt. Ein anderer Vorteil liegt darin, daß die hauptsächlichsten Verluste außerhalb der eigentlichen Hochfrequenzmaschine auftreten. Denn eine genügende Wärmeabführung läßt sich in ruhenden Apparaten stets einfacher und wirksamer bewerkstelligen, als bei umlaufenden Maschinenteilen. Auch mit Rücksicht auf die Ausführung einer guten Isolation ist die Trennung der Hochfrequenzquelle von jenen Teilen von Nutzen, die die Umwandlung der Periodenzahlen bewirken. Dagegen steht auf der anderen Seite fest, daß die Frequenzsteigerung in den ersten Stufen sich mit Hilfe der Goldschmidtschaltung wirtschaftlicher durchführen läßt, vor allem, da hier bei jeder Stufe eine erneute Energiezufuhr stattfindet. Um deshalb die Vorteile beider Anordnungen auszunutzen, wird man am zweckmäßigsten beide Verfahren miteinander vereinigen. Hat man unter Verwendung von

2 bis 3 Stufen der Goldschmidtschaltung eine bestimmte Periodenzahl erreicht, so schließt man nunmehr ruhende Frequenzwandler an, wobei in den meisten Fällen ein Paar schon ausreichen wird. So läßt sich z. B. die natürliche Periodenzahl der Hochfrequenzmaschine mit der in Fig. 245 angegebenen Schaltung auf ihren 8 fachen Wert erhöhen.

Einen besonderen Hinweis verlangt noch die Wahl des Luftleiters, der an die Hochfrequenzmaschinenanlagen angeschlossen wird. Die Tatsache, daß sich wirkliche Hochfrequenzmaschinen ($\nu = 60000$ und mehr) von genügender Leistung nicht betriebssicher bauen lassen, daß man demnach gezwungen ist, mittelperiodische Maschinen durch besondere Zusatzapparate zu Hochfrequenzgeneratoren umzuwandeln, läßt erkennen, daß eine um so bessere Energieausnutzung sich erzielen läßt, je weniger Stufen zur Frequenzerhöhung Verwendung finden. Damit liegt bei diesen Stationen die Aufgabe derart, daß gewissermaßen die Wellenlänge gegeben ist und für diese nun die zweckmäßigste Antenne gebaut werden muß. Bei allen anderen Sendern ist diese Beschränkung nicht vorhanden. Um nun mit den gegebenen niedrigen Periodenzahlen noch eine ausreichende Strahlungsleistung zu erzielen, ist es notwendig, Luftleiter mit großer Eigenschwingung herzustellen. Als solche kommen in erster Linie in Frage die in einem früheren Abschnitt besprochene Schirmantenne, ferner die geknickte Antenne, deren besondere Eigenschaften später zu behandeln sind. Während die erstere sich bei genügender Höhe durch einen höheren Strahlungswiderstand auszeichnet, besitzt die $\lceil$-Antenne eine größere Kapazität. Welche von beiden vorteilhafter erscheint, hängt davon ab, bei welchem Luftleiter, gleiche Wellenlängen und dieselben Senderleistungen vorausgesetzt, die Isolationsspannungen geringer ausfallen. Dazu kommt, daß es für die Hochfrequenzmaschinen einen günstigsten Nutzwiderstand gibt, bei welchem den Generatoren ein Höchstbetrag von Leistung entzogen werden kann. Dies kommt daher, daß bei zu großem Antennenwiderstande der Strom im gleichen Verhältnis zurückgeht, als der Widerstand zunimmt, die Leistung dagegen i^2 proportional ist, während bei zu kleinem Widerstande die entstehende große Stromstärke durch Rückwirkung auf die Maschine die wirksame EMK verkleinert.

VIII. Gesichtspunkte für die Wahl des Sendeverfahrens.

Zum Schluß des Abschnittes über die verschiedenen Sendeverfahren wäre noch die Frage zu beantworten:

Welches System soll man bei Ausführung einer Anlage wählen?

Zunächst ist ganz allgemein festzustellen, daß es keine Senderanordnung gibt, die allen übrigen in jeder Beziehung überlegen ist. Vielmehr besitzt die eine diese, die andere jene Vorzüge. Welches System man wählen soll, hängt demgemäß ganz von den besonderen Anforderungen ab, die man an die betreffende Senderanlage stellt.

Die verschiedenen Stationen nun lassen sich einteilen in:

1. Großstationen,
2. Küstenstationen,
3. Schiffsstationen,
4. Militärstationen.

Die drei ersten kann man als gewerbliche Anlagen bezeichnen. Bei ihnen ist, sofern man von rein politischen Erwägungen absieht, die Wirtschaftlichkeit der ausschlaggebende Gesichtspunkt. Die jährlichen Ausgaben nun umfassen die Beträge, die für die Verzinsung, Abschreibungen und Ausbesserungen aufzubringen sind und diejenigen Aufwendungen, die der Betrieb erfordert. Billiger Bau, einfache Handhabung der Apparate und guter Wirkungsgrad der gesamten Anlagen sind deshalb hier für die Wahl des Systemes bestimmend. Dazu kommen noch eine Reihe weiterer Gesichtspunkte, wie die Größe der gewünschten Energie, die Störungsfreiheit, Länge der Welle und ähnliches.

1. Großstationen.

Es dürfte keinem Zweifel unterliegen, daß für die Großstationen, die insbesondere den transatlantischen Verkehr vermitteln, die Hochfrequenzmaschinen in erster Linie in Frage kommen. Die Leichtigkeit, mit ihnen große Schwingungsenergien mit gutem Wirkungsgrade erzeugen zu können, die ausgiebige Ausnutzung der Antennenanlage, die günstigen Verhältnisse beim Empfang, vor allem aber die Tatsache, daß die ungedämpften Schwingungen am wenigsten den gegenseitigen Verkehr der den Großstationen benachbarten Anlagen stören, ergeben eine so große Zahl von Vorzügen, daß man die Frage nur in diesem Sinne beantworten sollte. Auch stimmt die Tatsache, daß die Maschinensender vorzugsweise nur wenige und verhältnismäßig große Wellenlängen erzeugen, mit den Anforderungen der gewerblichen Großstationen überein, bei denen ja ein mehrfacher Wellenwechsel nur insofern von Wert sein würde, als die Energieabsorption im Zwischengelände und in der Atmosphäre von der Wellenlänge und der Tageszeit abhängt. Mit Rücksicht hierauf würde nachts eine kleinere Welle Vorteile bringen, während am Tage im allgemeinen die längeren Wellen eine geringere Absorption in der

Atmosphäre erleiden. Die Wirtschaftlichkeit derartiger Anlagen wird weiterhin um so sicherer gewährleistet werden können, je mehr man der atmosphärischen Störungen Herr wird, d. h. je kürzere Zeit die Station während eines Jahres außer Betrieb ist, und je höher die Wortzahl ist, die der Sender in der Minute zu übermitteln erlaubt (Schnellbetrieb). Die Verminderung der atmosphärischen Störungen ist eine Frage der Antennenform, der Schaltung und der Senderenergie. Die Steigerung der übertragbaren Wortzahl wächst ebenfalls mit der Zunahme der Strahlungsleistung der Gebeseite.

2. Küstenstationen.

Diesen fällt in erster Linie die Aufgabe zu, den Nachrichtenaustausch zwischen dem Festlande und den Schiffen zu vermitteln. Da laut internationaler Vereinbarung hierfür die Wellenlängen von 300 m und 600 m vorgesehen sind, müssen die verwendeten Sender die Herstellung der entsprechenden Frequenzen gestatten. Hierzu eignen sich in erster Linie alle Funkensender (Knallfunkensender, tönende Löschfunkensender, Vieltonsender), deren Antennenanlage man mit Rücksicht auf die betreffenden Wellen wählen wird. Für das Geben von Wetternachrichten, Zeitsignalen und ähnlichen an die Allgemeinheit der Stationen gerichtete Mitteilungen sind die Anlagen noch mit wenigen längeren Wellen auszurüsten, für die man zur Erweiterung des Wirkungsbereiches eine besondere, größere Antenne vorsehen wird.

3. Schiffsstationen.

Ihrer Aufgabe entsprechend müssen diese Sendestationen in der Lage sein, mit den ihnen begegnenden Schiffen und den Küstenstationen in Verkehr treten zu können. Auch hier ist der Einbau von tönenden Sendern in erster Linie am Platze.

4. Militärstationen.

Vielseitiger sind die Anforderungen, die der radiotelegraphische Betrieb der Militärstationen erfüllen muß. Hier handelt es sich nicht nur darum, eine große Reichweite zu erzielen, einen raschen Wellenwechsel mit einem großen Wellenbereiche zu verbinden, sondern auch den Einfluß fremder Störer nach Möglichkeit auszuschließen. Dabei wird man die Ansprüche erheblich steigern können bei allen ortsfesten Anlagen, während bei den beweglichen Stationen Rücksichten verschiedener Art möglichste Einfachheit bedingen.

a) Ortsfeste Stationen (Festungsstationen).

Die Hauptaufgabe der Militärstationen ist, die Nachricht in jedem Falle durchzubringen. Dies verlangt nicht nur eine ausreichende Senderenergie, sondern auch besondere Einrichtungen, die fremde Störer auf der Empfangsseite unwirksam machen. Demnach wird man vorzugsweise solche Sendeverfahren zur Anwendung bringen, die eine hohe Abstimmfähigkeit auf der Empfangsseite gewährleisten (z. B. ungedämpfte Sender) sowie alle jene Anordnungen, die sowohl eine schnelle Änderung der Welle über einen großen Bereich gestatten, als auch die Möglichkeit eines Tonempfangs zulassen. Bei der Wahl des Systems ist weiterhin Rücksicht darauf zu nehmen, daß der Ausbau der Antennenanlage vielfachen Beschränkungen (Deckung gegen Sicht und Artilleriefeuer) unterworfen ist. Im besonderen wird man darauf achten, die Stationshäuser so anzuordnen, daß die Masten zum Tragen des Luftleitergebildes leicht umgelegt werden können. Des weiteren ist es wertvoll, das Maschinenhaus von den Baulichkeiten zu trennen, in die die Sender- und Empfangsanlage untergebracht sind. Daß man diese beiden Teile der Station für sich wieder in besondere Räume einbaut, ist eine Forderung, die bei allen größeren Anlagen erfüllt sein sollte. Die Bedienung der ganzen Station erfolgt zweckmäßig von der Empfangsstelle aus.

Wird der Einbau von tönenden Funkensendern verlangt, so sind bei kleinen Anlagen die Löschfunkenstationen das Gegebene, bei größeren Reichweiten jedoch ist der mit umlaufender Funkenstrecke ausgerüstete Sender als die zweckmäßigere Form anzusehen.

b) Bewegliche Stationen.

Zu diesen sind die Schiffs-, fahrbaren und tragbaren (Packsattel-) Stationen zu rechnen. Die hohen Anforderungen, die, außer was den Telegraphierbetrieb anbelangt, besonders an die Bedienungsmannschaften der fahr- und tragbaren Stationen gestellt werden, sprechen hier für die Verwirklichung des Grundsatzes, die Einrichtungen möglichst zu vereinfachen, um den Nachrichtenaustausch mit dem geringsten Aufwand von Handgriffen bewerkstelligen zu können. Mit umlaufender Funkenstrecke ausgerüstete Sender, die die Einstellung einiger fester Wellen gestatten, dürften hier besonders zweckmäßig sein.

C. Die Empfangsseite.

Überblickt man die auf der Sendeseite sich abspielenden elektrischen Vorgänge in ihrer Gesamtheit, so läßt sich eine mehrfache Energieumsetzung feststellen. Mit Hilfe der mechanischen Energie des Antriebmotors werden zunächst Gleich- oder minder periodische Wechselströme erzeugt, die weiter durch besondere Verfahren in hochfrequente umgewandelt werden. Diese dienen dann dazu, elektromagnetische Wellen zu entwickeln, die sich von der Gebestation freimachen und nach allen Seiten längs der Erdoberfläche ausbreiten. Ein kleiner Teil dieser Schwingungsenergie gelangt auf diese Weise auch zur Empfangsstation, wo nunmehr eine Umkehrung des soeben beschriebenen Vorganges stattfindet. In dem Luftleiter werden durch das ankommende elektromagnetische Feld hochfrequente Ströme hervorgerufen, die dann unter Zwischenschaltung besonderer Einrichtungen (Wellenanzeiger) in niederfrequente oder Gleichströme umgeformt werden. Die weitere Umwandlung der elektrischen Energie in mechanische (z. B. zur Hervorbringung von Schwingungen einer Fernhörerplatte) macht dann keine besonderen Schwierigkeiten. In welcher Weise sich nun dieser Rückbildungsvorgang vollzieht, soll im folgenden dargestellt werden. Die Aufgabe, die ankommende Energie der Sendeseite mit möglichst hohem Wirkungsgrade auf der Empfangsstation auszunutzen, verlangt demgemäß

1. die Erzeugung möglichst großer Hochfrequenzenergien in den Empfangskreisen und

2. einen möglichst empfindlichen und betriebssicheren Apparat, der die Umformung in Gleich- oder Niederfrequenzstrom bewirkt.

Die erste Aufgabe hängt noch mit der Schaltung zusammen, die auf der Empfangsseite zur Anwendung gelangt, während die zweite eine dem vorliegenden Zwecke angepaßte Detektorausführung fordert. Damit sind jedoch die Anforderungen an die Empfangseinrichtungen noch nicht erschöpft, da als dritte hinzukommt, daß alle Störungsquellen, mögen sie durch fremde Stationen oder durch atmosphärische Entladungen bedingt sein, nach Möglichkeit ausgeschaltet werden.

I. Die Theorie der Empfangsschaltungen zur Erzielung größter Nutzleistungen.

Ohne Berücksichtigung der Senderanordnung ist es nicht möglich, maßgebende Grundsätze für die besten Empfangsbedingungen aufzustellen. Da jedoch, sofern man ohne jede Einschränkung an die gestellte Aufgabe herangeht, die Betrachtungsweise zu verwickelten und unübersichtlichen Ergebnissen führt, soll zunächst die Aufgabe durch bestimmte Annahmen vereinfacht werden.

Wichtig ist hierbei die Tatsache, daß die elektrischen Abmessungen der Empfangsseite in erster Linie von der Art des zur Verwendung gelangenden Detektors abhängen. Und da in den neuzeitlichen Stationen vorwiegend solche Indikatoren eingebaut sind, die auf den Integralwert der ankommenden Schwingungen ansprechen, mögen zunächst die Empfangsverhältnisse unter dem Gesichtspunkte betrachtet werden, daß ein Höchstbetrag von Energie dem Wellenanzeiger zugeführt werden soll.

1. Der Empfang von ungedämpften Senderschwingungen.

a) Der Primärempfang.

Am übersichtlichsten gestalten sich hierbei die Vorgänge, wenn man annimmt, daß ein gegebener Empfangsluftleiter von einem ungedämpften elektromagnetischen Felde erregt wird, wobei der Detektor (z. B. Thermoelement) vom Ohmschen Widerstande w_D unmittelbar in der Antenne liegen möge, deren Eigenwiderstand, auf den Strombauch bezogen, w_{A_2} ist (Fig. 246). In den nachfolgenden Formeln bedeuten weiterhin:

$e_2 =$ Effektivwert der in dem Empfangsluftleiter induzierten EMK,

$i_2 =$ Effektivwert des Stromes in der Empfangsantenne,

$L_2 =$ Gesamtselbstinduktion des Antennenkreises,

$C_2 =$ Gesamtkapazität des Antennenkreises,

$\nu_1 =$ Periodenzahl der Senderschwingungen,

$\omega_1 = 2\pi\nu_1,$

$w_{A_2} + w_D =$ gesamter Antennenwiderstand.

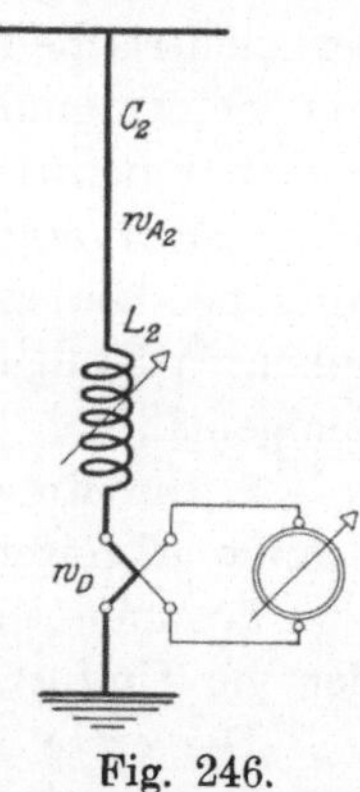

Fig. 246.

Faßt man den Empfangsluftleiter als einen mit dem ungedämpft schwingenden Sendesystem lose gekoppelten Sekundärkreis auf, so ergibt sich, sofern man von den Vorgängen im Augenblick des Einschaltens absieht, folgende aus der Wechselstromtechnik bekannte Beziehung:

$$i_2 = \cfrac{e_2}{\sqrt{(w_{A_2} + w_D)^2 + \left(\omega_1 L_2 - \dfrac{1}{\omega_1 C_2}\right)^2}}. \quad \ldots \quad (62)$$

Und da die Nutzleistung sich durch

$$A_n = i_2{}^2 \cdot w_D \quad \ldots \ldots \ldots \ldots \quad (63)$$

ausdrücken läßt, erhält man:

$$A_n = i_2{}^2 \cdot w_D = \cfrac{e_2{}^2}{(w_{A_2} + w_D)^2 + \left(\omega_1 L_2 - \dfrac{1}{\omega_1 C_2}\right)^2} \cdot w_D. \quad (63a)$$

Dieser Ausdruck nimmt dann seinen Höchstwert an, wenn

a) $\omega_1 L_2 = \dfrac{1}{\omega_1 C_2}$ ist, d. h. wenn die Empfangsantenne auf die Senderschwingungen abgestimmt wird und wenn

b) die beiden Widerstände w_{A_2} und w_D von gleicher Größe sind. Der Beweis hierfür läßt sich durch Differentiation der Ausgangsgleichung leicht führen.

Folglich ist:

$$A_{n_{max}} = \frac{e_2{}^2}{4 \cdot w_D} = \frac{e_2{}^2}{4 \cdot w_{A_2}} = \frac{\text{Gesamte Empfangsenergie}}{2}. \quad (63b)$$

Diese Ergebnisse liefern, zusammengefaßt, die folgenden wichtigen Sätze:

1. Die günstigsten Bedingungen für den Primärempfang von ungedämpften Schwingungen liegen dann vor, wenn Sender und Empfänger aufeinander abgestimmt sind und außerdem der Widerstand des Detektors w_D gleich ist dem wirksamen Widerstande w_{A_2} des Luftleiters.

2. In jedem dieser beiden Widerstände w_D und w_{A_2} wird alsdann die Hälfte der gesamten, von der Antenne aufgenommenen Energie verbraucht.

3. Die Nutzenergie $A_{n_{max}}$ erreicht um so größere Beträge, je kleiner der Widerstand w_{A_2} des Luftleiters ist.

w_{A_2} setzt sich aus folgenden Einzelgrößen zusammen:

α) dem Widerstande in den Antennendrähten, eingeschalteten Spulen und Kondensatoren,

β) dem Erdwiderstande,

γ) dem Verlustwiderstande, hervorgerufen durch Induktion in benachbarten Leitern, durch Drahtsprühen und Isolationsfehler,

δ) dem Strahlungswiderstande.

Wenn auch durch geeignete Wahl des Stationsplatzes und sachgemäße Ausführung der Luftleiter und Erdungsanlagen einzelne der vorerwähnten Widerstände sehr niedrig gehalten werden können, so bilden doch die Spulenwiderstände, der Erd- und der Strahlungswiderstand drei Größen, die nur schwer unterhalb gewisser Werte sich bringen lassen. Die Gesichtspunkte für den Bau möglichst dämpfungsfreier Selbstinduktionsspulen wurden schon in einem der vorhergehenden Abschnitte näher erläutert, so daß an dieser Stelle in Ergänzung zu früheren Ausführungen allein über den Strahlungswiderstand w_{s_2} zu sprechen wäre. Wie früher dargelegt wurde, läßt er sich nach H. Hertz aus folgender Beziehung berechnen:

$$w_{s_2} = 160 \cdot \pi^2 \cdot \left(\frac{h_{eff}}{\lambda}\right)^2 \qquad \text{(vgl. Tafel IV).}$$

Hierbei bedeutet h_{eff} die wirksame Antennenhöhe. Sie ist gleich der wirklichen Höhe l multipliziert mit einem von der Luftleitergestalt abhängigen Formfaktor α.

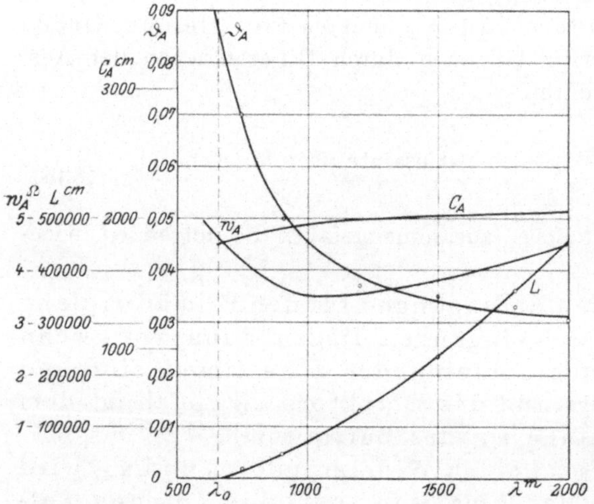

Will man somit für eine gegebene Empfangsanlage den Wert von w_{s_2} verringern, so hat man nur nötig, die Betriebswellenlänge λ zu vergrößern. Mit der Anwendung dieses augenscheinlich so einfachen Mittels darf man jedoch nicht zu weit gehen, da einmal die Vergrößerung der Eigenschwingungsdauer der Empfangsantenne die Einschaltung verlustbringender Spulen erfordert und weiterhin die Verlängerung der Welle eine Einbuße an Strahlungsenergie auf der Sendeseite bedeutet.

Fig. 247.

Beispiel: Für eine Antenne, deren Bestimmungsstücke in den Kurven der Abbildung 247 wiedergegeben sind, erhält man bei einer in dem Luftleiter induzierten EMK von $4 \cdot 10^{-5}$ Volt folgende Zahlenwerte:

$$\lambda = 660 \text{ m}, \quad w_{A_2} = w_D = 4{,}75 \ \Omega$$

$$A_{n\,max} = \frac{(4 \cdot 10^{-5})^2}{4 \cdot 4{,}75} \cong 0{,}84 \cdot 10^{-10} \text{ Watt}$$

$$\lambda = 1150 \text{ m}, \quad w_{A_2} = w_D = 3{,}52 \, \Omega$$

$$A_{n\,max} = \frac{(4 \cdot 10^{-5})^2}{4 \cdot 3{,}52} \simeq 1{,}14 \cdot 10^{-10} \text{ Watt}$$

$$\lambda = 2000 \text{ m}, \quad w_{A_2} = w_D = 4{,}75 \, \Omega$$

$$A_{n\,max} = \frac{(4 \cdot 10^{-5})^2}{4 \cdot 4{,}75} \simeq 0{,}84 \cdot 10^{-10} \text{ Watt.}$$

Bei gleichbleibender EMK e_2 steigt zunächst mit zunehmender Wellenlänge die Nutzleistung und nimmt dann wieder ab.

Die Ausgangsgleichung:

$$A_n = \frac{e_2^{\,2}}{4 \cdot w_{A_2}}$$

läßt sich nun, wie folgt, umformen: Die in dem Luftleiter induzierte EMK hängt offenbar von der Stärke des in Richtung des Antennendrahtes wirksamen elektrischen Feldes E_F und der wirksamen Höhe $h_{2\,eff}$ des Strahlgebildes ab und zwar ist:

$$e_2 = E_F \cdot h_{2\,eff} \quad \ldots \quad \ldots \quad \ldots \quad (64)$$

Für die Nutzleistung erhält man daher, sofern man annimmt, daß

$$w_{A_2} \simeq w_{s_2} = 160 \cdot \pi^2 \cdot \left(\frac{h_{2\,eff}}{\lambda} \right)^2$$

ist, den Ausdruck:

$$A_n = \frac{E_F^2 \cdot h_{2\,eff}^2 \, \lambda^2}{4 \cdot 160 \cdot \pi^2 \, h_{2\,eff}^2} = \frac{1}{4 \cdot 160 \cdot \pi^2} \cdot E_F^2 \cdot \lambda^2. \quad \ldots \quad (65)$$

Daraus könnte man weiterhin folgern, daß bei gleichbleibender Senderenergie (gleichbleibende Feldstärke E_F) die dem Indikator zugeführte Leistung als unabhängig von der Luftleiterhöhe $h_{2\,eff}$ anzusehen ist. Dieser Schluß steht im gewissen Sinne im Widerspruch mit der praktischen Erfahrung, nach der stets beobachtet wird, daß bei einer Antennenerhöhung unter Beibehaltung der Betriebswellenlängen die Empfangslautstärke zunimmt. Die von der Rechnung abweichende Erscheinung ist wahrscheinlich darauf zurückzuführen, daß die in unmittelbarer Nähe des Erdbodens befindlichen Strahldrähte von den ankommenden Wellen wegen der meist vorhandenen örtlichen Hindernisse in geringerem Maße erregt werden, als die höher gelegenen (Abschirmung).

Bisher wurde angenommen, daß der Detektor vom Widerstande w_D unmittelbar in die Antenne geschaltet ist. Da diese Anordnung für den Bau der Indikatoren große Beschränkungen bedeutet, ordnet man den Wellenempfänger zweckmäßig in einem mit dem Strahlgebilde gekoppelten Sekundärkreis an.

b) Der Sekundärempfang.

1. Einfluß und Bedeutung der Kopplung bei Sekundärempfang.

Infolge der Ankopplung des geschlossenen Kreises an die Antenne tritt, wie die Theorie der gekoppelten Kondensatorkreise zeigt, an Stelle von Gl. 62 für den Strom im Luftleiter der Ausdruck:

$$i_2 = \frac{e_2}{\sqrt{\left[w_{A_2} + \frac{\omega_1{}^2 M^2}{z_3{}^2} \cdot w_3\right]^2 + \left[\left(\omega_1 L_2 - \frac{1}{\omega_1 C_2}\right) - \frac{\omega_1{}^2 M^2}{z_3{}^2}\left(\omega_1 L_3 - \frac{1}{\omega_1 C_3}\right)\right]^2}} \quad (66$$

d. h. der Ohmsche Widerstand $w_{A_2} + w_D$ und der induktive $\omega_1 L_2 - \dfrac{1}{\omega_1 C_2}$ gehen über in folgende mit A und B bezeichneten Werte:

$$A = w_{A_2} + \frac{\omega_1{}^2 M^2}{z_3{}^2} w_3 \quad \ldots \ldots \ldots \quad (67)$$

$$B = \left(\omega_1 L_2 - \frac{1}{\omega_1 C_2}\right) - \frac{\omega_1{}^2 M^2}{z_3{}^2}\left(\omega_1 L_3 - \frac{1}{\omega_1 C_3}\right) \quad \ldots \quad (68)$$

wo $\quad C_3 =$ wirksame Kapazität des Sekundärkreises,

$\quad\quad L_3 =$ Gesamtselbstinduktion des Sekundärkreises,

$\quad\quad w_3 =$ Ohmscher Widerstand des Sekundärkreises,

$\quad\quad M =$ Koeffizient der gegenseitigen Induktion der Kreise I und II,

$$z_3 = \sqrt{w_3{}^2 + \left(\omega_1 L_3 - \frac{1}{\omega_1 C_3}\right)^2}.$$

w_{A_2} **erfährt sonach eine scheinbare Vergrößerung um**

$$w_k = \frac{\omega_1{}^2 M^2}{w_3{}^2 + \left(\omega_1 L_3 - \frac{1}{\omega_1 C_3}\right)^2} w_3 \cdot \quad \ldots \ldots \quad (69)$$

Durch Veränderung von M, d. h. der Kopplung, hat man es somit in der Hand, den Widerstand w_3 in jeder gewünschten Größe in den Luftleiter eingehen zu lassen, ein für die Einstellung gekoppelter Kreise sehr wichtiges Ergebnis.

Der Sekundärkreis kann nun entweder so ausgebildet werden, daß seine Eigenschwingungsdauer weit außerhalb des Bereichs derjenigen der ankommenden Wellen liegt oder aber derart, daß eine Abstimmung auf letztere durch passende Wahl von L_3 und C_3 ermöglicht ist.

2. Empfang mit aperiodischem Detektorkreis.

Fig. 248 zeigt die entsprechende Schaltung. Die Kapazität hat jetzt nur die Bedeutung eines Blockkondensators. L_3 ist so groß, daß $\dfrac{1}{\omega_1 C_3}$ gegen $\omega_1 \cdot L_3$ vernachlässigt werden kann. Die Zunahme von w_{A_2} wird daher nach Gl. 69:

$$w_k = \frac{\omega_1{}^2 M^2}{w_3{}^2 + \omega_1{}^2 L_3{}^2} w_3 \cdot \quad \ldots \ldots \ldots \quad (70)$$

Der Vorzug dieser aperiodischen Schaltung liegt einerseits darin, daß beim Empfang nur der Antennenkreis abgestimmt werden muß, wodurch das Aufsuchen von Wellen wesentlich erleichtert und beschleunigt wird, andererseits aber auch darin, daß die günstigsten Empfangsbedingungen lediglich durch passende Wahl der Kopplung erzielt werden können, was sich aus nachfolgender Überlegung ergibt:

Wie später (S. 245) gezeigt wird, nimmt auch bei dieser Schaltung der Detektor die größte Energie dann auf, wenn

$$i_2{}^2 \cdot w_{A_2} = i_3{}^2 \cdot w_3.$$

Da nun

$$e_3 = i_2 \cdot \omega_1 M = i_3 \sqrt{w_3{}^2 + \omega_1{}^2 L_3{}^2},$$

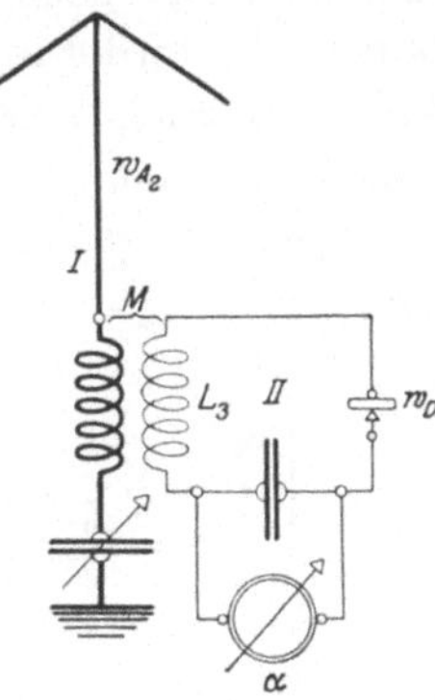

Fig. 248.

kann diese Bedingung auch geschrieben werden:

$$\frac{\omega_1{}^2 M^2}{w_3{}^2 + \omega_1{}^2 L_3{}^2}\, w_3 = w_{A_2} = w_k \quad \ldots \ldots \quad (71)$$

Die günstigsten Empfangsbedingungen liegen sonach dann vor, wenn man die Kopplung so gewählt hat, daß $w_k = w_{A_2}$. Hierbei sind zwei Fälle zu unterscheiden.

a) w_3 ist groß gegen $\omega_1 L_3$. Dann wird:

$$\frac{\omega_1{}^2 M^2}{w_3} \cong w_{A_2} = w_k \quad \ldots \ldots \ldots \quad (71a)$$

d. h.: Ist der Ohmsche Widerstand w_3 groß gegen $\omega_1 L_3$, so muß für einen gegebenen Antennenwiderstand w_{A_2} zur Erzielung der günstigsten Empfangsbedingungen die Kopplung um so fester gewählt werden, je größer w_3 und wenn derselbe Detektor benutzt wird, je größer die Wellenlänge des Senders ist.

b) w_3 ist klein gegen $\omega_1 L_3$, d. h.

$$\left(\frac{M}{L_3}\right)^2 \cdot w_3 \cong w_{A_2} = w_k \quad \ldots \ldots \quad (71b)$$

Die Gleichung besagt: Ist der Ohmsche Widerstand w_3 klein und überwiegt der induktive $\omega_1 L_3$, so ist die für eine Wellenlänge gefundene günstigste Kopplung für alle anderen Wellen dieselbe, solange w_{A_2} sich nicht ändert.

3. Empfang mit abstimmbarem Detektorkreis.

Erweitert man die in Fig. 248 dargestellte Schaltung durch Einfügung eines stetig veränderlichen Kondensators C_3 in den Sekundärkreis (Fig. 249), so ist, wie später gezeigt werden wird, der Empfangs-

16*

einrichtung eine erhöhte Abstimmfähigkeit eigen. Wenn auch diese Anordnung bei vielen Stationen nicht zur Anwendung gelangt, so wird man sie doch bei allen den Anlagen vorsehen, an welche besondere Anforderungen in elektrischer Beziehung gestellt werden. Will man auch hier die günstigsten Empfangsbedingungen ermitteln, d. h. feststellen, wann die Detektorenergie

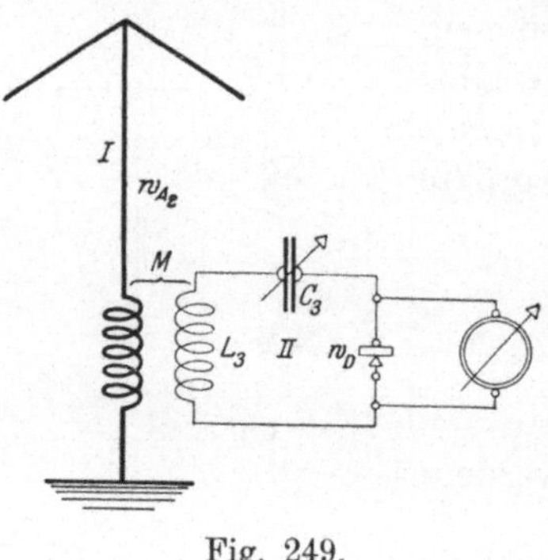

Fig. 249.

$$A_n = i_3{}^2 \cdot w_D$$

ihren Höchstwert erreicht, so ist es zweckmäßig, die Untersuchung zunächst durchzuführen für den rechnerisch einfacheren Fall, daß Antenne sowohl als auch Sekundärkreis bei nicht zu fester Kopplung auf die Periode der Senderschwingungen abgestimmt sind. Erst im Anschlusse hieran soll dann der allgemeinere Fall betrachtet werden, in dem diese Bedingungen nicht erfüllt sind.

α) **Resonanz zwischen Sender und den Empfangskreisen.** Unter dieser Annahme heben sich die induktiven und kapazitiven Widerstände in den beiden Kreisen I und II auf, d. h. es wird:

$$\omega_1 L_2 - \frac{1}{\omega_1 C_2} = 0 \qquad \omega_1 L_3 - \frac{1}{\omega_1 C_3} = 0.$$

Der Zuwachs, den der Widerstand w_{A_2} des Luftleiters erfährt und der auch jetzt abhängig ist von der Größe der Kopplung des geschlossenen Kreises II mit dem Luftleiter I wird daher nach Gl. 69:

$$w_k = \frac{\omega_1{}^2 M^2}{w_3} \quad \ldots \ldots \ldots \ldots \quad (72)$$

Für gleichbleibende Luftleiter-EMK e_2 bestimmt sich somit der Antennenstrom zu:

$$i_2 = \frac{e_2}{w_{A_2} + \dfrac{\omega_1{}^2 M^2}{w_3}}.$$

Da weiter infolge der Abstimmung des Kreises II

$$i_3 = \frac{e_3}{w_3} = \frac{\omega_1 M \cdot i_2}{w_3}$$

ist, erhält man den Strom im Sekundärkreis aus der Gleichung:

$$i_3 = \frac{\omega_1 M \cdot e_2}{w_{A_2} \cdot w_3 + \omega_1{}^2 M^2}.$$

Damit wird:
$$A_n = i_3{}^2 \cdot w_D = \frac{\omega_1{}^2 M^2 \cdot e_2{}^2}{(w_{A_2} \cdot w_3 + \omega_1{}^2 M^2)^2} \cdot w_D.$$

Bildet man den Ausdruck:

$$\frac{d A_n}{d(\omega_1 M)} = 0,$$

so ergibt sich

$$\omega_1{}^2 M^2 = w_{A_2} \cdot w_3$$

oder

$$\frac{\omega_1{}^2 M^2}{w_3} = w_{A_2} = w_k \quad \ldots \ldots \ldots \quad (73)$$

und damit der Höchstwert der im Detektor verbrauchten Energie:

$$A_{n\,max} = \frac{e_2{}^2}{4 \cdot w_{A_2} \cdot w_3} \cdot w_D, \quad \ldots \ldots \quad (74)$$

Nimmt man an, daß der Widerstand w_3 des geschlossenen Kreises in überwiegendem Maße von dem eingeschalteten Detektor herrührt, d. h. $w_3 \simeq w_D$ ist, so vereinfacht sich Gl. 74 zu:

$$A_{n\,max} = i_3{}^2{}_{max} \cdot w_D \simeq \frac{e_2{}^2}{4 \cdot w_{A_2}}.$$

Da ferner die größte von der Antenne aufgenommene Leistung $A_{2\,max}$ sich darstellen läßt durch:

$$A_{2\,max} = e_2 \cdot i_{2\,max} \simeq \frac{e_2{}^2}{2 \cdot w_{A_2}} = 2 \cdot A_{n\,max},$$

so erhält man das Schlußergebnis:

Zur Erzielung der günstigsten Empfangsbedingungen muß die Kopplung so gewählt werden, daß $w_k = w_{A_2}$. Der Sekundärkreis nimmt alsdann den Energiehöchstbetrag auf. Davon wird die eine Hälfte im Detektor, die andere im wirksamen Widerstande des Luftleiters verbraucht.

Vergleicht man die obenstehenden Ausdrücke mit denen, die bei der Besprechung des Primärempfanges gefunden wurden, so ergibt sich weiter: Durch die Anschaltung eines Sekundärkreises läßt eine Energiesteigerung sich nicht erzielen. Die gekoppelten Schwingungskreise stellen somit nichts weiter als eine gewöhnliche Transformatorschaltung dar, deren Übersetzungsverhältnis in weiten Grenzen verändert werden kann. Die Vorteile dieser Anordnung werden an einer späteren Stelle gewürdigt werden.

β) Keine Abstimmung zwischen Sender und Empfänger. Wenn auch der bisher behandelte Fall der völligen Resonanz zwischen der Sende- und Empfangsseite von besonderer Wichtigkeit ist, so kommt doch auch der allgemeineren Darstellung eine gewisse praktische Bedeutung zu.

Aus den Gleichungen 66 bis 68 und mittels der auf S. 242 eingeführten Bezeichnungen folgt zunächt für diesen Fall:

$$i_2 = \frac{e_2}{\sqrt{A^2 + B^2}}.$$

$$i_2 \cdot \omega_1 M = i_3 \cdot z_3 = e_3 \qquad\qquad i_3 = \frac{\omega_1 M}{z_3} \cdot i_2 = \frac{e_2 \cdot \omega_1 M}{z_3 \cdot \sqrt{A^2 + B^2}}.$$

Unter Verwertung dieser Gleichung ergibt sich für A_n nach einigen Umformungen:

$$A_n = i_3{}^2 \cdot w_D$$
$$= \frac{e_2{}^2 \cdot \omega_1{}^2 M^2}{\left[w_{A_2} \cdot w_3 - \left(\omega_1 L_2 - \frac{1}{\omega_1 C_2} \right) \cdot \left(\omega_1 L_3 - \frac{1}{\omega_1 C_3} \right) + \omega_1{}^2 M^2 \right]^2 + \left[w_{A_2} \cdot \left(\omega_1 L_3 - \frac{1}{\omega_1 C_3} \right) + w_3 \cdot \left(\omega_1 L_2 - \frac{1}{\omega_1 C_2} \right) \right]^2}$$

Sucht man auch für diesen Ausdruck den Höchstwert, indem man

$$\frac{d A_n}{d(\omega_1 M)} = 0$$

bildet, so erhält man, wenn

$$\sqrt{w_{A_2}^2 + \left(\omega_1 L_2 - \frac{1}{\omega_2 C_2} \right)^2} = z_2$$

$$\frac{w_{A_2}}{z_2} = \cos \alpha, \qquad\qquad \frac{w_3}{z_3} = \cos \beta,$$

$$\frac{\omega_1 L_2 - \dfrac{1}{\omega_1 C_2}}{z_2} = \sin \alpha \qquad\qquad \frac{\omega_1 L_3 - \dfrac{1}{\omega_1 C_3}}{z_3} = \sin \beta$$

gesetzt wird: $\qquad\qquad \omega_1{}^2 M^2 = z_1 \cdot z_2 \quad \ldots \ldots \ldots \ldots$ (75)

und damit: $\qquad A_{n\,max} = \dfrac{e_2{}^2 \cdot w_D}{4 \cdot w_{A_2} \cdot w_3} \cdot \dfrac{2 \cdot \cos \alpha \cdot \cos \beta}{1 + \cos(\alpha + \beta)}.$

Man erkennt sofort, daß der zweite Faktor dieses Produktes im günstigsten Falle gleich 1 werden kann, was eintritt, wenn:

$$2 \cdot \cos \alpha \cdot \cos \beta = 1 + \cos(\alpha + \beta).$$

Löst man diese Gleichung unter Einsetzung der Ausgangswerte für den Cosinus und Sinus auf, so ergibt sich:

$$\frac{\omega_1 L_2 - \dfrac{1}{\omega_1 C_2}}{\omega_1 L_3 - \dfrac{1}{\omega_1 C_3}} = \frac{w_{A_2}}{w_3} \quad \ldots \ldots \ldots \ldots$ (76)$$

und $\qquad\qquad A_{n\,max} = \dfrac{e_2{}^2}{4 \cdot w_{A_2} \cdot w_3} \cdot w_D \simeq \dfrac{e_2{}^2}{4 \cdot w_{A_2}{}^2}.$

Welche Schlußfolgerungen lassen sich aus diesen Gleichungen ableiten? Zunächst erkennt man, daß der Höchstwert der Empfangsenergie bei den verschiedensten Kopplungen und Abstimmungen der Empfangskreise erzielt werden kann, im Gegensatz zu der Primärschaltung, wo diese Erscheinung nur im Resonanzfalle eintrat. Eine Steigerung der Nutzenergie an sich läßt sich jedoch auch bei Verwendung mehrerer Abstimmkreise nicht erreichen.

Bei gegebener Senderwelle und gleichbleibenden Ohmschen Widerstandsverhältnissen der Empfangsseite sind es die miteinander verknüpften veränderlichen Größen $\omega_1 M$, $\left(\omega_1 L_2 - \dfrac{1}{\omega_1 C_2}\right)$ und $\left(\omega_1 L_3 - \dfrac{1}{\omega_1 C_3}\right)$, welche die günstigsten Empfangsbedingungen bestimmen. Aus den beiden oben abgeleiteten Gleichungen 75 und 76:

$$\omega_1{}^2 M^2 = \sqrt{w_{A_2}^2 + \left(\omega_1 L_2 - \frac{1}{\omega_1 C_2}\right)^2} \cdot \sqrt{w_3{}^2 + \left(\omega_1 L_3 - \frac{1}{\omega_1 C_3}\right)^2} \tag{75a}$$

$$w_3 \cdot \left(\omega_1 L_2 - \frac{1}{\omega_1 C_2}\right) = w_{A_2} \cdot \left(\omega_1 L_3 - \frac{1}{\omega_1 C_3}\right) \tag{76a}$$

folgt:

$$\left(\omega_1 L_2 - \frac{1}{\omega_1 C_2}\right) = \pm \sqrt{\omega_1{}^2 M^2 \cdot \frac{w_{A_2}}{w_3} - w_{A_2}{}^2}$$

$$\left(\omega_1 L_3 - \frac{1}{\omega_1 C_3}\right) = \pm \sqrt{\omega_1{}^2 M^2 \cdot \frac{w_3}{w_{A_2}} - w_3{}^2},$$

d. h. stellt man die Kopplung auf einen beliebigen Wert ein, so gibt es je zwei zusammengehörige, aber voneinander verschiedene Abstimmungen des Luftleiters und des geschlossenen Kreises, bei denen die größte Energieaufnahme eintritt. Gl. 75a zeigt, daß hierbei der kleinste Wert von M, d. h. die loseste Kopplung dann vorliegt, wenn beide Schwingungskreise sich mit der Senderperiode in Resonanz befinden. Dann wird:

$$\omega_1{}^2 M^2 = w_{A_2} \cdot w_3 \cong w_{A_2} \cdot w_D,$$

ein Fall, der wegen seiner Wichtigkeit schon vorher besonders behandelt wurde.

4. Empfang mit Zwischenkreis.

Ergänzend zu diesen Ausführungen sei noch bemerkt, daß man den Indikator aus den gleichen Gründen wie beim Primärempfang, nicht unmittelbar in den Sekundärkreis einschalten, sondern ebenfalls aperiodisch ankoppeln wird (Fig. 250). In den vorausgehenden Ableitungen ist dementsprechend für w_K folgender Wert einzusetzen:

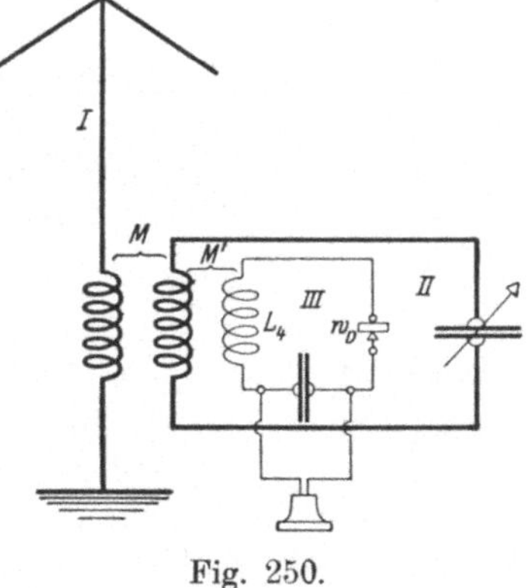

Fig. 250.

$$w_K' = \frac{\omega_1{}^2 M'^2}{\omega_1{}^2 L_4{}^2 + w_D{}^2} \cdot w_D \cong \frac{\omega_1{}^2 M'^2}{w_D} \quad \ldots \ldots \tag{77}$$

Hierbei ist:

M' = Koeffizient der gegenseitigen Induktion zwischen Sekundär- und Tertiärkreis, und

L_4 = Selbstinduktionskoeffizient des aperiodischen Kreises III.

Für die Resonanzabstimmung des Empfängers ergibt sich somit die Beziehung:

$$\omega_1{}^2 M^2 \cong w_{A_2} \cdot w_K{}' \cong w_{A_2} \cdot \frac{\omega_1{}^2 M'^2}{w_D},$$

d. h.
$$\frac{M^2}{M'^2} = \frac{w_{A_2}}{w_D} \qquad \ldots \ldots \ldots \quad (78)$$

Diese Gleichung besagt, daß, wenn man im Resonanzfalle bei Tertiärempfang die günstigsten Kopplungen für eine bestimmte Senderperiode ermittelt hat, diese bei wechselnder Betriebswellenlänge keine Änderung zu erfahren brauchen, eine Neueinstellung demnach nicht nötig ist.

2. Der Empfang von gedämpften Senderschwingungen.

a) Der Primärempfang.

Unter Zugrundelegung der in Fig. 251 dargestellten Schaltung ermittelt sich nach der Bjerknesschen Theorie die vom Detektor aufgenommene Leistung zu:

$$A_n = i_2{}^2 \cdot w_D = a \cdot \frac{E_2{}^2}{16\,\pi^2 \cdot \nu_1{}^3 \cdot L_2{}^2} \cdot \frac{\vartheta_{A_1} + \vartheta_2}{\vartheta_{A_1} \cdot \vartheta_2} \cdot \frac{1}{\left(1 - \dfrac{\nu_2}{\nu_1}\right)^2 + \left(\dfrac{\vartheta_{A_1} + \vartheta_2}{2\,\pi}\right)^2} \cdot w_D. \quad (79)$$

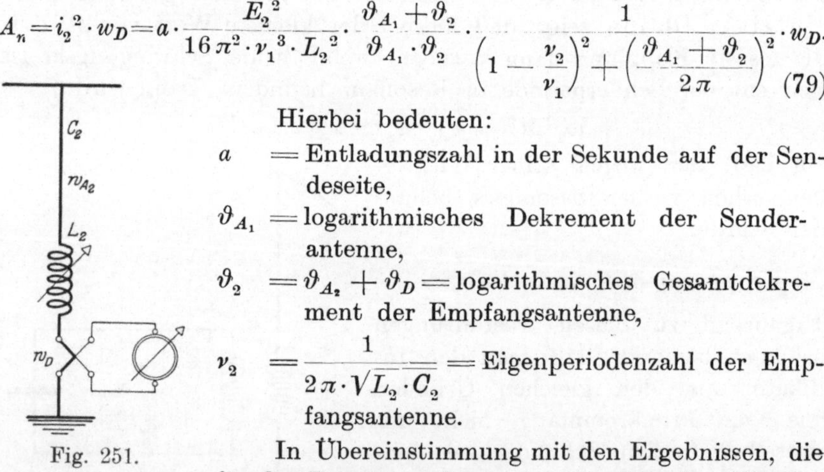

Fig. 251.

Hierbei bedeuten:

a = Entladungszahl in der Sekunde auf der Sendeseite,

ϑ_{A_1} = logarithmisches Dekrement der Senderantenne,

$\vartheta_2 = \vartheta_{A_2} + \vartheta_D$ = logarithmisches Gesamtdekrement der Empfangsantenne,

$\nu_2 = \dfrac{1}{2\,\pi \cdot \sqrt{L_2 \cdot C_2}}$ = Eigenperiodenzahl der Empfangsantenne.

In Übereinstimmung mit den Ergebnissen, die für den Primärempfang von ungedämpften Schwingungen gefunden wurden, muß die Nutzleistung im Falle der Abstimmung von Sender und Empfänger zunehmen. Für $\nu_2 = \nu_1$ erhält man:

$$A_{n_r} = i_2{}^2 \cdot w_D = a \cdot \frac{E_2{}^2}{4 \cdot \nu_1{}^3 \cdot L_2{}^2} \cdot \frac{1}{\vartheta_{A_1} \cdot \vartheta_2 \cdot (\vartheta_{A_1} + \vartheta_2)} \cdot w_D \ldots \quad (79a)$$

Um den Höchstwert der Detektorenergie zu erzielen, muß dessen Widerstand in einem bestimmten Verhältnis zu dem der Empfangsantenne w_{A_2} stehen. Bildet man den Ausdruck

$$\frac{dA_n}{dw_D} = 0,$$

so ergibt sich die größte Nutzleistung, wenn die Bedingung:

$$w_D{}^2 = w_{A_2}^2 + w_{A_2} \cdot w_{A_1} \cdot \frac{L_2}{L_1} = w_{A_2}^2 \cdot \left(1 + \frac{\vartheta_{A_1}}{\vartheta_{A_2}}\right) \quad . \quad . \quad (80)$$

erfüllt ist. Während oben im Falle der Verwendung von ungedämpften Schwingungen

$$w_D = w_{A_2}$$

gefunden wurde, ist beim Betriebe mit gedämpften Senderströmen der Detektorwiderstand um so größer zu wählen, je mehr die Luftleiterdämpfung des Senders die des Empfängers überwiegt. Welche besonderen Schlüsse hieraus auf die Abstimmung bei beiden Schwingungsarten zu ziehen sind, wird an einer späteren Stelle im Zusammenhang behandelt werden. Hier sei nur noch auf eine graphische Darstellung obiger Bedingungsgleichung, die sich auch in der Form

$$\vartheta_D{}^2 = \vartheta_{A_2}^2 + \vartheta_{A_2} \cdot \vartheta_{A_1}$$

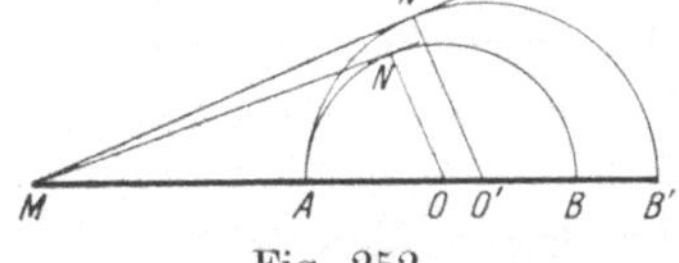

Fig. 252.

schreiben läßt, hingewiesen, die zur Lösung der folgenden Aufgabe dienen kann: Gegeben sei das logarithmische Dekrement ϑ_{A_2} der Empfangsantenne; gesucht ist für verschiedene Dekremente des Senderluftleiters der Wert des Indikatordekrementes ϑ_D.

Man wähle in Fig. 252:

$$\overline{AM} = \vartheta_{A_2}, \qquad \overline{AB} = \vartheta_{A_1}, \qquad \overline{AB'} = \vartheta'_{A_1}.$$

Errichtet man alsdann über $\overline{AB}$ bzl. $\overline{AB'}$ als Durchmesser je einen Kreisbogen, so stellen die von M aus an die beiden Kreise gezogenen Tangenten $\overline{MN}$ bzl. $\overline{MN'}$ den günstigsten Wert von ϑ_D bzl. ϑ'_D dar. Denn es ist:

$$\overline{MN}^2 = \overline{AM} \cdot (\overline{AM} + \overline{AB})$$

und
$$\overline{MN'}^2 = \overline{AM} \cdot (\overline{AM} + \overline{AB'}).$$

Schrumpft der Durchmesser des Halbkreises über AB auf einen Punkt zusammen, wird demnach $\vartheta_{A_1} = 0$, so erhält man:

$$\overline{AM} = \overline{MN} = \overline{MN'},$$

ein Ergebnis, das die früher behandelten Verhältnisse beim Empfang von ungedämpften Schwingungen wiedergibt.

b) Der Sekundärempfang.

Von einer mathematischen Darstellung der hierbei auftretenden elektrischen Erscheinungen soll aus zwei Gründen abgesehen werden. Wie schon aus dem entsprechenden Abschnitte zu ersehen ist, der den Sekundärempfang bei Verwendung von ungedämpften Schwingungen behandelte, müssen hier die mathematischen Ausdrücke solchen Umfang annehmen, daß ihre physikalische Deutung, auf die es ja allein ankommt, außerordentlich erschwert wird. Dabei kann das Ergebnis offenbar auch kein anderes sein, d. h. die Anwendung von weiteren Schwingungskreisen hat eine Steigerung der Empfangsenergie nicht zur Folge.

II. Die Theorie der Empfangsschaltungen unter Berücksichtigung der Sendeseite (radiotelegraphische Kraftübertragung).

In der Einleitung zu diesem Abschnitt war schon erwähnt worden, daß die alleinige Betrachtung der Empfangsverhältnisse, losgelöst von den besonderen Eigenschaften des Senders, kein vollständiges Bild von den Maßnahmen geben kann, die zur Erzielung größter Nutzleistungen beachtet werden müssen. Eine weitere Bestätigung dieser Ansicht kann man auch aus den abgeleiteten Gleichungen für den besten Empfang bei Verwendung gedämpfter Senderschwingungen herleiten, in denen der Wert des logarithmischen Dekrementes des Geberluftleiters eine ausschlaggebende Rolle spielt. Aus diesem Grunde soll nunmehr eine erweiterte Erörterung der Empfangsverhältnisse, bei denen auch die Sendeseite Berücksichtigung findet, angeschlossen werden. Um die Übersichtlichkeit zu wahren, mögen die Gleichungen auf den Primärempfang beschränkt bleiben.

1. Der Betrieb mit ungedämpften Schwingungen.

a) Größte Nutzleistung.

Die Strahlungsenergie A_{s_1} der Gebestation berechnet sich aus der früher angegebenen Beziehung:

$$A_{s_1} = i_1{}^2 \cdot w_{s_1} = 160 \cdot \pi^2 \cdot \left(\frac{h_{1\,eff}}{\lambda_1}\right)^2 \cdot i_1{}^2.$$

Hierbei bedeuten:

$w_{s_1} =$ Strahlungswiderstand der Senderantenne in Ohm,

$h_{1\,eff} = \alpha \cdot l =$ wirksame Höhe des Senderluftleiters in Metern,

$\lambda_1 =$ Senderwellenlänge in Metern,

$i_1 =$ Effektivwert des Antennenstromes im Erdungspunkt in Ampere.

Dieser Strom erzeugt, wie oben ausgeführt wurde, eine fortschreitende elektromagnetische Schwingung, deren elektrisches Feld, falls die Entfernung R in Metern zwischen Oszillator und Resonator groß gegen die verwendete Wellenlänge ist, und sofern der Ausbreitungsvorgang über einem gut leitenden Boden vor sich geht, an der Empfangsstelle den ' Wert:

$$E_F = 120\,\pi \cdot \frac{h_{1\,eff}}{\lambda_1 \cdot R} \cdot i_1 \ \text{Volt/Meter} \ \ \ \ \ \ (81)$$

besitzt. Dabei wird weiter vorausgesetzt, daß die Schwingungen im Zwischengelände zwischen den beiden Stationen und in der Atmosphäre keine Schwächung erleiden.

Da im allgemeinen die Richtung von E_F nicht mit der des Empfangsluftleiters übereinstimmen wird, soll im folgenden unter der elektrischen Feldstärke stets diejenige Komponente des Gesamtfeldes verstanden werden, die in Richtung der wirksamen Höhe $h_{2\,eff}$ des Auffangedrahtes fällt. Das über die Station fortschreitende elektrische Feld ruft somit in der Empfangsantenne eine EMK von der Größe:

$$e_2 = E_F \cdot h_{2\,eff} = 120 \cdot \pi \cdot \frac{h_{1\,eff} \cdot h_{2\,eff}}{\lambda_1 \cdot R} \cdot i_1 \ \ \ \ \ (82)$$

hervor, die um so größer ausfällt, je höher die wirksamen Luftleiterdrähte sich vom Erdboden erheben und je stärker das Feld ist, das die Sendeseite erzeugt.

Den weiteren Ausführungen liege die Voraussetzung zugrunde, daß beide Stationen auf die gleiche Welle abgestimmt seien. In diesem Falle gilt:

$$i_2 = \frac{e_2}{w_2} = \frac{1}{w_2} \cdot 120 \cdot \pi \cdot \frac{h_{1\,eff} \cdot h_{2\,eff}}{\lambda_1\,R} \cdot i_1 \ \ \ \ \ (83)$$

und

$$A_n = i_2{}^2 \cdot w_D = \left(\frac{e_2}{w_2}\right)^2 \cdot w_D =$$

$$= \left(\frac{120 \cdot \pi}{w_2}\right)^2 \cdot \left(\frac{h_{1\,eff} \cdot h_{2\,eff}}{\lambda_1 \cdot R}\right)^2 \cdot w_D \cdot i_1{}^2. \ \ \ \ \ (84)$$

Nach den vorhergehenden Betrachtungen wird die größte Nutzleistung dann erzielt, wenn die Bedingung

$$w_{A_2} = w_D = \frac{w_2}{2}$$

erfüllt ist. Folglich erhält man für $A_{n\,max}$:

$$A_{n\,max} = \frac{(60 \cdot \pi)^2}{w_D} \cdot \left(\frac{h_{1\,eff} \cdot h_{2\,eff}}{\lambda_1 \cdot R}\right)^2 \cdot i_1{}^2. \ \ \ \ \ (84\text{a})$$

Um aus dieser Gleichung die richtigen Folgerungen zu ziehen, werde zunächst angenommen, daß der Widerstand der Empfangsantenne w_{A_2} im wesentlichen aus dem Strahlungswiderstande w_{s_2} besteht. Es ist dann:

$$w_{A_2} \simeq w_{s_2} = 160 \cdot \pi^2 \cdot \left(\frac{h_{2\,eff}}{\lambda_1}\right)^2.$$

und man erhält als Schlußgleichung für die größte Nutzleistung:

$$A_{n\,max} \simeq \frac{45}{2} \cdot \left(\frac{h_{1\,eff}}{R}\right)^2 \cdot i_1{}^2 \quad \cdots \cdots \quad (84\mathrm{b})$$

Der Höchstwert der Detektorenergie wächst demnach mit dem Quadrate der wirksamen Höhe des Senderluftleiters und des in diesem fließenden Stromes. Die Leistung nimmt ab mit dem Quadrate der Stationsentfernung.

Dieses Ergebnis bedarf keiner weiteren physikalischen Erklärung. Wohl aber ist die eigentümliche Tatsache zu erörtern, daß die besonderen Eigenschaften der Empfangsantenne sowohl wie die verwendete Betriebswellenlänge zur Erzielung größter Nutzleistungen nicht in Frage kommen. Um mit dem letzteren Punkt zu beginnen, sei darauf hingewiesen, daß, wie an früheren Stellen festgestellt wurde, die Strahlungsleistung der Sendeseite quadratisch mit wachsender Wellenlänge abnimmt, auf der Empfangsseite dagegen die Verwendung langer Wellen sich als vorteilhaft erweist. Der Zuwachs, den man somit auf der einen Seite erhält, geht auf der anderen wieder verloren. Das Endergebnis ist die Unabhängigkeit der Größe der übertragenen Energie von der verwendeten Wellenlänge. Ähnlich verhält es sich mit dem ersten Punkt, den besonderen Eigenschaften des Empfangsluftleiters. Die eine Antenne am besten kennzeichnende Größe ist ihre wirksame Höhe. An früherer Stelle wurde gezeigt, daß die in den Auffangedrähten erregten EMK, mit deren Anwachsen auch die Leistung steigen muß, bei gegebener Senderenergie proportional der wirksamen Höhe ist. Da aber auch die Empfangsantenne ein strahlendes Gebilde ist und demnach einen entsprechenden Widerstand aufweist, muß mit zunehmendem $h_{2\,eff}$ auch w_{s_2} größer werden, d. h. eine große induzierte EMK findet auch einen hohen Widerstand vor, so daß der Höchstwert der Detektorenergie im Empfangsluftleiter bei gegebener Senderleistung und Wellenlänge eine gleichbleibende Größe ist, da:

$$A_{n\,max} = \frac{1}{640 \cdot \pi^2} \cdot E_F^2 \cdot \lambda_1{}^2 = \text{konst.}$$

Es sei jedoch nochmals ausdrücklich festgestellt, daß die abgeleiteten Ergebnisse nur unter den Voraussetzungen Gültigkeit besitzen, die eingangs betont wurden. Insbesondere sei erwähnt, daß die Bedingung

$$w_{A_2} \simeq w_{s_2}$$

nicht nur eine hervorragend ausgeführte Antennenanlage voraussetzt, sondern auch die Verwendung einer praktisch verlustfreien Empfangsanordnung erfordert. Trifft dies alles nicht zu, so ist die ungekürzte Gleichung für $A_{n\,max}$ als maßgebend anzusehen:

$$A_{n\,max} = \left(\frac{120 \cdot \pi}{w_2}\right)^2 \cdot \left(\frac{h_{1\,eff} \cdot h_{2\,eff}}{\lambda_1 \cdot R}\right)^2 \cdot w_D \cdot i_1^{\,2}.$$

b) Der Wirkungsgrad der Übertragung.

Von gewissem theoretischen Interesse ist weiter die Berechnung des Wirkungsgrades η der Hochfrequenzkraftübertragung. Wenn die von der Senderantenne ausgestrahlte Energie A_{s_1} den Wert

$$A_{s_1} = 160 \cdot \pi^2 \cdot \left(\frac{h_{1\,eff}}{\lambda_1}\right)^2 \cdot i_1^{\,2}$$

besitzt und

$$A_2 = \frac{(120 \cdot \pi)^2}{w_2} \cdot \left(\frac{h_{1\,eff} \cdot h_{2\,eff}}{\lambda_1 \cdot R}\right)^2 \cdot i_1^{\,2}$$

die gesamte Empfangsenergie darstellt, so ergibt sich für den Wirkungsgrad η die Beziehung:

$$\frac{A_2}{A_{s_1}} = \eta = \left(\frac{3}{4}\right)^2 \cdot \frac{160}{w_2} \cdot \left(\frac{h_{2\,eff}}{R}\right)^2 . \quad \ldots \ldots \quad (85)$$

Führt man statt A_2 die Nutzleistung $A_{n\,max}$ ein, dann berechnet sich der Wirkungsgrad η_n der Kraftübertragung zu:

$$\eta_n = \left(\frac{3}{4}\right)^2 \cdot \frac{40}{w_D} \cdot \left(\frac{h_{2\,eff}}{R}\right)^2 = \frac{\eta}{2} .$$

Ist weiterhin $w_D = w_{A_2} \simeq w_{s_2}$, so erhält man folgenden Ausdruck:

$$\frac{A_{n\,max}}{A_{s_1}} = \eta_n = \left(\frac{3}{4}\right)^2 \cdot \frac{1}{4 \cdot \pi^2} \cdot \left(\frac{\lambda_1}{R}\right)^2 , \quad \ldots \ldots \quad (85a)$$

ein Wert, der mit wachsender Wellenlänge zu-, dagegen mit vergrößerter Stationsentfernung quadratisch abnimmt. In diesem Zusammenhange sei noch kurz darauf hingewiesen, daß der Einfluß des Zwischengeländes bei allen bisher abgeleiteten Beziehungen vernachlässigt wurde. Dieses Versäumnis wird an einer späteren Stelle nachgeholt, so daß die Endergebnisse noch eine weitere Vervollständigung erfahren werden.

Beispiel: Die Hochfrequenzmaschinenstation Eilvese bei Hannover, deren Bestimmungsstücke schon an früheren Stellen erwähnt wurden, steht mit der gleichgebauten Anlage Tuckerton bei Atlantic City im Staate New-Jersey (Vereinigte Staaten) in radiotelegraphischer Verbindung. Die Entfernung R beträgt 6400 Kilometer. Unter der Annahme, daß die Energieübertragung im Zwischengelände ohne Verluste vor sich geht, was natürlich in Wirklichkeit nicht zutrifft, und als Empfangsindikator ein Kontaktdetektor in Verbindung mit einem Lichtschreiber Verwendung findet, berechnet sich für:

$$i_1 = 150 \text{ Amp.} \quad w_{s_1} \cong 1 \ \Omega \text{ bei } \lambda_1 = 7200 \text{ m}$$

$$h_{1\,eff} = h_{2\,eff} \cong 180 \text{ m}$$

$$\lambda_1 = 7200 \text{ m}$$

$$w_{A_2} \cong 4 \ \Omega, \qquad w_2 = 2 w_{A_2} = 8 \ \Omega.$$

der Wirkungsgrad η_n wie folgt: Die Kopplung des aperiodischen Kreises ist so zu wählen, daß

$$w_K = w_{A_2} = 4 \ \Omega$$

wird. Demnach gilt:

$$A_{n\,max} = \left(\frac{120 \cdot \pi}{8}\right)^2 \cdot \left(\frac{180 \cdot 180}{7200 \cdot 6\,400\,000}\right)^2 \cdot 4 \cdot 150^2$$

$$\cong 1 \cdot 10^{-4} \text{ Watt.}$$

Folglich ist:

$$\eta_n = \frac{A_{n\,max}}{A_{s_1}} = \frac{1 \cdot 10^{-4}}{150^2 \cdot 1} = 0{,}445 \cdot 10^{-8}.$$

Weiter ergibt sich ein Detektorstrom auf der Empfangsseite von der Größe

$$i_D = \sqrt{\frac{A_{n\,max}}{w_D}} = \sqrt{\frac{1 \cdot 10^{-4}}{4}} = 0{,}5 \cdot 10^{-2} \text{ Amp.}$$

Da nun die Erfahrung gezeigt hat, daß ein guter Empfang schon bei einer Empfangsstromstärke von $1 \cdot 10^{-5}$ bis $1 \cdot 10^{-6}$ Amp. sich erzielen läßt, besitzt die Anlage einen beträchtlichen Energieüberschuß, der zur Deckung der Verluste notwendig ist, die die elektromagnetischen Schwingungen auf ihrem Wege von einer Station zur anderen erleiden.

2. Der Betrieb mit gedämpften Schwingungen.

a) Die Nutzleistung.

Sind Sender und Empfänger auf die gleiche Welle abgestimmt, so läßt sich die Nutzleistung, wie oben ausgeführt wurde, durch folgende Gleichung darstellen:

$$A_n = i_2^2 \cdot w_D = a \cdot \frac{E_{0_2}^2}{16 \cdot \nu_1^3 \cdot L_2^2} \cdot \frac{1}{\vartheta_{A_1} \cdot \vartheta_2 \cdot (\vartheta_{A_1} + \vartheta_2)} \cdot w_D .$$

Führt man für die im Empfangsluftleiter erregte größte Spannungsamplitude E_{0_2} den im vorhergehenden Abschnitt gefundenen Ausdruck:

$$E_{0_2} = 120 \cdot \pi \cdot \frac{h_{1\,eff} \cdot h_{2\,eff}}{\lambda_1 \cdot R} \cdot J_{0_1}$$

ein, wobei J_{0_1} die Anfangsamplitude des Senderstromes bedeutet, so erhält man für die Detektorenergie die Beziehung:

$$A_n = \left(\frac{120 \cdot \pi}{w_2}\right)^2 \cdot \left(\frac{h_{1\,eff} \cdot h_{2\,eff}}{\lambda_1 \cdot R}\right)^2 \cdot \frac{a \cdot J_{0_1}^2 \cdot w_D}{4 \cdot \vartheta_{A_1} \cdot \nu_1} \cdot \frac{1}{\left(1 + \dfrac{\vartheta_{A_1}}{\vartheta_2}\right)} \cdot \qquad (86)$$

Trotz ihrer scheinbaren Unübersichtlichkeit läßt diese Gleichung sich in sehr einfacher Weise deuten, wenn man ihre rechte Seite in zwei Hauptfaktoren zerlegt, von denen jeder den mathematischen Ausdruck einer bestimmten physikalischen Erscheinung darstellt.

Gl. 13 zeigt, daß der eine Faktor der Gl. 86 für die vom Detektor aufgenommene Energie, nämlich:

$$\left(\frac{120 \cdot \pi}{w_2}\right)^2 \cdot \left(\frac{h_{1\,eff} \cdot h_{2\,eff}}{\lambda_1 \cdot R}\right)^2 \cdot \frac{a \cdot J_{0_1}^2 \cdot w_D}{4 \cdot \vartheta_{a_1} \cdot \nu_1} = \left(\frac{120 \cdot \pi}{w_2}\right)^2 \cdot \left(\frac{h_{1\,eff} \cdot h_{2\,eff}}{\lambda_1 \cdot R}\right)^2 \cdot i_1^2 \cdot w_D$$

den Wert der Nutzleistung bei Verwendung von ungedämpften Schwingungen wiedergibt, sofern man den gesamten Widerstand w_2 der Empfangsantenne in beiden Fällen gleich annimmt. Der andere Faktor:

$$\frac{1}{1 + \dfrac{\vartheta_{A_1}}{\vartheta_2}}$$

dagegen bestimmt, wie die Theorie der gekoppelten Kreise zeigt, den Verlauf der Amplitudenkurve im Empfangsluftleiter. Bei großem ϑ_{A_1} und kleinem ϑ_2 ist das logarithmische Dekrement der Sekundärseite maßgebend für den Verlauf des Stromes im Empfänger; im umgekehrten Falle dagegen die Dämpfung des Senderluftleiters.

b) Der Wirkungsgrad der Übertragung.

Ermittelt man auch hier den Wirkungsgrad η der Hochfrequenzkraftübertragung, so ergibt sich, wenn mit A_2 die gesamte von der Empfangsantenne aufgenommene Energie bezeichnet wird,

$$\frac{A_2}{A_{s_1}} = \eta = \left(\frac{3}{4}\right)^2 \cdot \frac{160}{w_2} \cdot \left(\frac{h_{2\,eff}}{R}\right)^2 \cdot \frac{\vartheta_2}{\vartheta_2 + \vartheta_{A_1}} \cdot \quad \ldots \quad (87)$$

Dieser Wert unterscheidet sich von dem, der für den Betrieb mit ungedämpften Schwingungen gewonnen wurde, nur durch den Zusatzfaktor:

$$\frac{\vartheta_2}{\vartheta_2 + \vartheta_{A_1}} = \frac{1}{1 + \dfrac{\vartheta_{A_1}}{\vartheta_2}},$$

eine Feststellung, der man schon oben begegnete. Je mehr sonach die Dämpfung der Senderantenne die des Empfangssystems überragt, um so ungünstiger stellt sich hinsichtlich des Wirkungsgrades der Betrieb mit gedämpften Wellen. Daraus folgt, daß eine übermäßige Belastung des Sendeluftleiters unter Umständen keine Steigerung der Empfangsenergie bewirkt, da die zunehmenden Isolationsverluste eine Vergrößerung des Antennendekrementes ϑ_{A_1} hervorrufen. Der Vorteil, den eine Erhöhung der Strahlungsleistung mit sich bringt, kann dadurch wieder aufgehoben werden.

3. Vergleich der Nutzleistungen für ungedämpfte und gedämpfte Schwingungen.

Am Schluß dieser Betrachtungen über den Empfang von gedämpften und ungedämpften Schwingungen sei die Frage aufgeworfen: Bei welcher Schwingungsform ist die Nutzleistung, gleiche Senderenergien vorausgesetzt, größer oder besteht zwischen den beiden Betriebsarten in dieser Beziehung kein Unterschied? Die allgemeine Gleichung für die Größe der Detektorenergie beim Empfang von Schwingungen gleichbleibender Amplitude lautete:

$$A_{n_u} = i_{2u}^2 \cdot w_{D_u} = \left(\frac{120 \cdot \pi}{w_{2u}}\right)^2 \cdot \left(\frac{h_{1\,eff} \cdot h_{2\,eff}}{\lambda_1 \cdot R}\right)^2 \cdot w_{D_u} \cdot i_1^2,$$

während im anderen Falle beim Betriebe mit gedämpften Senderströmen der Ausdruck:

$$A_{n_g} = i_{2g}^2 \cdot w_{D_g} = \left(\frac{120 \cdot \pi}{w_{2g}}\right)^2 \cdot \left(\frac{h_{1\,eff} \cdot h_{2\,eff}}{\lambda_1 \cdot R}\right)^2 \cdot \frac{a \cdot J_{0_1}^2 \cdot w_{D_g}}{4 \cdot \vartheta_{A_1} \cdot \nu_1} \cdot \frac{1}{1 + \dfrac{\vartheta_{A_1}}{\vartheta_{2g}}}$$

gewonnen wurde.

Folglich wird:

$$\frac{A_{n_u}}{A_{n_g}} = \left(\frac{i_{2u}}{i_{2g}}\right)^2 \cdot \frac{w_{D_u}}{w_{D_g}} = \frac{\vartheta_{A_1} + \vartheta_{2g}}{\vartheta_{2g}} \cdot \left(\frac{w_{2g}}{w_{2u}}\right)^2 \cdot \frac{w_{D_u}}{w_{D_g}} \cdot \quad \ldots \quad (88)$$

Da an früherer Stelle der Beweis geliefert wurde, daß im Falle größter Nutzleistung bei Verwendung von ungedämpften Schwingungen die Bedingung:

$$w_{2u} = 2 \cdot w_{A_2} = 2 \cdot w_{D_u}$$

erfüllt sein muß, während beim Funkensender die entsprechende Gleichung

$$w_{2g} = w_{D_g} + w_{A_2} = w_{A_2} \cdot \left(1 + \sqrt{1 + \frac{\vartheta_{A_1}}{\vartheta_{A_2}}}\right)$$

lautet, kann Gl. 88 noch, wie folgt, umgeformt werden:

$$\frac{A_{n_u}}{A_{n_g}} = \frac{1}{4} \cdot \frac{\vartheta_{A_1} + \vartheta_{2g}}{\vartheta_{2g}} \cdot \frac{\left(1 + \sqrt{1 + \frac{\vartheta_{A_1}}{\vartheta_{A_2}}}\right)^2}{\sqrt{1 + \frac{\vartheta_{A_1}}{\vartheta_{A_2}}}} \, .$$

Da nun weiter, wie sich leicht nachweisen läßt,

$$\frac{\vartheta_{A_1} + \vartheta_{2g}}{\vartheta_{2g}} = \sqrt{1 + \frac{\vartheta_{A_1}}{\vartheta_{A_2}}}$$

ist, erhält man als Schlußbeziehung:

$$\frac{A_{n_u}}{A_{n_g}} = \frac{1}{4} \cdot \left[1 + \sqrt{1 + \frac{\vartheta_{A_1}}{\vartheta_{A_2}}}\right]^2 \quad \ldots \ldots (89)$$

Daraus folgt, daß bei gleicher Senderenergie und Wellenlänge der Betrieb mit ungedämpften Schwingungen eine

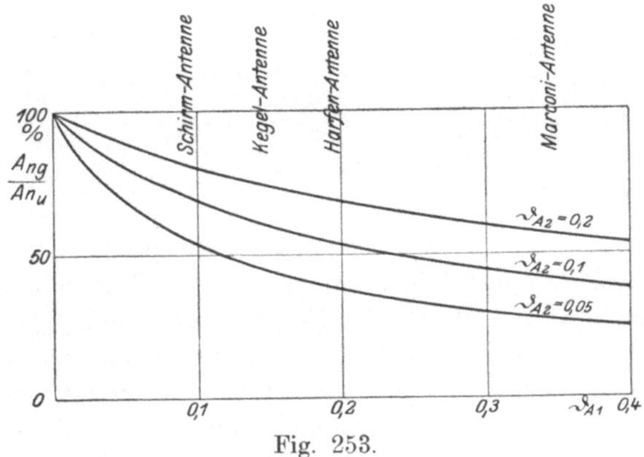

Fig. 253.

größere Detektorleistung liefert, als wenn die Gebeseite elektromagnetische Wellen mit abnehmender Amplitude ausstrahlt. Und zwar wird der Unterschied zwischen den beiden auf diese Weise erhaltenen Empfangsenergien um so größer, je weniger gedämpft der Luftleiter der aufnehmenden Station gegenüber dem der Sendeseite ist. Das Verhältnis der Energieaufnahmen $\dfrac{A_{n_g}}{A_{n_u}}$, wobei $A_{n_u} = 100$ gesetzt ist, ist in beistehenden Kurven (Fig. 253) für verschiedene Werte von ϑ_{A_1} und ϑ_{A_2} wiedergegeben. Bei einer Empfängerdämpfung von beispielsweise $\vartheta_{A_2} = 0{,}1 =$ Strahlungsdämpfung $+$ Dämpfung durch Leitungsverluste in den Drähten und dem Erdboden $+$ Dämpfung durch Wirbelstrom- und dielektrische Verluste in den Spulen und Kondensatoren und einer Senderdämpfung von $\vartheta_{A_1} = 0{,}15$ kann der Empfangsindikator im günstigsten Falle nur $60^0{}_0$ derjenigen Energie aufnehmen, die ihm unter gleichen

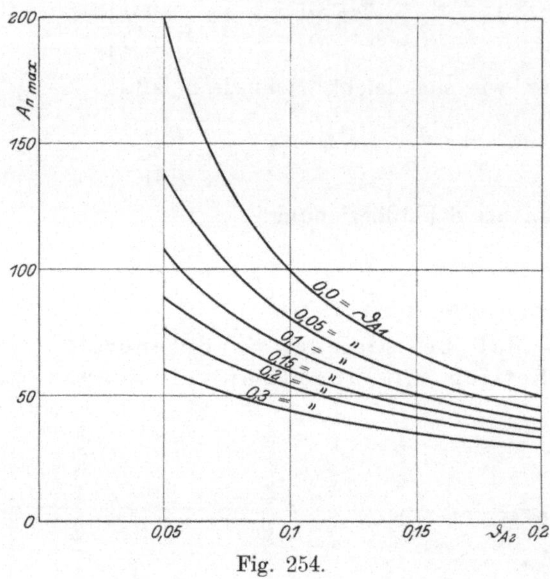

Fig. 254.

Umständen bei Verwendung von ungedämpften Senderschwingungen zugeführt wird. In der folgenden Fig. 254 sind in einem beliebigen Maßstabe die absoluten Werte der Empfangsenergie $A_{n\,max}$ aufgetragen, die bei Verwendung von ungedämpften Senderströmen $(\vartheta_{A_1} = 0{,}00)$ und verschieden stark abklingenden Schwingungszügen $(\vartheta_{A_1} = 0{,}05;$ $0{,}1;\ 0{,}15;\ 0{,}2;\ 0{,}3)$ sich im besten Falle erzielen lassen. Vorausgesetzt wird hierbei ebenfalls, daß die Senderenergie und Betriebswellenlänge ungeändert bleibt und der wirksame Widerstand des Indikators durch geeignete Kopplungseinstellung stets so gewählt wird, daß sich der Höchstbetrag an Nutzleistung ergibt. Die beiden Kurvenscharen behalten auch dann ihre Gültigkeit, wenn man annimmt, daß die zwei Schwingungsformen bei gleicher Welle die nämlichen Verluste im Erdboden und der Atmosphäre erleiden, eine Voraussetzung, die sehr wahrscheinlich ist.

Diese Betrachtungen zeigen sämtlich, von welch großer Bedeutung alle diejenigen Maßnahmen sind, die den Eigenwiderstand w_{A_2} einer Empfangsanordnung nach Möglichkeit herabdrücken. Die Wichtigkeit dieses Gesichtspunktes tritt um so mehr hervor, je kleiner die Dämpfung der Senderschwingungen ist.

Diese theoretischen Überlegungen finden nun durch die in Fig. 255 dargestellten Versuchsergebnisse ihre Bestätigung. Zwischen zwei Stationen wurden mit gleichbleibender Wellenlänge, aber verschiedener Senderenergie eine Reihe von Fernversuchen ausgeführt, wobei die Sendeseite abwechselnd mit gedämpften Antennenströmen (tönende Löschfunkenstation, Kurve I) und ungedämpften Schwingungen (Poulsenscher Lichtbogengenerator, Kurve II) betrieben wurde. Der Empfang

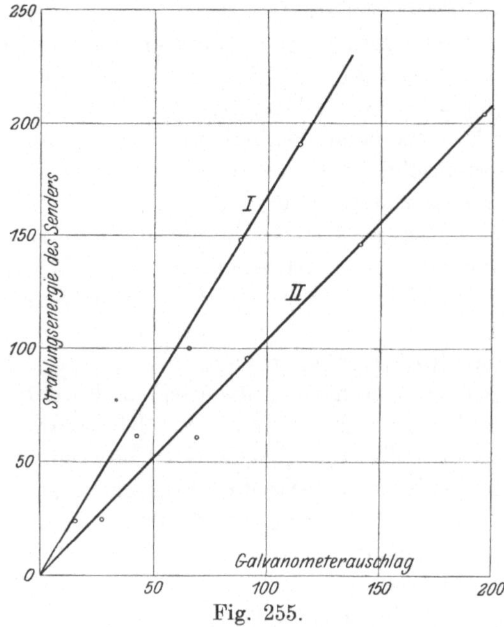

Fig. 255.

wurde mit Hilfe eines auf Energie ansprechenden Kontaktdetektors in Verbindung mit einem empfindlichen Galvanometer (Fig. 248) bewirkt, wobei die Kopplung des Indikators stets so eingestellt wurde, daß der größte Ausschlag α am Galvanometer sich ergab. Die Kurven zeigen in einem beliebigen Maßstabe die Abhängigkeit der Detektorenergie $= k \cdot \alpha$ von der Strahlungsleistung A_{s_1} der Sendeseite. Im besonderen war:

Betriebswellenlänge . . . . $\lambda = 3025$ m,
Dämpfung der Senderantenne (Schirmantenne) . . $\vartheta_{A_1} = 0{,}045$,
Dämpfung des Empfangsluftleiters (Schirmantenne)
ohne Detektor . . . . $\vartheta_{A_2} = 0{,}033$.

Man erkennt, wie trotz der kleinen Senderdämpfung doch die Überlegenheit der ungedämpften Schwingungsform bezüglich der Größe der Energieaufnahme deutlich hervortritt.

III. Theorie der Abstimmung zwischen der Sende- und Empfangsseite (Abstimmschärfe).

In den beiden vorausgehenden Abschnitten war dargelegt worden, welche Bedingungen erfüllt sein müssen, um von den von der Sendeseite ausgehenden elektromagnetischen Schwingungen einen möglichst großen Energiebetrag dem Detektor der Empfangsstation zuzuführen.

17*

Im besonderen wurde hierbei erwähnt, daß man bei Neuanlagen nicht nur die Empfangsseite für sich betrachten darf, sondern gleichzeitig den Einfluß der elektrischen Größen der Gebeseite berücksichtigen muß.

Die Erzielung der größten Nutzleistung ist nun nicht der einzige Gesichtspunkt, der bei der Festlegung der Abmessungen der Empfangskreise zu beachten ist. Vielmehr sind von gleicher Bedeutung alle diejenigen Maßnahmen, die verhindern, daß andere radiotelegraphische Anlagen den gegenseitigen Verkehr zweier Stationen stören oder gar unterbinden können.

Das wichtigste Mittel, um den Einfluß fremder Stationen auszuschalten, ist naturgemäß die scharfe Abstimmung der Empfangseinrichtung auf die Periodenzahl der Senderschwingungen. Es liegt in der Natur der Sache, daß alle Resonanzabgleichungen, mögen sie für elektrische oder mechanische Vorgänge bestimmt sein, stets eine gewisse Unschärfe aufweisen, d. h. der Resonator wird auch dann noch ansprechen, wenn der Rhythmus von Geber und Empfänger nicht völlig der gleiche ist. Man wird deshalb einen Kreis als um so schärfer abgestimmt ansprechen, je weniger alle fremden Schwingungen in der Lage sind, ihn anzuregen. Freilich ist damit noch kein Maßstab für die Güte der Anordnung gewonnen, da dieser noch von folgenden beiden Umständen beeinflußt wird:

a) von der Größe der Senderenergie, die an der Empfangsstelle zur Wirkung kommt und

b) von der Dämpfung der Oszillatorschwingungen.

Denn es ist einleuchtend, daß bei einer gegebenen Empfindlichkeit des Empfangsindikators ein starkes elektromagnetisches Feld auch bei einer gewissen Verstimmung des Empfangssystems noch ausreichen kann, um den Detektor wirksam zu erregen.

Da im gleichen Sinne jede Verbreiterung der Resonanzkurven auf der Empfangsseite wirken muß, nimmt demnach die Abstimmschärfe mit zunehmender Dämpfung der Senderwelle ab. Die Beurteilung der Güte eines radiotelegraphischen Empfangs nach dieser Richtung hin ist deshalb ohne nähere Angaben der besonderen Eigenschaften der Sendeseite nur im beschränkten Umfange von Wert.

Will man die elektrische Abstimmfähigkeit einer radiotelegraphischen Anlage ermitteln, so gibt das folgende Verfahren praktisch einwandfreie Ergebnisse. Außer den beiden miteinander verkehrenden Stationen (z. B. fahrbare Stationen) wird noch eine dritte hinzugezogen, die als Sender arbeitet, und deren Entfernung von der Empfangsstelle die gleiche ist. Werden nun die beiden Sender gleichzeitig in Betrieb genommen, wobei die Antennenenergie und, falls es sich um tönende Anlagen handelt, auch der Ton der gleiche ist, während die Wellenlängen sich um $\varepsilon^0/_0$ unterscheiden, und ist die Empfangsstation allein durch elektrische Abstimmung in der Lage, die Zeichen der einen oder anderen Sendestelle einwandfrei aufzunehmen, so besitzt der verwendete Apparat eine Abstimmschärfe von $\varepsilon^0/_0$. Die Größe ε bezeichnet man als Verstimmung oder Grad der Verstimmung. Sie ist dargestellt durch:

$$\varepsilon = \left(1 - \frac{\lambda_1}{\lambda_2}\right) \quad \text{oder} \quad \varepsilon^0/_0 = \left(1 - \frac{\lambda_1}{\lambda_2}\right) 100^0/_0 \quad . \quad . \quad (90)$$

Durch allmähliche Verkleinerung dieser Zahl, d. h. durch stetige Annäherung der beiden Betriebswellenlängen, läßt sich der Grenzwert von ε leicht feststellen. Je kleiner dieser gefunden wird, desto besser ist die Abstimmfähigkeit der miteinander verkehrenden Stationen. Während dieses dem praktischen Betriebe angepaßte Verfahren auf einer Änderung der Senderwelle beruht, kann man auch, sofern es sich vorzugsweise um die Ermittlung der elektrischen Eigenschaften der gesamten Anlagen handelt, die Schwingungsperiode der Gebeseite unverändert lassen und aus der auf der Empfangsstation aufgenommenen Resonanzkurve auf die Abstimmschärfe schließen. Da hierbei zugleich eine vergleichende Übersicht über die verschiedenen Systeme nach dieser Richtung hin gewonnen wird, sei im folgenden näher darauf eingegangen.

1. Die Abstimmschärfe beim Empfang von ungedämpften Schwingungen.

Unter der Annahme, daß ein Energiedetektor verwendet wird — auch die folgenden Ausführungen mögen auf diesen Fall beschränkt bleiben — war für die Nutzenergie einer Empfangsanordnung der folgende Wert gefunden worden:

$$A_n = i^2 \cdot w_D = \frac{e_2{}^2}{(w_{A2} + w_D)^2 + \left(\omega_1 L_2 - \dfrac{1}{\omega_1 C_2}\right)^2} \cdot w_D.$$

Führt man die Eigenperiodenzahl ν_2 des Empfängers ein, so läßt sich der Ausdruck

$$\omega_1 L_2 - \frac{1}{\omega_1 C_2},$$

wie folgt, umwandeln:

$$\omega_1 L_2 - \frac{1}{\omega_1 C_2} = \omega_1 L_2 - \frac{1}{\omega_1} \cdot \omega_2{}^2 L_2 = \omega_1 L_2 \cdot \left(1 - \frac{\omega_2{}^2}{\omega_1{}^2}\right).$$

Da

$$1 - \frac{\omega_2{}^2}{\omega_1{}^2} \simeq 2 \cdot \left(1 - \frac{\omega_2}{\omega_1}\right) = 2 \cdot \left(1 - \frac{\lambda_1}{\lambda_2}\right),$$

erhält man, wenn ferner:

$$w_{A_2} + w_D = w_2$$

gesetzt wird:

$$A_n = i_2{}^2 \cdot w_D = \frac{e_2{}^2}{w_2{}^2 + 4 \cdot \omega_1{}^2 L_2{}^2 \cdot \left(1 - \dfrac{\lambda_1}{\lambda_2}\right)^2} \cdot w_D .$$

Im Resonanzfalle, für den $\lambda_1 = \lambda_2$ wird, ergibt sich für $\dfrac{A_n}{A_{n_r}}$ der Ausdruck

$$\frac{A_n}{A_{n_r}} = \frac{i_2{}^2}{i_2{}^2{}_r} = \frac{w_2{}^2}{w_2{}^2 + 4 \cdot \omega_1{}^2 L_2{}^2 \cdot \left(1 - \dfrac{\lambda_1}{\lambda_2}\right)^2} .$$

Führt man in diese Gleichung statt des Widerstandes w_2 das entsprechende logarithmische Dämpfungsdekrement ϑ_2 ein, indem man setzt:

$$w_2 = \vartheta_2 \cdot \frac{\omega_1 L_2}{\pi} ,$$

so nimmt der vorstehende Ausdruck folgende Form an:

$$\frac{A_n}{A_{n_r}} = \left(\frac{i_2}{i_{2r}}\right)^2 = \frac{1}{1 + \dfrac{4\,\pi^2}{\vartheta_2{}^2} \cdot \left(1 - \dfrac{\lambda_1}{\lambda_2}\right)^2} = \frac{1}{\varepsilon^2} \cdot \frac{1}{1 + \dfrac{4\,\pi^2}{\vartheta_2{}^2}} \cdot \cdot \quad (91)$$

Für eine gute Verständigung darf die Antennenstromstärke i_2 nicht unter einen gewissen Wert sinken. Gl. 91 ermöglicht bei gegebener Resonanzstromstärke $i_{2\,r}$ für jede Empfangsanordnung die noch zulässige Verstimmung zu berechnen. Im Einklang mit den eingangs angeführten Betrachtungen liefert sie weiterhin folgendes Schlußergebnis:

Bei Verwendung ungedämpfter Schwingungen ist die Abstimmschärfe um so größer, je kleiner bei gleicher Senderenergie das logarithmische Dekrement ϑ_2 des Empfängers ist. Welche Bedeutung dieser Erkenntnis für den Bau von Empfangsanlagen zukommt, möge unter Zuhilfenahme früherer Ableitungen im folgenden behandelt werden.

Die Gesamtenergie, die der Luftleiter aufnimmt, besitzt im Resonanzfalle den Wert:

$$A_{2\,r} = \frac{e_2{}^2}{w_2} .$$

Hiervon wird bei günstigster Kopplung dem Detektor die Hälfte zugeführt, d. h.:

$$A_{n_r} = \frac{A_{2\,r}}{2} = \frac{e_2{}^2}{2 \cdot w_2} ,$$

während der Rest der Energie durch Strahlung und in den Widerständen der Empfangskreise nutzlos verloren geht. Man erkennt zunächst, daß je kleiner die schädlichen Widerstände sind, um so größer der Wert von A_{2r} und damit auch von A_{n_r} werden muß. Je kleiner deshalb die Eigendämpfung der Empfangsanordnung ohne eingeschalteten Detektor ist, um so mehr Energie kann ihr bei gleicher Senderleistung zugeführt werden. Neben der erhöhten Energieaufnahme kommt als zweiter Vorzug eines schwach gedämpften Empfangssystems die höhere Abstimmschärfe hinzu. Da das gesamte logarithmische Dekrement ϑ_2 sich darstellen läßt durch

$$\vartheta_2 = \vartheta_{A_2} + \vartheta_D$$

und ferner die dem Detektor zugeführte Nutzenergie ihren Höchstwert erreicht, wenn

$$w_{A_2} = w_D = \frac{w_2}{2} \qquad \text{oder:} \qquad \vartheta_{A_2} = \vartheta_D = \frac{\vartheta_2}{2}$$

ist, muß mit abnehmenden ϑ_{A_2} die Abstimmschärfe wachsen. Somit unterscheidet sich ein gut durchgebildeter Empfänger von denen, die ein höheres Eigendekrement aufweisen, sowohl durch seine größere Energieaufnahme, also bei Hörempfang durch lautere Zeichen, als auch durch seine größere Selektionsfähigkeit fremden Störern gegenüber.

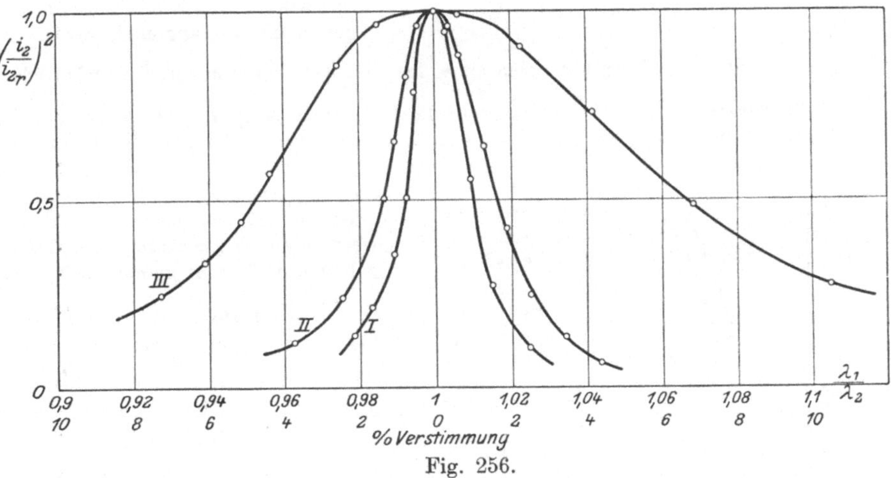

Fig. 256.

Beispiele: Fig. 256 zeigt eine Schar von Resonanzkurven, die auf einer Empfangsstation für verschiedene Kopplungsgrade des aperiodischen Empfangskreises aufgenommen wurden, wenn die Sendeseite mit einer Hochfrequenzmaschine in der Goldschmidt-Schaltung betrieben wurde. Kurve I entspricht der Betriebsstellung (größte Empfangsenergie), während die Kurven II und III bei festerer Kopplung aufgenommen sind, die dann zur Anwendung gelangt, wenn man die Umgebung nach etwaigen vorhandenen Sendezeichen absuchen will.

In Fig. 257 ist die Kurve I der vorhergehenden Abbildung noch einmal wiederholt und in Vergleich gestellt mit einer zweiten, die sich bei gleicher Empfangsschaltung und Wellenlänge ergibt, wenn die Sendestation mit einem Poulsenschen Lichtbogengenerator betrieben wird, der unmittelbar in den gleichen Luftleiter eingeschaltet war. Man erkennt, daß bei der gewählten Wellenlänge von 5600 m die Lichtbogenstation, soweit es sich um Gleichbleiben von Energie und Periodenzahl handelt, die Hochfrequenzmaschinenanlage sogar um ein weniges übertrifft.

Um endlich die Bedeutung eines schwach gedämpften Empfängers durch den Versuch zu erweisen, wurden bei gleicher Senderenergie und Wellenlänge drei Kopplungskurven aufgenommen, wobei durch Einschaltung von Ohmschem Widerstand in die Antenne die Empfangseinrichtung verschlechtert wurde. Die Kurven der Fig. 258 geben die Abhängigkeit der Größe

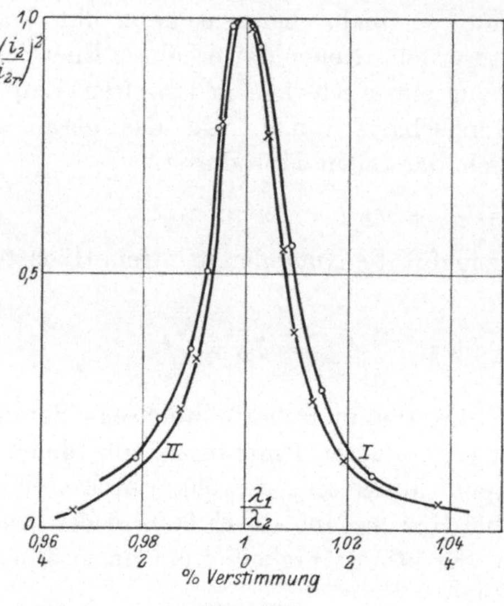

Fig. 257.

$$\left(\frac{i_2}{i_{2r}}\right)^2$$

vom Kopplungskoeffizienten $\varkappa$ des vom Luftleiter erregten aperiodischen Detektorkreises wieder. Je geringer die Empfängerdämpfung ist, desto schärfer ist die Einstellung des günstigsten Kopplungsgrades, und um so loser kann die elektrische Verbindung der beiden Hochfrequenzkreise gewählt werden. Über die absoluten Größen der Empfangsenergien, die natürlich mit kleiner werdendem Widerstande zunehmen, geben die Kurven keinen Aufschluß.

Freilich darf bei diesen Überlegungen nicht außer acht gelassen werden, daß ein schwach gedämpfter Empfänger eine größere Geschicklichkeit in der Einstellung erfordert, als einer, der ein großes Eigendekrement aufweist. Dies gilt besonders für alle diejenigen Arten, die zur Erzielung einer erhöhten Abstimmschärfe für Sekundär- und

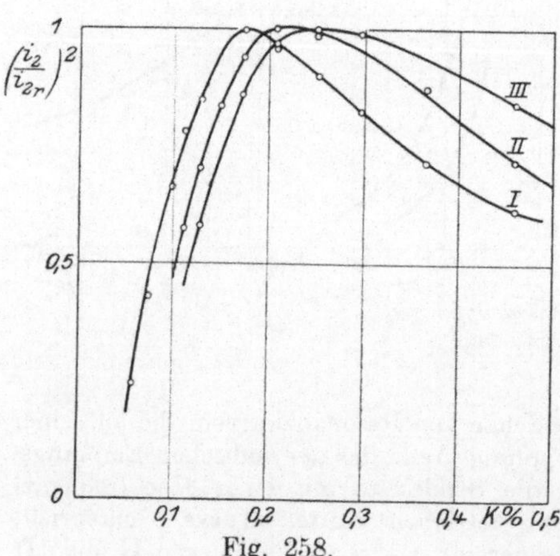

Fig. 258.

Tertiärempfang eingerichtet sind. Da für den Fall, daß das Primärsystem mit dem sekundären sehr lose gekoppelt ist, die rechnerische Behandlung übersichtlichere Ergebnisse liefert, soll im folgenden diese Voraussetzung zunächst gemacht werden.

Bezeichnet man mit e_3 die im Detektorkreis (Fig. 249) vom Luftleiterstrome i_2 induzierte EMK, so gilt im Resonanzfalle:

$$e_{3_r} = i_{2_r} \cdot \omega_1 M = i_{3_r} \cdot w_3 .$$

Hierbei bedeutet M den Koeffizienten der gegenseitigen Induktion und w_3 den Gesamtwiderstand des Sekundärkreises.

Ist die Empfangsanordnung gegenüber der Periode der Senderschwingungen verstimmt, so entsteht, gleiche Kopplung vorausgesetzt, ein kleinerer Strom im Indikatorkreise und es wird:

$$e_3 = i_2 \cdot \omega_1 M = i_3 \cdot \sqrt{w_3{}^2 + \left(\omega_1 L_3 - \frac{1}{\omega_1 C_3}\right)^2} .$$

Somit ergibt sich für das Verhältnis der Nutzleistungen:

$$\frac{A_n}{A_{n_r}} = \left(\frac{i_3}{i_{3r}}\right)^2 = \left(\frac{i_2}{i_{2r}}\right)^2 \cdot \frac{w_3{}^2}{w_3{}^2 + 4 \cdot \omega_1{}^2 L_3{}^2 \cdot \left(1 - \frac{\lambda_1}{\lambda_2}\right)^2} .$$

Führt man für $\left(\dfrac{i_2}{i_{2r}}\right)^2$ den Wert aus Gl. 91 ein und statt des Widerstandes w_3 das entsprechende logarithmische Dekrement ϑ_3, so erhält man als Schlußergebnis:

$$\frac{A_n}{A_{n_r}} = \left(\frac{i_3}{i_{3r}}\right)^2 = \frac{1}{1 + \dfrac{4\pi^2}{\vartheta_2{}^2} \cdot \left(1 - \dfrac{\lambda_1}{\lambda_2}\right)^2} \cdot \frac{1}{1 + \dfrac{4\pi^2}{\vartheta_3{}^2} \cdot \left(1 - \dfrac{\lambda_1}{\lambda_2}\right)^2} . \quad (92)$$

Diese Gleichung besagt, daß, wenn man bei gegebenen Dämpfungsdekrementen ϑ_2 und ϑ_3 die Resonanzkurven für den Luftleiter und den Detektorkreis gesondert entwirft und dann für gleiche Verstimmungswerte $\varepsilon^0/_0 = \pm \left(1 - \dfrac{\lambda_1}{\lambda_2}\right) \cdot 100^0/_0$ die zugehörigen Ordinaten beider Kurven miteinander multipliziert und die Produkte in Abhängigkeit von ε aufträgt, sich die Abstimmungskurve ergibt, die der Sekundärkreis, in loser Kopplung vom Luftleiter erregt, aufweisen würde. Bei der Herstellung der erforderlichen Schaltung wird man unter Umständen den Detektor zweckmäßig in einem aperiodischen Tertiärkreise anordnen.

Ist jedoch der Sekundärkreis so fest mit dem Primärsystem verbunden, daß eine erhebliche Energieentziehung stattfindet, so wird zweckmäßiger als Maßstab für die Güte des Empfangssystems der Begriff der Selektivität S eingeführt. Es soll hierunter der reziproke Wert der Summe der Verstimmungen ε' und ε'' nach beiden Seiten der Resonanzlage verstanden werden, die notwendig sind, um dem Detektor nur die Hälfte der Energie wie im Resonanzfalle zuzuführen. Demnach ist:

$$S = \frac{1}{\varepsilon' + \varepsilon''} \quad \ldots \ldots \ldots \ldots \quad (93)$$

wobei $\quad \varepsilon' = \text{Verstimmung für } \lambda_2' > \lambda_1 \text{ und } \left(\frac{i_2'}{i_{2r}}\right)^2 = \frac{1}{2}$

und $\quad \varepsilon'' = \text{Verstimmung für } \lambda_2'' < \lambda_1 \text{ und } \left(\frac{i_2''}{i_{2r}}\right)^2 = \frac{1}{2}$.

S kann sonach durch Vergrößerung und Verkleinerung der Eigenperiode der Empfangseinrichtung ermittelt werden. Liegt Primärempfang vor, so bestimmt sich S_P mit Hilfe der vorausgehenden Gleichungen wie folgt: Da

$$\left(\frac{i_2}{i_{2r}}\right)^2 = \frac{1}{2} = \frac{1}{1 + \frac{4\pi^2}{\vartheta_2^2} \cdot \left(1 - \frac{\lambda_1}{\lambda_2'}\right)^2}$$

wird

$$1 = \frac{2\pi}{\vartheta_2} \cdot \left(1 - \frac{\lambda_1}{\lambda_2'}\right) \quad \text{für} \quad \lambda_2' > \lambda_1$$

und entsprechend:

$$1 = \frac{2\pi}{\vartheta_2} \cdot \left(\frac{\lambda_1}{\lambda_2''} - 1\right) \quad \text{für} \quad \lambda_2'' < \lambda_1.$$

Durch Addition beider Gleichungen findet man:

$$2 = \frac{2\pi}{\vartheta_2}\left[\left(1 - \frac{\lambda_1}{\lambda_2'}\right) + \left(\frac{\lambda_1}{\lambda_2''} - 1\right)\right],$$

$$\frac{\vartheta_2}{\pi} = \frac{\lambda_1(\lambda_2' - \lambda_2'')}{\lambda_2' \cdot \lambda_2''} = \varepsilon' + \varepsilon'' \cong \frac{\lambda_2' - \lambda_2''}{\lambda_1} \cong 2\varepsilon.$$

Sonach läßt die Selektivität S_P sich darstellen durch:

$$\left.\begin{aligned} S_P &= \frac{1}{\varepsilon' + \varepsilon''} \cong \frac{1}{2\varepsilon} = \frac{1}{2} \cdot \frac{100}{\text{Verstimmung in } \%} \\ &= \frac{\pi}{\vartheta_2} = \frac{\pi}{2 \cdot \vartheta_{A_2}} = \frac{\pi}{2 \cdot \vartheta_D} \end{aligned}\right\} \quad \ldots \quad (94)$$

Liegt der Detektor in einem auf die Schwingungsperiode des Senders abgestimmten Sekundärkreise, der mit dem Luftleiter so fest gekoppelt ist, daß die Energieaufnahme des Indikators einen Höchstwert erreicht, so erhöht sich die Selektivität bei richtigen Kreisabmessungen in beträchtlicher Weise. P. O. Pedersen hat diesen Fall rechnerisch behandelt und kommt zu folgender Schlußgleichung:

$$S_S \simeq \frac{\pi \cdot \left(1 - \dfrac{\vartheta_3}{\vartheta_{A_2}}\right)}{2\,\vartheta_3} \cdot \quad \ldots \ldots \ldots \quad (94\mathrm{a})$$

Hierbei stellt ϑ_{A_2} das Dekrement der Empfangsantenne dar, während ϑ_3 das des Sekundärkreises unter Einschluß des Detektors bedeutet.

Von besonderem Interesse ist die Beantwortung der Frage, um wieviel sich bei Verwendung zweier Kreise die Selektivität S_S im Vergleich zum einfachen Primärempfang bei gleichem Luftleiter erhöht. Bildet man zu diesem Zwecke den Ausdruck $\dfrac{S_S}{S_P}$, so ergibt sich:

$$\frac{S_S}{S_P} = \frac{\pi \cdot (\vartheta_{A_2} - \vartheta_3)}{2\,\vartheta_3 \cdot \vartheta_{A_2}} \cdot \frac{2\,\vartheta_{A_2}}{\pi} = \frac{\vartheta_{A_2}}{\vartheta_3} - 1.$$

$$S_S = S_P \cdot \left(\frac{\vartheta_{A_2}}{\vartheta_3} - 1\right) \quad \ldots \ldots \ldots \ldots \quad (95)$$

Beispiel:

$$\vartheta_{A_2} = 0{,}1$$
$$\vartheta_3 = 0{,}01$$

($\vartheta_3 =$ Eigendämpfung des Sekundärkreises $+$ Dämpfung durch den Detektorwiderstand).

α) Bei einfachem Primärempfang ungedämpfter Schwingungen ergibt sich der Wert für die Selektivität zu:

$$S_P = \frac{3{,}14}{2 \cdot 0{,}1} = 15{,}7$$

und die dieser Größe entsprechende Verstimmung:

$$\varepsilon_{S_P} = \frac{100}{2 \cdot 15{,}7} = 3{,}2\,\%$$

(Kurve I, Fig. 259).

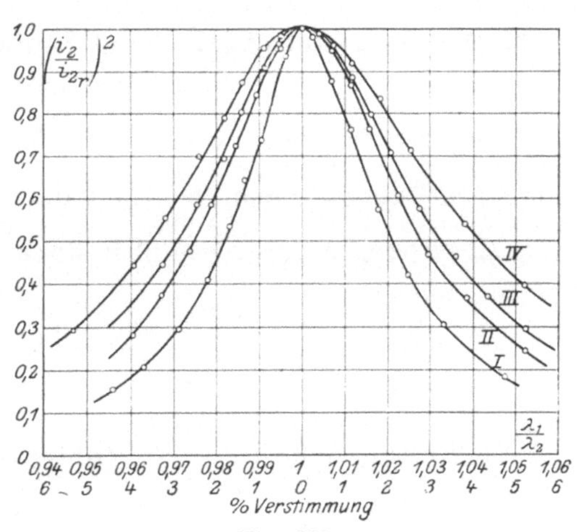

Fig. 259.

β) Für den Sekundärkreis, sofern man ihn allein betrachtet, erhält man die folgenden Zahlenwerte:

$$S = \frac{3{,}14}{0{,}01} = 314$$

Zulässige Verstimmung $\varepsilon = \dfrac{100}{2 \cdot 314} \simeq 0{,}16\,\%$ (Kurve II, Fig. 259).

γ) Koppelt man den Luftleiter mit dem Detektorkreis derart, daß die größte Energieaufnahme erfolgt, so ergibt sich:

$$S_S = S_P \cdot \left(\frac{\vartheta_{A_2}}{\vartheta_3} - 1 \right)$$

$$= 15{,}7 \cdot \left(\frac{0{,}1}{0{,}01} - 1 \right) = 141{,}2$$

Verstimmung $\varepsilon_{S_S} = \dfrac{100}{2 \cdot 141{,}2} \approxeq 0{,}35^0/_0$ (Kurve III, Fig. 259).

Die Selektivität bei Sekundärempfang ist demnach $\dfrac{141{,}2}{15{,}7} = 9$ mal größer, als wenn der Detektor unmittelbar im Luftleiter eingeschaltet wäre. Im gleichen Verhältnis verringert sich der entsprechende Verstimmungswert. Nur eine Primärempfangsanordnung vom Dekrement:

$$\vartheta_2 = \frac{\pi}{Ss} = \frac{3{,}14}{141{,}2} = 0{,}0222$$

würde hinsichtlich ihrer Selektivität der Zweikreisanordnnng entsprechen. (Kurve IV, Fig. 259.)

Bei ausreichender Senderenergie hat man es außerdem in der Hand, durch Einstellung einer loseren Kopplung eine weitere Vergrößerung der Selektivität zu erzielen.

2. Die Abstimmschärfe beim Empfang von gedämpften Schwingungen.

Um auch für diese Form der Senderschwingungen den Ausdruck $\dfrac{A_n}{A_{n_r}} = f\left(\dfrac{\lambda_1}{\lambda_2}\right)$ zu ermitteln, muß auf die früher erwähnten Bjerknesschen Beziehungen zurückgegriffen werden.

Es war:

$$A_n = i_2{}^2 \cdot w_D = a \cdot \frac{E_2{}^2}{16\,\pi^2 \cdot \nu_1{}^3 \cdot L_2{}^2} \cdot \frac{\vartheta_{A_1} + \vartheta_2}{\vartheta_{A_1} \cdot \vartheta_2} \cdot \frac{1}{\left(1 - \dfrac{\lambda_1}{\lambda_2}\right)^2 + \left(\dfrac{\vartheta_{A_1} + \vartheta_2}{2\,\pi}\right)^2} \cdot w_D.$$

Im Resonanzfalle $(\lambda_1 = \lambda_2)$ ergibt sich:

$$A_{n_r} = i_{2\,r}^2 \cdot w_D = a \cdot \frac{E_2{}^2}{16\,\pi^2 \cdot \nu_1{}^3 \cdot L_2{}^2} \cdot \frac{\vartheta_{A_1} + \vartheta_2}{\vartheta_{A_1} \cdot \vartheta_2} \cdot \frac{1}{\left(\dfrac{\vartheta_{A_1} + \vartheta_2}{2\,\pi}\right)^2} \cdot w_D.$$

$$\left.\begin{aligned}
\frac{A_n}{A_{n_r}} = \left(\frac{i_2}{i_{2\,r}}\right)^2 &= \frac{\left(\dfrac{\vartheta_{A_1} + \vartheta_2}{2\,\pi}\right)^2}{\left(1 - \dfrac{\lambda_1}{\lambda_2}\right)^2 + \left(\dfrac{\vartheta_{A_1} + \vartheta_2}{2\,\pi}\right)^2} \\[2ex]
&= \frac{1}{1 + \dfrac{4\,\pi^2}{(\vartheta_{A_1} + \vartheta_2)^2} \cdot \left(1 - \dfrac{\lambda_1}{\lambda_2}\right)^2}.
\end{aligned}\right\} \quad . \ . \ (96)$$

Die rechte Seite dieser Gleichung unterscheidet sich von dem entsprechenden Ausdruck, der für ungedämpfte Schwingungen gewonnen wurde (Gl. 91 S. 262), nur dadurch, daß statt $\vartheta_2{}^2$ der Wert von $(\vartheta_{A_1}+\vartheta_2)^2$ eingeht. Die Abstimmschärfe hängt sonach jetzt nicht mehr allein vom logarithmischen Dämpfungsdekrement des Empfängers ab, sondern wird wesentlich von dem der Sender-

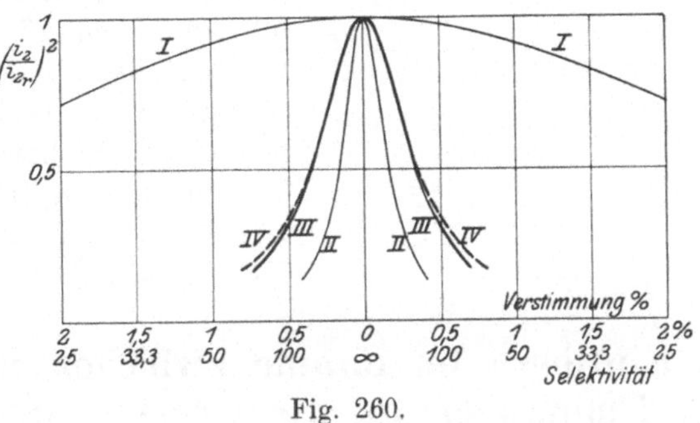

Fig. 260.

schwingungen mitbeeinflußt. Eine Empfangsanordnung, die beispielsweise einmal zur Aufnahme der Zeichen einer Hochfrequenzmaschinenstation (ungedämpfte Wellen) dient, das andere Mal die Zeichen eines Funkensenders (gedämpfte Schwingungszüge) aufnimmt, muß demnach unter sonst gleichen Verhältnissen im zweiten Falle einen um so größeren Rückgang der Abstimmschärfe aufweisen, je mehr die Dämpfung der Senderantenne die des Empfangssystemes überwiegt. Geht man außerdem in beiden Fällen von den günstigsten Kopplungsverhältnissen aus, so läßt sich ein weiterer Vorzug der ungedämpften Senderanlagen insofern feststellen, als das Gesamtdekrement ϑ_2 der Empfangsseite, wie früher nachgewiesen wurde, bei derartigen Anlagen kleiner ausfallen muß.

Beispiel: Eine tönende Löschfunkenstation, deren Luftleiter durch eingeschaltete Widerstände verschieden stark gedämpft ist, arbeitet mit gleichbleibender Wellenlänge λ_1 auf die gleiche Empfangsanlage. Nimmt man hier durch Veränderung der Eigenschwingung λ_2 der Antenne die verschiedenen Resonanzkurven auf, so erhält man eine Kurvenschar, die in Fig. 260 wiedergegeben ist. Mit zunehmender Dämpfung des Senderluftleiters nimmt die Abstimmschärfe ab.

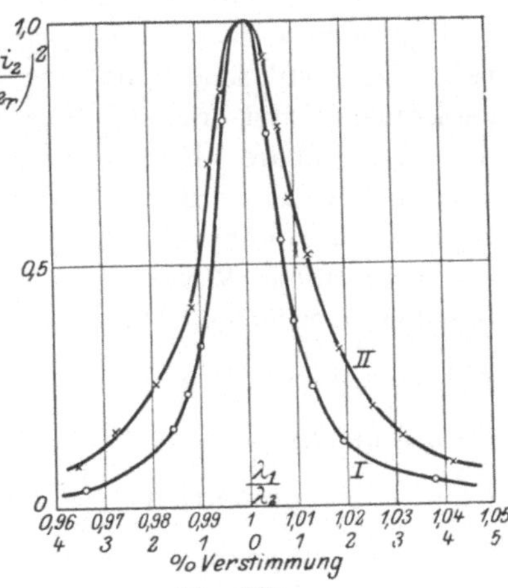

Fig. 261 a.

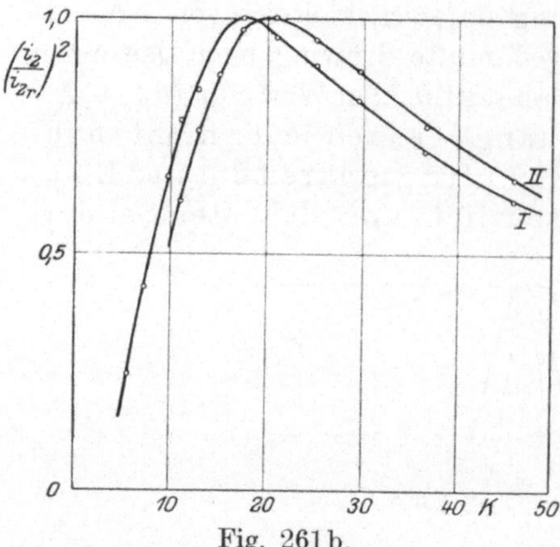

Fig. 261 b.

Endlich sind in Fig. 261a u. 261b die Resonanz- und Kopplungskurven wiedergegeben, die auf einer Empfangsstation ermittelt wurden, wenn dieselbe Senderantenne einmal an einen Poulsenschen Lichtbogengenerator (Kurve I) und darauf an einen tönenden Löschfunkensender (Kurve II) angeschlossen wird. Der Betrieb mit ungedämpften Wellen verbindet die Vorteile einer größeren Abstimmschärfe mit einer loseren Kopplung des aperiodischen Detektorkreises.

IV. Die Einflüsse im Raume zwischen Sender und Empfänger auf die Übertragung.

Die bisherigen Ausführungen über die Energieübertragung vom Senderluftleiter zur Empfangsanlage fußten auf der Annahme, daß die Wellenausbreitung über ebenem Boden von großer elektrischer Leitfähigkeit erfolgt, d. h. in der Weise vor sich geht, wie die auf S. 61 besprochene Fig. 68 zeigt. Wenn auch diese Voraussetzung beim Verkehr über See annähernd zutrifft, so müssen sich doch die Verhältnisse um so mehr ändern, je geringer das Leitvermögen des Erdbodens und seine Dielektrizitätskonstante ist. Ein allgemein zutreffendes Bild, das allen Erscheinungen gerecht wird, läßt sich jedoch z. Z. noch nicht entwerfen. Zur Klärung der hier vorliegenden verwickelten Vorgänge kann man sich nach A. Sommerfeld die vom Senderluftleiter ausgehende elektromagnetische Welle zusammengesetzt denken aus zwei Anteilen, von denen eine in der Atmosphäre (Raumwelle), die zweite im Erdboden (Oberflächenwelle) verläuft. Es ist ohne weiteres verständlich, daß die erstere mit zunehmender räumlicher Ausdehnung mit dem Quadrate der Entfernung R von der Geberantenne abnehmen muß, während bei den Oberflächenwellen, die nur in der obersten Erdschicht nachweisbar sind, der Energierückgang proportional $\dfrac{1}{R}$ ist. Wenn deshalb die auf der Empfangsseite erzielte Nutzenergie A_n in den vorstehenden Gleichungen proportional $\dfrac{A_{s1}}{R^2}$ gesetzt wurde, so liegt dieser Beziehung die stillschweigende Voraussetzung zugrunde, daß an der radiotelegraphischen Kraftübertragung in erster Linie die Raumwellen beteiligt sind. Diese Annahme ist jedoch nur dann berechtigt, wenn bei gegebener Stationsentfernung die Wellenlänge, die Leitfähigkeit des Erdbodens und seine Dielektrizitätskonstante genügend groß sind, so daß der Ausbreitungsvorgang auch vorwiegend die Form der Raumwellen beibehält.

Ein zweiter wesentlicher Punkt, der in den Gleichungen keine Berücksichtigung gefunden hat, die den Energiezusammenhang zwischen der Sende- und Empfangsseite zum Ausdruck bringen, betrifft die Verluste, welche die elektromagnetische Schwingung bei ihrer Ausbreitung erfährt. Diese sind zunächst im Erdboden zu suchen, wo sie mit abnehmender Leitfähigkeit und kleineren Dielektrizitätskonstanten ansteigen. Sind große Entfernungen zu überwinden, so muß weiter die Krümmung der Erdoberfläche insofern schädlich sein, als sie die Energiezerstreuung in den Raum begünstigt. Diesen Einflüssen kann man Rechnung tragen, wenn man die rechte Seite der Gleichung 83 S. 251 noch mit dem Faktor $e^{\frac{-\alpha \cdot R}{\sqrt[3]{\lambda}}}$ multipliziert. Alsdann wird:

$$i_2 = \frac{120 \cdot \pi}{w_2} \cdot \frac{h_{1\,eff} \cdot h_{2\,eff}}{\lambda_1 \cdot R} \cdot i_1 \cdot e^{\frac{-\alpha \cdot R}{\sqrt[3]{\lambda}}} \quad \ldots \ldots \quad (97)$$

Für gedämpfte Schwingungen tritt weiter noch der Faktor $\sqrt{\dfrac{\vartheta_2}{\vartheta_{A_1} + \vartheta_2}}$ hinzu. Nach Rybczynski ist hierbei $\alpha = 0{,}0018$, nach Barkhausen $\alpha = 0{,}0015$ zu setzen, wenn der Abstand R zwischen Sender und Empfänger und die Betriebswellenlänge λ in Kilometern gemessen werden. Mehrere in der letzten Zeit ausgeführte Versuche haben eine gute Übereinstimmung zwischen den berechneten und den experimentell ermittelten Werten ergeben, besonders dann, wenn die Wellenausbreitung über See erfolgte und die Messungen bei Tage gemacht wurden.

Abweichungen sind darauf zurückzuführen, daß, wie die Erfahrung zeigt, auch Gebirge, ausgedehnte Waldungen und steile Abhänge verlustbringend wirken, während Flußläufe und Binnenseen den Ausbreitungsvorgang im günstigen Sinne beeinflussen können. Endlich ist der jeweilige Zustand der Atmosphäre, insbesondere ihr Ionengehalt, für die Größe der zusätzlichen Verluste von maßgebender Bedeutung. Ihr Einfluß äußert sich in der Weise, daß bei Nacht die Empfangsströme meist weit größer sind als bei Tage und daß sie gleichzeitig bei Nacht häufig plötzliche und stark wechselnde Änderungen erfahren. Letztere Erscheinung mag vielleicht durch eine Art Spiegelung der ausgestrahlten Energie in der Atmosphäre ihre Erklärung finden, deren Ursachen wir noch nicht kennen.

Zahlreiche Versuche haben nun bewiesen, daß man diesen Energieverlusten bis zu einem gewissen Grade begegnen kann durch Vergrößerung der Betriebswellenlänge. Da hiermit jedoch, wie wir sahen, ein Rückgang der Strahlungsleistung der Sendeseite verbunden ist, muß bei jeder Neuanlage erwogen werden, welche Maßnahme eine größere Empfangsenergie liefert. Streng genommen müßte man hierbei zwischen Tages- und Nachtbetrieb unterscheiden, da die Erfahrung gezeigt hat, daß unter den gleichen Voraussetzungen die Verluste bei Nacht meist bedeutend geringer sind. Und zwar tritt dieser Unterschied um so mehr hervor, je größer die Stationsentfernung und je kleiner die Wellenlänge ist, weshalb man bei Nacht am besten kurze, bei Tag lange Wellen verwendet. Aus diesem Grunde ist es auch nicht möglich ohne Kenntnis des Gesetzes der Energieabsorption aus der in einer bestimmten Entfernung gemessenen Größe der Empfangsenergie auf die Reichweite der Sendeseite einen sicheren Schluß zu ziehen. Überblickt man alle diese Tatsachen, so steht zunächst fest, daß man bei dem Entwurf der Geberanlage mit einem Sicherheitsfaktor zu rechnen hat. Ein für alle Fälle gültiger Zahlenwert kann jedoch nicht angegeben werden, da dieser von der geographischen Lage der Station, von der Telegraphierrichtung, der zu überbrückenden Entfernung und der verwendeten Wellenlänge abhängt. Am sichersten wird man stets so verfahren, daß man die Betriebsergebnisse von solchen Anlagen verwertet, die unter ähnlichen Bedingungen, wie die neu zu errichtende, arbeiten oder gearbeitet haben.

V. Die Wellenanzeiger.

Während die vorausgehenden Abschnitte sich mit der Frage beschäftigten, welche Bedingungen auf der Empfangsseite erfüllt sein müssen, um einen möglichst großen Energiebetrag dem ankommenden elektromagnetischen Felde zu entziehen und in hochfrequente Ströme umzusetzen, bleibt noch die Beschreibung desjenigen wichtigen Bestandteils eines jeden Empfängers übrig, dem die Aufgabe zufällt, die Hochfrequenzschwingungen der Empfangskreise in Gleich- oder niederperiodischen Wechselstrom umzuwandeln. Er ist es, der in erster Linie den Nachweis vom Vorhandensein der sonst nicht merkbaren elektrischen Wellen zu erbringen hat, weshalb man ihn allgemein mit Wellenanzeiger, Detektor oder Indikator bezeichnet. Wie wir sehen, werden an ihn insofern sehr erhebliche Anforderungen gestellt, als er die Eigenschaften hoher Empfindlichkeit mit großer Unveränderlichkeit und Betriebssicherheit verbinden muß. Die schon längere Zeit bekannten Meßinstrumente für schwache Wechselströme, wie die Thermoelemente, Thermogalvanometer und Bolometer, so wertvolle Dienste sie auch in der radiotelegraphi-

schen Meßtechnik zu leisten imstande sind, können im allgemeinen
für den Nachrichtendienst aus dem Grunde nicht in Frage kommen, weil ihre Stromempfindlichkeit nicht ausreicht, um auf größere
Entfernungen hin eine sichere Zeichenaufnahme zu gewährleisten.
Als erster Apparat, mit dem dies gelang, ist der Fritter oder
Kohärer zu nennen, dessen Eigenschaften besonders von Branly untersucht wurden und den G. Marconi bei seinen ersten Versuchen
als Empfangsdetektor verwendete. Seine Wirkungsweise beruht auf
der eigentümlichen Erscheinung, daß ein zwischen festen Metallelek-
troden lose geschichtetes metallisches Pulver seinen außerordentlich
hohen Ohmschen Widerstand fast völlig verliert, wenn an die Elektroden eine schwache Hochfrequenzspannung angelegt wird. Wahrscheinlich erzeugen die entstehenden elektrostatischen Kräfte eine
innigere Berührung zwischen den einzelnen Metallkörnern, was einen
Rückgang des ursprünglich vorhandenen Ohmschen Widerstandes zur
Folge hat. Liegt nun der Fritter außerdem in einem Gleichstromkreise,
so wird sich nach der Wellenbestrahlung ein Strom entwickeln, der
unter Vermittlung eines Relais zur Betätigung eines Morseschreibers
Verwendung finden kann. Ist der Punkt oder Strich aufgezeichnet,
so rüttelt eine besondere Klopfeinrichtung das Kohärerpulver durch-
einander, wodurch der ursprünglich vorhandene nichtleitende Zustand wiederhergestellt wird und die Empfangseinrichtung zur Aufnahme eines neuen Zeichens bereitsteht. Eine eingehendere Darlegung
der gesamten Vorgänge erübrigt sich aus dem Grunde, weil der Fritter
vom Standpunkte der heutigen Technik als überholt angesehen werden
muß und nur noch in älteren Anordnungen, die Vorführungszwecken
dienen, in die Erscheinung tritt. Nur insofern kommt ihm auch
heute noch eine gewisse Bedeutung zu, als eine Reihe von Abarten,
die man zwar vielfach unter die Kohärer rechnet, den Übergang zu
dem zurzeit gebräuchlichsten Indikator, dem Kontaktdetektor,
darstellen. Derartige Zwischenstufen finden wir beispielsweise durch
den von A. Koepsel gefundenen Mikrophonkohärer (Graphit-
spitzen auf Stahlplatte) und den bei der Allgemeinen Elektrizitäts-
Gesellschaft früher verwendeten Wellenanzeiger (Stahlkörner zwischen
Aluminiumflächen) vertreten.

1. Der Kontaktdetektor. (F. Braun, G. J. Pickard.)

a) Formen und Wirkungsweise des Kontaktdetektors.

Dieser Wellenanzeiger besteht in seiner einfachsten Ausführung
aus zwei verschiedenen Stoffen, die unter leichtem Drucke zur Berührung gebracht werden. Die eine Elektrode ist zumeist zur Spitze
ausgebildet, während die andere mehr in Flächenform verwendet wird.

Viel gebräuchlich sind unter anderem vor allem die folgenden Zusammenstellungen:

Eisenkies — Golddraht,
Bleiglanz — Tellur oder Graphit,
Karborund — Metallspitze,
Kupferkies — Rotzinkerz oder Aluminium oder Golddraht,
Molybdänglanz — Tellur oder Antimon,
Silizium — Tellur oder Golddraht.

Die Figuren 263 bis 265 und 270 stellen einige Ausführungsformen dar. So zahlreich auch die Untersuchungen sind, die man zur Ermittlung der Wirkungsweise der Kontaktdetektoren ausgeführt hat, so wenig läßt sich für die Gesamtheit dieser Wellenanzeiger mit einiger Sicherheit aussagen. Festgestellt ist nur, daß die große Mehrzahl von ihnen eine ausgesprochene Gleichrichterwirkung erkennen läßt, daß sie demnach wie mehr oder weniger

Fig. 263. Pyritdetektor (Gesellsch. f. drahtl. Telegr., Berlin).

vollkommene Ventile wirken, die die Hochfrequenzströme vorzugsweise nur in einer Richtung hindurchlassen und somit eine Gleichstromkomponente hervorrufen. Diese kann man entweder z. B. nach Fig. 248 auf ein Galvanometer einwirken lassen oder, falls die Hochfrequenzströme aus einer Reihe aufeinanderfolgender elektromagnetischer Wellenzüge bestehen, der Wicklung eines Fernhörers zuführen, dessen Platte dann im Rhythmus der Wellenzugfrequenz in Schwingungen gerät. Um die Größe dieser Gleichrichterwirkung zu kennzeichnen, sei erwähnt, daß ein Rotzinkerz — Tellur-Detektor für Stromstärken, wie sie im Empfänger auftreten ($1 \cdot 10^{-5}$ bis $1 \cdot 10^{-8}$ Amp.) ungefähr den zehnfachen Widerstand in Richtung Tellur — Rotzinkerz als umgekehrt besitzt. Neben dieser Ventilwirkung tritt bei einer Reihe von Kontaktdetektoren ein ausgesprochener Thermoeffekt

Karborunddetektor.   Fig. 264.   Siliziumdetektor.
(Gesellsch. f. drahtl. Telegr., Berlin).

auf, der die gleichen Erscheinungen hervorruft, die auch bei den bekannten Thermoelementen beobachtet werden. Wie schon oben erwähnt wurde, läßt sich jedoch oft selbst bei Verwendung von Stoffen der gleichen Fundstelle nicht mit Sicherheit feststellen, welchem der beiden Vorgänge eine größere Bedeutung zuzusprechen ist. Denn nicht nur Stoff und äußere Form der Elektroden sind hierfür bestimmend, sondern auch die Struktur, die Schichtung und die Wirkungen beigemischter Fremdstoffe beeinflussen die Erscheinungen wesentlich. Im gleichen Sinne wirken sowohl veränderlicher Druck, wechselnde Temperatur, die oft durch die vorausgehende elektrische Belastung hervorgerufen wird, als auch Hysteresis- und Schwellenwerterscheinungen, die bei den hochperiodischen Wechselströmen besonders hervortreten müssen. Auch die Form der Schwingungsenergie, d. h. der Wert ihrer Höchstamplituden, kann unter Umständen eine völlige Verschiebung der Vorgänge im Gefolge haben. Aus diesem Grunde ist man gezwungen, stets von Fall zu Fall zu prüfen, mit welchen Erscheinungen man es zu tun hat.

Fig. 265. Umschaltbare Detektoren der Comp. de Radiotélég., Paris.

18*

b) Schaltungen des Kontaktdetektors.

Die soeben erwähnte Untersuchung ist besonders aus dem Grunde nicht unwichtig, weil sich nach der Wirkungsweise die Schaltung des Wellenanzeigers zu richten hat. Denn muß zur Erzielung einer großen Empfangslautstärke dem Detektor ein möglichst großer Energiebetrag zugeführt werden, so sind für die Bemessung der Empfangseinrichtungen die Gesichtspunkte zu beachten, die in den vorstehenden Abschnitten C I bis III niedergelegt

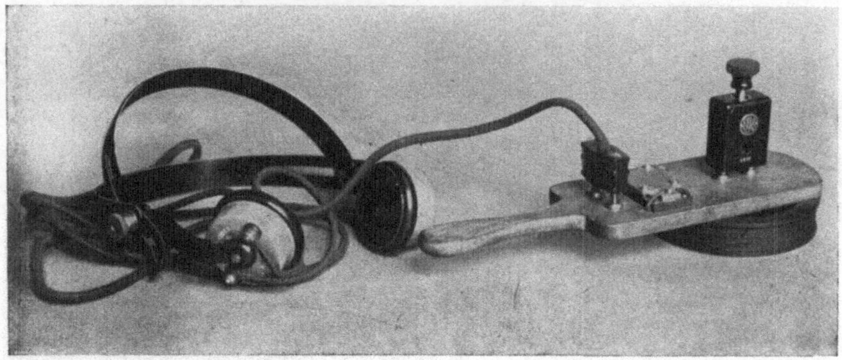

Fig. 266.　Aperiodischer Kreis.　Tonprüfer.

und durch Figuren erläutert sind. Kommt es dagegen darauf an, eine möglichst große Stromamplitude im Empfänger zu erzeugen, so verdienen für den Schaltungsaufbau die Angaben Berücksichtigung, die an späterer Stelle (s. S. 288) bei Beschreibung des Tikkers zu finden sind.

Da der verhältnismäßig hohe Widerstand des Kontaktdetektors seine unmittelbare Einschaltung in den Luftleiter ausschließt, man

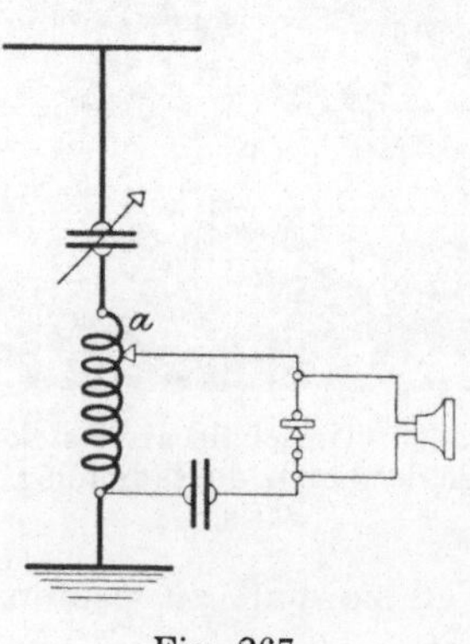

Fig. 267.

demnach gezwungen ist, ihn entweder in einen aperiodischen oder in einen abgestimmten Kreis einzufügen, der von dem Strahlgebilde aus erregt wird, entsteht die Frage, auf welche Weise am zweckmäßigsten die Beeinflussung des Sekundärsystems zu erfolgen hat. Eine der beiden Lösungen wurde schon in den vorausgehenden Abschnitten dargestellt (Fig. 248). Wir finden hier den Indikator in einen Sekundärkreis geschaltet, der außer der Kopplungsspule noch einen Blockkondensator enthält, dem die Aufgabe zukommt, für die hochfrequen-

ten Ströme einen widerstandslosen Weg zu schaffen, den das Anzeigeinstrument im allgemeinen nicht darstellt. Der entstehende Gleichstrom dagegen, für den der Kondensator als Sperre wirkt, wird gezwungen, das Galvanometer oder Telephon zu durchfließen. Es steht
natürlich nichts im Wege, falls man zur Erzielung einer größeren Abstimmschärfe einen oder mehrere Zwischenkreise anwenden will, diese aperiodische Detektorschaltung als letztes Glied des Empfängers anzuordnen
(vgl. Fig. 250). Wenn das Anzeigeinstrument ein Fernhörer ist, kann man mit
ihm auch den Kontaktdetektor, wie in Fig. 267, unmittelbar nebeneinander
schalten. Der erforderliche Blockkondensator, der bei Verwendung eines
Galvanometers zweckmäßig zwischen 10 000 cm und 50 000 cm gewählt
wird, ist bei Hörempfang mit kleinen Wellen auf etwa 2000 cm bis 5000 cm
zu verringern. Es muß dem Versuche

Fig. 268. Einrichtung für Primär- und Sekundärempfang
und Empfang mit Zwischenkreis.
(Gesellsch. f. drahtl. Telegr., Berlin.)

überlassen bleiben, in jedem Falle für den Hörer die richtige
Größe des Parallelkondensators abzupassen. Dabei mag auch
berücksichtigt werden, daß schon die in einer Schnur vereinigten
Telephonzuleitungen häufig eine nicht kleine Kapazität besitzen.
Solchen ganz einfachen aperiodischen Kreis, bestehend aus Spule,

Detektor, Blockkondensator und Hörer, zeigt Fig. 266. Er führt, da er zur Einstellung eines reinen Tones beim Löschfunkensender benutzt wird, gewöhnlich den Namen Tonprüfer.

Um nun auf den aperiodischen Kreis die größtmögliche Energie zu übertragen, kann man entweder die Windungszahl der Kopplungsspule groß wählen und dafür die Entfernung beider Spulen vergrößern, oder man muß eine enge Verbindung der primären und sekundären Windungen anstreben unter gleichzeitiger Verringerung der Windungszahl der Spule des Detektorkreises. Es hat sich nun gezeigt, daß es nicht gleichgültig ist, welchen Weg man einschlägt. Es gibt vielmehr eine günstigste Windungszahl und einen günstigsten Spulenabstand, die je nach dem Widerstande des Detektors und den Empfangswellenlängen verschieden ausfallen. Zur Feststellung der besten Abmessungen ist man auch hier auf den Versuch angewiesen. Zur Vereinfachung wendet man vielfach die Spartransformatorenschaltung (Fig. 267) an, die wir an früherer Stelle beim Braunschen Sender kennen gelernt haben. Durch Verschiebung des Kontaktes a hat man es dann in der Hand, die besten Empfangsbedingungen ohne Mühe feststellen zu können. Freilich nimmt man bei dieser Detektoranordnung den Nachteil mit in Kauf, daß der Indikator von allen im Luftleiter fließenden Strömen mit erregt wird. Fig. 268 stellt eine Empfangseinrichtung dar, mit der sich die verschiedenen oben erwähnten Schaltungen verwirklichen lassen.

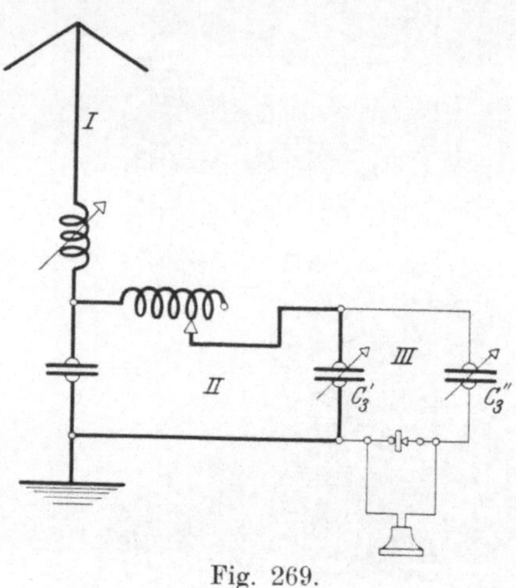
Fig. 269.

Neben der induktiven ist noch die kapazitive Kopplungsart zu nennen, die, obwohl sie seltener zur Anwendung gelangt, als durchaus gleichwertig zu bezeichnen ist. In der Fig. 269 ist eine derartige Anordnung mit Sekundärkreis dargestellt. Die mechanische Verbindung der beweglichen Teile der beiden Drehkondensatoren C_3' und C_3'' gestattet die Kopplung zwischen Detektor- und Sekundärkreis immer auf demselben Betrag zu halten.

c) Schnellbetrieb mit Kontaktdetektor.

Wie schon die bisherigen Ausführungen zeigen, wird der Kontaktdetektor meist in Verbindung mit einem Fernhörer verwendet. Die größte Wortzahl, die sich in der Minute auf diese Weise aufnehmen läßt, beträgt etwa 30. Will man sie noch weiter steigern, so muß man zum Schreibempfang greifen, d. h. den Wellenanzeiger mit einem Apparat verbinden, der die Morsezeichen unmittelbar aufzeichnet. Dieses Verfahren bringt folgende Vorteile mit sich: Zunächst bedeutet der Schnellbetrieb eine erhöhte Ausnutzung der gesamten Anlage, ein Gesichtspunkt, der besonders bei Großstationen, die gewerblichen Zwecken dienen, zur Erzielung einer angemessenen Wirtschaftlichkeit von ausschlaggebender Bedeutung sein kann. Aber auch für die Militärstationen kann eine derartige Anordnung von großem Werte sein, da einmal die hohe Wortzahl es den meisten Stationen erschwert, die Nachrichten abzufangen, und zweitens bei zeitweilig einsetzenden Störungen die Möglichkeit vorliegt, durch mehrmaliges Durchgeben der Nachrichten und Vergleich der gewonnenen Empfangsstreifen die verstümmelten Stellen des Wortlauts in richtiger Weise zu ergänzen. Freilich muß man sich darüber klar sein, daß der Schnellbetrieb eine gesteigerte Senderleistung voraussetzt. Ruft beispielsweise die Energie der Senderanlage bei 20 Worten in der Minute einen bestimmten Ausschlag am Galvanometer hervor, so muß bei 100 Worten in der Minute zur Erzielung des gleichen Ausschlages ein erheblicher Mehrbetrag aufgewendet werden, der mindestens das Fünffache des ersteren ausmacht.

Fig. 270.　Kontaktdetektor der C. Lorenz A.-G., Berlin.

Eine solche Empfangseinrichtung ist von der C. Lorenz A.-G. entwickelt worden. Die Kontaktzelle (Fig. 270), deren Elektroden nach G. J. Pickard aus Rotzinkerz — Kupferkies bestehen und die die bevorzugte Eigenschaft besitzen, sowohl gegen Druck unempfindlich zu sein als auch das Aufsuchen einer wellenempfindlichen Stelle weniger zu erschweren, als andere Detektoren, ist so gebaut, daß bei Außerbetriebsetzung des Indikators die Elektroden sich selbsttätig abheben.

Der Lichtschreiber, den Fig. 271 im Bilde wiedergibt und dessen Bauart im allgemeinen als bekannt vorausgesetzt wird, besitzt bei

Fig. 271. Lichtschreiber der C. Lorenz A.-G., Berlin.

100 bis 150 Worten in der Minute und einem Fadenwiderstand von $400\,\Omega$ eine Stromkonstante von $0{,}7\cdot10^{-8}$ bis $1{,}4\cdot10^{-8}$ Amp. Dieser

günstige Wert ist durch folgende Maßnahmen erzielt worden: Die
stark vergrößernde Optik wird durch eine kräftige Lichtquelle (Bogenlampe) erhellt. Der bewegliche dünne Faden befindet sich zwischen
den Polen eines kräftigen Elektromagneten, dessen Wicklung durch
eine besondere Stromquelle gespeist wird. Um gut lesbare Zeichen
zu erzielen, ist der Weg, den das lichtempfindliche Papier durch
den Entwickler nehmen muß, verhältnismäßig lang gewählt. Alle
Einzelteile sind auf einer gemeinsamen starken Grundplatte befestigt, wobei durch besondere Vorsichtsmaßregeln dafür Sorge ge-

Fig. 272. Grammophon für Schnellbetrieb. (Gesellsch. für drahtl. Telegr.)

tragen ist, das sowohl Erschütterungen als auch jede elektromagnetische Einwirkung von Fremdströmen auf den empfindlichen Faden
peinlichst vermieden werden.

Viel unempfindlicher gegen solche Störungen ist der von der Gesellschaft für drahtlose Telegraphie durchgebildete Phonoschnell-
schreiber. Die ankommenden Zeichen werden zuerst verstärkt
mittels eines Brownschen Verstärkers (s. S. 303, Fig. 294 u. 295).
Reicht dieser nicht aus, so benutzt man als Vorspann noch zwei kleine
Kathodenröhren (s. S. 301). Ist dann bei 75 bis 100 Worten in der

Minute und bei einem Ton von 1000 Schwingungen eine Lautstärke (gemessen durch den Widerstand, der, in Nebenschluß zum Hörer gelegt, die Zeichen unhörbar macht) von 0,1 Ohm erreicht, so lassen sich die Zeichen durch den Stift der Schalldose des Emp-

Fig. 273. Maschine zum Abschleifen der Wachswalzen.

fangstelephons auf die Grammophonwalze übertragen. Letztere nimmt ungefähr 300 Worte auf und kann etwa 25 mal abgeschliffen werden. Ihre Umlaufszahl in der Minute beträgt 120. Sie wird beim Abhören der Zeichen so weit verringert, als die Wortgeschwindigkeit und der Abfall der Tonhöhe der Zeichen es erlauben.

2. Der Gasdetektor.

(A. Wehnelt, J. A. Fleming, C. Tissot, L. de Forest.)

Dieser Wellenanzeiger, der besonders von der Marconigesellschaft viel verwendet wird, besteht in seinem wesentlichsten Teil aus einer Glühlampe, deren Faden aus Wolframdraht von einem Metallzylinder (meist Aluminium) umgeben ist. Werden die beiden Elektroden nach Fig. 274 mit einer Hochfrequenzquelle verbunden, so zeigt die Anordnung eine ausgesprochene Gleichrichterwirkung, und ein im Stromkreis liegendes Galvanometer G zeigt einen Ausschlag. Die Spannungsbatterie S wird hierbei ebenfalls wie die Hauptbatterie H zweckmäßig an einen Spannungsregler angeschlossen, so daß man es in der Hand hat, die Empfindlichkeit des Schwingungsventils in weiten Grenzen einstellen zu können.

3. Die elektrolytische Zelle.

(W. Schlömilch, M. J. Pupin, G. Ferrié, R. A. Fessenden.)

Früher außerordentlich verbreitet, ist dieser Wellenanzeiger heute durch den einfacheren und empfindlicheren Kontaktdetektor vielfach verdrängt worden. Die Ausführung, die die Schlömilchzelle bei der Gesellschaft für drahtlose Telegraphie erfahren hat, ist in Fig. 275 wiedergegeben. In ein Gefäß, das mit verdünnter Schwefelsäure gefüllt ist, tauchen zwei Platinelektroden ein, von denen die positive aus einem sehr dünnen Drahte (Dicke 0,02—0,03 mm) besteht, der in ein Glasröhrchen so eingeschmolzen ist, daß nur eine ganz feine Spitze freiliegt. Damit dieser Detektor die größte Empfindlichkeit entwickelt, ist es nötig, ihn mit einer regelbaren Gleichstromhilfsspannung zu verbinden (Fig. 276), die so eingestellt wird, daß im Fernhörer ein leises Rauschen wahrnehmbar ist. Wird nun die Zelle von hochfrequenten Schwingungen erregt, so verändert sich ihre Polarisation, der Gleichstrom wächst an, und im Telephon ist ein Knacken zu hören. Sobald die elektrischen Schwingungen aufhören, stellt sich der frühere Zustand sofort selbsttätig wieder ein. Verwendet man statt des Fernhörers ein Galvanometer, so ist der Zuwachs

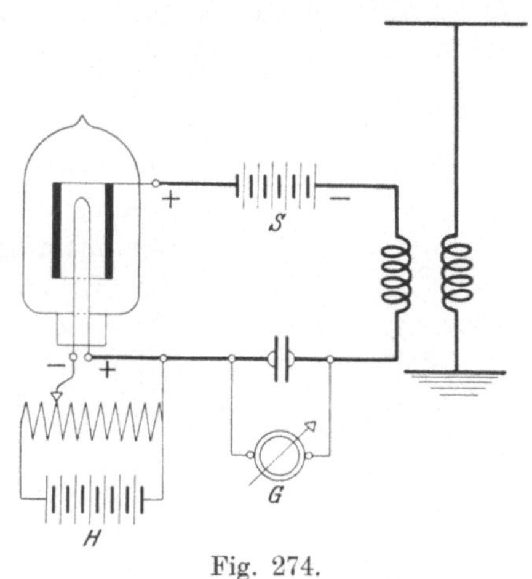

Fig. 274.

Fig. 275. Schlömilchzelle.
(Gesellsch. f. drahtl. Telegr., Berlin.)

des ursprünglich vorhandenen Ausschlags ein Maß für die Stärke der Zellenerregung.

4. Der Magnetdetektor. (E. Rutherford, G. Marconi.)

Der Magnetdetektor beruht auf der physikalischen Erscheinung, daß ein magnetisiertes Eisenstück, in das Innere einer Spule gebracht, die von Hochfrequenzströmen durchflossen wird, plötzlich seine magnetischen Eigenschaften verliert. Die hierdurch bedingte Änderung der Kraftlinienzahl erzeugt in einer zweiten Spule, die mit einem Fernhörer in Verbindung steht, einen Stromstoß, der sich als Knacken im Hörer äußert. Um nun auf Grund dieser Erscheinung einen stets aufnahmefähigen Wellenanzeiger auszubilden, muß man dafür Sorge tragen, daß das Eisenstück selbsttätig von neuem magnetisiert wird. G. Marconi löste diese Aufgabe, indem er aus einem Bündel feiner voneinander isolierter Eisendrähte ein endloses Seil bildete, das über zwei Rollen R (Fig. 277) geführt wurde, von denen die eine durch ein Uhrwerk in ständige Umdrehungen versetzt werden kann. Bei seiner Bewegung läuft das Seil durch zwei übereinander gewickelte Drahtspulen, deren eine mit den Hochfrequenzkreisen in Verbindung steht, während die Enden der zweiten an ein Telephon angeschlossen sind. Zur Magnetisierung der Eisendrähte sind zwei permanente Magnete M_1

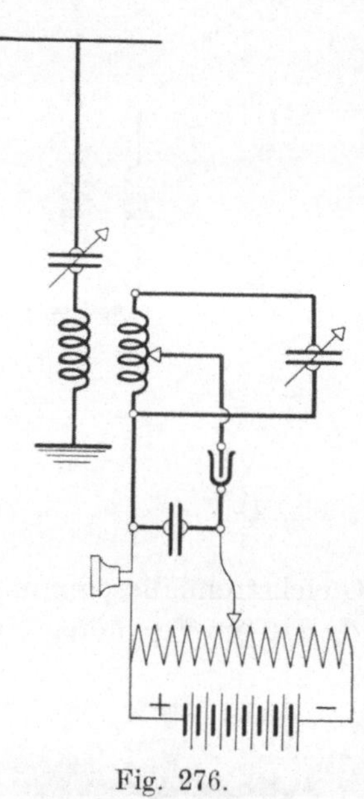

Fig. 276.

und M_2 vorgesehen, die zweckmäßig so angeordnet werden, wie Fig. 277 zeigt. Beim Umlauf der Rollen gelangen auf diese Weise stets von neuem magnetisierte Drahtteile in das Innere der Hochfrequenzspule.

Obgleich sich dieser Wellenanzeiger in Bezug auf Empfindlichkeit in keiner Weise mit den neuzeitlichen Kontaktdetektoren messen kann, so besitzt er doch den einen großen Vorzug, daß er nach einmaliger Einstellung die größte Überlastung, ohne Schaden zu leiden, verträgt. In allen den Fällen, in denen die Stationen sehr nahe beieinander liegen (z. B. Hafenverkehr der Schiffe) und die Gefahr vorhanden ist, daß die Empfangsenergien zu groß werden, ist deshalb die Anwendung dieses außerordentlich betriebssicheren

Wellenanzeigers auch heute noch am Platze. Ja man kann sogar so weit gehen, daß man den Detektor während des Arbeitens des eigenen Senders an den Luftleiter angeschaltet läßt, um in den Pausen zwischen den Punkten und Strichen feststellen zu können, ob die Gegenseite nicht etwa gleichzeitig sendet (Zwischenhören). Zu diesem Zwecke überbrückt G. Marconi die Empfangseinrichtung durch eine kurze Funkenstrecke zur Erde. Beim Drücken der Gebertaste wird zunächst das Empfangstelephon, das der Telegraphist am Kopfe befestigt hat, selbsttätig kurz geschlossen. Darauf erfolgt der Durchschlag der erwähnten kurzen Funkenstrecke, der die Empfangsvorrichtung außer Tätigkeit setzt. Beim Heben der Taste dagegen schaltet sich die Anlage ohne weiteres auf Empfang. Man

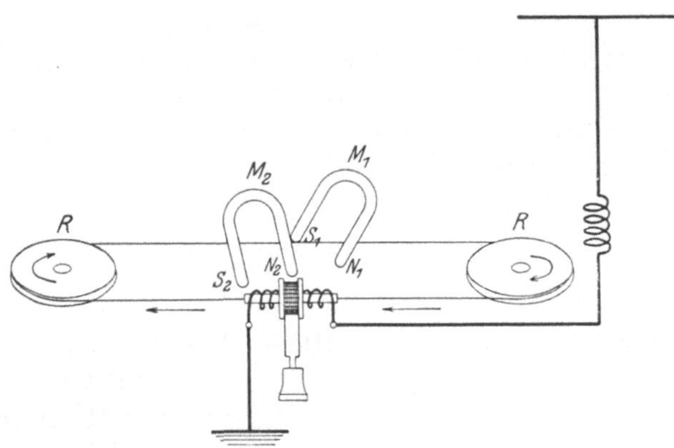

Fig. 277. Magnetdetektor von Marconi.

hat es hier mit der ältesten Form des Gegensprechens zu tun, eine Betriebsart, die an späterer Stelle ausführlicher besprochen wird.

Unter Verwendung der bisher beschriebenen Wellenanzeiger bietet die Aufnahme der Morsezeichen auf der Empfangsstation mittels Fernhörer keine Schwierigkeiten, wenn die von der Geberseite ausgestrahlten Wellen außer ihrer Schwingungsperiode noch einen weiteren Rhythmus (Wellenzugfrequenz) aufweisen. In diesem Falle wirken die Empfangsströme auf die Detektoren in der Weise ein, daß während der Dauer der Erregung entweder ein Gleichstrom entwickelt (z. B. Kontaktdetektoren) oder ein solcher ausgelöst wird (z. B. elektrolytische Zelle). Führt man diesen dann einem Fernhörer zu, so wird dessen Platte in Schwingungen von der gleichen Periode versetzt, die auch die ausgestrahlten Wellenzüge oder Wellenzuggruppen besitzen. Liegt außerdem dieser Rhythmus im Frequenz-Bereich der musikalischen Töne und ist er von gleicher Regelmäßigkeit (tonerregende

Sender), so vernimmt man im Hörer die Punkte und Striche des Morsealphabetes als kürzer oder länger andauernde Tonzeichen.

Wenn dagegen die Sendeseite ungedämpfte Schwingungen ausstrahlt, denen ein akustischer Rhythmus fehlt, so erfolgt bei jedem Tastendruck ein Anziehen der Platte des Fernhörers, ein Zustand der so lange andauert, bis das Aussenden der Schwingungen auf der Sendestation unterbrochen wird. Eine wirksame Erzeugung von Schallschwingungen kann daher nicht zustande kommen. Die Erzielung eines Hörempfanges bei Verwendung ungedämpfter Senderschwingungen ist somit nur dann möglich, wenn man auf der Empfangsseite die fortlaufenden Wellenzüge entweder durch zahlreiche Unterbrechungen dauernd zerhackt, d. h. eine Aufeinanderfolge von Wellenzügen mit annähernd gleicher Amplitude erzeugt, oder durch geeignete Einrichtungen dafür Sorge trägt, daß die Stromamplituden im Empfänger selbst periodisch zu- und abnehmen. Das zuerst erwähnte Verfahren wird durch die von V. Poulsen angegebene Tikkerschaltung verwirklicht, während das zweite besondere Einrichtungen für Schwebungsempfang erfordert.

5. Der Tikker und Schleifer (V. Poulsen).

Die Schaltung für diesen Wellenanzeiger in ihrer gebräuchlichsten Form gibt Fig. 278 wieder. Der Luftleiter I ist mit einem auf ihn abgestimmten Sekundärkreise II gekoppelt, an den sich zunächst ein Unterbrecher T (Tikker), der wie ein Neefscher Hammer ausgebildet sein möge, mit dem Kondensator C_T in Reihe anschließt, der seinerseits im Nebenschluß den Hörer enthält. Solange der Tikker geöffnet ist, wächst unter dem Einfluß der ankommen-

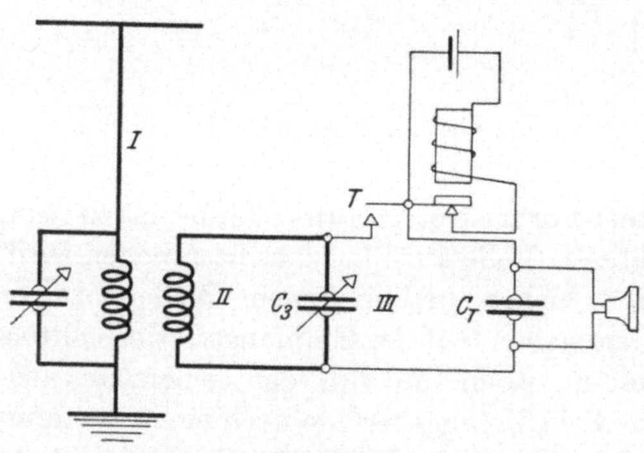

Fig. 278.

den elektromagnetischen Schwingungen der Antennenstrom und damit auch der Strom im Sekundärkreise so lange an, bis die in den Widerständen verbrauchte Energie gleich der der Empfangseinrichtung zugeführten ist. Unter der Annahme, daß dieser Endzustand erreicht ist und sich in einem bestimmten Zeitpunkt die gesamte Schwingungsenergie auf dem Kondensator C_3 befindet, soll die Kontaktgebung des Tikkers erfolgen. Da jetzt die Kapazität des Sekundärkreises den Wert von $C_3 + C_T$ besitzt, kann wegen der damit eingetretenen Verstimmung eine wesentliche Nachlieferung von Schwingungsenergie aus dem Antennenkreise nicht mehr erfolgen. Im Sekundärkreis spielen sich nunmehr folgende Vorgänge ab: zunächst strömt die Ladungsenergie des Kondensators C_3 zum größten Teile auf den Kondensator C_T hinüber, d. h. die Kapazitätsspannung sinkt. Würde der Berührungswiderstand des Tikkers den Wert Null besitzen, so würde nunmehr in periodischem Wechsel die im Sekundärkreis vorhandene Energie zwischen ihrer elektrischen und magnetischen Form hin- und herpendeln und sich hierbei in Wärme umsetzen. Da jedoch der Tikker auch im Berührungszustande seiner Kontakte einen gewissen Widerstand aufweist und einer bestimmten Spannung bedarf, um eine Brücke für den Strom zu bilden, so erfolgt der Ausgleich der Ladungsenergie zum großen Teile in aperiodischer oder sehr stark gedämpfter Weise über den Fernhörer und setzt dessen Platte in Bewegung. Dieser Vorgang wiederholt sich wahrscheinlich bei jeder Kontaktmachung des Unterbrechers mehrere Male, so daß also bei etwa 100 bis 200 Ankeranziehungen in der Sekunde 500 bis 1000 Stromstöße im Hörer wirksam sind. Der Tikker stellt demnach nicht eine gewöhnliche Unterbrechungsvorrichtung dar, sondern vereinigt in sich die Eigenschaften eines Apparates, der einen vom Strome abhängigen Widerstand besitzt und einer gewissen Einsatzspannung bedarf, um in Wirksamkeit zu treten. Diese ist wohl bei Beginn der Ladung des Kondensators C_T in genügender Größe vorhanden, reicht jedoch bei der Entladung nicht aus, um den Rückfluß der Energie in den Sekundärkreis zu gestatten. Da es weiter nun vom Zufall abhängt, in welchem Zeitpunkt des Schwingungszustandes gerade die Tikkerkontakte zur Berührung kommen, muß die positive Ladung der Kapazität C_T völlig beliebig, bald auf der einen, bald auf der anderen Belegung sich vorfinden. Der Hörer wird daher ebenfalls von regellos ihre Richtung wechselnden Strömen durchflossen, so daß die Anziehung und Abstoßung seiner Platte in ganz ungleichmäßigen Zwischenräumen erfolgt. Das Gehör vernimmt deshalb ein Geräusch, selbst in dem Falle, wenn der Tikker, als umlaufender oder Stimmgabel-Unterbrecher ausgebildet, in völlig gleichen Zeitabschnitten die Kontaktmachung besorgt. Wohl aber ist es möglich — und diese Schaltung wurde ebenfalls von Poulsen angegeben — im Fernhörer reine Töne zu erzielen, wenn man unter Zwischenschaltung eines Gleichrichters zwischen Tikker und Kondensator C_T dessen Aufladung stets im gleichen Sinne vornimmt. An Empfindlichkeit kann sich jedoch diese Anordnung mit der eingangs beschriebenen nicht messen.

Aus dieser Darstellung geht hervor, daß man beim Tikkerempfang zwei Zeitabschnitte unterscheiden muß: Den ersten, in dem bei geöffnetem Unterbrecher die Schwingungsenergie sich hochschaukelt (Energieaufspeicherung), den zweiten, in dem die Energieübertragung auf das Telephon erfolgt (Energieabgabe). Fragt man sich nun, welche Bedingungen zu erfüllen sind zur Erzielung größter Lautstärke im Fernhörer, so sind, abgesehen von der Verwendung einer richtigen Tikkerausführung

a) die Öffnungs- und Schließungszeiten des Tikkers und dessen Unterbrechungszahl so zu wählen, daß einerseits die Abschaltung des Kondensators C_T nicht länger dauert, als die Zeit des Aufschaukelns beträgt, und andererseits die Kontaktdauer möglichst kurz ausfällt. Weiterhin ist

b) die Schwingungsenergie im Sekundärkreise möglichst zu steigern.

Diese zweite Bedingung ist eine Frage der Wahl der elektrischen Größen der beiden Schwingungskreise (Luftleiter und Sekundärkreis) und deren Kopplung, für die nachfolgende Überlegung Anhaltspunkte liefert. An früherer Stelle (S. 245) wurde der Höchstwert der Nutzenergie im Sekundärkreis $A_{n\,max}$ zu

$$A_{n\,max} = i_{3\,max}^2 \cdot w_3 = \frac{e_2^2}{4 \cdot w_{A_2}}$$

ermittelt. Man erhält demnach für $i_{3\,max}$ den Ausdruck:

$$i_{3\,max} = \frac{e_2}{2 \cdot \sqrt{w_{A_2} \cdot w_3}}.$$

Vergleicht man diesen Wert mit dem Strome i_2, der in dem Luftleiter entsteht, wenn der Sekundärkreis abgeschaltet ist, so gewinnt man ein Urteil darüber, wann gekoppelte Kreise eine gesteigerte Wirkung liefern.

Da

$$i_{2\,max} = \frac{e_2}{w_{A_2}},$$

ergibt sich:

$$\frac{i_{3\,max}}{i_{2\,max}} = \frac{e_2}{2 \cdot \sqrt{w_{A_2} \cdot w_3}} \cdot \frac{w_{A_2}}{e_2} = \frac{1}{2} \cdot \sqrt{\frac{w_{A_2}}{w_3}}.$$

Daraus folgt, daß bei sonst gleichen elektrischen Abmessungen der beiden Kreise der Strom im Sekundärsystem um so höhere Werte annehmen muß, je mehr der Widerstand w_3 verkleinert wird. Und weiter geht aus obenstehender Gleichung hervor, daß erst dann die Verwendung zweier Kreise von Vorteil ist, wenn man w_3 mindestens viermal kleiner als den Widerstand w_{A_2} der Antenne wählt. In diesem Grenzfalle wird

$$i_{2\,max} = i_{3\,max},$$

und beide Schaltungen (Fig. 278 und 279) sind bezüglich ihrer Lautstärke gleichwertig. Man hat damit zugleich ein Mittel in der Hand, durch abwechselndes Vergleichen der Empfangslautstärke unter Verwendung jener beiden Anordnungen die elektrische Güte des Sekundärkreises zu prüfen, wobei es gleichgültig ist, ob die Sendeseite gedämpfte oder ungedämpfte Wellen erzeugt. Ist ersteres der Fall und hat man es im besonderen mit einem tönenden Sender zu tun, so kann der Tikker die einzelnen Tonzeichen, wie aus den oben beschriebenen Vorgängen naturgemäß folgt, nur als längere oder kürzere Zeit andauernde Geräusche wiedergeben.

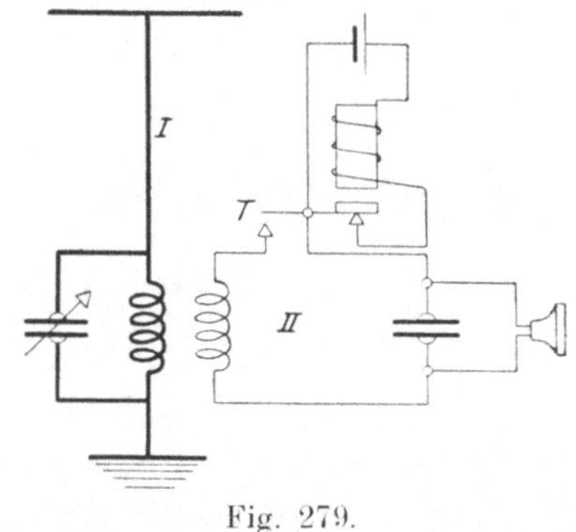

Fig. 279.

Daß der Tikker trotz dieses offenbaren Nachteiles eine große Verbreitung gefunden hat, verdankt er nicht nur seiner hohen Empfindlichkeit, sondern auch dem Umstande, daß hier eine Einrichtung vorliegt, die, abgesehen vom Magnetdetektor, der Mehrzahl der Empfangsindikatoren an Betriebssicherheit überlegen ist. Endlich ist er einer der wenigen Wellenanzeiger, die zum Hörempfang von gedämpften und ungedämpften Schwingungen in gleicher Weise sich eignen.

Seine Ausführung lehnt sich meist an die des bekannten elektromagnetischen Hammerunterbrechers an. Der bewegliche Anker läuft in einen Golddraht aus, der mit einem gleichen zur Berührung gebracht wird.

Fig. 280. Schleifer.

In den Empfängern der in den Fig. 181 bis 183 abgebildeten Poulsenanlagen sind Tikker dieser Art eingebaut.

Ein anderer Ausführungsgedanke ist in dem in Fig. 280 dargestellten **Schleifer** verwirklicht. Die Tikkerwirkung wird hier durch Schleifen eines Kupferdrahtes auf einer umlaufenden Nickelscheibe hervorgebracht. Die unten an dem Kasten sichtbaren Löcher dienen zum Anschluß der Hörer, während der darüber befindliche Stöpselschalter die günstigste Telephonkapazität einzuschalten gestattet.

6. Der Schwebungsempfang.

(Schwebungs- [Heterodyn-]Empfänger von R. A. Fessenden.)

Fließen zwei Wechselströme von annährend gleicher Amplitude, aber verschiedener Periodenzahl in einem Leiter, so erhält man aus beiden einen Gesamtstrom, dessen Schwingungsweiten in bestimmtem Rhythmus stetig zu- und abnehmen. Diese Erscheinung war schon an früherer Stelle bei der Beschreibung der Vorgänge in gekoppelten Kreisen erwähnt worden (vgl. Fig. 140). Für Empfangszwecke wurde sie zuerst von R. A. Fessenden in beistehender Schaltung verwendet (Fig. 281). Wird hier der Luftleiter I, der beispielsweise mit einem aperiodischen Detektorkreis II gekoppelt sein möge, außer von den ankommenden Schwingungen noch durch eine schwache Hochfrequenzquelle III (z. B. Poulsengenerator) erregt, so entstehen in Kreis II bei bestimmtem Unterschied der Periodenzahlen der beiden Wellenzüge Schwebungen, die in der Fig. 282a wiedergegeben sind. Wirkt der Kontaktdetektor als Schwingungsventil, so läßt er nur einen Stromfluß im Kreise II in ganz bestimmter Richtung zu (Fig. 282b). Der somit entstehende pulsierende Gleichstrom (Fig. 282c) bewirkt dann eine

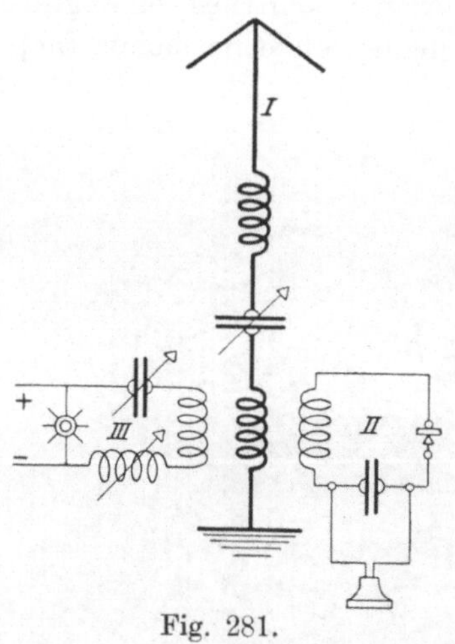

Fig. 281.

rhythmische Anziehung der Telephonplatte, d. h. die Zeichen der Sendeseite werden als reiner musikalischer Ton aufgenommen. Wir haben hier ein Empfangsverfahren vor uns, das in vieler Beziehung bemerkenswert ist. Der Ton wird nicht, wie z. B. beim tönenden Löschfunkensender, auf der Geberseite erzeugt, sondern erst durch besondere Mittel auf der Empfangsseite hervorgerufen. Dabei zeichnet sich aber dieses Verfahren im Gegensatz zu den Einrichtungen, die das gleiche Ziel verfolgen, durch den Umstand aus, daß nur die gewünschten Zeichen der Sendestation der Umformung unterworfen sind und als Töne aufgenommen werden, während atmosphärische Entladungsströme sowie die Zeichen fremder tönender Anlagen nur Geräusche im Hörer hervorrufen. Und da weiter der Tonrhythmus durch die Periodenzahl der Hilfsstromquelle gegeben ist, bedarf es nur einer geringen Veränderung der Selbstinduktion oder Kapazität des Kreises III, um den Ton in jeder gewünschten Höhe einstellen zu können.

Beispiel:

Wellenlänge der Sendeseite $\quad\lambda_1 = 3000\,\mathrm{m}, \quad \nu_1 = 100\,000$ Perioden
Wellenlänge der Hilfsschwingung $\lambda_H = 2970\,\mathrm{m}, \quad \nu_H = 101\,000$ Perioden
$\qquad\qquad\qquad$ oder $\lambda_H = 3030\,\mathrm{m}, \quad \nu_H = 99\,000$ Perioden
Periodenzahl des Tones $= \pm\,(\nu_1 - \nu_H) = 1000$ Perioden.

Statt, wie in der Fig. 281 angegeben ist, eine Poulsenlampe als Hochfrequenzgenerator zu verwenden, kann man mit gleichem Erfolge den Empfangsluftleiter mit einer Kathodenröhre, einer Gehrke-Reichenheimschen Glimmlichtröhre, einer Hochfrequenzmaschine oder auch mit einem sehr schwach gedämpften Schwingungserzeuger (Summer) erregen. Bei Hochfrequenzmaschinenanlagen im besonderen geht man zweckmäßig so vor, daß

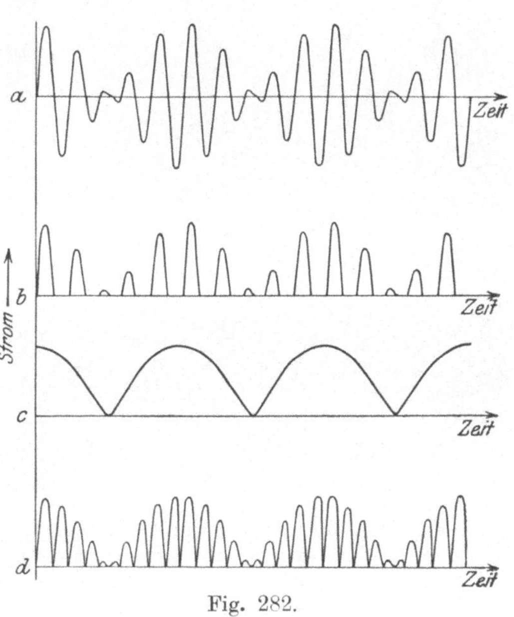

Fig. 282.

man die Betriebsperiodenzahlen ν_1 und ν_2 der beiden miteinander verkehrenden Stationen derart wählt, daß der Unterschied $\nu_1 - \nu_2$ dem gewünschten Tone entspricht. Sendet die eine Station, so läuft auf der Empfangsseite die betreffende Maschine leer oder schwach erregt mit und liefert den für den Schwebungsempfang nötigen Hilfsstrom.

R. A. Fessenden ist nun noch einen Schritt weitergegangen, indem er statt des Detektorkreises ein elektrodynamisches oder elektrostatisches Telephon verwendet, das unmittelbar von den Hochfrequenzströmen durchflossen wird. Wie Fig. 282d zeigt, wirken dann auf die Platte des Fernhörers Kräfte ein, die mit der

Schwebungsperiode zu- und abnehmen. Störungen durch atmosphärische Einflüsse oder fremde Stationen werden hierbei fast vollkommen ausgeschaltet. Leider ist es bisher noch nicht gelungen, Telephone dieser Art von solcher Empfindlichkeit zu entwickeln, die sich mit der in Fig. 281 wiedergegebenen Anordnung erzielen läßt. Wenn diese Aufgabe jedoch gelöst sein wird, wird der Schwebungsempfänger eine der vollkommensten Empfangseinrichtungen darstellen.

Fig. 283. Einrichtung für Schwebungsempfang mit Poulsenlampe. der National El. Signaling Co., Pittsburg, Virginia.

Die äußere Form der Apparate, wie sie von der Nat. El. Sign. Co. hergestellt werden, ist aus der Abbildung der Empfängerseite der Station Arlington (Virginia) Fig. 283 zu ersehen, deren Sendevorrichtungen an früherer Stelle (S. 92 u. 125) beschrieben wurden. Links auf dem Tische stehen die Abstimmvorrichtungen für den Empfang, während rechts die Poulsenlampe nebst ihrem Schwingungskreise zu sehen ist. Dieser ist in einem Kasten zusammengebaut, dessen Äußeres Fig. 284 wiedergibt. Ein Strom- und Spannungsmesser ermöglichen die Überwachung des Hilfsstromes und der Lichtbogenspannung, während mit Hilfe der außen sichtbaren Schalter die Wellenlänge von 700 bis 11 000 m stetig verändert werden kann.

Fig. 284.　Schwingungskreis der Poulsenlampe für Schwebungsempfang
(National El. Signaling Co., Pittsburg, Virginia).

7. Das Tonrad (R. Goldschmidt).

Eine besondere Art von Schwebungsempfänger stellt das im
folgenden beschriebene und von R. Goldschmidt angegebene Tonrad dar.

Um beim Betriebe mit ungedämpften Schwingungen einen Hörempfang erzielen zu können, mußte, wie an früherer Stelle ausgeführt
wurde, ein Unterbrecher (Tikker) in den Telephonkreis geschaltet
werden. So empfindlich und betriebssicher auch diese Anordnung ist,
so kann doch der Umstand, daß die Zeichen der Sendeseite als Geräusche im Fernhörer aufgenommen werden, beim Auftreten starker
atmosphärischer Störungen den gegenseitigen Verkehr außerordentlich
beeinträchtigen.　Für alle Gegenden daher, in denen im Sommer
starke luftelektrische Ladungen der Empfangsantenne eine all-
tägliche Erscheinung sind, wird dieser Wellenanzeiger den an ihn
zu stellenden Anforderungen nur zum Teil gerecht werden können.
Hier hilft nur das eine Mittel, die von der Sendeseite ausgehenden
Morsezeichen als länger oder kürzer andauernde Töne im Fernhörer

zur Wahrnehmung zu bringen, wodurch sie sich aus den atmosphärischen Nebengeräuschen deutlich herausheben. Das für die

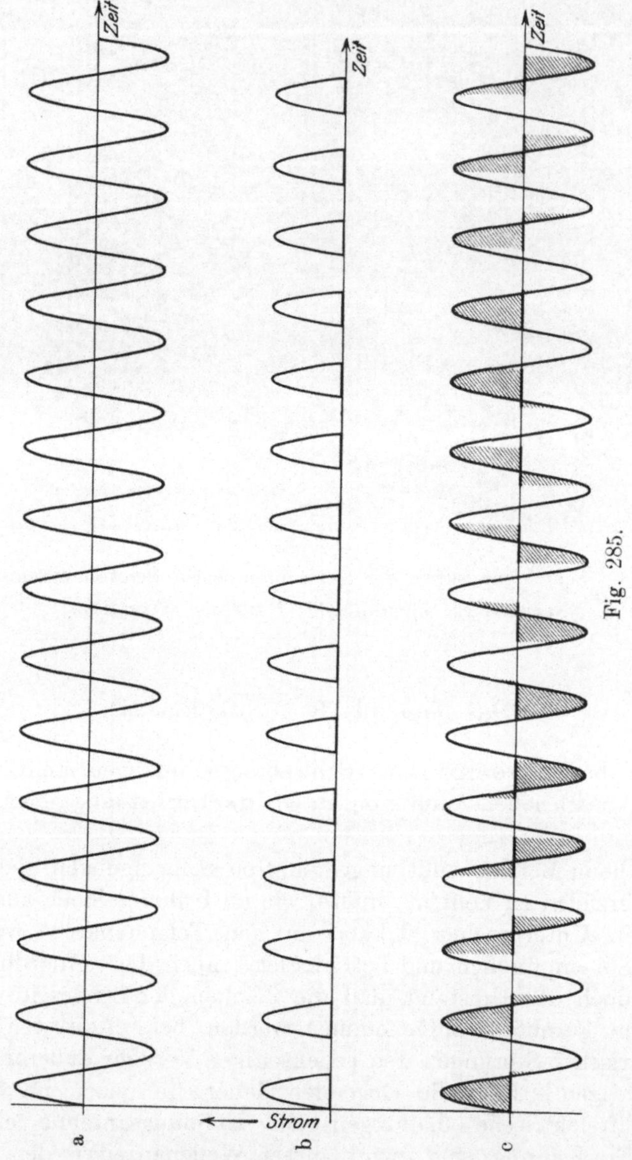

Funkensender natürlichste Verfahren, den ausgesandten Wellenzügen einen Tonrhythmus aufzudrücken, hat sich für die ungedämpften Sender, wie in den betreffenden Abschnitten ausgeführt wurde, als

unzweckmäßig erwiesen. Infolgedessen bleibt nur der andere Weg übrig, die ankommenden Schwingungen in geeigneter Weise umzuformen. Freilich kann das bei der Tikkerbeschreibung angegebene Verfahren, durch Zwischenschaltung eines Gleichrichters den ankommenden Zeichen den Rhythmus des Unterbrechers aufzudrücken, in diesem Falle nicht als geeignetes Mittel angesehen werden, da hierbei nicht nur die aufgenommenen Schwingungen, sondern auch die durch die Atmosphäre hervorgerufenen Ströme in gleicher Weise betroffen werden. Aus diesem Grunde war es nötig, den Tikkervorgang selbst in der Richtung des Schwebungsempfanges weiter zu entwickeln.

Nimmt man an, daß unter Zugrundelegung der in der Fig. 279 dargestellten aperiodischen Tikkerschaltung, bei dauernd geschlossenem Unterbrecher ungedämpfte Schwingungen von beistehender Form (Fig. 285a) in dem Sekundärkreise vorhanden sind, und setzt man weiter voraus, daß das Schließen und Öffnen des Unterbrechers stets dann erfolgt, wenn der Wechselstrom durch den Nullwert hindurchgeht, so muß in Kreis II ein pulsierender Gleichstrom fließen (Fig. 285b). Der Tikker wirkt hierbei für die Hochfrequenzschwingungen als mechanisches Ventil. Ein statt des Hörers angeschlossenes Galvanometer müßte demnach einen gleichbleibenden Ausschlag zeigen. In Wirklichkeit ist es jedoch bei den hohen Periodenzahlen und den damit im Zusammenhang stehenden kurzen Zeiten unmöglich, einen derart vollkommenen Gleichlauf (Synchronismus) einzustellen. Entwirft man nun die entsprechende Zeichnung unter der Annahme, daß die Unterbrechungszahl von der aufgedrückten Periodenzahl des Wechselstromes abweicht, so ergeben sich für den Tonradstrom die in Fig. 285c durch Schraffierung gekennzeichneten Kurvenstücke. Seine Augenblickswerte sind sonach bald vorwiegend positiv, bald vorwiegend negativ. Man erhält eine Art von Schwebungserscheinung, deren Periodenzahl, wie leicht einzusehen ist, sich aus dem Unterschied von aufgedrückter Schwingungszahl und Unterbrecherrhythmus bestimmt und die dann in einem angeschlossenen Hörer als reiner Ton wahrgenommen wird. (Tonperiodenzahl = Hochfrequenzperiodenzahl — Unterbrechungszahl in der Sekunde.)

Das mit dem Schleifenoszillographen bei niedriger Periodenzahl aufgenommene Bild (Fig. 286) bestätigt die Richtigkeit der Annahme über die soeben beschriebenen Schwingungsvorgänge. Gleichzeitig läßt es erkennen, daß, da das Schließen und Öffnen der Kontaktvorrichtung nicht augenblicklich erfolgt, ein Verschleifen der einzelnen Schwingungen stattfindet.

Es erübrigt sich wohl darauf hinzuweisen, daß neben der angegebenen Schaltung alle anderen Anordnungen gleichfalls zum Ziele führen, die beim Tikker- und Schleiferbetrieb mit Vorteil Verwendung finden. Auch wird es oft zweckmäßig sein, die Unterbrechungszahl nicht annähernd gleich der Periodenzahl, sondern ungefähr gleich $^1/_3$ derselben zu wählen. Wie man sich leicht mit Hilfe der Fig. 285 überzeugen kann, wird hierdurch die periodisch wechselnde Ventilwirkung des Synchrontikkers nicht gestört. Man gewinnt aber den unter Umständen nicht unwichtigen Vorteil, daß der Stromamplitude Zeit gelassen wird, sich in dem Schwingungskreise bis zu einem höheren Werte hinaufzuschaukeln, ehe die Unterbrechungsvorrichtung in Tätigkeit tritt.

So natürlich auch der Übergang vom Poulsenschen Tikker zum Goldschmidtschen Tonrad erscheint, so grundsätzlich verschieden ist die Wirkungsweise dieser beiden Wellenanzeiger. Und zwar beruht der Unterschied nicht nur auf den verschieden hohen Unterbrechungszahlen, sondern vor allem auf der Art des Kontaktes bei beiden Apparaten. Wir sahen, daß beim Poulsenschen Tikker ein schlechter Kontakt die Voraussetzung für ein einwandfreies Arbeiten desselben bildet, während beim Tonrad (Synchrontikker) alles darauf ankommt, eine möglichst gute Verbindung des beweglichen und festen Teiles der Anordnung mit einer plötzlichen Unterbrechung in gleichmäßigen Zeitabständen zu verbinden. Diesen hohen Anforderungen genügt der bei der

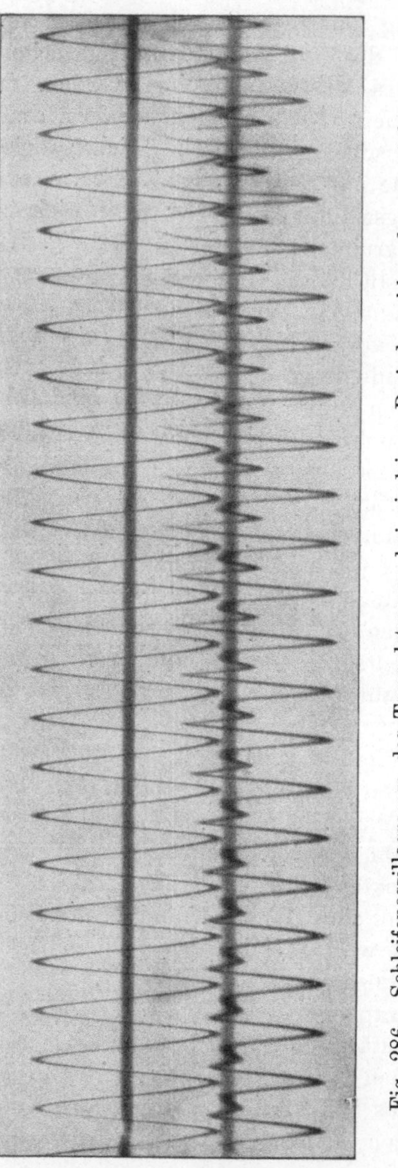

Fig. 286. Schleifenoszillogramm des Tonradstromes bei niedrigen Periodenzahlen des zugeführten Wechselstromes.

C. Lorenz A.-G. ausgebildete Apparat (Fig. 287) in vollem Umfange. Eine Stahlscheibe, in deren Rand 800 Zähne eingefräst sind und auf der eine feine Bürste schleift, wird durch einen Motor in schnelle Umdrehungen versetzt. Zur Erzielung einer unveränderlichen Umlaufszahl ist einmal ein astatischer Achsenregler angebaut, der den Feldstrom des Motors in geeigneter Weise steuert, und zweitens

Fig. 287. Tonrad von R. Goldschmidt, Ausführung der C. A. Lorenz A.-G., Berlin.

ist zur Herstellung einer gleichmäßigen Belastung eine Wirbelstrombremse vorgesehen, deren magnetisches Feld entsprechend eingestellt werden kann. Auf eine vorzügliche Isolierung der einzelnen Teile gegeneinander und auf eine vollkommene Auswuchtung aller umlaufenden Massen ist ein besonderer Wert gelegt worden.

Endlich sei noch darauf hingewiesen, daß das Tonrad auch in Verbindung mit einem Lichtschreiber Verwendung finden kann.

8. Die Verstärker.

Wie schon an früheren Stellen angegeben wurde, sind die auf der Empfangsstation aufgenommenen Antennenenergien von der Größenordnung $1 \cdot 10^{-9}$ bis $1 \cdot 10^{-11}$ Watt. Diese Zahlenwerte entsprechen ungefähr den Stromstärken $1 \cdot 10^{-5}$ bis $1 \cdot 10^{-6}$ Amp.

Es ist deshalb verständlich, daß man schon frühzeitig bestrebt war, eine verstärkte Einwirkung auf die eigentlichen Empfänger (Fernhörer, Morseapparat, Lichtschreiber) zu erreichen, indem man einen Verstärker zwischen den Luftleiter und die Aufnahmevorrichtung einfügte. Trotz zahlreicher Versuche, die in dieser Richtung in den letzten Jahren angestellt wurden, ist jedoch die gestellte Aufgabe zu einem völlig befriedigenden Abschluß noch nicht gebracht worden. Bisher als am vollkommensten haben sich zwei Ausführungsformen erwiesen: Der Kathodenröhren- und der Brownsche Verstärker.

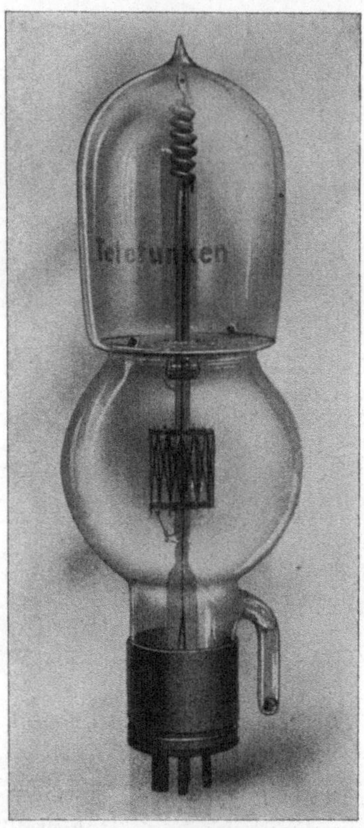

Fig. 288. Kathodenröhrenverstärker nach v. Lieben. (Gesellschaft f. drahtl. Telegr., Berlin.)

a) Der Kathodenröhrenverstärker.
(R. v. Lieben, L. de Forest.)

Die Aufgabe eines vollkommenen Verstärkers besteht darin, durch die schwachen Primärströme ein Organ zu betätigen, das stärkere Ströme einer Hilfsstromquelle auslöst, die sich weder durch die Kurvenform noch durch die Phase von ersteren unterscheiden. Diese Forderung wird um so besser erfüllt werden können, je geringer die Massen der bewegten Teile sind. Man hat deshalb schon frühzeitig vorgeschlagen, ein Kathodenstrahlenbündel in entsprechender Weise durch den Luftleiterstrom zu beeinflussen. Auf diesen Vorschlägen aufbauend, hat R. v. Lieben einen Verstärker entwickelt, der in Fig. 288 wiedergegeben ist. Ein luftleeres Glasgefäß, das etwas Quecksilberamalgam enthält, ist durch eine durchlöcherte Hilfselektrode in zwei Räume geteilt, deren unterer zur Erzeugung der Kathodenstrahlen eine Wehneltsche Oxydkathode enthält, während sich an der Spitze der oberen Abteilung die Anode in Form einer Metallspirale befindet. Der außerordentlich vielseitige Anwendungsbereich dieses Apparates ist aus den folgenden Schaltungen ersichtlich:

α) Die Verstärkungsschaltung von Niederfrequenzströmen, die z. B. bei Tonempfang und der Telephonie zur Anwendung gelangt, zeigt Fig. 289. An den Blockkondensator des aperiodischen Detektorkreises II wird ein Transformator T_1 angeschlossen, dessen Sekundärwicklung mit der Hilfselektrode und dem negativen Pole des Heizdrahtes verbunden ist. Zwischen diesem und der Anode liegt, ebenfalls unter Zwischenschaltung eines Transformators T_2, der Hörer. Befindet sich die Oxydkathode in schwacher Rotglut, so füllt sich bei richtiger Abgleichung der Spannungen die Glasbirne bis auf einen etwa 1 cm breiten dunklen Streifen oberhalb der Hilfselektrode mit einem grünlich-grauen Lichte. Beim Auftreffen von Wechselströmen verändert sich nun der Widerstand

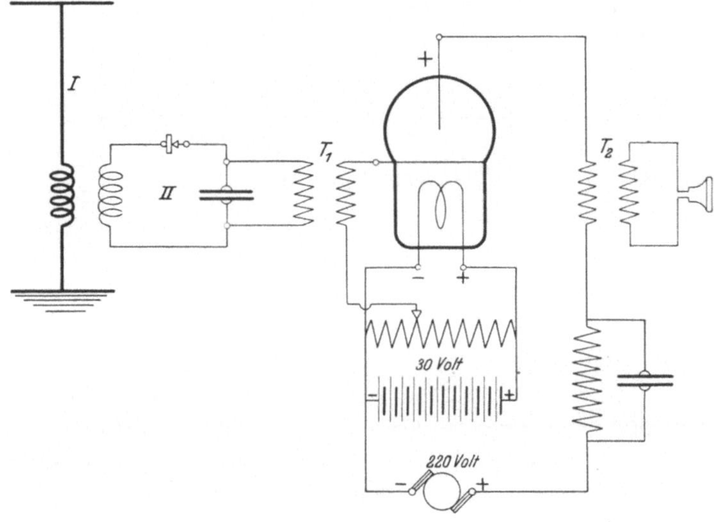

Fig. 289.

zwischen der Anode und dem negativen Pole des Heizdrahtes im Rhythmus der Wellenzüge. Die hierdurch verursachten Stromänderungen erregen dann unter Vermittlung des Transformators T_2 den Hörer.

β) Fig. 290 gibt die Schaltung wieder, die für unmittelbare Verstärkung der Hochfrequenzströme zur Anwendung gelangt. Wenn man unter Fortlassung des Detektorkreises das Telephon zwischen die Punkte a und b einfügt, so wirkt die Röhre in der gleichen Weise wie der L. de Forestsche Audiondetektor, d. h. sie übernimmt die Aufgabe eines Gasindikators, wie er in einem vorhergehenden Abschnitte beschrieben wurde.

γ) Weiterhin läßt sich die Anordnung noch nach dem bekannten Telephon-Mikrophonsummerprinzip als Schwingungserzeuger für kleine Leistungen (15 bis 20 Watt) benutzen, der sowohl bei

Messungen Verwendung findet, als auch eine vortreffliche Stromquelle beim Schwebungsempfang abgibt. Die hierzu notwendige

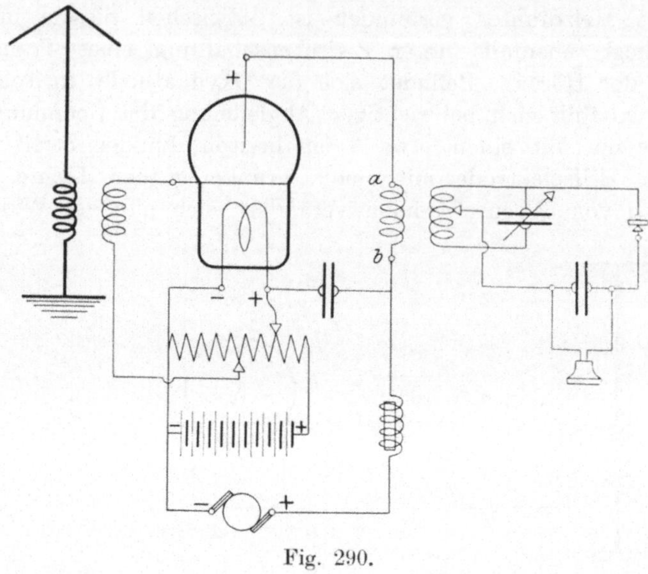

Fig. 290.

Schaltung zeigt Fig. 291. Statt des Kondensators C kann man sich auch die Antenne eingeschaltet denken. Dabei ist es möglich, sowohl ungedämpfte, als auch gedämpfte Wellenzüge (Tonsender) in dem angeschlossenen Kreise hervorzubringen. Im letzteren Falle ist die Tonhöhe abhängig von der Größe der Selbstinduktion der Drosselspule D, der Kapazität des Kondensators C und der Hilfsspannung e_H.

Endlich sei erwähnt, daß man die nämliche Röhre für verschiedene Zwecke verwenden kann, z. B. die Verstärkung der

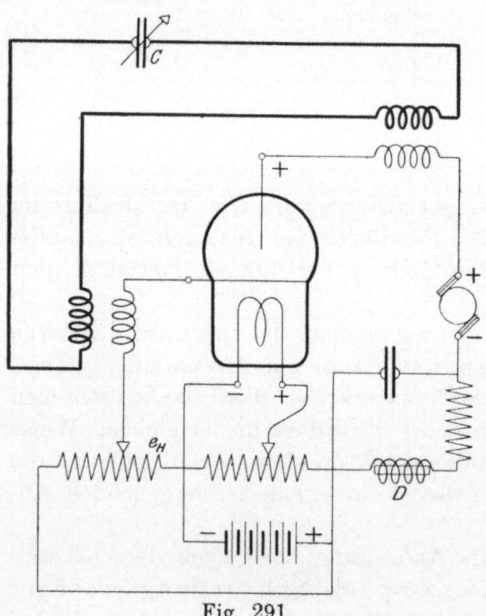

Fig. 291.

Nieder- und Hochfrequenz, die Benutzung der Anordnung als Indikator, als Schwingungserzeuger und Detektor u. s. f.

Die schwache Seite des Kathodenröhrenverstärkers ist seine Abhängigkeit von der Temperatur, die bei Inbetriebnahme des Apparates dessen sofortiges Ansprechen zeitweilig verhindert. Für ortsfeste Anlagen jedoch, bei denen man stets für ausreichende Ersatzröhren sorgen kann, dürfte die Vielseitigkeit dieses Empfängers trotzdem von Nutzen sein.

Eine größere Betriebssicherheit erzielt die General Electric Comp. bei dem von ihr hergestellten Verstärker dadurch, daß sie das Quecksilber aus der Glasbirne wegläßt und in ihr ein hochgradiges Vakuum erzeugt. An Stelle der Gasionisation, auf der die Wirkungsweise der Liebenröhre beruht, tritt infolgedessen reine Elektronenemission. Die Glühkathode bildet ein V-förmiger 0,1 bis 0,25 mm starker, durch die kleine Feder F (Fig. 292) dauernd gespannter Wolframfaden hh'. Er befindet sich innerhalb des Gitters G, das aus einem 0,01 mm dicken Wolframdraht gg' besteht. Letzterer ist auf einen Glasträger in engen Spiralen derart aufgewickelt, daß etwa 100 Windungen auf 1 cm entfallen. Als Anode A dient ein 0,1 mm dicker Wolframdraht AA', der, an einem Glasträger befestigt, zickzackförmig zu beiden Seiten des Gitters verläuft. Um kräftigere Verstärkungen zu erhalten, schaltet man zwei oder mehrere solcher Röhren hintereinander.

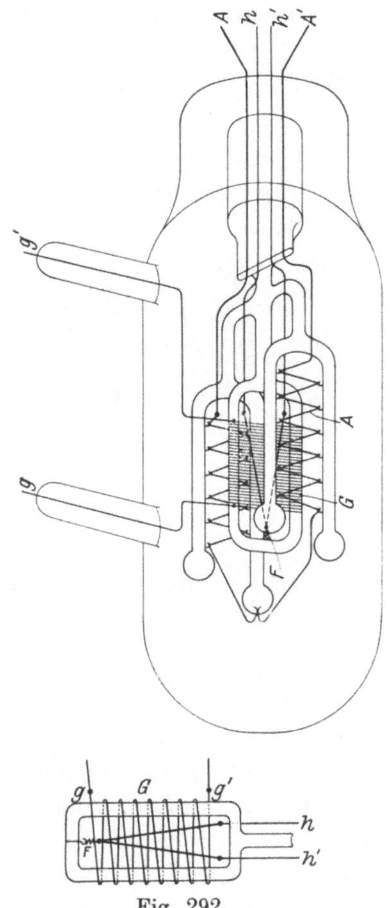

Fig. 292.

b) Der mechanische Verstärker.

Die großen Schwierigkeiten, die der Herstellung eines brauchbaren mechanischen Verstärkers entgegenstehen, sind die Ursache, daß von den zahlreichen Versuchen nur wenige zu einem wirklichen Erfolge geführt haben. Denn die Verwirklichung der im folgenden hervorgehobenen Bedingungen stellt sowohl an den Erfinder, als auch an den Erbauer derartiger Apparate die größten Anforderungen. Zunächst muß der Verstärker auf ungewöhnlich kleine Ströme ansprechen, d. h. eine außerordentliche Empfindlichkeit besitzen, ohne daß sich der Nachteil einer leichten Verstellbarkeit durch Stöße oder Temperaturschwankungen geltend macht. Weiter muß die Masse aller bewegten Teile nach Möglichkeit verringert werden, damit der Apparat nicht die Fähigkeit verliert, bei schneller Zeichengebung

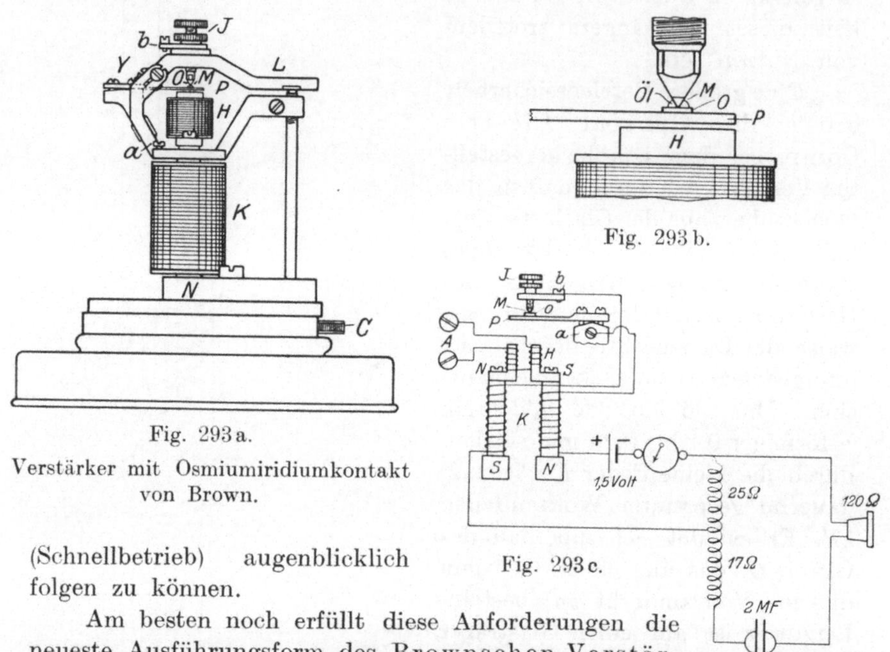

Fig. 293 b.

Fig. 293 a.

Verstärker mit Osmiumiridiumkontakt
von Brown.

Fig. 293 c.

(Schnellbetrieb) augenblicklich folgen zu können.

    Am besten noch erfüllt diese Anforderungen die neueste Ausführungsform des **Brownschen Verstärkers** (Fig. 293a bis c). Sein wesentlichster Teil besteht aus einem Kontakt MO einer Osmium-Iridiumlegierung, dessen fester Teil O als Spitze ausgeführt, während die bewegliche Elektrode M auf einer feinen Stahlzunge P befestigt ist, die von einem hufeisenförmigen Magneten K beeinflußt wird. Dies erfolgt in der Weise, daß über die aus Weicheisen bestehenden Polschuhe des Elektromagneten Spulen H geschoben sind, welche von dem Gleichstrome des Wellenindikators (Kontaktdetektor, Ventilröhre) erregt werden. Hierdurch gerät die Stahlzunge in Schwingungen, der Widerstand des Kontaktes und damit der Strom der Ortsbatterie verändert sich und regt dadurch die Platte eines angeschlossenen Fernhörers zu kräftigen Bewegungen an. Zur Einstellung des Kontaktes dient Schraube C, durch die L gehoben und gesenkt werden kann. Soll er gereinigt werden, so hebt man den um Y drehbaren Arm L. Ein kleiner Öltropfen bei O bewirkt ein gleichmäßigeres Arbeiten.

Die einzelnen Stromkreise zeigt Fig. 293 c. Der Hörer liegt an einem Spartransformator. Vor ihm befindet sich ein Kondensator. Durch Reihenschaltung mehrerer derartiger Verstärker lassen sich Ströme auslösen, mit denen ein Morseschreiber in Tätigkeit gesetzt werden kann.

Bei einem anderen, etwas weniger empfindlichen Verstärker (Fig. 294 u. 295) von Brown, der von der Siemens & Halske A.-G. gebaut wird, ist an Stelle des Metallkontaktes ein kleines Körner-

Fig. 294.

Verstärker mit Kohlemikrophon.
(Siemens & Halske A.-G., Nonnendamm, Berlin.)

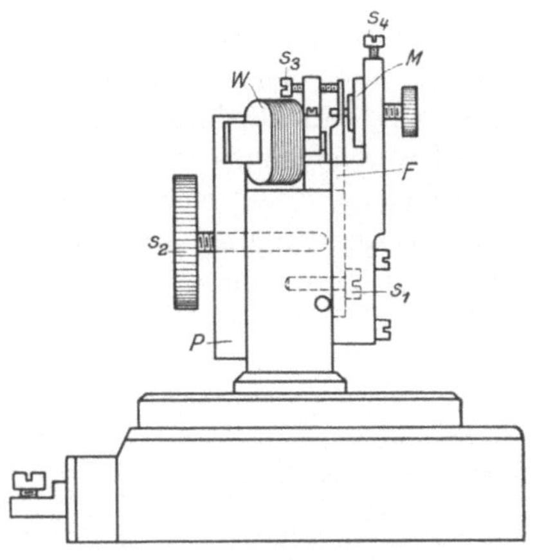

Fig. 295 a.

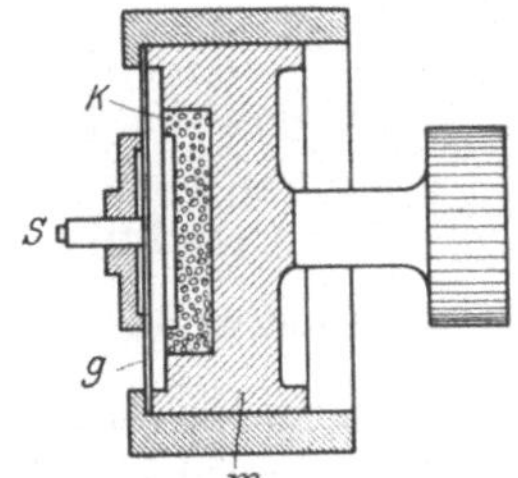

Fig. 295 b.

mikrophon getreten, das in Fig. 295 b in vergrößertem Maßstabe dargestellt ist. Die Kohlekörner K befinden sich in der Messingkammer m, die durch eine bewegliche, mit dem Stift S (Fig. 295 b) verbundene Metallelektrode abgedeckt wird. Eine Überwurfmutter preßt sie unter Zwischenlage der Glimmerscheibe g auf den Mikrophonkörper. Das Mikrophon liegt im Stromkreis von drei Trockenelementen und ist hintereinandergeschaltet mit der Primärwicklung eines Transformators, an dessen Sekundärklemmen der Hörer angeschlossen ist. Zur Einstellung dienen die Schrauben S_1, S_2 und drei weitere, am Mikrophonträger angebrachte, von denen nur die eine S_4 in der Abbildung sichtbar ist. Die

Schraube S_3 soll verhindern, daß F an den Polschuhen klebt. Fig. 294 gibt eine Gesamtansicht dieses Verstärkers. Seine Wirkung setzt erst ein, wenn die zugeführten Ströme einen bestimmten Betrag erreicht haben. Er eignet sich besonders gut zur weiteren Verstärkung der mit zwei Kathodenröhren bereits erzielten Ströme.

VI. Maßnahmen zur Störbefreiung auf der Empfangsseite.

Von allen Fragen, die auf der Empfangsseite zu lösen sind, ist die wichtigste die: Welche Anordnungen sind zu treffen, damit der Wellenanzeiger allein von den Schwingungen der Sendestation und nicht von fremden Wellen mit erregt wird? Wenn auch eine vollständige Lösung dieser Aufgabe bisher noch aussteht, so sind doch mannigfache Ansätze vorhanden, deren weiterer Ausbau vielversprechend ist. Von den beiden Störungsquellen, die einerseits in den elektromagnetischen Wellen fremder Geberanlagen andererseits in den luftelektrischen Ladungserscheinungen des Empfangsluftleiters ihren Ursprung haben, macht es verhältnismäßig geringere Schwierigkeiten, den Einfluß der ersteren so zu vermindern, daß sich ein radiotelegraphischer Verkehr noch aufrecht erhalten läßt. Das einfachste Mittel zur Erreichung dieses Zieles wäre das, bei gegebener Stationsentfernung die Senderanlage so stark zu bemessen, daß ihre Zeichen auf der Empfangsseite in jedem Falle hindurch gehört werden können. Wenn man auch diesen Gedanken bei Militärstationen hie und da verwirklichen wird, so stellt er doch für die Allgemeinheit der Anlagen, wie leicht einzusehen ist, einen grundsätzlich falschen Weg dar. Richtiger ist es, durch die Wahl geeigneter Empfangsschaltungen und entsprechende Detektoren, die fremden Störungen zu beseitigen.

1. Schutz gegen Störungen durch fremde Sender.

a) Verwendung von Zwischenkreisen. Abstimmung der Antenne.

Wie schon in dem Abschnitt dargelegt wurde, der den Begriff der Abstimmschärfe erläuterte, ist es bei gleicher Empfangsenergie und gleicher Verstimmung um so leichter, sich von den Einflüssen dritter Stationen frei zu machen, je schärfer man auf die Schwingungen des Senders abstimmen kann, dessen Zeichen aufgenommen werden sollen, d. h. je schwächer gedämpft seine Schwingungen sind und je kleiner ihre Dämpfung gegenüber derjenigen der Störstationen ist.

Ein erstes Hilfsmittel zum Schutz gegen Störungen durch fremde Sender ist daher die Verwendung einer losen Kopplung

beim Empfang unter gleichzeitiger Ausschaltung jedes unmittelbaren Einflusses der Störstationen auf den Detektor.

Beide Forderungen werden erfüllt durch die Benutzung
von Zwischenkreisen, mit
deren Zahl die Einwirkung der
Störenergie auf den Detektor
immer mehr verschwinden muß.

Dementsprechend wird man
z. B. die Anordnungen Fig. 267
und 276 zweckmäßig zu der
in Fig. 296 dargestellten Schaltung erweitern.

Die Abstimmung der
Antenne auf die Periode der
Senderschwingungen kann dabei auf verschiedene Weise
erfolgen:

1. Mit Hilfe von Stöp-
selspulen, deren Selbstin-

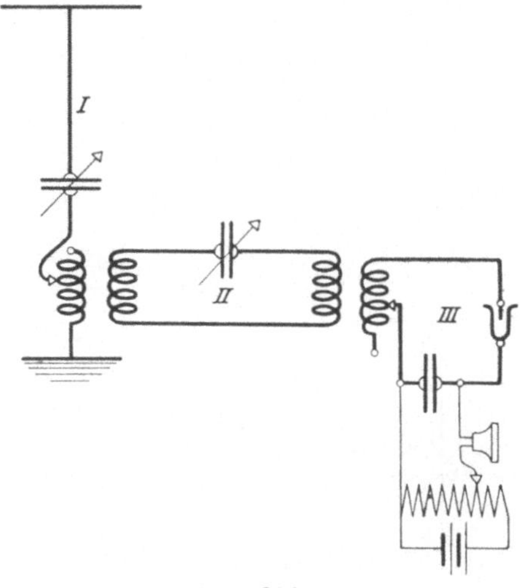

Fig. 296.

duktion stufenweise veränderlich ist, in Verbindung mit einem
Variometer, dessen Änderungsbereich ausreicht, um die einzelnen
Stufen überbrücken zu können. Zweckmäßig wird man hierbei eine
Reihe von Variometern verwenden, deren Selbstinduktionswerte dem
betreffenden Wellenbereich angepaßt sind, da bei nur einem einzigen
zuviel Stufen notwendig sind, um den Luftleiter auf jede Schwingung
zwischen dem kleinsten und größten Werte abstimmen zu können.
Noch aus einem anderen Grunde ist eine mehrfache Unterteilung und
Reihenschaltung mehrerer kleinerer Variometer einem einzelnen größeren vorzuziehen. Mit Rücksicht auf einen weiten Änderungsbereich
pflegt man den Abstand der festen und beweglichen Wicklung möglichst
gering zu halten. Wenn es dann auch gelingt, als Verhältniswerte der
kleinsten und größten Selbstinduktionen Zahlen von $1:8$ bis $1:10$ zu
erhalten, so nimmt doch in gleicher Weise die Größe der Eigenkapazität der Spulen zu. Die hierdurch bedingte Mehrwelligkeit der Luftleiterbahn vermindert die Abstimmschärfe und vergrößert die schädliche Dämpfung. Besonders finden einfallende kurze Wellen in den
kapazitiven Nebenschlüssen eine willkommene Ableitung zur Erde.
Aus diesem Grunde sieht man vielfach von der Verwendung von
Variometern überhaupt ab und benutzt zur Welleneinstellung:

2. eine Stöpselspule und einen mit ihr in Reihe geschalteten Drehkondensator (vgl. Fig. 297). Da man es hier bei der Ausbildung der Selbstinduktion (einlagige Zylinderspule) in der Hand hat,

ihre Eigenkapazität verschwindend klein zu halten, stellt somit die Luftleiterbahn einen eindeutig festgelegten Schwingungskreis dar. Freilich

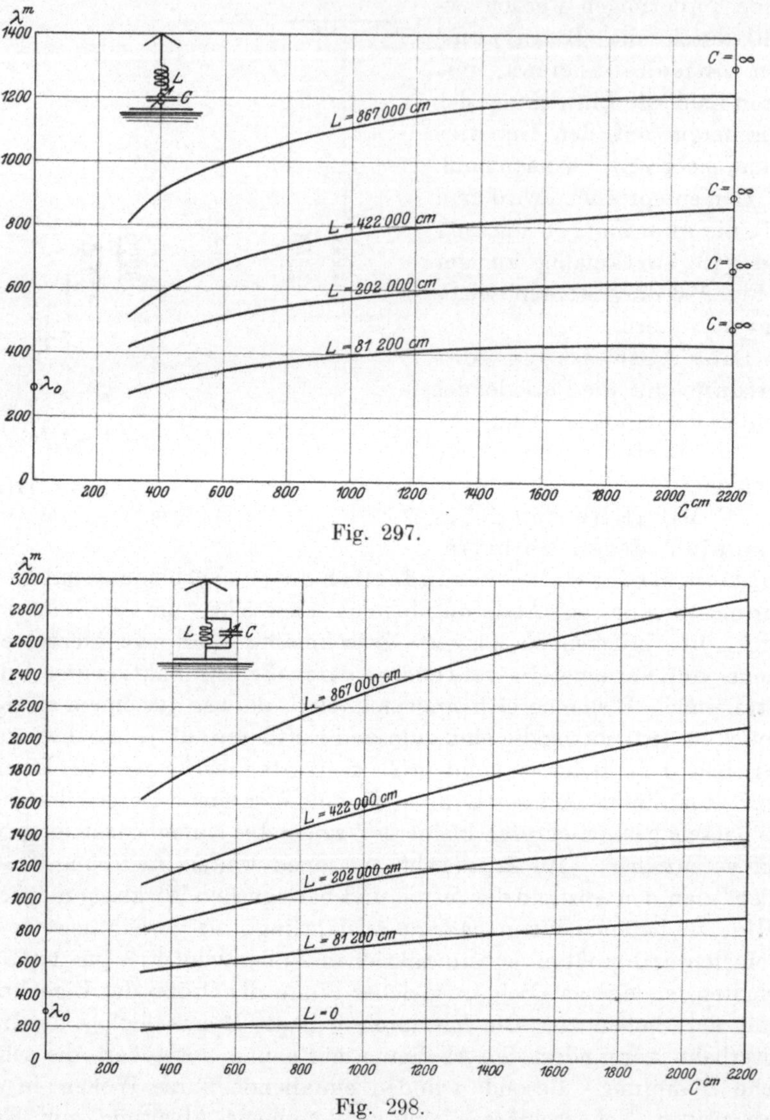

Fig. 297.

Fig. 298.

muß man bei dieser Schaltung mit in Kauf nehmen, daß, da man den
Änderungsbereich des Kondensators nicht voll ausnutzen darf (etwa
1 : 2,5), eine größere Anzahl von Stufen nötig ist, als im vorher besprochenen Fall.

3. Endlich ist, besonders bei langen Wellen, noch die **Anordnung** gebräuchlich, bei der **Selbstinduktionsspule und Drehkondensator parallel geschaltet sind** (Fig. 298). Dabei wird die Einwelligkeit der Luftleiterbahn um so mehr gewahrt werden, je mehr die Eigenselbstinduktion der Antenne gegenüber dem eingeschalteten Induktionswert zu vernachlässigen ist. In diesem Falle kann man die Kondensatorkapazität der des Strahlgebildes parallel geschaltet ansehen.

In welchem Grade sich nun, je nach der verwendeten Anordnung, die Eigenschwingung des Luftleiters verändert, soll durch das folgende Zahlenbeispiel näher erläutert werden:

Eine 6-drähtige Schirmantenne, die mit einem ebenfalls 6-drähtigen Gegengewicht in Verbindung steht, besitze bei der Eigenwelle $\lambda_0 = 290$ m eine Luftleiterkapazität von $C_A = 475$ cm und eine Eigenselbstinduktion von $L_A = 45000$ cm. Die Kurven der Fig. 297 und 298 geben die Wellenlänge λ in Abhängigkeit von der jeweiligen Kondensatorkapazität C wieder, wenn diese mit der Selbstinduktion L in Reihe oder parallel geschaltet ist.

Welche Anordnung man auch wählen mag, als erster Grundsatz ist für alle Empfangsschaltungen der anzusehen, daß

α) alle nicht beabsichtigten Kapazitätswirkungen nach Möglichkeit zu vermeiden sind, und

β) die Isolation der einzelnen Apparate gegeneinander und gegen Erde mit Rücksicht auf die Abstimmschärfe und Größe der Nutzleistung noch sorgfältiger zu erfolgen hat, als dies auf der Sendeseite geschehen muß.

b) Wahl des Wellenanzeigers.

Neben diesen Gesichtspunkten für den sachgemäßen Aufbau des Empfängers ist es zur Erzielung einer wirksamen Störbefreiung von Bedeutung, mit welchem Wellenanzeiger die Aufnahme der Zeichen erfolgt. Hat man den zumeist üblichen Hörempfang im Auge, so wird man, falls der Sender ungedämpfte Schwingungen erzeugt, zweckmäßig einen Schwebungsempfänger (z. B. Tonrad) zur Anwendung bringen, der die Wellen der Störstationen nur als Geräusche zur Wahrnehmung bringt. Hat man es dagegen mit Funkensendern zu tun, die bei Verwendung der Tikkerschaltung durch ungedämpfte Schwingungen gestört werden, so bietet der Zellenempfang in Verbindung mit Fernhörer die Möglichkeit, den Einfluß der letzteren auf die Telephonplatte völlig auszuschließen. Sind der Betrieb- und die Störsender mit tönenden Anlagen ausgerüstet, so stellt, falls die Wellenänderung keine ausreichende Störbefreiung ergibt, die Veränderung des Tones (Vieltonsender) ein Mittel dar, mit dem trotzdem die Aufnahme der gewünschten Zeichen ermöglicht wird. Will man dagegen feststellen, ob innerhalb des vorhandenen Wellenbereiches der Empfangsstation irgend ein Sender in Tätigkeit ist, so besitzt man in der Tikkerschaltung, die ja auf gedämpfte und ungedämpfte Schwingungen in gleicher Weise anspricht, die bequemste Anordnung.

c) Besondere Schaltungen.

Für gewisse Betriebsverhältnisse wird sich häufig auch eine Störbefreiung durch besondere Schaltungen erzielen lassen. So kann man, um die Wirkung einer bestimmten Störstation auf den Empfangsindikator zu verhindern, sich beistehender Schaltung (Fig. 299) bedienen. Man stimmt zunächst, während Punkt a geerdet ist, den Luftleiter mit Hilfe des Variometers L_0 auf die Störwellenlänge λ_s ab. Fügt man dann in das Strahlgebilde einen Kondensator C_1 und eine Spule L_1 von solcher Größe ein, daß sie zum geschlossenen Schwingungskreis vereinigt ebenfalls eine Eigenwellenlänge λ_s besitzen, so muß für diese Welle zwischen den Punkten a und b die Spannung Null vorhanden sein. Die im Nebenschluß liegenden Selbstinduktionsgrößen L'_2 und L''_2 werden nun so abgeglichen, daß die stark ausgezogene Schwingungsbahn sich mit der Betriebsperiode in Resonanz befindet. Damit wird erreicht, daß die Störwelle unmittelbar zur Erde abgeleitet wird, während die Schwingungen der Sendeseite vorzugsweise durch die mit den eigentlichen Empfangskreisen in Verbindung stehende Kopplungsspule L''_2 fließen.

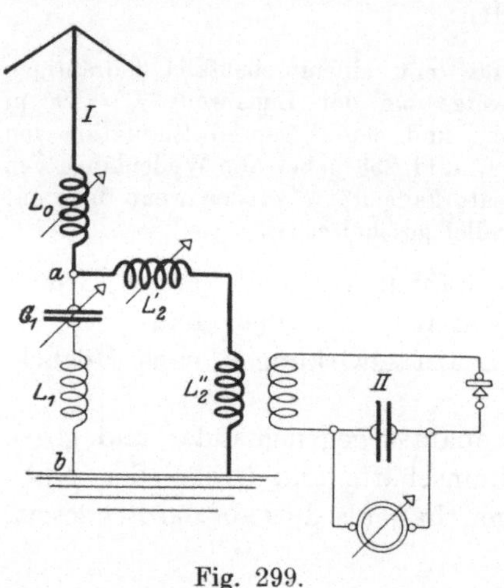

Fig. 299.

Eine andere von R. A. Fessenden angegebene Schaltung, die besonders für solche Anlagen von Wert ist, die den gegenseitigen Verkehr mit einer einzigen Welle bewirken, ist in Fig. 300 wiedergegeben. Hier wird die stärker ausgezogene Luftleiterbahn auf die Betriebsperiode abgestimmt, wobei für diese zwischen den Punkten a und b die Spannung Null herrschen soll. Ist der Parallelzweig mit dem Kondensator C_1 und der Spule L_1 gegen diese verstimmt, so wird die Erregung des Sekundärkreises vorzugsweise durch die Kopplungsvorrichtung K_2 erfolgen. Eine von der Senderschwingung abweichende Welle dagegen muß sich über beide Zweige verteilen. Werden nun die Sekundärspulen der Übertragungsvorrichtungen derart geschaltet, daß die in ihnen entstehenden elektromotorischen Kräfte gegeneinander wirken, so ist eine Erregung des Indikators in dem Falle ausgeschlossen, wenn beide induzierten Spannungen in Amplitude und Phase übereinstimmen. Die erstere Bedingung läßt sich unschwer durch die passende Einstellung der Spulenentfernung erfüllen, während der Phasenausgleich durch den dritten Kopplungstransformator K_3 bewirkt wird, der in dem Sekundärkreise eine weitere EMK zur Wirkung bringt, deren Phase mit Hilfe des veränderlichen Widerstandes w in weiteren Grenzen eingestellt werden kann und deren Amplitude ebenfalls durch die Spulenentfernung sich ändern läßt. Die Vorteile dieser Schaltung können natürlich nur dann hervortreten, wenn jede unbeabsichtigte gegenseitige Beeinflussung der einzelnen Leiterzweige, sei es auf induktivem oder kapazitivem Wege, peinlich vermieden wird. Zur Erfüllung dieser Bedingung muß man einmal eine möglichst symmetrische Anordnung der einzelnen Schaltungsteile anstreben, und zweitens alle diejenigen Spulen abschirmen, die von außen nicht beeinflußt werden sollen. Es sei deshalb in diesem Zusammenhange nochmals darauf hingewiesen, daß man dem Schaltungsaufbau der Empfangsseite die größte Sorgfalt widmen sollte. Denn jeder zusätzliche Verlust, mag er nun in dem Baustoff, der Form oder dem Zusammenbau der verwendeten Spulen liegen oder als dielektrischer- und Ableitungsverlust der Kondensatoren zutage treten, schwächt nicht nur die nützliche Empfangsenergie, sondern verschlechtert auch in hohem Maße die Schärfe der Abstimmung. Die gleiche Aufmerksamkeit ist der Leitungsführung zu widmen, damit nicht etwa auftretende kapazitive oder Ableitungsströme

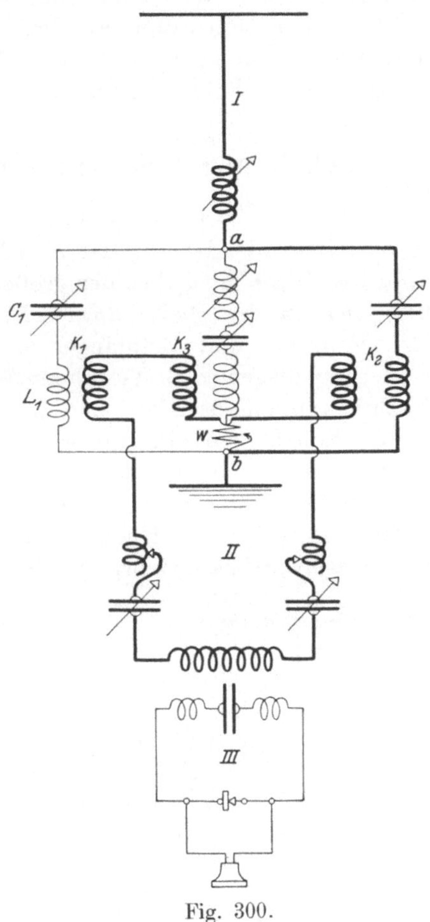

Fig. 300.

ihre schädlichen Wirkungen ausüben können. Hält man sich diese Gesichtspunkte vor Augen, so wird man zu dem Ergebnis kommen, daß die Senderschaltungen im allgemeinen weniger Schwierigkeiten verursachen als die des Empfängers. Diese Tatsache wird um so mehr hervortreten, je vielseiter die Anforderungen bezüglich der Größe des zu überstreichenden Wellenbereiches und der Verschiedenheit der einzuschaltenden Detektoren werden, ohne daß jedoch die Schnelligkeit und Einfachheit der Bedienung darunter leidet. Hier dürfte das letzte Wort noch nicht gesprochen sein.

2. Schutz gegen Störungen durch den eigenen Sender.

Schließlich ist in diesem Zusammenhang noch von den Störungen zu sprechen, die die eigene Sendestation auf den Empfänger ausübt. Wenn auch bei der großen Mehrzahl der Anlagen der Verkehr sich in der Weise abwickelt, daß der Luftleiter abwechselnd an den Geber und Empfänger angelegt wird, so besteht doch bei manchen Anlagen (z. B. Telephoniestationen) der Wunsch, gleichzeitig Nachrichten auszusenden und zu empfangen. Besonders bei den Großstationen, die aus wirtschaftlichen Gründen eine weitgehende Ausnutzung verlangen, sowie bei den Anlagen, die vorzugsweise den militärischen Nachrichtenaustausch vermitteln, wird man bestrebt sein, einen derartigen Betrieb einzurichten. Die Verfahren, die beim Gegensprechen benutzt werden, zeigen hierzu den Weg. Zu einer in jeder Weise befriedigenden Lösung freilich ist man bisher nicht gelangt. Am nächstliegenden ist der Gedanke, bei Benutzung der gleichen Antenne, aber verschiedener Sende- und Empfangswelle durch Anwendung geeigneter Nullpunktsschaltungen, von denen eine beispielsweise in Fig. 299 wie-

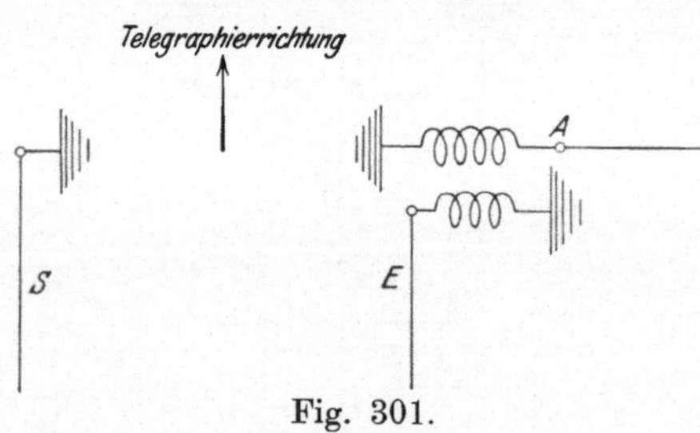

Fig. 301.

dergegeben ist, dafür Sorge zu tragen, daß die ausgesandten und ankommenden Schwingungen nur in den für sie bestimmten Kreisen fließen. Es wird jedoch im allgemeinen schwer sein, den überwiegenden Einfluß der starken Senderströme von den unmittelbar benachbarten Empfängern völlig fernzuhalten, besonders dann, wenn gleichzeitig die Möglichkeit einer Wellenveränderung verlangt wird. Dies wird sich auch dann nicht wesentlich dadurch verbessern lassen, daß man zwei Antennen vorsieht, von denen die eine mit der Geberseite, die andere mit dem Empfänger in Verbindung steht.

Nur in dem Falle, daß man beide Stationsteile räumlich weit voneinander anlegt und sich mit einer Senderwelle begnügt, ist es gelungen, mit der Methode des Gegensprechens praktische Erfolge zu erzielen. Dies von der Marconigesellschaft bei ihren Großstationen angewandte Verfahren soll durch Fig. 301 erläutert werden, die die Anordnung von oben betrachtet wiedergibt. Als Sender- S und Empfangsluftleiter E wird eine ⌐-förmige Antenne verwendet, die infolge ihrer Lage in der Telegraphierrichtung besonders stark strahlt, während die Energieabgabe in der Richtung SE gering ist (vgl. S. 353). Der Empfangsluftleiter E wird deshalb von den Schwingungen des eignen Senders S nur in geringem Maße erregt. Dazu kommt, daß E als gerichteter Luftleiter auf Wellen, die in Richtung SE eintreffen, nur schwach anspricht und überdies die Entfernung SE verhältnismäßig groß ist. Bei einer zu überbrückenden Entfernung von 5000 km müßte SE etwa 20 km betragen. Um den Einfluß des Senders völlig zu beseitigen, ist ein Ausgleichsluftleiter A angeordnet, der mit der Empfangsantenne unmittelbar gekoppelt ist und dessen elektrische Abmessungen durch den Versuch so bestimmt werden, daß er in dem Empfänger eine Schwingung hervorruft, die an Stärke und Dämpfung der unmittelbar induzierten völlig gleicht, deren Phase jedoch um 180^0 von jener verschieden ist. Somit wird erreicht, daß der eigene Sender die Empfangsindikatoren nicht beeinflussen kann, ohne daß die Zeichen der Gegenstation irgend eine Schwächung erleiden. Daß auch der Ausgleichsluftleiter A hierzu nicht beiträgt, rührt daher, daß er als gerichteter Strahldraht derartig im Raume angeordnet wird, daß er vorzugsweise die Schwingungen des eigenen Senders aufnimmt.

Da dieses in elektrischer Beziehung vollkommene Verfahren sich nur bei Großstationen und solchen Anlagen anwenden läßt, die den gegenseitigen Verkehr mit einer Wellenlänge vermitteln, ist man bei kleineren Anlagen, bei denen die Sende- und Empfangsseite an der gleichen Antenne angeschlossen sind, zur Anwendung weniger vollkommener Anordnungen gezwungen. Stellt man sehr geringe Anforderungen bezüglich des Gegensprechens, so kann man folgende Einrichtung wählen: Die Station steht dauernd auf Empfang. Sobald die Gebetaste in Tätigkeit tritt, wird der Empfänger durch ein Verzögerungsrelais abgeschaltet, das dann nach Beendigung des Sendens wieder ein selbsttätiges Anschalten der Empfangseinrichtung bewirkt. Man ist somit in der Lage, zwischen dem Senden von zwei Nachrichten ohne besondere Umlegung des Sender-Empfangsschalters die Zeichen der Gegenstation aufnehmen zu können. Der nächste Schritt ist der, den Morsetaster mit einem dritten Kontakt zu versehen, der in den Pausen zwischen den Punkten und Strichen das Zwischenhören gestattet. Bei der Beschreibung des Magnetempfängers wurde diese Anordnung schon erwähnt. Am vollkommensten wird jedoch die Aufgabe gelöst bei den Funkensendern, die mit Hilfe einer mit der Periode des Maschinenstromes synchron umlaufenden Kontaktscheibe den Anschluß des Empfängers während der Funkenpausen an den Luftleiter bewirken (G. Marconi). Dieses Verfahren stellt die vollkommenste Zwischenhörvorrichtung dar. Es ist indessen nur anwendbar bei Sendern, die mit Kondensatorentladungen arbeiten, die in gleichen Zeitabschnitten aufeinanderfolgen. Dabei kann man entweder die ganze Empfangseinrichtung oder nur die spannungsempfindlichen Teile (Detektoren) während der Tätigkeit des Senders abschalten oder

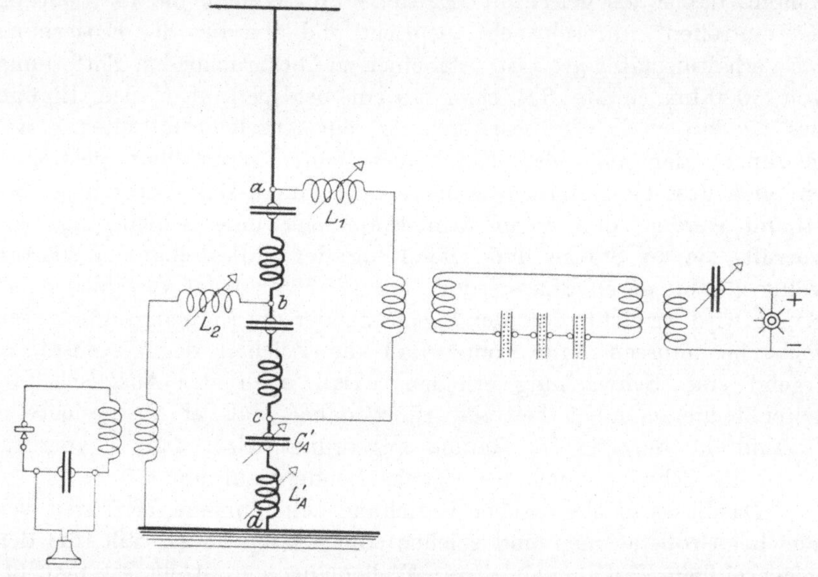

Fig. 302.

mittels geeigneter Vorrichtungen kurz schließen. Zu deren besonderem Schutz kann es oft nützlich sein, die am meisten gefährdeten Teile in einen abschirmenden Metallkasten (Faradayscher Käfig) einzuschließen.

Endlich sei noch die von O. Scheller angegebene Gegensprechschaltung (Fig. 302) erwähnt, die insbesondere für die Radiotelephonie sich eignet und die auf folgendem Gedankengang beruht: In die Antenne sind drei Sätze von Spulen und Kondensatoren eingeschaltet, von denen die zwischen a und b und b und c liegenden völlig miteinander übereinstimmen. Der Kondensator C'_A und die Spule L'_A sind so abgeglichen, daß beide gewissermaßen einen künstlichen Luftleiter darstellen, dessen elektrische Eigenschaften denen des angeschlossenen

Strahlgebildes vollkommen gleichen. Die stark ausgezogene Schwingungsbahn kann man sich somit als Wheatstonsche Brücke vorstellen,
die bei der vorhandenen Abgleichung, wenn sie beispielsweise zwischen
den Punkten a und c durch eine Wechselstromquelle erregt wird,
zwischen b und d keine Spannungsdifferenz aufweisen kann. Damit
ist die Möglichkeit eines gleichzeitigen Sendens und Empfangens, wie
folgt, gegeben: Zwischen die Punkte a und c wird die durch die
Mikrophone beeinflußbare Hochfrequenzquelle geschaltet, während
der Empfänger von einer Spule induziert wird, die an die Punkte
b und d angeschlossen ist. Die Abstimmung des Luftleiters auf die
Senderschwingung erfolgt dabei durch das Variometer L_1 und auf
die von dieser verschiedenen Empfangsperiode mit Hilfe des Variometers L_2. Hierbei verhindert die verwendete Brückenschaltung, daß
beide Einstellungen sich gegenseitig stören.

Überblickt man die bisher angegebenen Mittel zur Störbefreiung,
so erkennt man, daß trotz offensichtlicher Erfolge ein allgemein anwendbares Mittel noch nicht gefunden ist.

3. Die Störungen durch die atmosphärischen Ladungserscheinungen der Antenne.

Bei weitem schwieriger, als die Beseitigung des Einflusses der
Störstationen, ist die Unschädlichmachung der atmosphärischen Ladungserscheinungen, denen jeder Luftleiter ausgesetzt ist. Denn da
mit wachsendem Abstande vom Erdboden das elektrische Potential
gegenüber dem der Erdoberfläche ständig zunimmt, muß bei jeder
Antenne ein Spannungsunterschied zwischen ihren oberen Enden
und dem Erdboden auftreten, der einen dauernden Ausgleichsstrom
zur Folge hat. Solange dieser mit gleichbleibender Stärke zur Erde abfließt, kann eine Beeinflussung der gebräuchlichen Wellenanzeiger nicht
stattfinden. Erst wenn infolge plötzlicher Potentialschwankungen in
den oberen Luftschichten stoßartig wirkende Ladungserscheinungen
der Antennenanlagen auftreten, Vorgänge, die besonders stark bei
Gewitterbildungen beobachtet werden, findet ein gleichmäßiger Stromfluß nicht mehr statt. Der Luftleiter verhält sich dann gewissermaßen wie ein Kondensator, dem in unregelmäßiger Folge aus der
Atmosphäre eine elektrische Ladung zuteil wird, die sich, sobald der
äußere Zwang verschwindet, in Schwingungen umsetzt, die solange anhalten, bis in den Widerständen der Strombahn der gesamte Arbeitsvorrat verzehrt ist. Man hat es hier mit einem ähnlichen Vorgange
zu tun, den wir beim alten Marconisender kennen lernten, nur daß
die Auslösung der Erscheinung nicht durch eine Funkenstrecke bewirkt wird, sondern in plötzlichen Potentialschwankungen der Atmo-

sphäre ihre Ursache hat. Gemeinsam ist jedoch beiden der Umstand, daß der Schwingungsverlauf in der Antenne die Form eines abklingenden Wellenzuges besitzt, dessen Dämpfung allein durch die elektrischen Größen der Strombahn gegeben ist. Da durch diese Ströme der Wellenanzeiger in gleicher Weise erregt wird, wie durch die elektromagnetischen Schwingungen der Senderseite, kann die Aufnahme der Nachrichten sehr erschwert, wenn nicht völlig unmöglich gemacht werden. Von ausschlaggebender Bedeutung für eine umfassende gewerbliche Anwendung der Radiotelegraphie ist daher die Lösung der Frage: Ist es möglich, in jedem Falle diese Störungsursache in ihrer Wirkung so zu verringern, daß ein Durchgeben der Zeichen zu keiner Zeit ausgeschlossen ist? Wenn auch diesbezügliche zahlreiche Versuche und Messungen vorliegen, so kann doch bisher diese Frage nicht im bejahenden Sinne beantwortet werden. Vielleicht geben die folgenden Überlegungen die Richtung an, in der die Weiterarbeit zu erfolgen hat.

Zunächst ist aus den vorausgehenden Erklärungen ersichtlich, daß die atmosphärischen Ströme um so stärker werden müssen, je größer die Ladungsenergie der Antennenanlage und je schwächer gedämpft die Luftleiterbahn ist. Da weiter die mitgeteilte elektrische Energie mit der Kapazität und dem Quadrate der Spannung zunimmt, ist zunächst einleuchtend, daß mit kleiner werdender Antennenkapazität und abnehmender Luftleiterhöhe die Wirkungen der Störungsquelle sich verringern müssen. Dies bedingt die Anwendung von nicht zu hohen Strahlgebilden, eine Forderung, die sich mit der oben abgeleiteten Empfangsbedingung begegnet, wonach der Strahlungswiderstand klein zu halten ist. Da für die Senderseite keine Rücksichten auf die atmosphärischen Störungen zu nehmen sind und hier eine große wirksame Antennenhöhe nur Vorteile bringt, kommt man zu dem natürlichen Schlusse, der bei allen ortsfesten Anlagen größerer Leistung Berücksichtigung finden sollte, daß man grundsätzlich für das Geben und Empfangen zwei verschiedene Luftleiter errichten soll. Die günstige Wirkung einer Verkleinerung der Antennenkapazität kann man auch dadurch erzielen, daß man einen Kondensator in das Strahlgebilde schaltet und mit Hilfe einer passend abgeglichenen Spule die ursprüngliche Wellenlänge wieder herstellt. Weiterhin wird eine Verringerung der atmosphärischen Störungen erreicht, wenn man den Luftleiter, statt ihn zu erden, an ein Gegengewicht anschließt.

Als zweiter wichtiger Punkt war die Vermehrung der Antennendämpfung, d. h. in erster Linie ihres wirksamen Widerstandes erwähnt worden. Der Grenzfall würde der sein, daß die Schwingungsbahn aperiodisch gemacht wird. In diesem Falle dürften die atmosphärischen Ströme beinahe völlig unwirksam werden. Freilich wächst damit in gleichem Maße der schädliche Energieverlust für die ankommende Schwingung, so daß man dieses Mittel nur dann wird anwenden können, wenn die Empfangsenergie so stark ist, daß sie trotzdem noch in ausreichendem Maße den Detektor beeinflussen kann. Da jedoch diese Voraussetzung nur ausnahmsweise erfüllt sein dürfte, ist man gezwungen, einen Vergleich zu schließen, d. h. durch Einführung einer zusätzlichen Dämpfung die ankommenden Schwingungen nur so weit zu schwächen, als es für die Aufnahme der Zeichen trotz der fremden Störungen zulässig ist. Und zwar wird der Erfolg um so mehr hervortreten, je schwächer gedämpft die Senderschwingungen gegenüber denen der Empfangsantenne sind. Diesen Gedanken hat als Erster G. Marconi aufgegriffen und beistehende Schaltung

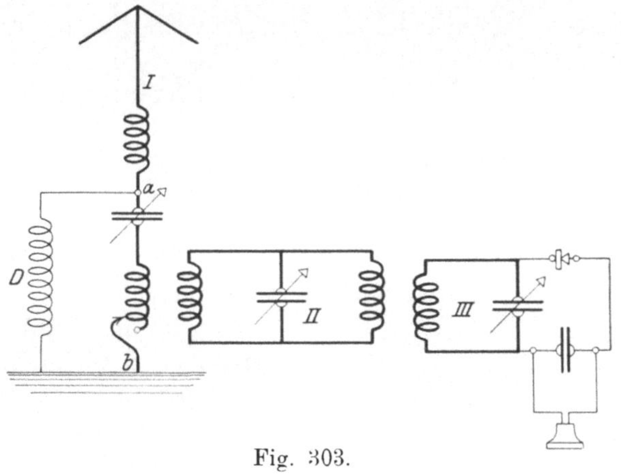

Fig. 303.

(Fig. 303.) entwickelt. Von den drei auf die Empfangswelle abgestimmten Kreisen I, II und III ist der Luftleiter I so abgeglichen, daß zwischen den Punkten a und b für die Periode der Senderseite die Spannung Null herrscht. Verbindet man a und b durch die Drosselspule D, so werden die atmosphärischen Ströme zum Teil über diese Leitungsbahn sich ausgleichen, während der Nutzstrom in erster Linie den anderen Zweig wählen und damit die beiden anderen Kreise zu Schwingungen anregen wird. Die äußere Ansicht einer derartigen Empfangseinrichtung ist in Fig. 304 wiedergegeben. Wirkungsvoller jedoch wird die Schaltung, wenn man die Spule D durch einen Ohmschen Widerstand ersetzt. Strahlt beispielsweise der Sender ungedämpfte Wellen aus, so werden die im Empfangsluftleiter entstehenden Ströme, abgesehen von der Aufschaukelperiode, im umgekehrten Verhältnis der Ohmschen Widerstände der beiden Leiterzweige sich verteilen, die durch atmosphärische Störungen hervorgerufenen dagegen werden in erster Linie über den rein Ohmschen Nebenschluß zur Erde sich ausgleichen (Fig. 305). Noch vollkom-

Fig. 304. Einrichtung zur Verhinderung atmosphärischer Störungen von G. Marconi (Marconi-Gesellschaft, London).

mener wird dies durch die Anordnung erreicht, die in Fig. 306 dargestellt ist, deren Abstimmittel im Sekundärkreise so eingestellt sind,

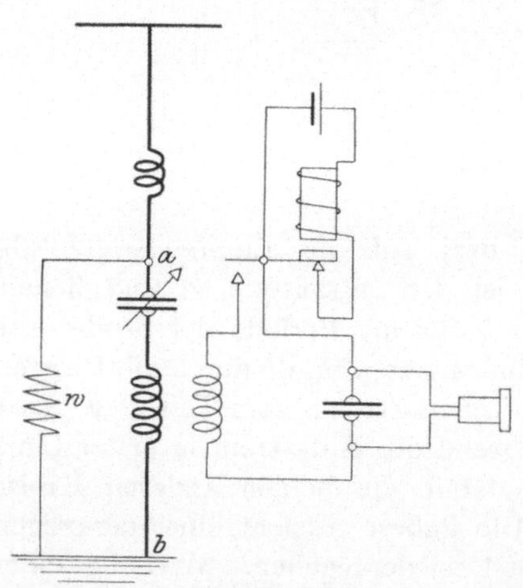

Fig. 305.

daß für die Senderschwingung zwischen den Punkten c und d die Spannung Null herrscht. Unter Umständen kann es zweckmäßig sein, statt der unveränderlichen Ohmschen Widerstände solche zu verwenden, deren Wert von der Schwingungsamplitude abhängt. Alsdann werden die mit der größten Schwingungsweite einsetzenden atmosphärischen Störungen eine stärkere Dämpfung erfahren als die gleichförmigen Wellenzüge der Senderseite.

Unter Benutzung zweier verschieden empfindlicher Schwingungsventile (Gasdetektoren) wird endlich von der Marconigesellschaft eine Anordnung zur Verminderung der atmosphärischen Wirkungen verwendet, die in Fig. 307 dargestellt ist. Sind beide im umgekehrten Sinne geschalteten Indikatoren gleich empfindlich, so ist ein Empfang nicht möglich, da das Telephon nur auf einen gleich ge-

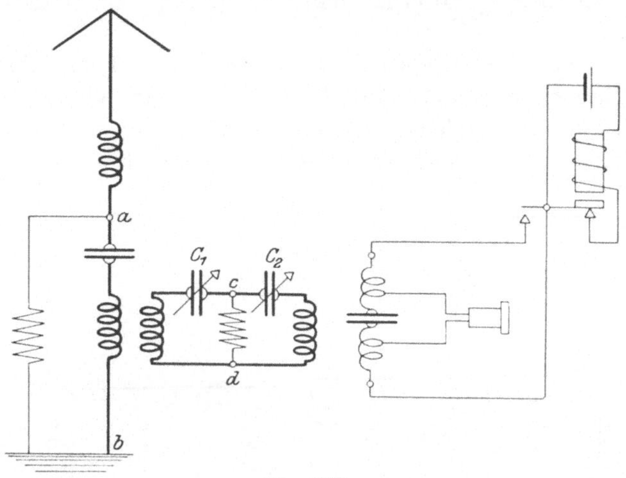

Fig. 306.

richteten Strom anspricht. Ist jedoch V_2 weniger empfindlich als V_1, so findet eine Gleichrichtung der einfallenden Senderschwingungen statt. Sobald jedoch starke atmosphärische Störungen sich einstellen, tritt auch der unempfindlichere Gleichrichter V_2 in Tätigkeit und die Wirkung auf das Telephon wird geschwächt. Dies gilt natürlich in gleicher Weise auch für die Zeichen der Sendeseite. Diese Schaltung läßt sich natürlich mit allen möglichen Wellenanzeigern verwirklichen, die ausgesprochene Gleichrichtereigenschaften besitzen. Besonders bequem sind hierfür die Gasdetektoren, da sich deren

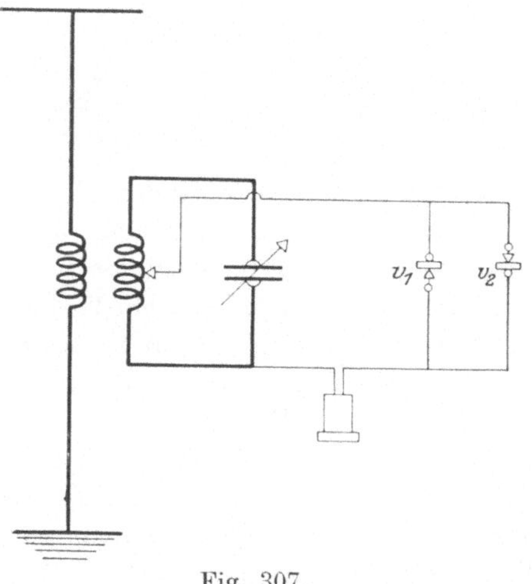

Fig. 307.

Empfindlichkeit mit Hilfe des Erregerstromes beliebig verändern läßt. Die Gesellschaft für drahtlose Telegraphie verwendet für diesen Zweck Karborunddetektoren mit verschiedener Charakteristik, die beide an Spannungsregler angeschlossen sind, durch die sich leicht die günstigsten Verhältnisse einstellen lassen.

Schaltet man zwei auf gleiche Empfindlichkeit gebrachte Schwingungsventile in einen Zwischenkreis, und benutzt zum Empfang der Zeichen den Detektor V_3, so erhält man die in Fig. 308 dargestellte Anordnung.

Die bisher beschriebenen Verfahren zur Verminderung der atmosphärischen Störungen auf der Empfangsseite können nicht den Anspruch darauf machen, ein in jedem Falle wirksames Mittel darzustellen. Hängt doch außerordentlich viel davon ab, ob es ge-

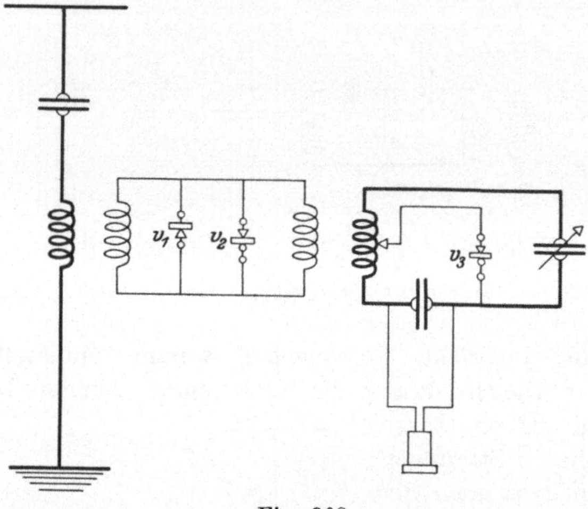

Fig. 308.

lingt, die einzelnen veränderlichen Größen der Empfangseinrichtung so gegeneinander abzugleichen, daß eine günstigste Wirkung erzielt wird. Diese Aufgabe wird um so schwieriger, je mehr Kreise zu bedienen sind und je öfter ein Wellenwechsel stattfindet. Aus diesem Grunde haben sich im praktischen Betriebe als bestes Mittel gegen die atmosphärischen Störungen die Einrichtungen bewährt, die die Zeichen der Sendeseite als musikalische Töne im Fernhörer erscheinen lassen. Denn Töne kann das Gehör in den meisten Fällen von den Geräuschen trennen, die durch die Störungserscheinungen der Atmosphäre verursacht werden. Mit Rücksicht darauf wird man alle Senderanlagen, die gedämpfte Antennenströme erzeugen (z. B. Funkensender), als tönende Sender einrichten, während es bei den mit ungedämpften Wellen arbeitenden Anlagen zweckmäßiger ist, durch den Einbau eines Schwebungsempfängers die Umformung der Senderzeichen in längere oder kürzere Zeit andauernde musikalische Töne auf der Empfangsseite zu bewirken.

VII. Schaltungen für Mehrfachempfang.

Die Notwendigkeit, die Empfangsseite auf die Periode der ankommenden Senderschwingung abstimmen zu müssen, legte schon frühzeitig den Gedanken nahe, die gleichzeitige Aufnahme mehrerer von verschiedenen Sendeanlagen aufgegebenen Nachrichten mit ein- und derselben Empfangseinrichtung zu verwirklichen. Die nächstliegende Anordnung hierfür wäre die, eine Reihe von Luftleitern hochzuziehen, von denen jeder mit einer bestimmten Geberwelle sich in Resonanz befindet. Dieses Verfahren bringt jedoch den Übelstand mit sich, daß infolge der gegenseitigen kapazitiven und induktiven Verkettung der verschiedenen, nahe beieinander liegenden Antennen eine Veränderung der Abstimmung einer von ihnen auf die anderen so stark zurückwirkt, daß deren Abgleichung ebenfalls einer Neueinstellung bedarf. Die hierdurch verursachte Unsicherheit wird um so stärker werden, je geringer der Abstand zwischen den einzelnen Luftleitern und je größer ihre Ausdehnung ist. Natürlicher erscheint deshalb der andere Weg, an dieselbe Antenne zwei oder mehrere Empfangseinrichtungen anzuschließen, von denen jede auf eine bestimmte Senderwelle abgestimmt ist.

Dieses Verfahren wurde zuerst von A. Slaby und G. Marconi praktisch erprobt. Den von ihnen verwendeten Schaltungen haftet jedoch noch der Nachteil an, daß eine gegenseitige Beeinflussung der Einzelempfänger nicht vermieden ist. Die später entwickelten Anordnungen mußten sich demnach zur Aufgabe machen, diesen Fehler zu beseitigen. Inwieweit dies gelungen ist, mögen die folgenden Schaltungen zeigen.

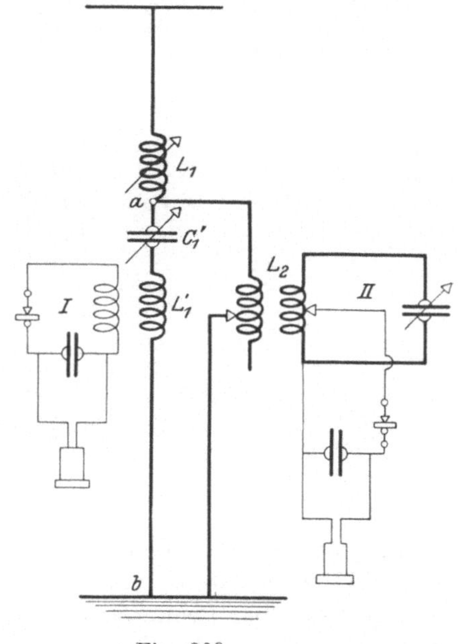

Fig. 309.

Fig. 309, die sich in gewissem Sinne an die in Fig. 303 beschriebene Schaltung anlehnt, ist so zu verstehen, daß der Luftdraht mit Hilfe des Variometers L_1 zunächst auf die Welle λ_1 abgestimmt wird. Fügt man nun zwischen die Punkte a und b

eine Spule L_1' und einen Drehkondensator C_1' ein, die zu einem geschlossenen Schwingungskreise vereinigt ebenfalls eine Eigenwelle λ_1 ergeben, so herrscht für diese Schwingung zwischen den Punkten a und b die Spannung O. Der Detektorkreis I wird demnach die mit der Welle λ_1 gesandten Zeichen aufnehmen. Gleicht man nun weiterhin mit Hilfe der Spule L_2 das Luftleitergebilde auf die Wellenlänge λ_2 ab, so wird es möglich sein, bei geeigneter Wahl der induktiven Widerstände der entstandenen Verzweigung die mit der

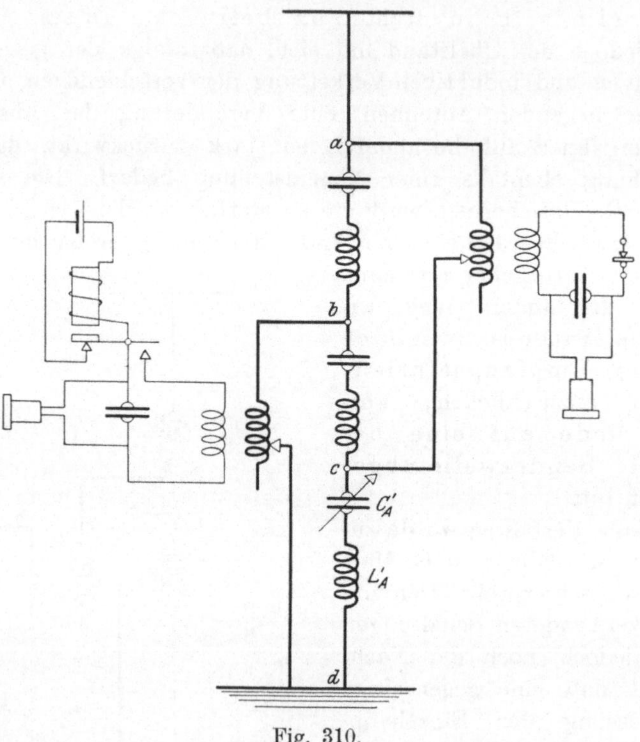

Fig. 310.

Welle λ_2 ankommende Schwingungsenergie hauptsächlich dem Detektorkreise II zuzuführen. Auf diese Weise kann man z. B. die beiden Senderwellen der Braunschen Anordnung nutzbar machen, indem man entweder die Detektorkreise miteinander vereinigt oder unter Verwendung eines Kopftelephons mit zwei Fernhörern das Ansprechen beider Wellenanzeiger gleichzeitig aufnimmt.

Lehnte sich die vorausgehende Schaltung an die in Fig. 303 früher beschriebene Anordnung an, so hat sich die folgende (Fig. 310) aus der Fig. 302 entwickelt. Gleicht man nämlich auch hier die unmittelbar im Luftleiter liegenden Spulen und Kondensatoren so ab, daß der Widerstand zwischen a und b gleich dem zwischen b und c ist, und entspricht C_A' der wirksamen Kapazität der Antenne, während L_A' deren Selbstinduktion wiedergibt, so kann man zwischen a und c und b und d zwei Empfänger schalten, die auf zwei beliebige Senderwellen abgestimmt werden können, ohne daß eine gegenseitige Störung stattfindet. Diese von O. Scheller herrührende Schaltung stellt ohne Zweifel die vollkommenste in dieser Beziehung dar. Sie läßt sich auch ohne Schwierigkeiten für einen Drei-, Vier- und Vielfachempfang erweitern.

VIII. Schutz gegen das Abfangen von Nachrichten.

So wenig wie für die Störbefreiung ist auch zur Verhinderung des Mitlesens der Nachrichten durch fremde Stationen bis jetzt ein allgemein brauchbares Mittel gefunden. Am günstigsten liegen die Verhältnisse beim Betrieb mit ungedämpften Schwingungen, da letztere nur von solchen Stationen aufgenommen werden können, die mit Tikker, Tonrad oder einem Schwebungsempfänger ausgerüstet sind. Die Mehrzahl der Anlagen aber arbeitet mit Funkensendern und ist daher fast ausschließlich mit den üblichen Kontaktdetektoren, Ventilröhren, elektrolytischen Zellen oder Magnetdetektoren versehen und infolgedessen nicht in der Lage, ungedämpfte Wellen mit dem Hörempfänger aufzunehmen. Will man vermeiden, daß auch die zuerst genannten Anlagen die Nachrichten abfangen, so baut man einen Schnelltelegraphen auf der Gebeseite ein, der 50 bis 100 Worte in der Minute zu übermitteln gestattet. Hörempfang ist bei dieser Wortgeschwindigkeit ausgeschlossen, und nur noch Stationen, die Schnellschreiber besitzen, können die Zeichen aufnehmen. Der Schnellbetrieb bietet gleichzeitig den Vorteil, bei Störungen durch fremde Sender oder atmosphärische Entladungen, die den Wortlaut unleserlich machen, die Nachricht in kurzer Zeit mehrmals nacheinander durchzugeben. Durch Vergleich der verschiedenen Morsestreifen sind dann etwa entstandene Verstümmlungen des Wortlautes leicht auszumerzen. Dieses Hilfsmittel ist ohne weiteres auch bei allen Funkensendern anwendbar, die mit häufigen Entladungen arbeiten (tönende Sender).

Ist die Geberanlage mit einem Lichtbogensender nach Poulsen ausgerüstet, und erfolgt die Zeichengebung durch Verstimmung (vgl. Fig. 188), so läßt sich bei besonders dämpfungsfreien Empfängern der Grad der Verstimmung so gering wählen, daß gewöhnliche Empfangseinrichtungen, die meist eine kleinere Abstimmschärfe besitzen, die Trennung der beim Drücken und Loslassen der Morsetaste entstehenden positiven und negativen Welle nicht vornehmen können. Das Mithören wird auf diese Weise ebenfalls unmöglich gemacht.

Ein anderer Weg wäre der, eine Senderantenne mit bevorzugter Strahlungsrichtung zu bauen, für deren Betrieb besonders die Hochfrequenzmaschinen sich eignen. Alsdann werden nur diejenigen Luftleiter erregt, die unmittelbar in der Strahlungsrichtung liegen. Es steht natürlich nichts im Wege, die bisher angegebenen Verfahren in geeigneter Weise zu vereinigen.

Ist keines dieser Mittel zugänglich, so muß man sich mit der Geheimschrift begnügen.

D. Telephonie ohne Draht.

I. Die Sender.

1. Erzeugung der Hochfrequenzschwingungen.

Die früheren Betrachtungen haben gezeigt, daß für Morsebetrieb die verschiedensten Arten von Sendervorrichtungen benutzt werden können. Der Verlauf der Schwingungen, die sie erzeugen, spielt beim Geben der Morsezeichen nur eine untergeordnete Rolle. Ganz anders gestalten sich die Verhältnisse für die drahtlose Telephonie. Ihr fällt die Aufgabe zu, die Sprache, d. h. ein Gemisch von zusammenhängenden Geräuschen, Klängen und Tönen unverändert mit allen den Abstufungen zu übertragen, durch die die Sprachlaute gekennzeichnet sind. Ein Klang z. B. kann nur dann in einem Hörempfänger wieder die gleiche Empfindung hervorrufen, wenn bei der Übertragung seine Klangfarbe keine Änderung erleidet, d. h. wenn sein Grundton und alle Obertöne, aus denen er besteht, nicht nur im gleichen Verhältnis geschwächt werden, sondern auch die Phasenverschiebungen zwischen den einzelnen Tönen erhalten bleiben.

Für die Drahttelephonie bietet unter Umständen schon die Lösung dieser scheinbar einfachen Aufgabe nicht geringe Schwierigkeiten. Sie sind bedingt durch Kapazität und Selbstinduktion der Fernleitungen, und sie können schon bei kurzen Kabelleitungen stark hervortreten. Durch Verwendung von Kabeln mit Papierisolation und Einschalten von Pupinspulen hat man sie zum Teil beseitigt.

Bei der drahtlosen Telephonie treten diese Einflüsse nicht auf. Die Übertragung der Sprache übernehmen hier die im Raume fortschreitenden Wellenzüge. An letztere aber muß jetzt die Anforderung gestellt werden, daß die Wellenzugfrequenz nicht in den Bereich der Schwingungszahlen der Sprachlaute fällt. Sie muß daher weit oberhalb des Wertes 4000 in der Sekunde liegen, damit die Sprachlaute nicht zerrissen werden und die Stimme, wenn auch geschwächt, so doch unentstellt und klar wiedergegeben wird.

Es ist daher ohne weiteres verständlich, daß für Zwecke der drahtlosen telephonischen Nachrichtenübermittlung Knallfunkensender überhaupt nicht und Löschfunkensender nur dann in Betracht kommen können, wenn ihre Funkenzahl weit über die beim Telegraphieren üblichen Werte gesteigert und, worauf die Wirkungsweise des Vieltonsenders hinweist, für den Betrieb Gleichstrom verwendet wird. Collins, Dubillier und insbesondere Ditcham haben mit gutem Erfolg solche Anordnungen versucht.

Weit besser noch eignen sich aber alle Energiequellen, die Wechselströme mit gleichbleibenden Amplituden, sogenannte ungedämpfte Wechselströme liefern, also in erster Linie Hochfrequenzmaschinen, Lichtbogengeneratoren und Kathodenstrahlenröhren.

2. Aufgabe der Sender.

Auf die hohen Wechselzahlen dieser Stromquellen spricht ein Telephon nicht mehr an, auch dann nicht, wenn als Wellenanzeiger z. B. ein Kontaktdetektor oder eine Kathodenstrahlenröhre benutzt wird. Will man Morsezeichen mittels solcher Sender übertragen und an der Empfangsseite mit dem Hörer aufnehmen, so müssen die gleichmäßigen Schwingungszüge, die den Punkten und Strichen entsprechen, entweder auf der Sende- oder auf der Empfangsseite zerhackt oder so beeinflußt werden, daß im Hörer ein Geräusch oder ein Ton entsteht. Meist erfolgt diese Beeinflussung auf der Empfangsseite (Tikker, Tonrad, Schwebungsempfang).

Zur Übertragung der Sprache dagegen muß diese Beeinflussung auf der Sendeseite vorgenommen werden. Hierzu sind zwei Wege gangbar: Entweder wird die Stärke des Antennenstromes im Rhythmus der Lautschwankungen verändert oder aber die Wellenlänge. Immer jedoch dient als Vermittler zur Umsetzung der mechanischen Lautschwankungen in entsprechende Änderungen der ausgestrahlten elektrischen Energie ein Mikrophon. Bei der Leitungstelephonie wird das Mikrophon nur durch sehr kleine Ströme beeinflußt, und es löst infolgedessen die ihm zufallende Aufgabe in einer Art, die bis jetzt durch kein anderes Hilfsmittel übertroffen wird. Die Schwierigkeiten der Übertragung sind hier fast ausschließlich durch die Eigenschaften der Fernleitungen bedingt, die bei der drahtlosen Telephonie wegfallen.

Bei ihr jedoch muß das Mikrophon einer viel höheren Strombelastung gewachsen sein, wenn nur einigermaßen große Entfernungen zu überwinden sind. Ein betriebssicher arbeitendes, einfaches Mikrophon für größere Ströme besitzen wir aber bis jetzt noch nicht. Meist sucht man daher den auftretenden Schwierigkeiten dadurch zu begegnen, daß man mehrere Mikrophone in Nebeneinander- oder

Gruppenschaltung benutzt. Einerseits ist es aber hierbei nicht leicht, eine gleichmäßige Beanspruchung der einzelnen Mikrophone zu erzielen, und andererseits ist dem kräftigen Besprechen vieler Mikrophone durch ihre Zahl bald eine Grenze gesetzt, selbst wenn man Verstärker für die Laute der Sprache verwendet. Sieht man von der Verwendung von Starkstrommikrophonen ab und benutzt Mikrophone gewöhnlicher Bauart, was wohl meist geschieht, so zieht

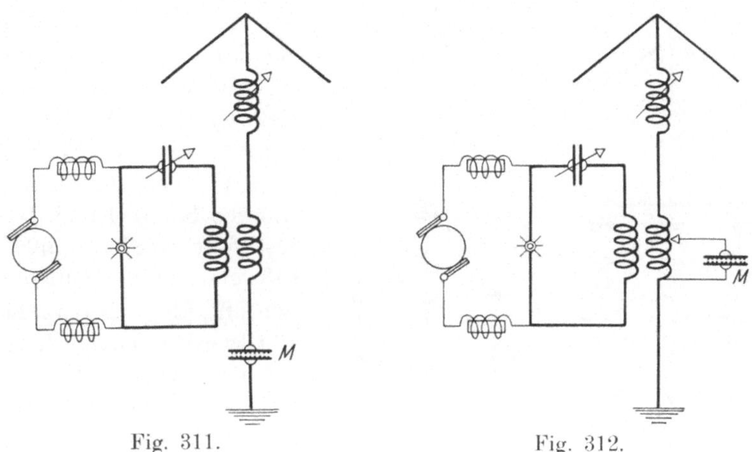

Fig. 311.   Fig. 312.

sich die Aufgabe, die bei der drahtlosen Telephonie zu lösen ist, in der Hauptsache auf die folgende zusammen: 1. Es sollen durch verhältnismäßig geringe Änderungen der Mikrophonströme starke Änderungen der von der Antenne ausgestrahlten Energie ausgelöst werden. 2. Diese Änderungen müssen möglichst proportional den zu übertragenden Lautschwankungen erfolgen, damit die Sprache unverzerrt und mit großer Reinheit übermittelt wird.

3. Senderschaltungen.

Von den zahlreichen Anordnungen, die zur Lösung dieser Aufgabe versucht worden sind, sollen im folgenden nur einige der wichtigeren besprochen werden.

Schon in dem hübschen Vortrag, in dem V. Poulsen seinen Lichtbogengenerator der Allgemeinheit zugänglich machte, hat er auf die Aussichten hingewiesen, die sich der Übertragung von Nachrichten auf drahtlosem Wege durch dieses neue Hilfsmittel der Hochfrequenztechnik eröffnen. Daran reihten sich bald auch die ersten Mitteilungen über erfolgreiche Versuche.

Fig. 311 zeigt eine von V. Poulsen angegebene Schaltung. Das Mikrophon liegt im Erdungspunkt des Luftdrahtes, es hat also den vollen Antennenstrom zu führen. Beim Besprechen rufen die Änderungen des Mikrophonwiderstandes gleichartige Schwankungen des Antennenstromes hervor.

Gute Ergebnisse erhält man auch, wenn das Mikrophon zu einem Teil der in der Antenne liegenden Selbstinduktion nebeneinander geschaltet wird (Fig. 312). Seine Strombelastung ist alsdann geringer.

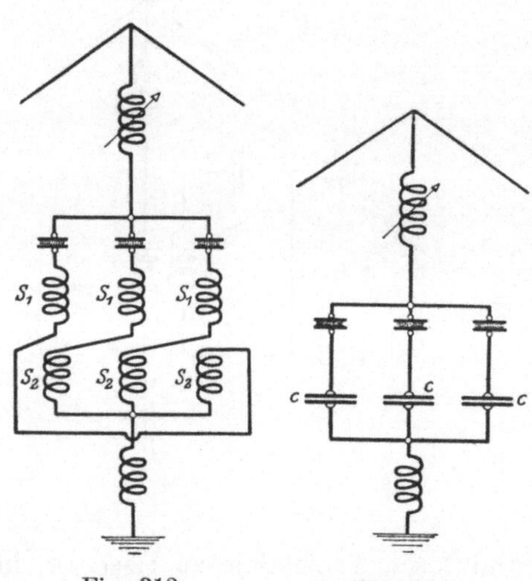

Fig. 313.   Fig. 314.

Eine weitere Anordnung, bei der in den Mikrophonen ein wesentlich kleinerer Strom fließt wie in der Antenne, stellt Fig. 317 dar. Der Zwischenkreis II, der auf die beiden anderen Kreise I und III abgestimmt werden muß, enthält eine große Selbstinduktion und kleine Kapazität. In ihm werden daher die Ströme des Kreises I auf die für das Mikrophon zulässigen kleinen Beträge herabgesetzt, worauf sie in der Antenne wieder hinauftransformiert werden.

4. Schutzschaltungen für die Mikrophone.

Wird die Strombelastung für ein einzelnes Mikrophon zu groß, so müssen mehrere nebeneinander geschaltet werden. Um hierbei eine gleichmäßige Beanspruchung der Mikrophone zu erreichen, kann man sich der in Fig. 313 wiedergegebenen Schaltung bedienen. Sind die Ströme in den drei Mikrophonen einander gleich, so heben sich die magnetisierenden Wirkungen je zweier Spulen S_1 und S_2 infolge ihrer Wicklungsart auf. Wird jedoch die Strombelastung ungleichmäßig, so üben die Spulenpaare eine Drosselwirkung aus, durch die eine unzulässige Zunahme des Stromes in einem der Mikrophone vermieden wird.

Ein anderes, einfacheres und deshalb meist benutztes Hilfsmittel um eine ungleichmäßige und zu starke Beanspruchung mehrerer, nebeneinander geschalteter Mikrophone zu verhindern, besteht darin, daß man vor jedes Mikrophon einen verlustlosen Widerstand in Form eines Kondensators schaltet (Fig. 314), der ähn-

lich wirkt wie der Beruhigungswiderstand der Bogenlampen. Die
ursprünglich fallende Charakteristik des einzelnen Kohlemikrophons
geht nunmehr von einem bestimmten Stromwerte an für die Vereinigung von Mikrophon und Kondensator in Hintereinanderschaltung
in eine steigende über.

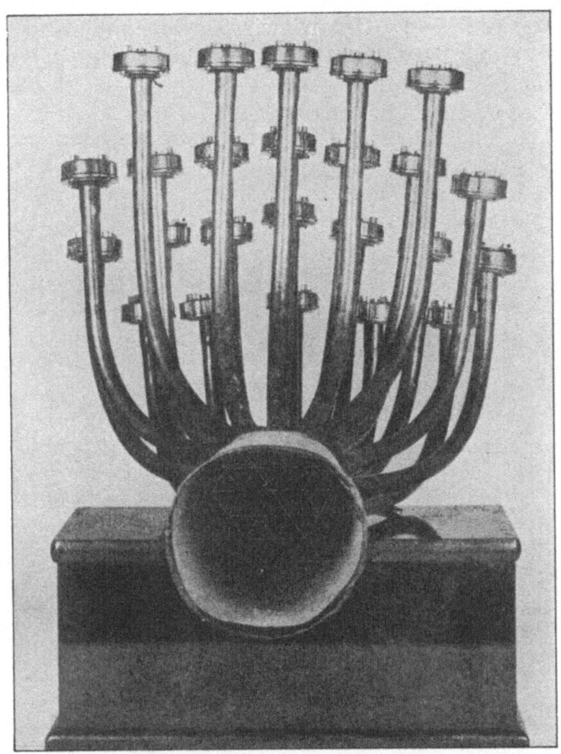

Fig. 315.   Mikrophone für drahtl. Telephonie (C. Lorenz, A.-G. Berlin).

Um gleichzeitig mehrere Mikrophone besprechen zu können, werden sie mit einem gemeinsamen Schalltrichter verbunden (Fig. 315
und 316).

5. Günstigste Betriebsbedingungen.

Die günstigsten Betriebsbedingungen für die Telephoniesender
können durch Überlegungen ähnlicher Art gefunden werden, wie diejenigen, die bei Besprechung der Empfänger (S. 238 ff.) angestellt
wurden.   Für die Anordnung Fig. 311 z. B. ergibt sich auf diese
Weise, daß bei einer bestimmten Änderung des Mikrophonwiderstan-

des die größte Änderung der Antennenleistung dann eintritt, wenn
der mittlere Widerstand des Mikrophons gleich ist dem Antennenwiderstand. Beim Aufbau des Senders wird dieser Forderung dadurch genügt, daß man zuerst den Widerstand des Mikrophons ungefähr dem Antennenwiderstand gleichmacht, was sich, wenn mehrere
Mikrophone verwendet werden, durch passendes Zusammenschalten
derselben erreichen läßt. Darauf wird, wie beim Sekundärempfang
(S. 242), die endgültige Einstellung durch entsprechende Änderung
der Kopplung bewirkt.

Fig. 316. Mikrophonträger (Telephonfabrik vorm. Berliner, Wien).

Eine ausführliche Untersuchung aller Bedingungen, unter denen
von Telephoniesendern die besten Ergebnisse zu erwarten sind, hat
O. Pedersen angestellt. Sie erstreckt sich auf den Betrieb sowohl
mit Hochfrequenzmaschinen, als auch mit Lichtbogengeneratoren bei
den verschiedenen Schaltungen.

Zur Einstellung der günstigsten Betriebsbedingungen
benutzt man am besten einen in den Erdungspunkt der Antenne eingeschalteten Strommesser. Er muß beim Besprechen der Mikrophone

möglichst große Stromänderungen zeigen. Auch der Wellenprüfer und
der Glimmlichtoszillograph eignen sich für diesen Zweck. Die Fig. 318

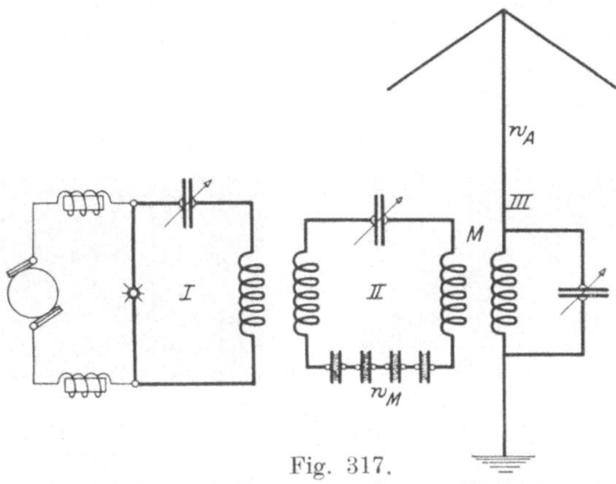

Fig. 317.

und 319 geben Aufnahmen wieder, die mit diesen Hilfsmitteln beim
Hineinrufen verschiedener Buchstaben in den Schalltrichter der Mi-

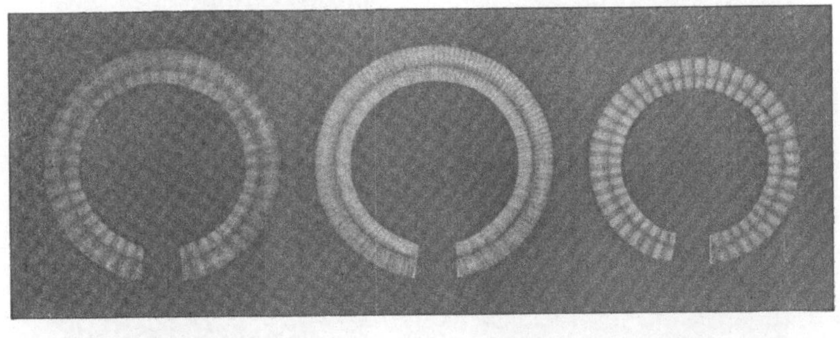

Fig. 318. Aufnahmen mittels eines mit einem Telephoniesender gekoppelten
Wellenprüfers.

krophone eines gut eingestellten Telephoniesenders gewonnen wurden.
Die beiden Bilder oben rechts in Fig. 319 entstehen, wenn die Mikrophone kräftiger besprochen werden.

6. Der Telephoniesender von Telefunken.

Die seither erwähnten Sender sind dadurch gekennzeichnet,
daß bei ihnen die Widerstandsänderungen des Mikrophons
eine Änderung des Antennenstromes bewirken. Fig. 320 stellt

eine von Kühn angegebene und von der Gesellschaft für drahtlose Telegraphie durchgebildete Anordnung dar, die eine sehr
kräftige Beeinflussung selbst großer Energiemengen durch die Mikrophone ermöglicht, und die darauf beruht, daß durch die Änderung des Mikrophonstromes die Abstimmung der Schwingungskreise betroffen wird.

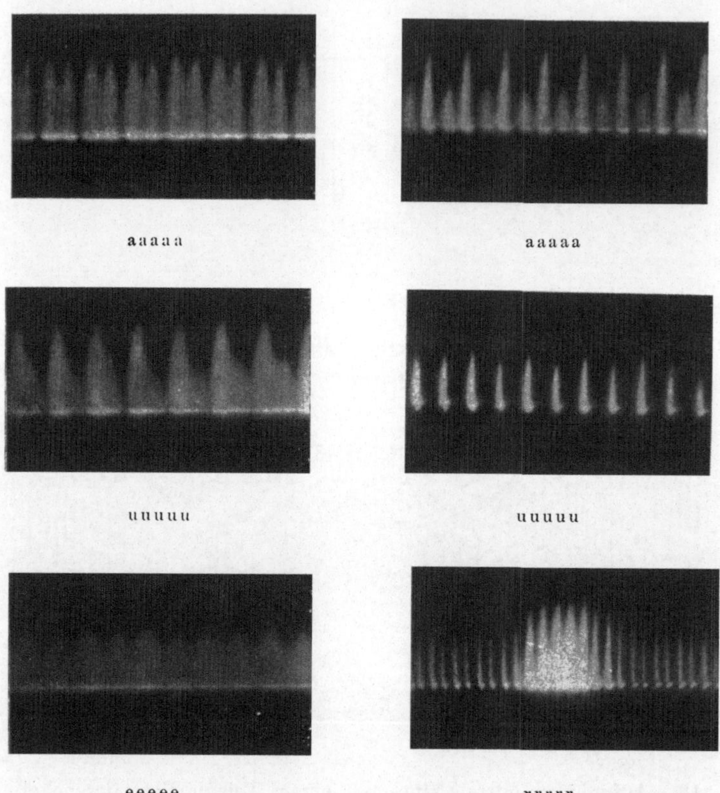

Fig. 319. Aufnahmen mit einem durch einen Telephoniesender erregten
Glimmlichtoszillographen.

Die Hochfrequenzmaschine M liefert in den Kreis I des Fre-
quenzwandlers Wechselstrom von $\nu = 5000$ bis $\nu = 15\,000$ Perioden.
Mittels des Kondensators C_1 und der Spule L_1 kann Kreis I auf die
Periodenzahl von M abgestimmt werden. Die beiden Transformatoren-
spulen sind so geschaltet, daß bei Leerlauf die im Kreise II induzierten Spannungen des Transformatorenpaares sich aufheben, wenn der
Strom der Batterie B unterbrochen ist. Werden dagegen die Transfor-
matorenkerne mittels B bis zur Sättigung magnetisiert, so entsteht

nach den früheren ausführlichen Darlegungen (S. 223) im Kreise II ein Wechselstrom von der Periodenzahl 2ν. Mit Hilfe der Abstimmmittel C_2 und L_2 wird nun Kreis II mit dieser Periodenzahl in Resonanz gebracht. Die Beeinflussung der von der Antenne ausgestrahlten Energie erfolgt wieder durch Mikrophone, und zwar unter Vermittlung des Tontransformators T, der die kleinen Änderungen der Mikrophonströme auf höhere Beträge übersetzt. In jedem Mikrophonkreise liegt, wie Fig. 320 zeigt, ein Ausgleichswiderstand w, der zweckmäßig etwas größer gewählt wird wie der mittlere Mikrophonwiderstand des Zweiges. Die Primärspule des Tontransformators ist

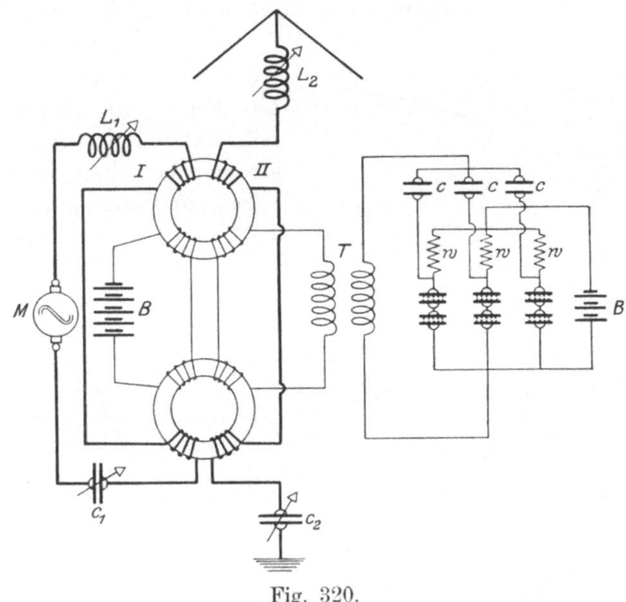

Fig. 320.

mit den Mikrophonen unter Zwischenschaltung der Kondensatoren c verbunden. Beim Besprechen der Mikrophone treten Stromschwankungen im Sekundärkreis des Tontransformators auf. Dadurch aber ändert sich die Gleichstrommagnetisierung und mit ihr, wie aus der bekannten Gleichung

$$L = s \cdot \frac{B_i \cdot q}{i}\, 10^{-8}\ \text{Henry}$$

und noch übersichtlicher aus Fig. 321 hervorgeht, der Selbstinduktionskoeffizient. Infolge davon muß die Abstimmung des Kreises II verschwinden, was starke Änderungen der ausgestrahlten Energie nach sich zieht.

Schickt man in den Sekundärkreis des Transformators T einen Gleichstrom i_T und bestimmt die Abhängigkeit zwischen ihm und dem Antennenstrom i_{II}, so erhält man die in Fig. 322 dargestellte Resonanzkurve. Sie zeigt, daß in dem Bereiche AB kleinen Änderungen des Stromes i_T große Änderungen von i_{II} entsprechen, und daß fernerhin die Änderungen von i_{II} proportional sind denjenigen von i_T. Um daher die vorerwähnten Bedingungen für eine gute telephonische Übertragung zu erfüllen, wird man dafür sorgen, daß die Änderungen des Mikrophon- und des Tonstromes beim Besprechen der Mikrophone in diesen Bereich zu liegen kommen. Man erhält alsdann kräftige Schwankungen der ausgestrahlten Energie, die gleichzeitig proportional den Tonschwankungen sind, sonach eine klare Übertragung der Sprache. So genügen z. B., wie Kühn angibt, 8,7 Voltampere, um bei 1000 Tonschwingungen Schwankungen des Antennenstromes zwischen 40 und 10 Ampere zu bewirken. Für einen

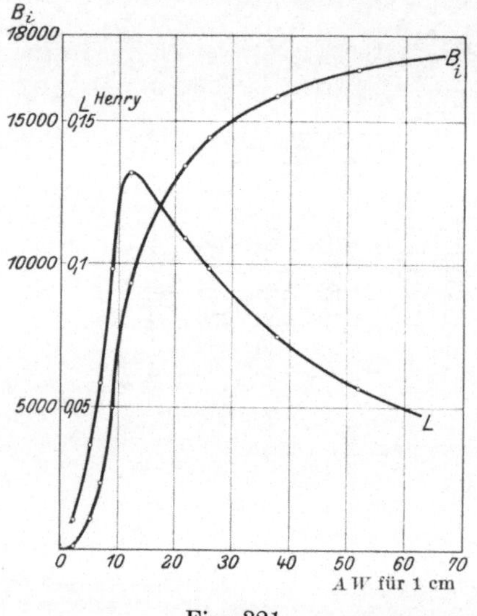

Fig. 321.

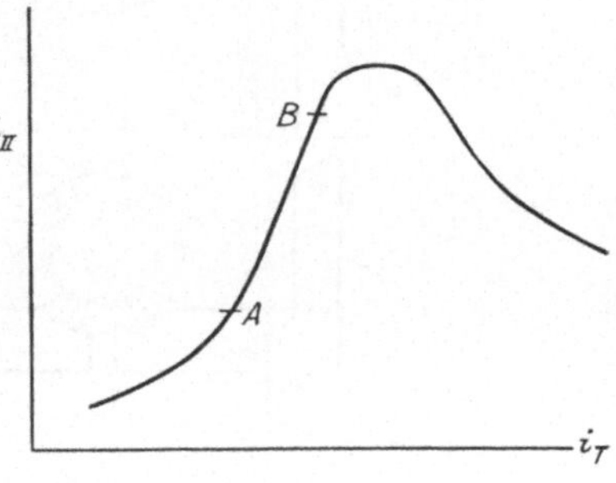

Fig. 322.

Antennenwiderstand von 5 Ohm entspricht diesen Stromänderungen eine Änderung der ausgestrahlten Leistung von 7,5 Kilowatt, wobei die größte, von der Antenne abgegebene Leistung 8 Kilowatt beträgt.

Die Abstimmung der Kreise I und II auf die Periodenzahl ν bzw. 2ν läßt sich wesentlich erleichtern, wenn man durch eingeschaltete Widerstände (in Fig. 320 weggelassen) zuerst für eine große Dämpfung sorgt. Auf die Resonanzlage dieser jetzt stark gedämpften Kreise kann man dann unschwer einstellen. In dem Maße, als man sich ihr nähert, werden die Widerstände kleiner gewählt und die anfangs rohe Abstimmung immer mehr verfeinert. Zu weit darf man indessen mit der Resonanzschärfe nicht gehen, da sonst bei jeder Änderung der Umlaufszahl der Maschine eine neue Einstellung vorgenommen werden müßte. Deshalb arbeitet man besser mit etwas stärker gedämpften Kreisen.

7. Kathodenröhrensender.

Sind nur geringe Entfernungen zu überwinden, so kann zur Erzeugung der ungedämpften Wechselströme eine Kathodenstrahlenröhre in der in Fig. 291 (S. 300) dargestellten Schaltung be-

Fig. 323. Tischstation für Telegraphie und Telephonie (Société franç. radioélectrique, Paris).

nutzt werden. Da die von der Röhre gelieferten, außerordentlich konstanten Ströme nur klein sind, darf man das Mikrophon unmittelbar in die Antenne legen. Recht gute Ergebnisse lassen sich auch erzielen, wenn man es nebeneinander schaltet mit einem Teil der im Schwingungskreis der Kathodenröhre liegenden Selbstinduktion.

Um größere Ströme in der Antenne zu erzielen, hat man neuerdings bis zu 300 Röhren nebeneinander geschaltet.

II. Der Empfang.

Viel weniger Schwierigkeiten wie das Senden macht der Empfang bei der drahtlosen Telephonie. Die meisten der früher besprochenen Empfangseinrichtungen können ohne weiteres auch zur Aufnahme drahtlos übermittelter Gespräche Verwendung finden. Nur Tikker, Tonrad und alle Schwebungsempfänger eignen sich nicht, wie leicht einzusehen ist.

Auch die Einstellung ist in der gleichen Weise vorzunehmen wie bei der Aufnahme von Morsezeichen. Ähnlich aber, wie man beim Fernsprechen mit Leitung verhindern muß, daß die Telephonmembran selbst Eigenschwingungen ausführt, so wird man auch in den Empfangskreisen für drahtlose Telephonie zweckmäßig mit aperiodischen Anordnungen arbeiten, um einer Verzerrung der übertragenen Sprachlaute vorzubeugen. Selbst in den Fällen, in denen die Beeinflussung der vom Sender ausgehenden Wellenzüge auf eine Änderung der Wellenlänge hinausläuft, darf der Empfänger nicht genau auf die ankommende Welle abgestimmt werden, da dann großen Änderungen der Senderleistung nur kleine Änderungen der Empfangsenergie entsprechen würden. Man wird also auch beim Empfang in dem Bereiche des abfallenden, nahezu geradlinigen Teiles der Resonanzkurve arbeiten, in dem die Änderungen der Empfangsenergie groß und proportional derjenigen der Senderleistung sind.

Wenn damit auch einige Anhaltspunkte für die besten Empfangsbedingungen gegeben sind, so wird endgültig und am raschesten doch immer der Versuch zur günstigsten Einstellung des Empfängers bezüglich Abstimmung, Dämpfung und Wahl der Kopplung führen.

Vollständige Sende- und Empfangseinrichtungen für drahtlose Telephonie, bei denen als Stromquelle ein Lichtbogengenerator dient, stellen die Figuren 138 (S. 179) und 323 dar.

E. Die Richtungstelegraphie.

I. Allgemeine Grundlagen.

1. Ausbreitung der Wellen längs der Erdoberfläche.

Schon in einem früheren Abschnitt (S. 57) wurde geschildert, wie von einem offenen Schwingungskreis die elektrische Energie in die Umgebung sich ausbreitet. Infolge der hohen Geschwindigkeit, mit der die Umladungen des Senders aufeinander folgen, schnüren sich geschlossene Kraftlinienbahnen schon in nächster Nähe des Oszillators ab und tragen, indem sie mit Lichtgeschwindigkeit weiter wandern, ihren Energievorrat in die Ferne. Die Fig. 64 bis 67 (S. 58) geben ein deutliches Bild hiervon für den Fall eines frei im Raume schwingenden Oszillators. Sie entsprechen ungefähr den Verhältnissen in der nächsten Umgebung eines Luftschiffsenders.

Befindet sich der Luftleiter auf der Erdoberfläche, so wird der Ausbreitungsvorgang durch die Nähe der Erde und die elektrischen Eigenschaften der Erdschichten mehr oder weniger beeinflußt.

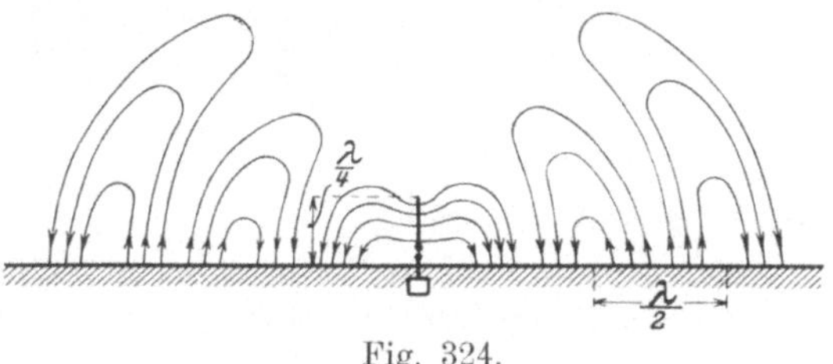

Fig. 324.

Fig. 324 stellt den Verlauf der Kraftlinien des im Raume fortschreitenden elektrischen Feldes dar, das eine lineare senkrechte Antenne erzeugt, die über einer Fläche von allseitig gleichmäßigem und sehr großem Leitvermögen errichtet ist.

Der Ausbreitungsvorgang ist in diesem Fall dadurch gekennzeichnet, daß die elektrischen Kraftlinien die gut leitende Fläche überall senkrecht treffen, jedoch nicht in sie eindringen. Ein Energieverlust in den Oberflächenschichten kann daher nicht entstehen. Auch jetzt erfolgt die Ausbreitung der Wellen mit Lichtgeschwindigkeit, wobei aber die unteren Enden der elektri-

schen Kraftlinien stets auf der leitenden Fläche haften. In allen
Ebenen des Büschels, dessen Achse der Luftleiter bildet, ist die
Strahlung dieselbe.

Ganz anders gestaltet sich der Vorgang, wenn die Antenne
über Schichten mit geringem Leitvermögen steht. Die aus
der Luft kommenden Kraftlinien
dringen jetzt in die oberen Schichten der Erde ein. Aber diese
Kraftlinien treffen die Fläche
jetzt nicht mehr senkrecht, wie bei
großem Leitvermögen, sie sind vielmehr gegen die Senkrechte geneigt, und zwar in der Luft
in der Fortpflanzungsrich-
tung der Wellen nach vor-
wärts, in der Oberflächenschicht
dagegen nach rückwärts (Fig. 325),
eine Erscheinung, auf der die Er-
klärung der Richtwirkung beim Empfang mit der geknickten und
der Erdantenne sich aufbaut.

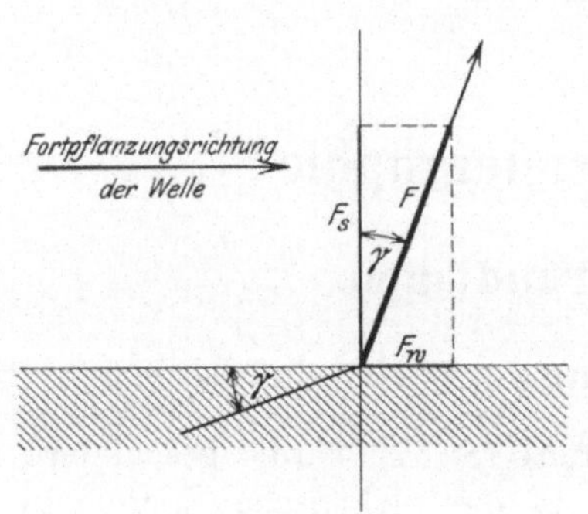

Fig. 325.

Der Neigungswinkel γ ist abhängig von der Wechselzahl, ferner
vom spezifischen Widerstand und der Dielektrizitätskonstanten der
Oberflächenschichten. Seine Tangente berechnet sich nach Sommerfeld mittels der Gleichung:

$$\operatorname{tg}\gamma = \sqrt{\frac{\dfrac{z\cdot\sigma}{4\cdot 9\cdot 10^{11}}}{\sqrt{1+\dfrac{z\cdot\sigma\cdot\varepsilon}{4\cdot 9\cdot 10^{11}}}}} \quad\quad \ldots\ldots \quad (99)$$

wobei $z =$ Wechselzahl,
   $\sigma =$ spezifischer Widerstand in Ohm für 1 ccm,
   $\varepsilon =$ Dielektrizitätskonstante.

Der Ausdruck stellt gleichzeitig das Verhältnis der wagrechten
Komponente F_w zur senkrechten F_s dar, in die man die elektrische
Feldstärke F in diesem Falle zerlegen kann.

Den Zusammenhang zwischen den einzelnen, in Gl. 99 vorkommenden Größen veranschaulichen die Kurven in Fig. 326, die einer
Arbeit von Zenneck entnommen ist, und zwar für $z = 10^6$. Die
Werte von γ liegen zwischen 0^0 (für sehr gut leitende Schichten) und
etwa 35^0 (für trocknes Erdreich, und $\varepsilon = 2$).

Mit dem Eindringen der Kraftlinien in die Erdkruste ändert
sich der Ausbreitungsvorgang. Während vorher die Wellenzüge in
Form von Raumwellen nur in der Luft weiter wanderten, pflanzt

sich jetzt ein Teil als Oberflächenwelle in der Erde fort. Letzterer erfährt auf seinem Wege eine starke Dämpfung, wobei ihm indessen von dem in der Luft fortschreitenden Teil dauernd Energie nachgeliefert wird.

Ein deutliches Bild von diesen Verhältnissen geben die von Sommerfeld be-rechneten Kurven der Fig. 327. Die Abnahme der Ener-gie einer Raumwelle erfolgt umgekehrt proportional dem Quadrate der Entfernung R vom Sender, wie schon früher hervorgehoben wurde (S. 270), die Abnahme ihrer Ampli-tude dagegen umgekehrt pro-portional R. Trägt man da-her Amplitude $\times$ Entfernung als Ordinate, R als Abszisse auf, so erhält man eine Parallele zur Abszissenachse,

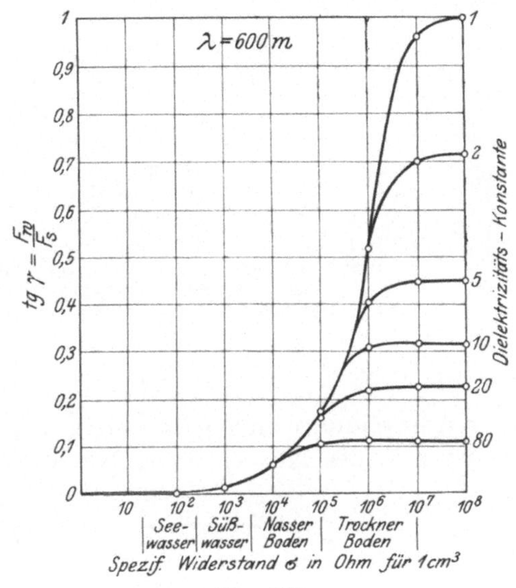

Fig. 326.

wenn die Änderung der Amplitude proportional $1/R$ vor sich geht.

Aus dem Abfall der Kurven gegen die Abszissenachse in Fig. 327 ersieht man, daß die Amplituden jedoch rascher abnehmen, wenn die Wellen über Wasser-
flächen hinstreichen. Für Seewasser und lange Wellen ist die Abnahme nur wenig größer wie bei Raumwellen. Merkliche Werte nimmt sie dagegen bei Süßwasser an. Insbesondere zeigen die Kurven auch, daß kurze Wellen eine viel stärkere Dämpfung erfahren, wie lange.

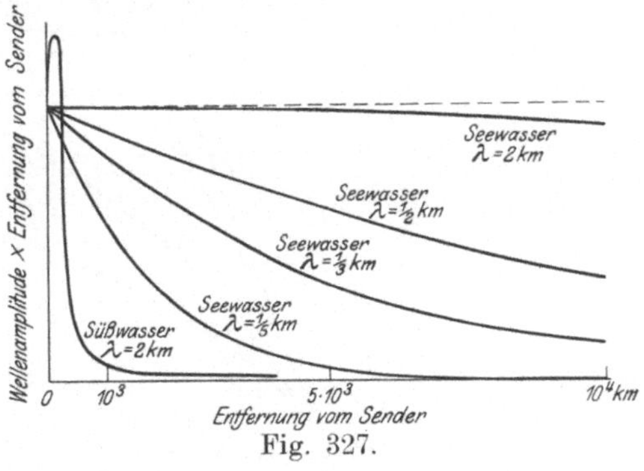

Fig. 327.

Wesentlich ungünsti-ger werden die Verhältnisse für Oberflächenwellen, die im Erd-reich sich ausbreiten. Davon geben die von Zenneck berechneten Kurven der Fig. 328a und 329 ein deutliches Bild.

Die Kurven der Fig. 328a stellen für verschiedene Werte der Dielektrizitätskonstanten den Weg in Kilometern dar, den eine Ober-

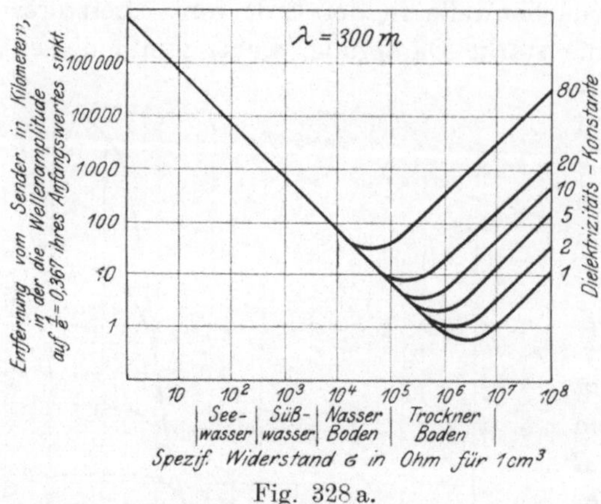

Fig. 328 a.

flächenwelle in Schichten verschiedener Leitfähigkeit durchlaufen kann, bevor ihre Amplitude auf $\frac{1}{e} = 0,367$ ihres Anfangswertes abgenommen hat. Die Strecke ist um so kleiner, je größer der spezifische Widerstand der Schicht ist, und sie wächst mit zunehmender Dielektrizitätskonstante. Beide Größen beeinflussen also den Ausbreitungsvorgang in entgegengesetztem Sinne. Infolge davon weist jede der Kurven einen Kleinstwert ihrer Ordinaten auf. Bei

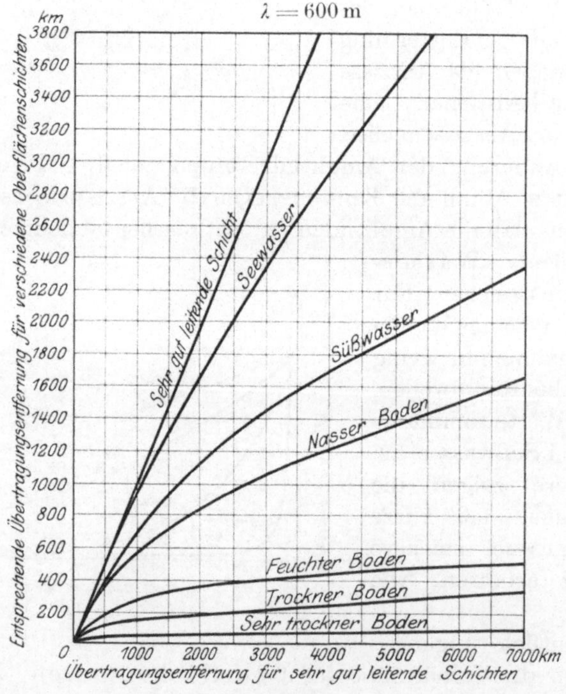

Fig. 328 b.

großen Leitvermögen überwiegt der Einfluß des spezifischen Widerstandes. Erst von Werten an, die denjenigen von nassem Boden entsprechen, tritt der Einfluß der Dielektrizitätskonstanten deutlich hervor.

Weiter erkennt man aus den Kurven, welch ungünstige Wirkung trockene Erdschichten auf den Ausbreitungsvorgang haben. Während für Seewasser ($\varepsilon = 80$) die Amplitudenabnahme auf $\dfrac{1}{e}$ ihres Anfangswertes erst bei einer Entfernung von 8000 km erfolgt, stellt sie sich bei trocknem Erdreich und $\varepsilon = 2$ schon bei 1 km ein.

In einer anderen, sehr übersichtlichen Form hat Pierce die Ergebnisse der Zenneckschen Untersuchungen durch die Kurven Fig. 328b dargestellt. Die Abszissen bedeuten hierbei Entfernungen vom Sender für Wellen, die sich in sehr gut leitenden Oberflächenschichten ausgebreitet haben, während die Ordinaten die entsprechenden Entfernungen angeben, in denen die nämliche Abnahme der Wellenamplitude eintritt, wenn die Ausbreitung in Schichten von verschiedenem Leitungsvermögen erfolgt ist.

Diese Ergebnisse gelten indessen nur unter der Voraussetzung, daß die Wellenausbreitung ausschließlich in den Oberflächenschichten vor sich geht. In Wirklichkeit sind die Oberflächenwellen stets mit Raumwellen verbunden, von denen ihnen dauernd Energie nachgeliefert wird.

Weit ungünstiger gestalten sich die Verhältnisse

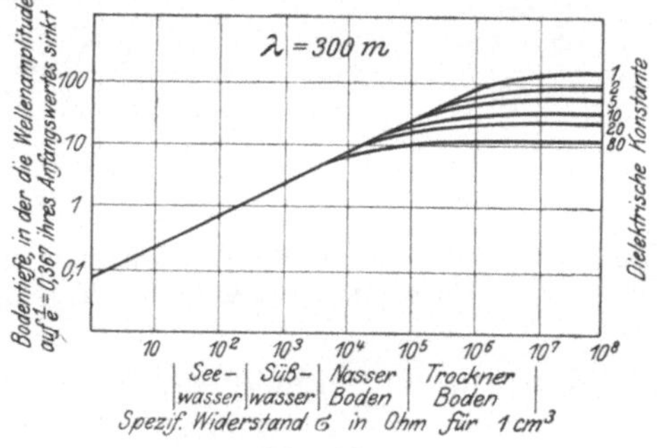

Fig. 329.

für das Eindringen der Wellen in die Tiefe. Aus Fig. 329 ergibt sich, wie außerordentlich dünn die Schichten sind, in die Wellen eindringen können, wenn ihre Amplitude nicht über den $e$ten Teil ihres Anfangswertes sinken soll. Spezifischer Widerstand und Dielektrizitätskonstante beeinflussen diesen Vorgang in gleichem Sinne. Auch hier tritt die Wirkung der Dielektrizitätskonstanten erst deutlich hervor, wenn der spezifische Widerstand etwa den für nassen Boden geltenden Wert erreicht hat.

Bei Seewasser beträgt diese Tiefe nur 1 m bei $z = 10^6$; für trocknen Boden und $\varepsilon = 2$ dagegen 100 m.

Kommt nun die Wellenstirn an einer entfernten Empfangsstelle an, so erregt die Komponente ihres elektrischen Feldes, die in Richtung des Luftleiters fällt, in ihm einen Strom, der nach Gl. 97 (S. 271) sich berechnen läßt.

2. Einfluß von Tag und Nacht. Störungen.

Die vorgenannte Gleichung hat nur Gültigkeit, wenn, wie früher erwähnt, die Wellenausbreitung über eine sehr gut und überall gleichmäßig leitende Fläche erfolgt, was annähernd für Seewasser zutrifft. Sie gilt weiterhin auch in diesem Falle nur dann, wenn der Ausbreitungsvorgang nicht durch Erscheinungen beeinflußt wird, deren Ursachen in der Atmosphäre zu suchen sind.

Eine schon lange beobachtete Erscheinung dieser Art ist der **Einfluß von Tag und Nacht auf die Stärke der Zeichen und damit auf die Reichweite.**

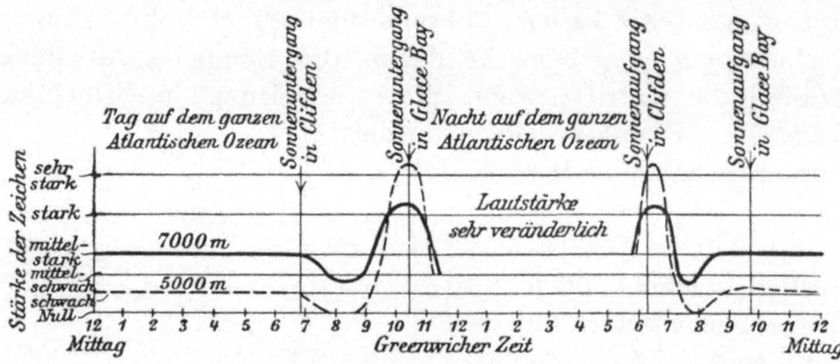

Fig. 330. Stärke der in Clifden aufgenommenen, von Glace Bay kommenden Zeichen im Verlaufe eines Tages. Entfernung 3580 km.

Untersuchungen hierüber, die deshalb besonders wertvoll sind, weil sie sich auf die Übertragung auf große Entfernungen beziehen und gleichzeitig über längere Zeiträume sich erstrecken, hat schon Marconi durch die Stationen Clifden und Glace Bay anstellen lassen. Die Ergebnisse sind in den Fig. 330 und 331 niedergelegt. Die Ordinaten der Kurven stellen die Stärke der in Clifden aufgenommenen und von dem 3580 km entfernten Glace Bay ankommenden Zeichen dar.

Aus den Kurven ersieht man, daß die größten Änderungen der Zeichenstärke auftreten in den Zeiten einerseits zwischen Sonnenuntergang in Clifden und Sonnenaufgang in Glace Bay und andererseits zwischen Sonnenaufgang in Clifden und Sonnenuntergang in Glace Bay. Die Höchstbeträge werden erreicht bei Sonnenuntergang in Glace Bay und kurz nach Sonnenaufgang in Clifden. Etwa $1^1/_2$ Stunde nach Sonnenuntergang in Glace Bay und Sonnenaufgang in Clifden sinkt die Lautstärke auf einen kleinsten Wert. Die Änderungen sowohl, wie die Höchstbeträge sind für die kurze Welle größer als für die längere Welle von 7000 m. Häufig steigt die Stärke der

Zeichen bei nicht sehr langen Wellen nachts auf das Fünffache des Betrags, den man tagsüber beobachtet. Herrscht Tag auf dem ganzen Atlantischen Ozean, so verschwinden die Änderungen. In der Hauptsache kehrt dieser Verlauf der Lautstärke täglich innerhalb eines Jahres wieder, wie Fig. 331 zeigt, in der für den Zeitraum von 12 Monaten für jeden ersten Tag im Monat die Zeichenstärken eingetragen sind.

Mißt man die Empfangsstromstärken mittels Bolometern, so können diese Erscheinungen auch noch bei kleinen Entfernungen zwischen Sender und Empfänger deutlich nachgewiesen werden, wie Schmidt gezeigt hat für zwei Stationen von nur 7 km Abstand. Nach Versuchen von Esau ist auch die Antennendämpfung täglichen Schwankungen unterworfen.

Durch meteorologische Verhältnisse werden alle diese Ergebnisse indessen vielfach beeinflußt. Feuchtes, stürmisches Wetter z. B. bedingt meist eine starke Abnahme der Reichweite. So sinkt an der afrikanischen Küste, wenn der Sirokko weht, der viel Küstenstaub mitführt, die Lautstärke bis auf $^{1}/_{4}$ ihres gewöhnlichen Betrags. Im allgemeinen ist in der kälteren Jahreszeit die Lautstärke größer als in der wärmeren.

Zu diesen täglich zu beobachtenden Erscheinungen treten die

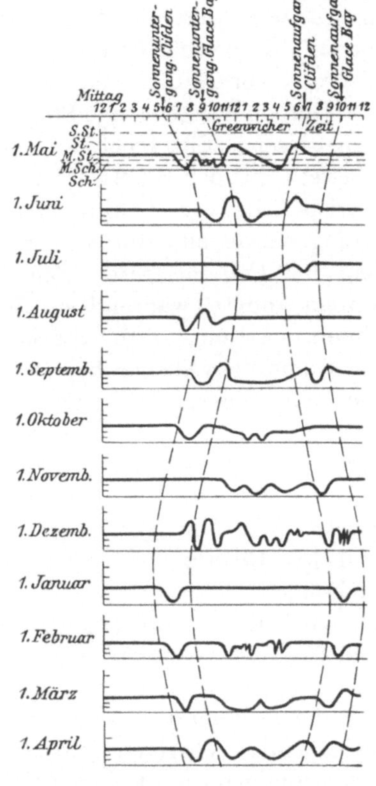

Fig. 331. Stärke der in Clifden aufgenommenen, von Glace Bay kommenden Zeichen innerhalb eines Jahres für jeden ersten Tag im Monat.

Störungen, die sich in verschiedenartigen Geräuschen im Hörer äußern und die so stark werden können, daß selbst der Empfang der Zeichen von Tonfunkensendern beeinträchtigt oder gar unterbunden wird.

Am heftigsten sind solche Störungen, die auch als X-Gewitter bezeichnet werden, bei Witterungsumschlägen, tiefem Barometerstand, schnell verlaufenden Luftdruckschwankungen, starken Winden, plötzlichen Wärmeänderungen und heftigen Niederschlägen. In Australien hat man sie hauptsächlich beobachtet in ruhigen, sternklaren Nächten.

Ein Einfluß des Mondlichtes ist noch nicht einwandfrei festgestellt. Dasselbe gilt für das Nordlicht und magnetische Schwankungen.

Die Zeit der geringsten Störungen tritt bei uns nach Anderle im Juni um 6 Uhr früh ein. Sie verschiebt sich von da an in den folgenden Monaten auf die späteren Tagesstunden, fällt im Dezember auf 2 Uhr mittags und geht dann wieder zurück. Ein zweiter solcher Zeitabschnitt folgt bei schönem Wetter im Juni um 10 Uhr abends. Er verschiebt sich bis auf 3 Uhr nachmittags im Dezember. Während der Dämmerung sind die Störungen meist am stärksten.

Auf eine eigenartige Störungserscheinung hat zuerst de Forest hingewiesen. Ein Lichtbogengenerator in Los Angeles (Kalifornien) arbeitete in der S. 184, Fig. 188 dargestellten Schaltung mit einer Betriebswelle von 3260 m und einer Verstimmungswelle von 3100 m. Häufig wurde nun die Senderwelle plötzlich so schwach, daß sie in dem 560 km entfernten San Franzisko nicht mehr aufgenommen werden konnte, während sie für die 480 km östlich gelegene Station Phönix (Arizona) ihre Stärke behielt. Gleichzeitig aber kam die Verstimmungswelle in San Franzisko mit der sonst üblichen, oft auch mit größerer Stärke an. Die Erscheinung dauert meist mehrere Stunden und verschwindet dann plötzlich wieder, worauf beide Wellen wieder mit gleicher Stärke aufgenommen werden.

Vielfach hat man die Beobachtung gemacht, daß die erwähnten Erscheinungen in geringerem Maße auftreten bei Wellen, die in nordsüdlicher Richtung sich fortpflanzen, wie bei solchen mit Ost-West-Richtung.

Auf die verschiedenen Erklärungsversuche für die Ursachen der Änderung der Lautstärke und der Störungen soll hier nicht näher eingegangen werden. Den meisten liegt die Annahme zugrunde, daß die genannten Erscheinungen bedingt sind durch die verschiedenartige und wechselnde Ionisation der Atmosphäre. Eine endgültige Erklärung jedoch ist erst zu erwarten, wenn viel umfangreichere Beobachtungen vorliegen, die sich nicht nur über ausgedehnte Gebiete der Erde, sondern auch über lange Zeiträume erstrecken. Die Heranziehung der Richtungstelegraphie dürfte berufen sein besonders wertvolle Dienste bei diesen Untersuchungen zu leisten, deren Ergebnisse insbesondere auch der Meteorologie zugute kommen werden.

3. Die Fernwirkungscharakteristik.

Trägt man die Amplituden des Feldes, das ein Luftleitergebilde in verschiedenen Richtungen, aber gleichen Entfernungen auf der Erdoberfläche erzeugt, in Polarkoordinaten auf und verbindet die Endpunkte der Fahrstrahlen, so erhält man eine Kurve, die den Namen Fernwirkungscharakteristik führt.

Für eine lineare und auch eine Schirmantenne ergibt sich ein Kreis. Denn diese Gebilde strahlen die Energie nach allen Richtungen der durch ihren Fußpunkt gelegten Horizontalebene gleichmäßig aus, sofern die Oberflächenschichten überall die nämlichen elektrischen Eigenschaften haben. Wohl bei den meisten Anlagen liegt diese Art der Wellenausbreitung vor. Sie gewinnt dann eine große Bedeutung, wenn eine Nachricht gleichzeitig an alle umliegenden Empfangsanlagen übermittelt werden muß (Schiff in Seenot).

Will man jedoch erreichen, daß die Strahlung hauptsächlich in einer bestimmten Richtung erfolgt, so muß man zu Luftleitergebilden greifen, die eine möglichst langgestreckte, schmale Charakteristik aufweisen. Sie werden als gerichtete Luftleiter bezeichnet. Ihre Anwendung ist dann von Vorteil, wenn mit einer gegebenen Energiemenge größere Entfernungen zu überwinden sind oder wenn verhindert werden soll, daß andere, nicht in der Strahlungsrichtung liegende Stationen die Zeichen aufnehmen können oder durch sie gestört werden.

4. Die Hauptarten der gerichteten Luftleiter.

Die Richtfähigkeit aller der zahlreichen Luftleiteranordnungen, die zur Erzielung einer bevorzugten Strahlungsrichtung in Vorschlag gebracht worden sind, läßt sich darauf zurückführen, daß von der Senderanlage beim Geben gleichzeitig mehrere Wellenzüge ausgehen, die mit Phasenverschiebungen gegeneinander bei den Empfangsantennen eintreffen. Durch Interferenz heben diese Wellen in einzelnen Richtungen sich ganz oder teilweise auf, in anderen aber kommt eine verstärkte Wirkung zustande.

Die Luftleitergebilde der einen von den beiden Gruppen, in die sämtliche gerichtete Sender sich einreihen lassen, bestehen wenigstens aus zwei, meist aber aus mehreren Einzelantennen. Ihre bevorzugte Strahlungsrichtung kommt in erster Linie zustande durch die Lage der Einzelantennen zueinander. Die Wellen, die von letzteren ausgehen, erhalten auf ihrem Wege nach der Empfangsantenne Gangunterschiede und infolgedessen Phasenverschiebungen. In vielen Fällen treten zu diesen Phasenverschiebungen noch andere hinzu, die künstlich durch die Art der Erregung der einzelnen Luftleiter dieser Anordnung hervorgerufen werden. Die Fernwirkungscharakteristik dieser Gebilde ist unabhängig von der elektrischen Beschaffenheit der Fläche, über der der Sender errichtet ist, sofern nur deren elektrische Eigenschaften im weiten Umkreis sich nicht ändern. Für die Ausbildung der bevorzugten Strahlungsrichtung ist es daher bei dieser Gruppe gleichgültig, ob der Sender über gut oder schlecht leitenden Boden erbaut wird.

Die Richtfähigkeit der zweiten Gruppe dagegen, zu der die geknickte und die Erdantenne gehören, ist einerseits bedingt durch die besonderen Formen dieser Luftleiter, andererseits durch die elektrischen Eigenschaften der Oberflächenschichten. Sie müssen das Eindringen der elektrischen Kraftlinien, die von der Antenne ausgehen, in die unter ihr liegenden Schichten ermöglichen, d. h. deren Leitfähigkeit muß gering sein. In der Erde entstehen dann Ströme mit stark ausgeprägten senkrechten Komponenten. Das Zusammenwirken dieser Ströme in der Erde mit den Strömen in der Antenne selbst, führt zu Fernwirkungscharakteristiken, die eine ausgesprochene Richtfähigkeit erkennen lassen. Über gut leitendem Boden könnten solche Antennen daher keine Richtwirkung zeigen.

II. Die gerichteten Sender.

1. Mehrere Luftleiter mit in der Phase verschobenen Strömen.

Um ein Urteil darüber zu gewinnen, inwieweit diese Luftleitergebilde die gestellten Anforderungen erfüllen, sollen im folgenden für einige der wichtigeren Formen die Fernwirkungscharakteristiken ermittelt werden, und zwar unter der Voraussetzung, daß die Senderanlage auf überall gleichmäßig und gut leitenden Schichten erbaut ist. Diese Annahme schließt das Eindringen von elektrischen Kraftlinien in Erde aus. Erdströme können nicht entstehen. Die Bestimmung der Charakteristik wird infolgedessen einer einfachen rechnerischen Behandlung zugänglich, die darauf hinauskommt, daß man das Gesamtfeld ermittelt, das aus den Teilfeldern entsteht, die den verschiedenen, von den einzelnen Luftleitern ausgehenden Wellenzügen entsprechen. Zu dem Zwecke denkt man sich diese Felder unter Berücksichtigung ihrer Phasenverschiebungen übereinandergelagert. Dabei ist zu beachten, daß letztere sich aus zwei Teilen zusammensetzen. Der eine Teil φ, der künstlich erzeugt wird, entspricht der Art der Erregung der einzelnen Luftleiter, der andere ψ dem Gangunterschied der Wellen.

a) Luftleiter mit zwei Hauptstrahlungsrichtungen.

Das einfachste Gebilde dieser Art besteht aus zwei linearen, senkrechten Antennen A und A' (Fig. 332), die derart erregt werden, daß die in ihnen fließenden Wechselströme eine Phasenverschiebung von $\varphi = 180°$ besitzen, also stets einander entgegengesetzt gerichtet sind. Die Strahlung geht dann hauptsächlich in der durch beide Antennen gelegten Ebene vor sich, während sie in den zu ihr senkrechten Ebenen verschwindet, wie sich aus folgender Überlegung ergibt: Es sei in Fig. 333 d der Abstand der beiden senkrechten, auf die Wellenlänge λ abgestimmten Luftleiter A und A'. Der Punkt P, in dem die Feldstärke ermittelt werden soll, sei so weit entfernt, daß die beiden von A und A' ausgehenden, nach P gerichteten Strahlen als parallel angesehen werden können.

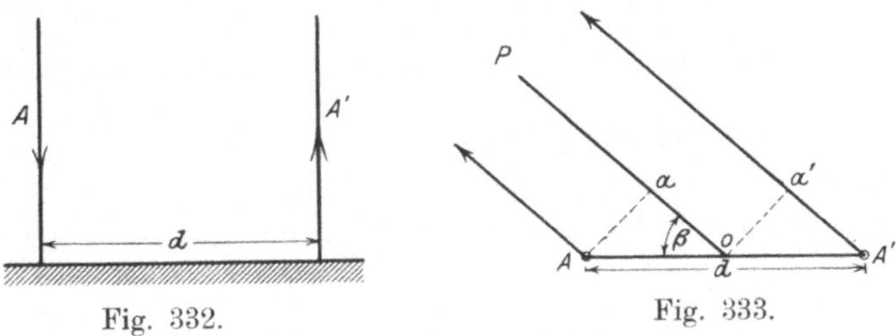

Fig. 332.   Fig. 333.

Wählt man o als Koordinatenanfang, so erkennt man, daß die von A ausgehende Welle infolge des Wegunterschiedes $o\,a$ eine Phasenverschiebung ψ im Sinne der Voreilung erhält, die, in Winkelmaß ausgedrückt, sich darstellt durch:

$$\psi = \frac{\pi d}{\lambda} \cdot \cos \beta,$$

da

$$\frac{\dfrac{d \cdot \cos \beta}{2}}{\lambda} = \frac{t}{T} = \frac{\psi}{2\pi}.$$

In P erzeugt daher A ein Feld, dessen Augenblickswert

$$f_A = F_A \cdot \sin\left[\omega t + \frac{\pi d}{\lambda} \cos \beta\right]$$

ist. Die entsprechende, gesamte Phasenverschiebung für die von A' ausgehende Welle setzt sich zusammen einerseits aus der durch die Art der Erregung von A' künstlich hervorgerufene Phasenverschiebung φ, andererseits aus der durch den Gangunterschied $A'a$ bedingten und einer Nacheilung entsprechenden Phasenverschiebung ψ'. Sie berechnet sich somit zu:

$$\varphi - \psi' = \varphi - \frac{\pi \cdot d}{\lambda} \cos \beta.$$

Der Beitrag, den A' zu dem Gesamtfelde in P liefert, wird daher:

$$f_{A'} = F_{A'} \cdot \sin\left[\omega t + \varphi - \frac{\pi d}{\lambda} \cos \beta\right].$$

Das Gesamtfeld in P

$$f = f_A + f_{A'}$$

hat sonach, da

$$\sin x + \sin y = 2 \cdot \sin \tfrac{1}{2}(x+y) \cos \tfrac{1}{2}(x-y)$$

für $F_A = F_{A'}$ den Augenblickswert:

$$f = 2 F_A \cdot \cos \left[\frac{\pi d}{\lambda} \cos \beta - \frac{\varphi}{2} \right] \cdot \sin \left(\omega t + \frac{\varphi}{2} \right).$$

Der in diesem Ausdruck von der Zeit unabhängige Faktor

$$F_\beta = 2 F_A \cdot \cos \left(\frac{\pi d}{\lambda} \cos \beta - \frac{\varphi}{2} \right) \quad \ldots \ldots \quad (100)$$

stellt die Amplitude des Gesamtfeldes dar. Für $\varphi = 180^0$ geht er über in

$$F_\beta = 2 F_A \cdot \sin \left(\frac{\pi d}{\lambda} \cdot \cos \beta \right). \quad \ldots \ldots \quad (101)$$

Ist $d \lessgtr \dfrac{\lambda}{6}$, so kann man den Sinus mit dem Bogen vertauschen, und es wird

$$F_\beta = 2 F_A \cdot \frac{\pi d}{\lambda} \cos \beta. \quad \ldots \ldots \quad (102)$$

Die Amplitudenwerte von F_β ändern sich sinusförmig mit β. Die Fernwirkungscharakteristik besteht sonach aus zwei sich berührenden Kreisen (Fig. 334).

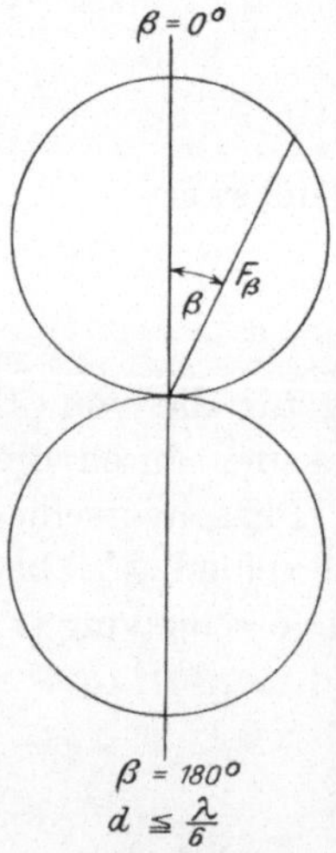

Der Höchstwert der Amplitude F_β des Gesamtfeldes ist doppelt so groß, wie für einen einzigen senkrechten Luftleiter.

Für größere Werte von d nimmt die Charakteristik ungünstigere und verwickeltere Formen an, von denen eine in Fig. 335 wiedergegeben ist für $d = \tfrac{3}{4}\lambda$. Fig. 334 zeigt, daß die Strahlung zwar hauptsächlich in der durch die Antennen gelegten Ebene erfolgt, aber auch, allerdings schwächer, in allen anderen Richtungen. Nur für $\beta = 90^0$ und $\beta = 270^0$ wird sie Null.

Fig. 334.

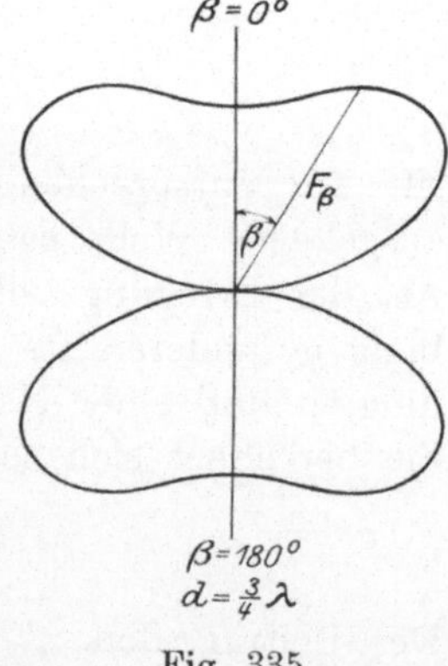

Fig. 335.

b) Einseitig gerichtete Luftleiter.

Die Strahlung nach rückwärts ($\beta = 180^0$) läßt sich aufheben, wenn in der Mitte zwischen den beiden Luftleitern A und A' in

Fig. 332 noch ein dritter C angebracht wird. Erregt man C doppelt so stark wie A und A' und derart, daß die Ströme in C mit denjenigen in A in Phase und dementsprechend zu den Strömen in A' entgegengesetzt gerichtet sind, so ergibt sich als Charakteristik die in Fig. 336 stark gezeichnete Kurve. Sie wird erhalten, wenn man die Fahrstrahlen der Charakteristik von C in der oberen Hälfte der Fig. 336 zu denjenigen der Charakteristik $A A'$ der Doppelantenne addiert und in der unteren Hälfte der Figur von ihnen abzieht.

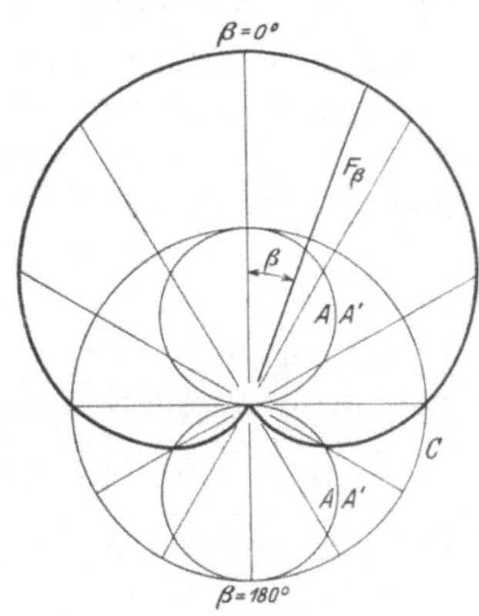

Fig. 336.

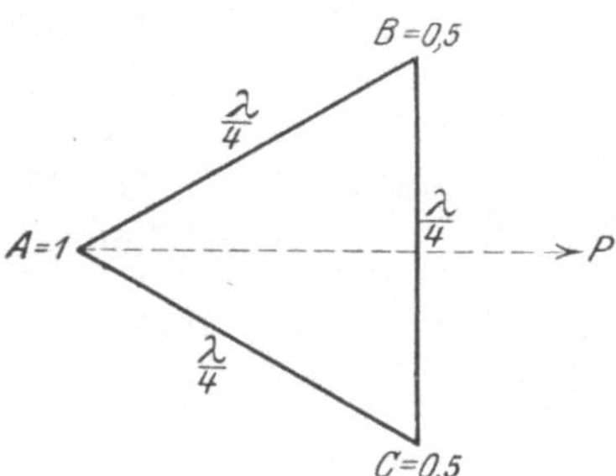

Fig. 337.

Eine ähnliche Form hat die Charakteristik der von Braun angegebenen Anordnung, bei der drei senkrechte Luftleiter A, B, C (Fig. 337) in den Ecken eines gleichseitigen Dreiecks mit den Seitenlängen $\dfrac{\lambda}{4}$ aufgestellt sind. Werden A, B, C derart erregt, daß die Amplituden der Schwingungen in ihnen sich verhalten wie $1:0,5:0,5$ und die Schwingungen in B und C gleichphasig, diejenigen in C jedoch gegen erstere um 270^0 in der Phase verschoben sind, so fällt die Hauptstrahlungsrichtung mit AP zusammen. Die Strahlung in der entgegengesetzten Richtung ist Null. Durch Vertauschung der Luftleiter mittels eines Umschalters kann die Richtung der stärksten Strahlung zweimal um 120^0 gedreht werden. Auch Zwischenstellungen mit den Winkeln von nur 60^0 gegeneinander lassen sich erreichen.

Ohne Zuhilfenahme eines dritten Luftleiters kann die Rückenstrahlung bei der Doppelantenne beseitigt werden, wenn man die Luftleiter A und A' (Fig. 332) gleichstark erregt, aber an Stelle der Phasenverschiebung von $\varphi = 180^0$ eine solche von

$$\varphi = \frac{2\pi d}{\lambda} + \pi$$

hervorruft. Die Gl. 100 für die Amplitude des Gesamtfeldes geht dann über in:

$$F_\beta = 2\,F_A \sin\left[\frac{\pi d}{\lambda}\,(\cos\beta - 1)\right] \cong 2\,F_A \cdot \frac{\pi d}{\lambda}\,(\cos\beta - 1)\ . \tag{103}$$

In Fig. 345 ist eine dieser Gleichung entsprechende Charakteristik wiedergegeben.

c) Anordnungen mit stark verringerter Seitenstrahlung.

Die besprochenen Anordnungen weisen sämtlich noch eine starke Seitenstrahlung auf. Sie läßt sich verringern und man erhält eine schmale Charakteristik, wenn man die Zahl der Luftleiter vermehrt. Im folgenden soll dies für den Fall von drei Luftleiterpaaren näher erläutert werden.

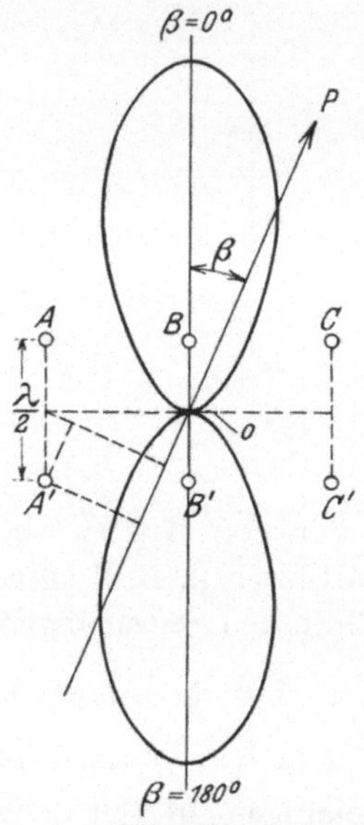

Fig. 338.

Die Anordnung zeigt Fig. 338. Das mittlere Luftleiterpaar $B\,B'$ wird doppelt so stark erregt, wie die, um $\dfrac{\lambda}{2}$ von ihm entfernten, äußeren $A\,A'$ und $C\,C'$. Unter der Annahme, daß auch hier 0 als Anfangspunkt des Koordinatensystems gewählt wird, ergibt sich aus Fig. 338, daß die von A' kommende Welle infolge der Lage von A' eine Phasenverschiebung gegen 0

$$\psi = \frac{2\,\pi}{\lambda}\left(\frac{\lambda}{2}\sin\beta + \frac{\lambda}{4}\cos\beta\right)$$

im Sinne der Nacheilung aufweisen muß. Nachdem in ähnlicher Weise alle übrigen Phasenverschiebungen ermittelt sind, lassen die Beiträge, die die einzelnen Luftleiter zu dem Gesamtfeld in einem weit entfernten Punkt P liefern, sich darstellen durch:

$$f_A = F_A \cdot \sin\left[\omega t - \frac{2\,\pi}{\lambda}\left(\frac{\lambda}{2}\sin\beta - \frac{\lambda}{4}\cos\beta\right)\right]$$

$$f_{A'} = -\,F_{A'} \cdot \sin\left[\omega t - \frac{2\,\pi}{\lambda}\left(\frac{\lambda}{2}\sin\beta + \frac{\lambda}{4}\cos\beta\right)\right]$$

$$f_B = F_B \cdot \sin\left[\omega t + \frac{2\,\pi}{\lambda}\cdot\frac{\lambda}{4}\cos\beta\right]$$

$$f_{B'} = -\,F_{B'} \cdot \sin\left[\omega t - \frac{2\,\pi}{\lambda}\cdot\frac{\lambda}{4}\cos\beta\right]$$

$$f_C = F_C \cdot \sin\left[\omega t + \frac{2\,\pi}{\lambda}\left(\frac{\lambda}{2}\sin\beta + \frac{\lambda}{4}\cos\beta\right)\right]$$

$$f_{C'} = -\,F_{C'} \cdot \sin\left[\omega t + \frac{2\,\pi}{\lambda}\left(\frac{\lambda}{2}\sin\beta - \frac{\lambda}{4}\cos\beta\right)\right]\ .$$

Das Gesamtfeld wird durch Addition der Teilfelder erhalten. Setzt man $F_A = F_{A'} = F_C = F_{C'} = F$ und $F_B = F_{B'} = 2F$ und bildet zunächst die Summen $f_A + f_{C'} = f_1$, $f_{A'} + f_C = f_2$, $f_B + f_{B'} = f_3$, so folgt, da:

$$f_1 + f_2 = 4F \cdot \cos(\pi \cdot \sin\beta) \cdot \sin\left(\frac{\pi}{2}\cos\beta\right)\cos\omega\,t.$$

$$f_1 + f_2 + f_3 = 4F \cdot \sin\left(\frac{\pi}{2}\cos\beta\right)[1 + \cos(\pi \cdot \sin\beta)] \cdot \cos\omega t.$$

Die Amplitude des von den drei Luftleiterpaaren erzeugten Feldes in P wird sonach:

$$F_\beta = 4F \cdot \sin\left(\frac{\pi}{2}\cos\beta\right)[1 + \cos(\pi\sin\beta)] =$$

$$= 8F \cdot \sin\left(\frac{\pi}{2}\cos\beta\right)\cos^2\left(\frac{\pi}{2}\sin\beta\right) \quad . \quad . \quad . \quad . \quad . \quad (104)$$

Die Charakteristik ist, wie Fig. 338 zeigt, viel schmäler.

Die Feldamplitude des Gebildes wird im günstigsten Fall 8 mal so groß, wie diejenige des einzelnen, senkrechten Leiters A.

In dieser Weise könnte man nun weiter gehen und Leitergebilde zusammenstellen, die noch viel günstigere Charakteristiken aufweisen.

Indessen verbieten die Schwierigkeiten, die das Einhalten der erforderlichen Betriebsbedingungen mit sich bringt, ihre Anwendung. Im folgenden soll daher nur auf das von Bellini für den allgemeinen Fall von n Luftleiterpaaren gewonnene Endergebnis hingewiesen werden. Erregt man die Einzelantennen derart, daß

$$F_A : F_B : F_C : F_D : \ldots = 1 : \frac{n-1}{1} : \frac{(n-1)(n-2)}{1\cdot 2} : \frac{(n-1)(n-2)(n-3)}{1\cdot 2\cdot 3} : \ldots$$

so findet sich durch ähnliche Überlegungen wie vorher als Wert für die Amplitude des Gesamtfeldes:

$$F_\beta = 2^{n-1} \cdot 4F \cdot \sin\left(\frac{\pi}{2}\cdot\cos\beta\right)\cdot\cos^{n-1}\left(\frac{\pi}{2}\sin\beta\right) \quad . \quad . \quad (105)$$

Ein Maß für die Richtfähigkeit eines solchen Luftleitergebildes liefert der Quotient $\dfrac{F_\beta}{F_{\beta'}}$. Für $\beta = 0^0$ und $\beta' = 10^0$ erhält man nach obiger Formel die untenstehenden Werte:

n	1	2	3	9	50
$\dfrac{F_{0^0}}{F_{10^0}}$	1,01	1,04	1,08	1,33	5,9

Statt die Antennenpaare nebeneinander zu stellen, können sie auch hintereinander aufgebaut werden.

Alle diese Gebilde sind noch zweiseitig, was darauf zurückzuführen ist, daß die Phasenverschiebung zwischen den beiden Strömen in den Doppelleitern zu Null angenommen war. Die Strahlung wird einseitig und der untere Teil in Fig. 338 fällt weg, wenn man diese Phasenverschiebung auf $\varphi = \dfrac{2\pi d}{\lambda} + \pi$ erhöht.

d) Luftleiteranordnungen mit veränderlicher Strahlungsrichtung. Das Radiogoniometer.

Schon bei Betrachtung der einseitig strahlenden Antennen wurde hervorgehoben, daß durch Umschalten der Einzelleiter der Braunschen Anordnung (Fig. 337) die Hauptstrahlung sich auf verschiedene Richtungen einstellen läßt.

Ein anderes Verfahren zur sprungweisen Änderung der Strahlungsrichtung kommt darauf hinaus, daß man in den Strichen einer Windrose mehrere gerichtete Sender anordnet, die durch eine entsprechende, z. B. umlaufende Kontaktvorrichtung mit dem Erregerkreis verbunden werden können (vgl. Fig. 352).

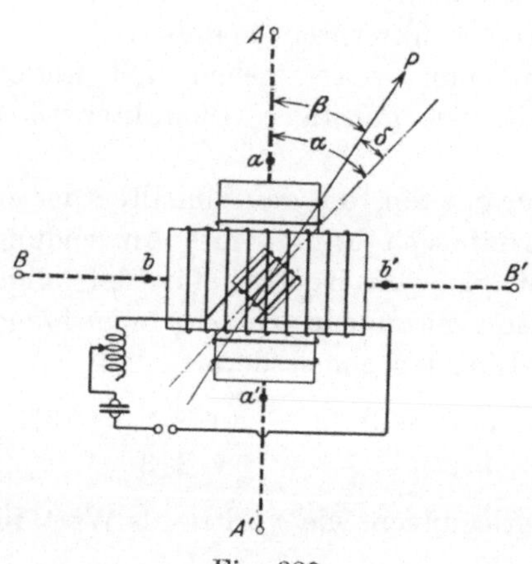

Fig. 339.

Um eine stetige Änderung der Strahlungsrichtung zu erzielen, könnte man z. B. die Doppelantenne in Fig. 332 um Punkt 0 drehen. In den meisten Fällen ist dies jedoch zu umständlich oder überhaupt nicht durchführbar.

In sehr einfacher Weise wird die Aufgabe gelöst durch das Radiogoniometer von Bellini und Tosi.

An Stelle von einem werden zwei Antennenpaare benutzt, die in aufeinander senkrecht stehenden Ebenen liegen. Die Fußpunkte A, A' und B, B' (Fig. 339) je zweier Antennen sind durch wagrechte Leitungen miteinander verbunden, in deren Mitte die Kopplungsspulen $a a'$ und $b b'$ eingeschaltet sind. Ihre Achsen mögen zusammenfallen mit den Ebenen der beiden Antennen, mit denen sie verbunden sind. Innerhalb dieser beiden Spulen befindet sich eine kleine, drehbare Erregerspule, die einen Teil der Selbstinduktion eines von gedämpftem

oder ungedämpftem Wechselstrom durchflossenen Schwingungskreises
bildet. Sie induziert in aa' und bb' elektromotorische Kräfte, deren
Augenblickswerte sich darstellen lassen durch

$$e_A = E_A \cdot \cos \alpha \cdot \cos mt,$$

$$e_B = E_B \cdot \sin \alpha \cdot \cos mt,$$

wobei E_A und E_B die Höchstwerte und α den Winkel der Ebene
der drehbaren Spule mit der Richtung AA' bedeuten. Die beiden
durch diese elektromotorischen Kräfte erregten Antennenpaare erzeugen in einem Punkte P die zwei Felder f_A und f_B, deren Amplituden nach Gl. 100 die Werte haben:

$$2\,F_A \cos \alpha \cdot \sin \left(\frac{\pi d}{\lambda} \cos \beta \right) = 2\,F_A \cdot \cos \alpha \cdot \sin \left[\frac{\pi d}{\lambda} \cos (\alpha - \delta) \right],$$

$$2\,F_B \cdot \sin \alpha \cdot \sin \left(\frac{\pi d}{\lambda} \sin \beta \right) = 2\,F_B \cdot \sin \alpha \cdot \sin \left[\frac{\pi d}{\lambda} \sin (\alpha - \delta) \right],$$

wo mit β der Winkel der Richtung nach P mit der Antennenebene
AA' und mit δ der Winkel dieser Richtung mit der Windungsebene
der drehbaren Goniometerspule bezeichnet ist. Die Amplitude des
Gesamtfeldes ergibt sich durch algebraische Addition der Teilfelder
und wird somit:

$$F_{\alpha,\,\delta} = 2\,F_A \cdot \cos \alpha \cdot \sin \left[\frac{\pi d}{\lambda} \cos (\alpha - \delta) \right] + 2\,F_B \cdot \sin \alpha \cdot \sin \left[\frac{\pi d}{\lambda} \sin (\alpha - \delta) \right].$$

Für $F_A = F_B$ und $d \leq \dfrac{\lambda}{6}$ erhält man mithin:

$$F_{\alpha,\,\delta} = 2\,F_A \cdot \frac{\pi d}{\lambda} \left[\cos \alpha \cdot \cos (\alpha - \delta) + \sin \alpha \cdot \sin (\alpha - \delta) \right]$$

oder

$$F_{\alpha,\,\delta} = 2\,F_A \cdot \frac{\pi d}{\lambda} \cos \delta.$$

Die Charakteristik hat daher die nämliche Form wie diejenige
des Antennenpaares AA' allein. Der Höchstwert der Amplituden
ergibt sich für $\delta = 0$. Er ist unabhängig vom Winkel α.

Die Hauptstrahlungsrichtung des Goniometers fällt
sonach immer in die Ebene seiner drehbaren Spule.

Da die Strahlung in der Richtung des Luftleiterpaares AA' nur
von diesem herrührt, denn das Antennenpaar BB' liefert zu dem
Felde eines in dieser Richtung gelegenen Punktes keinen Beitrag,
so ist der Höchstwert der Feldamplitude für alle Lagen der drehbaren Spule gleich dem Betrage, der nur durch ein einziges Antennenpaar in seiner eigenen Ebene erzeugt wird. Die Fernwirkungscharakteristik für eine bestimmte Lage der beweglichen Spule muß

infolgedessen die nämliche Form haben, wie diejenige eines einzigen
Antennenpaares, das in der Spulenebene liegt. Sie wandert beim
Drehen der Spule mit ihr herum. Fig. 340 zeigt die Charakteristik
des Goniometers für eine beliebige Lage seiner drehbaren Spule. In
einfachster Weise läßt sich sonach die Strahlungsrichtung stetig verändern.

Um beim Bau der vier erforderlichen Antennen mit einem Maste
auszukommen, führt man die Luftleiter von ihren Fußpunkten nicht
senkrecht, sondern schräg in die Höhe (Fig. 341). Die Wirkungsweise ändert sich dadurch nur unwesentlich.

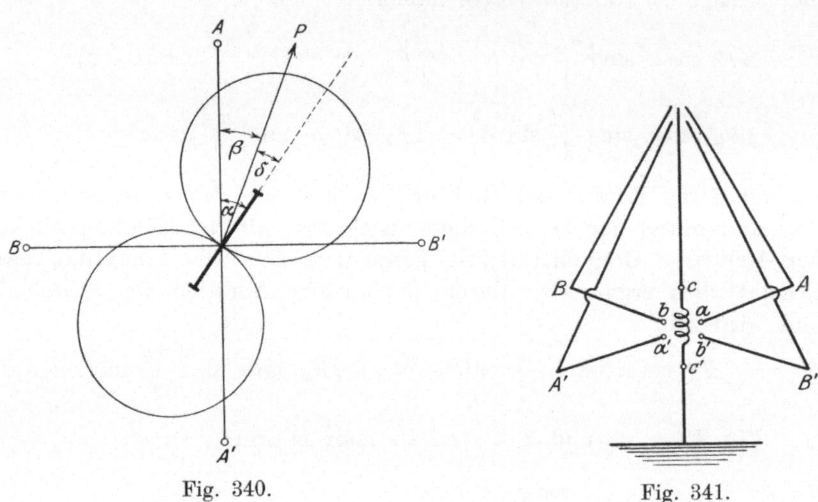

Fig. 340.   Fig. 341.

Wie für die in Fig. 332 dargestellte Anordnung, so gibt es auch für
das Radiogoniometer zwei um 180° auseinander liegende Richtungen
stärkster Strahlung. Die Anordnung ist ebenfalls zweiseitig. Die
Strahlung in einer von diesen beiden Richtungen läßt sich nach den
Darlegungen S. 346 nun aufheben, wenn man noch eine weitere, und
zwar senkrecht in O hochgeführte Antenne verwendet, die gleich stark
wie die andere erregt und auf die nämliche Welle abgestimmt werden muß. Die Fernwirkungscharakteristik bekommt dann die in
Fig. 336 dargestellte Form. Um die senkrechte Antenne gleichzeitig
mit den anderen durch die drehbare Goniometerspule zu erregen, ist
die Spule cc' eingeschaltet. Zur Erzielung einer gleichbleibenden Kopplung zwischen der Spule cc' und der drehbaren Goniometerspule werden
beide fest mit einer verbunden. Die Verbindung von cc' mit der Antenne einerseits und mit Erde andererseits muß daher durch Schleif-
bürsten bewirkt werden.

2. Wagrechte Antennen.

a) Die geknickte Antenne.

Die zweite Gruppe der gerichteten Sender ist zuerst von Marconi in größerem Maßstabe benutzt worden, in der Form der in Fig. 342 dargestellten geknickten Antenne. Durch zahlreiche Versuche hat er den Beweis erbracht, daß die Strahlung hauptsächlich in der Ebene dieses Luftleiters erfolgt, und zwar in Richtung des Pfeiles.

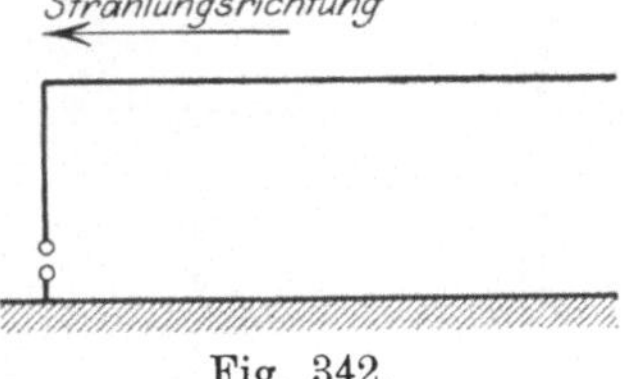

Fig. 342.

Fig. 343 zeigt eine von Marconi aufgenommene Fernwirkungscharakteristik. Bei den Messungen wurde die Senderantenne gedreht und an einer 260 m entfernten Empfangsstelle die den verschiedenen Lagen des Senders entsprechende Empfangsstromstärke bestimmt. Sie ist in Mikroampere auf den Fahrstrahlen abgetragen.

Von den verschiedenen Erklärungen für die Richtwirkung der geknickten Antenne gibt die von v. Hörschelmann aufgestellte Theorie die Erscheinungen am besten wieder. Eine umfangreiche, mathematische Untersuchung führt ihn zu dem Ergebnis, daß man sich die Ströme, die durch die Antenne in der Erdoberfläche erregt werden, in zwei senkrechten, li-

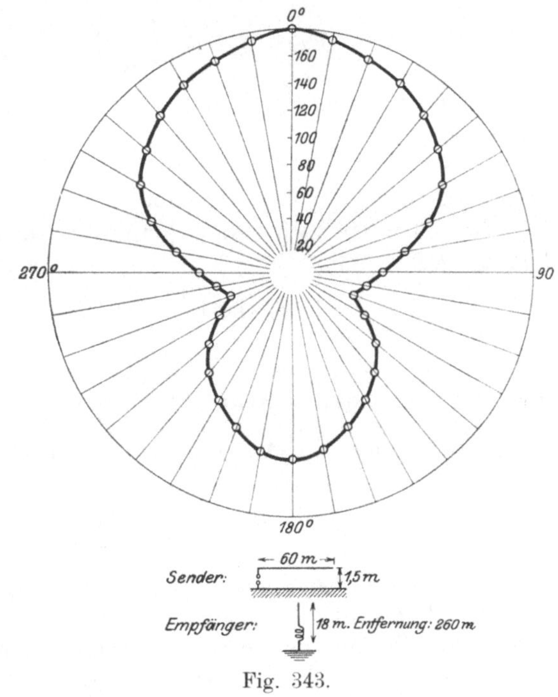

Fig. 343.

nearen Leitern vereinigt und dementsprechend die Strahlung der geknickten Antenne von der Höhe h und der Länge l (Fig. 344 a) sich ersetzt denken kann durch diejenige eines gerichteten Luftleitergebildes, das besteht aus:

1. einem senkrechten Luftleiter A (Fig. 344 b) von der Höhe h, der eine Feldamplitude F_A liefert.

2. einer Doppelantenne, deren beide senkrechte linearen Leiter E und E' (Fig. 344 b) in der Ebene der geknickten Antenne und zwar links und rechts von der Mitte ihres wagrechten Teiles in einem gegenseitigen Abstand h stehen.

Die Schwingungen in beiden Luftleitern E und E' sind durch folgende Merkmale gekennzeichnet:

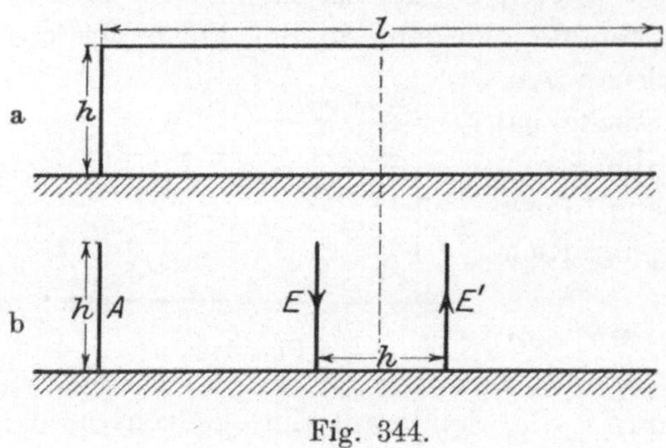

Fig. 344.

α) Die Amplituden der Felder von E und E' sind einander gleich und dargestellt durch

$$F_E = F_A \cdot \frac{l}{h} \cdot \frac{1}{2\pi \cdot h} \cdot \sqrt{\frac{\lambda \cdot \sigma}{2 \cdot 3 \cdot 10}} \quad \ldots \quad (106)$$

β) Die Schwingungen in E und E' sind um 180^0 gegeneinander verschoben.

γ) Das Gesamtfeld, das von E und E' erzeugt wird, ist in der Phase gegen F_A um 45^0 verschoben.

Nach Gl. 101 wird die Amplitude des Feldes der Doppelantenne $E E'$:

$$F_{EE'} = 2 \cdot F_E \cdot \sin\left(\frac{\pi d}{\lambda} \cos \beta\right) \simeq 2 \cdot F_E \cdot \frac{\pi \cdot h}{\lambda} \cos \beta$$

und die Amplitude des Gesamtfeldes der drei Leiter A, E und E' oder der geknickten Antenne:

$$F_{g\beta} = F_A \sqrt{1 + a^2 \cdot \cos^2 \beta + \sqrt{2 \cdot a \cdot \cos \beta}} \quad \ldots \quad (107)$$

wobei

$$a = \frac{l}{h} \cdot \sqrt{\frac{\sigma}{2 \cdot 3 \cdot 10 \cdot \lambda}} \quad \ldots \quad (108)$$

gesetzt ist, die Längen in cm einzuführen sind und σ den spezifischen Widerstand in Ohm, bezogen auf 1 cm^3, bedeutet.

Für die Wirkungsweise dieser Antennenform gibt es zwei Grenzfälle:

1. $\sigma \simeq 0$, d. h. $a \simeq 0$. Die Antenne steht auf sehr gut leitenden Flächen.

Aus Gl. 107 folgt in diesem Fall:

$$F_{g\beta} = F_A.$$

Die Antenne verhält sich wie ein einfacher, senkrechter Luft-

leiter. Die Wirkung des wagrechten Teiles und damit die Richtfähigkeit verschwinden.

2. $\sigma \neq 0$, $l \gg h$, d. h. a ist sehr groß. Die Antenne steht über
schlecht leitendem Boden. Sie verhält sich wie eine Doppelantenne.

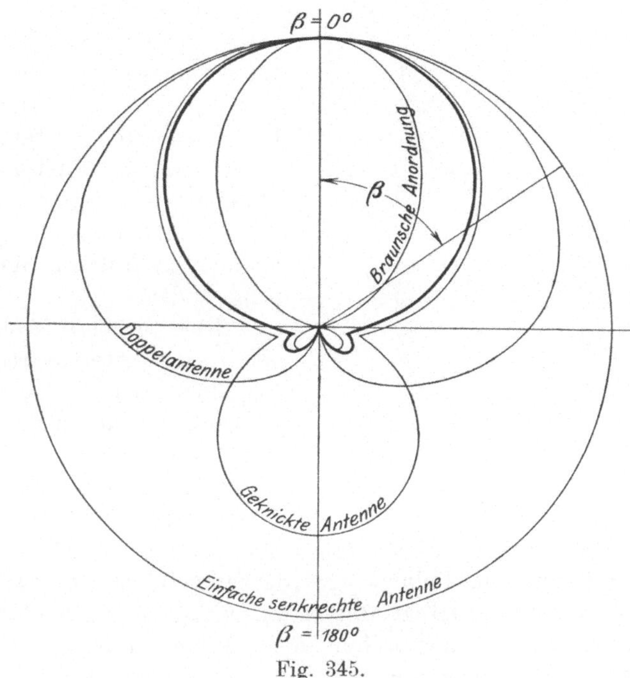

Fig. 345.

In Fig. 345, die einer Arbeit von Zenneck entnommen ist, findet
man die Charakteristik einer geknickten Antenne eingezeichnet, die nach
Gl. 107 berechnet wurde für Verhältnisse, die etwa den Versuchs-
bedingungen von Marconi entsprechen. Die rechnerisch gewonnene
Kurve zeigt mit der experimentell erhaltenen. (Fig. 343) eine gute
Übereinstimmung.

Die Charakteristik einer sehr langgestreckten, niedrigen, geknickten Antenne ist in Fig. 346 wiedergegeben. Die Kurve ist übergegangen in zwei sich berührende Kreise.

Die Vorzüge der geknickten Antenne sind nicht nur ihre
Richtfähigkeit, sondern hauptsächlich auch ihr einfacher Aufbau und weiterhin ihre große Belastungsfähigkeit, die sie
gegenüber anderen Antennenformen, z. B. der Schirmantenne aufweist.

Die Belastungsgrenze einer Antenne ist erreicht, wenn
die Oberflächen der Antennendrähte zu sprühen beginnen. Diese

23*

Erscheinung stellt sich zuerst an den Enden der Drähte ein und zwar kurz bevor dort die elektrische Feldstärke den Wert der Durchschlagsfestigkeit der umgebenden Luft angenommen hat.

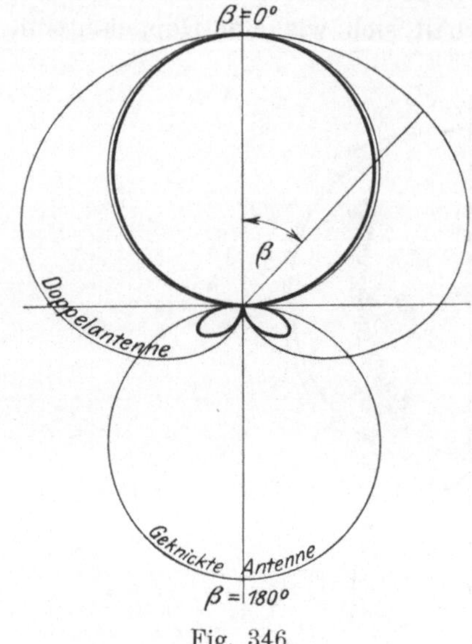

Fig. 346.

Die Feldstärke bleibt aber um so kleiner, je größer die Dämpfungswiderstände sind. Letztere liegen nun erfahrungsgemäß bei geknickten Antennen weit über den für Schirmantennen gültigen Werten, wodurch die hohe Belastungsfähigkeit der geknickten Antenne ihre Erklärung findet.

Eine größere Anlage mit geknickter Antenne stellen die Fig. 82 bis 84 (S. 83) dar. Ihr wagrecht verlaufender Teil besteht aus vielen, in gleichem Abstand nebeneinanderliegenden Einzeldrähten.

Einen ähnlichen Aufbau zeigen die geknickten Antennen der Stationen Clifden und Poldhu. Sie werden gebildet aus etwa 40 Einzeldrähten von 300 m Länge, die in einem gegenseitigen Abstand von ungefähr 1 m in einer durchschnittlichen Höhe von 60 m verlegt sind.

Noch größere Abmessungen weist eine neuere geknickte Antenne in Carnavon (England) mit einer Länge von 1200 und einer Breite von 150 m auf, die von zehn 120 m hohen Masten getragen wird.

b) Die geknickte Doppelantenne.

Vergleicht man in den Figuren 345 und 346 die Charakteristik der geknickten Antenne mit der nach Gl. 102 berechneten Charakteristik der Doppelantenne, so erkennt man, daß bei letzterer die Rückenstrahlung ($\beta = 180^0$) verschwindet, dagegen die Seitenstrahlung sich über eine breite Fläche erstreckt, während bei der geknickten Antenne die Verhältnisse gerade umgekehrt liegen.

Zenneck macht nun den bemerkenswerten Vorschlag, die zwei Hilfsmittel, die zur Erzielung der Richtfähigkeit dieser Luftleitergebilde führten, zu vereinigen, um dadurch die Nachteile beider zu beseitigen und ihre Vorteile auszunutzen.

Tatsächlich führt die Verwendung von zwei geknickten Antennen, die im Abstande d voneinander aufgestellt sind und in denen Schwingungen erregt werden, die in der Phase um

$$\varphi = \frac{2\,\pi d}{\lambda} + \pi$$

gegeneinander verschoben sind, zu dem gewünschten Erfolg. Die Gleichung der Charakteristik einer solchen geknickten Doppelantenne wird erhalten, wenn man in Gl. 102 für F_β den Ausdruck für $F_{g\beta}$ aus Gl. 106 einführt, wodurch sich ergibt:

$$F = 2\,F_A \cdot \sin\left[\frac{\pi d}{\lambda}(\cos\beta - 1)\right]\sqrt{1 + a^2\cos^2\beta + \sqrt{2}\cdot a\cdot\cos\beta}\quad(111)$$

Die stark gezeichneten Kurven in den Figuren 345 und 346 sind nach dieser Gleichung berechnet. Insbesondere Fig. 345 läßt deutlich die Vorzüge der neuen Anordnung erkennen.

Auf eine noch geringere Seitenstrahlung weist die zum Vergleich in die nämliche Figur eingetragene Charakteristik einer von Braun angegebenen Anordnung hin. Sie erfordert jedoch vier Luftleiter, die in den Ecken eines Rechteckes mit den Seitenlängen $\frac{\lambda}{4}$ und $\frac{\lambda}{2}$ stehen. Aufbau und Betriebsbedingungen sind bei der Zenneckschen Doppelantenne einfacher.

c) Die Erdantenne.

Vereinigt man zwei geknickte Antennen von sehr geringer Höhe zu der in Fig. 347 dargestellten Anordnung, so erhält man eine Luftleiterform, die den Namen Erdantenne führt. Ihre Richtwirkung läßt sich in ähnlicher Weise erklären, wie die der Marconiantenne. Sie ist ebenfalls zurückzuführen auf die Ströme, die durch die An-

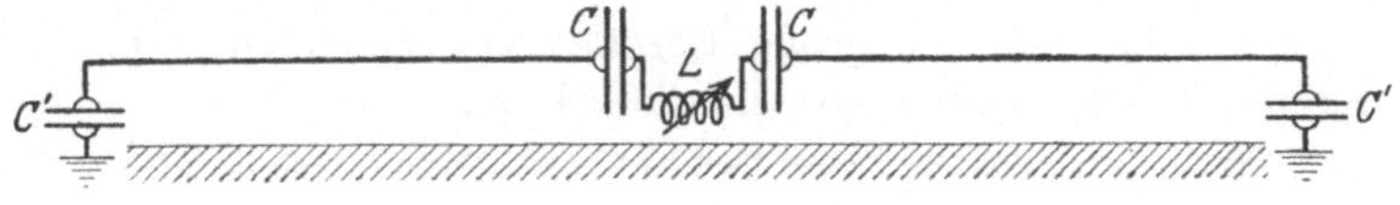

Fig. 347.

tenne in der Erde erregt werden. Der Einfluß der senkrechten, nahe beieinanderliegenden Teile kann vernachlässigt werden, nicht nur wegen der geringen Höhe, sondern auch weil die in ihnen fließenden Ströme einander entgegengesetzt gerichtet sind. Die Richtfähigkeit ist noch stärker ausgesprochen, wie bei der geknickten Antenne; die Fernwirkungscharakteristik ist weniger breit.

Um eine günstigere Spannungsverteilung gegen Erde längs der wagrechten Teile der Erdantenne zu erhalten, hat R. Goldschmidt den Vorschlag gemacht, nach den Erdungspunkten zu Kondensatoren und nach der Stromquelle zu Drosselspulen einzuschalten. Fig. 348 zeigt eine solche Anordnung, die so gedacht ist, daß der Spannungs-höchstwert an zwei Stellen auftritt, die um etwa $\frac{l}{6}$ von den An-tennenenden entfernt sind.

Die Ordinaten des gebrochenen Linienzuges stellen die Spannungen der linken Hälfte der Antenne gegen Erde dar. Man erhält ihn, wenn man die bekannten Kreisdiagramme anwendet für Wechselstromkreise, die einerseits Kapazität und Widerstand, andererseits Selbstinduktion und Widerstand enthalten.

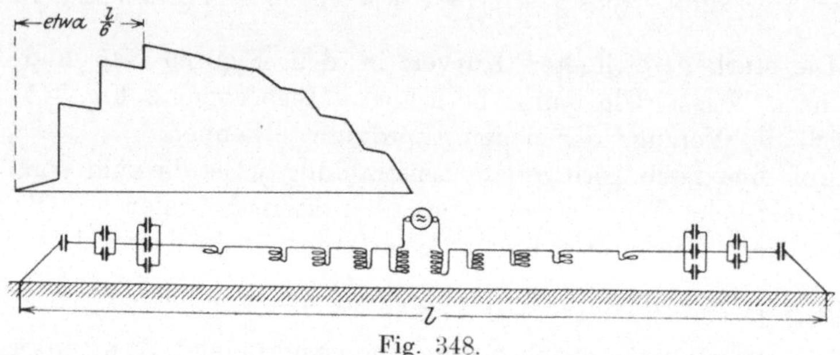

Fig. 348.

Mit der geknickten Antenne teilt die Erdantenne die hohe Belastungsfähigkeit, die zurückzuführen ist auf die gestreckte Form und den großen Dämpfungswiderstand dieser Luftleiter. Letzterer liegt nach Messungen von Kiebitz, der zuerst umfangreiche Versuche mit Erdantennen angestellt hat, zwischen 10 und 150 Ohm gegenüber dem Werte von 5 Ohm für eine Schirmantenne. Die Felddichten bleiben daher auch bei starker Belastung der Antenne gering. Sprüherscheinungen treten nicht auf, und auf die Isolation braucht deshalb nicht die große Sorgfalt verwendet zu werden, die bei anderen Luftleitergebilden unerläßlich ist.

Ein Bild von den elektrischen Verhältnissen einer Erdantenne, die aus einem einfachen, 500 m langen, 2 mm dicken Bronzedraht bestand, gibt die nachstehende, den Versuchsergebnissen von Kiebitz entnommene Zahlentafel.

Sie zeigt, daß, wie zu erwarten ist, mit abnehmender Höhe der Antenne über dem Erdboden der Dämpfungswiderstand wächst. Welcher Anteil hierbei einerseits auf den nutzbaren Strahlungswiderstand, anderseits auf den Verlustwiderstand entfällt, ist nicht ermittelt. Aber selbst wenn durch das Anwachsen der durch die Erdströme bedingten Energieverluste das Verhältnis von Gesamtstrahlung zu den Verlusten viel kleinere Werte bei der Erdantenne annimmt, wie bei andern Luftleitern, gleicht sich der ungünstige Einfluß der Erdströme auf die

Übertragung wieder aus durch die Richtfähigkeit der Erdantenne. Das ergibt sich auch aus den Reichweiten, die mit dieser Antennenform, trotz ihres außerordentlich einfachen Aufbaues erzielt worden sind. Sie stehen nicht hinter denen der sonst üblichen Antennen mittlerer Höhe zurück.

Kapazität und Dämpfungswiderstand einer Erdantenne nach Messungen von Kiebitz.

Antennen-höhe	Wellenlänge der Eigen-schwingung	Kapazität in cm (für lange Wellen)	Dämpfung bei $\lambda = 1350$		
			Dekrement	Widerstand in Ohm	
15	1075	1440	0,048	10	Messungen mit freien Enden
5	1105	1530	0,081	15	
1	1160	1770	0,107	17	
15	1740	2300	0,107	14	Messungen mit Endkon-densatoren
5	1750	2390	0,165	20	
1	1750	2600	0,193	21	

Zum Vergleich sind in den beifolgenden Zahlentafeln die Reichweiten zusammengestellt, die Kiebitz unter verschiedenen Versuchsbedingungen erzielt hat und diejenigen, die von der Marconigesellschaft für ihre Sender angegeben werden.

Reichweiten von Erdantennen nach Kiebitz.

Kilowatt	Wellenlänge in m	Reichweite in km über Flachland	Zwischen	Höhe der Erdantenne in m
1	800—1400	230	Belzig—Swinemünde	1—8
1	3500	405	Belzig—Norddeich	1
2	1000	450	Gustrow—Danzig	1—15
2—3	1200	470	Swinemünde—Norddeich	8
2,5	1000	760	Norddeich—Danzig	20

Reichweiten von Sendern der Marconigesellschaft.

Antennenleistung in Kilowatt	Wellenlänge in Meter	Reichweite in km	
		über Meer	über Flachland
0,3	1200	190	175
1,0	1200	300	250
1,5	1200	400	390
2,0	1200	450	420
3,0	1200	520	500

Zur Vermeidung der durch die Erdströme erzeugten Verluste hat F. Braun neuerdings angeregt, die seither verwendete Form der Erdantenne zu ersetzen durch geschlossene Leiter in Gestalt von langgestreckten Rechtecken.

III. Die gerichteten Empfänger.

Die verschiedenen, oben besprochenen Luftleitergebilde für gerichtete Telegraphie haben die Eigenschaft, als Empfänger am stärksten auf solche Wellenzüge anzusprechen, die aus der Richtung kommen, in der sie auch am stärksten strahlen. Wie die Richtfähigkeit der Sender kann auch diese Erscheinung auf zwei verschiedenen Ursachen beruhen, was zur Einteilung der Empfänger in ebenfalls zwei Hauptgruppen führt.

1. Mehrere Einzelantennen als Empfänger.

Die Erklärung der Wirkungsweise dieser gerichteten Anordnungen beim Empfang ergibt sich, wenn man die Phasenverschiebungen zwischen den Strömen ermittelt, die ein Wellenzug in den einzelnen Leitern erregt, der, von außen kommend, über das Luftleitergebilde hinstreicht. Man hat also die beim Sender angestellten Überlegungen umzukehren.

Trifft z. B. die Stirn des in Fig. 324 dargestellten Wellenzuges eine Doppelantenne (Fig. 332) in einer Richtung senkrecht zu der durch A und A' gelegten Ebene, so kann in einer zwischen den beiden unteren Enden der Luftleiter A und A' angeschlossenen Spule ein Strom nicht fließen, da die in ihnen erregten Spannungen gleich und gleich gerichtet sind. Kommt dagegen die Wellenstirn in Richtung der durch AA' gelegten Ebene an, so entsteht in der Spule ein Strom, der für $d = \dfrac{\lambda}{2}$ seinen Höchstwert hat, weil jetzt beide in A und A' induzierten elektromotorischen Kräfte gleich, in der Phase aber um 180^0 verschoben und daher entgegengesetzt gerichtet sind. Sein Wert wird kleiner, wenn die Wellenstirn unter einem Winkel die Luftleiterebene trifft. Man erhält für den Empfänger eine Charakteristik, die die nämliche Form besitzt wie die des Senders.

Das gleiche gilt für das Goniometer. Die bewegliche Spule des letzteren wird von den ankommenden Wellenzügen dann am stärksten erregt, wenn ihre Ebene in die Richtung gedreht wird, aus der die Wellenstirn ankommt, d. h. wenn (vgl. Fig. 339) $\delta = 0^0$ oder $\delta = 180^0$ ist. Die Doppelantenne sowohl wie das Goniometer sind auch für den Empfang zweiseitig.

Benutzt man indessen bei letzterem noch einen fünften, senkrecht in die Höhe geführten Luftleiter, entsprechend der Anordnung in Fig. 341, so geht die Empfangscharakteristik in die in Fig. 336 stark ausgezeichnete Kurve über. Die Anordnung wird, wie das entsprechende Sendergebilde, somit auch für den Empfang einseitig, und die Richtung der ankommenden Wellen läßt sich eindeutig bestimmen.

Es braucht wohl kaum hervorgehoben zu werden, daß die Spulen eines Goniometers, das Empfangszwecken dienen soll, andere Abmessungen erhalten als diejenigen eines Sendegoniometers. Letztere bestehen aus verhältnismäßig wenigen Windungen von großem Kupferquerschnitt, der den starken Senderströmen anzupassen ist, die sie zu führen haben, während man beim Empfangsgoniometer Spulen aus Windungen dünnen Drahtes benutzt, die kapazitätsfrei zu wickeln sind, wenn man sie nicht in einer Lage aufbringen kann.

2. Die geknickte und die Erdantenne als Empfänger.

Verwendet man eine geknickte Antenne als Empfänger, so ergibt sich eine ganz ähnlich verlaufende Charakteristik wie für den Sender, wie aus der von Marconi aufgenommenen Kurve in Fig. 349 hervorgeht.

Eine einfache und für viele Zwecke ausreichende Erklärung für die Richtwirkung der geknickten Antenne beim Empfang, die auch auf die Erdantenne anwendbar ist, hat Zenneck gegeben. Sie beruht auf der Annahme, daß die elektrischen Kraftlinien des ankommenden Wellenzuges in der Richtung ihrer Bewegung gegen die Senkrechte zur Erdoberfläche nach vorwärts geneigt sind.

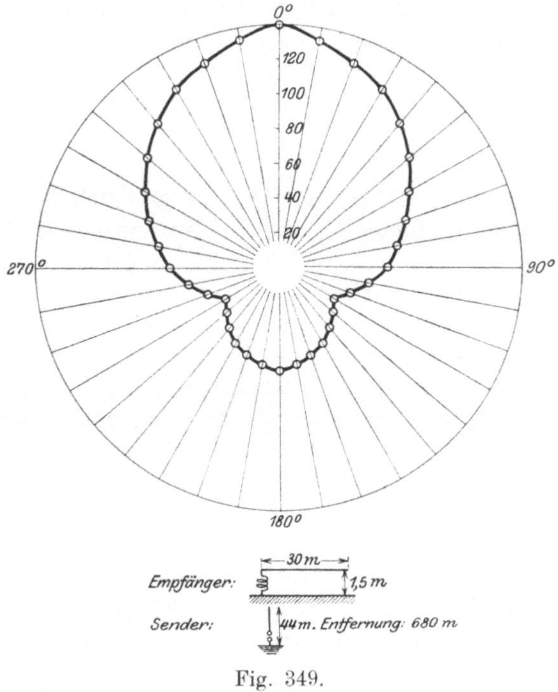

Fig. 349.

Es ist also nach den früheren Darlegungen die Voraussetzung gemacht, daß die Wellen über schlecht leitende Flächen wandern.

Das bei der Empfangsantenne entstehende elektrische Feld kann alsdann zerlegt werden in zwei Komponenten, von denen die eine F_s in Richtung des senkrechten, die andere F_w in Richtung des wagrechten Teiles der Antenne fällt. Erstere erzeugt in dem senkrechten Teil eine Spannung e_s, letztere in dem wagrechten Teil die Span-

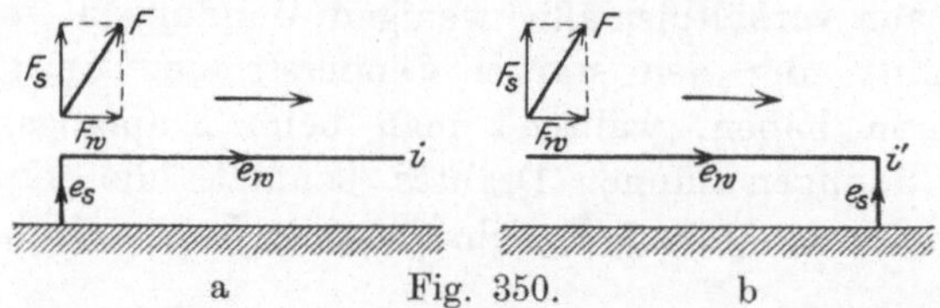

a   Fig. 350.   b

nung e_w. Trifft nun ein von links nach rechts fortschreitender Wellenzug die geknickte Antenne (Fig. 350a), so haben e_s und e_w gleiche Richtung. In der Antenne entsteht ein Strom i, der der Summe $e_s + e_w$ entspricht. Dreht man die Antenne um 180^0 (Fig. 350b) oder kommt der Wellenzug in Fig. 350a von rechts, so haben e_s und e_w entgegengesetzte Richtung. Der Strom i', der jetzt durch $e_s - e_w$ hervorgerufen wird, ist kleiner.

Läuft die Wellenstirn senkrecht auf die durch die Antenne gelegte Ebene, so wird $e_w = 0$, und nur im senkrechten Teil wird eine Spannung erregt. Ihr entspricht ein Strom, der mit i'' bezeichnet werden soll.

Ist e_s größer als e_w, so ergibt sich der kleinste Wert des Stromes in der Antenne bei der in Fig. 350b gezeichneten Lage, denn es ist $i' < i''$.

Wenn dagegen e_w wesentlich größer ist als e_s, so wird der Unterschied der Ströme i und i' in den Figuren 350a und b nur gering. Infolgedessen muß, wenn die Antenne so steht, daß ihre Ebene senkrecht von der Wellenstirn getroffen wird, eine starke Abnahme des Stromes eintreten. Denn i'' ist jetzt wesentlich kleiner wie i und auch wie i'. Die Richtfähigkeit einer niedrigen Antenne müßte danach größer sein.

Dieser Fall liegt bei der Erdantenne vor, die in geringer Höhe über dem Boden sich befindet.

Eine derartige Erdantenne für Empfangszwecke läßt sich in der einfachsten Weise herstellen. Es genügt die Leitung z. B. über niedrig liegende Baumäste und unter Umständen selbst auf den Boden zu legen. Die Empfangsschaltung zeigt Fig. 351. Zur Abstimmung dient der Kondensator C, während mit den Spulen

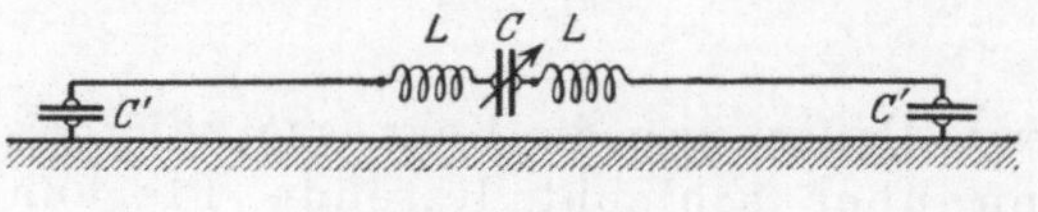

Fig. 351.

LL der Detektorkreis gekoppelt wird. Statt des Kondensators *C* kann beim Empfang von langen Wellen auch eine veränderliche Selbstinduktion eingeschaltet werden. Oder aber die beiden Spulen *LL* werden unmittelbar miteinander verbunden und man legt den veränderlichen Kondensator *C* zu ihnen in Nebenschluß (vgl. auch S. 306 Fig. 298). Die Endkondensatoren *C'* lassen sich auch ersetzen durch ein isoliertes Drahtnetz (vgl. Fig. 353) oder sie können ganz wegbleiben. Auch hier führt zu der vorteilhaftesten Anordnung am schnellsten der Versuch.

IV. Richtungs- und Ortsbestimmung.

Die Aufgabe, die Strahlung eines Senders auf eine schmale Bahn zusammenzudrängen, wird durch die gerichteten Sender nur unvollkommen gelöst. Ihre Fernwirkungscharakteristiken zeigen, daß, wenn auch schwächer, die Wellen über einen großen Bereich seitlich und zum Teil auch rückwärts sich ausbreiten. Dies wird auch durch die Erfahrung bestätigt. So konnten die Zeichen der Station Poldhu, die mit einer geknickten Antenne ausgerüstet ist, an Orten aufgenommen werden, die viele hundert Kilometer von Poldhu sowohl in einer der Hauptstrahlungsrichtung entgegengesetzten als auch zu ihr nahezu senkrechten Richtung lagen.

Wohl lassen sich, wie aus den Untersuchungen von B r a u n, Z e n n e c k und B e l l i n i hervorgeht, aus einer größeren Anzahl von Luftleitern gerichtete Sender zusammenstellen, deren Strahlung sich auf einen schmalen Streifen zusammenzieht. Aber der Bau solcher Luftleitergebilde und die Schwierigkeiten, die die Herstellung der notwendigen Phasenverschiebungen zwischen den Strömen in den einzelnen Luftleitern mit sich bringen, schließen die Anwendung dieser Anordnungen in großem Maßstabe vorläufig aus.

Eine weit größere Bedeutung haben die gerichteten Luftleitergebilde für die Zwecke der Richtungs- und Ortsbestimmung erlangt.

Ihre Charakteristiken zeigen, daß die Feldamplituden der Sender in der Nähe der Hauptstrahlungsrichtung verhältnismäßig ganz geringe Änderungen aufweisen, während in den dazu senkrechten Richtungen die Abnahme außerordentlich rasch erfolgt. Ähnliches gilt für den Empfänger. Die Richtung stärksten Empfangs ist nicht sehr scharf ausgesprochen, wohl aber die dazu senkrechte.

In letzter Linie kommen nun, wie später erläutert wird, alle Richtungsbestimmungen hinaus auf die Ermittlung von Empfangsstromstärken, deren Größe sich leicht und schnell beurteilen läßt aus der Lautstärke im Hörer einer Empfangseinrichtung.

Aus den oben angegebenen Gründen wird man daher bei den Messungen nicht die Richtung der stärksten Strahlung des Senders oder der größten Empfangswirkung festzustellen suchen, sondern die Richtungen, für die die Ströme im Empfänger ihren kleinsten Wert haben. In der Nähe dieser Richtungen muß die Lautstärke im Hörer sich stark ändern, und die Messung ist mit großer Schärfe möglich.

Diese Darlegungen lassen auch erkennen, daß Wellenanzeiger, die auf Amplitudenwerte ansprechen, für die Richtungsbestimmung weniger.gut geeignet sind wie Energiedetektoren. Denn die Energie ist proportional dem Quadrate der Amplituden, der Abfall der Energie muß also in der Nähe der kleinsten Feldamplitude noch viel rascher vor sich gehen, wie derjenige der Amplituden.

1. Bestimmung der Richtung von ankommenden Wellen.

Zur Lösung dieser Aufgabe gibt es verschiedene Wege.

a) **Der Sender S arbeitet mit einem Luftleitergebilde für gerichtete Telegraphie.** Die Empfangsstation E ist ausgerüstet mit einer Antenne, die als Sender nach allen Seiten gleichmäßig strahlt (lineare Antenne, Schirmantenne).

Will E die Richtung der von S ankommenden Wellen bestimmen, so muß die Strahlungsrichtung von S stetig oder sprungweise geändert werden. Dies läßt sich erreichen dadurch, daß

1. **der gerichtete Sender gedreht wird;**

2. **mehrere in den Hauptrichtungen einer Windrose angeordnete gerichtete Sender vorhanden sind,** die nacheinander erregt werden;

3. **ein Senderadiogoniometer benutzt wird.**

Von diesen Verfahren hat hauptsächlich das zweite Anwendung gefunden. Die Sendestation S ist für E, das eine bewegliche Station sein kann, kenntlich durch ihr Anrufzeichen oder die Art ihres Sendens. Sie ist außer dem vielteiligen, gerichteten Luftleitergebilde noch mit einer linearen oder einer Schirmantenne ausgerüstet. S gibt nun dauernd in der Weise, daß nach dem Aussenden eines Achtungszeichens mit der nicht gerichteten Antenne die einzelnen, in den Strichen der Windrose liegenden, gerichteten Leitergebilde (Fig. 352) nacheinander mit dem Erregerkreis verbunden werden. Jede dieser Einzelantennen sendet alsdann einen bestimmten Buchstaben oder auch einen Ton von bestimmter Höhe aus, z. B. der in der Nordrichtung liegende Leiter den Buchstaben n, der in der Ostrichtung liegende o usw. Der am lautesten im Hörer aufgenommene Buchstabe wird von derjenigen Antenne ausgesendet, die in der Verbindungslinie SE liegt. Da jedem Buchstaben eine bestimmte Richtung zugeordnet ist, kann die Empfangsstelle sofort für ihn auch die Richtung angeben, aus der er kommt. Wie die Charakteristiken zeigen, ist die Änderung der Lautstärke in der Nähe des größten Amplitudenwertes nur klein, eine scharfe Ermittelung der Richtung größter Lautstärke daher nicht möglich. Man wird deshalb immer diejenigen beiden Richtungen zu bestimmen suchen, in denen die Zeichen nicht oder fast nicht mehr hörbar sind. Denn aus dem Verlauf der Charakteristiken in der Nähe dieser Richtungen erkennt man,

daß die Lautstärke dort sehr große Änderungen erfahren und daher eine sehr scharfe Bestimmung der Richtung möglich sein muß.

Eine gut durchgebildete Form dieses Verfahrens stellt der „Telefunkenkompaß" der Gesellschaft für drahtlose Telegraphie dar. Durch eine Kontaktvorrichtung, die mittels eines Motors in gleichförmigen Umlauf versetzt wird, werden in S innerhalb $^1/_2$ Minute in gleichen Zeitzwischenräu-

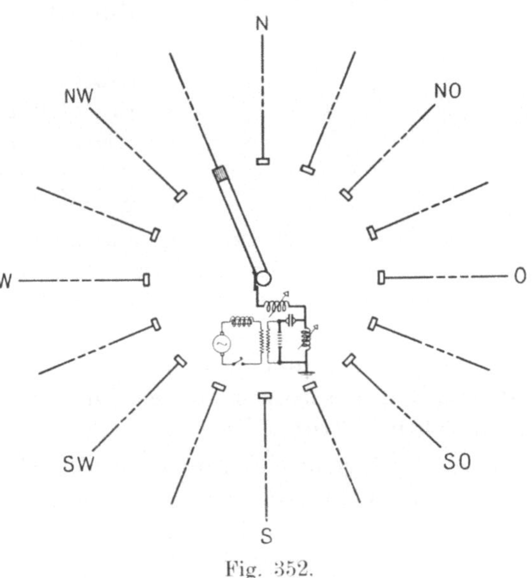

Fig. 352.

men die nicht gerichtete und darauf nacheinander die gerichteten Antennen an den Erregerkreis angeschlossen. Hört Station E das mit der nicht gerichteten Antenne von S abgegebene Zeichen, so setzt sie eine Stoppuhr in Bewegung, deren Zeiger über ein mit Windrose und Gradeinteilung versehenes Zifferblatt in ebenfalls $^1/_2$ Minute einmal hinläuft. In dem Augenblick, in dem die Zeichen im Empfänger von E ihre größte Lautstärke haben, wird die Uhr stillgesetzt. Die Richtung SE, aus der die Zeichen kommen, kann dann unmittelbar auf dem Zifferblatt abgelesen werden. Genauere Ergebnisse erhält man auch hier, wenn man die beiden Zeigerstellungen beim Verschwinden der Zeichen bestimmt und aus ihnen das Mittel nimmt.

b) Die Empfangsstation E ist mit einem gerichteten Luftleitergebilde ausgerüstet. Die Richtung SE läßt sich dann in ganz ähnlicher Weise bestimmen wie in den unter a) angegebenen Fällen.

1. **Das Luftleitergebilde in E wird gedreht.** Die gesuchte Richtung ergibt sich als Mittellage zwischen den beiden Stellungen, bei denen die kleinste Empfangslautstärke vorliegt.

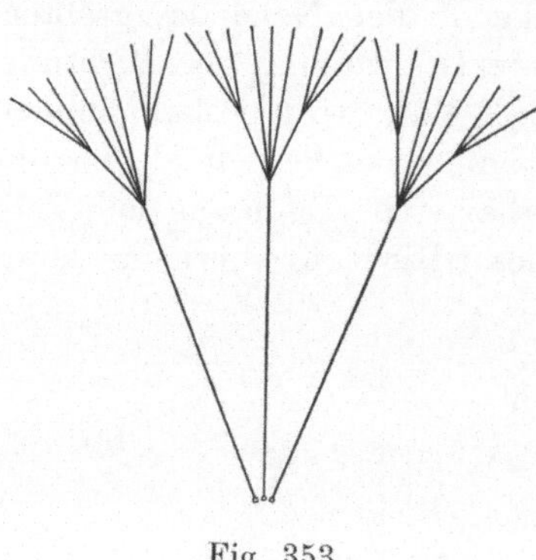

Fig. 353.

2. **Der Empfänger wird,** ähnlich wie der Sender des Telefunkenkompasses, an die einzelnen in den Strichen der Windrose liegenden, gerichteten Luftleiter angeschlossen. Man sucht nun die zwei Luftleiter, für die die Zeichen verschwinden. Die Winkelhalbierende dieser Antennen ist die gesuchte Richtung ES.

Da die Zeichenstärke sich jetzt nicht wie im vorigen Fall stetig, sondern nur sprungweise ändern kann, wird man unter Umständen keinen Luftleiter finden, für den sie Null wird. Ein geübter Beobachter wird aber auch in diesem Fall leicht aus den beiden kleinsten Lautstärken, die sich für zwei benachbarte Antennen ergeben, die Richtung abschätzen können, in der ein völliges Verschwinden der Zeichen eintritt.

Sehr gut eignen sich für diesen Zweck Erdantennen, deren beide Hälften eine Länge von etwa 100 m erhalten. Um an ihren isolierten Enden größere Kapazitäten zu erzielen, werden die Drähte auf etwa $^1/_3$ der Länge in der aus Fig. 353 ersichtlichen Art verzweigt.

3. **Mit Hilfe des Empfangsradiogoniometers.** Dieses ermöglicht von allen bis jetzt bekannten Verfahren am raschesten und zuverlässigsten, die Richtung der ankommenden Wellen zu ermitteln.

Die zwei festen Goniometerspulen müssen, wie diejenigen des Sendegoniometers (Fig. 339), so angeordnet werden, daß ihre Achsen genau senkrecht aufeinander stehen. Für ihren Aufbau gelten, worauf schon früher hingewiesen wurde, die nämlichen Gesichtspunkte, wie für alle Empfangsspulen. Fig. 354 zeigt die Schaltung. Die freien Enden der festen Spulen aa' und bb' werden an die Antennenpaare AA' und BB' (vgl. Fig. 339 und 341) angeschlossen. In der Mitte sind die Spulen aa' und bb' aufgeschnitten und zwischen ihre Hälften die Kondensatoren C_A und C_B geschaltet, die zur Abstimmung der Antennenpaare auf die ankommende Welle dienen.

Zweckmäßig wird man diese zwei Kondensatoren zwangläufig miteinander verbinden, um die Abstimmung oder eine Veränderung derselben für beide Antennenpaare gleichzeitig vornehmen zu können. Die drehbare Spule S wird unter Vermittlung zweier Schleifkontakte ss' mit einem Detektor und einem Blockkondensator zu einem aperiodischen (wie in Fig. 354) oder einem abstimmbaren Empfangskreis vereinigt. Im letzteren Fall sind die Schleifkontakte noch durch einen Drehkondensator zu überbrücken.

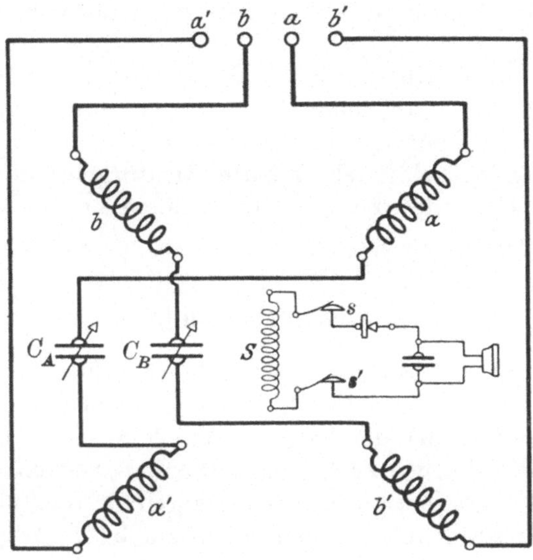

Fig. 354.

Um auch bei sehr starkem Empfang scharfe Einstellungen auf kleinste Lautstärke zu erhalten, macht man die Kopplung zwischen den festen Goniometerspulen und dem Detektorkreis loser. Zu dem Zwecke kann Spule S noch mit einer wagrechten Drehachse versehen werden. Besser aber benutzt man eine Zwischenkreisschaltung (vgl. S. 247, Fig. 250), indem man an die Schleifkontakte ss' einen Drehkondensator und eine mit diesem hintereinander geschaltete, zweite Spule legt. Letztere erregt als Teil des Zwischenkreises einen aperiodischen oder ebenfalls abstimmbaren Empfangskreis. Sie wird außerhalb der festen Goniometerspulen aufgestellt. Durch Änderung ihrer Lage läßt sich die Kopplung in einfachster Weise auf die gewünschten kleinen Beträge bringen.

Auch aus dem Verhältnis der Ströme in den beiden festen Goniometerspulen kann die Richtung der ankommenden Wellen

gefunden werden. Zur Strommessung eignet sich hierbei am besten
ein Fadengalvanometer. Dieses Verfahren ist jedoch wesentlich
umständlicher.

Solange die oberen Enden der Antennenpaare AA' und BB'
(Fig. 341) nicht verbunden sind, wird man nur verhältnismäßig kurze
Wellen bei kleineren Abmessungen der Luftleiter, die z. B. auf Schiffen
gewählt werden müssen, aufnehmen können. Verbindet man jedoch
die oberen Enden jedes der Antennenpaare miteinander, stellt also zwei
geschlossene, aber voneinander isolierte Kreise her, so läßt sich mittels
der Kondensatoren C_A und C_B die Abstimmung auch für lange Wellen
vollziehen.

Mittels eines Luftleitergebildes dieser Art, bei dem die Länge
der wagrechten Teile AA' und BB' (Fig. 341) nur 16 m und dessen
Höhe 12 m betrug, konnten auf einem zwischen Boulogne und Folke-
stone verkehrenden Schiff sehr scharfe Richtungsbestimmungen ausgeführt und selbst die Zeichen von Schiffen im Mittelmeer aufgenommen werden.

2. Ortsbestimmung.

Zur Bestimmung des Ortes einer Station sind wenigstens noch
zwei weitere erforderlich, deren Entfernung voneinander bekannt sein
muß. Entweder sendet die Station A (Fig. 355), deren Lage ermittelt
werden soll, und die beiden Stationen B und C bestimmen auf Anruf
von A nach einem der besprochenen Verfahren die Richtungen BA und
CA und damit die Winkel β und γ, wodurch die Lage von A gegeben ist. Oder aber die Stationen B und C senden und A bestimmt
die Richtungen AB und AC.

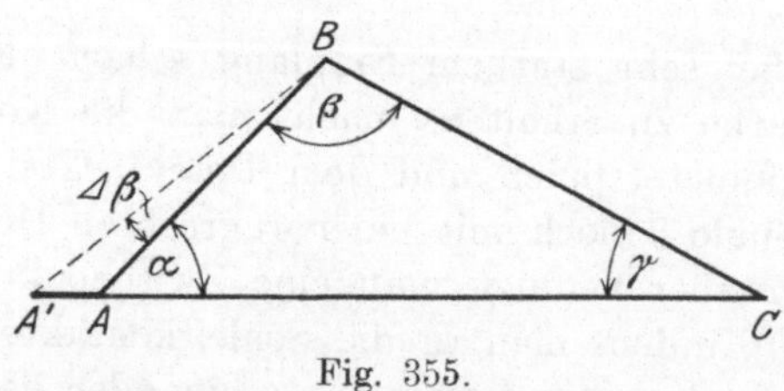

Fig. 355.

Für eine bewegliche Station A, z. B. ein Luftschiff, das seinen Ort
ermitteln will, kommt wohl nur das erstere Verfahren in Betracht, da
auf ihm ein gerichtetes Leitergebilde nur schwer anzubringen ist. Sind
die Stationen B und C mit Empfangsgoniometern ausgerüstet, so
können sie auf Anruf von A in wenigen Minuten dessen Ort
feststellen.

Ist $\Delta\beta$ der Fehler, der bei Bestimmung des Winkels bei B (Fig. 355) gemacht wurde, so wird die Länge der Strecke $\overline{AC}$ fehlerhaft um den Betrag:

$$\overline{AA'} = \frac{\overline{AC} \cdot \Delta\beta}{\sin\alpha} \quad \ldots \ldots \ldots \quad (112)$$

In ähnlicher Weise bedingt ein Fehler bei Bestimmung des Winkels γ eine Verschiebung des Punktes A auf der Strecke AB. Aus beiden Verschiebungen ergibt sich der Gesamtfehler.

Für sehr genaue Messungen zieht man zweckmäßig außer den Stationen B und C noch eine oder mehrere andere heran. Mit Hilfe der beim Feldmessen üblichen Ausgleichsverfahren läßt sich alsdann die Genauigkeit der Bestimmung, z. B. unter Verwendung der fehlerzeigenden Dreiecke, wesentlich erhöhen.

Literaturverzeichnis.

Lehrbücher.

Zenneck, J. Lehrbuch der drahtlosen Telegraphie. 3. Aufl. Verlag von Encke, Stuttgart 1915.

— Elektromagnetische Schwingungen und drahtlose Telegraphie. Verlag von Encke, Stuttgart 1905.

Anderle, F. Lehrbuch der drahtlosen Telegraphie und Telephonie. 3. Aufl. Verlag von Deuticke, Leipzig u. Wien 1916.

Arendt, O. Die elektrische Wellentelegraphie. Verlag von Vieweg & S., Braunschweig 1907.

Dieckmann, M. Leitfaden der drahtlosen Telegraphie für die Luftfahrt. Verlag von Oldenbourg, München u. Berlin 1913.

Ludewig, P. Die drahtlose Telegraphie im Dienste der Luftfahrt. Verlag von Meußer, Berlin 1913.

Rein, H. Das radiotelegraphische Praktikum. 3. Aufl. (In Vorbereitung.) Verlag von Julius Springer, Berlin.

Pierce, G. W. Principles of wireless telegraphy. McGraw-Hill Book Co., New York 1910.

Fleming, J. A. The principles of wireless telegraphy and telephony. 2. Aufl. Longmans, Green and Co., London, New York 1910.

Erskine-Murray, J. A handbook of wireless telegraphy. 5. Aufl. Crosby Lookwood and son, London 1915.

Einleitung.

Helmholtz, H. Über die Erhaltung der Kraft. Vortrag, gehalten in der Sitzung der physikal. Gesellschaft zu Berlin am 23. Juli 1847. Abgedruckt in: Ostwalds Klassiker der exakten Wissenschaften, Nr. 1. Dort auf S. 33 erster Hinweis auf oszillatorische Entladungen.

Thomson, W. On transient electric currents. The Philosophical Magazine 5. 393. 1853. (Erste Ableitung der Bedingungen und der Gleichung für oszillatorische Entladungen.)

Kirchhoff, G. Zur Theorie der Entladung einer Leydener Flasche. Annalen d. Phys. u. Chem. 121. 551. 1864. (Neue Ableitung der Gleichungen für die Kondensatorentladung. Erste experimentelle Nachprüfung.)

Bjerknes, V. Über die Erscheinung der multiplen Resonanz elektrischer Wellen. Annalen d. Phys. u. Chem. 44. 92. 1891.

— Über elektrische Resonanz. Annalen d. Phys. u. Chem. 55. 121. 1895.

Burstyn, W. Einfache Berechnung der Formeln für die Dämpfung eines Schwingungskreises und ihre Messung nach Bjerknes. Jahrb. 10. 347. 1916.

Cohen, L. Eine Ableitung der Bjerknes-Formel für das log. Dekrement. Jahrb. 10. 356. 1916.

Kondensatoren.

Orlich, E. Kapazität und Induktivität. Leipzig 1909.
Seibt, G. Ein Präzisionsdrehplattenkondensator und eine Methode zum Vergleichen von Kapazitäten. Zeitschr. f. Schwachstrom. 5. 649. 1911. Jahrb. 5. 407. 1912.
— Neue Typen von Luftkondensatoren. ETZ 35. 531. 1914. (Aus einem Stück gefräste Kondensatoren.)
Fischer, K. Starkstromkondensatoren System Meirowsky. ETZ 30. 601. 1909. (Herstellung dieser Schellackpapierkondensatoren.)
Moscicki, J. Über Hochspannungskondensatoren. ETZ 25. 527. 1904. (Beschreibung von Herstellung und Aufbau.)
Fessenden, R. Drahtlose Telegraphie. ETZ 26. 950. 1905. Electrician 55. 795. 1905. (Vorschlag zum Bau von Preßluftkondensatoren.)
Wien, M. Leydener Flaschen, Öl- und Preßgaskondensatoren. Annalen d. Phys. 29. 679. 1909. (Abmessungen und Aufbau.)
Austin, L. W. Die Energieverluste in einigen, in Hochfrequenzkreisen benutzten Kondensatoren. Jahrb. 7. 222. 1913. (Versuchsergebnisse.)
Wagner, K. W. Zur Theorie der unvollkommenen Dielektrika. Annalen d. Phys. 40. 817. 1913. Jahrb. 9. 460. 1915. ETZ 34. 1279. 1913.
— Erklärung der dielektrischen Nachwirkungsvorgänge auf Grund Maxwellscher Vorstellungen. Archiv f. Elektrot. 2. 371. 1914. Kurze Übersicht: Jahrb. 9. 470. 1915. ETZ 35. 740. 1914.
Über Ersatzschaltungen vgl.: Orlich, E. Kapazität und Induktivität, S. 110; ferner: Benischke, G. Resonanz bei unvollkommenen Kondensatoren. ETZ 27. 693. 1906. (Einfluß des Verlustwiderstandes. Zahlenbeispiele.)

Selbstinduktionsspulen, Variometer, Kopplungseinrichtungen.

Orlich, E. Kapazität und Induktivität. Leipzig 1909.
Dolezalek, F. Über Präzisionsnormale der Selbstinduktion. Annalen d. Phys. 12. 1142. 1903. (Erste Verwendung von fein unterteilten Litzen.)
Glage, G. Wechselseitige Induktion, Selbstinduktion und Kapazität. Jahrb. 2. 361. 501. 593. 1908/09. (Zahlreiche Formeln zur Berechnung von Induktionskoeffizienten. Nicht vollständig. Die Formeln für Kapazitäten fehlen.)
Meißner, A. Über die Konstruktion von Spulen der Hochfrequenztechnik und ihre Verwendung. Jahrb. 3. 57. 1909.
Lindemann, R. Untersuchungen über die Widerstandszunahme von Drahtlitzen bei schnellen elektrischen Schwingungen. Jahrb. 4. 561. 1911. (Einfluß der Eigenkapazität. Dielektrische Verluste.)
Esau, A. Widerstand und Selbstinduktion von Spulen. Annalen d. Phys. 34. 57. 81. 547. 1911. (In beiden Arbeiten Vergleich von berechneten und gemessenen Werten.)
— Über den Selbstinduktionskoeffizienten von Flachspulen. Jahrb. 5. 212. 1911.
Rietz, W. Über die Kapazität von Spulen. Annalen d. Phys. 41. 543. 1913. Jahrb. 7. 535. 1912.
Coursey, P. R. The calculation and design of inductances. Electrician 75. 841. 1915. (Einfache Formeln und Zahlentafeln zur schnellen Berechnung der Selbstinduktionskoeffizienten von Zylinder- und Flachspulen.) Kurze Übersicht siehe: ETZ 37. 417. 1916.

Wellenmesser.

Resonanzwellenmesser.

Slaby, Der Multiplikationsstab, ein Wellenmesser für drahtlose Telegraphie. ETZ 24. 1007. 1903. (Ältester Resonanzwellenmesser.)

Dönitz, J. Der Wellenmesser und seine Anwendung. ETZ 24. 920. 1903. ETZ 25. 119. 1904. (Ältester Wellenmesser mit veränderlicher Kapazität.)

Nesper, E. Ein Universalmeßgerät für die Strahlen-Telegraphie und -Telephonie. Jahrb. 1. 112. 1907. (Geschichtliche Entwicklung. Dämpfungswiderstand. Ausführungsform von W. Hahnemann. Übersicht über die verschiedenen Messungen).

Hirsch, R. Ein direkt zeigender Wellenmesser. Jahrb. 4. 250. 1911.

Eichhorn, G. Großer Wellenmesser Type E. G. W. System Telefunken. Jahrb. 8. 168. 1914. (Ausführliche Darstellung nebst Beschreibung aller Anwendungen.)

Thörnblad, Th. G. Die neuen Abstimmungs- und Meßinstrumente des Marconisystems. Jahrb. 4. 97. 1910. (Ausführliche Beschreibung von Bau und Anwendung.)

Fleming, J. The Fleming direct-reading cymometer and its applications. Electrician 58. 495. 1907.

Tissot, C. Ein Wellenmessermodell mit direkter Ablesung. Jahrb. 7. 3. 1913. (Kondensator mit quadratischen, verschiebbaren Platten zur Erzielung einer gleichmäßigen Teilung für λ.)

Kolster, F. A. Ein direkt anzeigender Dekrement- und Wellenmesser. Jahrb. 10. 316. 1916. Kurze Übersicht: Elektrot. u. Masch. 34. 277. 1916.

Über die zur Erregung der Wellenmesser benutzte Lodge-Eichhornsche Summerschaltung siehe: Eichhorn, E. Stoßsender der drahtlosen Telegraphie. Jahrb. 9. 206. 1914. ETZ 35. 1001. 1914.

Wellenmesser mit sich kreuzenden Zeigern.

Ferrié, G. Appareils à deux aiguilles, Système Ferrié et Carpentier. Frequencemètres. Ohmmètres. Bull. de la Soc. Intern. d'Electriciens. 10. 1910. Lumière électr. 12. 427. 1910. Jahrb. 5. 106. 1911. ETZ 32. 474. 1911.

Dynamometrische Wellenmesser.

Mandelstamm, L., und Papalexi, N. Über eine Methode zur Messung von logarithmischen Dekrementen und Schwingungszahlen elektromagnetischer Schwingungskreise. Annalen d. Phys. 33. 490. 1910. Jahrb. 4. 605. 1911.

Seibt, G. Unmittelbar anzeigender Wellenmesser. Jahrb. 10. 504. 1916.

Scheller, O. Unmittelbar anzeigender Wellenmesser. Jahrb. 10. 507. 1916.

Absolute Messungen.

Diesselhorst, H. Absolute Messung der Wellenlänge elektrischer Schwingungen. Jahrb. 1. 262. 1907. (Anwendung des Glimmlichtoszillographen).

— Frequenzmessung und Analyse elektrischer Schwingungen für drahtlose Telegraphie. ETZ 29. 703. 1908.

Zusammenfassende Darstellung der verschiedenen Wellenmesser.

Nesper, E. Die Frequenzmesser und Dämpfungsmesser der Strahlungstelegraphie. Leipzig, 1907.

— Neuere Frequenzmesser der Strahlungstelegraphie. Helios 19. 585. 597. 612. 627. 1913. Auch als Sonderabdruck erschienen bei Hachmeister & Thal. Leipzig, 1913.

Funkenstrecken.

Über die physikalischen Grundlagen für den Bau von Entladestrecken, insbesondere über Zündspannung, Glimmstrom s. z. B. Müller-Pouillets Lehrbuch der Physik und Meteorologie, herausgegeben von Leop. Pfaundler. Bd. 4, 5. Buch, 1914, S. 977. Dort auch zahlreiche Quellennachweise.

Wien, M. Über die Intensität der beiden Schwingungen eines gekoppelten Senders. Phys. Zeitschr. 7. 871. 1906.

Glatzel, Br. Die Quecksilberfunkenstrecke und ihre Verwendung zur Erzeugung schwach gedämpfter Schwingungen. Jahrb. 2. 65. 1908. Eine neue Methode zur Erzeugung von Hochfrequenzschwingungen nach dem Prinzip der Stoßerregung. Annalen d. Phys. 34. 711. 1911. (Versuche mit Wasserstoff-Funkenstrecke. Aufnahmen mit Glimmlichtoszillograph.) Kurze Übersicht: Phys. Zeitschr. 11. 836. 890. 1910. Jahrb. 4. 400. 1911.

Arco, G. Graf von. Das neue Telefunkensystem. Jahrb. 2. 551. 1908. ETZ 30. 535. 1909. Jahrb. 4. 79. 1910.

— The Telefunken System of wireless telegraphy. Electrician 68. 171. 213. 249. 1911.

Walter, H. Peuckerts high-frequency generator for wireless telegraphy on the quenched spark method. Electrician 64. 550. 1910.

Wasmus, A. Über Versuche an einer Polyfrequenzfunkenstrecke. ETZ 31. 199. 1910. (Kurze Übersicht.)

Lepel, E. v. The Lepel wireless telegraph system. Electrician 64. 153. 1909.

Boas, H. Löschfunkenstrecke für enge Kopplung. Verh. d. D. Phys. Ges. 13. 527. 1911. 15. 1130. 1913. Jahrb. 5. 563. 1911.

Schellersche Funkenstrecke. Jahrb. 5. 244. 1911. Jahrb. 6. 215. 1912.

Nesper, E. Ungesteuerte und gesteuerte Stoßsender für drahtlose Telegraphie. Jahrb. 4. 241. 1911. (Insbesondere auch geschichtliche Entwicklung der Entladestrecken. Zusammenstellung der wichtigsten Patente).

Droysen, O. Über Funkendämpfung und Löschwirkung. Ann. d. Phys. 46. 449. 1915. Jahrb. 10. 449. 1916. (Experimentaluntersuchung.)

Masing, H. und Wiesinger, H. Über Löschvorgänge in Funkenstrecken. Phys. Zeitschr. 15. 185. 1915. Jahrb. 10. 463. 1916. (Experimentaluntersuchung.)

Stone-Stone, J. Der Funkenwiderstand und sein Einfluß auf den Verlauf der elektrischen Schwingungen. Jahrb. 10. 469. 1916. (Theoretische Untersuchung.)

Vorrichtungen zur Aufladung von Kondensatoren.

Unmittelbare Kapazitätsladung aus der Stromquelle.

Bedell, F. and Crehore, A. C. Alternating currents. Ithaca, N. Y. 1901. (Rechnerische Behandlung der einfachen Wechselstromerscheinungen mit Angabe aller Zwischenglieder und zahlreichen Zahlenbeispielen.)

Kapazitätsladung mittels Transformatoren.

Seibt, G. Über Resonanzinduktorien und ihre Anwendung in der drahtlosen Telegraphie. ETZ 25. 276. 1904.

Benischke, G. Der Resonanztransformator. ETZ 28. 25. 1907.

Glage, G. Neuere Methoden zur Ladung von Kondensatorkreisen. Jahrb. 1. 185. 1907.

Breitfeld, C. Der Resonanztransformator. ETZ 28. 627. 1907.

Blondel, A. Sur la décharge des condensateurs alimentés par courants alternatifs et sur le réglage des transformateurs à résonance. Éclairage Électrique 51. 217. 253. 325. 1907.

Bethenod, J. Über den Resonanztransformator. Jahrb. 1. 534. 1907. (Analytische und graphische Darstellung der Beziehungen. Zahlenbeispiele.)

Turner, L. B. Der Schwingungskreis niedriger Frequenz in der Funkentelegraphie. Jahrb. 9. 141. 1914. Electrician 69. 694. 1912. (Zahlenbeispiele.)

Naumann, O. Beiträge zur Theorie der Resonanztransformatoren. Elektr. u. Masch. 31. 925. 1913.

Boas, H. Resonanztransformatoren. Jahrb. 3. 601. 1910. (Ausführungsform. Formeln zur Vorausberechnung.)

Kimura, S. 1000 Funkenfrequenz. Jahrb. 5. 222. 1911. (Theoretische Untersuchung durch Zahlenbeispiele erläutert.)

— Studien über Resonanzinduktor mit 1000 periodischem Wechselstrom. Jahrb. 6. 459. 1913.

Luftleiter.

Strahlung des offenen Schwingungskreises.

Hertz, H. Die Kräfte elektrischer Schwingungen. Annalen d. Phys. u. Chem. 36. 1. 1889. Gesammelte Werke II. Untersuchungen über die Ausbreitung der elektrischen Kraft. S. 147. 1894. (Schilderung des Ausbreitungsvorgangs.)

Rüdenberg, R. Der Empfang elektrischer Wellen in der drahtlosen Telegraphie. Annalen d. Phys. 25. 446. 1908. (Begriff des Strahlungswiderstandes.) Jahrb. 6. 170. 1912.

Barckhausen, H. Theorie der gleichzeitigen Messung von Sende- und Empfangsstrom. Jahrb. 5. 261. 1912. (Begriff der wirksamen Antennenhöhe.)

Barreca, P. Betrachtungen über die seitens einer radiotelegraphischen Antenne ausgestrahlten Leistung und experimentelle Messung an einem speziellen Falle. Jahrb. 4. 31. 1910.

— Zweiter Beitrag zur Frage nach den Strahlungsfähigkeiten der Antenne. Jahrb. 5. 285. 1912.

Kapazitäten, Wellenlängen, Dämpfungswiderstände von Antennen.

Austin, L. W. Antennenwiderstand. Jahrb. 5. 574. 1912. (Ergebnisse von Messungen des Antennenwiderstandes bei verschiedenen Wellenlängen.)

Darrin, D. Operating characteristics of the umbrella type of aerial. El. World 58. 948. 1911. (Experimentelle Untersuchung über den Einfluß von Neigung, Länge, Zahl der Drähte, Wellenlänge und Wetter auf den Empfangsstrom. Versuchsanordnung. Ergebnisse in Kurvenform.) Gekürzte Darstellung: Electrician 68. 1042. 1912.

Behnken, H. Eine Methode zur Messung der wirksamen Kapazität von Antennen. Phys. Zeitschr. 14. 430. 1913. Jahrb. 7. 425. 1913. (Formeln zur Vorausberechnung. Vergleich mit Versuchsergebnissen.) Gekürzte Darstellung: Elektr. u. Masch. 31. 731. 1913.

Cohen, L. Induktanz und Kapazität von linearen Leitern und die Bestimmung der Kapazität von horizontalen Antennen. Jahrb. 7. 439. 1913. Electrician 70. 881. 917. 1913. (Zahlenbeispiele.)

Tissot, C. Über die Berechnung der Wellenlänge bei Einschaltung eines Kondensators in eine Antenne. Jahrb. 7. 297. 1913. (Zahlenbeispiele.)

Bellesceize, H. de. Prédétermination du rayonnements d'une antenne. Lumière électr. 25. 556. 826. 1914.

Cohen, L. Die elektrischen Konstanten der Antennen. Jahrb. 10. 405. 1916. Electr. World 65. 286. 1915. Kurze Inhaltsangabe: Helios 21. 275. 1915. (Analytisch-graphisches Verfahren zur Ermittlung der Schwingungszahl einer Antenne unter der Annahme, daß Kapazität und Selbstinduktion verteilt sind. Zahlenbeispiele.)

Puchstein, A. F. Electrical constants of compound antennas. Electr. World 66. 147. 1916. (Erweiterung der Arbeit von Cohen.)

Howe, G. W. O. Über die Kapazität von Antennen. Jahrb. 10. 412. 1916. (Berechnung der statischen Kapazität von Kasten-, Reußen-, Fächer-, T- und geknickten Antennen. Zahlenbeispiele.) Auszug: Elektr. u. Masch. 34. 373. 1916.

Braun, F. Zur Berechnung von Antennen. Jahrb. 9. 1. 1914. (Verfahren zur rechnerischen Untersuchung der Strahlungsverhältnisse.)

Beschreibungen von Luftleitern und Stationen.

Solff, K. Beschreibung der neuesten Form von Stationen für drahtlose Telegraphie nach dem System „Telefunken". ETZ 27. 875. 1906. (Die bis 1906 verwendeten Antennenformen.)

Franke, A. Die Entwicklung der drahtlosen Telegraphie. ETZ 27. 1002. 1906. (Schirmantenne.)

Fessenden, R. Drahtlose Telegraphie. ETZ 26. 950. 1162. 1905. Electrician 55. 795. 1905. (Wasserstrahlantenne.) Ferner auch: ETZ 27. 280. 690. 1906.

Siewert, Die funkentelegraphische Großstation Nauen (alte Anordnung mit Knallfunkenstrecke). ETZ 27. 965. 1906. Jahrb. 1. 149. 1907.

Arco, G. Graf von. Drahtlose Telegraphie. Jahrb. 7. 90. 1913. (Auf S. 107 Abbildungen des Innern der Neuanlage für Löschfunkenbetrieb.)

The Lodge-Muirhead wireless apparatus. Electrician 51. 1036. 1903.

Sörensen, S. M. Die Radiotelegraphenstation Cullercoats. ETZ 31. 1025. 1910. (Zahlenwerte für die Abmessungen der Stationsbestandteile. Schaltung für Knallfunkensender und Poulsengenerator.)

Brenot, P. La Station radiotélégraphique de la tour Eiffel. Lumière électrique 15. 259. 1911. Ferner: Electrician 71. 314. 1913.

Die Radiostation Eiffelturm (Paris). Jahrb. 9. 78. 1914. (Ausführliche Beschreibung mit guten Abbildungen.)

Todd, D. W. Die Radiogroßstation Arlington. Jahrb. 9. 183. 1914. (Ausführliche Beschreibung mit Abbildungen.)

Thurn, H. Die Funkentelegraphie an Bord von Handelsschiffen. ETZ 33. 1023. 1055. 1083. 1912.

— Die Funkentelegraphie an Bord des Imperator. ETZ 35. 66. 1914.

— Funkentelegraphie und Luftfahrt. ETZ 35. 791. 824. 850. 1914.

Bethenod, J. Wireless telegraphy antenne for long waves. Electr. World 66. 412. 1915. (Vorschlag zum Bau einer Spiralantenne an Stelle einer geknickten, die bei gleicher Kapazität viel kleineren Raum erfordert.)

Hogan, jr. J. L. A new Marconi transatlantic service. Radiotelegraphic transmission between the coasts of Wales and New Jersey soon to be undertaken. Electr. World 64. 425. 1914. ETZ 36. 414. 1915. (Beschreibung der Anlage und Angaben über die geknickte Antenne in Carnavon ⌈England⌉. Gegensprechen nach Marconi.)

System Braun-Slaby-Arco.

Braun, F. Elektrische Schwingungen und drahtlose Telegraphie. Jahrb. 4. 1. 1910. Ferner: Jahrb. 8. 475. 1914. (Mitteilungen von Zenneck über die ersten Versuche mit gekoppelten Kreisen.)

Oberbeck, A. Über den Verlauf der elektrischen Schwingungen bei den Tesla-
    schen Versuchen. Annalen d. Phys. u. Chem. 55. 623. 1895. (Einfache und
    genaue Ableitung der Gleichungen für Schwingungsdauer, Spannungen und
    Dämpfungsfaktoren von zwei gekoppelten Kreisen.)

Wien, M. Über die Rückwirkung eines resonierenden Systems. Annalen d.
    Phys. u. Chem. 61. 151. 1897.

Drude, P. Über induktive Erregung zweier elektrischer Schwingungskreise
    mit Anwendung auf Perioden- und Dämpfungsmessung, Teslatransforma-
    toren und drahtlose Telegraphie. Annalen d. Phys. 13. 512. 1904.

Stone-Stone, J. Schwingungszahlen und Dämpfungskoeffizienten gekoppelter
    Oscillatoren. ETZ 33. 111. 1912. Jahrb. 7. 8. 1913. Lumière électr. 12.
    435. 1910.

Glatzel, Br. Methoden zur Erzeugung von Hochfrequenzenergie. Helios 19.
    125. 137. 161. 185. 1913. Auch als Sonderabdruck erschienen bei Hach-
    meister & Thal, Leipzig. (Behandelt sehr übersichtlich die physikalischen
    Vorgänge bei den verschiedenen Verfahren. Zahlreiche Oszillogramme.)

Kiebitz, F. Anwendung des allgemeinen Gesetzes der magnetischen Kopp-
    lung. Jahrb. 8. 45. 1914.

Kimura, S. Design of radio-telegraph Station. Electrician 70. 50. 95. 135.
    1912.

Blattermann, A. S. Design of the radio telegraph transmitter. Electrician
    72. 780. 821. 869. 1914.

Bouvier, P. Remarques sur le calcul des postes radiotélégraphiques à réso-
    nance. Lumière électr. 25. 385. 417. 1914.

System der tönenden Löschfunken.

Wien, M. Über die Intensität der beiden Schwingungen eines gekoppelten
    Senders. Phys. Zeitschr. 7. 871. 1906.

— Über die Dämpfung von Kondensatorschwingungen. Annalen d. Phys. 25.
    625. 1908.

— Über die Erzeugung und Anwendung schwach gedämpfter elektrischer
    Schwingungen. Jahrb. 1. 469. 1908.

Rein, H. Der radiotelegraphische Gleichstromtonsender. Phys. Zeitschr. 11.
    591. 1910.

Glatzel, Br. Methoden zur Erzeugung von Hochfrequenzenergie. Helios 19.
    163. 1913.

Nesper, E. Über Stoßsender der drahtlosen Telegraphie. ETZ 35. 322. 359.
    1914.

Diese beiden Arbeiten von Glatzel und Nesper berücksichtigen auch ein-
    gehend die geschichtliche Entwicklung der Löschfunkenstrecken.

Eichhorn, E. Stoßsender der drahtlosen Telegraphie. Jahrb. 9. 206. 1914.
    ETZ 35. 1001. 1914. (Lodge-Eichhornsche Summerschaltung.)

Bouvier, P. Remarques sur le calcul des postes radiotélégraphiques à réso-
    nance. Lumière électr. 25. 385. 417. 1914. (Mit Zahlenbeispielen.)

Eichhorn, E. Telefunken-Hilfszündung (Zusatzapparat für |tönende Lösch-
    funkensender.) Jahrb. 7. 607. 1913. (Schaltungsanordnung.)

Ausführliche Beschreibungen der Einzelteile von Löschfunkenanlagen siehe:

Arco, G. Graf von. Das neue Telefunkensystem. Jahrb. 2. 551. 1908. ETZ
    30. 535. 1909. Jahrb. 4. 79. 1910.

— The Telefunken System of wireless telegraphy. Electrician 68. 171. 1911.

Arco, G. Graf von. Drahtlose Telegraphie. Jahrb. 7. 90. 1913.

Thurn, H. Die Funkentelegraphie an Bord von Handelsschiffen. ETZ 33. 1023. 1055. 1083. 1912.

— Die Funkentelegraphie an Bord des Imperator. ETZ 35. 66. 1914. Electrician 72. 408. 1913.

— Funkentelegraphie und Luftfahrt. ETZ 35. 791. 824. 850. 1914.

— Die Funkentelegraphie. Verlag von Teubner, Leipzig 1915. Aus Natur und Geisteswelt Nr. 167. (Behandelt zuerst die allgemeinen Grundlagen, darauf das Löschfunkensystem von Telefunken, ferner Telephonie und Anwendungen im Verkehrsleben.)

Lepel, E. v. The Lepel wireless telegraph System. Electrician 64. 153. 1909.

Funkensysteme mit umlaufenden Entladestrecken.

The Marconi system of wireless telegraph. Electrician 69. 95. 133. 177. 219. 1912.

Nesper, E. Neuerungen beim Marconisystem. Jahrb. 6. 438. 1913.

Das Poulsensche Lichtbogensystem.

Duddell, W. On rapid variations in the current through the direct current arc. Electrician 46. 269. 1900.

Peuckert, W. Neue Wirkungen des Gleichstromlichtbogens. ETZ 22. 467. 1901. (Angaben für Versuche mit dem pfeifenden Lichtbogen. Zahlenwerte.)

Simon, H. Th. Über ungedämpfte elektrische Schwingungen. Jahrb. 1. 16. 1907. (Theorie der Lichtbogenschwingungen von Simon. Dort auch weitere Literaturhinweise.)

Poulsen, V. Ein Verfahren zur Erzeugung ungedämpfter elektrischer Schwingungen und seine Anwendung in der drahtlosen Telegraphie. ETZ 27. 1040. 1075. 1906. (Vortrag gehalten in der Festsitzung des Elektrot. Vereins am 23. X. 1906.)

Kiebitz, F. Einige Versuche über schnelle elektrische Schwingungen. Jahrb. 2. 357. 1908. ETZ 30. 20. 1909. (Versuche mit einfachen Hilfsmitteln.)

Barckhausen, H. Das Problem der Schwingungserzeugung. Leipzig 1907.

— Die Erzeugung dauernder elektrischer Schwingungen durch den Lichtbogen. Jahrb. 1. 243. 1907.

— Funke oder Lichtbogen? Jahrb. 2. 40. 1908.

Wagner, K. W. Über die Erzeugung von Wechselstrom durch einen Gleichstromlichtbogen. ETZ 30. 603. 627. 1909. (Übersichtliche mathematisch-physikalische Darstellung der Schwingungsvorgänge.)

Glatzel, Br. Methoden zur Erzeugung von Hochfrequenzenergie. Helios 19. 137. 1913.

Vieltonsender.

Rein, H. Der radiotelegraphische Gleichstromtonsender. Phys. Zeitschr. 11. 591. 1910.

— Der radiotelegraphische Gleichstromtonsender. Langensalza, 1912. Kurze Übersicht: Jahrb. 4. 196. 1910.

— The multitone System. Proceedings of the institute of radio engineers. New York 1. 5. 1913.

Eichhorn, E. Der radiotelegraphische Gleichstrom-Tonsender der C. Lorenz Aktiengesellschaft (Berlin). Jahrb. 4. 129. 1910.

Nesper, E. Ungesteuerte und gesteuerte Sender für drahtlose Telegraphie. Jahrb. 4. 241. 1911.

— Über Stoßsender der drahtlosen Telegraphie. ETZ 35. 361. 1914.

Eales, H. Patentschau. Jahrb. 5. 244. 1911. Jahrb. 6. 215. 1912. (Beschreibung der Schellerschen Funkenstrecke für den Vieltonsender.)
Glatzel, B. Methoden zur Erzeugung von Hochfrequenzenergie. Helios 19. 185. 1913.

Glimmlichtoszillograph.

Diesselhorst, H. Frequenzmessungen und Analyse elektrischer Schwingungen für drahtlose Telegraphie. ETZ 29. 703. 1908.
Eichhorn, E. Das Glimmlichtoszilloskop (von Boas). Jahrb. 3. 404. 1910. (Anordnung und Schaltung.)
Nesper, E. Neuere Frequenzmesser der Strahlentelegraphie. Helios. 19. 587. 1913.

Wellenprüfer mit umlaufendem Leuchtrohr.

Fleming, J. A. Neue Beiträge zur Entwicklung der Telegraphie mittels elektrischer Wellen. Jahrb. 1. 68. 1907. (Hinweis auf Verwendung der umlaufenden Leuchtröhre S. 89.)
Kiebitz, F. Einige Versuche über schnelle kontinuierliche Schwingungen. ETZ 30. 20. 1909. Jahrb. 2. 357. 1908.
Eales, H. Hilfsmittel für drahtlose Telegraphie. Jahrb. 4. 226. 1910.
Arco, G. Graf von. Das neue Telefunkensystem. Jahrb. 4. 80. 1910.

Hochfrequenzmaschinen.

Alexanderson, E. F. W. Wechselstrommaschine für die Frequenz 100000. ETZ 30. 1003. 1909. Zeitschr. f. Instrumentenkunde 30. 164. 1910.
— Hochfrequenzapparate für drahtlose Telegraphie und Telephonie. ETZ 33. 659. 1912.
Goldschmidt, R. Maschinelle Erzeugung von elektrischen Wellen für drahtlose Telegraphie. ETZ 32. 54. 1911. Jahrb. 4. 341. 1911.
— Verfahren zur Verminderung der Beanspruchung der Isolation von Hochfrequenzmaschinen. Jahrb. 10. 187. 1916.
— Schaltungsanordnung für Hochfrequenzmaschinen. Jahrb. 10. 379. 1916.
The Goldschmidt high-power wireless Station at Hannover. Electrician 71. 219. 1913. (Schaltung für Generator und Motor.)
Glatzel, Br. Methoden zur Erzeugung von Hochfrequenzenergie. Helios 19. 125. 137. 1913.
Rusch, F. Die Goldschmidtsche Hochfrequenzmaschine. Jahrb. 4. 348. 1911. (Mathematische Behandlung der Vorgänge.)
Lodge, O. Über die Goldschmidtsche Hochfrequenzmaschine und über die Fortpflanzung von Wellen durch die Atmosphäre in der drahtlosen Telegraphie. Jahrb. 7. 514. 1913.
Kühn, L. Die Goldschmidtsche Hochfrequenzmaschine in der Selbsterregungsschaltung. Jahrb. 9. 321. 1915.
— Die Goldschmidtsche Hochfrequenzmaschine als Empfangsmaschine. Jahrb. 9. 361. 1915. Helios 20. 345. 1914.
Hogan, jr. J. L. The Goldschmidt transatlantic radiostation (Tuckerton). Electr. World 64. 853. 1914. (Abbildung des 100 KW-Generators. Schaltung für Maschine und Tonrad.)
Arco, G. Graf von. Drahtlose Telegraphie. Jahrb. 7. 105. 1913.
Eales, H. Einrichtung der Gesellschaft für drahtlose Telegraphie, Berlin, zum Tasten drahtloser Signale. Jahrb. 9. 483. 1915. Jahrb. 10. 195. 1915.

Eales, H. Elektrostatische Maschine zur Erzeugung von Wechselströmen hoher Frequenz von W. Petersen. Jahrb. 7. 357. 1913. Ferner auch: Glatzel, B. Helios 19. 137. 1913.

Eichhorn, E. Über Hochfrequenzmaschinen. Jahrb. 6. 370. 1913.

Diesselhorst, H. Die Fortschritte der drahtlosen Telegraphie. ETZ 35. 561. 1914. Jahrb. 10. 17. 1915.

Heyland, A. Verfahren und Einrichtung zur Erzeugung von Hochfrequenz-strömen. D.R.P. Nr. 261030. Klasse 21a. Gruppe 66. Jahrb. 7. 335. 1913.

Bouthillon, L. Konstruktionsprinzip einer neuen, für Hochfrequenz geeigneten Generatortype. Jahrb. 8. 34. 1914.

Schmidt, K. Die günstigste Polform bei Hochfrequenzmaschinen. ETZ 36. 283. 1915. Hierzu Berichtigung S. 419.

Die ruhenden Frequenzwandler.

Joly, M. Transformateurs statiques de fréquence. Lumière électr. 14. 195. 1911.

Vallaury, G. Statische Frequenzverdoppler. ETZ 32. 988. 1911.

— A static frequency duplicator. Electrician 68. 582. 1912.

Kock, F. Die Methoden zur Frequenzvervielfachung und ihre Anwendbarkeit zur Erzeugung hoher Frequenzen. Helios 19. 49. 71. 1913. (Zusammenstellung der verschiedenen Verfahren. Literaturnachweise.)

Glatzel, Br. Methoden zur Erzeugung von Hochfrequenzenergie. Helios 19. 130. 1913.

Zenneck, J. Die Transformation der Frequenz. Jahrb. 7. 412. 1913. (Erklärung der Wirkungsweise der Frequenzwandler mit vielen, mittels Braunscher Röhre aufgenommenen Oszillogrammen.)

Arco, G. Graf von. Drahtlose Telegraphie. Jahrb. 7. 106. 1912. (Hinweis auf Verwendung von Frequenzwandlern bei der Anordnung der Ges. f. drahtl. Telegr.)

Diesselhorst, H. Die Fortschritte der drahtlosen Telegraphie. ETZ 35. 562. 1914. Jahrb. 10. 18. 1915.

Kühn, L. Theorie, Berechnung und Konstruktion eisengeschlossener Transformatoren für ungedämpften Wechselstrom. Helios 21. 469. 477. 488. 501. 1915. (Zahlenbeispiele, insbesondere für gegebene Antennenverhältnisse.)

Dreyfus, L. Die analytische Theorie des statischen Frequenzverdopplers. Archiv f. Elektrot. 2. 343. 1914. Jahrb. 10. 244. 1916.

Taylor, A. M. Static Transformers for the simultaneous changing of frequency and pressure of alternating currents. Electrician 73. 170. 1914.

Magnetische Eigenschaften des Eisens bei Hochfrequenz.

Schames, L. Über die Abhängigkeit der Permeabilität des Eisens von der Frequenz bei Magnetisierung durch ungedämpfte Schwingungen. Annalen d. Phys. 27. 64. 1908. Jahrb. 3. 343. 1910.

Alexanderson, E. F. W. Die magnetischen Eigenschaften des Eisens bei Hochfrequenz bis zu 200000 Per/Sek. ETZ 32. 1078. 1911.

Faßbender, H., und Hupka, E. Magnetische Untersuchungen im Hochfrequenzkreis. Verh. d. D. Phys. Ges. 14. 408. 1912. Gekürzte Darstellung: Jahrb. 6. 133. 1912. Ferner auch: Phys. Zeitschr. 14. 1042. 1913.

Faßbender, H. Die magnetische Leitfähigkeit im Hochfrequenz-Maschinenbau. Archiv f. Elektrot. 4. 140. 1915.

Theorie der Empfangsschaltungen.

Rüdenberg, R. Der Empfang elektrischer Wellen in der drahtlosen Telegraphie. Annalen d. Phys. 25. 446. 1908. Jahrb. 6. 170. 1912.
Barkhausen, H. Funke oder Lichtbogen? Jahrb. 2. 40. 1908.
Bethenod, J. Über den Empfang elektromagnetischer Wellen in der Radiotelegraphie. Jahrb. 2. 603. 1909. Jahrb. 3. 302. 1910.
— Vergleich zwischen induktiver und direkter Schaltung bei radiotelegraphischen Stationen. Jahrb. 3. 297. 1910.
— Über den günstigsten Wert des Nutzwiderstandes eines Resonators. Jahrb. 6. 436. 1913.
    (Diese drei Arbeiten von Bethenod liegen den Darstellungen S. 242 bis 250 zugrunde.)
Pedersen, P. O. Über den Empfang kontinuierlicher elektromagnetischer Wellen in der Radiotelegraphie. Jahrb. 3. 283. 1909.
Kiebitz, F. Über aperiodische Detektorkreise. ETZ 33. 132. 192.
Rein, H. Ein Beitrag zur Frage der elektrischen Abstimmfähigkeit der verschiedenen radiotelegraphischen Systeme. Phys. Zeitschr. 14. 633. 1913. Jahrb. 8. 393. 1914.
— Soll man die radiotelegraphischen Großstationen mit gedämpften oder ungedämpften Schwingungen betreiben? ETZ 35. 875. 1914. Jahrb. 10. 216. 1916.
Riegger, H. Über den gekoppelten Empfänger. Jahrb. 8. 58. 1914. Jahrb. 9. 229. 1915. (Eine sehr eingehende theoretische und experimentelle Behandlung des Gegenstandes. Dort weitere Literaturnachweise.)

Wellenanzeiger.

Kontaktdetektoren.

Braun, F. Ein neuer Wellenanzeiger. ETZ 27. 1199. 1906.
Brandes, H. Über Abweichungen vom Ohmschen Gesetz, Gleichrichterwirkung und Wellenanzeiger für drahtlose Telegraphie. ETZ 27. 1015. 1906.
Kiebitz, F. Über aperiodische Detektorkreise. ETZ 32. 132. 1912. Jahrb. 6. 415. 1913.
Tissot, C. Über Detektoren für elektrische Schwingungen, basierend auf den thermoelektrischen Erscheinungen. Jahrb. 2. 115. 1908.
— Widerstand von Gleichrichterdetektoren. ETZ. 34. 720. 1913. Jahrb. 8. 100. 1914. (Zahlenwerte für 12 Zusammenstellungen.)
Coursey, P. R. Some characteristic curves and sensitivness tests of crystal and other detectors. Electrician 73. 183. 1914. (Werte für Empfindlichkeit.)
Rinkel, R. Die Wirkungsweise des Kontaktdetektors. Jahrb. 9. 88. 1914. Jahrb. 10. 76. 1915.
Hausrath, H. Die Wirkungsweise des Kontaktdetektors. Jahrb. 10. 64. 72. 1915.

Gasdetektoren.

Wehnelt, A. Ein elektrisches Ventilrohr. Annalen d. Phys. 19. 138. 1906. Ferner: Phys. Zeitschr. 5. 680. 1904.
Tissot, C. Ionised gas electric wave detectors. Electrician 58. 729. 1907.
Fleming, J. A. Oscillation valve or audion. Electrician 61. 843. 1908.
Forest, L. de. Oscillation valve or audion. Electrician 61. 1006. 1908.

Forest, L. de. Der Audion-Detektor und -Verstärker. ETZ 35. 699. 1914.
(Neueste Anordnung. Abbildungen.) Jahrb. 9. 383. 1915.
— The ultraudion detector for undamped waves. Electr. World 65. 465. 1915.
Taylor, A. H. The double audion type receiver. Electr. World 65. 652. 1915.
(Anordnung zur Aufnahme von ungedämpften Schwingungen.)
Eccles, W. H. Recent patents in wireless telegraphy and telephony. Electrician 62. 210. 1908.
— Research in radiotelegraphy. Electrician 63. 504. 1909. (Verschiedene Schaltungen und Charakteristiken.)
Majorana, Q. Experimentaluntersuchungen über drahtlose Telephonie. Jahrb. 2. 347. 1909. Jahrb. 7. 462. 1913.
Austin, W. The comparativ sensitiveness of some common detectors of electrical oscillations. Electrician 67. 709. 1911. (Vergleichsmessungen der Empfindlichkeit von elektrolytischem — Magnet —, Fleming-Vacuum Detektor und Audion.)
Hund, A. Die Glühkathodenapparate im hochgradigen Vakuum und ihre Verwendung in der Elektrotechnik. Jahrb. 10. 521. 1916. (Wirkungsweise. Formeln und Zahlenwerte für die Ströme. Gesichtspunkte und Angaben für den Bau. Verwendung als Verstärker, Telephoniesender und Wechselstromerzeuger. Durch ausführliche, wertvolle Angaben ausgezeichnete Arbeit.)

Die elektrolytische Zelle.

Schlömilch, W. Ein neuer Wellendetektor für drahtlose Telegraphie. ETZ 24. 959. 1903. Dreispitzendetektor: Jahrb. 5. 432. 1911.
Reich, M. Einige Beobachtungen am Schlömilch-Wellendetektor für drahtlose Telegraphie. Phys. Zeitschr. 5. 338. 1904. (Aufnahmen mit Schleifenoszillograph.)
Rothmund, V., und Lessing, A. Versuche mit dem elektrolytischen Wellendetektor. Annalen d. Phys. 15. 193. 1904.
Ludewig, P. Die physikalischen Vorgänge in der Schlömilchzelle. Jahrb. 3. 411. 1910.
Jégou, P. Le détecteur électrolytique. Lumière électr. 25. 69. 100. 1914. (Formen. Schaltungen. Bedeutung der Hilfsspannung.)

Der Magnetdetektor.

The Marconi system of wireless telegraphy. Electrician 69. 133. 1912.

Tikker und Schleifer.

Poulsen, V. Ein Verfahren zur Erzeugung ungedämpfter elektrischer Schwingungen und seine Anwendung in der drahtlosen Telegraphie. ETZ 27. 1043. 1906.
Mosler, Tikkerempfang mit aperiodischem Kreis. ETZ 32. 1027. 1911.
Kiebitz, F. Über aperiodische Detektorkreise. ETZ 33. 132. 1912.
Austin, L. W. Der Gleichrichterdetektor mit Schleifkontakt. Phys. Zeitschr. 12. 867. 1912.

Zusammenfassende Darstellungen über Detektoren siehe:

Sachs, J. S. Detektoren für elektrische Wellen. Jahrb. 1. 130. 279. 434. 584. 1907. Jahrb. 2. 218. 1908. (Ausführliche Beschreibung der bis 1908 bekannten Detektoren).

Nesper, E. Detektoren für drahtlose Telegraphie. Jahrb. 4. 312. 423. 534. 1911.

Bangert, K. Eigenschaften der wichtigsten Detektoren der drahtlosen Telegraphie. Phys. Zeitschr. 11. 123. 1910. Jahrb. 5. 59. 218. 1910.

Schwebungsempfang.

Fessenden, R. A. The principles of electric wave telegraphy. Electrician 59. 484. 1907.

Austin, L. W. Der Heterodyn-Empfänger von Fessenden. Jahrb. 8. 443. 1914.

Latour, M. Considerations of the sensitiveness of the heterodyn-receiver in wireless telegraphy. Electr. World 65. 1039. 1915.

Tonrad.

Goldschmidt, R. Das Tonrad als Detektor in der drahtlosen Telegraphie. ETZ 35. 93. 1914. Jahrb. 8. 516. 1914.

Hogan, jr. J. L. The Goldschmidt transatlantic radio station (Tuckerton). Electr. World 64. 853. 1914. (Schaltung des Tonrades.)

Kathodenröhrenverstärker.

Iklé, M. Majoranas neuer Wellendetektor. Jahrb. 7. 462. 1913. (Experimentelle Untersuchung über die Wirkungsweise, insbesondere die Stromverstärkung.)

Reiß, E. Neues Verfahren zur Verstärkung elektrischer Ströme. ETZ 34. 1359. 1913. (Wirkungsweise, Bau und Schaltung der Liebenröhre.)

Eichhorn, G. Tonverstärker. Jahrb. 8. 446. 1914.

Lindemann, R., u. Hupka, E. Die Liebenröhre. Theorie ihrer Wirkungsweise. Untersuchungen über Stromverzerrung und Trägheit der Entladung. Archiv f. Elektrot. 3. 49. 1914.

Forest, L. de. Der Audion-Detektor und Verstärker, ETZ 35. 699. 1914.

— Das Audion als Generator für Hochfrequenzströme. ETZ 35. 856. 1914.

— Der Audion-Verstärker und das „Ultraudion". Jahrb. 9. 383. 1915.

— The ultraudion detector for undamped waves. Electr. World 65. 465. 1915.

Taylor, A. H. The double audion type receiver. Electr. World 65. 652. 1915.

Eichhorn, E. Eine neue Methode zur Erzeugung von Hochfrequenzschwingungen. Jahrb. 9. 393. 1915. (Schaltung zur Verwendung der Kathodenröhre als Schwingungserzeuger. Ansicht des Apparates.)

Armstrong, E. H. Operating features of the audion. Explanation of its action as an amplifier, as a detector for high frequency oscillations and as a „valve". Electr. World 64. 1149. 1914. (Untersuchung mit Schleifenoscillograph.)

Hund, A. Die Glühkathodenapparate im hochgradigen Vakuum und ihre Verwendung in der Elektrotechnik. Jahrb. 10. 521. 1916. (Näheres über diese Arbeit siehe unter „Gasdetektoren".)

Mechaniche Verstärker.

Eichhorn, E. Der Tonverstärker mit Zellenschreiber. Jahrb. 5. 301. 1911.

Brown, S. G. A telephone relay. Electrician 65. 139. 1910. Neues Telephonrelais. ETZ 31. 612. 1910. Jahrb. 4. 212. 1910.

Wagner, K. W. Das Brown-Telephonrelais. Phys. Zeitschr. 13. 945. 1912.

Maßnahmen zur Störbefreiung auf der Empfangsseite.

Eichhorn, G. Das Gegensprechen in der Radiotelegraphie und Radiotelephonie. Jahrb. 7. 230. 1913. (Gegensprechrelais von Telefunken. Anordnung von Marconi nach S. 310.)

Hogan, jr. J. L. A new Marconi Transatlantic service. Electr. World 64. 425. 1915. ETZ 36. 414. 1915. (Anordnung zum Gegensprechen nach Marconi.)

Eccles, W. H. Recent wireless telegraphy patents. Electrician 68. 465. 1911. Siehe auch Electrician 69. 96. 97. 1912. (Schutz gegen atmosphärische Störungen.)

Austin, L. W. Ein mit Kristallkontakt arbeitender Störungsverhinderer für den Empfang in der drahtlosen Telegraphie. Jahrb. 8. 481. 1914. Electrician 72. 176. 1913. (Zahlenwerte für Versuchsergebnisse.)

Schaltungen für Mehrfachempfang.

Scheller, O. Schaltungsanordnung zum gleichzeitigen Empfang mehrerer Wellen mit einer Antenne. Jahrb. 8. 620. 1914. (Zu S. 320.)

Schutz gegen das Abfangen von Nachrichten.

Pedersen, P. O. Zusammenstellung der Methoden zum Geheimhalten von Funkentelegrammen. Elektr. u. Masch. 30. 15. 1912. (Kurze Übersicht.)

Drahtlose Telephonie.

Poulsen, V. Ein Verfahren zur Erzeugung ungedämpfter elektrischer Schwingungen und seine Anwendung in der drahtlosen Telegraphie. ETZ 27. 1040. 1906.

— Drahtlose Telephonie. Jahrb. 1. 425. 1908.

Arco, G. Graf von. Drahtlose Telephonie. Jahrb. 1. 420. 1908. (Vollständige Schaltung für den Betrieb mit 6 Telefunkenlampen.)

Eichhorn, E. Drahtlose Telephonie nach de Forest. Jahrb. 1. 595. 1907. (Schaltungen für Sender und Empfänger. Gesamtansicht.)

Kühn, L. Über ein neues radiotelephonisches System. ETZ 35. 816. 1018. 1914. Etwas abgeänderte Darstellung: Jahrb. 9. 502. 1915. (Theorie und Schaltung für die Anordnung der Ges. f. drahtl. Telegr. Verwendung von Frequenzwandlern.) Über Versuchsergebnisse siehe: Jahrb. 7. 221. 1913.

Fessenden, R. A. Long distance wireless telephony. Electrician 59. 985. 1907.

— Wireless telephony. Electrician 51. 762. 785. 828. 867. 993. 1908. (Schaltungen. Versuchsanordnung. Abbildungen der Apparate. Versuchsergebnisse.)

Jentsch, O. Drahtlose Telephonie. ETZ 30. 352. 1909. (Geschichtl. Entwicklung.)

— Fessendens drahtlose Telegraphie und Telephonie. Jahrb. 4. 63. 300. 1909.

Nesper, E. Moderne Radiotelephonie nach Poulsen. Jahrb. 3. 83. 1909.

Dubillier, W. The Collins long distance wireless telephone. Electrician 64. 850. 1910.

— Wireless telegraph station at Seattle. Electrician 67. 739. 1911. Jahrb. 6. 397. 1913.

— Improved wireless telephone transmitter. Electrician 67. 931. 1911.

Ditcham, W. F. Quenched spark wireless telephony. Electrician 72. 569. 1914. (Dubillier und Ditcham verwenden Telephoniesender mit Löschfunkenstrecken, die mit Gleichstrom gespeist werden.)

Pedersen, P. O. Beiträge zur Theorie der drahtlosen Telephonie. Jahrb. 5. 449. 1912. (Mathematische Untersuchung der günstigsten Betriebsbedingungen für Telephoniesender bei Verwendung von Hochfrequenzmaschinen und Lichtbogengeneratoren für die verschiedenen Schaltungen.) Eine übersichtliche Darstellung der wichtigsten Ergebnisse dieser Arbeit siehe: Elektr. u. Masch. 30. 610. 1912.

Voice carried 4900 miles by radio. Electr. World 66. 788. 1915. (Verwendung von 300 nebeneinander geschalteten Kathodenröhren, die 100 Ampere Antennenstrom lieferten.) Kurzer Auszug: ETZ 27. 364. 1916.

Hund, A. Die Glühkathodenapparate im hochgradigen Vakuum und ihre Verwendung in der Elektrotechnik. Jahrb. 10. 521. 1916. (Siehe auch unter „Gasdetektoren".)

Starkstrommikrophone.

Majorana, Q. Experimentaluntersuchungen über drahtlose Telephonie. Jahrb. 2. 347. 1909.

— Recherches et expériences de radiotéléphonie. Lumière électr. 11. 246. 276. 1910. (Verschiedene Versuchsformen.)

Egner, C., u. Holmström, E. Starkstrommikrophone. ETZ 33. 205. 1912. Jahrb. 6. 189. 1912.

Eccles, W. H. Schaltung der Mikrophone nach R. Goldschmidt. (zu S. 326.) Electr. World 63. 946. 1914.

Richtungstelegraphie.

Allgemeine Grundlagen.

Ausbreitung der Wellen.

Hertz, H. Die Kräfte elektrischer Schwingungen. Annalen d. Phys. u. Chem. 36. 1. 1889. Gesammelte Werke. II. Untersuchungen über die Ausbreitung der elektrischen Kraft. S. 147. 1894.

Einflüsse der Erdschichten auf die Ausbreitung der Wellen.

Zenneck, J. Über die Fortpflanzung ebener elektromagnetischer Wellen längs einer ebenen Leiterfläche und ihre Beziehung zur drahtlosen Telegraphie. Annalen d. Phys. 23. 846. 1907. (Der Arbeit sind die Abbildungen 326, 328a und 329 entnommen.)

Pierce, G. W. The principles of wireless telegraphy and telephony. New York 1910. (Dem Buche ist Abb. 328b entnommen.)

Hack, F. Die Ausbreitung ebener elektromagnetischer Wellen längs eines geschichteten Leiters, besonders in den Fällen der drahtlosen Telegraphie. Annalen d. Phys. 27. 43. 1908. (Eine Erweiterung der Arbeit von Zenneck auf geschichtete Flächen. Einfluß der Lage des Grundwassers.) Gekürzte Darstellung: Jahrb. 2. 165. 1908.

Sommerfeld, A. Über die Ausbreitung der Wellen in der drahtlosen Telegraphie. Annalen d. Phys. 28. 665. 1909. (Der Arbeit ist die Abb. 327 entnommen.)

— Ausbreitung der Wellen in der drahtlosen Telegraphie. Einfluß der Bodenbeschaffenheit auf gerichtete und ungerichtete Wellenzüge. Jahrb. 4. 157. 1910.

True, H. Über die Erdströme in der Nähe einer Sendeantenne. Jahrb. 5. 125. 1911. (Experimentelle Untersuchung.)

Reich, M. Über den dämpfenden Einfluß der Erde auf Antennenschwingungen. Jahrb. 5. 176. 253. 1911. (Messungen bei unmittelbarer und kapazitiver Erdung.)

Epstein, P. Kraftliniendiagramme für die Ausbreitung der Wellen in der drahtlosen Telegraphie bei Berücksichtigung der Bodenbeschaffenheit. Jahrb. 4. 177. 1910.

Rybczynski, W. Über die Ausbreitung der Wellen in der drahtlosen Telegraphie. Annalen d. Phys. 41. 191. 1913.

Erb, F. Über die Ausbreitung Hertzscher Wellen an Metallen und Salzlösungen. Jahrb. 6. 520. 1913. (Experim. Nachprüfung der Formeln von Sommerfeld.) Übersicht: ETZ 34. 151. 1913. Vgl. hierzu auch: Jahrb. 9. 224. 1914.

Sjöström, M. Bemerkungen zur Frage über die Ausbreitung Hertzscher Wellen an Leitern und Halbleitern. Jahrb. 8. 238. 1914.

Hörschelmann, H. v. Über die Wirkungsweise des geknickten Marconischen Senders in der drahtlosen Telegraphie. Jahrb. 5. 14. 1911.

Austin, L. W. Wellenlänge und Erdabsorption von elektrischen Wellen. Jahrb. 5. 417. 1911.

Diesselhorst, H. Die Fortschritte der drahtlosen Telegraphie. ETZ 35. 586. 1914. Jahrb. 10. 29. 1915.

Sankey, H. R. Reichweiten funkentelegraphischer Apparate. ETZ 32. 474. 1911. (Zusammenstellung der Reichweiten englischer Militärstationen bei verschiedenem Gelände.)

Einflüsse von Tag und Nacht. Störungen.

Erskine-Murray, J. Recent advances in wireless telegraphy. Electrician 56. 355. 1905.

Wegener, A. Untersuchungen über die Natur der obersten Atmosphären-schichten. Phys. Zeitschr. 12. 170. 1911. (Darstellung eines Querschnittes der Atmosphäre bis 500 Kilometer Höhe.)

Kiebitz. Über die Brechung elektrischer Wellen in der Atmosphäre. Jahrb. 7. 154. 1913.

Lodge, O. Über die Goldschmidtsche Hochfrequenzdynamomaschine und über die Fortpflanzung von Wellen durch die Erde in der drahtlosen Telegraphie. Jahrb. 7. 514. 1913. The Philosophical Magazine 25. 757. 1913.

— The eletrification of the atmosphere, natural and artificial. Electrician 72. 892. 1914.

Howe, G. W. O. On the transmission of electromagnetic waves through and around the earth. Electrician 72. 484. 823. 1913.

— Wesen und Ausbreitung der elektromagnetischen Wellen in der drahtlosen Telegraphie. Jahrb. 8. 221. 1914.

Schwarzhaupt, P. Störende und fördernde Einflüsse bei der Übertragung elektrischer Wellen. ETZ 31. 113. 1910.

— Sonnenlicht, Gebirge und Wellentelegraphie. ETZ 32. 1313. 1911.

Fischer, K. Über die Wahrscheinlichkeit des Einflusses meteorologischer Verhältnisse auf funkentelegraphische Reichweiten, insbesondere unter Berücksichtigung einer drahtlosen Verbindung des Reiches mit seinen westafrikanischen Kolonien. ETZ 32. 339. 1911.

Schmidt, K. E. F. Störungen in einem geerdeten Empfangssystem für drahtlose Telegraphie mit doppelter täglicher Periode. Phys. Zeitschr. 8. 133. 1907. (Versuche auf kurze Entfernungen.)

Schmidt, K. E. F. Das Problem der Reichweite elektrischer Wellen. Phys. Zeitschr. 15. 202. 1914. (Hinweise für die Messungen bei Durchführung ausgedehnter Versuche.)

Marconi, G. Radio-Telegraphie. Electrician 67. 532. 1911. ETZ 33. 322. 1912. (Graphische Darstellung der Schwankungen der Lautstärke beim Empfang in Clifden.)

Esau, A. Über den Einfluß der Atmosphäre auf funkentelegraphische Sender und Empfänger. Phys. Zeitschr. 13. 721. 1912. Jahrb. 7. 211. 1912. (Versuche über die Änderungen der Antennendämpfung mit Tageszeit und Witterung. Genaue Angaben über die Meßanordnung.)

Taylor. Wireless an weather. Electr. Review. 1. 321. 1913. Electrician 73. 450. 1914.

Mosler, H. Atmosphärische Störungen in der drahtlosen Telegraphie. ETZ 33. 1134. 1912. Jahrb. 7. 215. 1912.

— Intensitätsmessungen radiotelegraphischer Zeichen zu verschiedenen Jahres- und Tageszeiten. ETZ 34. 996. 1913. Jahrb. 9. 360. 1914.

Eccles, W. H. Über gewisse, die Fortpflanzung elektrischer Wellen über die Oberfläche des Erdballs begleitende Erscheinungen. Jahrb. 7. 191. 1913. (Ausführliche Darstellung der verschiedenen Störungsarten.)

— Über die täglichen Veränderungen der in der Natur auftretenden elektrischen Wellen und über die Fortpflanzung elektrischer Wellen um die Krümmung der Erde. Jahrb. 8. 253. 1914.

— Brechung in der Atmosphäre bei drahtloser Telegraphie. Jahrb. 8. 282. 1914.

Fleming, J. A. Wissenschaftliche Begründung und ungelöste Probleme der drahtlosen Telegraphie. Jahrb. 8. 339. 1914. Vergl. auch Jahrb. 7. 185. 1913.

Austin, L. W. Unterschied in der Stärke der radiotelegraphischen Zeichen bei Tag und Nacht. Jahrb. 8. 381. 1914. (Zahlenwerte für die Empfangsströme.)

Forest, L. de. Reflexion funkentelegraphischer Wellen. ETZ 34. 152. 1913.

— Interferenz zwischen elektrischen Wellen von der gleichen Antenne. Jahrb. 6. 167. 1912. (Beobachtungen über die S. 342 erwähnte Erscheinung.)

Ludewig, P. Der Einfluß meteorologischer Faktoren auf die drahtlose Telegraphie. Elektr. u. Masch. 32. 181. 209. 1914. (Übersicht über seitherige Beobachtungen.)

Eccles, W. Die Tätigkeit der Kommission für Radiotelegraphie der British Association. Jahrb. 8. 289. 1914. (Anweisungen zu den Beobachtungen der Störungen nebst Vordrucken zum Eintragen der Ergebnisse.) Erster Bericht über Versuchsergebnisse: ETZ 37. 211. 1916.

Messungen der Empfangsströme insbesondere zur Nachprüfung der Gleichung 97.

Reich, M. Quantitative Messung der durch elektrische Wellen übertragenen Energie. Phys. Zeitschr. 14. 934. 1913. Jahrb. 8. 375. 1914. Kurze Übersicht: ETZ 36. 207. 1915.

Braun, F. Eine absolute Messung des vom Eiffelturm ausstrahlenden Feldes in Straßburg. Jahrb. 8. 132. 1914. Nachtrag: Jahrb. 8. 212. 1914. Kurze Übersicht: Elektr. u. Masch. 31. 697. 1913.

Austin, L. W. Über einige Versuche mit Radiotelegraphie auf große Entfernungen. Jahrb. 5. 75. 1911. (Umfangreiche Messungen zur Nachprüfung der Gl. 97. Ausführliche Angaben über die Versuchsanordnung und die Größe der Empfangsströme.)

Austin, L. W. Die Messungen der elektrischen Schwingungen in der Empfangsantenne. Jahrb. 6. 178. 1912. (Meßtechnisch wichtige Angaben über die Versuchsanordnung, insbesondere die Messung der Empfangsströme mit Kristalldetektor.)
— Quantitative Versuche bei radiotelegraphischer Übertragung. Jahrb. 8. 575. 1914.

Barkhausen, H. Die Ausbreitung der elektromagnetischen Wellen in der drahtlosen Telegraphie. Jahrb. 8. 602. 1914. ETZ 35. 448. 1914.

Hogan, jr. J. L. Quantitative Resultate neuerer radiotelegraphischer Versuche zwischen Station Arlington und dem U. S. S. „Salem". Jahrb. 8. 594. 1914. El. World 61. 1361. 1913.
— The signaling range in radiotelegraphy. El. World 66. 1250. 1915. (Kurven zur Ermittlung der Reichweite aus Antennenhöhe und Wellenlänge für gegebenen Empfangsstrom nach Gl. 97.)

Lutze, G. Die Ausbreitung der elektromagnetischen Wellen der drahtlosen Telegraphie längs der Erdoberfläche nach Beobachtungen bei Freiballonhochfahrten. Jahrb. 8. 367. 1914. Verh. d. D. Phys. Ges. 15 1107. 1913. Phys. Zeitschr. 14. 1151. 1913.

Die gerichteten Sender.

Mehrere Luftleiter mit in der Phase verschobenen Strömen.

Artom, A. Richtfähige Telegraphie ohne Draht. ETZ 26. 730. 1905. (Schaltung zur Erzeugung von $\varphi = 90^0$.)
— Neuere Untersuchungen über die Lenkbarkeit der elektrischen Wellen. Jahrb. 10. 58. 1915.

Braun, F. On directed wireless telegraphy. Electrician 57. 222. 244. 1906.
— Gerichtete drahtlose Telegraphie. Jahrb. 1. 1. 1907. (Angaben über die ersten Versuche mit Richtungstelegraphie. Erzeugung von phasenverschobenen Hochfrequenzströmen. Einige der in der vorhergenannten Arbeit erwähnten Anordnungen.)

Mandelstamm, L., u. Papalexi, N. Über eine Methode zur Erzeugung phasenverschobener schneller elektrischer Schwingungen. Phys. Zeitschr. 7. 303. 1906.

Kiebitz, F. Interferenzversuche mit freien Hertzschen Wellen. Annalen d. Phys. 22. 943. 1907. (In der Arbeit ist der allgemeine Fall eines Luftleitergebildes von n Doppelantennen behandelt. Versuche mit kurzen Wellen.) Auszug aus der Arbeit: Electrician 62. 972. 1909.

Bellini, E. Über einige Luftgebilde für gerichtete drahtlose Telegraphie. Jahrb. 2. 381. 1909. (In der Arbeit sind die verschiedenen Möglichkeiten zur Erzielung der Richtfähigkeit von Doppelantennen in drei Klassen eingeteilt und durch zahlreiche Fernwirkungscharakteristiken erläutert.)

Walter, L. H. The radiation from directive aerials in wireless telegraphy. Electrician 64. 790. 1910. (Ableitung der Formeln. Zahlreiche Fernwirkungscharakteristiken.) Beanstandungen von Eccles siehe Electrician 64. 834. 1910.

Blondel, A. Notes sur les aériens d'orientation en radiotélégraphie. Lumière électrique 16. 7. 131. 1911. (Im ersten Teil zahlreiche ausführliche Schaltungsanordnungen für die Erregung der Luftleitergebilde, im zweiten Teil die Theorie der Richtungsbestimmung, insbesondere aus dem Verhältnis der Empfangsströme.)

Mandelstamm, L. Über gerichtete drahtlose Telegraphie. Jahrb. 1. 291. 1907. (Allgemeine Gesichtspunkte. Anordnungen von Braun und von Artom.)

Bellini, E. Über die Möglichkeit einer scharf gerichteten Telegraphie. Jahrb. 9. 425. 1915. (Schmale Charakteristiken, erzielt durch mehrere neben- oder hintereinander gestellte Doppelantennen. Formel für den allgemeineu Fall. Vergl. auch oben unter Kiebitz.)

Das Radiogoniometer.

Bellini, E., u. Tosi, A. System einer gerichteten drahtlosen Telegraphie. Jahrb. 1. 598. 1907. (Schaltungen. Versuche zwischen Havre und Dieppe.)

— Das Radiogoniometer von Bellini und Tosi. Jahrb. 2. 511. 1909. (Ausführungsform. Einseitiges Gebilde. Reichweite. Unveränderliche Kopplung.)

— Das Fundamentalprinzip des Systems für gerichtete drahtlose Telegraphie und Telephonie Bellini-Tosi. Jahrb. 2. 608. 1909. (Ableitung der Gleichung. Charakteristiken. Hinweis auf Umkehrbarkeit der Erklärung der Richtwirkung bei Sender und Empfänger.)

— Gerichtete drahtlose Telegraphie. ETZ 30. 491. 1909. (Ausführungsform des Sende- und Empfangsgoniometers. Schaltungen. Graphischer Beweis für einseitiges Goniometer.)

— Die Konstanz der Kopplung in dem Radiogoniometer von Bellini und Tosi. Jahrb. 3. 571. 1910. (Mathematischer Beweis.)

— Wireless telegraph working in relation to interferences and perturbations. Electrician 67. 66. 1911. Jahrb. 5. 110. 1911. (Hinweis darauf, daß Luftleiter in der dritten Harmonischen schwingen. Vorzüge.)

— Le compas azimutal Hertzien. Lumière électr. 14. 227. 1911. (Zahlentafeln mit Versuchsergebnissen, insbesondere über die erzielte Genauigkeit bei der Richtungsbestimmung.)

Bellini, E. Die Radiostation Boulogne. Jahrb. 3. 595. 1910. (Innere Einrichtung. Hinweis darauf, daß Luftleiter in der dritten Harmonischen schwingt.)

Über die Verwendung des Radiogoniometers insbesondere als Empfänger siehe auch unter „Richtungsbestimmungen."

Wagrechte Luftleiter.
Die geknickte Antenne und die geknickte Doppelantenne.

Marconi, G. One methode whereby the radiation of electric waves may be mainly confined to certain directions and whereby the receptivity of a receiver may be restricted to electric waves emainting from certain directions. Electrician 57. 100. 1906. (Von Marconi aufgenommene Sender- und Empfängercharakteristiken.)

Koepsel, A. Gerichtete drahtlose Telegraphie. ETZ 27. 752. 1906. (Abgekürzte Wiedergabe obenstehender Arbeit von Marconi. Ihr sind die Abb. 343 und 349 entnommen.)

Macdonald, H. M. Note on horizontal receivers and transmitters in wireless telegraphie. Electrician 63, 312. 1909. (Mathematische Theorie der Wirkungsweise.)

Fleming, J. A. Neue Beiträge zur Entwicklung der drahtlosen Telegraphie mittels elektrischer Wellen. Jahrb. 1. 68. 1907. (Insbesondere S. 103.)

— Wissenschaftliche Begründung und ungelöste Probleme der drahtlosen Telegraphie. Jahrb. 8. 339. 1914. Insbesondere S. 357.

Mandelstamm, L. Über gerichtete drahtlose Telegraphie. Jahrb. 1. 291. 1907. (Allgemeine Gesichtspunkte. Kritik der Erklärungsweise von Fleming.)

Mandelstamm, L. Zur Theorie der gebogenen Antenne. Jahrb. 1. 333. 1907. (Kritik der Theorie von Fleming.)

Hörschelmann, H. v. Über die Wirkungsweise des geknickten Marconischen Senders in der drahtlosen Telegraphie. Jahrb. 5. 14. 1911. (Ausführliche Ableitung der S. 353 mitgeteilten Ergebnisse, die zuerst Zenneck in seinem Lehrbuche in dieser kurzen, übersichtlichen Form dargestellt hat.)

Cohen, L. Induktanz und Kapazität von linearen Leitern und die Bestimmung der Kapazität von horizontalen Antennen. Jahrb. 7. 439. 1913. Electrician 70. 881. 917. 1913. (Mit Zahlenbeispielen.) Kurze Übersicht: ETZ 34. 1121. 1913.

Braun, F. Zur Berechnung der Antennen. Jahrb. 9. 1. 1914. (Siehe auch unter „Erdantenne".)

Brand, H. Sendeversuche mit niedrigen wagrechten Antennen. Archiv f. Electr. 2. 490. 1914. Jahrb. 9. 431. 1915. ETZ 37. 289. 1916. (Formeln für die Abhängigkeit der Belastungsfähigkeit von den Bestimmungsstücken der Antenne. Zahlenbeispiel.)

Zenneck, J. Eine Anordnung für gerichtete drahtlose Telegraphie. Jahrb. 9. 417. 1915. (Geknickte Doppelantenne mit verringerter Seitenstrahlung. Dieser Arbeit sind die Abb. 345 und 346 entnommnn.) Kurze Übersicht: Elektr. u. Masch. 34. 321. 1916.

Die Erdantenne.

Kiebitz, F. Über die Geschichte der Erdantennen. Jahrb. 5. 360. 1912. (Entwicklung bis 1912.)

— Versuche über drahtlose Telegraphie mit verschiedenen Antennenformen. Annalen d. Phys. 32. 941. 1910. Insbes. S. 968. (Erklärung der Wirkungsweise. Richtungsbestimmungen.)

— Neuere Versuche über gerichtete drahtlose Telegraphie mit Erdantennen. Jahrb. 5. 349. 1912.

— Versuche über gerichtete drahtlose Telegraphie. Jahrb. 6. 1. 1912. Elektrot. u. Masch. 30. 776. 1912.

— Über Sendeversuche mit Erdantennen. Jahrb. 6. 554. 1913. (Versuchsanordnungen. Zahlentafeln der gemessenen Kapazitäten und Dämpfungswiderstände. Wirkungsweise.) Vgl. auch Electrician 68. 868. 1912 und die anschließenden Erörterungen S. 936. 978. 1020; ferner Jahrb. 5. 514. 1913.

Burstyn, W. Die Wirkungsweise der Erdantennen. ETZ 33. 615. 1912. Jahrb. 6. 10. 1913. Jahrb. 6. 333. 1913. Erörterungen hierzu von Kiebitz, Hausrath, Mosler. Jahrb. 6. 359. 1912. (Versuche mit in und über Süßwasser liegenden Antennen.) Ferner Jahrb. 6. 570. 1913.

Fleming, J. A. Wissenschaftliche Begründung und ungelöste Probleme der drahtlosen Telegraphie. Jahrb. 8. 339. 1914. Insbes. S. 358.

Goldschmidt, R. Verfahren zur Verbesserung von Horizontalantennen. Jahrb. 9. 313. 1915. (Durch Einschalten von Spulen und Kondensatoren soll eine günstigere Spannungsverteilung längs des wagrechten Teiles der Antenne erzielt werden.) Vgl. hierzu auch die Anordnung der C. Lorenz-A.-G. Jahrb. 8. 198. 1914.

Braun, F. Über den Ersatz der offenen Strombahnen in der drahtlosen Telegraphie durch geschlossene. Jahrb. 8. 1. 1914. (Vorschlag zum Ersatz der Erdantennen durch langgestreckte rechteckige Luftleiter. Ausführliche rechnerische Untersuchung ihres Verhaltens. Zahlenbeispiele.)

Braun, F. Zur Berechnung von Antennen. Jahrb. 9. 1. 1915. (Ein einfaches Verfahren zur Berechnung der Strahlungsverhältnisse, das durch Zahlenbeispiele erläutert wird. Experimenteller Beweis, daß über Süßwasser die Kraftlinien geneigt sind auf S. 23.)

Culver, A., und Rine, J. A. Experiments with low horizontal aerials. Successful results attained with use of single and multiple earthwire systems. Electr. World 65. 723. 1915.

Richtungsbestimmungen.

Eichhorn, E. Telefunken-Kompaß. Jahrb. 6. 85. 1912. (Anwendung. Abbildungen der Ausführungsform.)

Thurn, H. Funkentelegraphie und Luftfahrt. ETZ 35. 853. 1914.

Kiebitz, F. Versuche über drahtlose Telegraphie mit verschiedenen Antennenformen. Ann. d. Phys. 32. 941. 1910. (Angaben für den Bau eines einfachen, leicht herzustellenden Goniometers. Genauigkeit: S. 973.)

Eccles, W. H. Recent patents in wireless telegraphy. Electrician 65. 898. 1910.

Blondel, A. Über die Bestimmung der Richtung von Schiffen vermittels Hertzscher Wellen. Jahrb. 2. 190. 1908.

Walter, L. H. Accuracy of the Bellini-Tosi wireles „compass" for navigational purpose. Electrician 67. 749. 1911. (Gerichtete Schiffsantenne. Versuchsergebnisse.)

Blondel, A. Note sur les aériens d'orientation en radiotélégraphie. Lumière électr. 16. 131. 1911. (Richtungsbestimmung durch Messen der Ströme in den beiden Goniometerspulen.)

Addey, F. Directiv wireless telegraphy. Electrician 70, 586. 1912. ETZ 34. 534. 1913. (Messungen mit Goniometer. Anordnung der Antennen auf Schiffen. Schaltung.) Ferner: Radiotelegraphischer Richtungsfinder. Helios 21. 138. 1915. Electr. World 64. 245. 1914.

Bellini, E. Some details of the direction finder. Electrician 75. 776. 1915.

Braun, F. Über den Ersatz der offenen Strombahnen in der drahtlosen Telegraphie durch geschlossene. Jahrb. 8. 1. 1914. Kurze Übersicht: Elektr. u. Masch. 32. 761. 1914.

Sachverzeichnis.

Namenverzeichnis.